光盘主要内容

“举一反三”丛书的配套光盘是多媒体自学光盘，通过师生对话的场景与模拟老师授课来详细讲解电脑使用的相关技巧。通过该光盘，用户可以如同课堂教学一般进行直观且生动的学习，使学习效率得到显著提高。

光盘操作方法

将光盘放入光驱，几秒后光盘将自动运行。如果没有自动运行，可在桌面双击“计算机”图标，在打开的窗口中双击光盘所在盘符，或者右击光盘所在盘符，在弹出的快捷菜单中选择“自动播放”命令，即可启动并进入多媒体互动教学光盘程序。

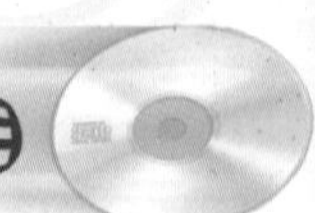

光盘推荐运行环境

操作系统：Windows XP/Vista
屏幕分辨率：1024×768像素
CPU：P4以上
内存：1GB或1GB以上
光驱：52倍速以上
硬盘空间：10GB以上

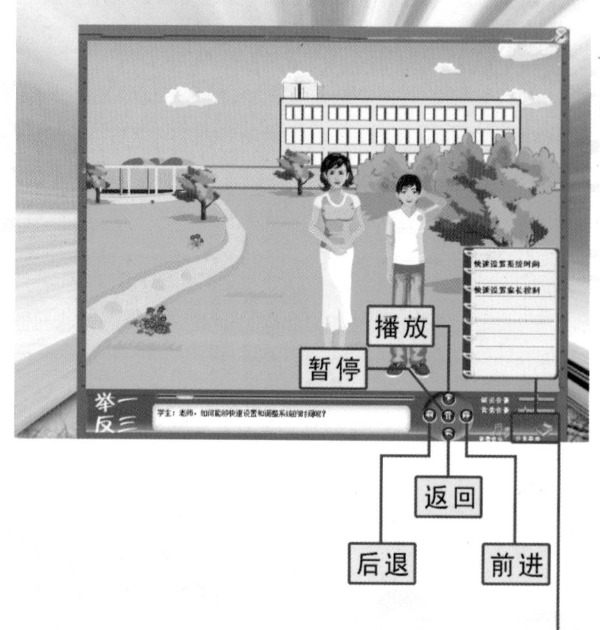

单击“目录菜单”按钮，在弹出的菜单中可以选择视频教学内容并进入教学模式。

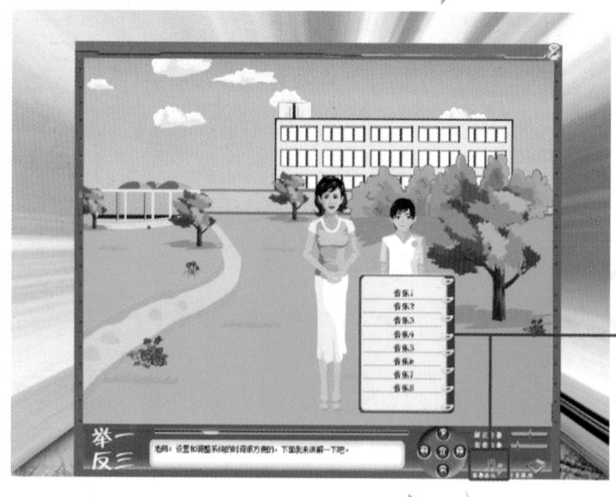

单击“背景音乐”按钮，在弹出的菜单中可以选择其他音乐作为背景播放音乐。

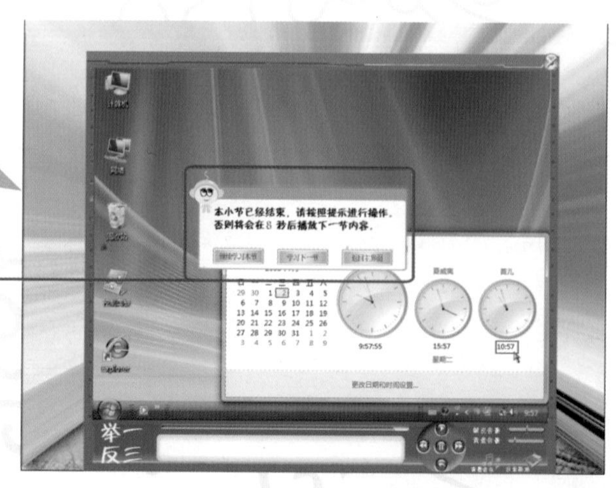

播放内容结束后，系统自动弹出提示对话框。不做任何操作，在10秒后自动播放下一节内容；单击“继续学习本节”按钮，将会重复播放；单击“返回主界面”按钮，将会进入主界面。

举一反三

Windows Vista 技巧总动员

企鹅工作室 张顺德 陈 飞◎编著

清华大学出版社
北 京

内容简介

本书主要针对初、中级读者的需求，从零开始、系统全面地讲解 Windows Vista 操作系统的操作步骤与应用技巧。

全书共分为 15 个专题、1 个附录，主要内容包括：Windows Vista 基本操作技巧、系统个性化设置技巧、文件系统管理技巧、网上冲浪技巧、网络通信技巧、影音娱乐技巧、局域网应用技巧、Word 2007 应用技巧、Excel 2007 应用技巧、PowerPoint 2007 应用技巧、系统管理与维护技巧、系统提速与优化技巧、系统安全与防护技巧、注册表应用技巧、系统故障排除技巧以及 Windows Vista 常用快捷键。

本书内容精炼、技巧实用，实例丰富、通俗易懂，图文并茂、以图析文，版式精美、双色印刷，配套光盘、互补学习。本书及配套多媒体光盘非常适合初、中级读者选用，也可以作为高职高专相关专业和电脑短训班的培训教材。

图书在版编目(CIP)数据

Windows Vista 技巧总动员/企鹅工作室，张顺德，陈飞编著. —北京：清华大学出版社，2009.1
(举一反三)
ISBN 978-7-302-18769-1

Ⅰ.W…　Ⅱ.①企…　②张…　③陈…　Ⅲ. 窗口软件，Windows Vista　Ⅳ. TP316.7

中国版本图书馆 CIP 数据核字(2008)第 161830 号

责任编辑：邹　杰　张丽娜
封面设计：杨玉兰
责任校对：李凤茹
责任印制：李红英
出版发行：清华大学出版社　　**地　　址**：北京清华大学学研大厦 A 座
http://www.tup.com.cn　　**邮　　编**：100084
社 总 机：010-62770175　　**邮　　购**：010-62786544
投稿与读者服务：010-62776969，c-service@tup.tsinghua.edu.cn
质 量 反 馈：010-62772015，zhiliang@tup.tsinghua.edu.cn
印 刷 者：清华大学印刷厂
装 订 者：三河市李旗庄少明装订厂
经　　销：全国新华书店
开　　本：210×285　**印　张**：18.25　**插　页**：1　**字　数**：681 千字
附光盘 1 张
版　　次：2009 年 1 月第 1 版　　**印　　次**：2009 年 1 月第 1 次印刷
印　　数：1～6000
定　　价：38.00 元

本书如存在文字不清、漏印、缺页、倒页、脱页等印装质量问题，请与清华大学出版社出版部联系调换。联系电话：(010)62770177 转 3103　　产品编号：029669-01

丛书序

学电脑有很多方法，更有很多技巧。一本好书，不仅能让读者快速掌握基本知识、操作方法，还应让读者能够无师自通、举一反三。

基于上述目的，清华大学出版社精心打造了品牌丛书——“举一反三”。本系列丛书作者精心挑选了最实用、最精炼的内容，采用一个招式对应一个技巧，同时补充讲解一个知识点的叙述方式。此外书中还穿插“内容导航、热点快报、知识补充、注意事项、专家坐堂、举一反三”等众多小栏目，采用双栏、三栏相结合的紧凑排版方式，配合步骤、技巧，以重点、难点相对突出的精美双色印刷，并配套大容量多媒体教学光盘，使读者能够参照书中的实际操作步骤、对照光盘快速开展实战演练，从而达到“举一反三”的目的。

丛书主要内容

如果您是一名电脑初、中级读者，那么“举一反三”丛书正是您所需要的。丛书覆盖面广泛、知识点全面，第一批书目如下所示。

- 《网上冲浪技巧总动员》
- 《Windows Vista 技巧总动员》
- 《Office 2007 办公技巧总动员》
- 《Word 2007 排版及应用技巧总动员》
- 《Excel 2007 表格处理及应用技巧总动员》
- 《系统安装与重装技巧总动员》
- 《数码照片拍摄与处理技巧总动员》
- 《家庭 DV 拍摄与处理技巧总动员》
- 《电脑故障排除技巧总动员》
- 《电脑硬件与软件技巧总动员》
- 《BIOS 与注册表技巧总动员》
- 《电脑安全防护技巧总动员》

丛书主要特色

作为一套面向初、中级读者的系列丛书，“举一反三”丛书具有“内容精炼、技巧实用”，“全程图解、轻松阅读”，“情景教学、快速上手”，“精美排版、双色印刷”，“书盘结合、互补学习”五大特色。

☒ 内容精炼　技巧实用

每本图书均挑选精炼、实用的内容，循序渐进地展开讲解，符合读者由浅入深、逐步提高的学习习惯。语言讲解准确、简明，读者不需要经过复杂的理解和思考，即可明白所学习的知识。

丛书以应用技巧为主，操作步骤为辅，理论知识为补充；采用一个招式对应一个技巧，同时补充讲解一个知识点的叙述方式。对于各种需要操作练习的知识，都以操作步骤的方式进行讲解，让读者在大量的操作步骤和应用技巧中，逐步培养动手实践的能力。

☒ 全程图解　轻松阅读

丛书采用“全程图解”的讲解方式，在以简洁、清晰的文字对知识内容进行说明后，以图形的表现方式，将各种操作步骤直观地表现出来。基本上是一个操作步骤对应一个图形，且在图形上添加步骤序号与说明，更准确地对各知识点进行操作演示，这样，既节省了版面，又增加了可视性，使读者轻松易学。

☒ 情景教学　快速上手

丛书非常注重读者的学习规律和学习心态，安排了“内容导航、热点快报”学习大框架，以及“知识补充、注意事项、专家坐堂、举一反三”等学习小栏目，通过打造一种合理的情景学习方法和模式，在活泼版面、轻松阅读的同时，让读者能够主动思考、触类旁通，从而达到快速上手、举一反三的目的。

☒ 精美排版　双色印刷

丛书采用类似杂志的版式设计，使用 10 磅字号、双栏和三栏相结合的排版方式，版式精美、新颖、紧凑，既适合阅读又节省版面，超值实用。

丛书以黑色印刷为主，而“操作步骤、操作技巧、重点、难点、知识补充、注意事项、专家坐堂、举一反三”等特殊段落，需要读者加强学习的地方则采用双色印刷，以达到重点突出、直观醒目、轻松阅读的目的。

☒ 书盘结合　互补学习

丛书配套多媒体教学光盘，光盘内容与书中知识相互结合并互相补充，而不是简单的重复，具有直观、生动、互动等优点。

丛书特色栏目

笔者在编写本书时，非常注重读者的学习规律和学习心态，每个专题安排了“内容导航、热点快报”等学习大框架，以及“知识补充、注意事项、专家坐堂、举一反三”等学习小栏目，让读者可以更加高效地学习、更加轻松地掌握。

主要栏目	主要内容
内容导航	在每个专题的首页，简明扼要地介绍了本专题将要学习的主要内容，使读者在学习的过程中能够有的放矢
热点快报	对本专题所讲的知识进行更准确、更全面的概括，以精炼的、概括的语言列出本专题将要介绍的重要内容和经典技巧等
知识补充	在众多操作步骤中，穿插一些必备知识，或是本专题主要知识点、重点和难点的学习提示
注意事项	强调本专题的重点、难点，以及学习过程中需要特别注意的一些问题或事项，从而达到巩固知识，融会贯通的目的
专家坐堂	将高手在学习电脑应用过程中积累的经验、心得、教训等通通告诉你，让你快速上手、少走弯路
举一反三	对新概念、新知识、重点、难点和应用技巧通过典型操作加以体现，从而达到触类旁通、举一反三的目的

光盘主要特色

本书配套交互式、多功能、大容量的多媒体教学光盘。书中涉及的主要内容，通过演示光盘作了必要的示范。光盘内容与图书内容相互结合并互相补充，既可以对照光盘轻松自学，又可以参照图书互动学习。配套光盘具有以下特色。

光盘特色	主要内容
功能强大	配套光盘具有视频播放、人物情景对话、背景音乐更换、音量调节、光盘目录快速切换等众多功能模块，功能强大、界面美观、使用方便
情景教学	配套光盘通过老师、学生和小精灵 3 个卡通人物来再现真实的学习过程，情景教学、生动有趣
互动学习	读者可跟随光盘的提示，在光盘演示中执行如单击、双击、输入、拖动等操作，实现现场互动学习的新模式
边学边练	将光盘切换成一个文字演示窗口，读者可以根据文字说明和语音讲解的指导，在电脑中进行同步跟练操作，边学边练

丛书创作团队

丛书由“企鹅工作室”集体创作，参与编写的人员有张建、张璇、王涛、李天珍、包婵娟、朱春英、朱志明、吴琪菊、吴海燕、余素芬、周玲、张顺德、赵敏捷、费一峰、毛向城、陈飞、彭文芳等。

由于时间仓促和水平有限，书中难免有疏漏和不妥之处，敬请广大读者批评指正，读者服务邮箱：ruby1204@gmail.com。

企鹅工作室

前言

学电脑有很多方法，也有很多技巧。

本书主要针对初、中级读者的需求，从零开始、系统全面地讲解了最新操作系统Windows Vista的操作步骤与应用技巧。

本书主要内容

全书精心安排了15个专题、1个附录的内容，以应用技巧为主，操作步骤为辅，一个技巧对应一个知识点，具体内容如下表所示。

本书专题	主要内容
专题一 Windows Vista 基本操作技巧	介绍配置 Windows、设置与退出 BIOS、升级 Windows Vista 技巧，还介绍安装和卸载多操作系统中的 Windows Vista 等技巧
专题二 系统个性化设置技巧	介绍如何设置桌面图标、“开始”菜单和 Windows 边栏，还介绍如何启用 Administrator 账户等技巧
专题三 文件系统管理技巧	介绍设置 Windows Vista 文件夹、查找文件夹、隐藏文件夹和共享文件夹的技巧，还介绍备份系统文件与注册表文件等技巧
专题四 网上冲浪技巧	介绍设置主页与 IE、重定向收藏夹位置、导出导入收藏夹、浏览与设置网页、更改与下载网页字体等技巧
专题五 网络通信技巧	介绍应用 QQ 功能、拒绝 QQ 消息、设置 MSN 联系人与背景、个性化设置 MSN、设置 Outlook 2007 账户等技巧
专题六 影音娱乐技巧	介绍 Windows Media Player 功能与设置、剪辑拆分与合并 Windows Movie Maker、查找及编辑图片等技巧
专题七 局域网应用技巧	介绍设置 MAC 地址、配置 TCP/IP 协议、连接远程桌面、局域网络会议、测试与维护网络以及组建家庭办公网络等技巧
专题八 Word 2007 应用技巧	介绍应用 Word 功能、调整段落格式、高级排版、制作文档图表、清除段落标记与手动换行符以及打印等技巧
专题九 Excel 2007 应用技巧	介绍设置工作簿、添加与删除工作表、自动填充数据、应用公式和函数、创建与编辑图表等技巧
专题十 PowerPoint 2007 应用技巧	介绍 PowerPoint 2007 最新功能，详述在 PowerPoint 中设置幻灯片、插入表格、放映幻灯片等

续表

本书专题	主要内容
专题十一 系统管理与维护技巧	介绍电脑的工作环境、电脑的日常保养与维护、电脑的程序与系统管理、最佳电源管理模式的配置等技巧
专题十二 系统提速与优化技巧	介绍提高系统性能、IE 访问速度、系统关机速度的技巧，详述应用超级兔子优化系统、卸载软件、下载和安装升级补丁等技巧
专题十三 系统安全与防护技巧	介绍系统安全设置和网络安全防范技巧，还介绍应用杀毒软件查杀木马、设置防火墙保护系统等技巧
专题十四 注册表应用技巧	介绍使用注册表设置桌面图标、更改 Netlogon、禁止使用组策略功能、禁止使用 IGMP 协议、减少系统垃圾文件等技巧
专题十五 系统故障排除技巧	介绍排除由于 CPU 超频导致的黑屏、死机等故障的方法，还介绍排除内存不足、显卡驱动程序丢失、磁盘空间不足、碎片整理中断等故障的方法等
附录 Windows Vista 常用快捷键	介绍 Windows Vista 常用快捷键

本书读者定位

本书及配套多媒体光盘非常适合初、中级读者选用，也可以作为高职高专相关专业和电脑短训班的培训教材。

本书还适合以下读者：

- Windows Vista 初级学习者与中级提高者
- Windows Vista 终极技巧爱好者
- 在校学生与办公人员
- 老年朋友们
- 电脑爱好者与玩家

企鹅工作室

目录

专题七　局域网络应用技巧......................117

专题八　Word 2007 应用技巧..................131

专题九　Excel 2007 应用技巧................153

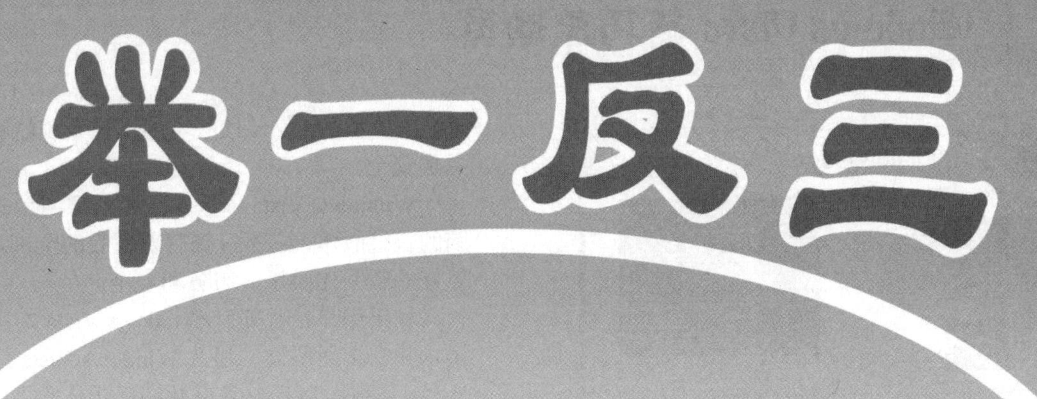

专题一　Windows Vista 基本操作技巧

内容导航

操作系统是计算机的应用基础，如果一台计算机没有操作系统，则无法进行需要的工作。本专题讲解操作系统安装前的准备，以及如何安装和卸载 Windows Vista 系统等方面的基础知识。

热点快报

- Vista 版本选择
- 全新安装 Vista
- Vista 激活技巧
- 装机前 BIOS 设置
- 多系统安装技巧
- 备份与还原系统技巧

技巧1　不一样的 Windows Vista 操作系统

Windows Vista 是微软公司耗费巨资打造的新一代操作系统，不仅延续了 Windows 系统的优点，还在各方面做了很多改进。它具有设计美观、安全性强和网络功能丰富等优点，让用户使用起来感觉很舒适。

Vista 的中文意思是指狭长的景色、街景、展望与想象等，微软公司想通过这个名字向用户传递一种“个人展望”的感觉。

Windows Vista 的界面设计富有生机和活力，流畅的外形设计和透明的水晶窗口让用户感到整个操作界面更加整洁、流畅。

- 特有的网络缩略图能够使用户浏览自己的网络和计算机设备，让用户全方面地看到计算机的网络构架。

- 快速和智能化的搜索功能，不仅可以快速地搜索本地计算机、家庭局域网络以及办公室局域网内的信息，还可以创建虚拟搜索文件夹，便于以后再次访问这些搜索内容。
- 具有强大的影音娱乐支持功能，例如，Windows 媒体中心、Windows Movie Maker 以及 Windows DVD Maker 等。

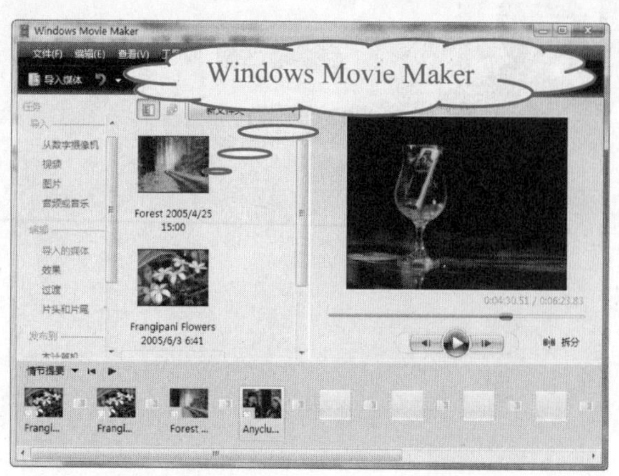

- 内置的家长控制功能，能够确保家长帮助孩子正确而安全地使用计算机。
- 具有增强的移动特性支持，例如，简化的电源管理，简单的无线网络连接，还有内置的 Tablet 手写功能。

Windows Vista 能够让用户拥有具有由内向外过滤功能的防火墙及更多的保护功能。

技巧2 Windows Vista 版本的挑选

Windows Vista 分为家庭用户版和企业用户版两大类。家庭用户版包括家庭普通版、家庭高级版与旗舰版，企业用户版包括中小企业专用的商用版和大型企业专用的企业版。

Windows Vista 家庭普通版适合一般家庭用户的需求，简单易用，安装该版本的操作系统能够让计算机运行更加安全。

Windows Vista 家庭高级版是家用台式机和笔记本电脑的首选版本，它不仅拥有普通版的全部功能，还能提供更好的数字化娱乐、服务和安全。

如果用户希望拥有 Windows Vista 的所有功能，实现娱乐和工作两不误，那么 Windows Vista 旗舰版是最佳的选择。它既可以提供家庭数字娱乐体验，也可以提供应用于商业需求的办公支持功能。

Windows Vista 商用版是第一款专门用于满足中小型企业需要的 Windows 操作系统，它拥有企业所需的域管理和组策略功能，集成了更多办公应用和自助管理特性，是中小企业的首选。

Windows Vista 企业版具有 Windows Vista 商用版的所有功能，并附加满足大型企业及机构部署和维护复杂桌面架构需求的更多功能。

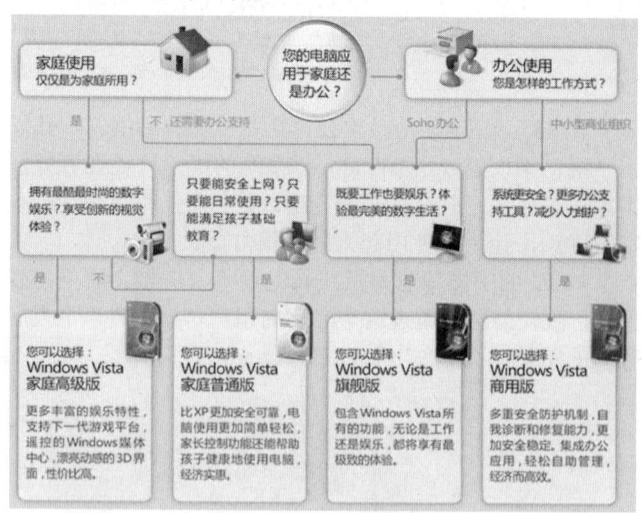

技巧3 安装 Windows Vista 的最低配置要求

Windows Vista 新增加的功能和 Aero 玻璃视觉效果对计算机硬件方面有很高的要求。

(1) 挑选版本

安装 Windows Vista 之前用户首先要挑选在自己计算机上能够安装的版本，因为并不是每台计算机和每个版本的操作系统都能兼容。

(2) CPU

目前，所有中端以上的 Intel 或 AMD 处理器都可以满足 Windows Vista 的基本需求，低端处理器也可以运行 Windows Vista，但是可能无法达到最佳的视觉效果，同时在高端游戏以及视频编辑上无法胜任。

AMD 和 Intel 推出的双核处理器都成为 Windows Vista 的出色选择。在处于高端领域的 64 位方面，目前的 AMD、Intel 64 位处理器是 Windows Vista 的优秀搭配。

(3) 内存

为了更好地体现 Windows Vista 的先进功能和华丽的视觉效果，至少需要 512MB 的内存，这是支持系统运行以及普通的软件运行的最基本的要求。由于目前主流游戏内存占用量都将近 512MB，所以 Windows Vista 用户最好拥有 1GB 或以上的内存。

(4) 显卡

Windows Vista 的画面相当华丽，用户想要体验 Windows Vista 的所有效果，必须拥有一块功能强大的显卡。必须避免使用目前的低端 CPU，保证显卡支持 DirectX9，至少要有 64MB 显存。最好选择包括独立的 PCI Express 或者 APG 总线的显卡。如果使用集成显示芯片的系统，应确保该系统存在 PCI Express/AGP 插槽，这样方便升级。

(5) 硬盘空间

硬盘是 PC 速度的“瓶颈”，选择高速硬盘可以获得更强大的性能。推荐使用 SATA 硬盘，至少拥有 8MB 缓存，并支持 NCQ 技术。安装 Windows Vista 至少需要 40GB 的硬盘容量，并至少要留有 15GB 的闲置容量。

(6) 驱动

Windows Vista 是以 DVD 光盘发布的，因此在安装前，确保计算机中有 DVD 光驱。

(7) 网络

保证家用的 PC 拥有最新的网络兼容能力，对于笔记本电脑来说，要支持 802.11 无线网络，至少需要 100Mb/s 宽带。PC 加入无线网络功能将为用户带来更多机动性，能与笔记本电脑更加方便地连接。

注 意 事 项

在升级或安装 Windows Vista 前切记要对原有的数据进行备份。为了系统能够尽可能流畅的安装，在安装前需要确保目前的所有应用程序都能够在 Windows Vista 下运行。用户可以下载应用程序兼容工具(ACT)来确定哪些应用程序无法在 Windows Vista 下顺利进行。

技巧4　全面认识 BIOS

BIOS 的英文全称是 Basic Input Output System，即基本输入/输出系统。BIOS 的主要内容包括：计算机系统中最重要的基本输入/输出程序、系统信息位置程序、开机上电自检程序、系统启动自举程序以及一些控制基本输入/输出设置的中断服务例程等。

BIOS 为计算机提供了最低级和最直接的硬件控制。确切地说，BIOS 是硬件与软件程序之间的一个接口程序，负责解决硬件的即时需求，并按软件对硬件的操作要求具体执行。大多数用户在使用计算机的过程中，都会接触到 BIOS。可见，它在计算机系统中起着非常重要的作用。

计算机的信息传输具有明确的步骤。首先，硬件是计算机必不可少的组成部分，在硬件的基础上才是 BIOS 设置，而在 BIOS 之上是操作系统及设备驱动程序，最上面才是各种应用程序，即通常所说的各种软件。

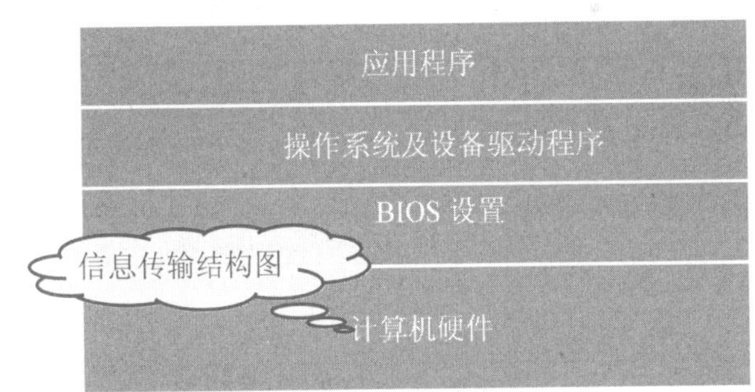

虽然在 BIOS 中包含了很多程序，但是普通用户只需要知道其中的一些常用选项怎样设置便可以了。例如，设置日期和时间；如何检测硬盘的类型和大小；确认软驱类型；设置启动顺序和开机密码等。

技巧5　快速进入 BIOS 设置

对于大部分的计算机而言，在开机时，屏幕上常有这样的提示——Press Del to enter SETUP，意思是按 Delete 键，即可进入 BIOS 设置主界面。

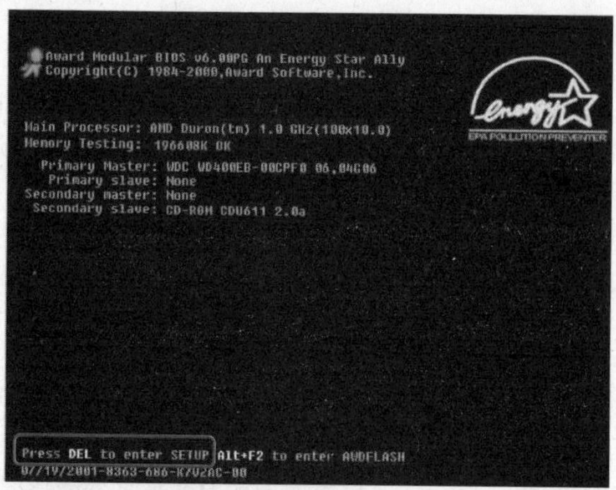

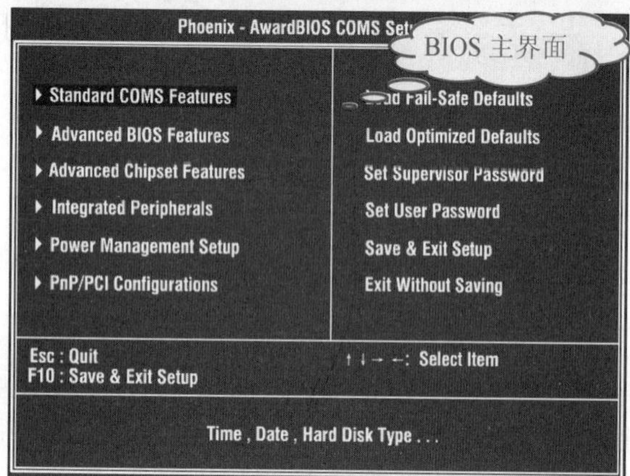

不同的计算机进入 BIOS 的方式还是有所区别的。

BIOS 类型	进入方式
Award BIOS	开机时按 Delete 键
Phoenix BIOS	开机时按 F2 键
AMI BIOS	开机时按 Delete 键或 Esc 键
COMPAQ BIOS	开机时按 F10 键
AST BIOS	开机时按 Ctrl+Alt+Esc 组合键
IBM BIOS	开机时按 F2 键

知 识 补 充

目前 Award 与 Phoenix 已经合并，推出了新一代的 BIOS SETUP 程序，在大多数新款主板中都可以见到，即标题为 Phoenix-Award BIOS CMOS Setup Utility 的 BIOS 界面。

技巧6 安全退出 BIOS 设置

结束对 BIOS 的设置后，可以通过存盘退出(Save&Exit Setup)和不保存设置退出(Exit Without Saving)两种方式关闭 BIOS 设置程序。

(1) 存盘退出

在 BIOS 界面中设置完成后，需要保存设置然后再退出。

❶ 完成 BIOS 设置后，在 BIOS 设置主界面中将光标移到 Save & Exit Setup 选项。

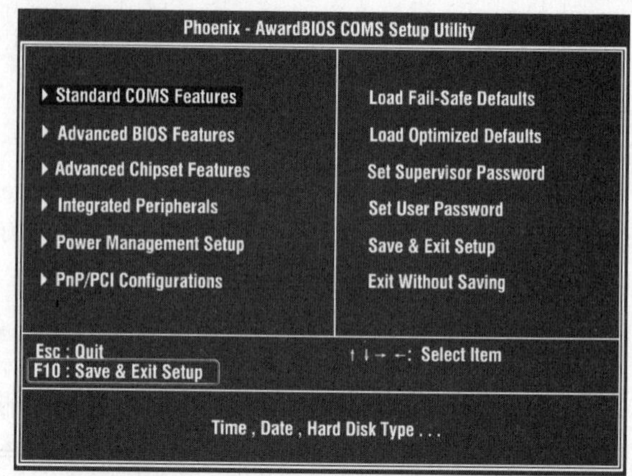

❷ 按 Enter 键，弹出 SAVE to CMOS and EXIT(Y/N)?提示框。

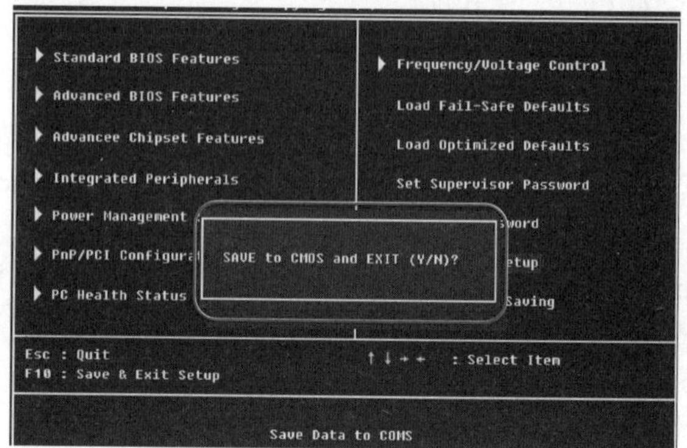

❸ 输入“Y”，按 Enter 键，即可保存设置并退出 BIOS 设置程序。

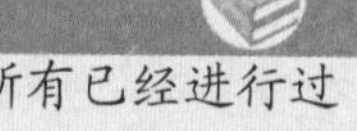

注 意 事 项

在设置完成后，选择存盘退出，所有已经进行过修改的 BIOS 设置将被保存生效。

在保存时输入的“Y”必须是在按 Caps Lock 键后输入的；否则不能保存退出。

(2) 不存盘退出

如果需要取消之前对 BIOS 做出的设置，在未保存的情况下，在 BIOS 设置程序界面中选择 Exit Without Saving 选项，在弹出的 Quit Without Saving 提示中输入“Y”，按 Enter 键确认即可。

技巧7 在 BIOS 中设置病毒警告

在安装操作系统之前，需要对 BIOS 进行一系列的设置，以保证安装过程能够流畅的进行。

Virus Warning(病毒警告)功能可对 IDE 硬盘的引导扇区进行保护。打开此项功能后，如果有程序企图在此扇区中写入或修改信息，BIOS 会在屏幕上显示警告信息，并发出蜂鸣报警声。

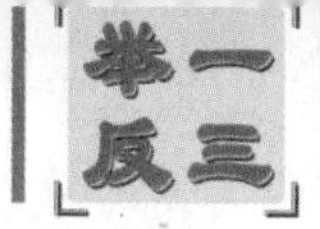

❶ 在打开的 BIOS 设置程序主界面中，将光标移到 Advanced BIOS Features 选项上，按 Enter 键。

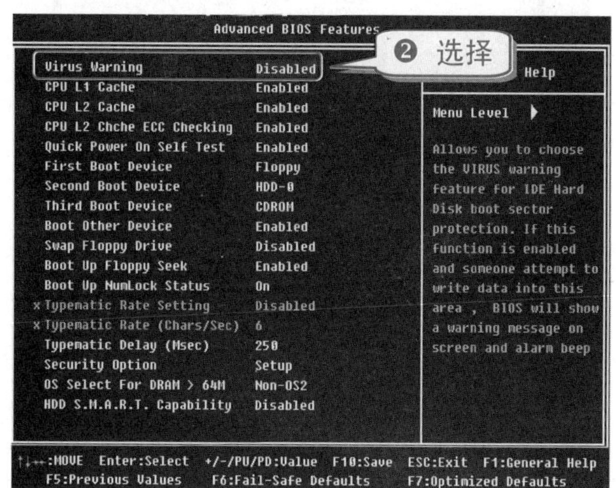

❸ 按 Page Down 键，将其属性设置为 Disabled 即可。

知 识 补 充

目前大多数主板出厂时，BIOS 中的病毒警告都默认设置为关闭 Disabled 选项。

在 BIOS 设置中是不允许用鼠标操作的，只能通过方向键将光标移到 Virus Warning 选项上，按 Page Down 键选择 Disabled 选项。

技巧8　设置引导系统启动设备的顺序

在安装系统前，需要在 BIOS 中设置系统的启动顺序，Advanced BIOS Features 界面可设置的启动顺序一共有以下四项。

- First Boot Device(第一启动设备)。
- Second Boot Device(第二启动设备)。
- Third Boot Device(第三启动设备)。
- Boot Other Device(其他启动设备)。

大多数的主板在出厂时的默认系统启动顺序都是按照软驱、硬盘和光驱来安排的，所以在安装系统前必须进行启动顺序的设置，将 First Boot Device(第一启动设备)设置为 CD-ROM，因为目前大多数操作系统都是通过安装光盘进行安装的。

❶ 在 BIOS 设置程序主界面中将光标移到 Advanced BIOS Features 选项上，按 Enter 键。

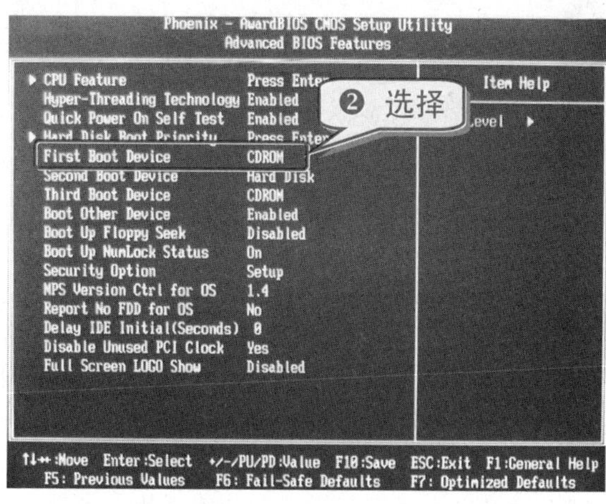

❸ 按 Esc 键返回 BIOS 设置主界面，然后存盘退出。

举 一 反 三

将 Second Boot Device(第二启动设备)设置为 Hard Disk，当系统文件都复制到磁盘上后，计算机会从硬盘启动进行系统安装。

技巧9　恢复 BIOS 默认设置

当 BIOS 设置比较混乱时，通过 BIOS 设置程序的默认设置选项可将 BIOS 设置恢复到默认状态。

其中 Load Fail-Safe Defaults 或 Load BIOS Defaults 表示载入安全状态设置，而 Load Optimized Defaults 或 Load Performance Defaults 表示载入最优化设置。

❶ 在 BIOS 设置程序主界面中，将光标移到 Load Optimized Defaults(Y/N)选项上，按 Enter 键，弹出 Load Optimized Defaults(Y/N)?提示框。

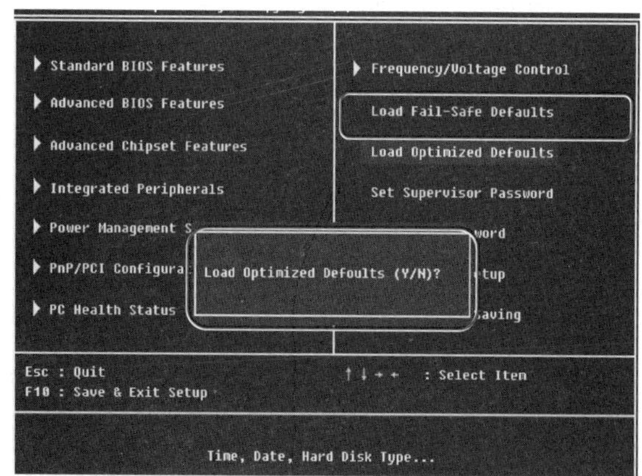

❷ 输入“Y”，按 Enter 键，BIOS 即可恢复到默认状态。

知识补充

安全状态设置通常用于检测计算机异常状态，而最优化设置通常用于恢复BIOS设置。安全状态设置无法使计算机的性能发挥到最大，用户可以根据实际需要对计算机进行最优化设置。如果在最优化设置时计算机出现异常，可以将BIOS恢复到安全状态设置。

技巧10 全新安装Windows Vista系统

全新安装Windows Vista系统时，现有版本的Windows操作系统将被替换掉，包括相关的系统文件、设置与程序等。

如果计算机没有安装操作系统或者想替换现有的操作系统，并将Windows Vista安装在特定的分区上，可以使用全新安装。

❶ 在BIOS中设置First Boot Device为CD-ROM后存盘退出，将Windows Vista安装光盘放入DVD光驱中，重新启动计算机，Windows Vista安装程序会自动载入安装文件。

❷ 安装文件完全载入后，出现初始安装界面，选择安装语言类型、时间、货币格式和键盘布局，然后单击“下一步”按钮。

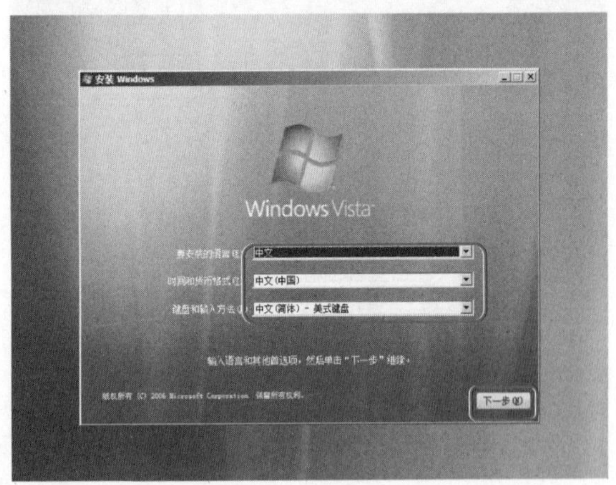

❸ 在弹出的“安装Windows”界面中，单击“现在安装”按钮，弹出“键入产品密钥进行激活”界面，这里请参照安装CD的说明文件正确输入Windows Vista的安装密钥，然后单击“下一步”按钮。

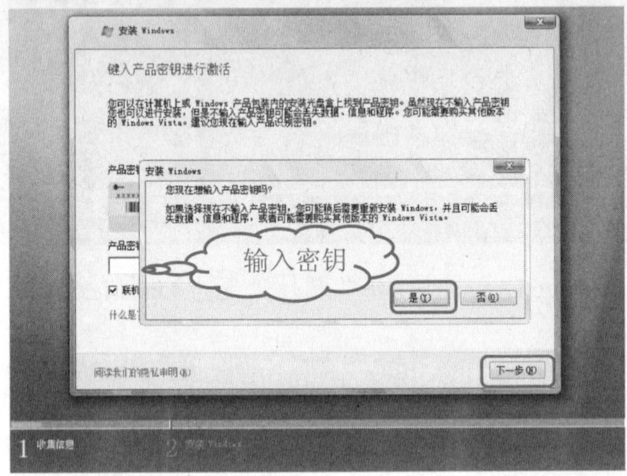

❹ 选择要安装的版本，单击“下一步”按钮，弹出“请阅读许可条款”界面，选中“我接受许可条款”复选框，然后单击“下一步”按钮。

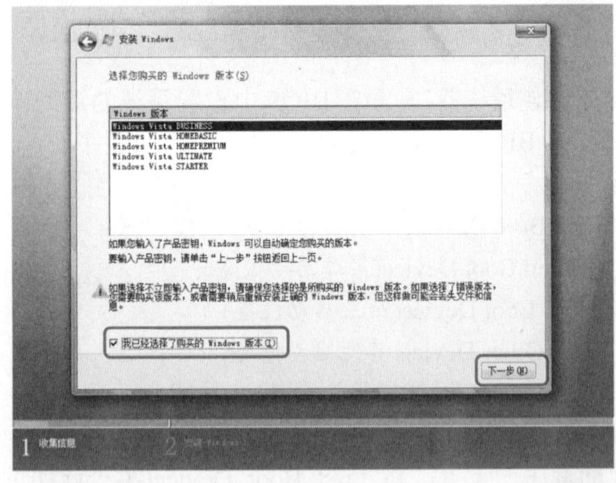

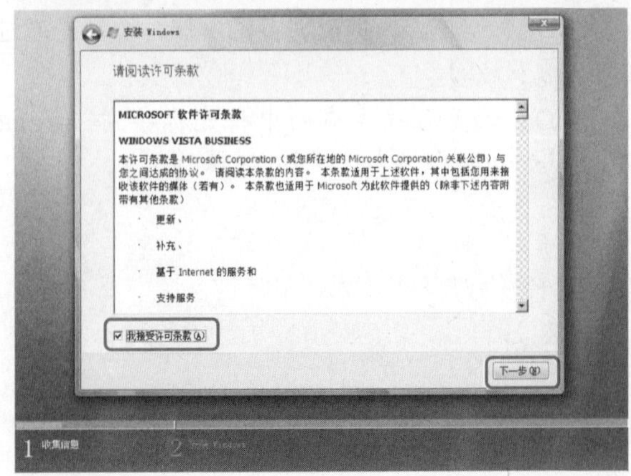

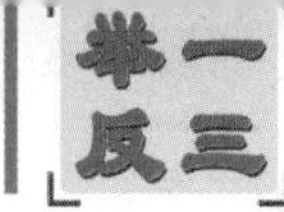

注 意 事 项

在“请阅读许可条款”界面中，必须选中“我接受许可条款”复选框才可以继续安装，否则就会退出安装。

❺ Windows Vista为用户提供了升级安装和自定义安装两种安装方式，由于采用的是全新安装方式，所以第一项“升级”被禁用了。单击“自定义”安装超链接，进入选择目标磁盘界面，单击“加载驱动程序”按钮，弹出“加载驱动程序”对话框，单击“确定”按钮。

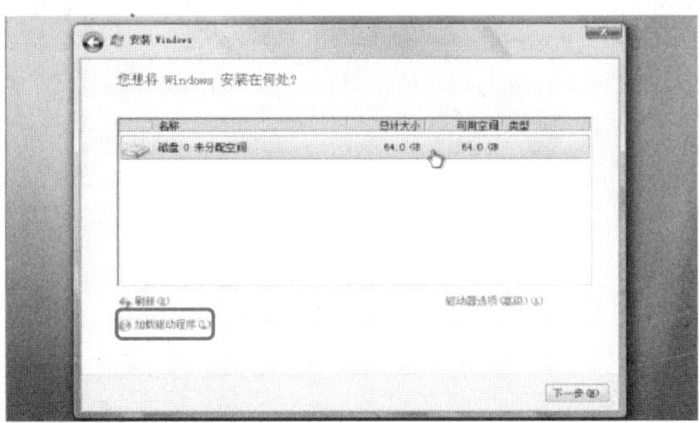

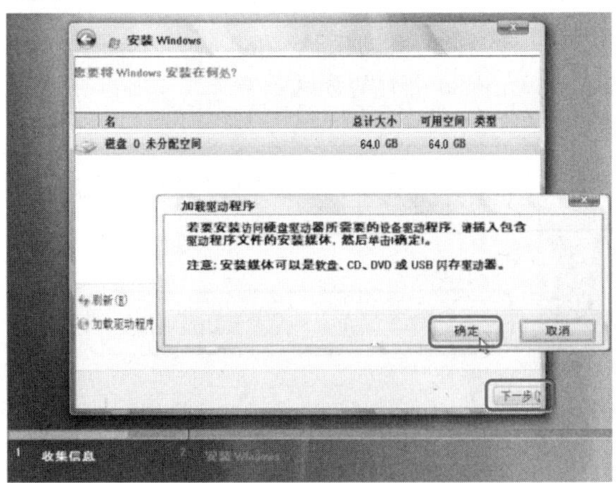

❻ 在磁盘列表中选择想要作为安装目标的硬盘后单击“驱动器选项(高级)”超链接，即可显示磁盘操作选项，包括“删除”、“格式化”和“新建”等。

❼ 单击“新建”按钮进入创建分区界面，在“大小”微调框中输入分区大小后，单击“应用”按钮即可。

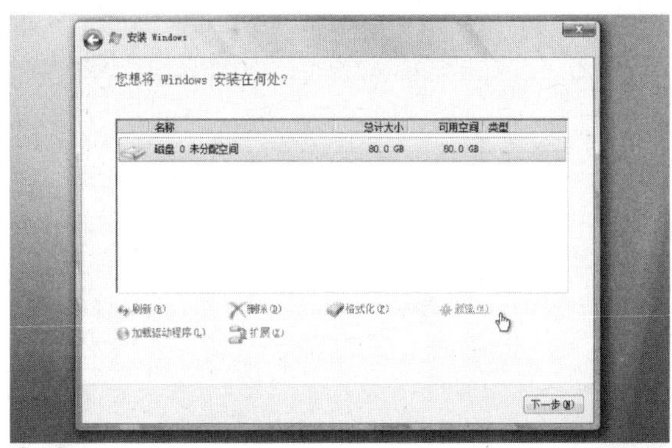

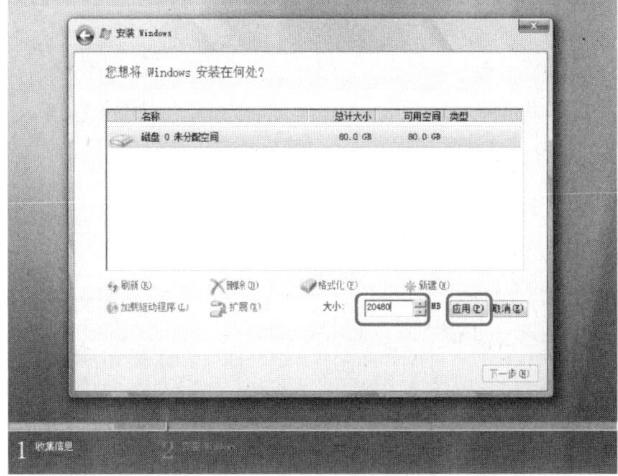

❽ 根据需要创建完分区后即可开始格式化分区。选择相应的分区后单击“格式化”按钮，在弹出的对话框中单击“确定”按钮开始格式化选中的分区。

注 意 事 项

如果计算机安装了多个硬盘或硬盘内有多个分区，在该界面中单击“刷新”按钮即可显示所有的分区。在进行安装尤其是多系统安装时，应注意准确选择分区，以免出错。

❾ 格式化分区完成后，选择一个分区作为安装Windows Vista的目标分区。单击“下一步”按钮进入“正在安装Windows”界面，安装程序开始复制安装文件到硬

件目录中。在安装过程中系统提示重新启动计算机，单击“立即重新启动”按钮，重新启动后即开始正式安装。

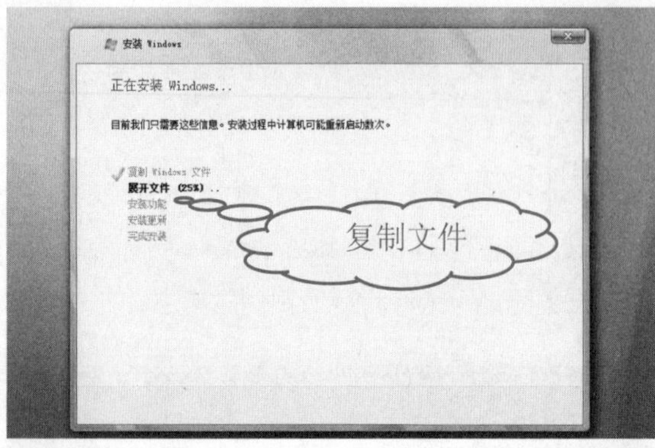

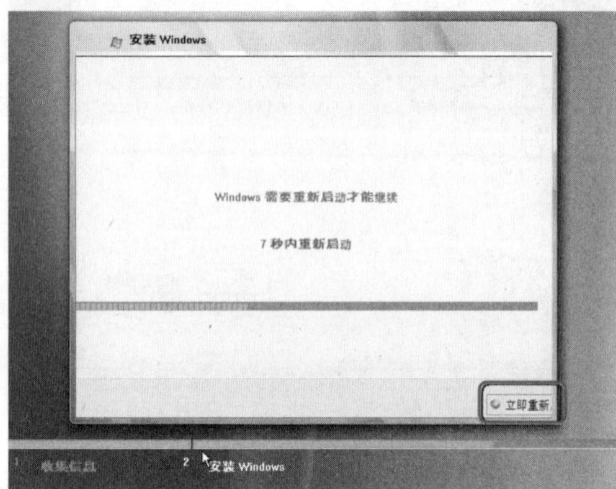

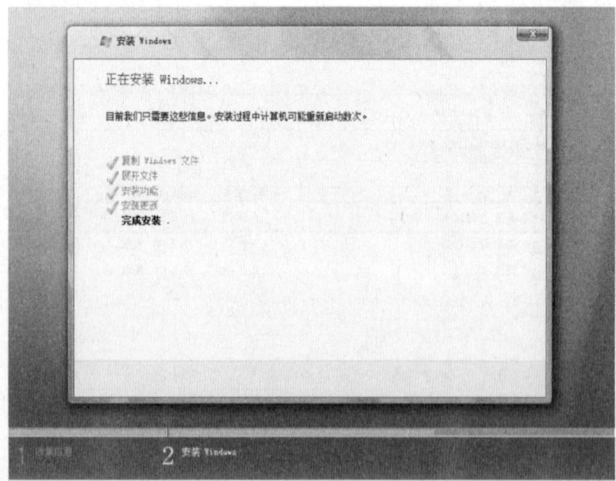

注 意 事 项

在安装过程中计算机可能会多次重新启动，如果不做任何操作计算机会在10秒钟后自动重新启动，用户也可以单击“立即重新启动”按钮重新启动计算机。当 Windows Vista 重新启动时应注意及时将光驱中的安装光盘取出，以免导致无法启动。

技巧11 初次使用系统前的设置

重新启动计算机，Windows Vista系统自动进入未完成安装部分的各项设置。

❶ 安装程序开始提示用户定制登录账户，弹出“选择一个用户名和图片”界面，在该界面的文本框中输入要创建的用户名和密码，接着选择用户账户的图片，然后单击“下一步”按钮。

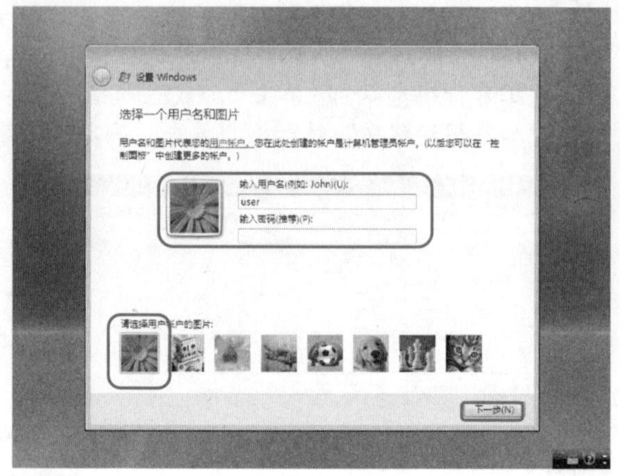

❷ 弹出“输入计算机名并选择桌面背景”界面，在该界面的文本框中输入计算机名称，在文本框的下面选择一张图片作为桌面背景，然后单击“下一步”按钮。

❸ 在弹出的“帮助自动保护 Windows”界面中可以设置 Windows Vista 更新的方式，单击“使用推荐设置”超链接。

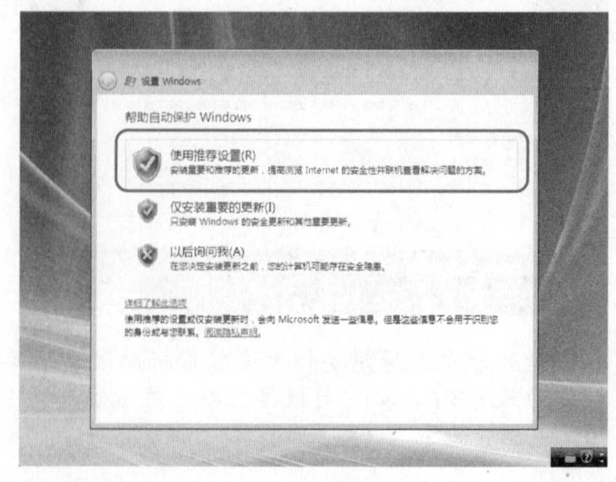

❹ 在弹出的"复查时间和日期设置"界面中定制系统时间，完成后即会看到"非常感谢"的提示窗口。

❺ 在登录系统前，安装程序需要对系统信息进行收集并完成最后的安装。

举 一 反 三

Windows XP 和 Windows Vista 的安装步骤大致相同，但 Windows Vista 的安装更加智能化，而且安装的时间也更短。

技巧12 安装过程停止响应的解决技巧

安装 Windows Vista 前需要对硬件和软件各方面进行检测，以确保硬件和软件都和 Windows Vista 兼容，否则安装过程可能停止响应，从而导致无法继续安装。

(1) 等待

如果安装过程停止响应，大约等待 10 分钟，以便查看安装过程是否继续，并观察机箱前面的硬盘指示灯是否在闪烁，如果还在闪烁，说明硬盘还在工作，安装过程还在进行。

(2) 卸载杀毒软件

卸载所有的杀毒软件以及木马专杀工具等，然后重新启动计算机继续尝试安装。如果安装再次失败，那么很有可能是硬件不兼容。

(3) 移除相关设备

如果确定硬件是和 Windows Vista 兼容的，但是安装过程还是停止响应，那么需要禁止使用不必要的硬件和移除相关外部设备。例如，移除通用串行总线(USB)设备、移除或禁用网卡、移除声卡以及串行卡等，然后重新启动计算机继续尝试安装。

技巧13 实战 Windows Vista 的升级技巧

Windows Vista 升级顾问主要是帮助 Windows XP 用户识别其 PC 是否已为升级到 Windows Vista 做好准备、哪个 Windows Vista 版本满足其需求以及其 PC 能够运行哪些 Windows Vista 功能等。

要升级到 Windows Vista，用户需要下载一个 Windows Vista 升级顾问应用程序。在运行升级顾问前，请确保插入所有USB设备或者通常与PC一起使用的其他设备。例如，插入打印机、外置硬盘和扫描仪等设备。

❶ 下载、安装并运行 Windows Vista 升级顾问。

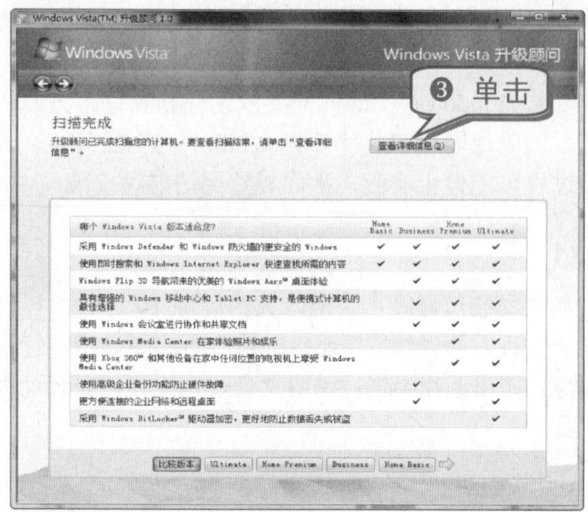

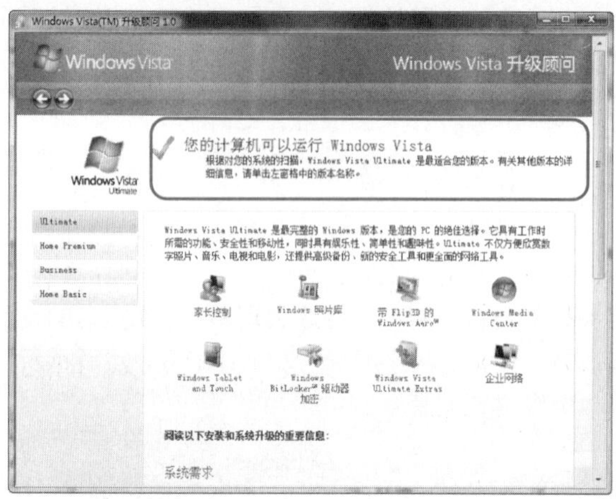

专 家 坐 堂

Windows Vista 升级顾问只能在安装了 Windows XP 或 Windows Vista 版本的计算机上运行。如果拥有运行 Windows 2000、Windows 98 或 Windows 95 操作系统的 PC，需要将其系统能力与要运行的 Windows Vista 版本站点上发布的系统要求进行仔细比较。

技巧14 多操作系统的安装原则

安装多操作系统需要遵循一定的原则，以避免多系统之间发生冲突，达到和平共存、高效运行的目的。

- 安装另外一个操作系统前先对当前的操作系统进行备份。
- 安装多操作系统应遵循从低版本到高版本的安装顺序。
- 合理地对硬盘进行整体分区规划。
- 尽可能保证一个分区中只安装一个操作系统。
- 根据所需安装的操作系统对分区进行合理的容量分配。
- 使用一些工具软件管理多操作系统，例如 BootMagic、System Commander 和 BootStar 等。
- 系统分区尽量采用 FAT32 文件系统格式，因为 FAT32 文件系统格式兼容性好，而且相对 NTFS 来说要简单得多。

技巧15 如何安装多个操作系统

安装新版本的 Windows Vista 或安装不同版本的 Windows Vista 时，可以将已经安装了的操作系统保留在计算机上，这种情况称为多重引导配置或双重引导配置。

在安装多个操作系统之前，应确保每个操作系统都有独立的分区，或计算机上有多个硬盘，否则需要对硬盘重新格式化和重新分区，或将新的操作系统安装在另一个硬盘上。

❶ 启动当前版本的计算机，以管理员身份登录系统，然后将 Windows Vista 安装光盘放入 DVD 光驱中，在弹出的“自动播放”窗口中，单击“运行 setup.exe”超链接，弹出“安装 Windows”窗口，单击“现在安装”超链接。

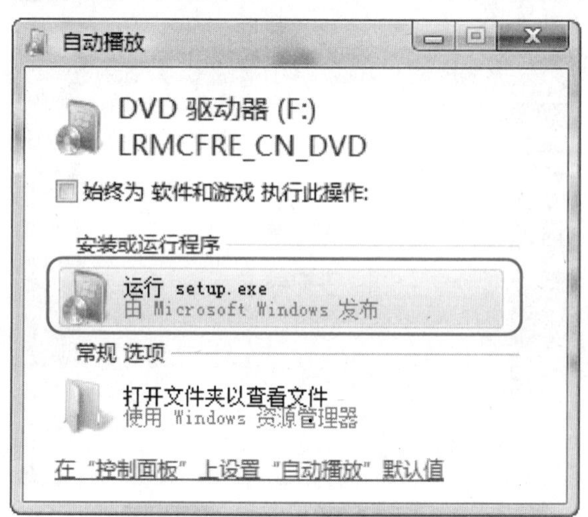

❷ 在“获取安装的重要更新”界面中单击“联机以获取最新安装更新”超链接。此时需要确保计算机连接到 Internet，否则无法获取最新安装更新。

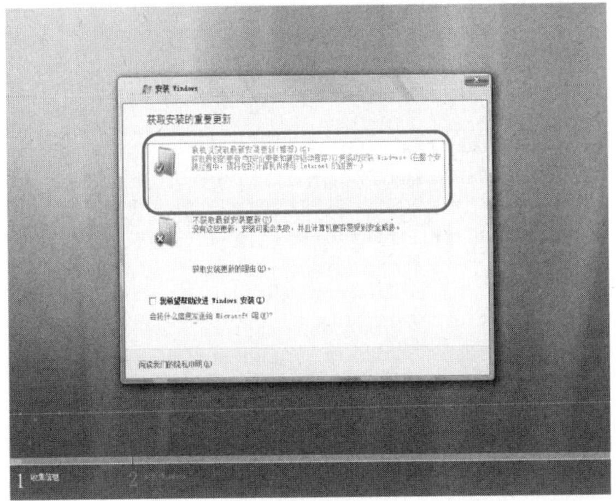

❸ 在弹出的“键入产品密钥进行激活”界面中参照安装CD的说明文件正确输入Windows Vista的安装密钥，选中“联机时自动激活Windows”复选框，然后单击“下一步”按钮。

❹ 选择需要安装的版本，单击“下一步”按钮，弹出“请阅读许可条款”界面，选中“我接受许可条款”复选框，然后单击“下一步”按钮，单击“自定义”安装超链接。

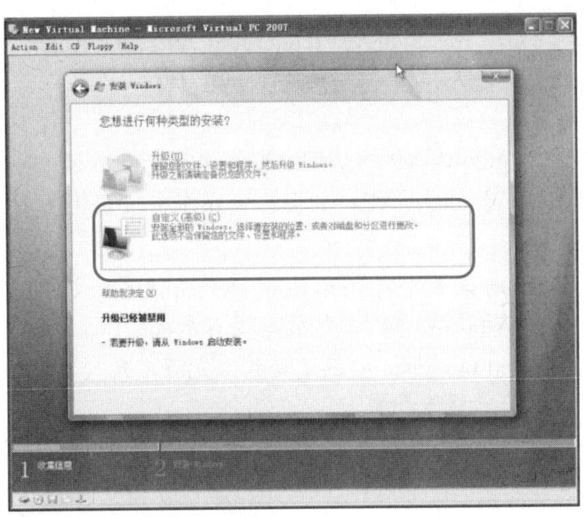

❺ 选择一个单独的磁盘分区安装新的操作系统。如果拥有多个硬盘，也可以安装在另一个硬盘的目标分区上。

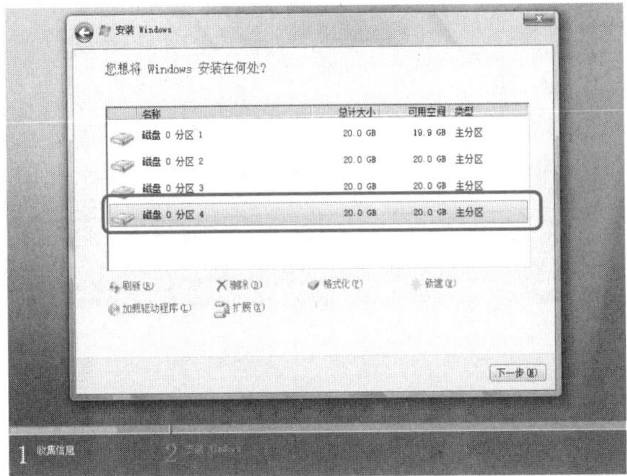

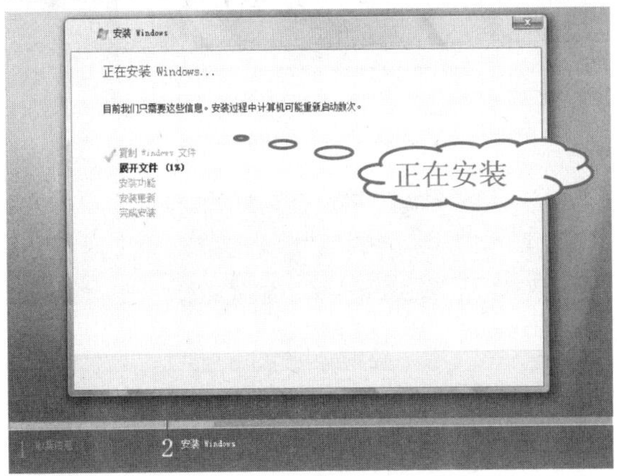

❻ 在安装过程中系统提示重新启动计算机，单击“立即重新启动”按钮，重新启动计算机后继续安装。

❼ 安装完成后重新启动计算机。

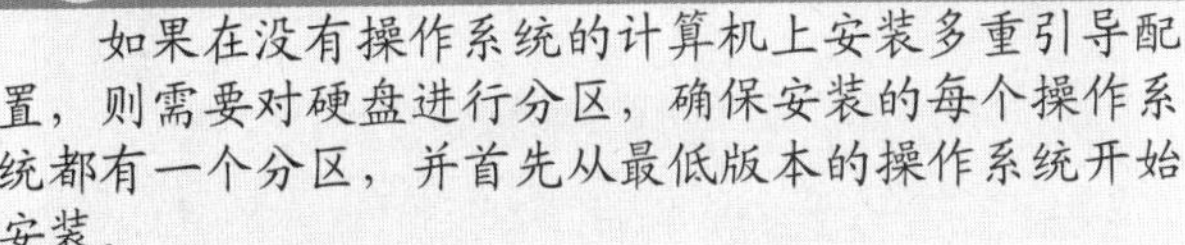

注 意 事 项

如果在没有操作系统的计算机上安装多重引导配置，则需要对硬盘进行分区，确保安装的每个操作系统都有一个分区，并首先从最低版本的操作系统开始安装。

在每个操作系统上，都需要安装相应的应用程序和驱动程序。

技巧16 实战在 Windows XP 上安装 Windows Vista 的技巧

在 Windows XP 的基础上安装 Windows Vista 时，需要先安装 Windows XP，并将两个操作系统安装在不同的分区中。

❶ 在 BIOS 设置中将 First Boot Device 设置为 CD-ROM，安装 Windows XP 至 C 盘，进入系统。

❷ 将 Windows Vista 安装光盘放入光驱，光盘自动运行，进入安装程序界面。

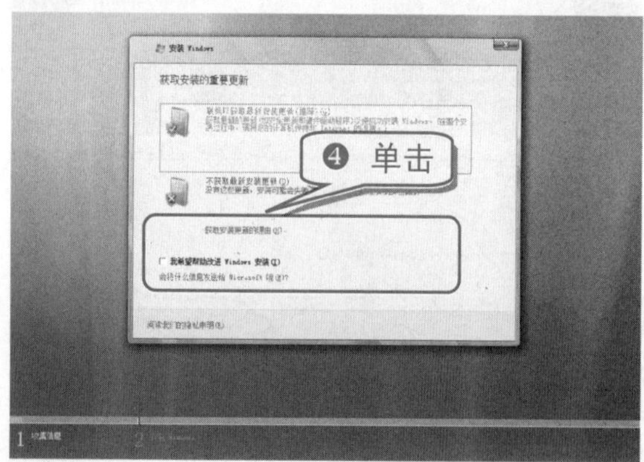

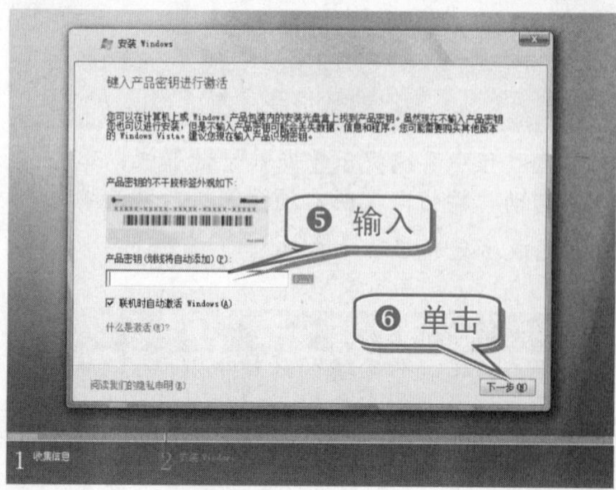

❼ 选中“我接受许可条款”复选框，单击“下一步”按钮。

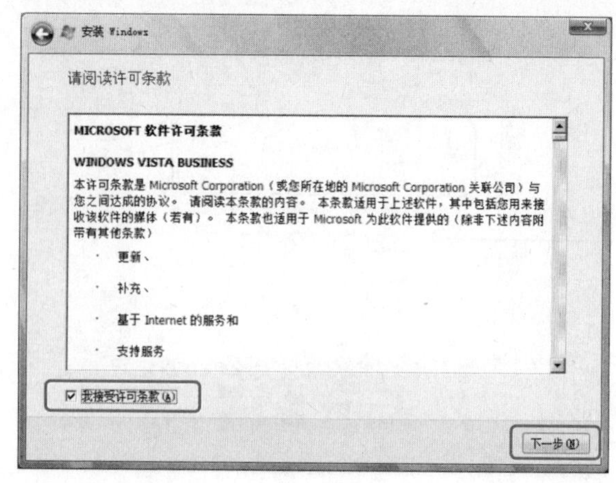

❽ 在弹出的选择安装类型对话框中，单击“自定义”安装超链接。

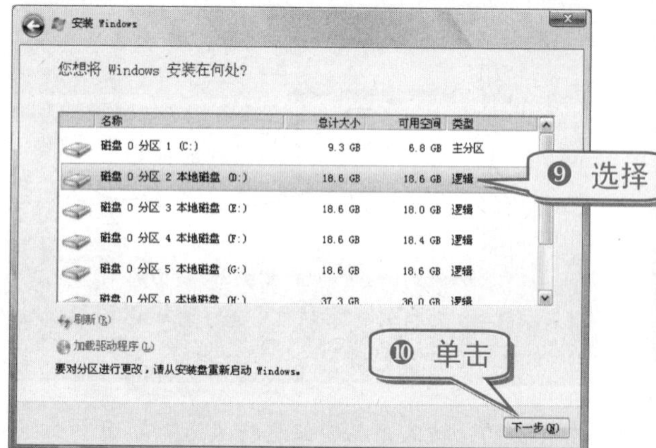

举 一 反 三

在安装多操作系统时，一般将操作系统按安装顺序依次存放在前后相连的分区中。例如，安装 Windows 2000、Windows XP 和 Windows Vista 三个操作系统，则将 Windows 2000 存放在 C 盘，Windows XP 存放在 D 盘，Windows Vista 存放在 E 盘。

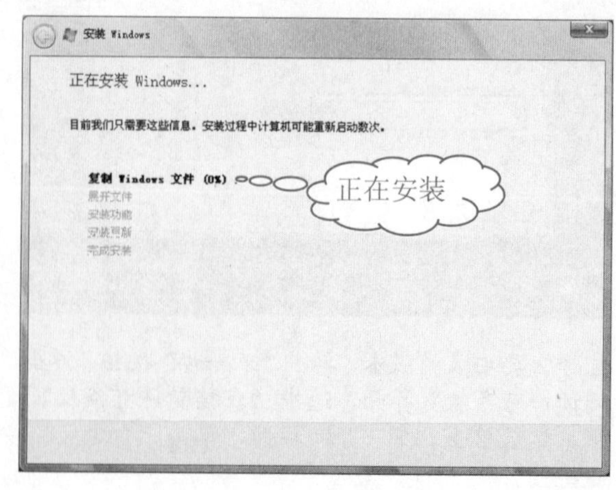

技巧17　设置 Windows XP 为默认的启动系统

由于微软在 Windows Vista 中引入了全新的 Boot Loader 构架，所以在安装多个操作系统的 PC 上，Windows Vista 必须最后安装，否则 Windows Vista 的 Boot Loader 将会被覆盖而导致系统无法正常启动。

由于这类多重启动或双重启动的默认启动设置是 Windows Vista，启动时将自动进入 Windows Vista 操作界面，这样给试用 Windows Vista 的用户带来了许多不方便。

❶ 双击桌面上的“控制面板”图标，在打开的“控制面板”窗口中，单击“系统和维护”超链接，打开“系统和维护”窗口。

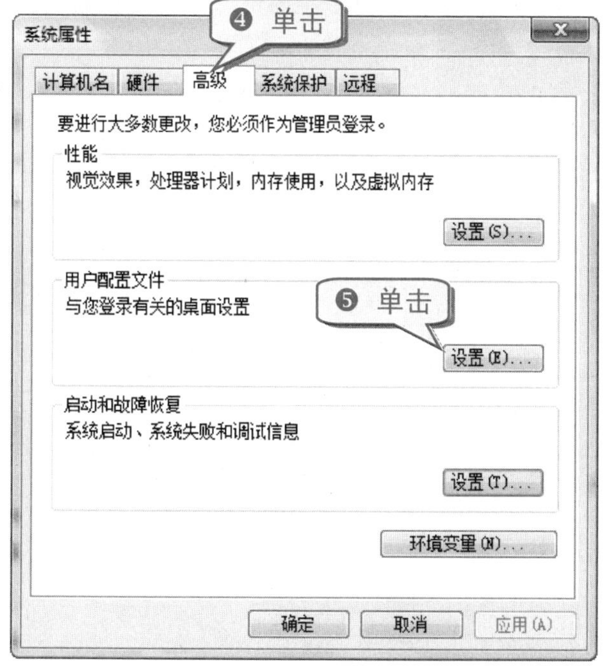

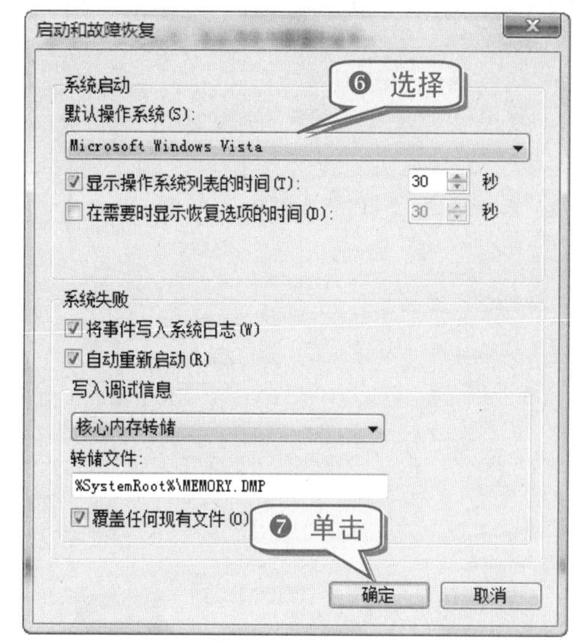

知　识　补　充

在“系统启动”选项组中的“默认操作系统”下拉列表框中，选择在启动或重新启动计算机时使用的操作系统。

技巧18　巧妙激活 Windows Vista

激活 Windows Vista 副本后可以使用 Windows Vista 的各种功能，激活还有助于确认 Windows Vista 副本是否为正版以及其使用的次数是否已经超过微软公司许可的范围。

用户可以通过联机或电话来激活 Windows Vista。若要联机激活，必须保证计算机已经连接到 Internet 才能进行。

❶ 选择“开始”→“所有程序”→“附件”→“运行”命令，在弹出的“运行”对话框中输入 slui 命令，单击“确定”按钮，打开“Windows 激活”窗口。

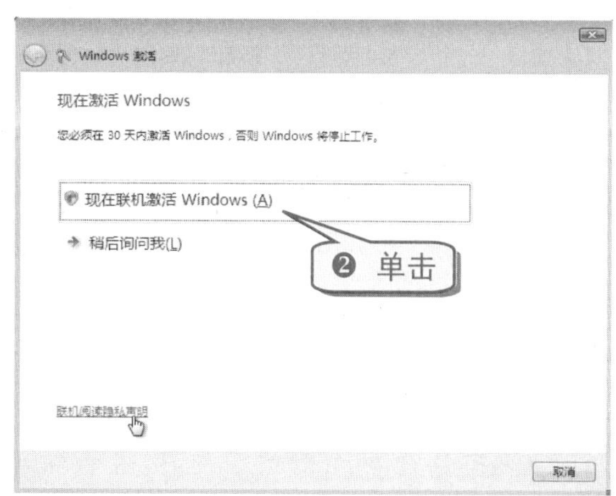

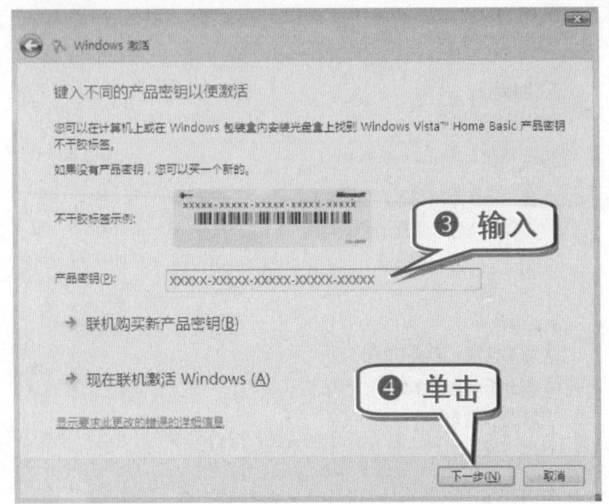

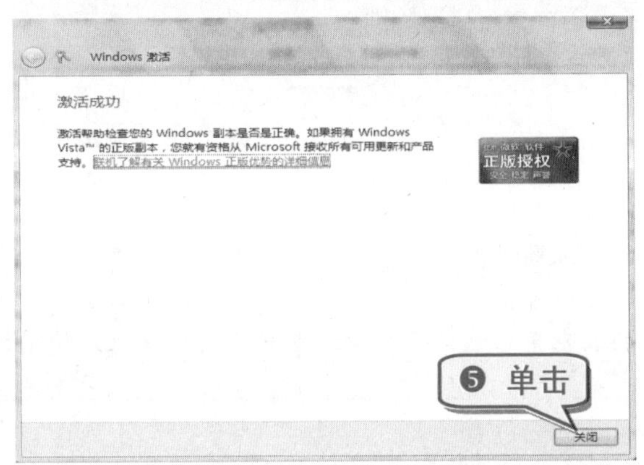

注 意 事 项

如果选择自动联机激活 Windows Vista，在首次登录系统后 3 天，自动激活程序将开始尝试激活 Windows Vista 副本。

技巧19　检查计算机的 Windows Vista 激活状态

如果不确定计算机的激活状态，可以在“控制面板”窗口中查看。

❶ 双击桌面上的“控制面板”图标，在打开的“控制面板”窗口中单击“系统和维护”超链接，打开“系统和维护”窗口。

知 识 补 充

在安装 Windows Vista 过程中不输入序列号也能继续安装，只是安装完成后的系统是在测试模式下运行的，微软公司只提供 30 天的试用期。

技巧20　更改 Windows Vista 的产品密钥

购买的 Windows Vista 安装盘中实际上有多个 Windows Vista 版本，安装不同的版本需要输入的密钥是不同的，当将现有的版本升级到另一个功能更全的版本时，需要一个新的产品密钥。

❶ 双击桌面上的“控制面板” 图标，在打开的“控制面板”窗口中单击“系统和维护”→“系统”超链接，打开“系统”窗口。

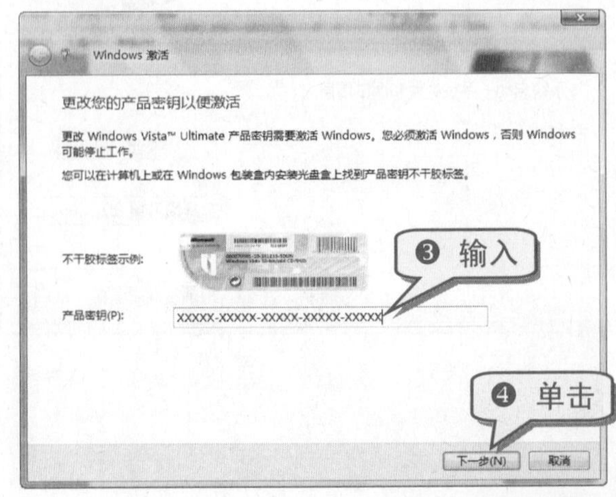

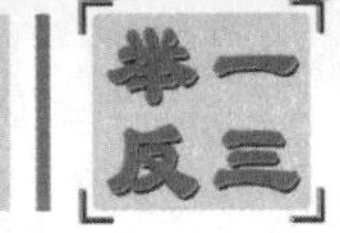

❺ 打开提示产品密钥激活成功的窗口，关闭该窗口即可。

技巧21 修复或更新驱动程序的两种方法

如果计算机的硬件设备不能正常工作，或者在安装新程序时提示需要安装最新的驱动程序，则需要检查Windows Update以获取最新的驱动程序软件。

(1) 通过Windows Update更新驱动程序软件

❶ 选择“开始”→“所有程序”→Windows Update命令，打开Windows Update窗口。

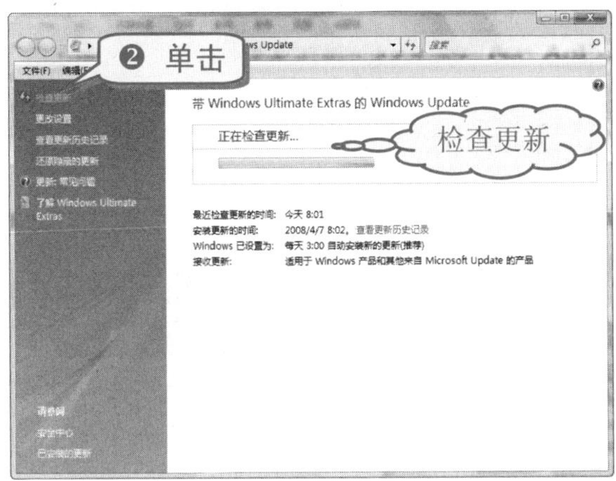

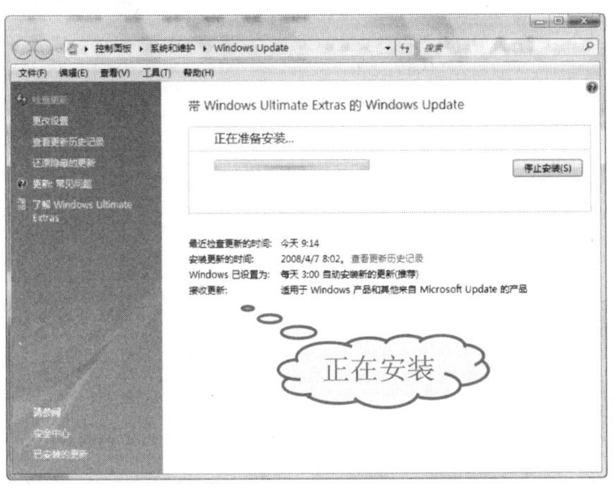

知 识 补 充

在Windows Update窗口中单击“查看可用更新”超链接，将显示计算机中已经安装的设备，以及所有可用的更新驱动程序软件。

(2) 手动更新驱动程序

❶ 打开“控制面板”窗口，单击“系统和维护”超链接，打开“系统和维护”窗口。

❷ 单击“设备管理器”超链接，打开“设备管理器”窗口，在该窗口中找到需要更新的设备。

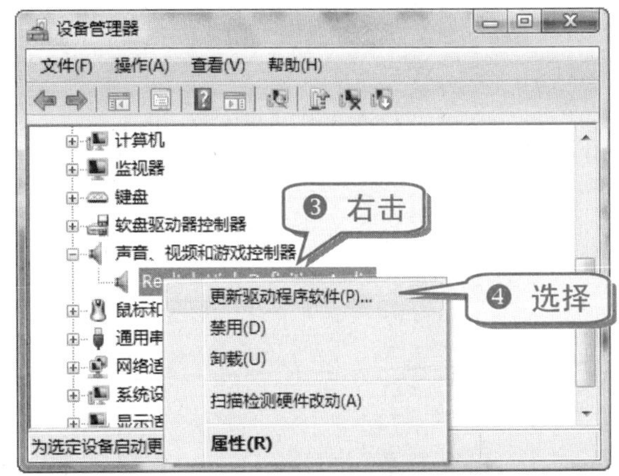

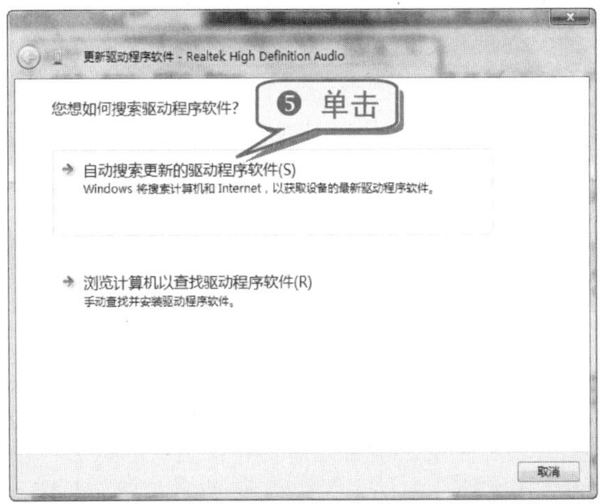

知 识 补 充

通过单击“浏览计算机以查找驱动程序软件”超链接，可以在本地计算机查找驱动程序软件来实现更新。

技巧22 卸载单操作系统中的Windows Vista

安装了单一的Windows Vista操作系统是无法卸载的，只有通过安装新的操作系统，才能将Windows Vista操作系统替换掉。若要获得Windows Vista使用的硬盘空间，在重新安装的过程中格式化硬盘那个分区即可。

(1) 直接格式化

直接格式化是卸载单一的操作系统最直接和最快速的一种方法。

❶ 找到安装系统的硬盘分区并右击该分区。

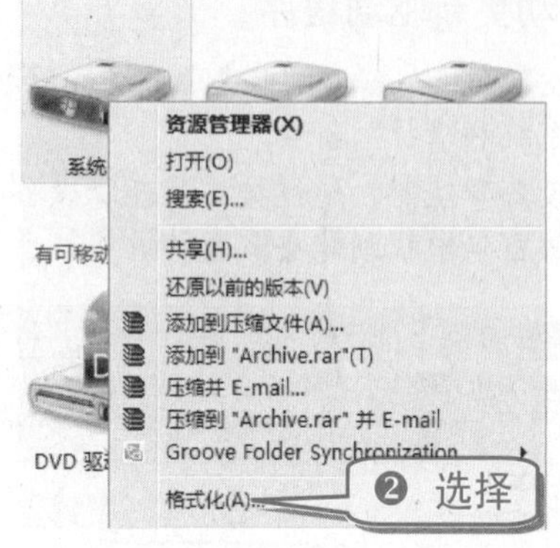

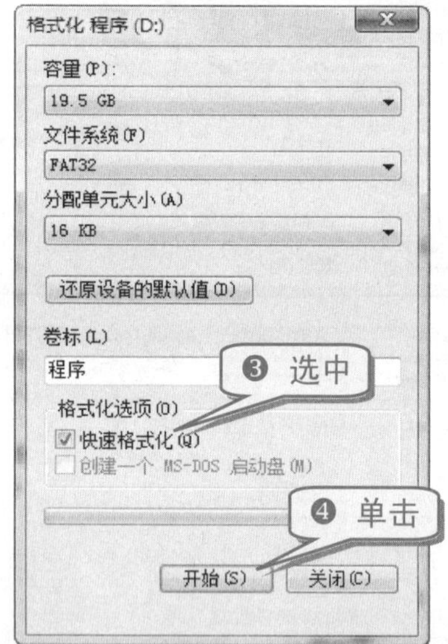

(2) 通过安装新的操作系统替换原有系统

在安装新系统之前首先需要备份重要的数据，例如，备份 Word 文档、邮件、图片和 IE 收藏夹等。

以系统管理员身份登录计算机，将系统安装盘放入 DVD 光驱中，安装方法与全新安装的方法一样，只需要在安装的过程中将原有安装系统的硬盘分区格式化，然后在该分区安装新的系统即可。

技巧23 卸载多操作系统中的 Windows Vista

在安装了 Windows XP 和 Windows Vista 双操作系统的计算机上，卸载 Windows Vista 与在单一操作系统中卸载 Windows Vista 是不一样的。虽然可以通过直接格式化相应的硬盘分区来卸载该系统，但是登录在 Windows XP 后，在启动菜单中依然会显示 Windows Vista 的菜单。

在安装了 Windows XP 和 Windows Vista 双操作系统的计算机上卸载 Windows Vista，可以通过 Windows Vista 安装光盘来完成。

❶ 重新启动计算机，以管理员身份登录系统，选择“开始”→“所有程序”→“附件”命令。

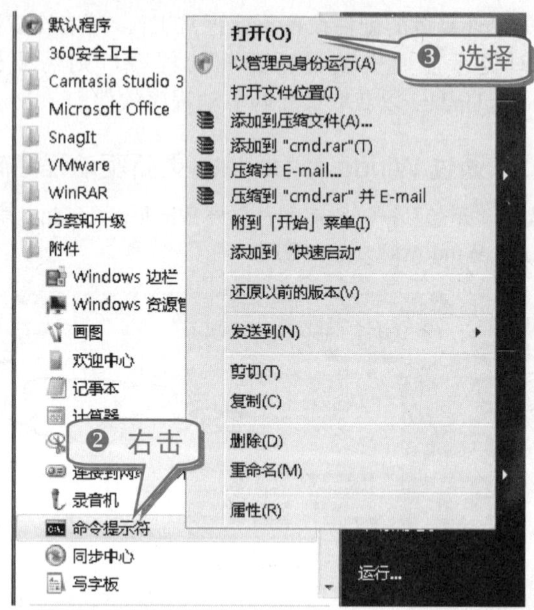

❹ 将 Windows Vista 安装光盘放入 DVD 光驱中，关闭弹出的“自动播放”对话框。在“命令提示符”窗口中输入 f:\boot\bootsect.exe-nt52 all 命令，然后按 Enter 键。

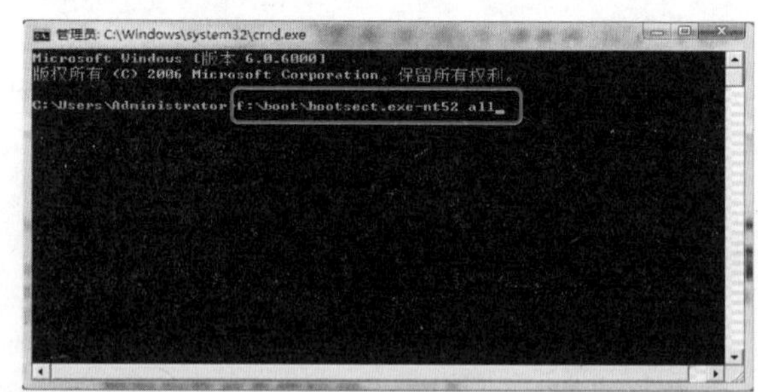

❺ 重新启动计算机。

❻ 双击桌面上的“计算机”图标，右击安装了 Windows Vista 系统的驱动器。

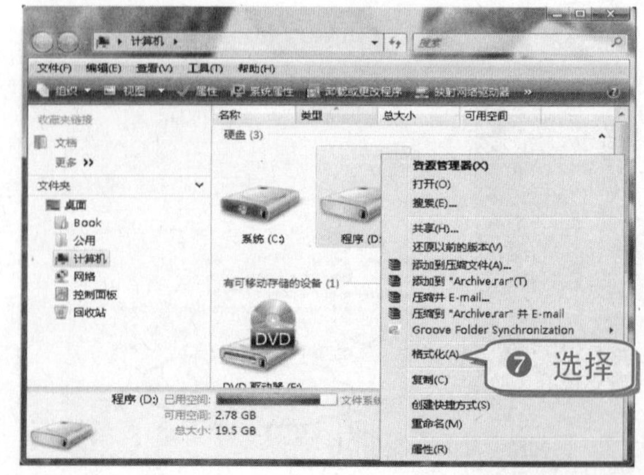

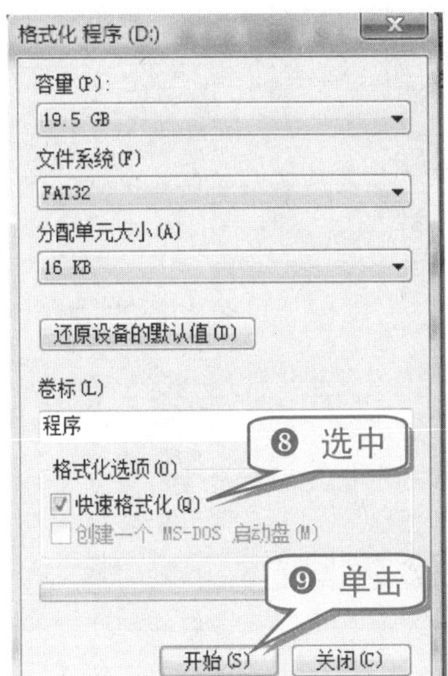

专 家 坐 堂

Windows Vista 操作系统采用的 Boot Loader 与 Windows XP 系统中的不同，在安装 Windows Vista 后，硬盘的引导过程由 Windows Boot Manager 接管，若直接删除 Windows Vista 将会导致系统启动失败。

知 识 补 充

卸载 Windows XP 的操作很简单，只需将需要的资料备份，然后直接格式化 Windows XP 所在的分区即可。

技巧24 使用 Ghost 备份操作系统

Ghost 是美国赛门铁克公司推出的一款非常优秀的磁盘复制软件，可以实现硬盘对硬盘复制、分区对分区复制、硬盘或分区复制成镜像文件，以及还原镜像文件到硬盘或分区。

❶ 把 Ghost 复制到启动软盘或硬盘上。重新启动计算机进入 DOS 界面，然后再进入 Ghost 所在的目录，输入 ghost，按 Enter 键。

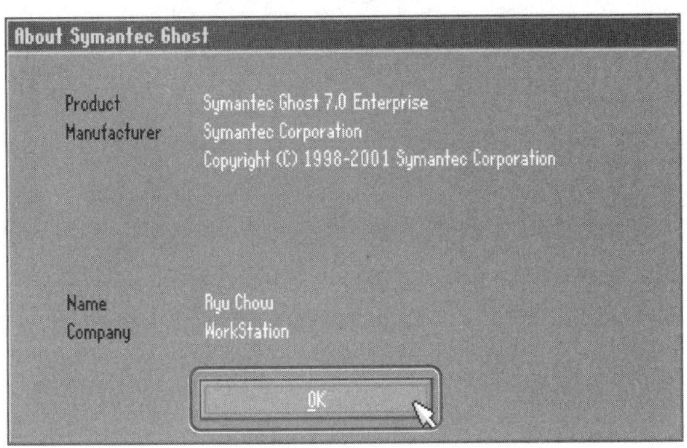

知 识 补 充

镜像文件是指可以从文件中重建一个完整磁盘或分区所需的全部信息的特殊文件，既可以用来保存原来系统配置，也可以为磁盘或分区创建完整的备份。其默认文件扩展名为.gho，可以包含整个磁盘或分区的全部信息。

注 意 事 项

Ghost 不能将数据恢复到存放要使用的镜像文件的分区，也不能在制作镜像文件时将镜像文件放在正在复制的分区上。

❷ 选择 Local→Partition→To Image 命令。

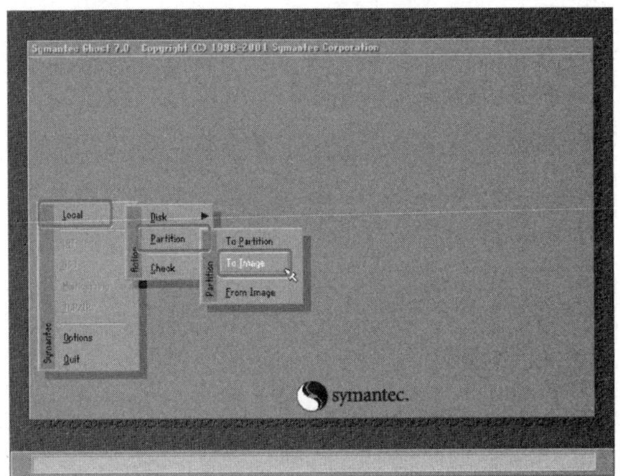

知 识 补 充

Local 是指本地硬盘和分区之间的操作；Partition 是指分区；Disk 是指硬盘；Image 是指镜像文件；to 表示“到”；from 表示“从”。

例如，Partition to Image 表示将某个分区制作成镜像文件，而 Disk from Image 表示将一个镜像文件的内容恢复到硬盘上。

❸ 选择系统所在的硬盘，按 Enter 键。当计算机中有两块或两块以上硬盘时，在操作时需要选择相应的硬盘。

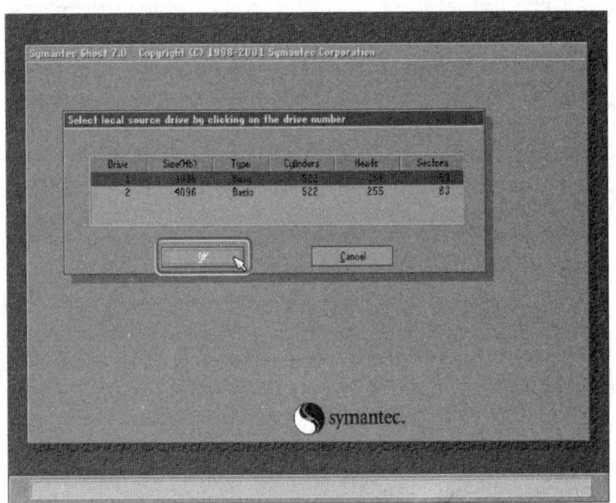

❹ 选择系统所在的分区后按 Enter 键。通常情况下，操作系统都安装在第一个分区。

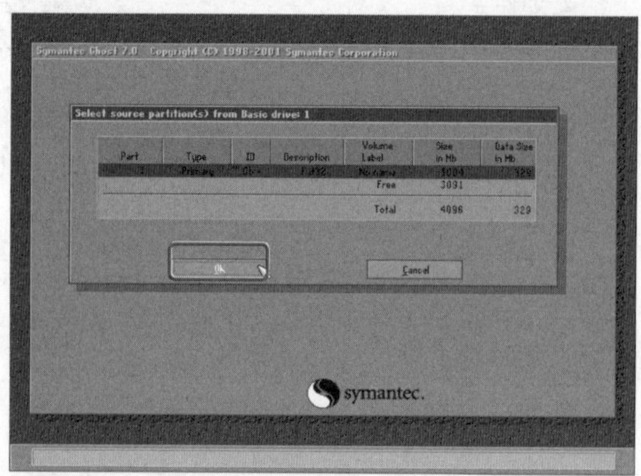

❺ 选择镜像文件的保存路径，输入镜像文件的文件名，然后单击 Save 按钮。

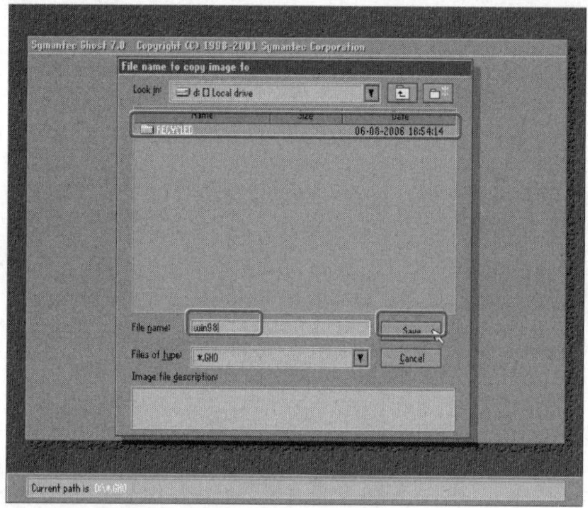

❻ 选择合适的压缩方式进行备份。

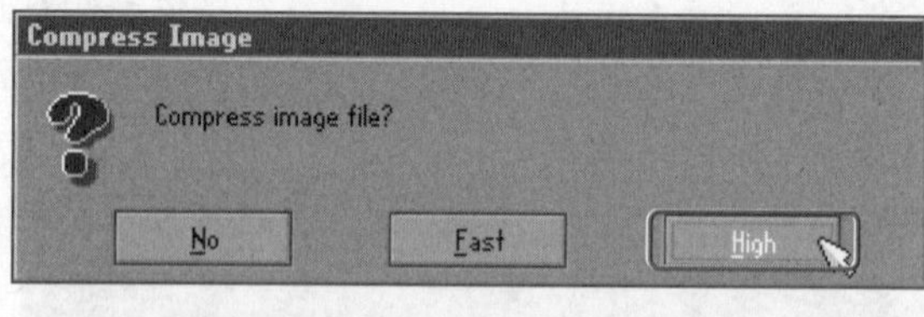

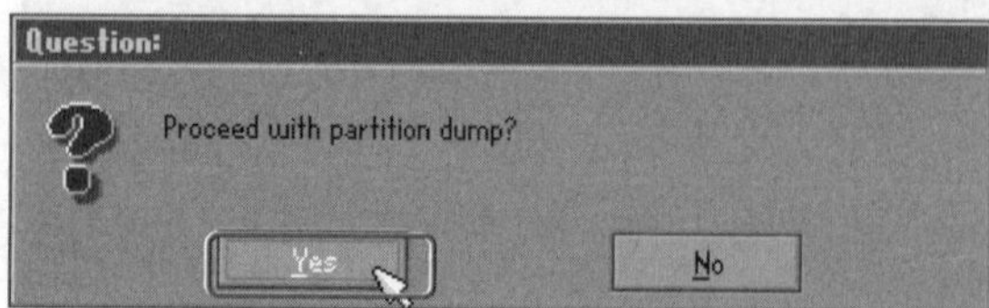

知 识 补 充

No 按钮代表不压缩；Fast 按钮代表快速压缩；High 按钮代表高压缩率。

❼ 单击 Continue 按钮，完成系统备份。

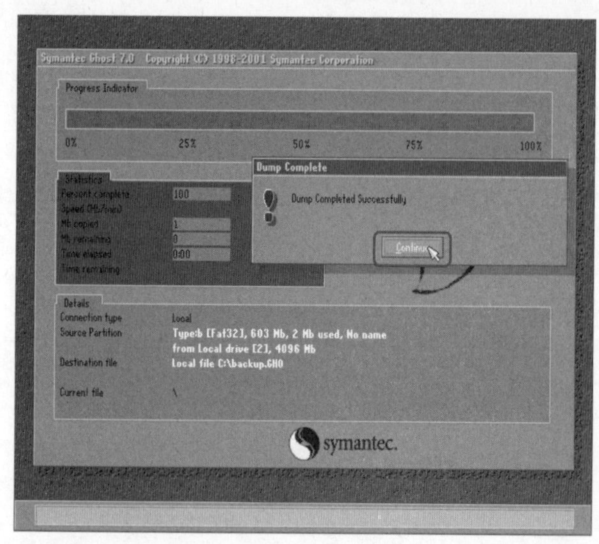

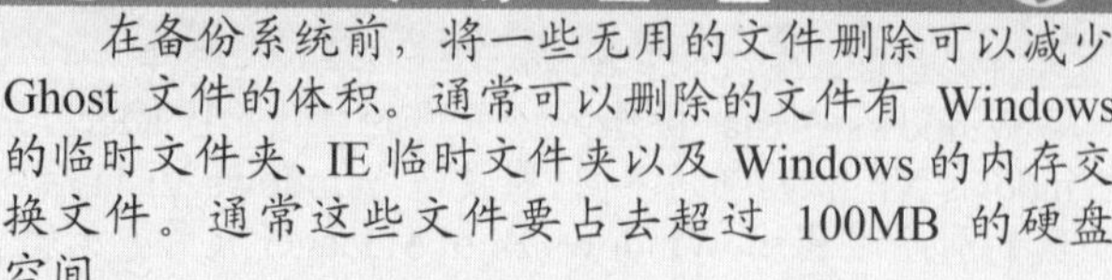

在备份系统前，将一些无用的文件删除可以减少 Ghost 文件的体积。通常可以删除的文件有 Windows 的临时文件夹、IE 临时文件夹以及 Windows 的内存交换文件。通常这些文件要占去超过 100MB 的硬盘空间。

技巧25　使用 Ghost 还原操作系统

当系统出问题后，可以使用启动软盘或光盘启动计算机，进入 DOS 界面。

❶ 在 DOS 提示符下输入 Ghost 并按 Enter 键。

❷ 选择 Local→Partition→From Image 命令。

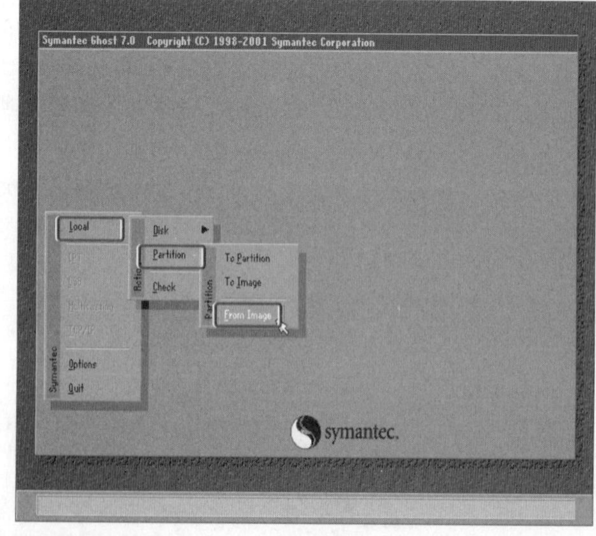

❸ 选中镜像文件，并双击该镜像文件。

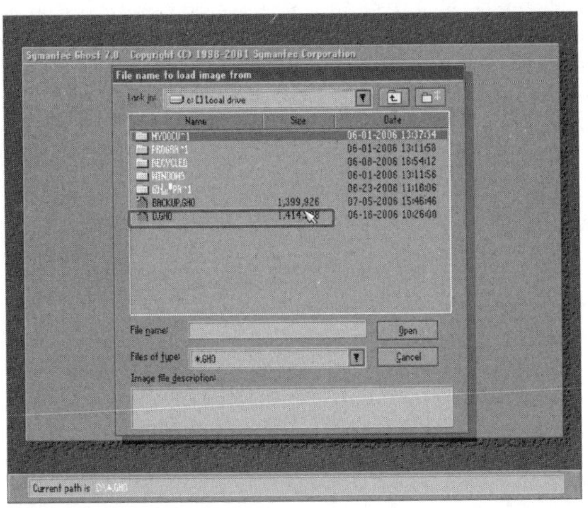

❹ 选择镜像文件中的分区，然后单击 OK 按钮。

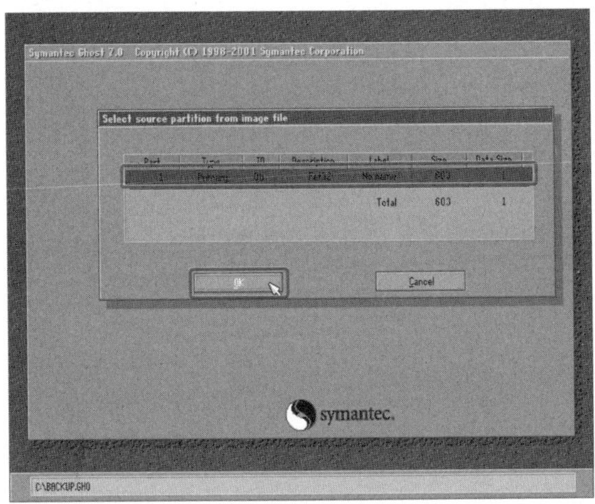

❺ 选中目标硬盘，然后单击 OK 按钮。

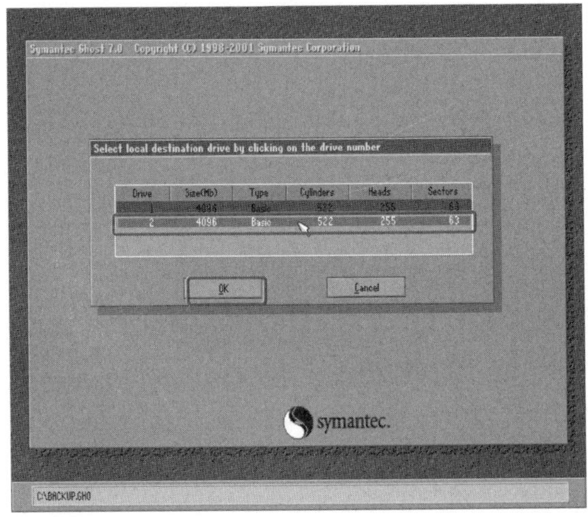

❻ 选择相应的目标分区，然后单击 OK 按钮。

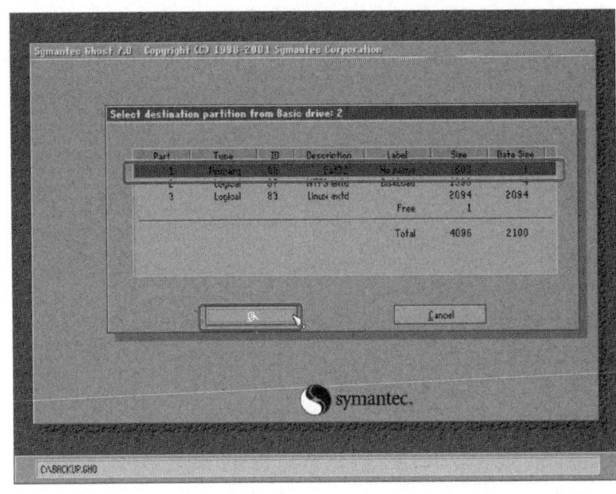

❼ 在弹出的对话框中单击 Yes 按钮，开始还原操作系统。

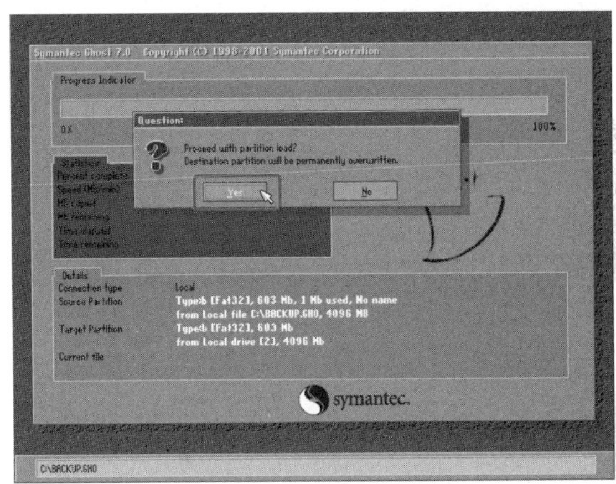

❽ 在弹出的对话框中单击 Reset Computer 按钮，完成系统还原。

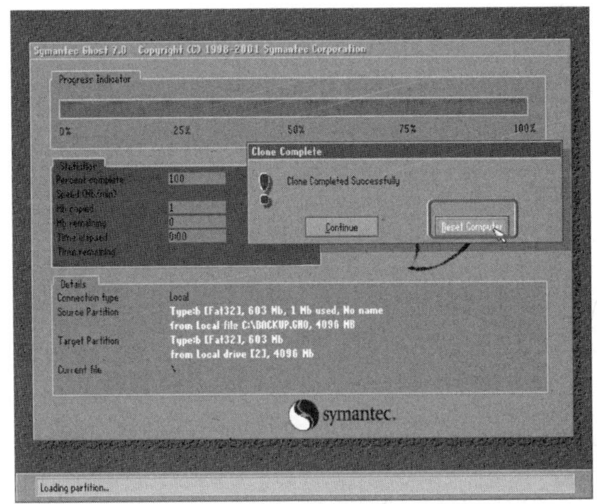

注 意 事 项

在对系统进行 Ghost 还原前，要先检查一下需要恢复的目标盘是否正确，以及是否有重要的文件还未转移，因为一旦还原，重要的数据就很难恢复了。

专题二　系统个性化设置技巧

Windows Vista 新增的功能在桌面设置、任务栏设置、“开始”菜单设置、Windows 边栏设置、家长控制设置以及全新的外观上深深地吸引着用户。

热点快报

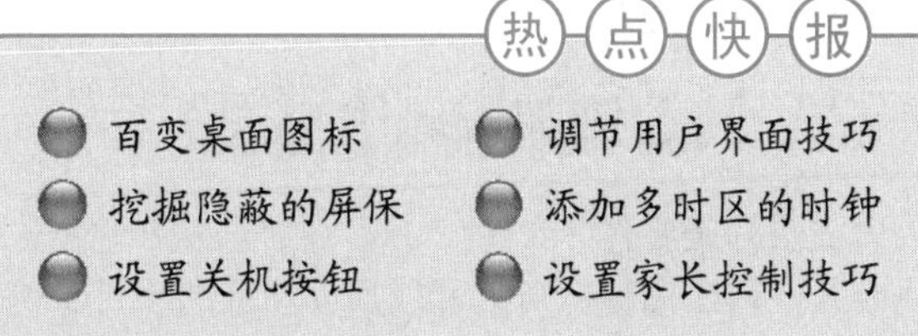

- 百变桌面图标
- 调节用户界面技巧
- 挖掘隐蔽的屏保
- 添加多时区的时钟
- 设置关机按钮
- 设置家长控制技巧

技巧26　快速显示桌面图标

Windows Vista 系统刚安装好时，桌面上只显示一个“回收站”图标。

❶ 右击桌面空白区域，在弹出的快捷菜单中选择“个性化”命令，打开“个性化”窗口。

❺ 桌面上显示出已被选中的图标。

知 识 补 充

在“桌面图标设置”对话框中，选中需要更改的图标并单击“更改图标”按钮可以自定义图标的外观。

技巧27　自定义排列桌面图标

Windows Vista 系统的桌面图标排列在桌面的左侧，如果用户需要自定义排列方式，可以拖动图标到桌面上的任意位置。

❶ 右击桌面空白区域，弹出快捷菜单。

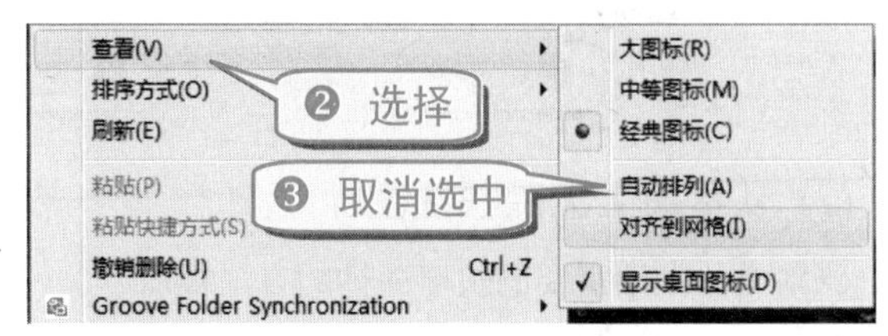

知 识 补 充

取消选中“自动排列”复选框，就可以在桌面上拖动图标到任意位置。

技巧28 快速调整桌面图标的大小

如果用户认为 Windows Vista 桌面上默认的图标大小不合适，可以通过快捷菜单来调整。

❶ 右击桌面空白区域，弹出快捷菜单。

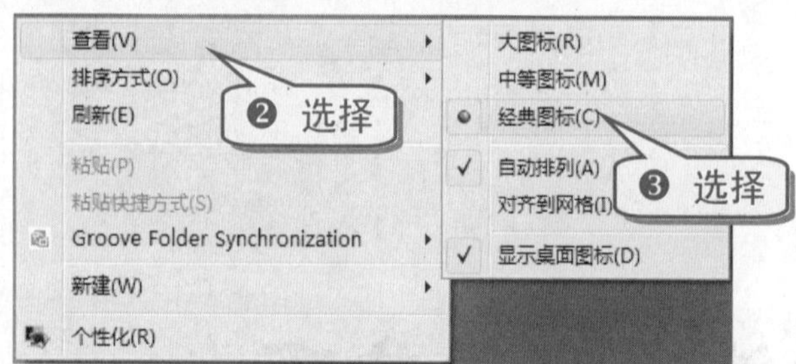

专 家 坐 堂

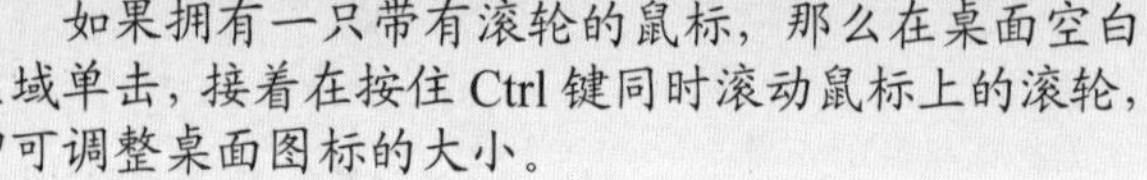

如果拥有一只带有滚轮的鼠标，那么在桌面空白区域单击，接着在按住 Ctrl 键同时滚动鼠标上的滚轮，即可调整桌面图标的大小。

技巧29 快速添加或删除桌面图标

桌面图标是文件、文件夹、应用程序以及其他项目的快捷方式，双击图标即可打开或启动相应的项目。例如，双击“回收站”图标，可查看被删除的信息。

(1) 向桌面上添加快捷方式

例如，添加 QQ 的快捷方式到桌面。

❶ 找到 QQ 的应用程序，右击该应用程序图标，弹出快捷菜单。

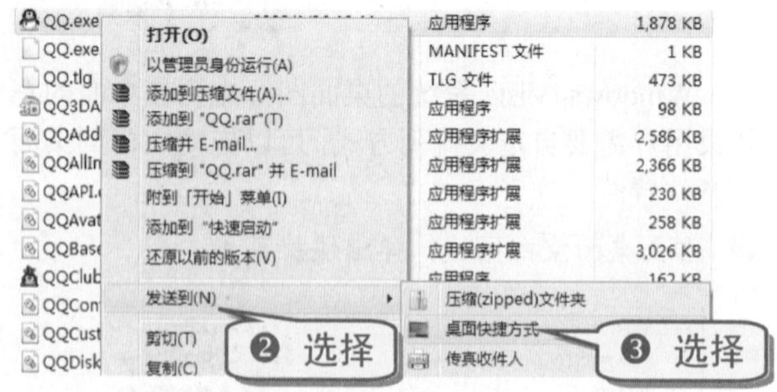

(2) 从桌面上删除快捷图标

删除桌面上不需要的快捷图标的方法很简单。

❶ 右击需要删除的图标，在弹出的快捷菜单中选择“删除”命令，弹出“删除文件”对话框。

知 识 补 充

如果需要将文件或文件夹移到桌面上，只需要在选中该文件或文件夹后将其直接拖动到桌面上即可。

技巧30 巧妙隐藏桌面图标

有时为了操作方便，需要临时隐藏桌面上的图标，而不是直接删除图标。

❶ 右击桌面空白区域，弹出快捷菜单。

举 一 反 三

如果需要恢复桌面上的图标，只要选中“显示桌面图标”复选框即可。

右击桌面空白区域，在弹出的快捷菜单中有很多选项可以快速地更改桌面设置，例如，在“新建”子菜单中可以建立文档和文件夹等。

技巧31 快速创建快捷方式工具栏

通过创建快捷方式工具栏，可以将经常使用的快捷方式存储到桌面上的工具栏中，这样就不会使桌面上的快捷方式显得凌乱不堪。单击快捷工具栏中的快捷方式即可打开相应的超链接。

❶ 右击桌面空白区域，在弹出的快捷菜单中选择“新建”→“文件夹”命令，并将其命名为“快捷键”。

❷ 拖动该文件夹到屏幕的最左边、最右边或最上边，然后释放鼠标。

❸ 将快捷方式拖动到要在工具栏上显示的位置，这些快捷方式即可出现在工具栏上。

注 意 事 项

创建好快捷方式工具栏后，如果不想在桌面上看到这些文件夹，则可将其隐藏。这样，工具栏仍将保留在桌面上，而文件夹将会消失。

技巧32　快速关闭渲染效果

在 Windows Vista 中 ClearType 的渲染在默认状态下是启用的，如果觉得不清晰，或者不想启用，可以在个性化设置中禁用此选项。

❶ 右击桌面空白区域，在弹出的“个性化”窗口中单击“Windows 颜色和外观”超链接，打开“Windows 颜色和外观”窗口。

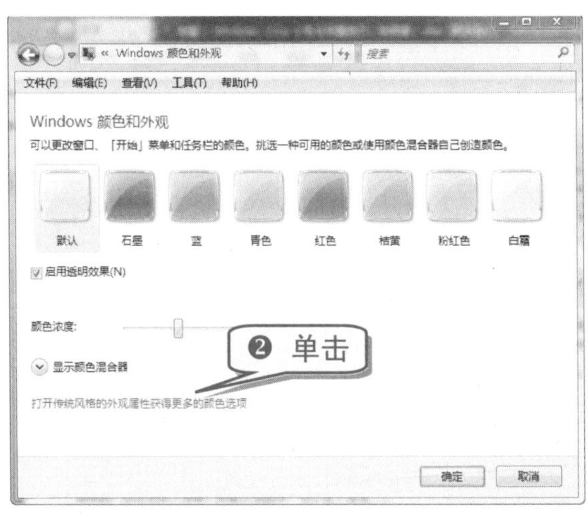

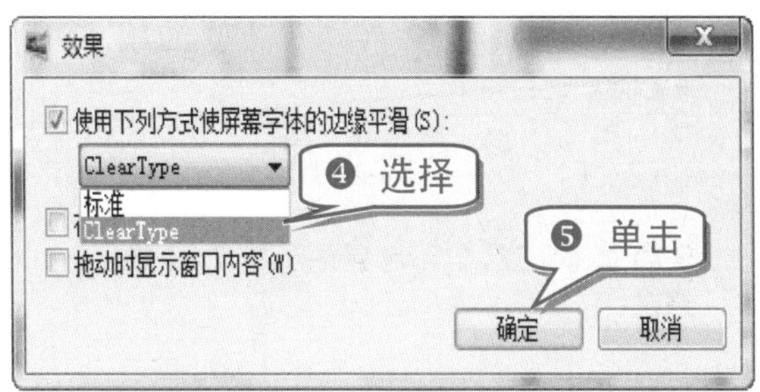

知 识 补 充

在“效果”窗口中，可以更改屏幕字体的边缘平滑方式，或取消使用渲染效果。

技巧33　妙用 DPI 调节用户界面

DPI 指的是像素密度，或者说在每英寸中所显示的像素的数目。标准的台式机的 DPI 默认的比例是 96DPI，但是笔记本的 DPI 更密集，可以达到 144DPI。

调整每英寸点数(DPI)比例可以使屏幕上的文本或其他项目(如图标)变得更大或更小。可以减小 DPI 比例以使屏幕上的文本和其他项目变得更小，从而在屏幕上容纳更多的信息。

❶ 右击桌面空白区域，在打开的“个性化”窗口左边单击“调整字体大小(DPI)”超链接，弹出“DPI 缩放比例”对话框。

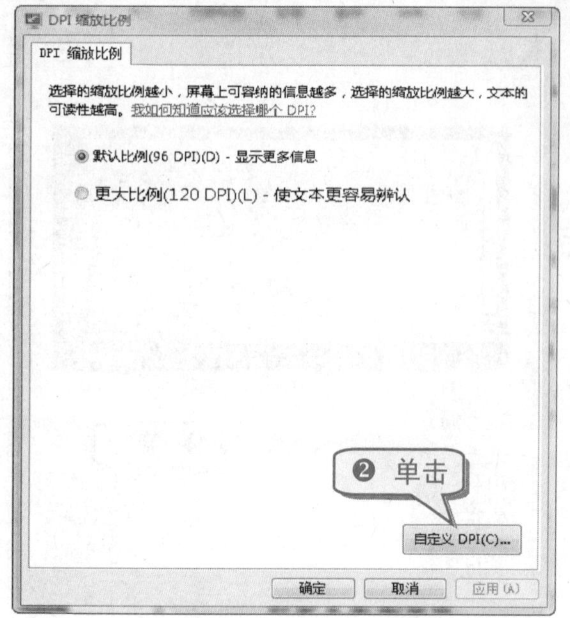

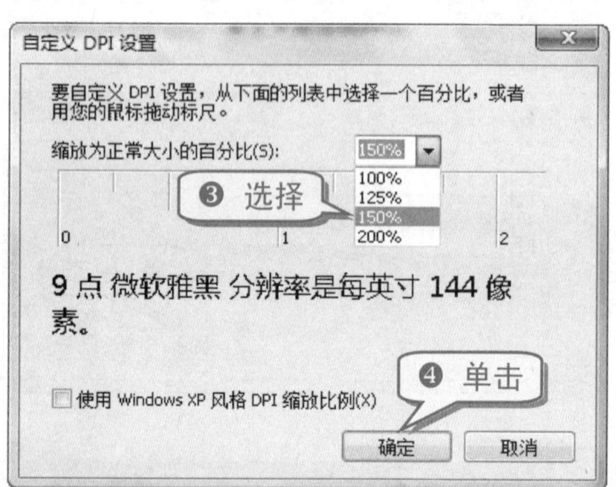

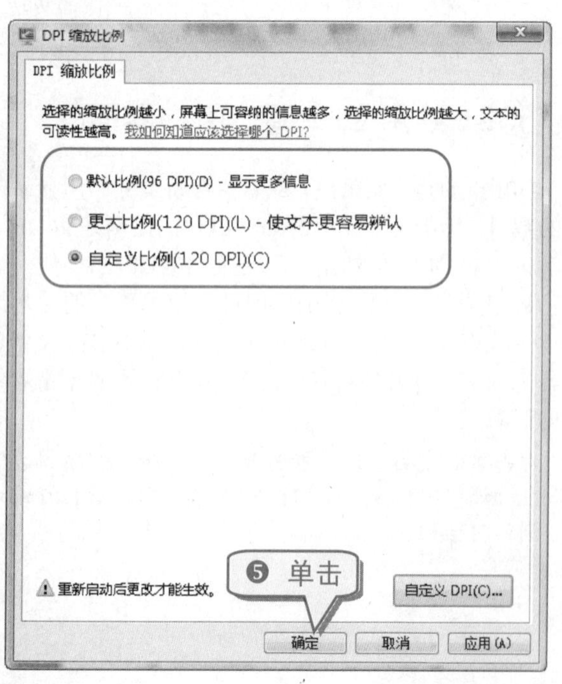

注 意 事 项

单击标尺向右移动来增大 DPI，单击“确定”按钮后可以看到在“自定义 DPI 设置”的对话框中自定义的字体大小变了。此项设置完成后需要重新启动计算机才能生效。

技巧34 快速更换桌面背景

桌面背景也称为墙纸，用户可以选择系统自带的图片，也可以设置自己喜欢的图片为桌面背景。

❶ 右击桌面空白区域，在弹出的快捷菜单中选择“个性化”命令，在打开的“个性化”窗口中单击“桌面背景”超链接。

注 意 事 项

在“图片位置”下拉列表框中用户可以选择系统自带的图片，也可以单击“浏览”按钮选择自己喜欢的图片。在“应该如何定位图片？”区域有三种不同的图片定位可供选择，来实现墙纸的排列方式。

技巧35 添加“运行”命令至“开始”菜单

在 Windows Vista 系统中，默认的“开始”菜单中不包括“运行”命令，而该命令在 Windows XP 系统中一直都受到用户的青睐。

❶ 右击“开始”菜单，在弹出的快捷菜单中选择“属性”命令，弹出“任务栏和「开始」菜单属性”对话框。

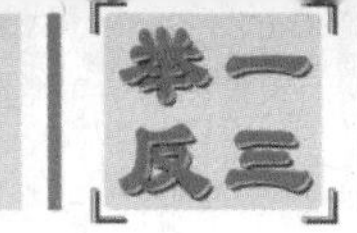

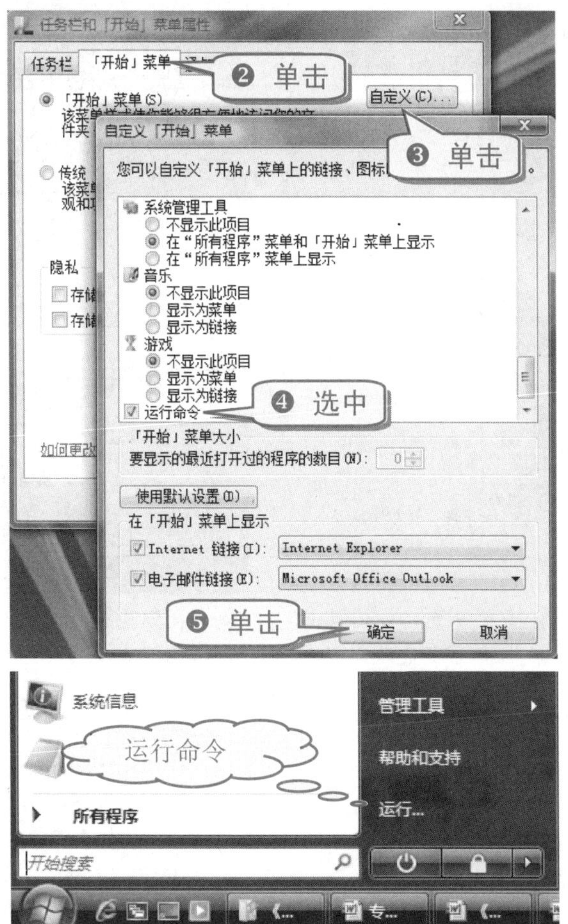

技巧36　挖掘隐蔽的动态屏保

在"运行"对话框中输入 winsat aurora 命令，出现梦幻屏保。

❶ 单击"开始"菜单。

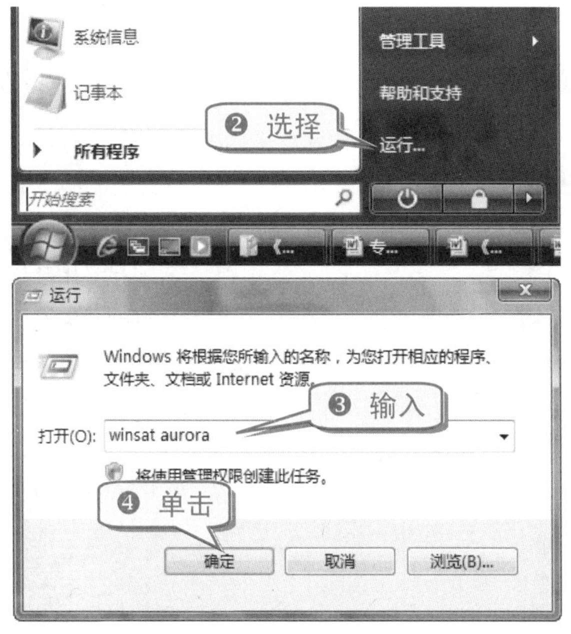

注　意　事　项

退出屏幕保护时按 Esc 键即可。

技巧37　如何在桌面上显示 IE 7.0 图标

在 Windows Vista 系统中，桌面上没有显示 Internet Explorer 快捷图标，这样就导致了设置 IE 时的不方便。通过修改注册表可在桌面上显示 Internet Explorer 快捷图标。

❶ 选择"开始"→"运行"命令，在弹出的"运行"对话框中输入 Regedit 命令，单击"确定"按钮，打开"注册表编辑器"窗口。

❷ 在打开的"注册表编辑器"左窗格中展开 HKEY_CURRENT_USER\Software\Microsoft\Windows\CurrentVersion\Explorer\HideDesktopIcons\NewStartPanel 分支，然后在右窗格的空白区域右击。

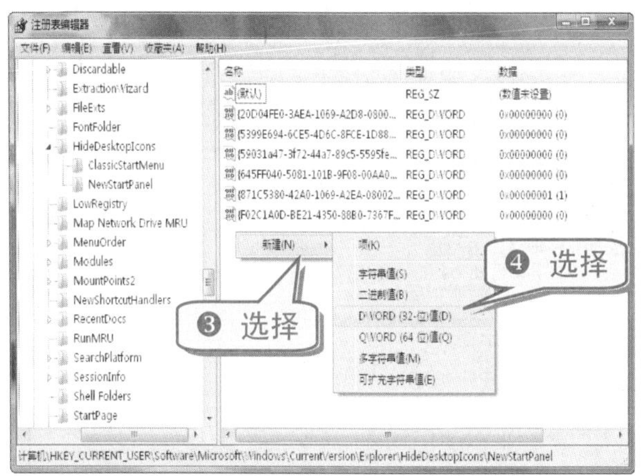

❺ 在新建的"新值 #1"项中输入"{871C5380-42A0-1069-A2EA-08002B30309D}"。

❻ 刷新桌面，即可看到 IE 7.0 图标。

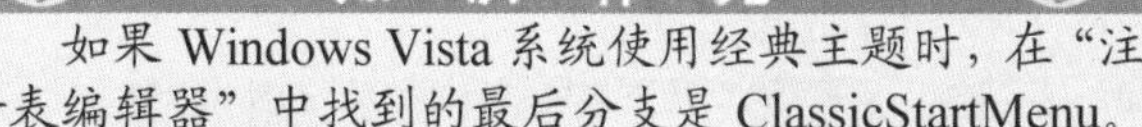

知　识　补　充

如果 Windows Vista 系统使用经典主题时，在"注册表编辑器"中找到的最后分支是 ClassicStartMenu。

技巧38　控制"开始"菜单中最近使用过的程序数目

Windows Vista 在"开始"菜单上会显示最近使用过的应用程序的快捷方式，通过对菜单属性的设置可以更改显示的程序快捷方式的数目。

❶ 右击"开始"菜单，在弹出的快捷菜单中选择"属性"命令，弹出"任务栏和「开始」菜单属性"对话框。

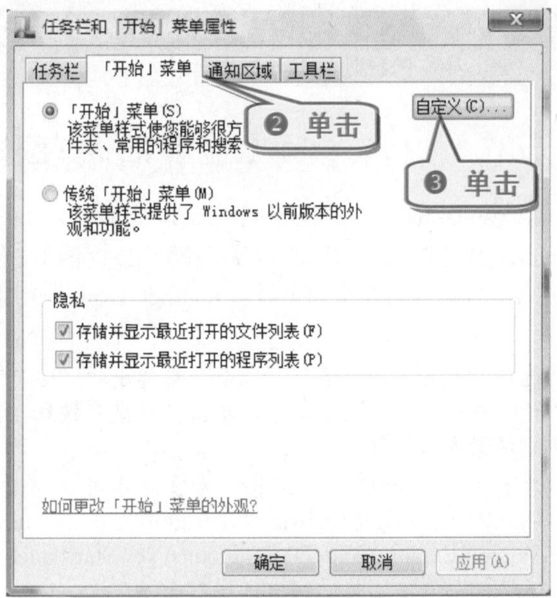

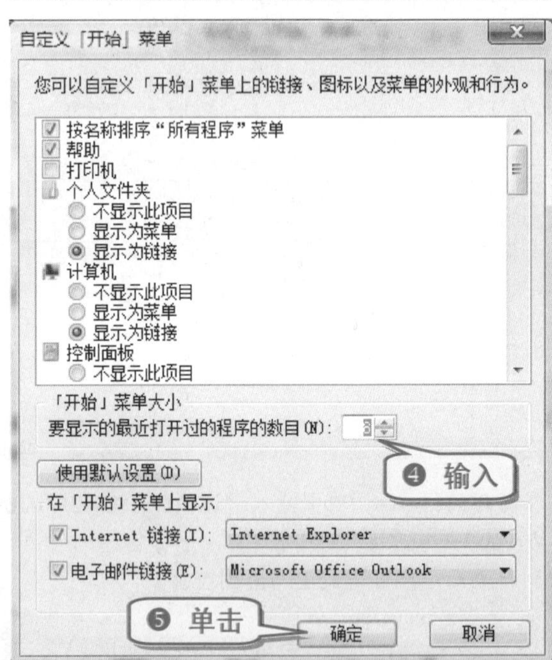

知 识 补 充

单击“要显示的最近打开过的程序的数目”微调框中的微调按钮，也可以输入显示的数目。完成设置后，在“开始”菜单中显示的最近打开的应用程序的快捷方式就不会因为太多而不好查找了。

技巧39 打开桌面键盘的技巧

当物理键盘失灵或者出错而不能使用时，可以使用屏幕键盘来替代，即用鼠标进行各项操作。

❶ 选择“开始”→“运行”命令，在弹出的“运行”对话框中输入 osk 命令，单击“确定”按钮，弹出“屏幕键盘”窗口。

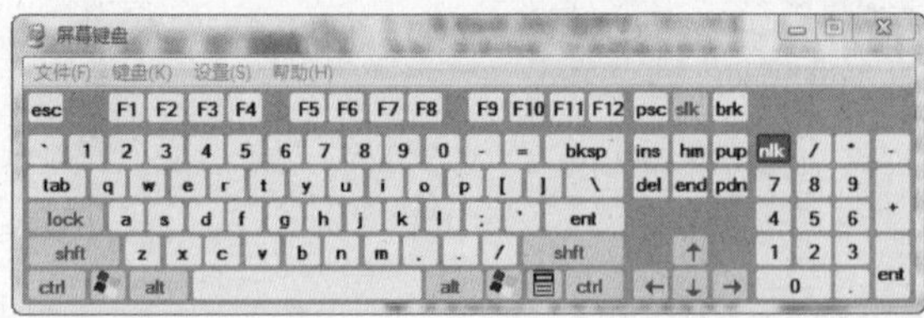

❷ 选择“键盘”→“标准键盘”命令，可以自定义屏幕键盘的样式。

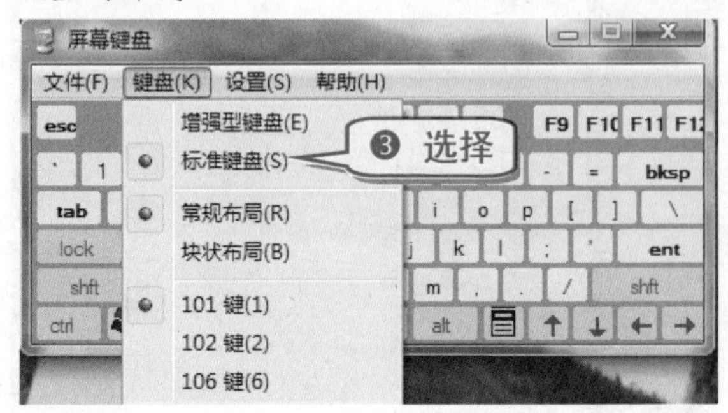

❹ 选择“设置”→“字体”命令，在弹出的“字体”对话框中可以更改屏幕键盘上的字体格式。

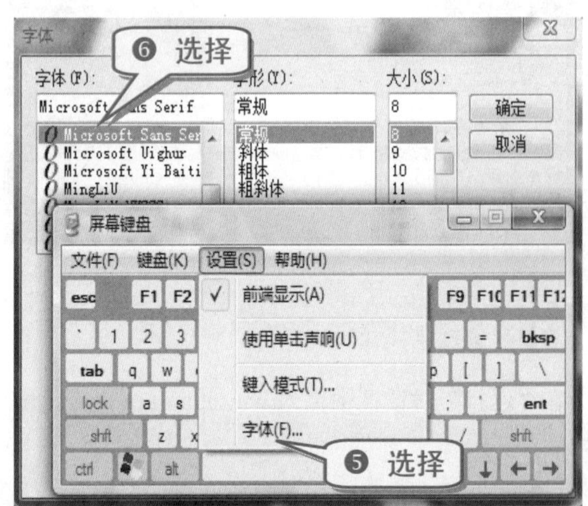

知 识 补 充

屏幕键盘提供了101键、102键与103键三种规格的键盘，101键键盘的布局能够改为块状布局，在“字体”设置对话框中用户可以按需要设置字体格式。

技巧40 隐藏“开始”菜单的使用记录

用户最近使用的程序会自动保存并显示在“开始”菜单中，最近打开的文件也会显示在“最近使用的项目”子菜单中，这样用户的隐私就暴露了。

❶ 右击“开始”菜单，在弹出的快捷菜单中选择“属性”命令，弹出“任务栏和「开始」菜单属性”对话框。

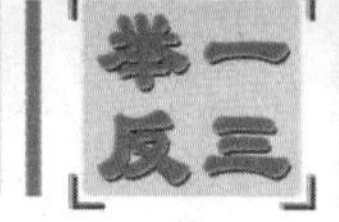

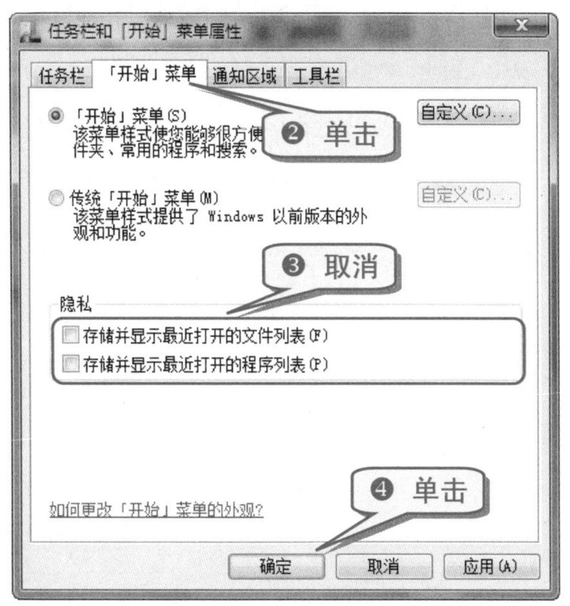

知识补充

若选中“传统「开始」菜单”单选按钮后单击“确定”按钮，“开始”菜单即可变成传统模式。

技巧41 快速更改屏幕分辨率

屏幕分辨率是指屏幕上文本和图像的清晰度。分辨率越高，屏幕上的图标就会越小、越清晰；分辨率越低，屏幕上的图标会越大越模糊。

❶ 右击桌面空白区域，在弹出的快捷菜单中选择“个性化”命令，打开“个性化”窗口。

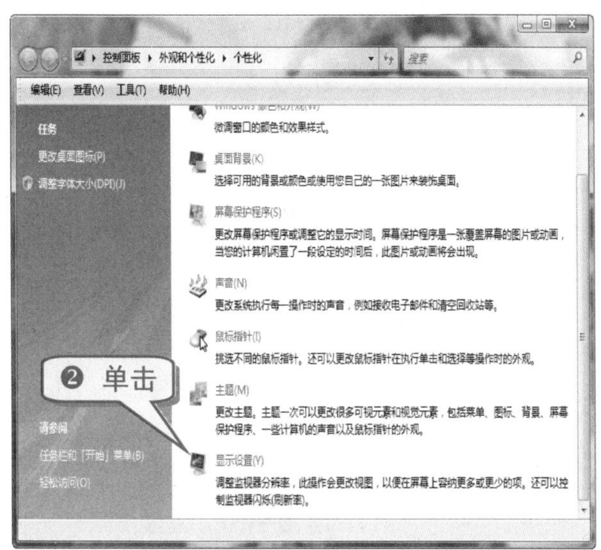

专家坐堂

更改屏幕分辨率会影响登录到此计算机上的所有用户。CRT 监视器通常设置 600×800 像素或者 1024×768 像素的分辨率。LCD 监视器可以更好地支持更高的分辨率。

技巧42 快速更改监视器刷新率

长时间盯着闪烁的监视器会导致视觉疲劳和头晕等，增加监视器的刷新率可以减缓上述情况的发生。

❶ 右击桌面空白区域，在弹出的快捷菜单中选择“个性化”命令，在打开的“个性化”窗口中单击“显示设置”超链接，弹出“显示设置”对话框。

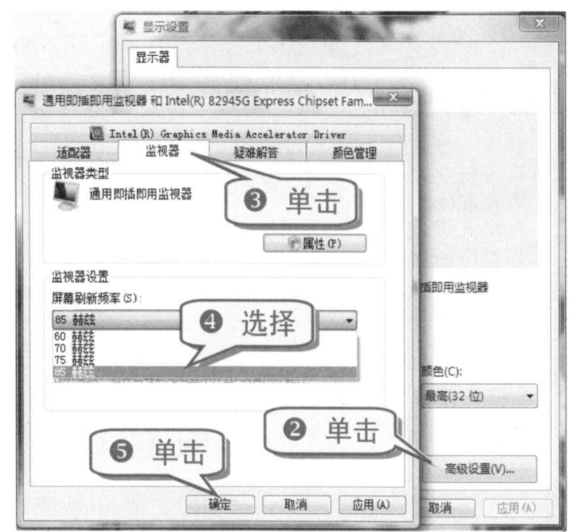

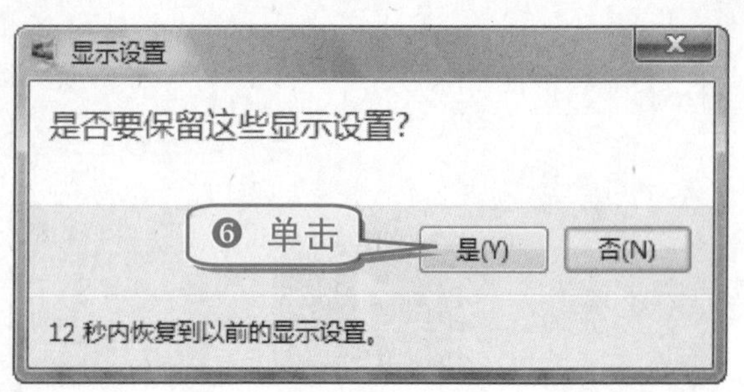

❼ 在返回的“显示设置”对话框中单击“确定”按钮即可。

注 意 事 项

如果第❻步操作没有在15秒内完成，新刷新的频率将返回原始设置。完成设置后，监视器将会花费一段时间来调整分辨率。

技巧43 如何使用“快速启动”工具

“快速启动”工具是指在任务栏中的特定区域显示的工具，其中存放着一些常用工具和应用程序，只要单击这些图标就可以快速打开相应的程序或执行相应的任务。

❶ 右击桌面下方任务栏的空白区域，弹出快捷菜单。

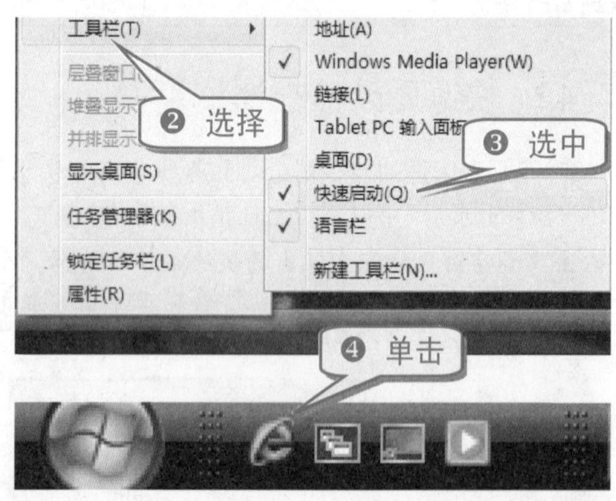

专 家 坐 堂

单击“快速启动”工具栏中的图标即可打开相应的应用程序或工具。这些应用程序和工具也可以使用相应的组合键来启动：第❹步操作可以使用“⊞+1”组合键来启动，“⊞+2”组合键对应第二项、“⊞+3”组合键对应第三项、“⊞+0”组合键对应第十项。

技巧44 轻松更改语言栏图标

在 Windows Vista 系统下可以把每天使用的“语言栏”图标变得更美观。

❶ 右击任务栏上的⌨图标，在弹出的快捷菜单中选择“设置”命令，弹出“文本服务和输入语言”对话框。

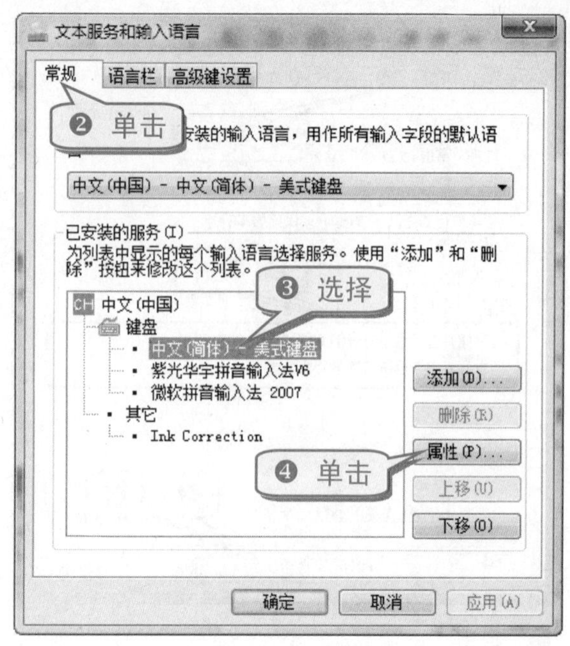

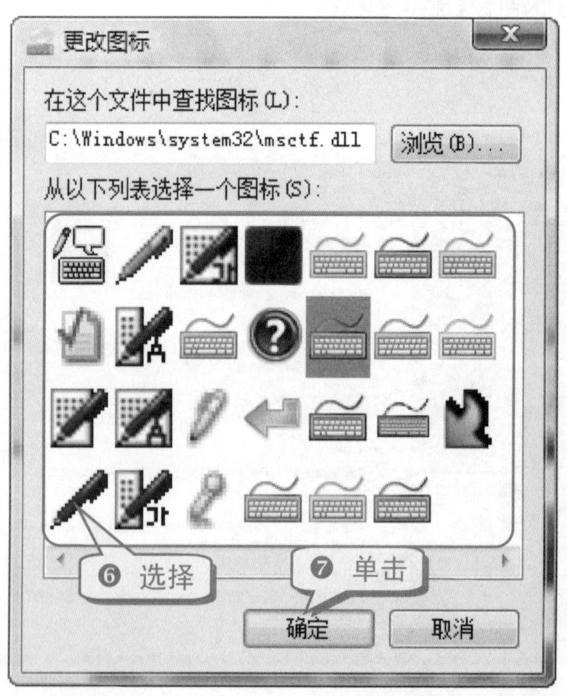

知 识 补 充

在“更改图标”对话框中，单击“浏览”按钮，在弹出的对话框中可以自定义选择图片。

技巧45 巧妙为时钟添加其他时区

对于喜欢观看各国比赛和在世界各地往返的用户来说，掌握不同时区的时间很重要，而 Windows Vista 系统有显示多时区时间的功能。

❶ 单击桌面右下方任务栏通知区域中显示时间的图标，弹出“更改日期和时间设置”对话框。

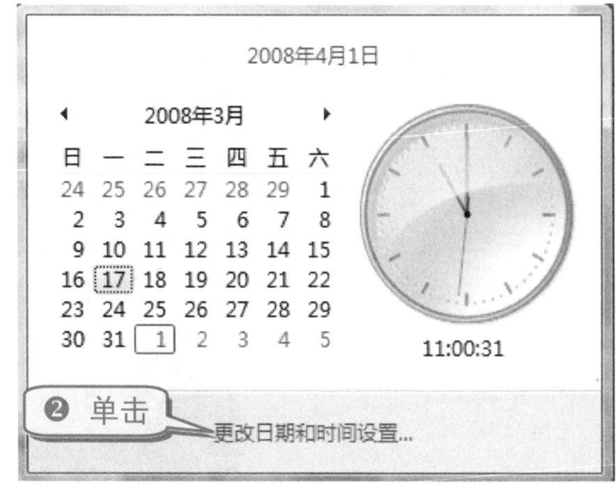

❼ 单击桌面右下方任务栏通知区域中显示时间的图标，即可看到效果。

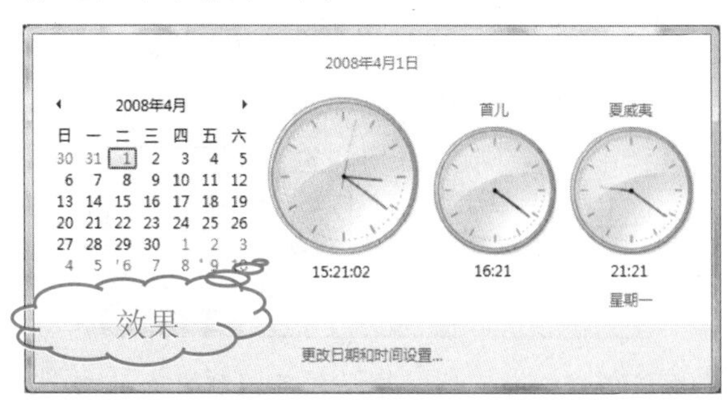

知 识 补 充

在【日期和时间】对话框中单击“选择时区”下拉列表框中的下拉按钮，在弹出的下拉列表框中即可选择世界各地重要城市的时区。选中“显示此时钟(N)”复选框可以显示 3 个时钟。

技巧46 快速同步系统的时间

计算机中的时间会因计算机的硬件和软件性能下降而出现误差，需要及时地进行校正；否则，计算机的时间会与真实的时间出现差距。

❶ 单击桌面右下方任务栏通知区域中显示时间的图标，在打开的窗口中单击“更改日期和时间设置”超链接。

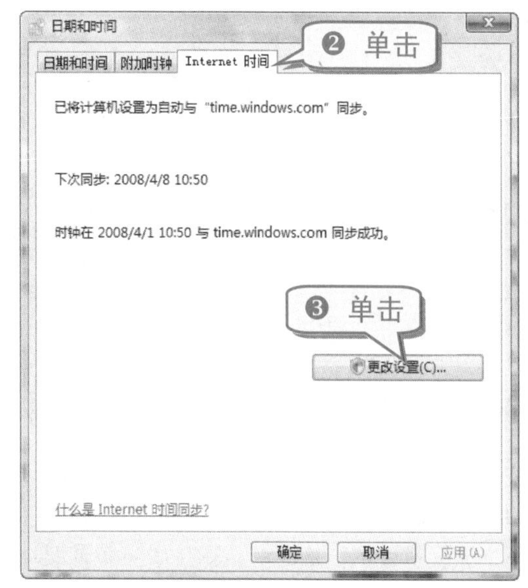

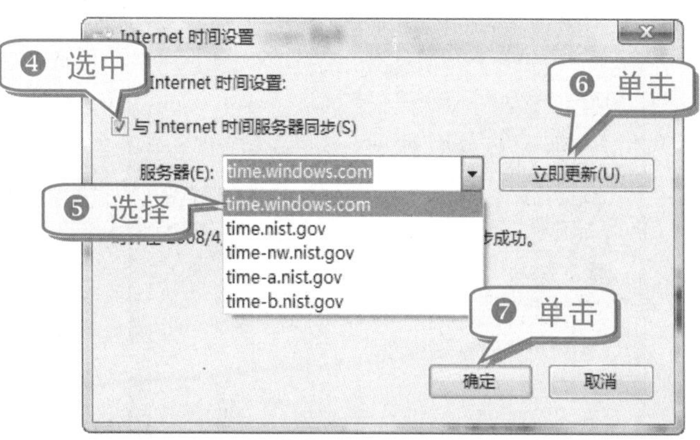

注 意 事 项

如果单击“立即更新”按钮后系统提示同步失败，可能是由于网络环境恶劣、服务器繁忙或网线没连接好等原因，用户可以选择其他服务器再次进行尝试。

技巧47 防止文件的误删除

在默认情况下，Windows Vista 系统删除文件时是直接把文件放到回收站的，可能由于操作失误又需要从回收站恢复文件，通过设置回收站可以避免误删除操作发生。如果操作失误，可以再从回收站中恢复文件。

❶ 右击桌面上的“回收站”图标，在弹出的快捷菜单中选择“属性”命令。

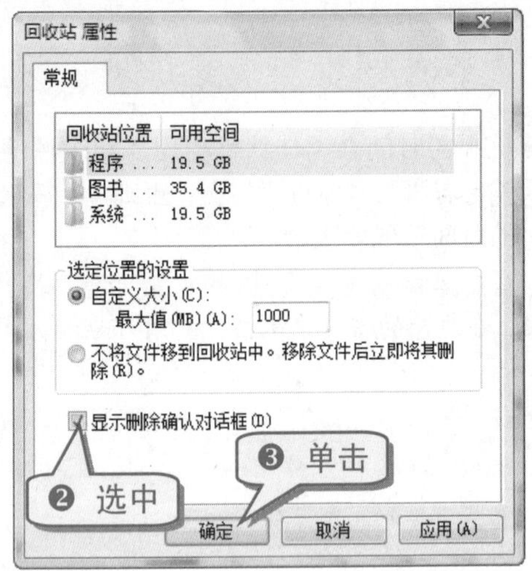

知识补充

在“最大值”后面的文本框中可以设置回收站的容量大小，选择“不将文件移到回收站中。移除文件后立即将其删除。”单选按钮时需要谨慎。

技巧48 快速恢复经典的“开始”菜单

用户刚开始使用Windows Vista系统的“开始”菜单可能有些不习惯，这时用户可以自行将其设置为经典的形式。

❶ 右击“开始”菜单，在弹出的快捷菜单中选择“属性”命令，弹出“任务栏和「开始」菜单属性”对话框。

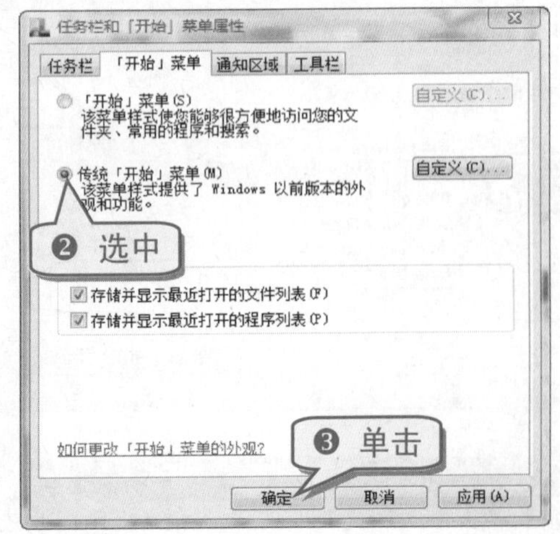

技巧49 快速将程序图标附到“开始”菜单中

如果需要定期使用某个程序，可以通过将程序图标附到“开始”菜单中以创建程序的快捷方式。附到“开始”菜单中的程序图标会显示在“开始”菜单左侧的水平线之上。

❶ 右击需要附到“开始”菜单中的程序图标，弹出快捷菜单。

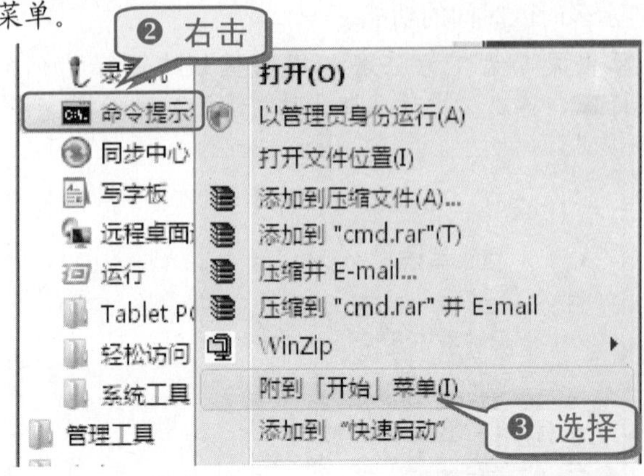

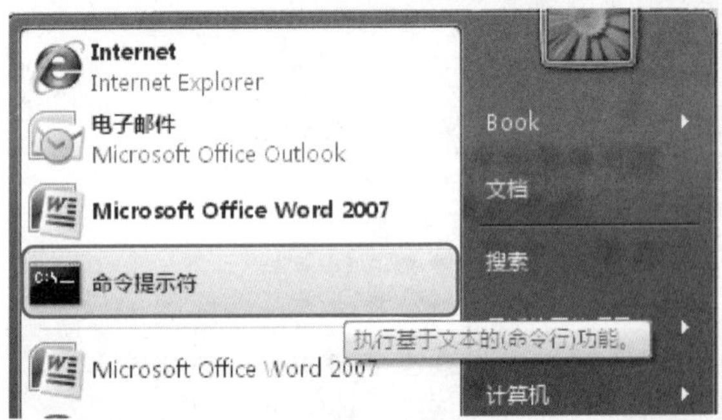

知识补充

单击“开始”按钮，右击需要从“开始”菜单中删除的程序图标，然后从弹出的快捷菜单中选择“从列表中删除”命令即可。从“开始”菜单中删除程序图标，不会将它从“所有程序”列表中删除或卸载该程序。

技巧50 移动“开始”按钮和任务栏

“开始”按钮位于任务栏上，尽管不能将其从任务栏中删除，但是可以通过移动任务栏将“开始”按钮移动到其他位置。

❶ 右击任务栏空白区域，弹出快捷菜单。

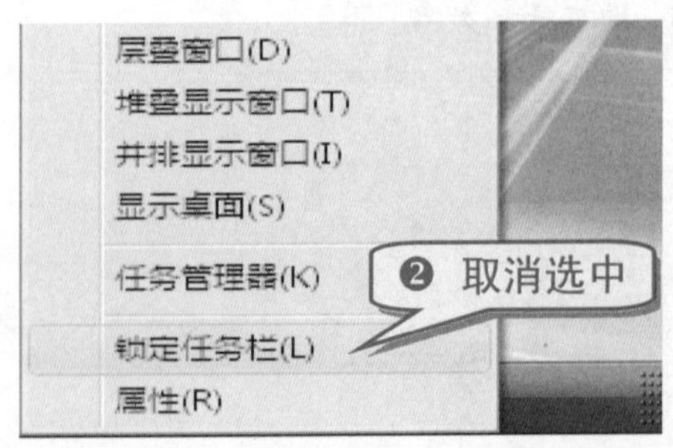

❸ 单击任务栏空白区域，拖动任务栏到桌面的四个边缘之一，释放鼠标即可。

技巧51　控制频繁使用的快捷方式的数目

Windows Vista 可以在“开始”菜单上显示最频繁使用的程序的快捷方式。通过更改显示的程序快捷方式的数目可以控制快捷方式的数目。

❶ 右击“开始”菜单，在弹出的快捷菜单中选择“属性”命令，弹出“任务栏和「开始」菜单属性”对话框。

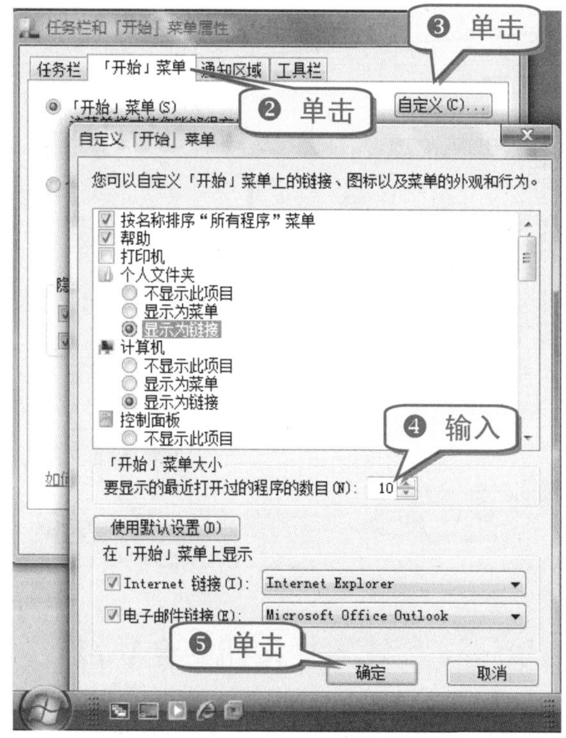

技巧52　自定义“开始”菜单右窗格

通过自定义“开始”菜单右窗格，可以添加或删除出现在“开始”菜单右窗格中的项目，例如“计算机”、“控制面板”和“图片”，除此之外，还可以更改一些项目，以使它们显示为超链接或菜单。

❶ 右击“开始”菜单，在弹出的快捷菜单中选择“属性”命令，弹出“任务栏和「开始」菜单属性”对话框。

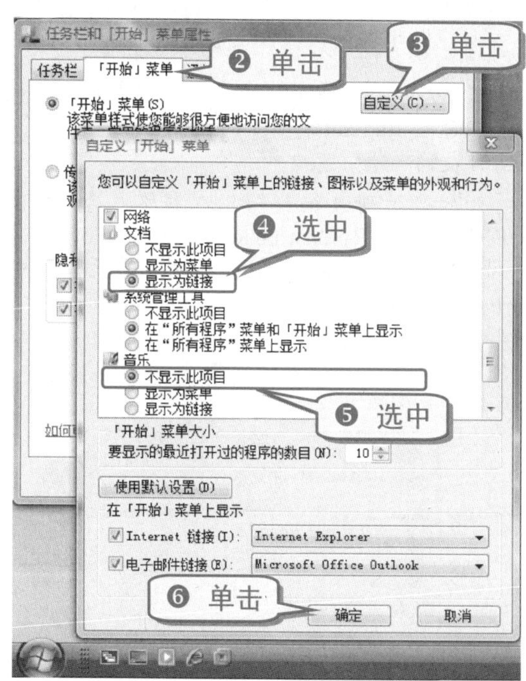

技巧53　加快在“开始”菜单中搜索的速度

当使用“开始”菜单中的“开始搜索”对话框搜索文件时，系统会自动搜索索引文件中的所有内容，由于文件索引包含了硬盘上的所有文件，因此搜索的速度会减慢。

下面介绍几种常见的加快搜索速度的方法。

(1) 修改“开始”菜单属性

通过修改“开始”菜单属性进行设置是最常用的一种方法。

❶ 右击“开始”菜单，从弹出的快捷菜单中选择“属性”命令，弹出“任务栏和「开始」菜单属性”对话框。

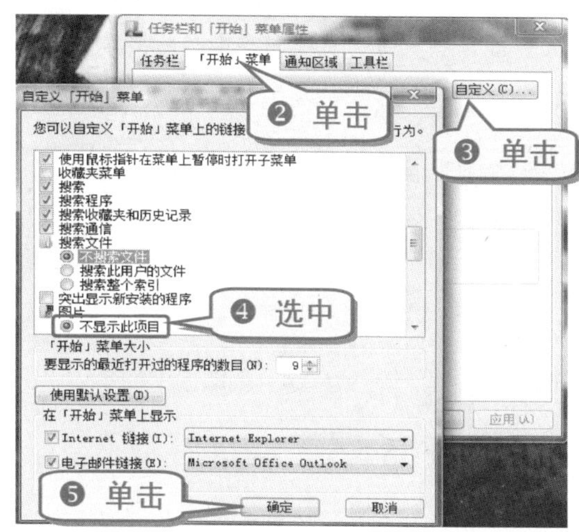

(2) 修改注册表

通过修改注册表中的设置，也可以加快“开始”菜单搜索的速度。该方法适合操作比较熟练的用户使用。

❶ 选择“开始”→“运行”命令，在弹出的“运行”对话框中输入 Regedit 命令，单击“确定”按钮，打开“注册表编辑器”窗口。

❷ 在打开的“注册表编辑器”左窗格中展开 HKEY_CURRENT_USER\Software\Microsoft\Windows\CurrentVersion\Explorer\Advanced 分支，然后在右窗格中找到 Start_SearchFiles 子键。

注 意 事 项

如果找不到 Start_SearchFiles 子键，可以自行创建，将其命名为 Start_SearchFiles，并将其键值设置为“0”，然后重新启动 Explorer.exe 进程或者重新启动计算机即可。

技巧54 设置“开始”菜单中的“关机”按钮

用户在第一次使用 Windows Vista 时，单击“关机”按钮后会发现电源指示灯还在闪烁。其实这是由于 Windows Vista 系统默认地将“关机”按钮设置成了“休眠”，虽然这样可以提高开机速度，但是初次使用 Windows Vista 的用户很难习惯。

❶ 选择“开始”→“控制面板”命令，在打开的“控制面板”窗口中单击“硬件和声音”超链接。

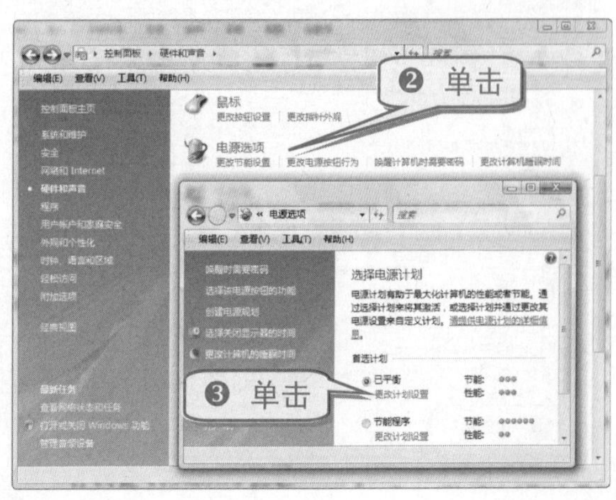

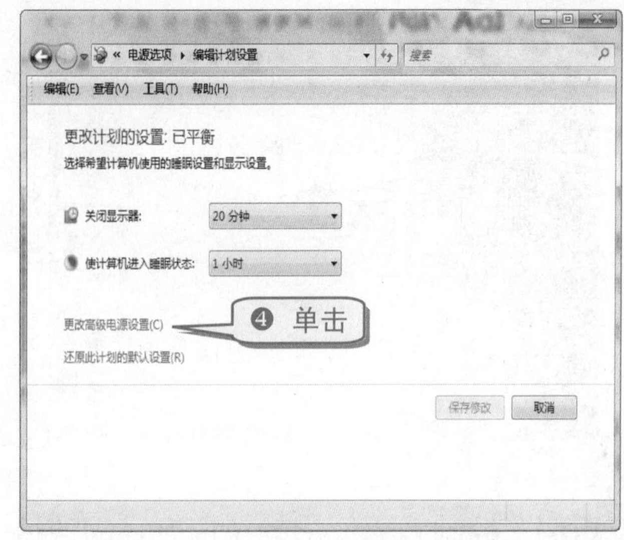

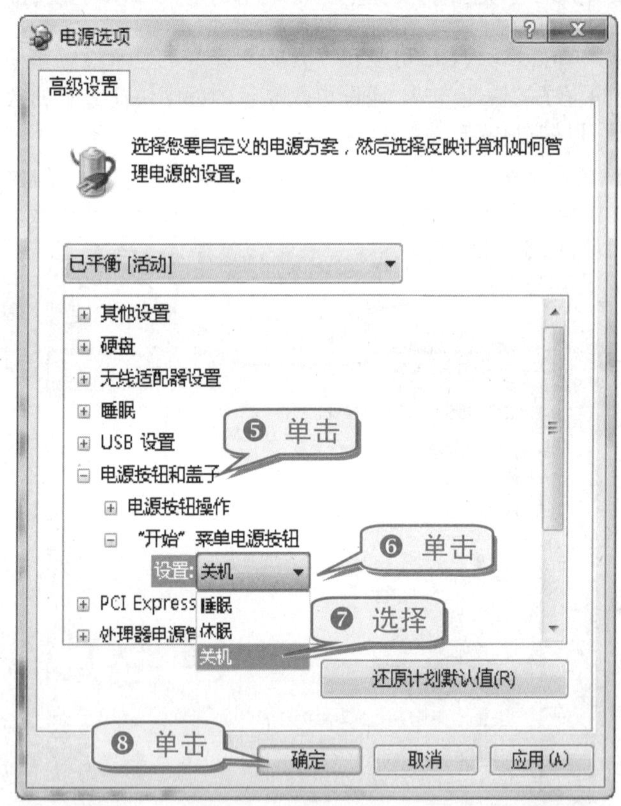

技巧55 设置任务栏按钮组合功能

当同时使用多个程序时，任务栏中就会挤满按钮。通过设置任务栏按钮组合功能，能帮助用户快速管理大量已打开的文档和程序项目，使任务栏不再拥挤。

❶ 右击“开始”菜单，在弹出的快捷菜单中选择“属性”命令，弹出“任务栏和「开始」菜单属性”对话框。

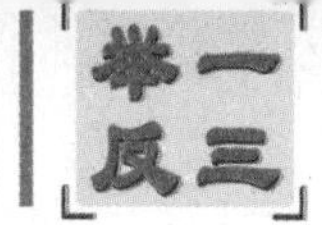

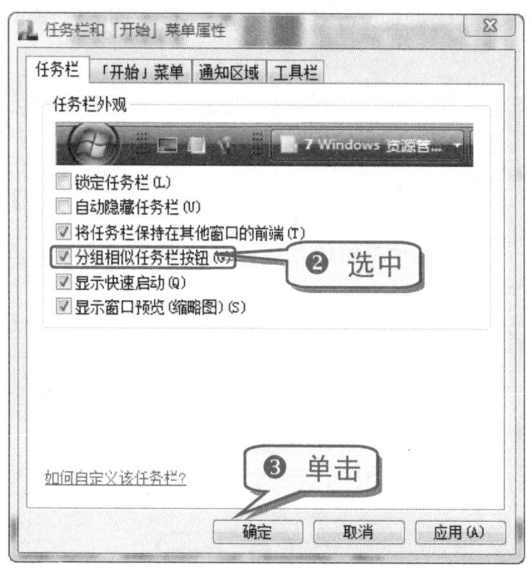

技巧56　不一样的 Windows 边栏

Windows 边栏是 Windows Vista 系统新增的功能之一，通过 Windows 边栏可以快速管理要访问的信息，而不会干扰工作区。

Windows 边栏就相当于一个公告栏，特别是在宽屏显示器下其作用很明显。Windows 边栏包括了一些小工具，例如，显示时钟、天气、日历、联系人、货币、幻灯片放映及股票等信息。

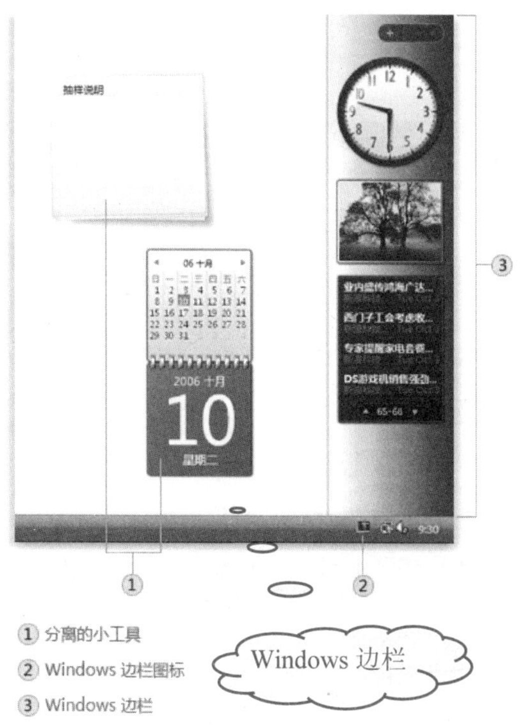

技巧57　快速打开 Windows 边栏的三种方法

打开 Windows 边栏的方法有多种，最常见的有以下几种。

(1) 通过任务栏中的图标打开

通过任务栏中的图标打开 Windows 边栏是最常见、最方便的一种方法。右击桌面右下方任务栏通知区域中的 Windows 边栏图标，选择“打开”命令即可。

(2) 通过“开始”菜单中的程序打开

❶ 选择“开始”→“所有程序”命令。

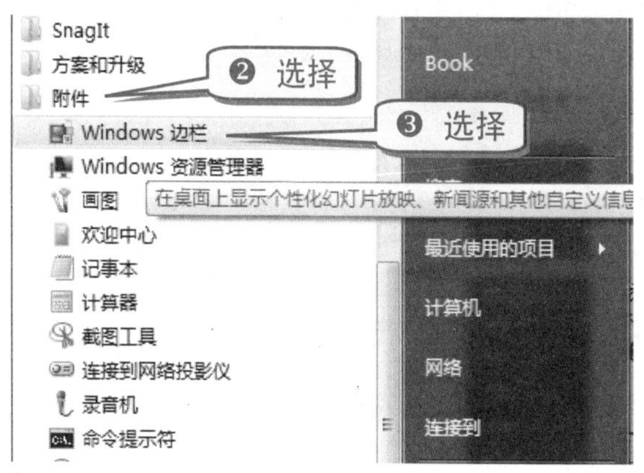

(3) 通过“开始”菜单中的搜索功能打开

通过“开始”菜单中的搜索功能打开 Windows 边栏是一种比较专业的方法。该方法适合那些习惯用键盘操作的用户。

❶ 单击“开始”菜单按钮。

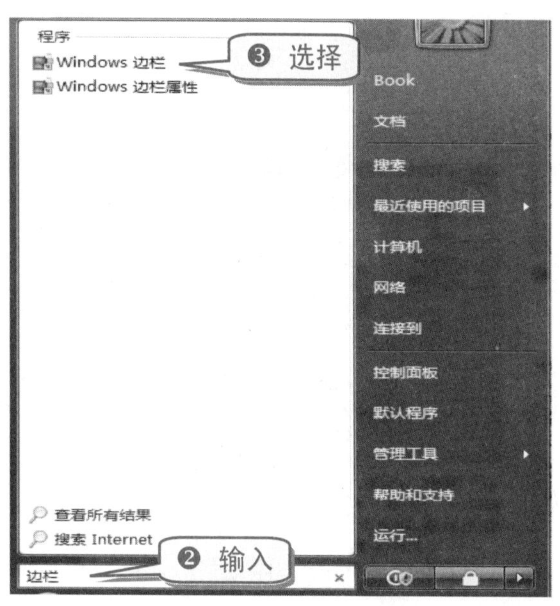

举 一 反 三

关闭边栏的方法：右击边栏空白区域，在弹出的快捷菜单中选择“关闭边栏”命令。

退出边栏的方法：右击任务栏通知区域中的边栏图标，在弹出的快捷菜单中选择“退出”命令。

技巧58 在最大化窗口模式下仍然显示 Windows 边栏

可以将桌面上的边栏和任何已分离的小工具始终保持在打开窗口的最前端。如果打开的窗口已最大化，边栏将会自动锁住，不会被窗口覆盖。

❶ 右击桌面右下方任务栏通知区域中的 Windows 边栏图标，从弹出的快捷菜单中选择“打开”命令，弹出“Windows 边栏属性”对话框。

知 识 补 充

选择“左”单选按钮，单击“确定”按钮，边栏将在屏幕的左侧显示。如果有两个或多个监视器，单击“在以下监视器上显示边栏”微调框后面的微调按钮，可以选择其他监视器，将边栏放到其中的任何一个监视器上。

注 意 事 项

取消选中“在 Windows 启动时启动边栏”复选框，单击“确定”按钮，这样在开机时就不会自动开启 Windows 边栏了。

技巧59 快速添加新用户

当多个用户共同使用一台计算机时，为了不影响当前用户的个性化设置，可以通过创建一个新的用户账户来登录系统。

❶ 双击桌面上的“控制面板”图标，在弹出的“控制面板”窗口中单击“用户帐户和家庭安全”区域下的“添加或删除用户帐户”超链接，弹出“管理帐户”对话框。

❷ 单击“创建一个新帐户”链接，弹出“创建新帐户”对话框。

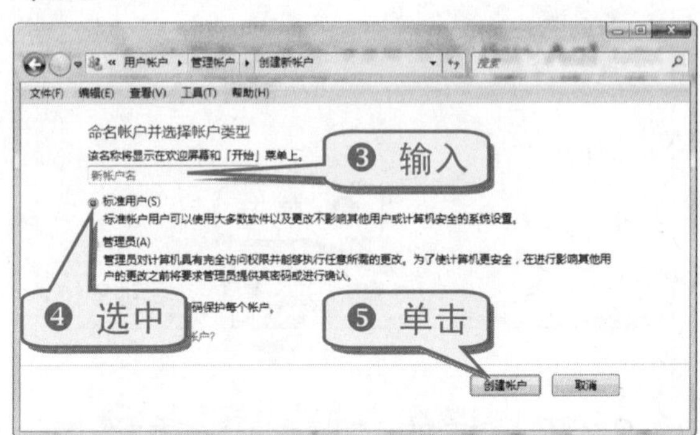

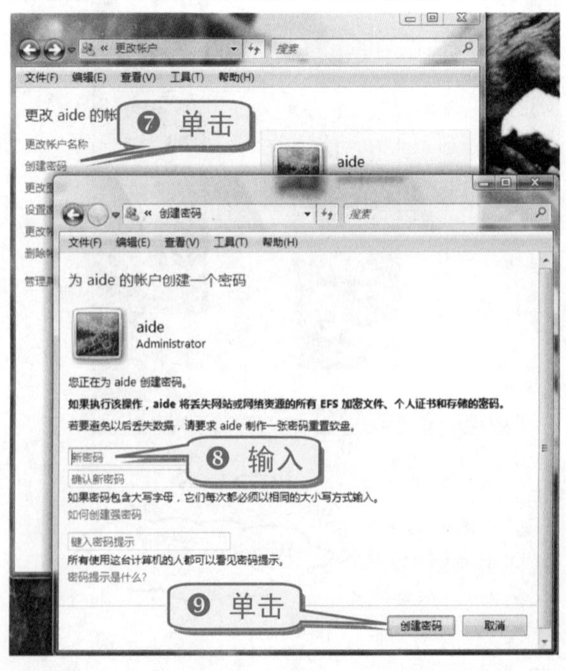

注 意 事 项

在输入密码时最好选用“数字+字母+符号”的格式，这样的设置能提高密码的安全性。

技巧60 快速启用 Administrator 账户

用户在登录 Windows Vista 时，会发现不能像在 Windows XP 中一样直接使用 Administrator 超级管理员账户登录，这是因为系统将 Administrator 账户禁用了。只要将其启用，即可使用 Administrator 账户登录 Windows Vista 系统。

❶ 右击桌面上的“计算机”图标，在弹出的快捷菜单中选择“管理”命令，打开“计算机管理”窗口。

❷ 在打开的“计算机管理”左窗格中展开“系统工具”→“本地用户和组”→“用户”命令，然后在右窗格中找到 Administrator 账户。

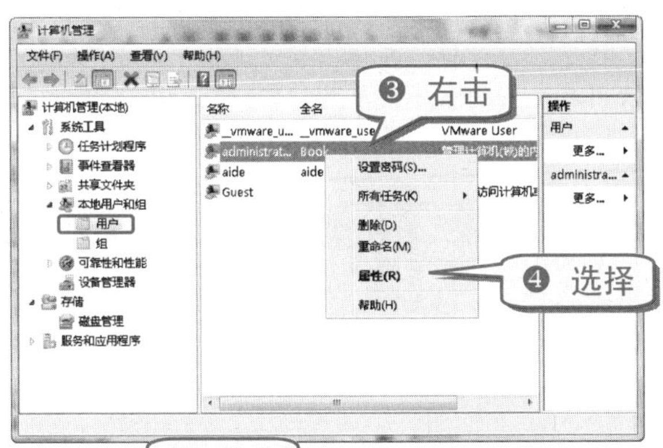

注 意 事 项

在 Windows Vista 中，账户被禁用后是不能进行登录的。

技巧61 设置家长控制

家长控制功能是 Windows Vista 系统提供给家长们的一项省心的家庭计算机使用控制功能，通过家长控制功能可以对儿童使用计算机的方式进行协助管理。例如，可以限制儿童对网站的访问权限；可以限制登录到计算机的时间长短；设置可以玩的游戏以及可以运行的程序等。

❶ 双击桌面上的“控制面板”图标，在打开的“控制面板”窗口中单击“用户帐户和家庭安全”区域下的“为所有用户设置家长控制”超链接，打开“家长控制”窗口。

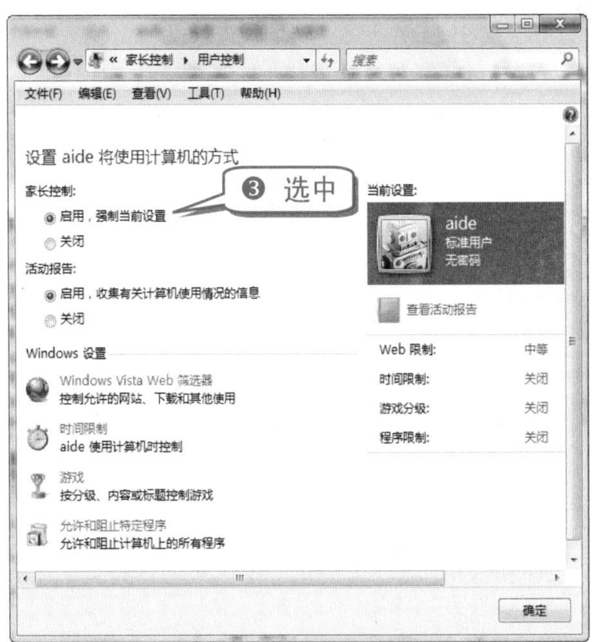

❹ 在“Windows 设置”选项区域中单击“Windows Vista Web 筛选器”超链接，弹出“Web 限制”对话框。

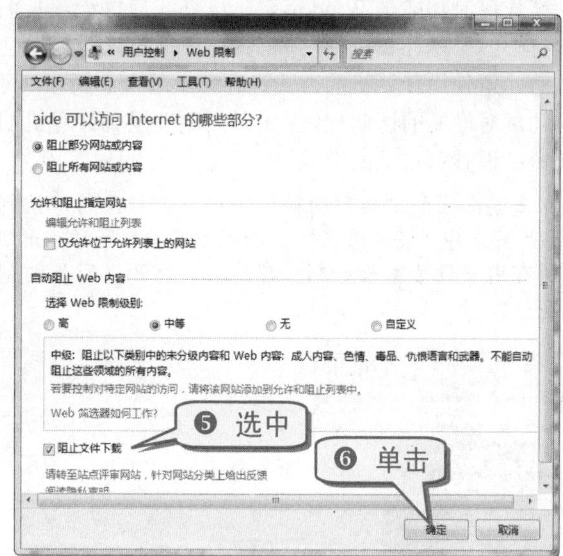

知识补充

选中“阻止所有网站或内容”单选按钮将会导致使用该账户的用户不能浏览网页，选中“阻止文件下载”复选框会导致使用该账户的用户不能从网站下载。

❼ 在“Windows 设置”选项区域中单击“时间限制”超链接，弹出“时间限制”对话框。

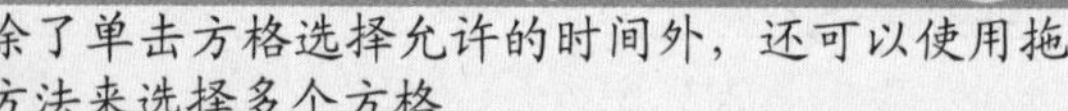

知识补充

除了单击方格选择允许的时间外，还可以使用拖动的方法来选择多个方格。

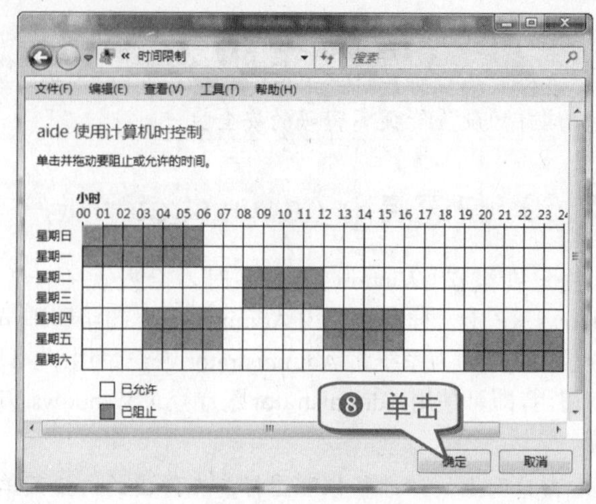

❾ 在“Windows 设置”选项区域中单击“游戏”超链接，在弹出的“游戏控制”对话框中选中“否”单选按钮，可禁止该用户玩任何游戏。设置完成后单击“确定”按钮。

❿ 在“Windows 设置”选项区域中单击“允许和阻止特定程序”超链接，在弹出的对话框中选中“aide 只能使用我允许的程序”单选按钮，然后单击“确定”按钮完成设置。

注意事项

家长控制只能应用于标准用户账户。如果没有标准用户账户，可以单击“创建新用户账户”超链接，通过向导来创建一个标准的用户账户。

专题三　文件系统管理技巧

文件是管理和存储数据的基本单位，而文件夹则是储存文件的容器。有效地管理文件和文件夹可以在很大程度上提高工作效率。

热点快报

- 移动与复制文件
- 批量修改文件名
- 隐藏私人文件
- 加密与解密文件技巧
- 获取文件路径技巧
- 文件备份与还原技巧

技巧62　不一样的 Windows Vista 文件夹

Windows 中的文件夹是用于存储程序、文档、快捷方式和其他子文件夹的容器。在大多数情况下，一个文件夹对应一个磁盘空间。而文件夹的路径是一个地址，它告诉操作系统如何才能找到该文件夹。文件夹分为标准文件夹和特殊文件夹。

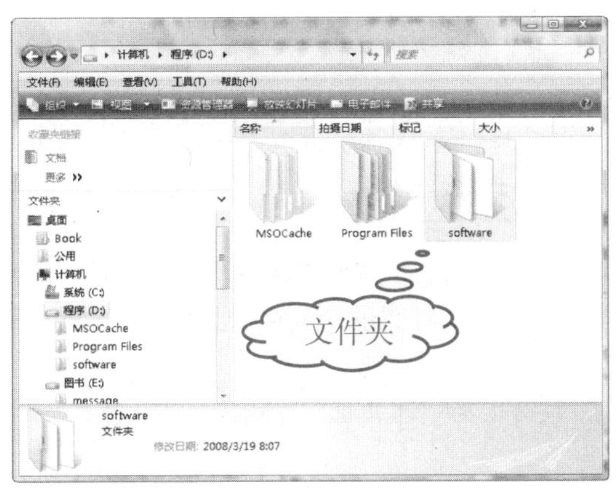

(1) 标准文件夹

当打开一个文件夹时，系统弹出的是一个窗口；当关闭一个文件夹时，文件夹则收缩为一个图标。文件夹是用来组织磁盘上的程序和文档，是其他对象(如子文件夹、文档)的容器，并以图符的方式来显示目录中的内容。使用文件夹可以访问大部分应用程序和文档，很容易实现对象的复制、移动与删除等操作。

(2) 特殊文件夹

特殊文件夹是指不和磁盘上的目录相对应的一种应用程序(例如，“控制面板”)，它是不能用来存储文件和文档的，但是用户可以通过资源管理器来查看和管理它。

技巧63　妙用文件夹树导航

文件夹树可以帮助用户快速查找计算机中的文件夹。在文件夹列表中单击文件夹前的按钮，即可展开文件夹列表，接着可以查找需要的文件。

例如，需要查找“计算机\程序\Software”目录下的“声卡驱动”文件夹。

❶ 双击桌面上的“计算机”图标。

❷ 在打开的“计算机”窗口的左窗格中单击“文件夹”旁边的下拉箭头，弹出“文件夹”列表框。

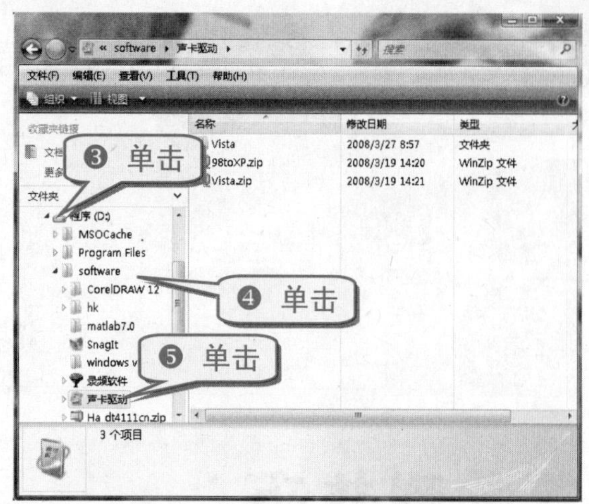

举 一 反 三

直接单击目录中的文件夹，在右窗格中的“名称”区域下将显示该文件夹下的所有内容，然后用户可以查找需要的文件或应用程序等。

技巧64 快速展开文件夹的所有子目录

在对文件资源的管理中，若逐个查找文件夹树效率很低。如果确定要查找的目标文件夹在某文件夹的子目录里，可以一次展开该文件夹的所有子目录。

❶ 找到目标文件或文件夹所在的根目录。

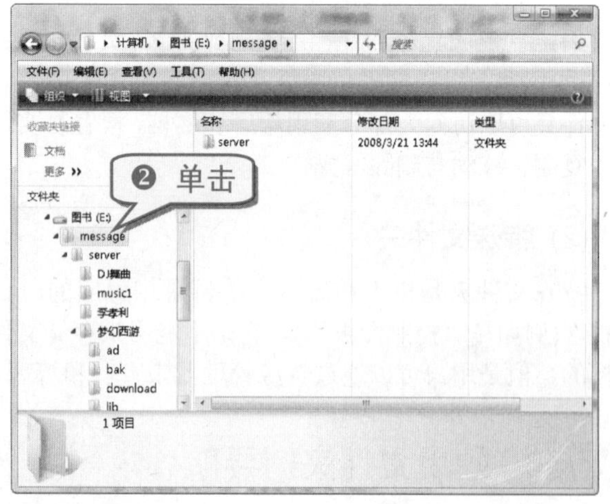

❸ 按数字键区域的“*”键，即可展开被选中的文件夹下的所有目录。

专 家 坐 堂

若知道文件夹或文件的名称和路径，在“运行”对话框中输入完整的路径名便可以直接打开该文件。例如，在“运行”对话框中输入 e:\message\music1 命令，即可打开 music1 文件夹。

技巧65 快速移动和复制文件

移动和复制文件的方法有很多种，通常使用的方法是：右击目标文件，然后在弹出的快捷菜单中选择“剪切”、“复制”和“粘贴”命令来实现。在资源管理器中有另一种快速移动和复制文件的方法。

❶ 在资源管理器中找到需要移动或复制的文件，右击该文件并拖动。

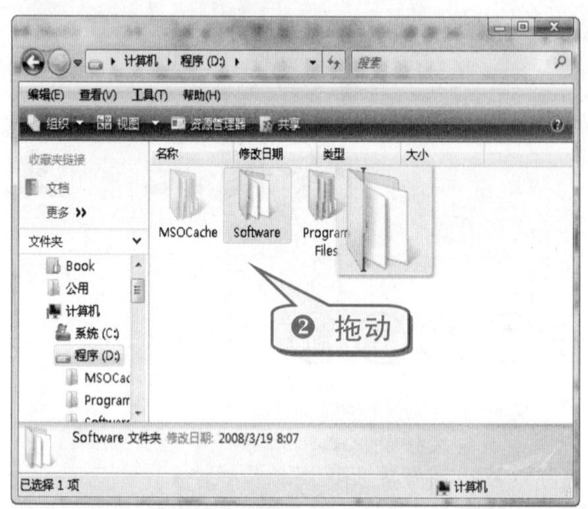

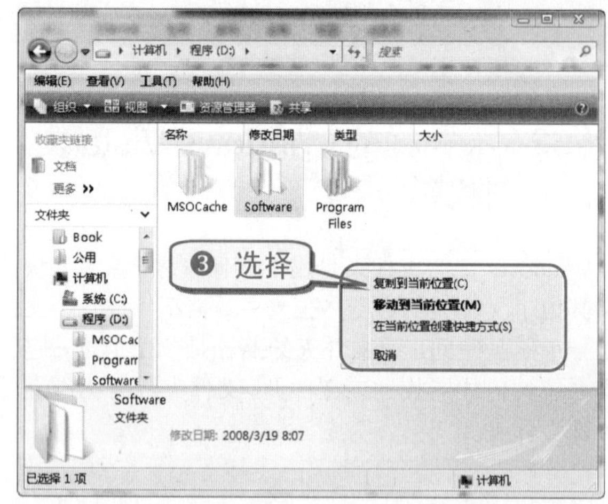

技巧66 查看隐藏的文件和文件夹以及扩展名

在 Windows Vista 系统的默认状态下，是不能看到隐藏的系统文件和文件夹的，甚至有些文件的扩展名都是隐藏的。

❶ 双击桌面上的“计算机”图标，打开“计算机”窗口。

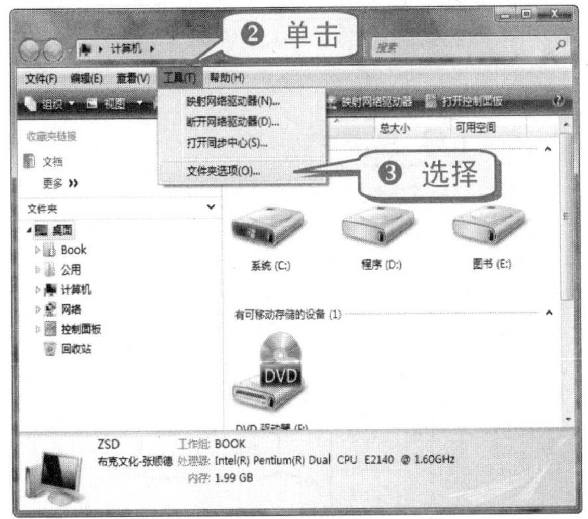

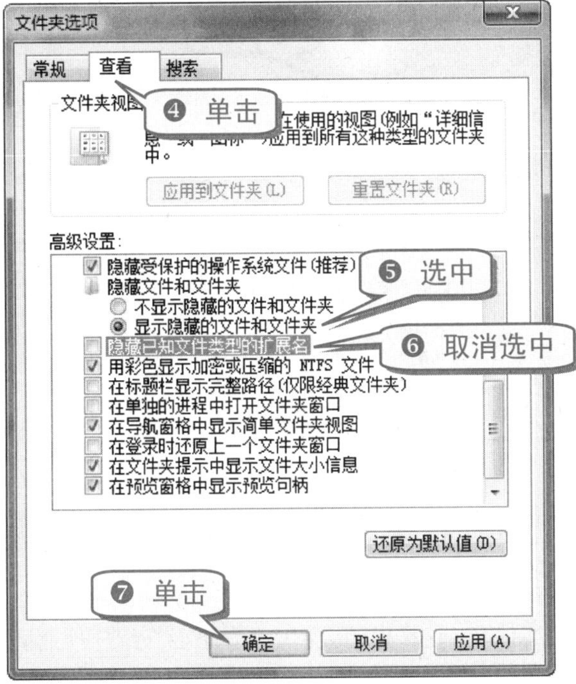

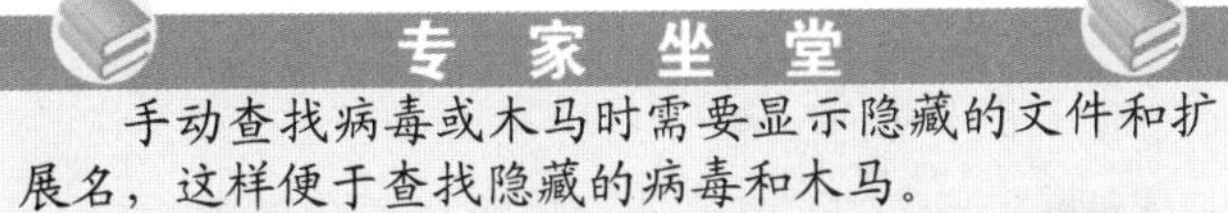

手动查找病毒或木马时需要显示隐藏的文件和扩展名，这样便于查找隐藏的病毒和木马。

技巧67　快速美化文件夹的图标

在系统中，文件夹图标看上去都是一样的。通过自定义文件夹图标可以修改文件夹图标的外观，使其变得更加美观。

❶ 右击需要更改的文件夹图标，在弹出的快捷菜单中选择“属性”命令，弹出“声卡驱动 属性”对话框。

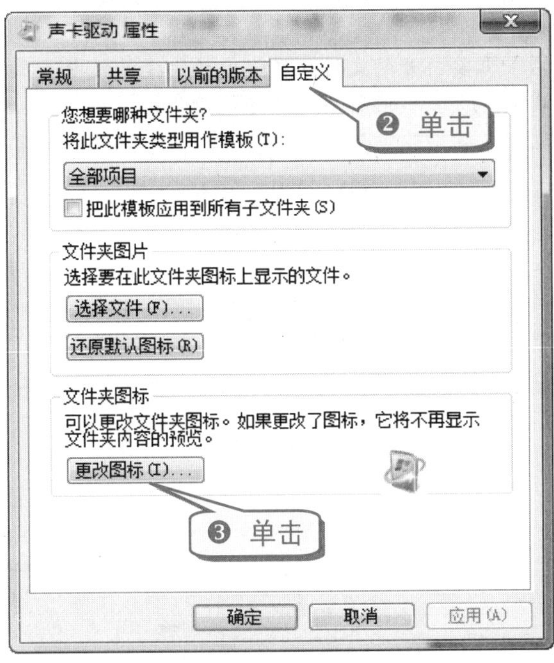

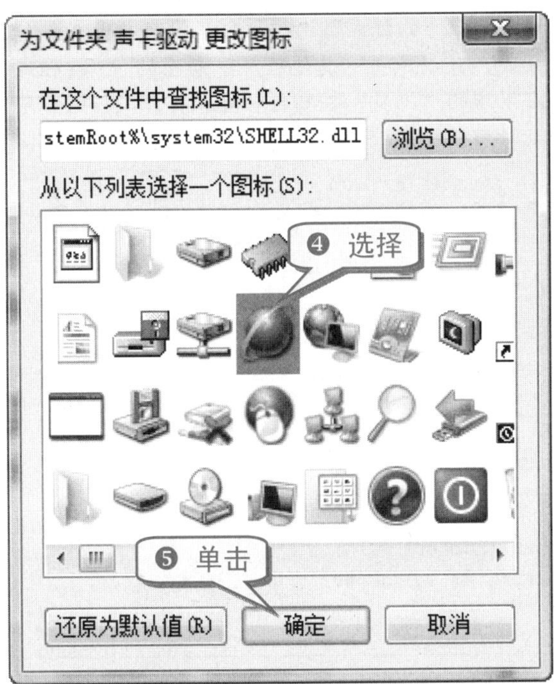

❻ 在返回的“声卡驱动属性”对话框中单击“确定”按钮即可。

知　识　补　充

单击“浏览”按钮可以选择其他图片作为文件夹的图标，单击“自定义”选项卡下的“还原默认图标”按钮即可将自定义的图标恢复到原始的图标。

技巧68　更改文件的打开方式

如果在计算机上安装了两种或多种类型的程序，默认的文件打开方式就会变成最后安装的程序，这样可能会导致打开文件时出现无法阅读的情况。其实文件的打开方式是可以选择的。

❸ 右击需要打开的文件，在弹出的快捷菜单中选择“打开方式”→“选择默认程序”命令。

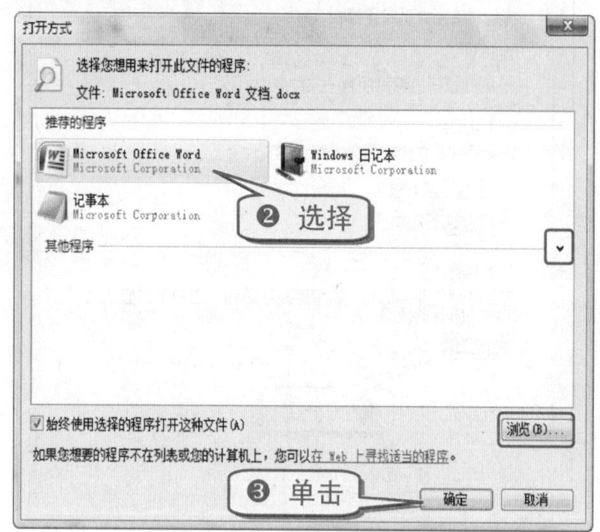

❹ 如果“推荐的程序”选项区域下没有打开文件的正确方式，可以单击“其他程序”后面的 按钮或单击右下方的“浏览”按钮自行查找打开文件的程序。

技巧69 自定义文件的存储方式

在文件管理系统中，对一些特殊的文件夹进行个性化存储，不但可以方便用户区分文件类型和方便系统识别文件，也可以有效地保护文件的安全。

❶ 右击需要设置的文件夹，在弹出的快捷菜单中选择“属性”命令，弹出文件夹属性对话框。

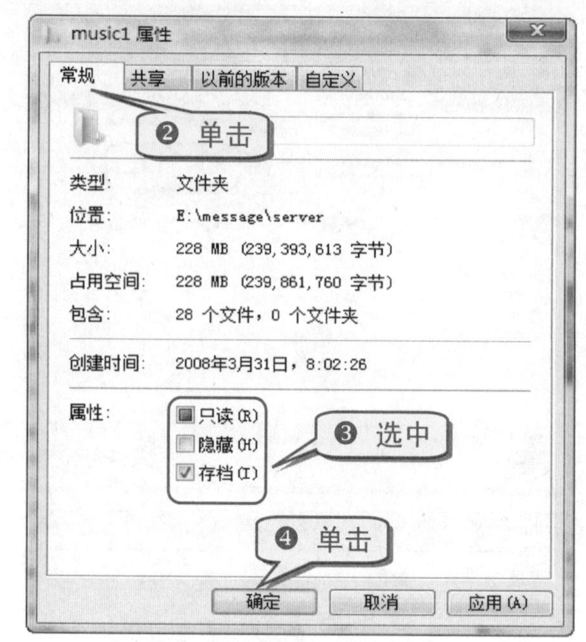

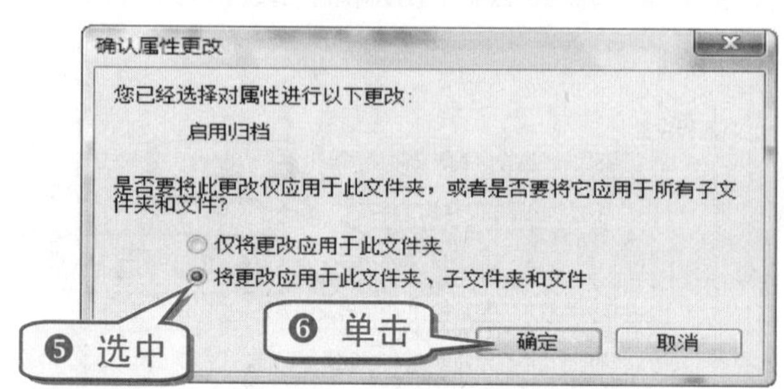

技巧70 批量修改文件名

通常情况下，给大量文件重新命名时，都是逐个地去修改文件名，这样做的效率很低。下面介绍一种批量修改文件名的方法。

❶ 选中并右击需要重命名的全部文件或文件夹，弹出快捷菜单。

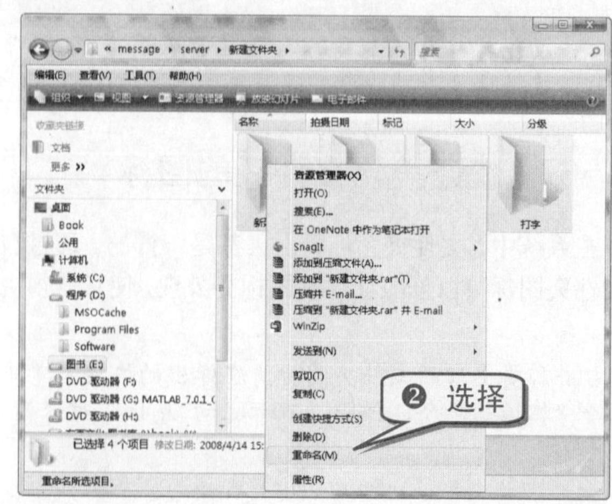

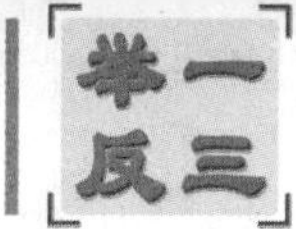

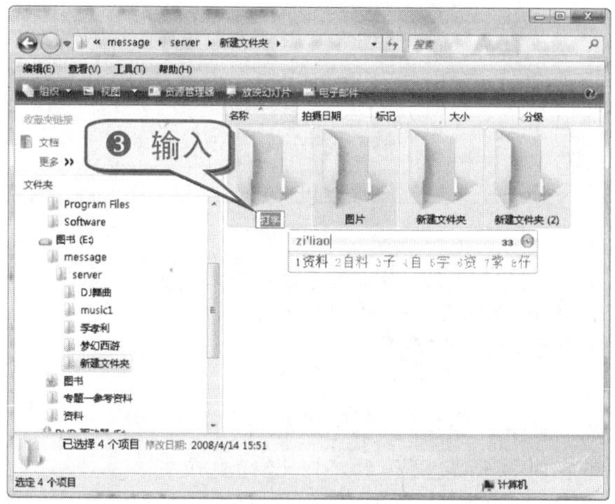

❹ 输入文件名后按 Enter 键即可。

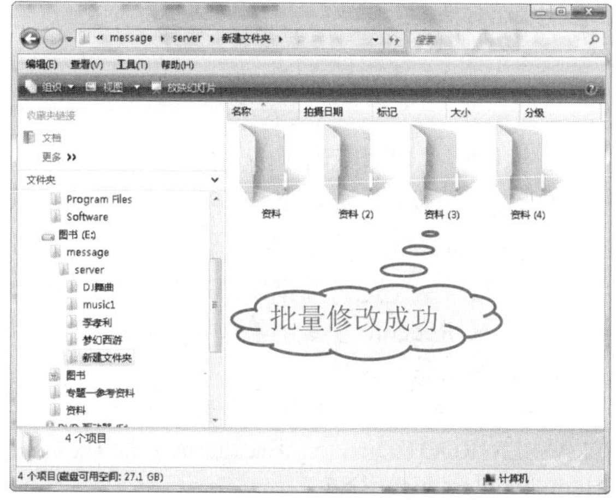

技巧71 同时打开多个文件或文件夹

通常在需要翻阅大量的文件或文件夹时，都是逐个打开文件或文件夹，这样做比较繁琐。下面介绍一种批量打开多个文件或文件夹的方法。

❶ 选中需要全部打开的文件或文件夹。

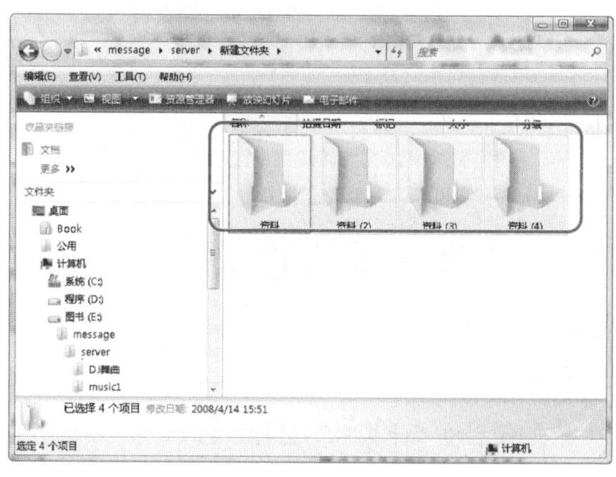

❷ 按 Enter 键，即可打开选中的全部文件或文件夹。

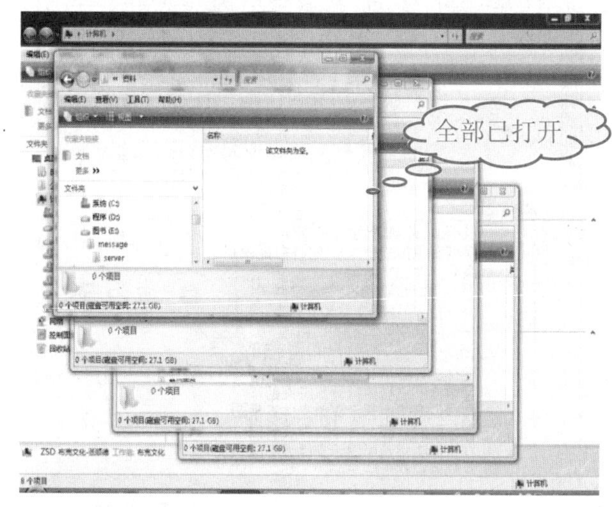

举 一 反 三

此方法除了可以批量打开文件或文件夹外，对于 Excel 和 Word 文档也是适用的。一次打开的文档或文件不宜过多，否则频繁地弹出窗口可能会使系统死机。

技巧72 查找被加密的文件

Windows Vista 系统提供了可以在 NTFS 驱动器上为文件或文件夹加密的功能，但是长时间后就难以区分哪些文件已经加密，哪些文件没有加密。下面介绍如何查找被加密的文件。

❶ 双击桌面上的“计算机”图标，打开“计算机”窗口。

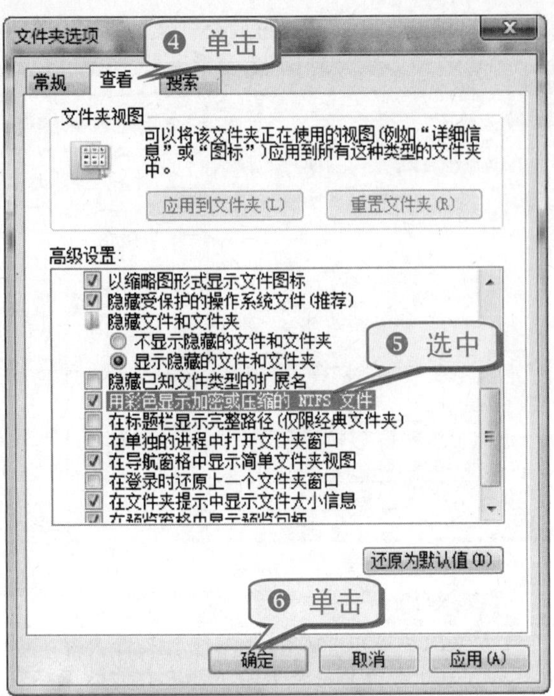

知识补充

设置完成后，再查看文件夹时，可以看到加密过的文件或文件夹呈绿色显示。

技巧73　找回丢失的"文件夹选项"菜单

多个用户使用一台计算机，往往可能因为操作不慎而导致无法打开"文件夹选项"。其实可以通过修改注册表的设置来找回工具栏中的"文件夹选项"菜单。

❶ 选择"开始"→"运行"命令，在弹出的"运行"对话框中输入 Regedit 命令，单击"确定"按钮，打开"注册表编辑器"窗口。

❷ 在打开的"注册表编辑器"左窗格中展开 HKEY_CURRENT_USER\Software\Microsoft\Windows\CurrentVersion\Policies\Explorer 分支。

❸ 在右窗格中找到 NoFileMenu 子键，然后右击该子键，弹出快捷菜单。

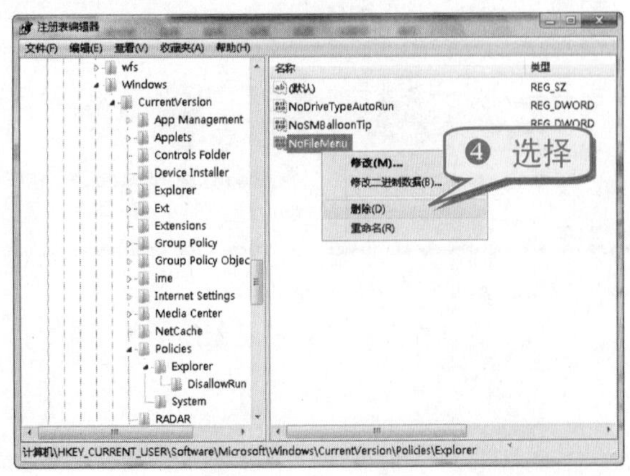

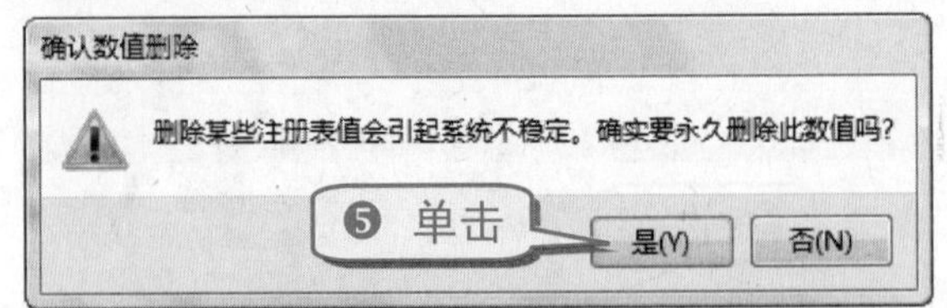

知识补充

若不删除该值也可以，将其值修改为"0"，然后重新启动计算机即可。

注意事项

在对注册表里面的各项进行更改前，最好先对注册表进行备份，以免操作不当导致系统不能正常工作。

技巧74　找回鼠标右键快捷菜单中的"新建文件夹"命令

某些情况下，右击桌面空白区域，在弹出的快捷菜单中选择"新建"命令，但是在其子菜单中却看不到"新建文件夹"命令。此时可通过修改注册表将其找回。

❶ 选择"开始"→"运行"命令，在弹出的"运行"对话框中输入 Regedit 命令，单击"确定"按钮，打开"注册表编辑器"窗口。

❷ 在打开的"注册表编辑器"左窗格中展开 HKEY_CLASSES_ROOT\Directory\Background\shellex\ContextMenuHandlers\New 分支。

❸ 在右窗格中双击 (默认) 图标。

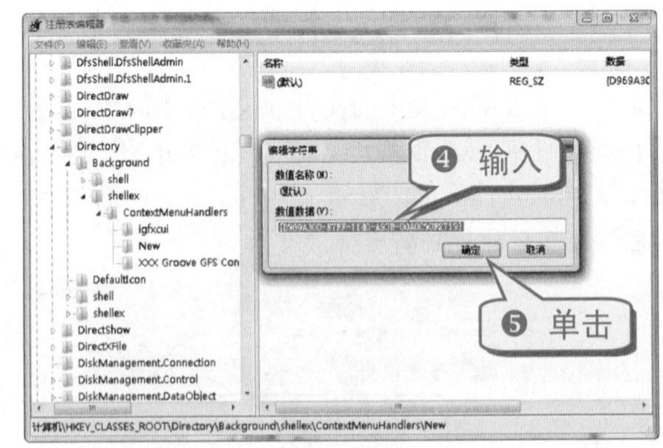

技巧75　轻松选取多个文件

Windows Vista 系统提供了一种快捷选取多个文件和文件夹的方法。

❶ 双击桌面上的"计算机"图标，打开"计算机"窗口。

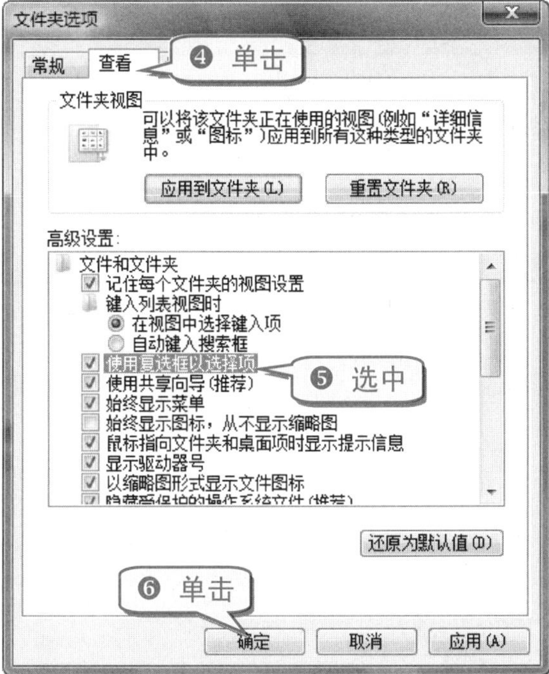

❼ 设置完成后，重新打开窗口即可。

注　意　事　项

设置完成后，一定要重新打开窗口才可以看到文件夹前面的复选框。选中文件夹前面的复选框即可对多个文件进行相应的操作。

技巧76　统一资源管理器的查看方式

使用资源管理器浏览计算机中的文件时，在一个文件夹中看到的文件列表方式与在另一个文件夹中看到的不同。通过自定义设置可以统一资源管理器中查看文件的列表方式。

❶ 在打开的"计算机"窗口中选择"工具"→"文件夹选项"命令，弹出"文件夹选项"对话框。

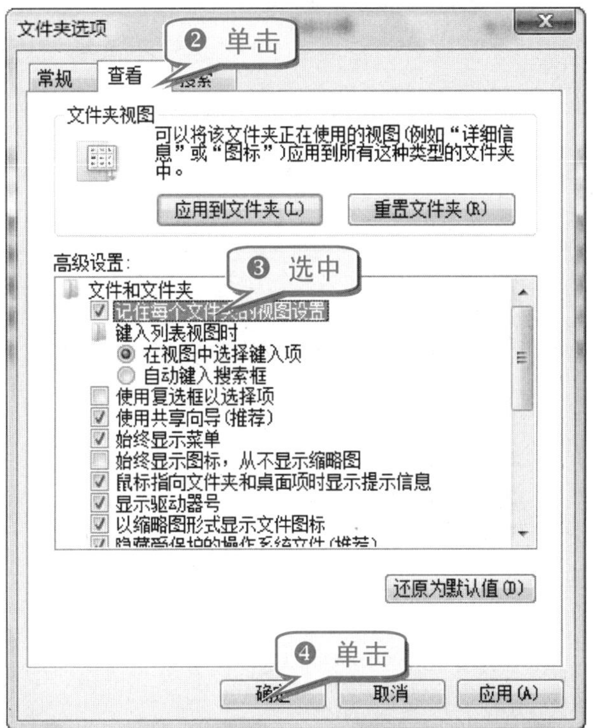

技巧77　快速隐藏私人文件

在多人共用一台计算机时，有时需要将一些秘密的文件隐藏起来，下面介绍如何快速隐藏私人文件。

❶ 在打开的"计算机"窗口中选择"工具"→"文件夹选项"命令，弹出"文件夹选项"对话框。

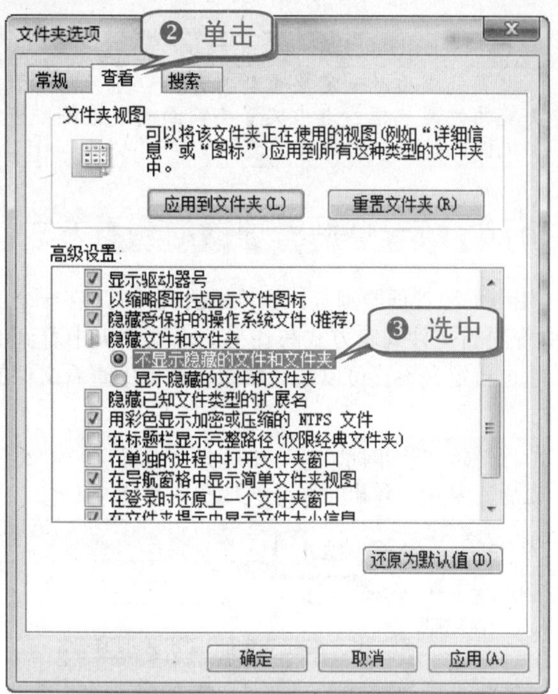

❹ 右击需要隐藏的文件，在弹出的快捷菜单中选择“属性”命令。

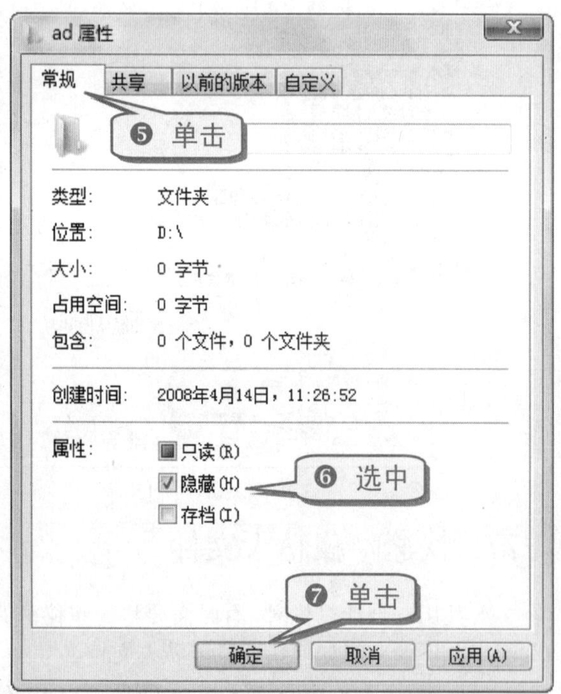

技巧78 快速隐藏“文件夹选项”命令

资源管理器中的“文件夹选项”命令是一个重要的菜单项，它可以对很多重要的文件系统进行设置。隐藏“文件夹选项”命令可以防止其他用户修改其对话框中的设置。

❶ 选择“开始”→“运行”命令，在弹出的“运行”对话框输入 gpedit.msc 命令，然后单击“确定”按钮，打开“组策略对象编辑器”窗口。

❷ 在弹出的“组策略对象编辑器”左窗格中展开“用户配置”→“管理模板”→“Windows 组件”→“Windows 资源管理器”选项。

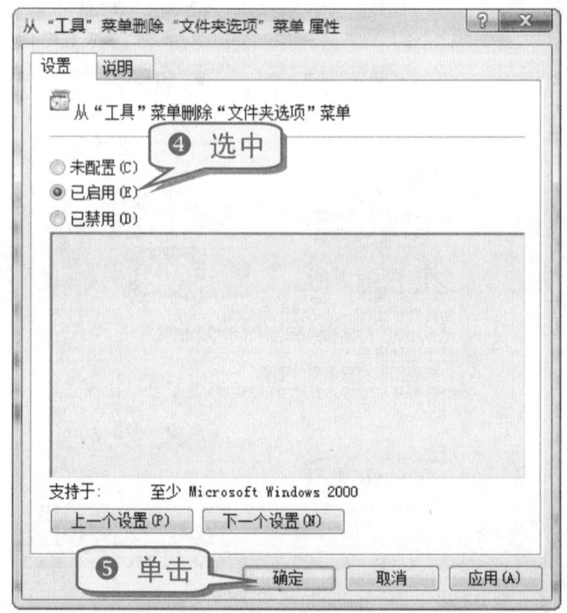

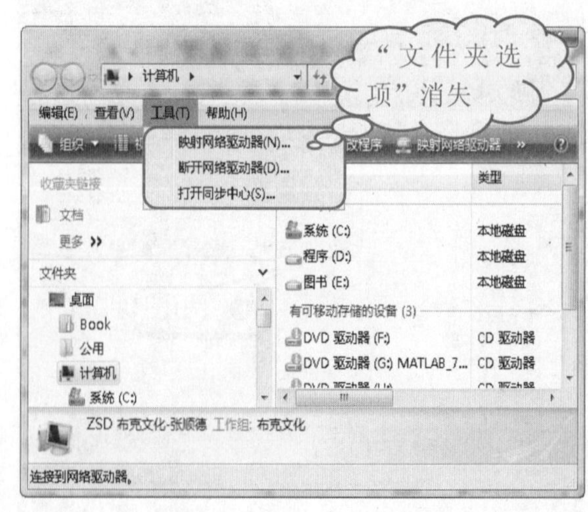

技巧79 轻松实现文件共享

在集体办公网络中，为了方便交流，需要将文件或文档进行共享，以方便其他用户查看。

❶ 右击需要共享的文件或文件夹，在弹出的快捷菜单中选择“共享”命令，弹出“文件共享”对话框。

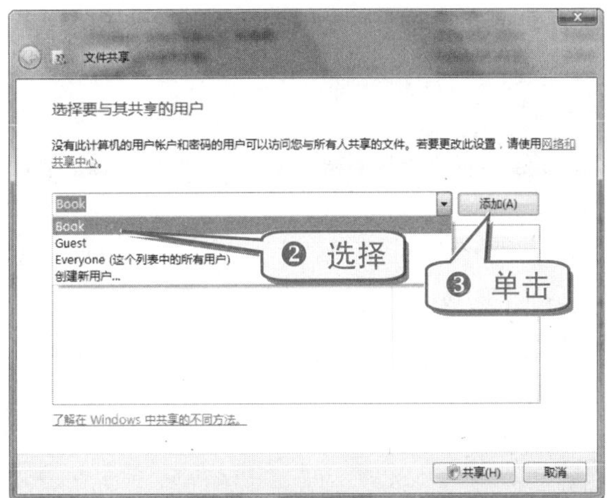

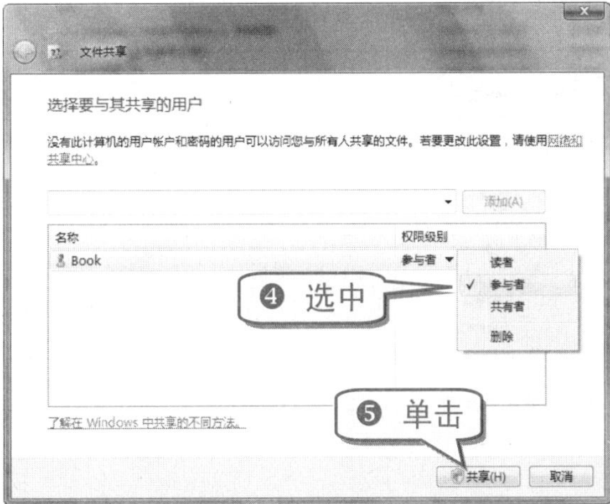

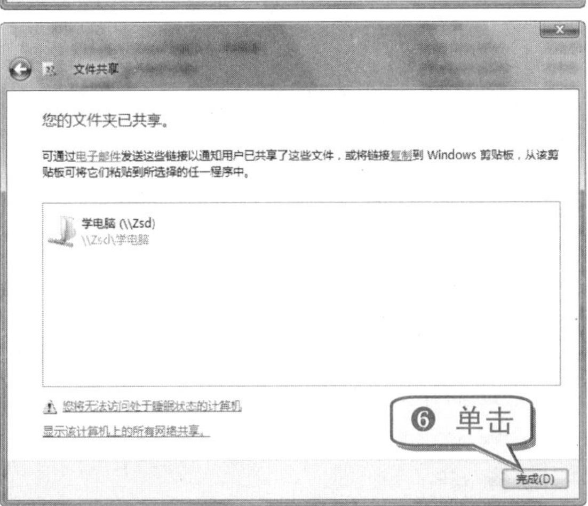

专家坐堂

在弹出的“文件共享”对话框中单击下拉列表框中的下拉按钮，可以选择“创建新用户”命令，然后通过向导可以创建一个新用户账户。创建完成后，单击“添加”按钮即可。

知识补充

权限级别为选择的用户设置了三种权限：“读者”、“参与者”与“共有者”。

“读者”权限只能查看共享文件的内容；

“参与者”权限可以查看和添加文件，还可以删除自己添加的文件；

“共有者”对文件资源具有最高的权限。系统默认的权限是“读者”。

技巧80 巧妙利用公用文件夹

在计算机上，可以通过将需要共享的文件复制或移动到公用文件夹中的方法来实现文件共享。

如果处在同一网络内的用户拥有该台计算机的账户和密码，就可以通过局域网访问该台计算机中公用文件夹中的共享信息。公用文件夹中的所有文件夹以及子文件都可以被查看。此外，通过权限设置，可以限制用户在公用文件夹中创建或更改文件。

❶ 在打开的“计算机”窗口中找到公用文件夹。

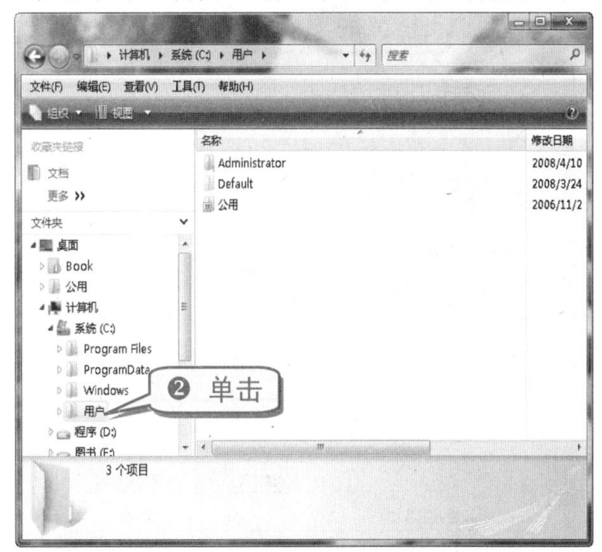

❸ 在右窗格中右击“公用”文件夹图标，在弹出的快捷菜单中选择“属性”命令。

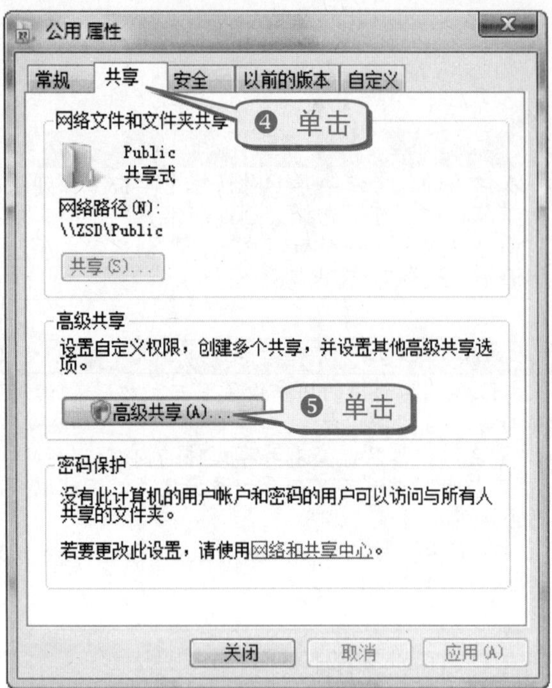

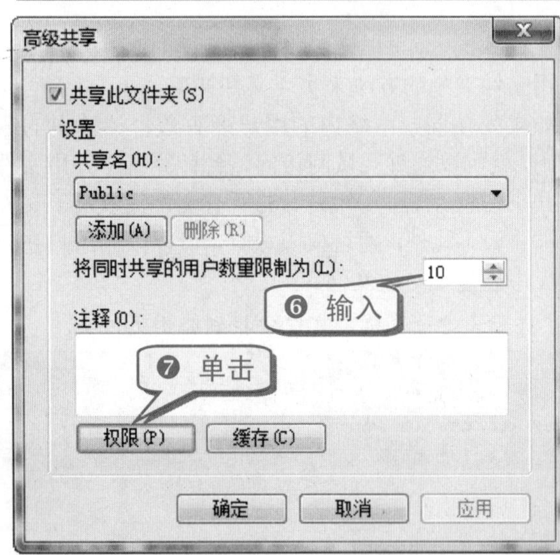

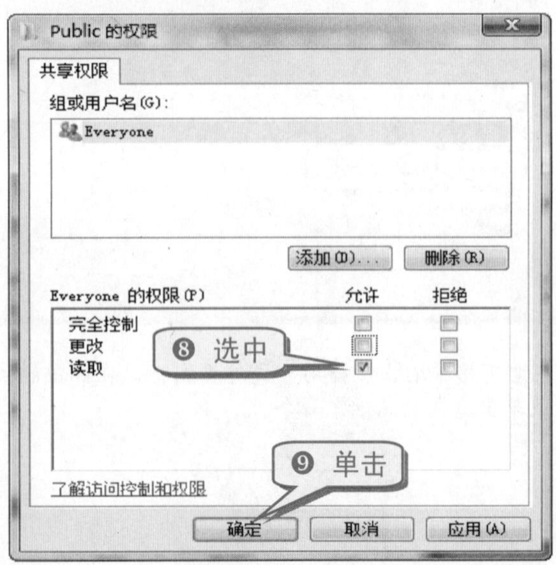

技巧81 轻松映射网络驱动器共享文件

如果每次都需要通过局域网来访问其他用户计算机里共享的文件，那么用户可以将经常访问的文件夹映射到自己的计算机上，下次直接单击映射过来的"网络驱动器"即可访问共享该文件。

❶ 双击桌面上的"计算机"图标，打开"计算机"窗口。

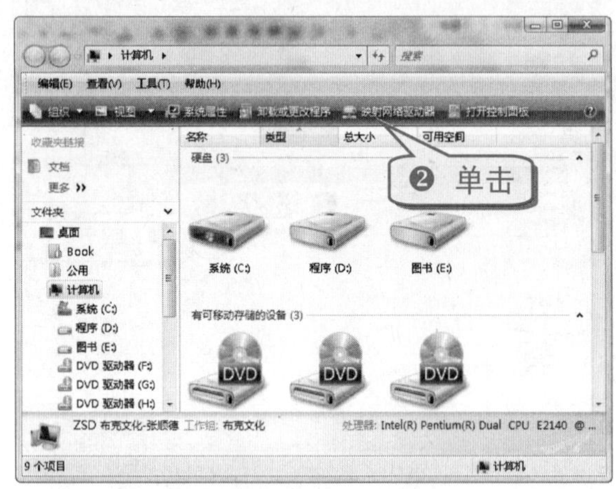

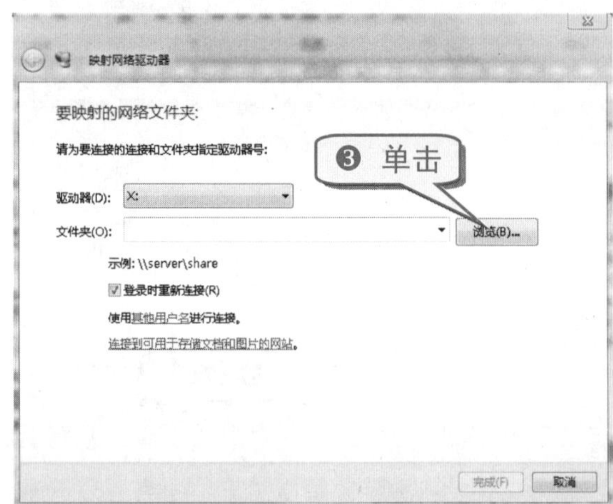

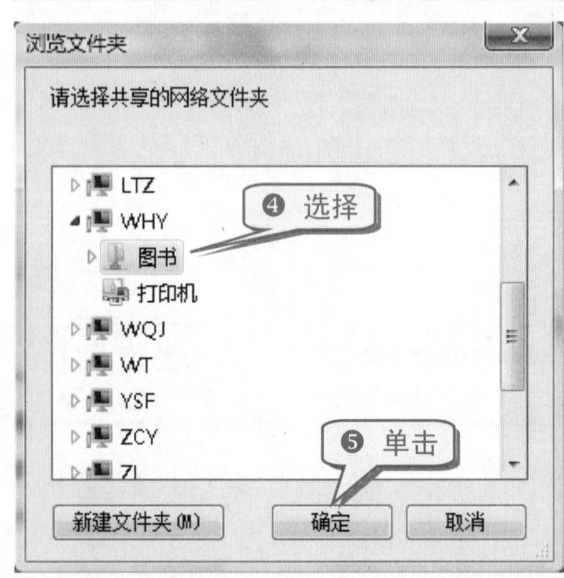

❻ 在返回的“映射网络驱动器”对话框中单击“完成”按钮即可。

技巧82 轻松加密文件夹或文件

在 Windows Vista 中，对文件夹、文件的加密和解密很方便，用户可以尝试对所有重要的信息进行加密。

加密文件前要确保计算机的文件系统使用的是 NTFS 格式，否则不能对文件夹或文件进行加密或解密。加密文件系统(EFS)是 Windows 的一项功能，允许将信息以加密的形式存储在计算机硬盘上。加密是 Windows Vista 提供的最强的保护措施。

❶ 右击需要加密的文件或文件夹，在弹出的快捷菜单中选择“属性”命令，弹出文件或文件夹属性对话框。

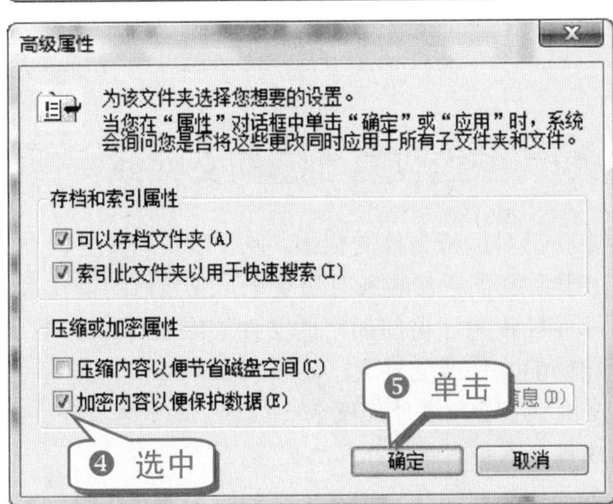

❻ 在返回的“常规”选项卡中单击“确定”按钮，系统会根据加密文件夹与文件的不同而弹出不同的“确认属性更改”对话框。

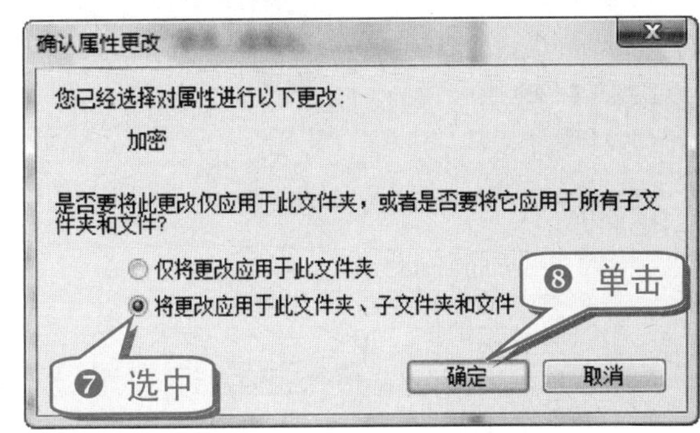

❾ 在返回的文件或文件夹属性对话框中单击“确定”按钮即可。

知 识 补 充

加密文件夹完成后在资源管理器窗口中即可看到加密的文件或文件夹呈绿色显示。

注 意 事 项

文件加密(EFS)只能在 NTFS 文件系统的硬盘上使用。加密与 NTFS 的压缩功能是不能同时使用的，如果使用了文件的压缩功能，则无法对其进行加密。

技巧83 轻松解密文件夹或文件

文件夹或文件的解密类似加密的一个逆过程。只要取消选中“加密内容以便保护数据”复选框，然后按提示完成设置即可。

❶ 右击需要解密的文件夹或文件，在弹出的快捷菜单中选择“属性”命令，弹出文件或文件夹属性对话框。

❷ 单击“常规”选项卡中的“高级”按钮，弹出“高级属性”对话框。

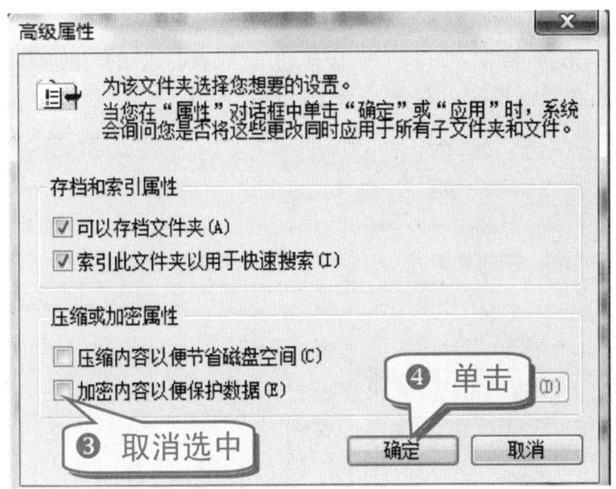

❺ 单击“常规”选项卡中的“确定”按钮，弹出“确认属性更改”对话框。

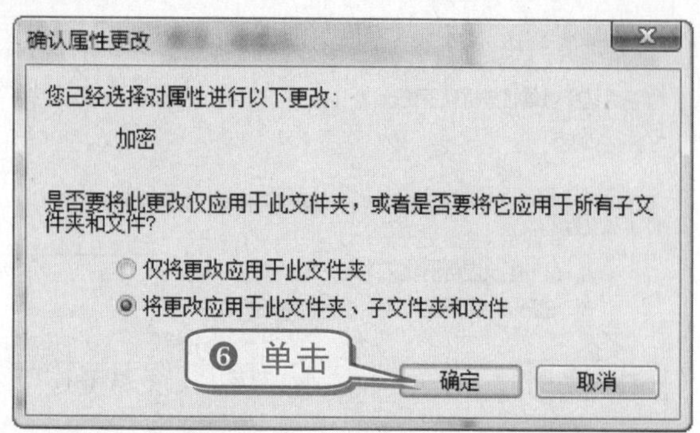

技巧84 快速备份加密文件系统的证书

首次加密文件夹或文件，应该备份加密证书，这样可以确保在 EFS 证书丢失或损坏时能够恢复加密文件夹或文件。最好是将 EFS 证书备份到可移动硬盘上，以便将其放在安全的位置。

❶ 选择“开始”→“运行”命令，在弹出的“运行”对话框中输入 certmgr.msc 命令，单击“确定”按钮，打开证书控制台窗口。

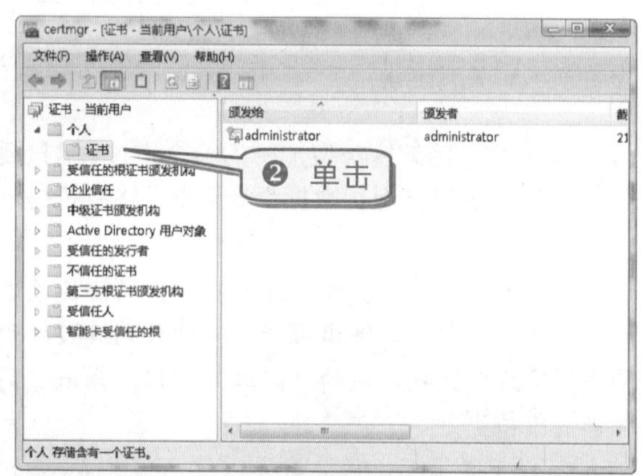

❸ 在右窗格中找到“预期目的”列表框下的“加密文件系统”证书，右击需要备份的证书。

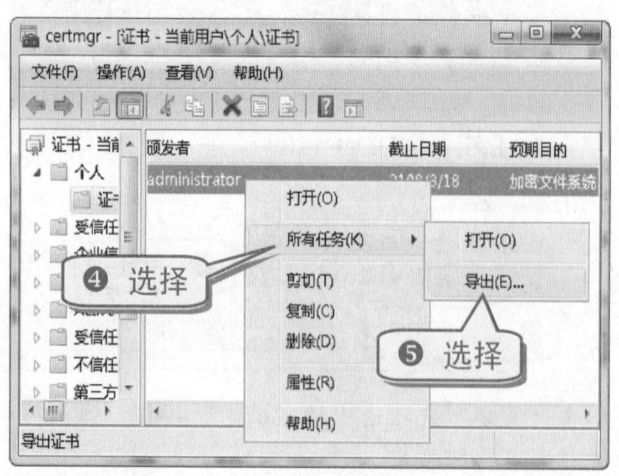

❻ 在“证书导出向导”对话框中单击“下一步”按钮，在弹出的“导出私钥”对话框中选中“是，导出私钥”单选按钮，单击“下一步”按钮。

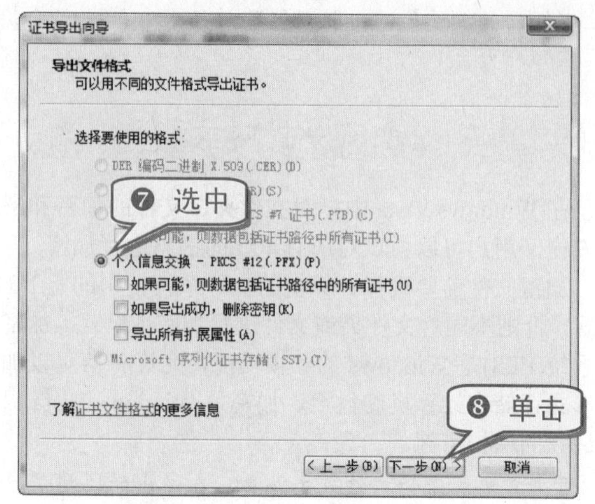

❾ 在“在键入并确认密码”对话框中输入保护私钥的密码，然后单击“下一步”按钮。在弹出的对话框中输入要导出的文件名或单击“浏览”按钮，选择存放私钥的路径，接着单击“下一步”按钮完成证书导出向导。

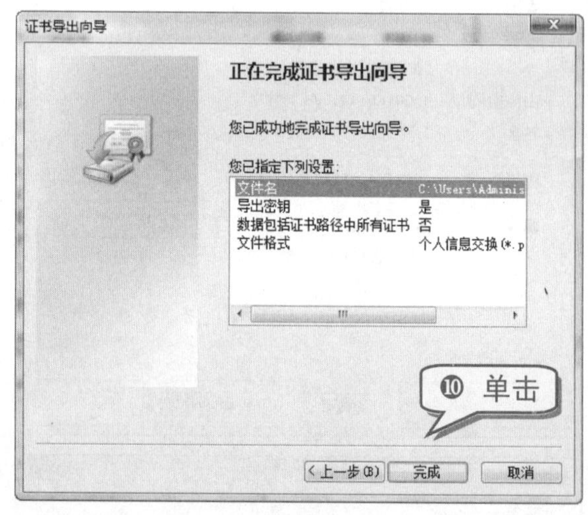

技巧85 快速恢复加密的文件或文件夹

要获得对加密文件的权限，必须以管理员身份登录系统。由于系统重新安装或升级更新，或当前的操作系统出现故障而导致无法访问加密的文件夹或文件，这时，需要恢复加密的文件或文件夹。

- 若要恢复存储在外部硬盘或 U 盘上的加密文件，可先将该设备连接到新的计算机上。
- 若要恢复存储在操作系统以外的其他分区的加密文件夹或文件，必须先将这些文件复制到能正常工作的操作系统中，或在当前计算机上安装一个新的 Windows Vista 系统。
- 若操作系统的功能都正常，需要恢复的文件夹或文件都已经移到该计算机中，那么插入保存有证书和密钥的可移动介质即可。

❶ 插入保存有证书和密钥的可移动介质，选择“开始”→“运行”命令，在弹出“运行”对话框中输入 certmgr.msc 命令，单击“确定”按钮，弹出证书控制台窗口。

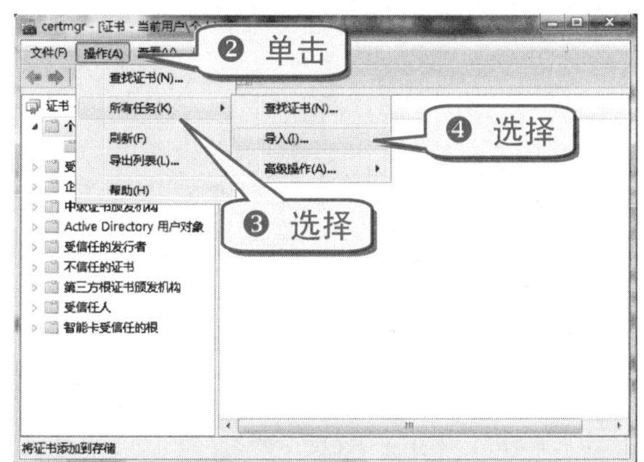

❺ 在“证书导入向导”对话框中单击“下一步”按钮，在弹出的“要导入的文件”对话框中单击“浏览”按钮查找密钥存储的位置。

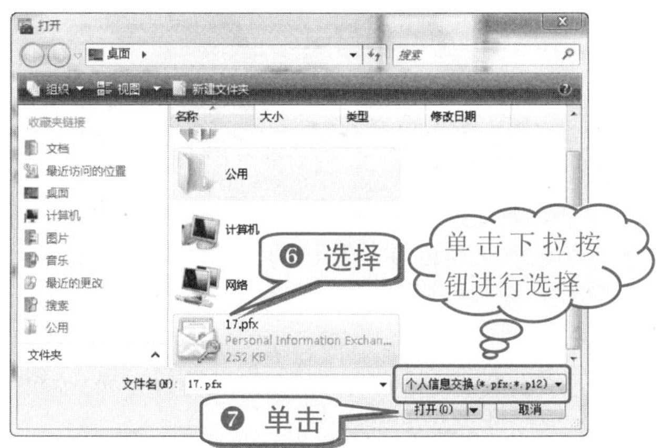

❽ 在弹出的“密码”界面中输入保护私钥的密码，单击“下一步”按钮。

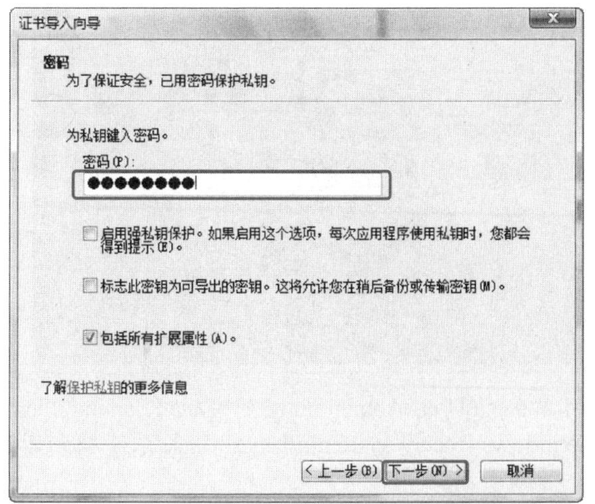

❾ 在证书存储区域下选中“将所有的证书放入下列存储(P)”单选按钮，然后单击“下一步”按钮。

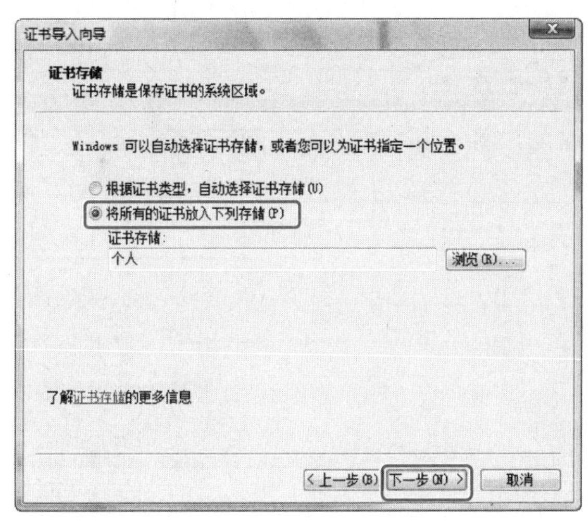

❿ 单击“完成”按钮即可导入证书。

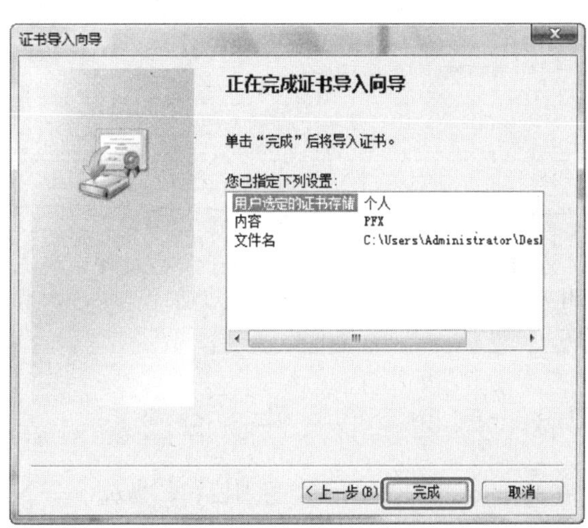

注　意　事　项

在证书的导入过程中，不要选择“启用强私钥保护”单选按钮，不然每次使用密钥时都会得到提示。

举　一　反　三

导入证书的另一种方法是直接双击“密钥”的图标，在弹出的“证书导入向导”对话框中按照提示即可完成证书的导入。

技巧86　快速清理 Windows Vista 临时文件夹

无论是安装软件还是使用杀毒软件或者其他应用程序，总会在系统内产生垃圾，这些垃圾并不会随着软件的退出或者系统的重启而消失。

❶ 选择“开始”→“运行”命令，在弹出“运行”对话框中输入“%temp%”或“%tmp%”命令，单击“确定”按钮，打开 Temp 窗口。

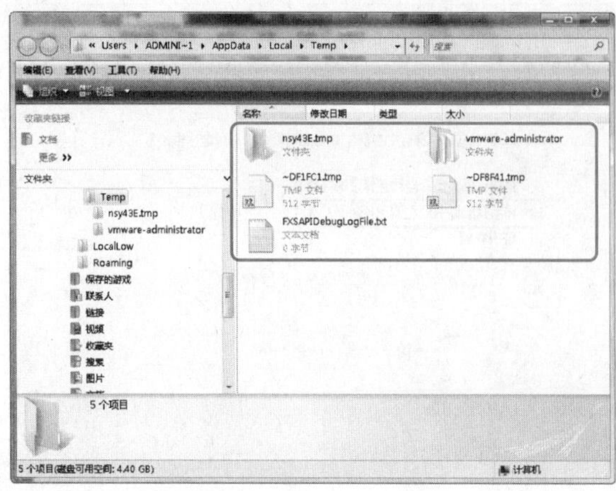

❷ 按 Ctrl+A 组合键，选中右边窗口中的所有文件，接着按 Delete 键。

注 意 事 项

在删除文件的时候，可能由于一些文件系统正在使用而无法删除，此时，可重新启动计算机再次尝试删除。

技巧87 快速获取文件路径

在 Windows Vista 的资源管理器中，当选中一个文件夹或文件后，在地址栏中将显示文件的路径，但是这些文件夹或文件的路径不能直接被提取。通过右键的快捷菜单可以获取当前文件夹或文件的路径。

❶ 选中需要提取路径的目标文件夹或文件。

❷ 按住 Shift 键的同时右击目标文件夹或文件。

❹ 将提取的路径粘贴到记事本或其他目标位置。

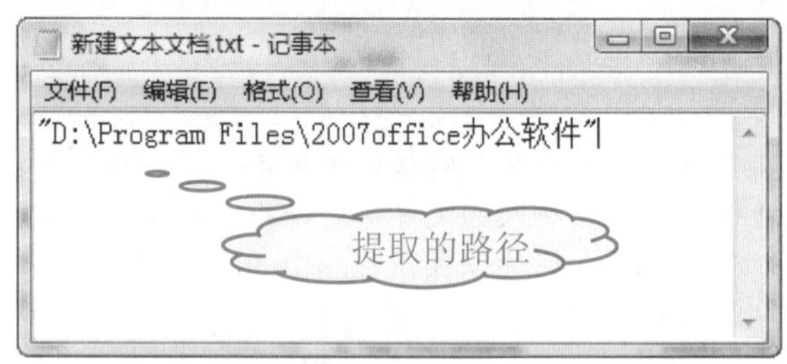

技巧88 快速建立系统的资料文件

在选购计算机时，大多数用户都会查看硬件和操作系统是否达到了理想的状况，此时可以通过 Command 命令来进行查询。

❶ 选择“开始”→“所有程序”→“附件”→“命令提示符”命令，打开“管理员：C:\Windows\system32\CMD.exe systeminfo”窗口。

❷ 在该窗口中输入 systeminfo>systeminfo.txt 命令，按 Enter 键。

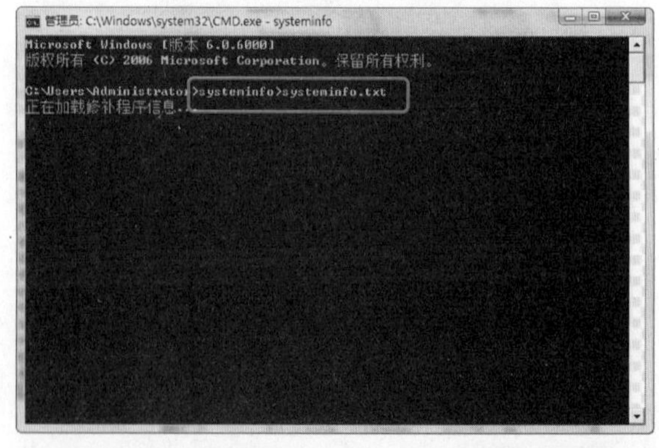

❸ 可以在 C:\Users\Administrator\AppData\Roaming\Microsoft\Windows\Recent\systeminfo.txt.lnk 目录下找到新建立的系统资料。

举一反三

方法一：选择“开始”→“运行”命令，在弹出的“运行”对话框中输入 systeminfo.txt 命令，单击“确定”按钮即可打开新建立的系统资料。

方法二：选择“开始”→“搜索框”命令，在搜索框中输入 systeminfo.txt 命令，在开始菜单中将会列出所有相关文件名的文件，右击目标文件的同时按 Shift 键来提取文件路径，然后找到文件。

技巧89 轻松备份系统的重要文件

多个用户共同使用一台计算机或操作不慎很可能导致系统出错，这就很有必要对系统的重要文件进行备份，以便在系统出现问题时，可以使用备份盘来恢复系统的重要数据。

❶ 双击桌面上的“控制面板”图标，在打开的“控制面板”窗口中单击“系统和维护”→“备份和还原中心”超链接，打开“备份和还原中心”窗口。

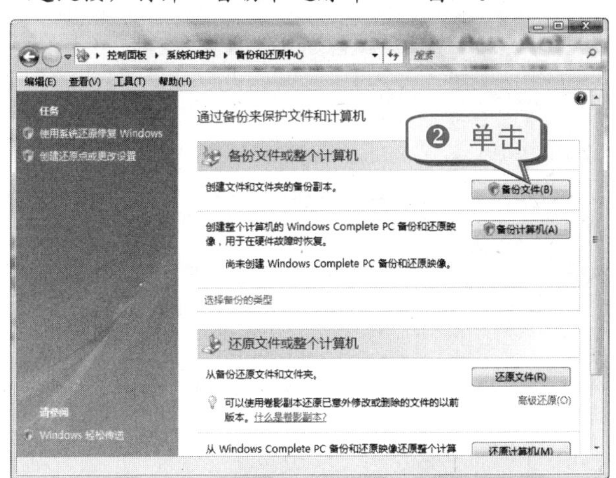

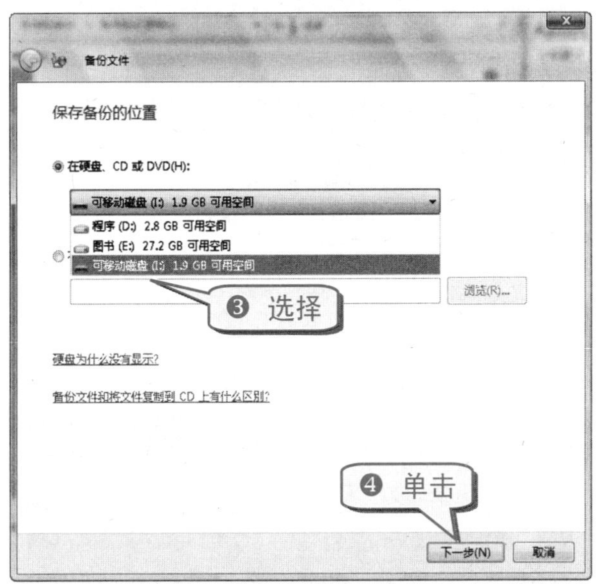

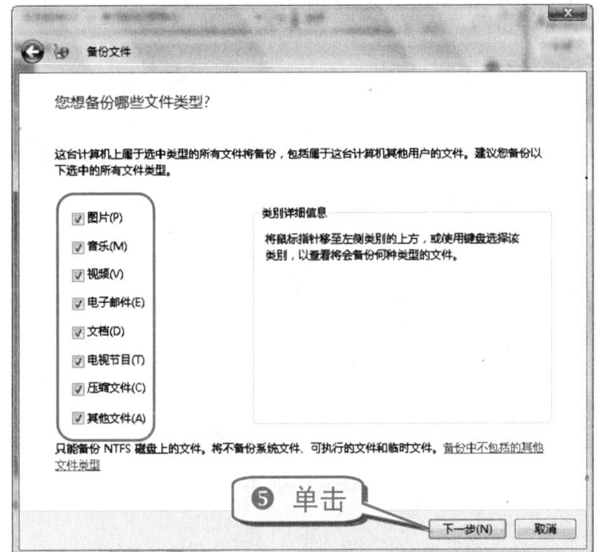

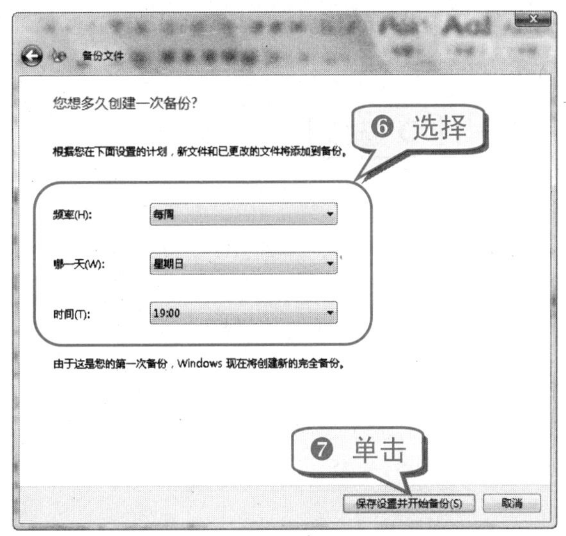

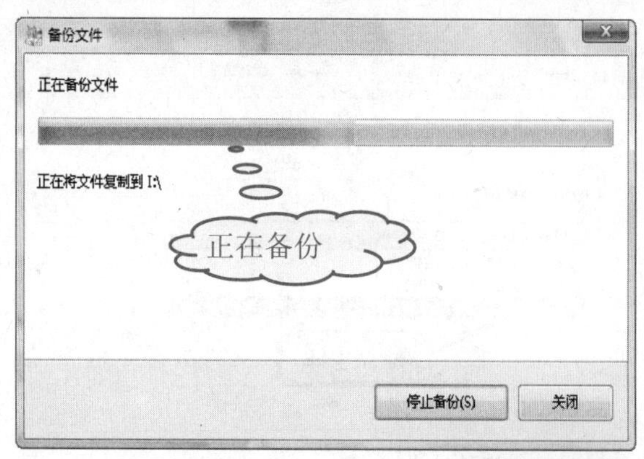

注 意 事 项

在选择保存备份的位置时，最好是将备份保存在外部磁盘，这样即使整个系统崩溃了，重要的数据也不会丢失，并可以将文件导入到其他的计算机中进行还原。

技巧90 轻松备份注册表中的文件

注册表是一个系统的核心，大部分设置都可以通过它来修改，因此对注册表中的文件进行备份很重要。

❶ 选择"开始"→"运行"命令，在弹出的"运行"对话框中输入 regedit 命令，单击"确定"按钮，打开"注册表编辑器"窗口。

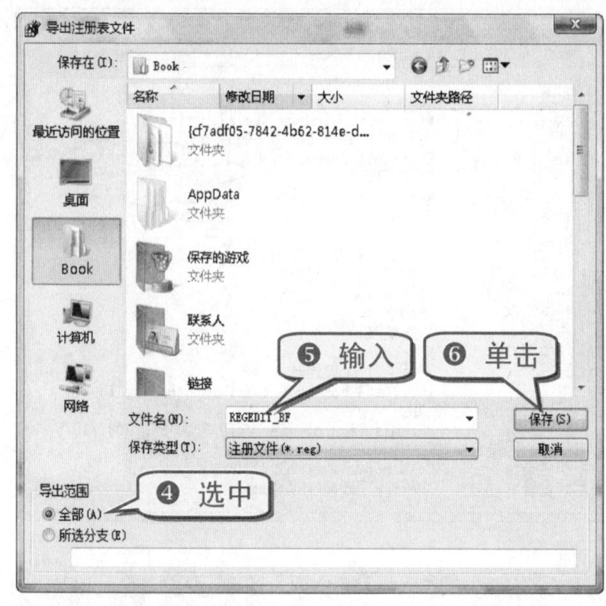

知 识 补 充

在选择导出范围时，如果选择"所选分支"单选按钮，只要在"注册表编辑器"中选中相应的分支即可。

技巧91 轻松还原系统的重要文件

Windows Vista 有时会出现数据被破坏的现象，用户可以通过紧急救助盘对整个系统或被破坏的数据进行还原。

❶ 双击桌面上的"控制面板"图标，在打开的"控制面板"窗口中单击"系统和维护"→"备份和还原中心"超链接，打开"备份和还原中心"窗口。

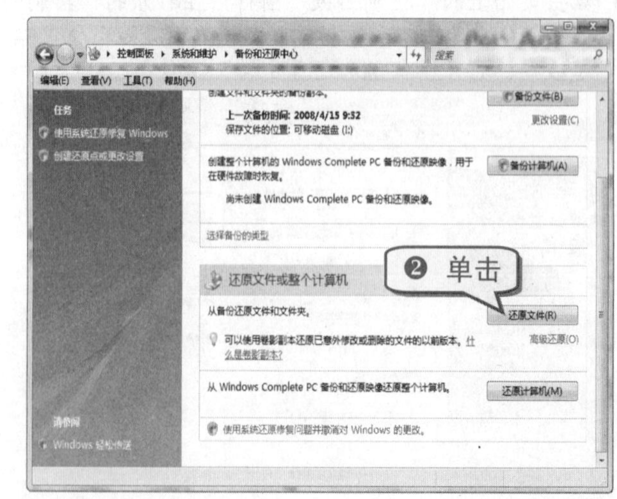

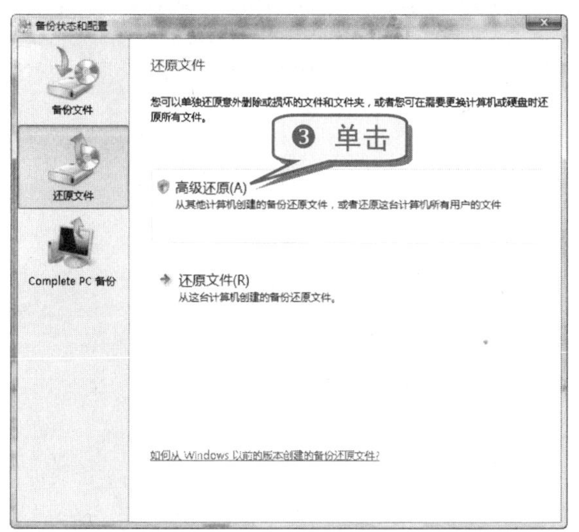

❹ 在打开的"您想还原什么？"界面中选择备份数据的来源，然后单击"下一步"按钮。

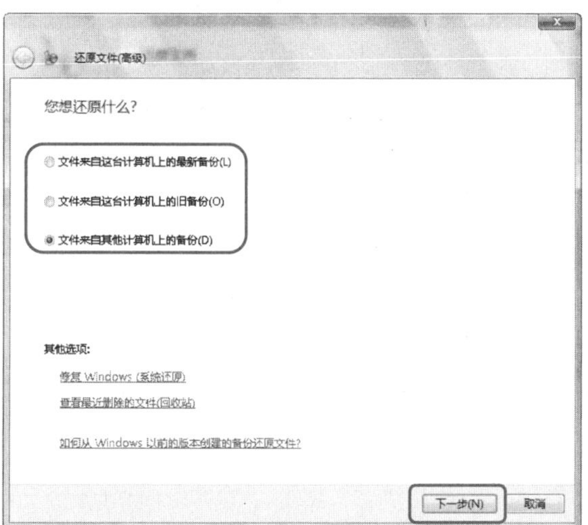

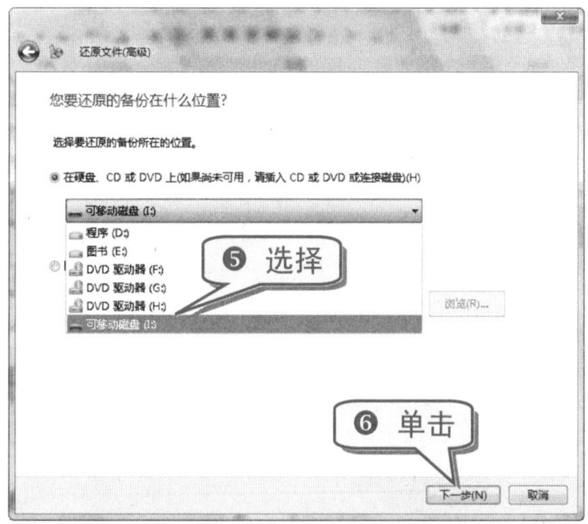

❼ 在"选择要还原的文件和文件夹"界面中，选择"还原此备份中的所有内容"单选按钮，打开"您想将还原的文件保存到什么位置"界面。

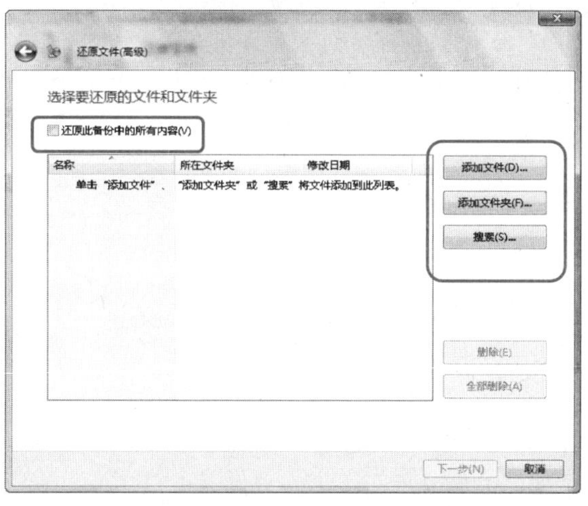

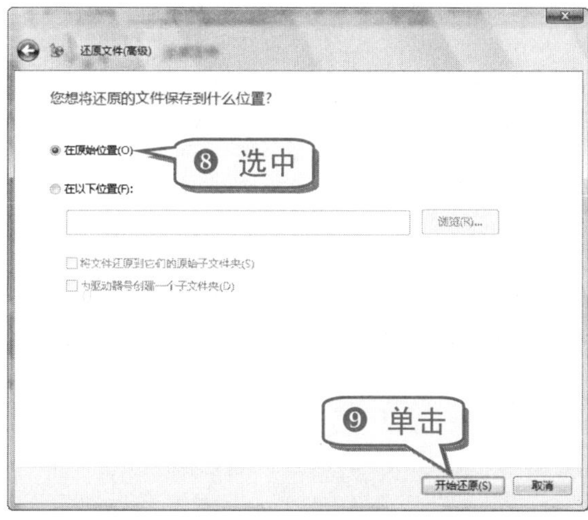

注　意　事　项

操作第❼步时，在"选择要还原的文件和文件夹"界面中，选中了"还原此备份中的所有内容"复选项。因为我们不能确定具体哪些数据已经被破坏，因此还原的时候需要将原来的文件全部覆盖。

专题四　网上冲浪技巧

Windows Vista 的网络功能与 Windows XP 相比有了质的飞跃，并且它配备了最新的 IE 7.0 浏览器，使其网络设置变得更加实用和安全。

热 点 快 报

- 主页设置技巧
- 收藏夹使用技巧
- 多途径浏览网页
- 管理 IE 插件技巧
- 指定 IE 下载目录
- 巧妙复制网页文字

技巧92　快速设置 IE 主页

主页是指每次打开 IE 浏览器时最先显示的页面。将经常访问的网站或网页设置为 IE 浏览器的主页，这样在以后每次打开 IE 时将自动打开该网页或登录该网站。

❶ 双击桌面上的 Internet Explorer 图标，打开希望设置为主页的网页。

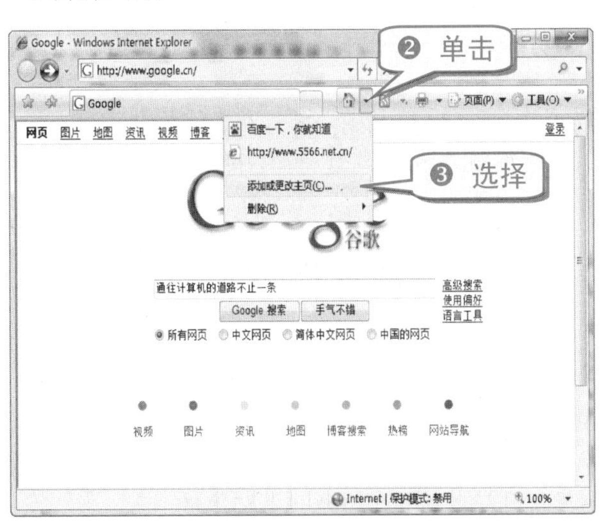

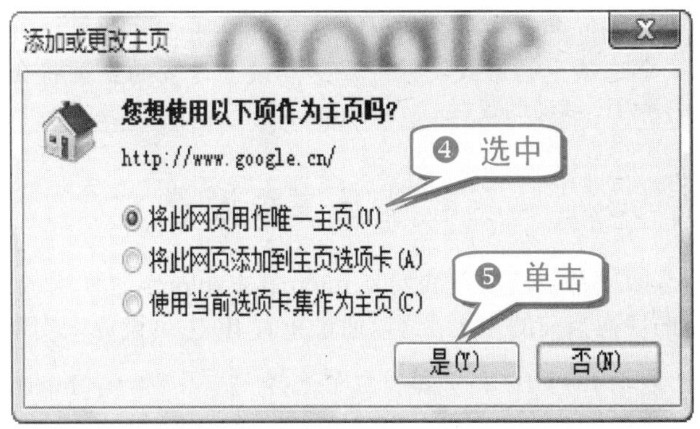

知 识 补 充

选中“将此网页用作唯一主页”单选按钮保存设置后，重新打开 IE 就可以直接打开 Google 主页。

选中“将此网页添加到主页选项卡”单选按钮保存设置后，重新打开 IE 即可将当前网页添加到原有主页选项卡中。

选中“使用当前选项卡集作为主页”单选按钮保存设置后，将用当前打开的网页替换原来的主页或主页选项卡集。

技巧93 巧妙设置多个IE主页

IE 6.0浏览器只能设置一个主页，这样就不能把经常访问的网址一次全部打开。

而IE 7.0由于引入了标签功能，并且支持多页面浏览，可以同时设置多个主页。

❶ 在打开的IE浏览器中选择"工具"→"Internet选项"命令，弹出"Internet选项"对话框。

❹ 单击"确定"按钮。

注意事项

当重新打开浏览器时，刚才设置为主页的网址以多个选项卡的形式打开。注意：设置过多的主页将会影响IE启动的速度。

技巧94 快速重置IE主页设置

如果希望使用首次安装Internet Explorer时使用的主页来替换当前的主页，可以通过重置IE主页设置来实现。

❶ 在打开的IE浏览器窗口中选择"工具"→"Internet选项"命令，弹出"Internet选项"对话框。

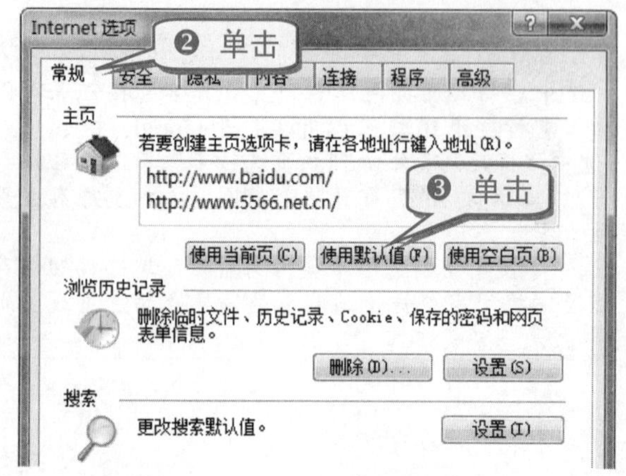

❹ 单击"确定"按钮。

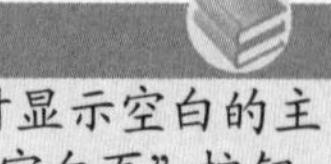

知识补充

如果希望在打开Internet Explorer时显示空白的主页，那么在操作第❸步时可单击"使用空白页"按钮，单击"确定"按钮即可。

技巧95 快速还原IE高级设置

由于Internet Explorer程序出错或者其他原因需要将其设置还原为刚装好IE时的默认状态时，需要进行还原IE的高级设置。

❶ 在打开的IE浏览器中选择"工具"→"Internet选项"命令，弹出"Internet选项"对话框。

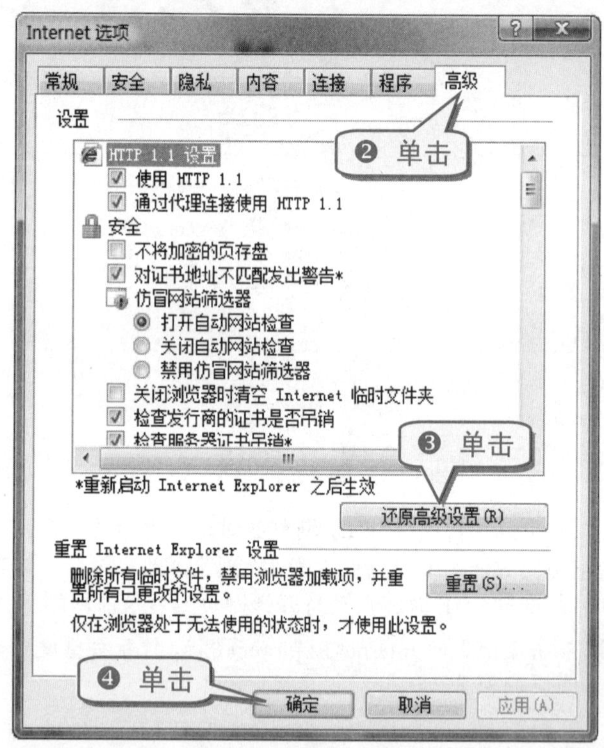

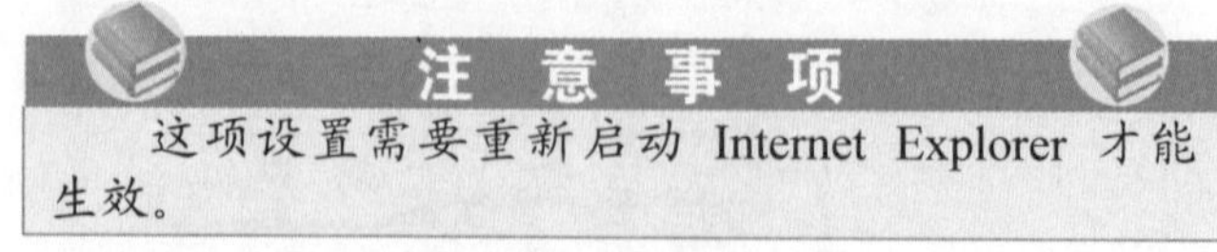

注意事项

这项设置需要重新启动Internet Explorer才能生效。

技巧96 快速重置IE设置

要解决由安装Internet Explorer后所做的更改而引起的问题，可重置IE设置，使其恢复到首次安装Internet Explorer时所处的状态。

❶ 在打开的IE浏览器中选择"工具"→"Internet选项"命令，弹出"Internet选项"对话框。

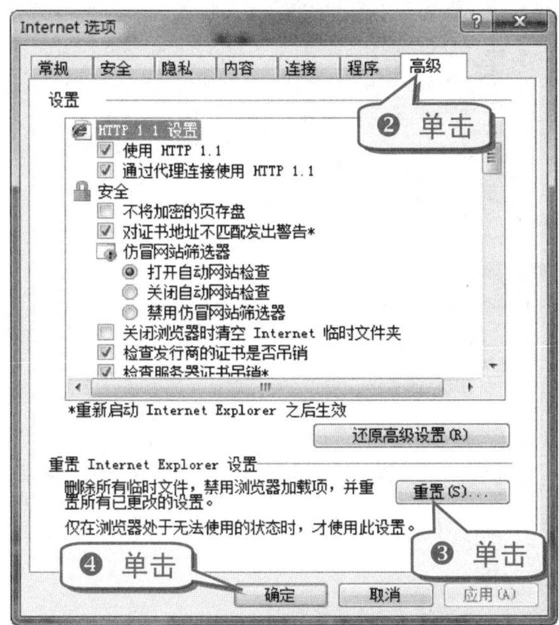

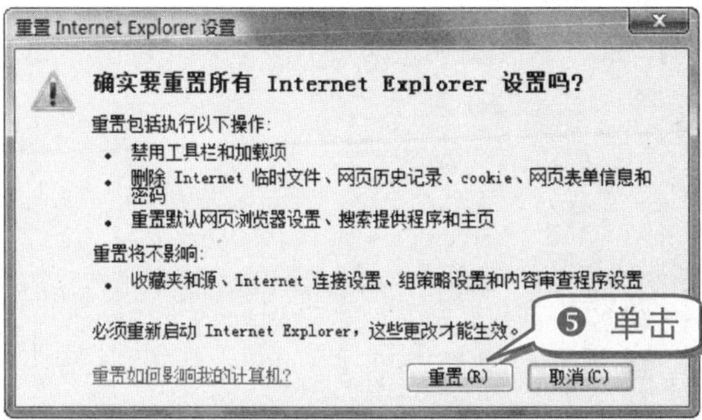

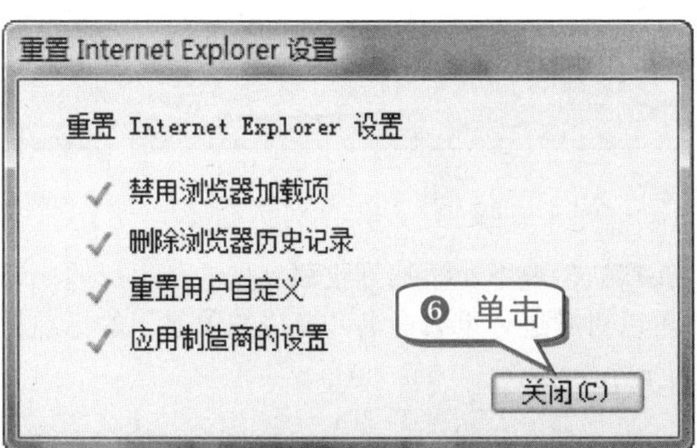

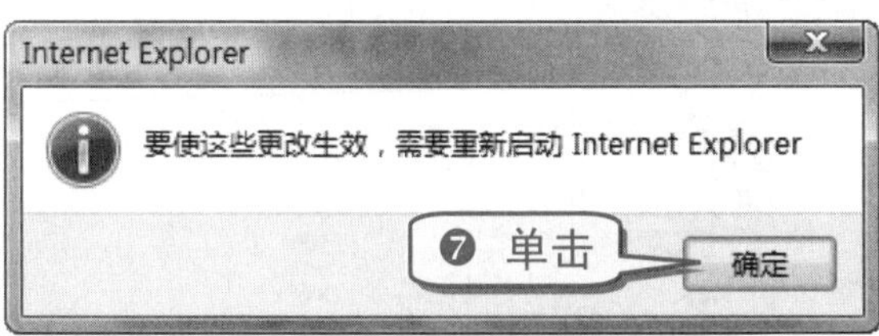

注　意　事　项

最好在重置 Internet Explorer 设置前备份主页或主页设置。重置设置并不会删除收藏夹、提要和其他的个性化设置。

专　家　坐　堂

如果无法重置 IE，可能是因为 Internet Explorer 无法访问文件或注册表，也有可能是由于安全权限不足、相关程序正在使用文件、内存太低或 CPU 使用过高引起的。重新启动计算机，然后再次尝试重置。

技巧97　快速浏览脱机网页

要脱机浏览网页，一般情况下需将整个网页保存到本地计算机上，再脱机浏览网页，这样操作起来比较繁琐。下面介绍脱机浏览网页的一种简便方法。

在打开的 IE 浏览器地址栏中，用户可以发现每个网址前面都有一个小图标。如果拖动这个图标到桌面，下次需要访问该网页时，只要单击桌面上的快捷方式即可。

❶ 打开 IE 浏览器，在地址栏中的网址前面找到需要脱机浏览的网页小图标。

❷ 拖动图标到桌面上。

❸ 下次需要访问该网页时，单击桌面上的图标即可直接访问该网页。

技巧98　同时收藏多个网址

在使用 IE 7.0 浏览网页时，可以将当前的选项卡集合保存到收藏夹，而不需要逐个添加网址到收藏夹中。

❶ 打开 IE 浏览器。

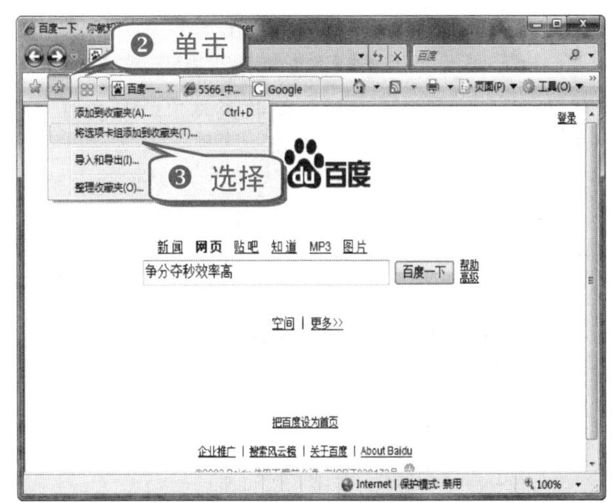

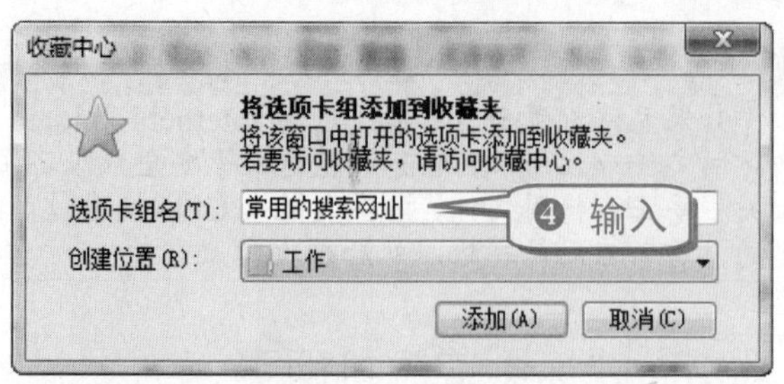

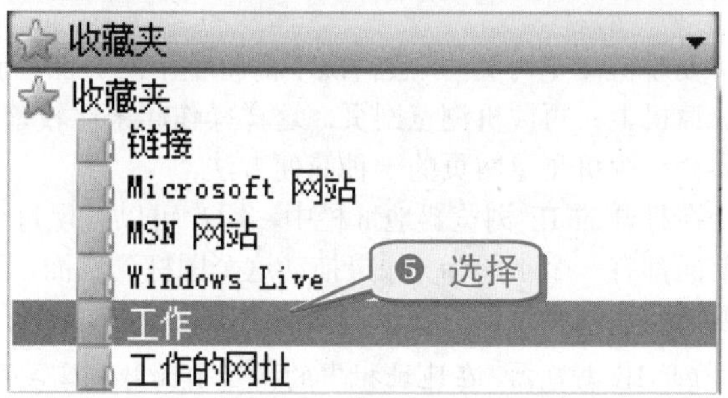

❻ 单击“收藏中心”对话框中的“添加”按钮完成设置。

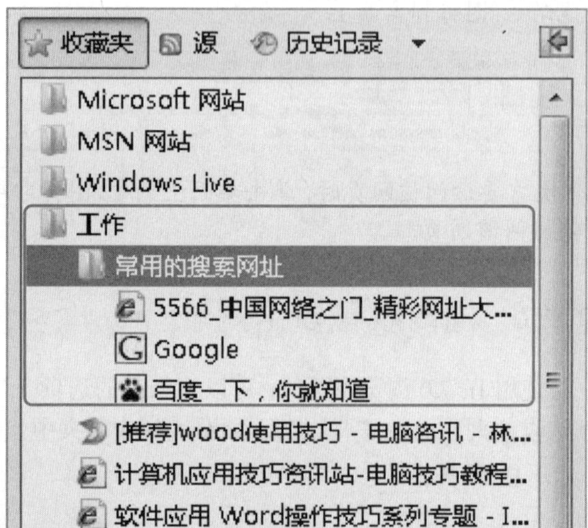

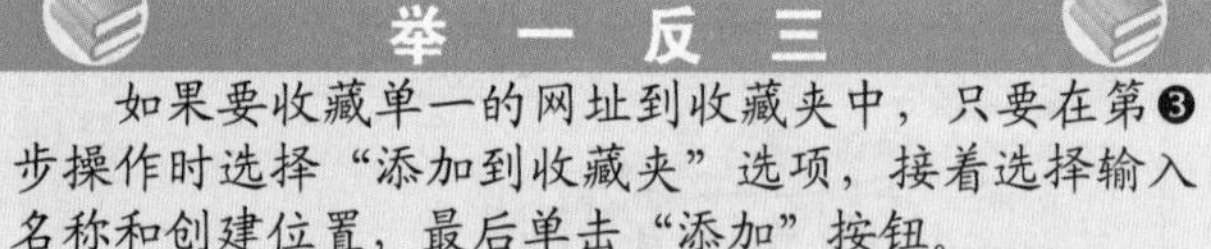

如果要收藏单一的网址到收藏夹中，只要在第❸步操作时选择“添加到收藏夹”选项，接着选择输入名称和创建位置，最后单击“添加”按钮。

技巧99 合理使用收藏夹

收藏夹是用来收藏经常访问的网站的超链接。通过单击收藏夹内的网站名称可以直接转到该网站，而不需要在地址栏中输入网站地址。

(1) 创建收藏夹

为了快速和便捷地浏览网页，需要对保存的网址进行分类，因此创建新的收藏夹来存放对应的网址是很有必要的。

❶ 打开 IE 浏览器。

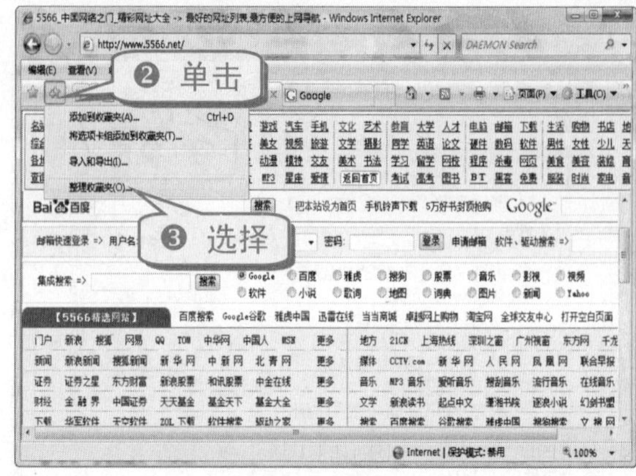

❹ 弹出“整理收藏夹”对话框。

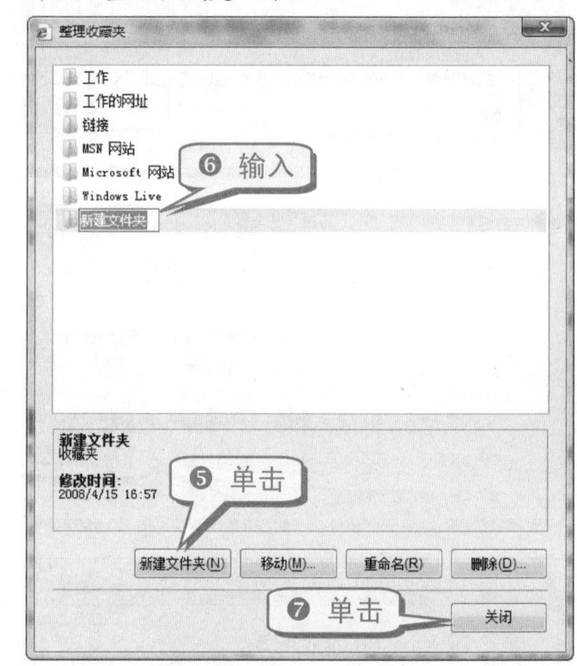

(2) 个性化收藏夹中的网页标题

在默认情况下，添加到收藏夹里的网页标题比较长，用户可以对其进行重新命名，换成简单易记的标题。

❶ 打开 IE 浏览器。

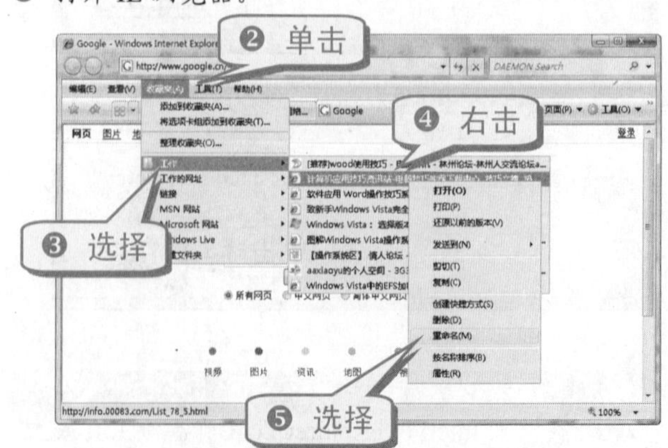

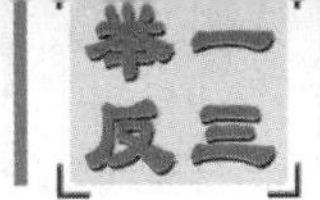

(3) 删除收藏夹内不需要的网页

将收藏夹内已经不能访问或不需要的网址删除，以便查找其他网页时，能够更快速。

❶ 打开 IE 浏览器。

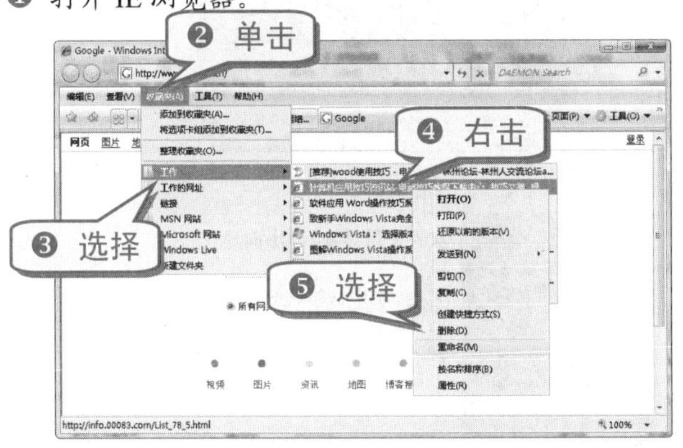

❻ 弹出“删除文件”对话框。

技巧100　重定向收藏夹位置的两种方法

在使用过程中，系统免不了需要还原或重装。如果在还原或重装系统前没有对相关数据进行备份，就会造成重要数据丢失，在 Windows Vista 系统中只要修改原文件的保存路径就可以快速解决这个问题。

例如，图片、文档、音乐和收藏夹等，都可以重定向存储路径。

(1) 使用资源管理器

在 Windows 资源管理器中创建一个替代收藏夹的文件夹。

❶ 找到 C:\Users\Administrator\路径下的收藏夹。

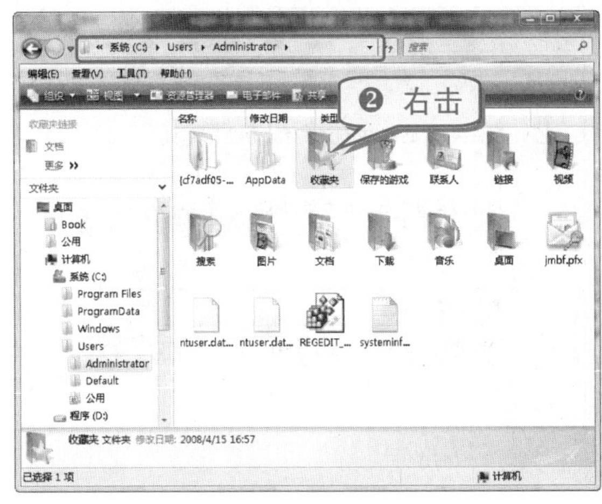

❸ 在弹出的快捷菜单中选择“属性”命令，弹出“收藏夹 属性”对话框。

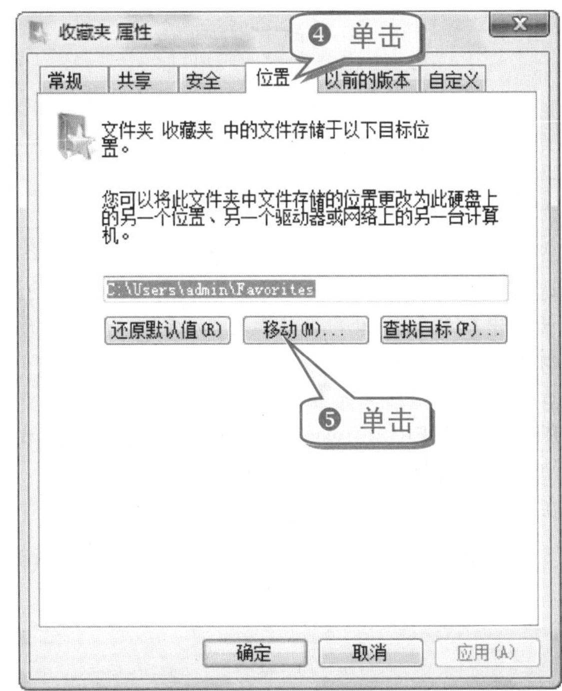

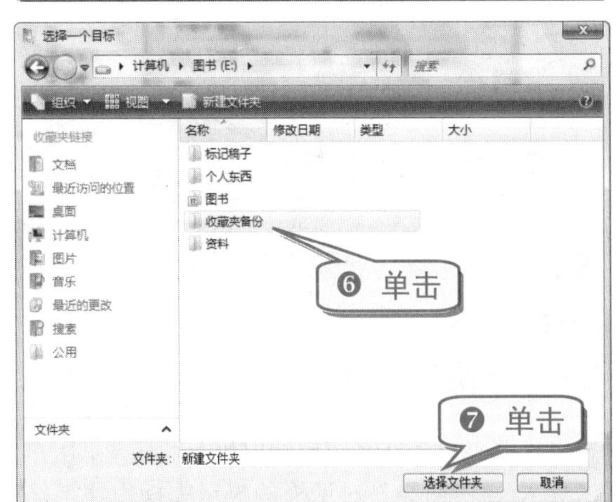

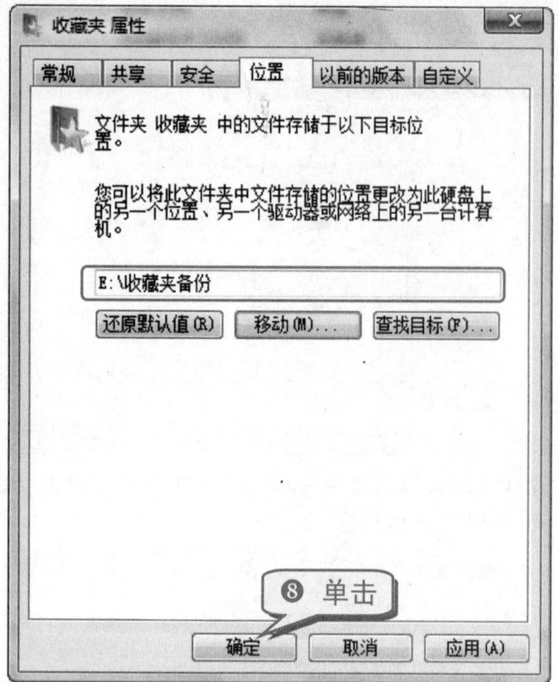

(2) 修改注册表

通过修改注册表中的键值也可以重定向收藏夹位置。

❶ 选择"开始"→"运行"命令，在弹出的"运行"对话框中输入 regedit 命令，单击"确定"按钮，打开"注册表编辑器"窗口。

❷ 在打开的"注册表编辑器"左窗格中展开 HKEY_CURRENT_USER\Software\Microsoft\Windows\CurrentVersion\Explorer\User Shell Folders 分支。

❸ 在右窗格中找到 Favorites 子键，并双击。

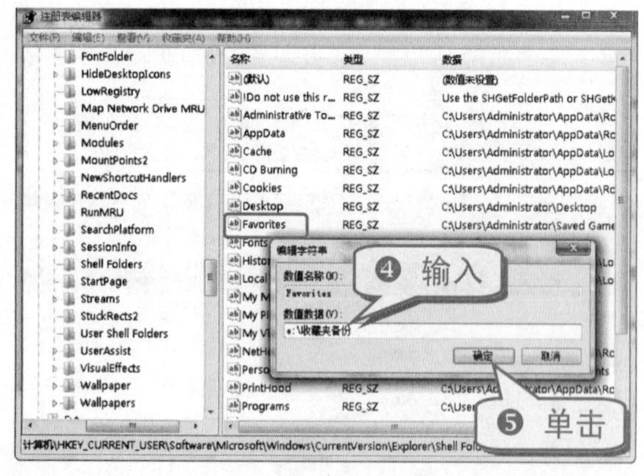

技巧101 快速导出/导入收藏夹

导出收藏夹以备在系统崩溃时恢复收藏夹，用户只要按照"导入/导出向导"对话框的提示去操作便可轻松实现对收藏夹的导出。

(1) 导出收藏夹

❶ 打开 IE 浏览器。

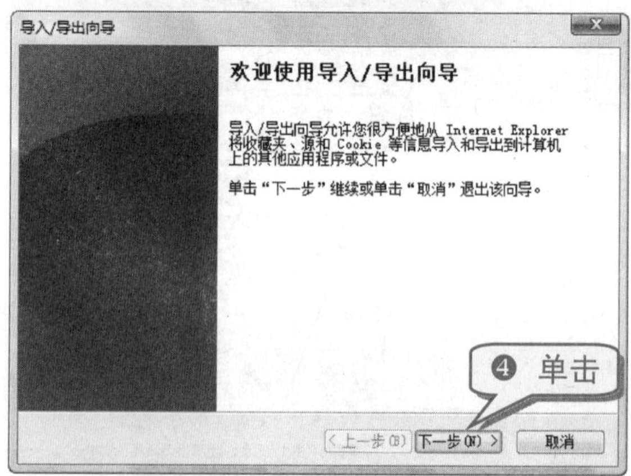

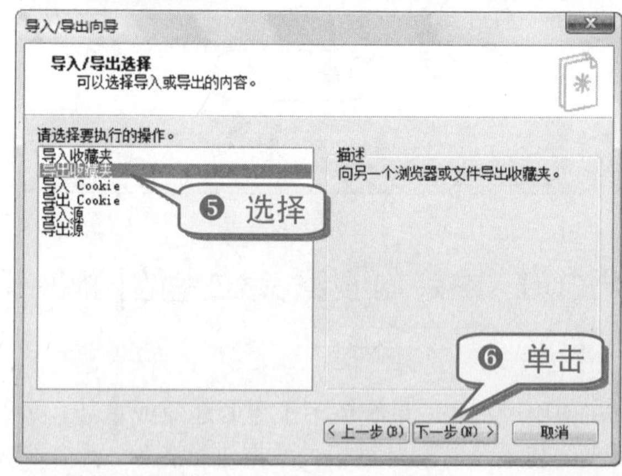

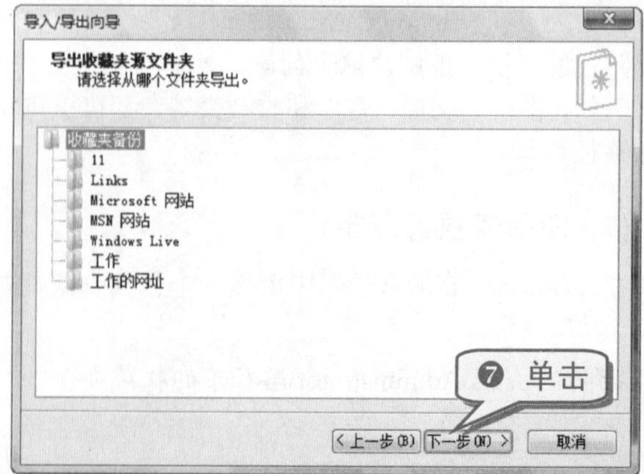

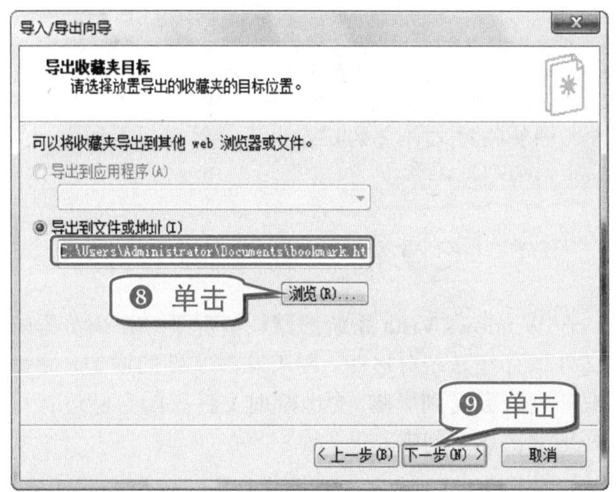

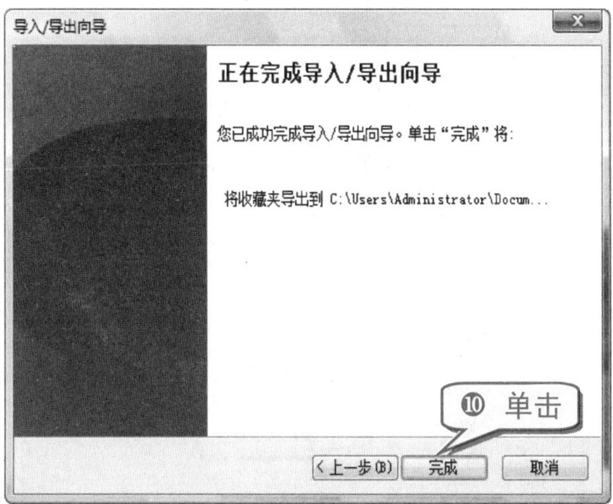

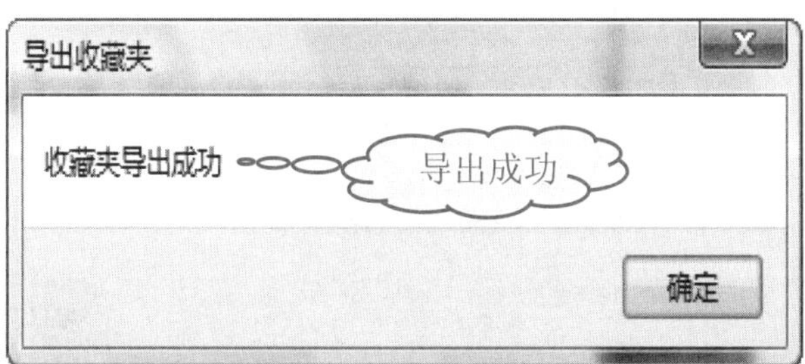

注 意 事 项

在第❽步操作时，默认的路径是保存在 C 盘的 Documents 文件夹中。用户可创建一个名为 Bookmark.htm 的文件，然后单击"浏览"按钮指定新的保存路径和文件名。

(2) 导入收藏夹

导入和导出的操作步骤相似，用户只要按照"导入/导出向导"对话框的提示去操作即可轻松实现。

❶ 在打开的 IE 浏览器中，单击☆按钮，选择"导入和导出"命令，在弹出的"导入/导出向导"对话框中，单击"下一步"按钮。

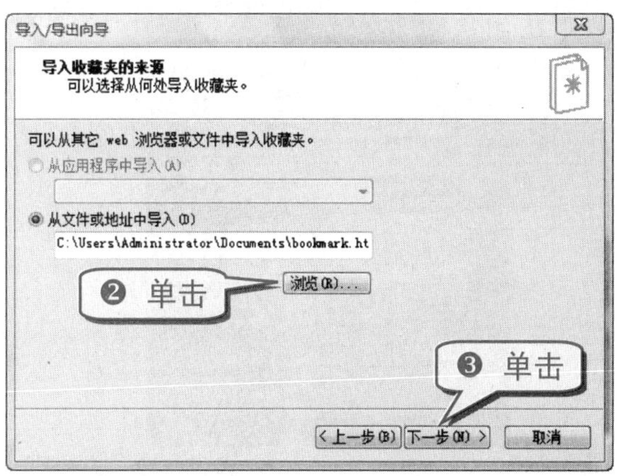

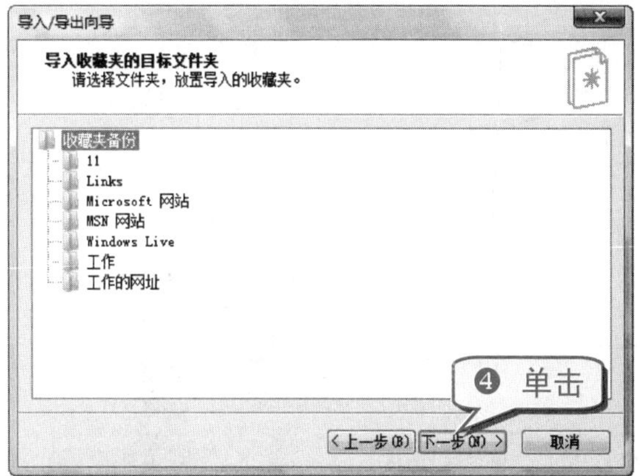

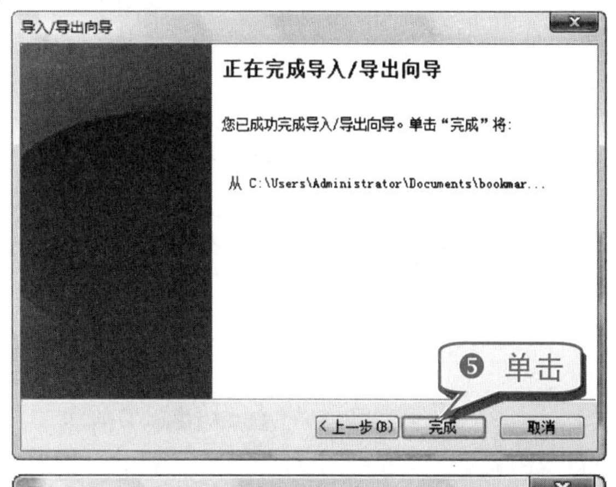

技巧102　更改 IE 临时文件夹存储空间

IE 临时文件夹是用来存储查看过的网页的内容，为了提高浏览速度，可以修改 IE 临时文件夹的各项默认设置，以增加 IE 临时文件夹的磁盘空间，使其设置达到最优。

❶ 打开 IE 浏览器。

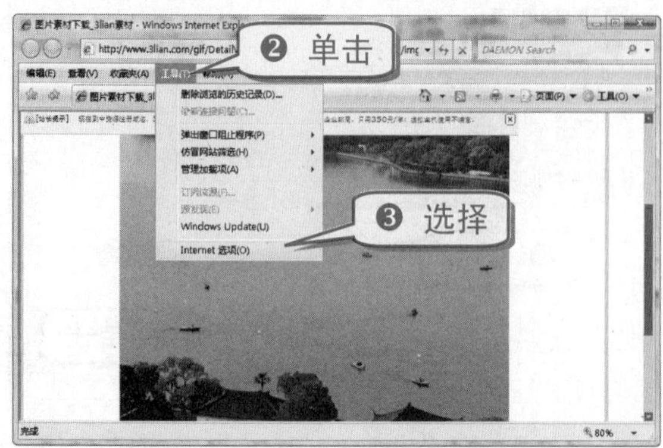

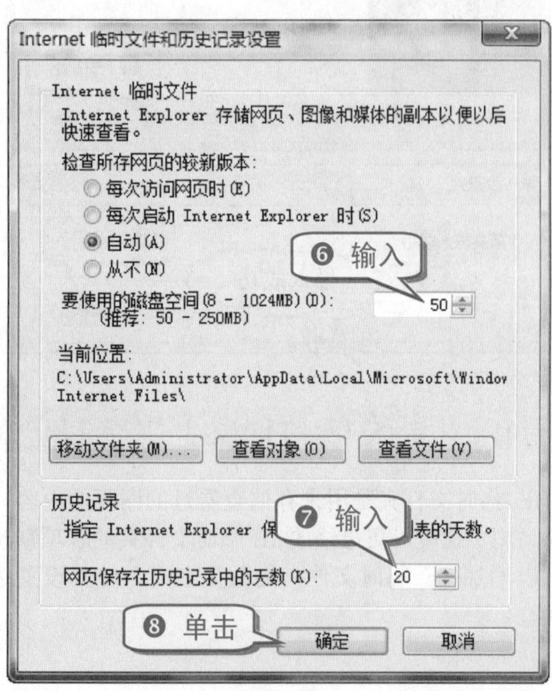

知 识 补 充

单击"要使用的磁盘空间"微调框后的微调按钮，可以更改 IE 临时文件夹的磁盘空间，用户应根据实际情况调整临时文件夹的磁盘大小。该值设置得越大，越能提高浏览速度。

技巧103 更改 IE 浏览器临时文件夹

在 Windows Vista 系统的默认情况下，IE 浏览器的临时文件保存在系统分区中，随着临时文件的增加，硬盘的读取速度就会受到影响。更改临时文件夹的存储位置可以很好地解决这个问题。

❶ 在打开的 IE 浏览器中选择"工具"→"Internet 选项"命令，弹出"Internet 选项"对话框。

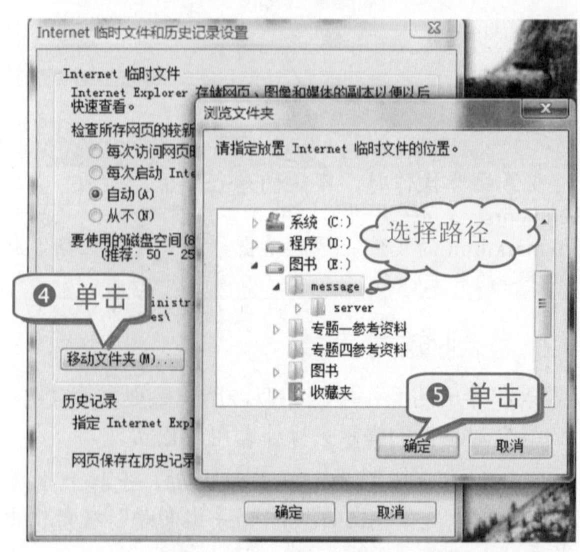

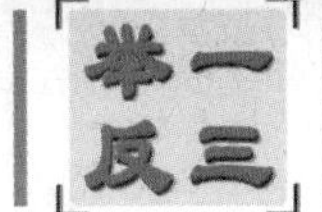

技巧104 巧妙设置 IE 代理服务器

代理服务器是在 Web 浏览器和 Internet 之间起媒介作用的计算机。代理服务器通过存储经常使用的网页副本来提高 Web 浏览器的性能，它还可以过滤一些恶意软件，提高了上网的安全性。

❶ 在打开的 IE 浏览器中选择“工具”→“Internet 选项”命令，弹出“Internet 选项”对话框。

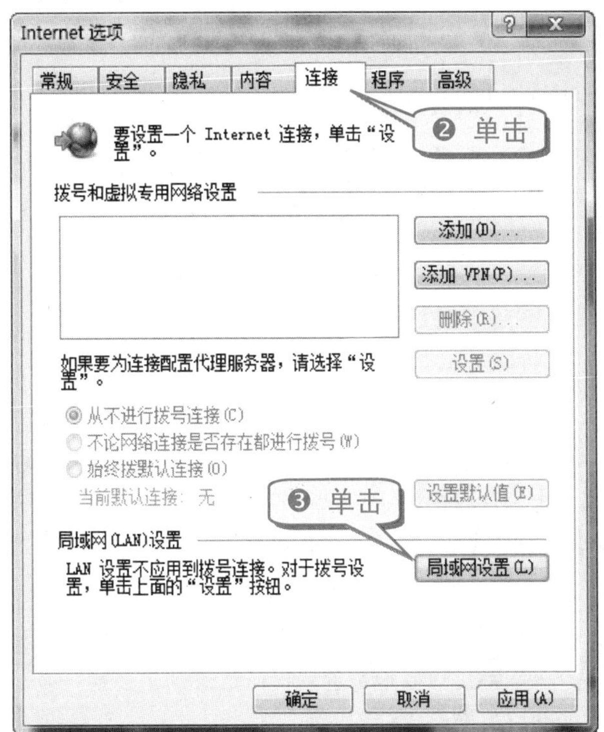

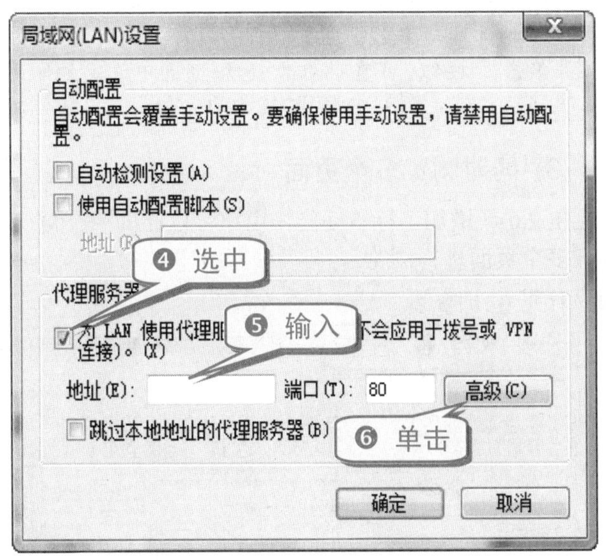

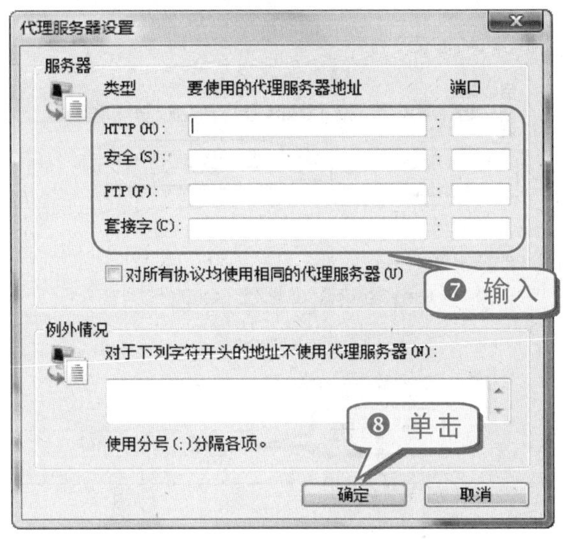

专 家 坐 堂

代理服务器多数由组织和公司中的网络使用，而家庭中的个人 PC 连接到 Internet 则不需要使用代理服务器。在默认情况下，Internet Explorer 会自动检测代理设置，但是有时可能也需要网络管理员提供的信息来手动完成设置。

技巧105 巧妙解决网络设置不合理的问题

从局域网访问外部 Internet 网页时，有时 IE 的状态栏总是显示正在检测代理服务器设置，而正在浏览的网页信息则无法读取，这大都是因为 IE 中的网络设置不合理。下面介绍解决这一问题的方法。

❶ 在打开的 IE 浏览器中选择“工具”→“Internet 选项”命令，弹出“Internet 选项”对话框。

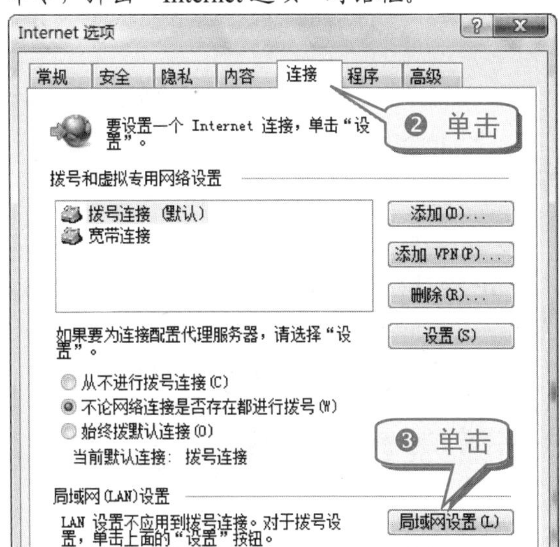

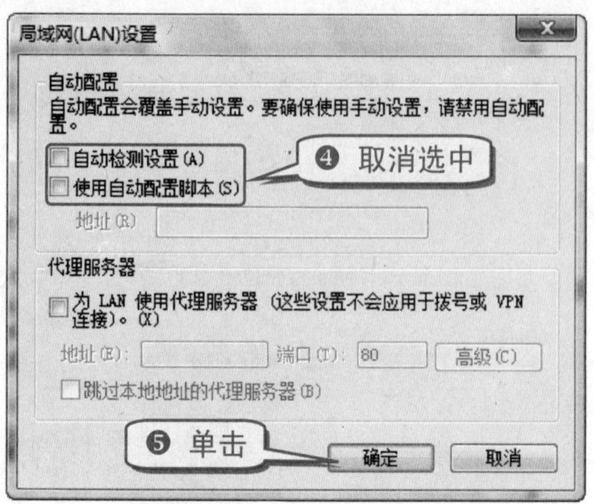

技巧106 快速浏览网页的四种途径

快速浏览网页是IE浏览器最强大的功能，也是用户使用最多的功能。利用IE浏览器浏览网页的方法有以下四种。

(1) 通过地址栏浏览网页

如果用户知道要访问的网站或网页的地址，只要在地址栏中输入网址就可以访问该网站或网页，这是最方便也是最常用的一种方法。

❶ 单击IE地址栏，在其中输入要浏览的网页地址，如http://www.5566.net/。

❷ 单击IE地址栏右侧的➡按钮或按Enter键即可打开网页。

专家坐堂

Internet Explorer地址栏的下拉列表中记录了曾经打开过的部分Web站点的地址，选择所列出的地址，即可打开相应的Web站点。

(2) 使用工具栏快速浏览网页

使用IE浏览器中的工具栏按钮，可以快速实现IE的许多功能，有效提高上网效率。

❶ 在IE地址栏中输入一个网址，如http://www.baidu.com/。

❷ 要想快速返回前面打开的“中国精彩网址”的页面，单击工具栏中的◀按钮即可。

❸ ▶按钮与◀按钮的功能正好相反，单击▶按钮又可以返回到“百度”主页。

知识补充

如果▶按钮显示灰色，说明已经到了最后一页，不能再向前翻页了。

如果一个网页或网站还没完全打开，单击✕按钮可以终止打开当前网页的操作。

单击↻按钮，浏览器会刷新当前页面的内容。

单击⌂按钮，可直接打开IE浏览器中设定的网页或网站，也就是刚启动IE时打开的页面。

(3) 同时浏览多个页面

IE 7.0新增加了标签功能，用户可以在同一个窗口中打开多个页面进行浏览。

❶ 打开IE浏览器。

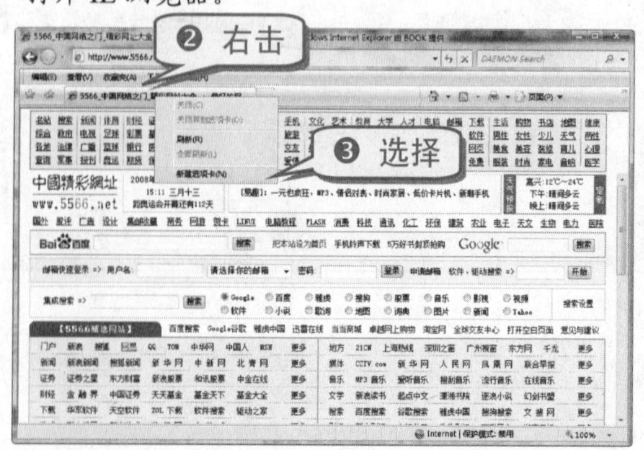

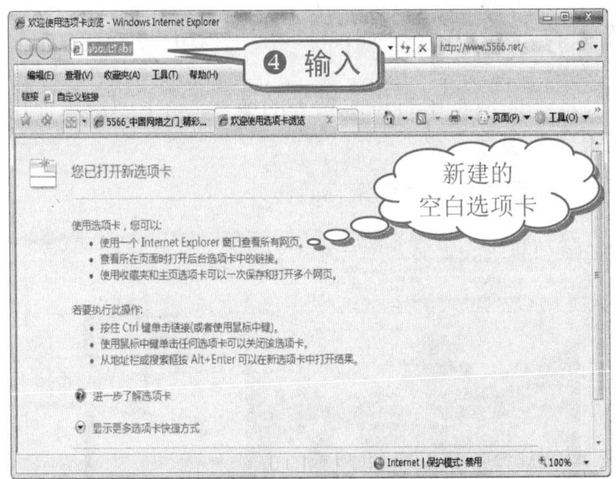

❺ 单击选项卡左侧的按钮，将显示当前打开网页的预览视图。

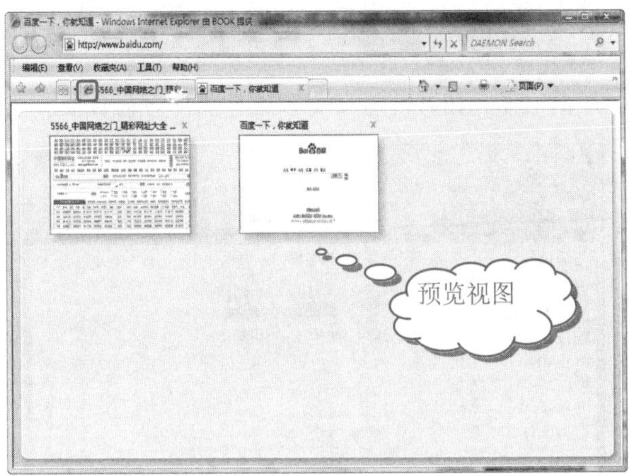

(4) 全屏浏览

使用窗口浏览网页时，有时会因窗口太小，或者菜单和工具栏等元素太多而影响网页的浏览效果，使用全屏浏览方式可以避免这个问题。

❶ 打开 IE 浏览器。

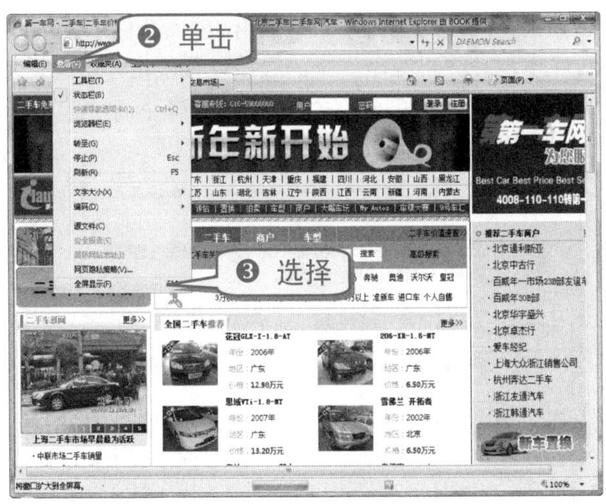

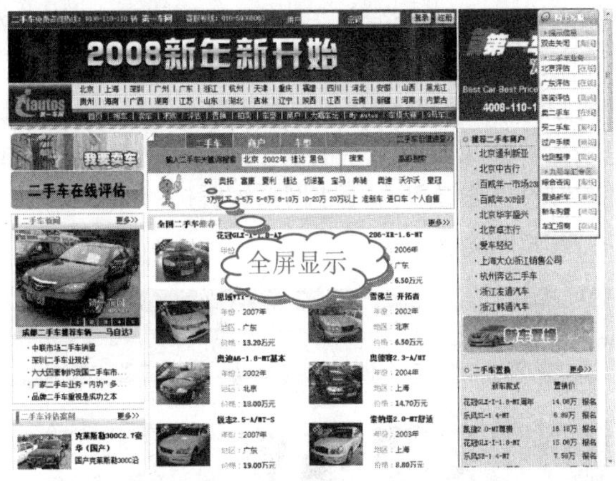

❹ 单击屏幕右上角的按钮可还原到原来的浏览方式。

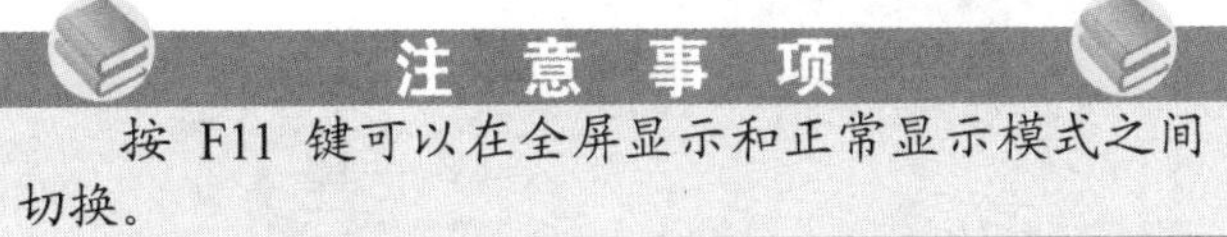

注 意 事 项

按 F11 键可以在全屏显示和正常显示模式之间切换。

技巧107　加快打开网页的速度

在网络技术突飞猛进的今天，很多网页中都添加了一些多媒体元素，如广告视频、Flash 动画以及背景音乐等，这些多媒体元素会影响打开网页的速度。

通过对 Internet 选项进行设置，可以禁止在打开网页的同时打开这些多媒体元素，这样可以提高打开网页的速度。

❶ 在打开的 IE 浏览器中选择“工具”→“Internet 选项”命令，弹出“Internet 选项”对话框。

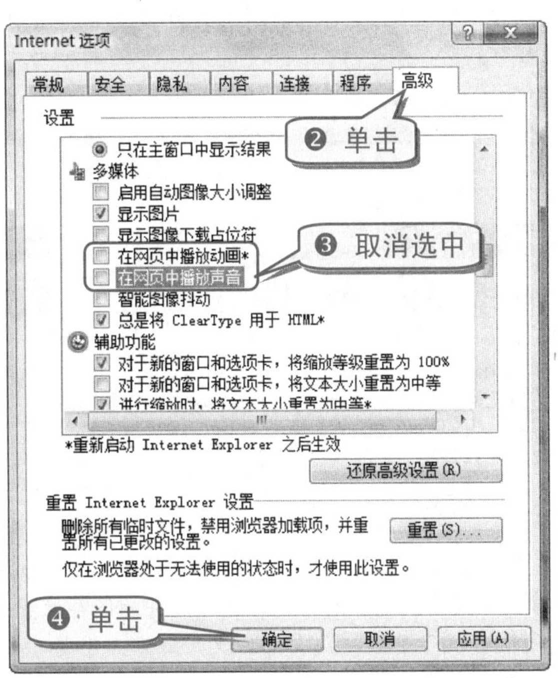

技巧108 让浏览的页面缩放自如

用户经常遇到网页文字过大或过小的情况，从而影响浏览效果。如果设置文字的大小影响了对整个版面的浏览，此时可以通过放大/缩小网页来解决。

❶ 打开IE浏览器。

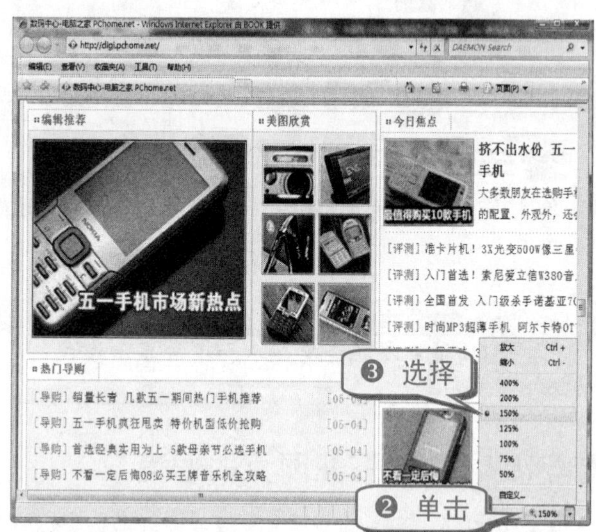

知识补充

使用Ctrl+“+”组合键或Ctrl+“-”组合键以10%的比例逐级对网页进行放大或缩小。如果要将网页恢复成正常显示，只需按Ctrl+“*”组合键即可。

技巧109 快速保存当前网页

保存网页时，应保存当前网页的全部内容，包括图像、框架和样式等。

❶ 打开IE浏览器，找到要保存的网页。

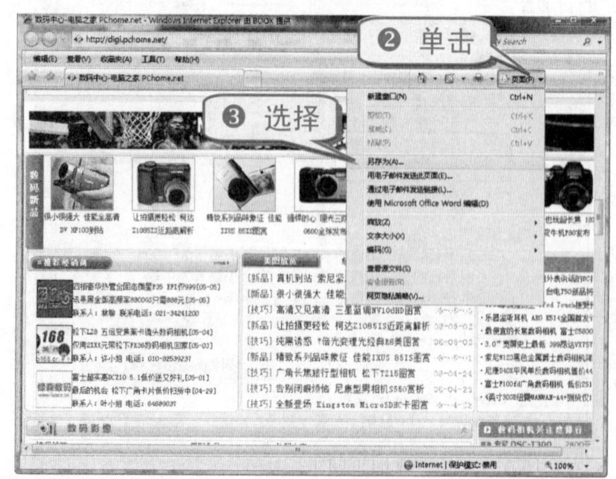

❹ 弹出“保存网页”对话框，选择文件的保存位置、文件名称和文件类型。

❺ 单击“保存”按钮即可。

技巧110 快速保存网页中的图片

现在的网页中有许多精美的图片，如果用户想使用就必须将其保存下来。

❶ 在网页中右击想要保存的图片。

❸ 弹出“保存图片”对话框，选择要保存的位置。

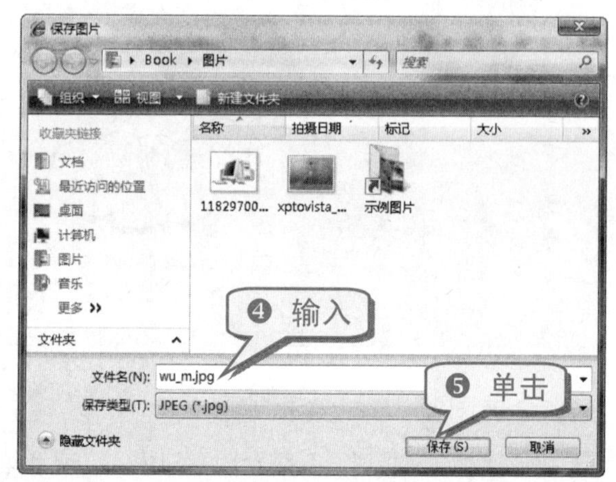

技巧111 巧妙关闭恼人的IE安全提示

如果在浏览网页时不断地弹出IE安全提示，可以通过对“本地计算机策略”中的选项设置禁止弹出此提示。

❶ 选择“开始”→“运行”命令，在弹出的“运行”对话框中输入gpedit.msc命令。

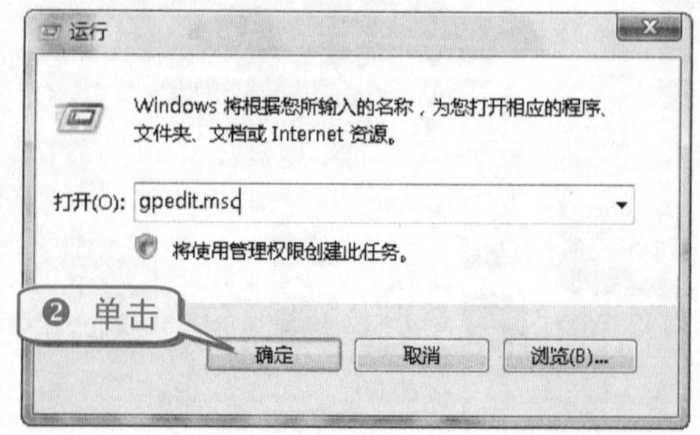

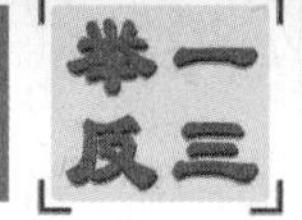

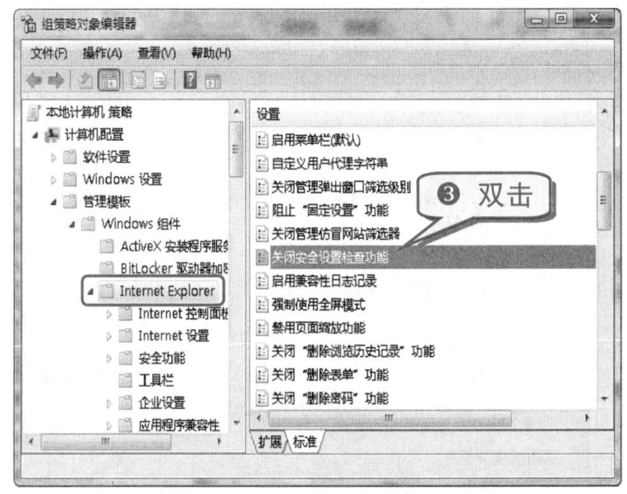

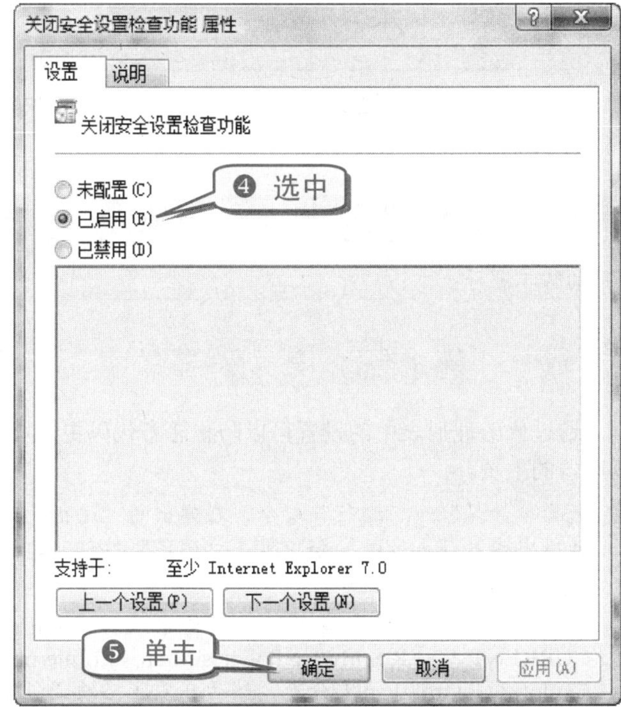

技巧112　巧妙解决网页中图片无法显示的问题

如果用户在浏览网页时发现图片无法显示，可以通过修改“Internet 选项”中的高级设置将图片显示出来。

❶ 在打开的 IE 浏览器中选择“工具”→“Internet 选项”命令，弹出“Internet 选项”对话框。

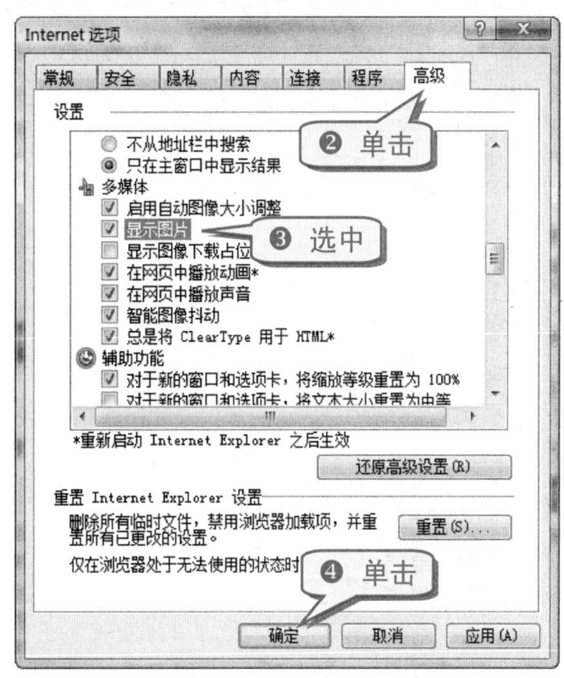

技巧113　快速让 IE 插件的骚扰消失

在浏览网页的过程中，有时会遇到“是否安装 Flash 插件”或者“是否安装 3721 网络实名”的提示，通过对“本地计算机策略”中的选项设置，可以让这些恼人的提示消失。

❶ 选择“开始”→“运行”命令，在弹出的“运行”对话框中输入 gpedit.msc 命令，单击“确定”按钮，打开“组策略对象编辑器”窗口。

❷ 在打开的“组策略对象编辑器”左窗格中展开“计算机配置”→“管理模板”→“Windows 组件”→Internet Explorer 分支。

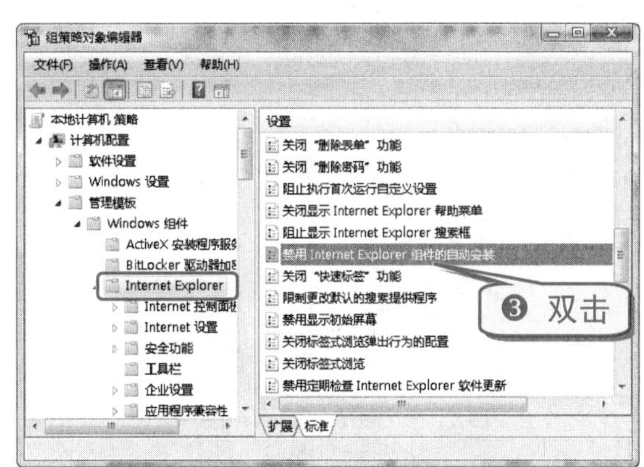

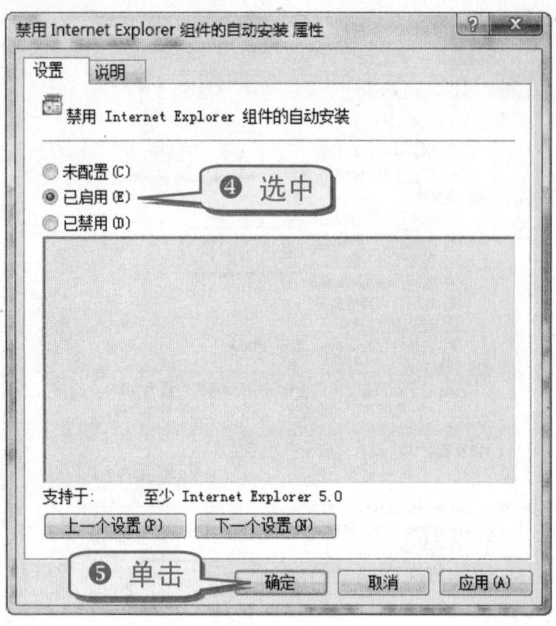

技巧114　禁止或限制使用 Java 和 ActiveX 控件

许多网站经常使用 Java 和 ActiveX 编写的脚本，这些脚本程序可能会获取用户的标识、IP 地址和口令等信息，有时它们还会在计算机上安装一些小程序或进行其他的操作。因此，禁止或限制使用 Java 和 ActiveX 控件是很有必要的，这样可以增强计算机的安全性。

❶ 在打开的 IE 浏览器中选择“工具”→“Internet 选项”命令，弹出“Internet 选项”对话框。

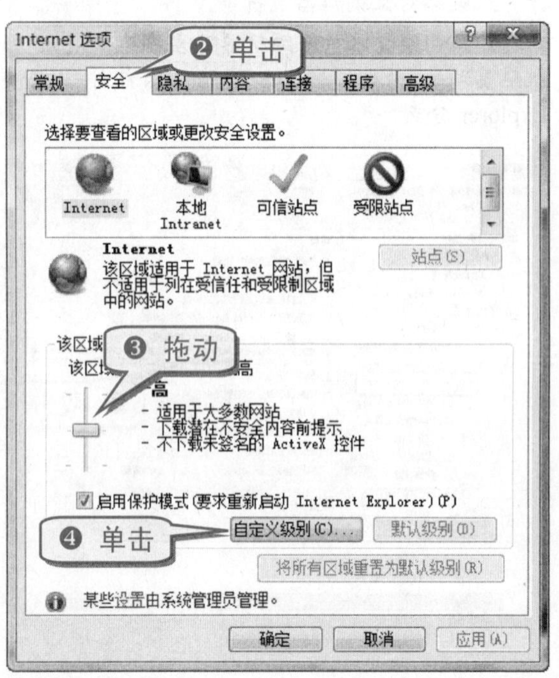

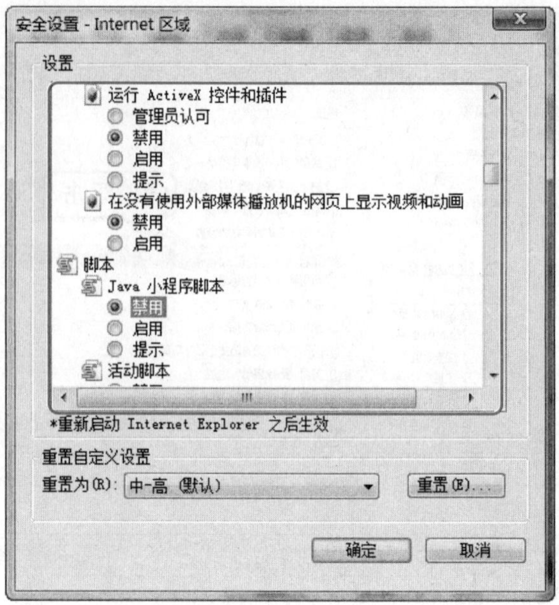

❺ 在返回的“Internet 选项”对话框中单击“确定”按钮即可。

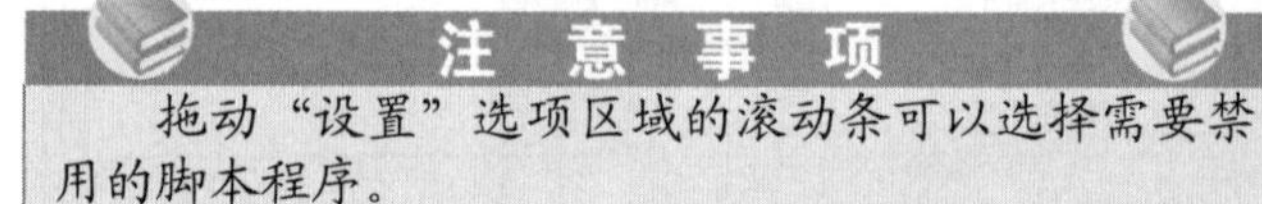

拖动“设置”选项区域的滚动条可以选择需要禁用的脚本程序。

技巧115　禁止更改 IE 浏览器的主页

通过修改注册表中的设置可以防止恶意代码更改 IE 浏览器的主页。

❶ 选择“开始”→“运行”命令，在弹出的“运行”对话框中输入 Regedit 命令，单击“确定”按钮，打开“注册表编辑器”窗口。

❷ 在打开的“注册表编辑器”左窗格中展开 HKEY_CURRENT_USER\Software\Policies\Microsoft\Internet Explorer\Control Panel 分支，然后在右窗格的空白区域右击。

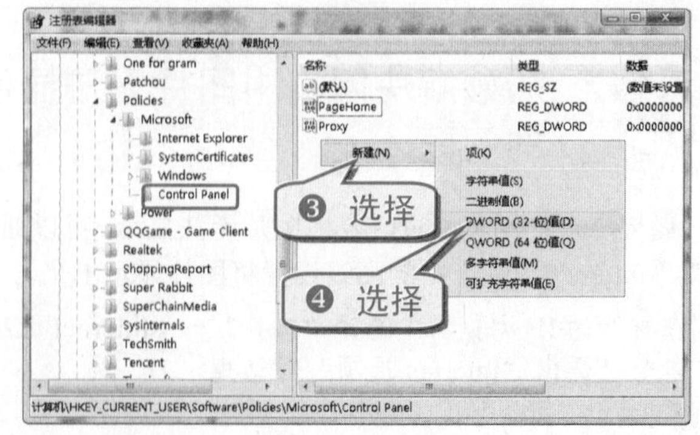

❺ 将新建的 DWORD 值命名为 Homepage，双击该子键，弹出“编辑 DWORD(32 位)值”对话框。

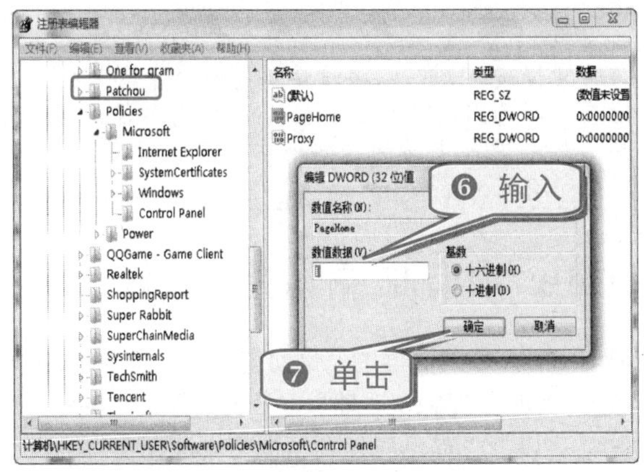

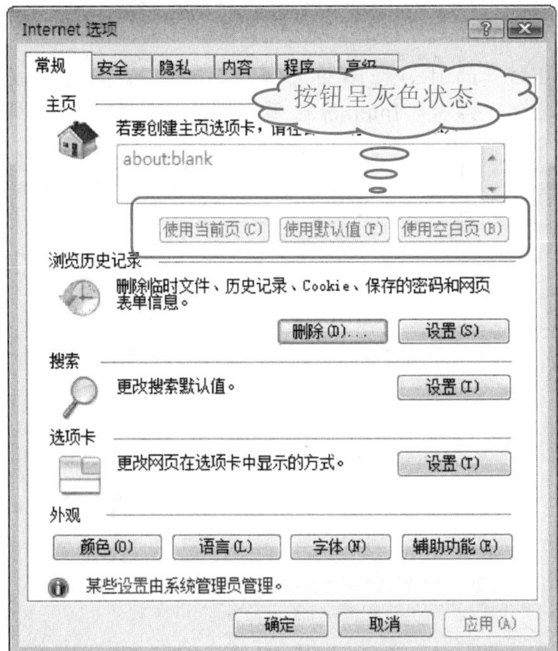

注 意 事 项

如果需要重新启用 IE 浏览器的主页设置功能，只需要将 HomePage 值修改为 0，刷新 IE 浏览器即可生效。

技巧116 禁止更改 IE 代理服务器

通过以下操作可以防止更改已经设置好的 IE 代理服务器。

❶ 选择“开始”→“运行”命令，在弹出的“运行”对话框中输入 Regedit 命令，单击“确定”按钮，打开“注册表编辑器”窗口。

❷ 在打开的“注册表编辑器”左窗格中展开 HKEY_CURRENT_USER\Software\Policies\Microsoft\Internet Explorer\Control Panel 分支，然后在右窗格的空白区域右击。

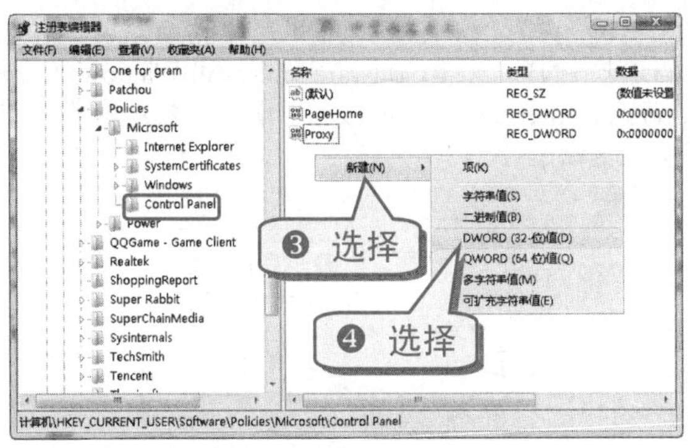

❺ 将新建的 DWORD 值命名为 Proxy，双击该子键，弹出“编辑 DWORD(32 位)值”对话框。

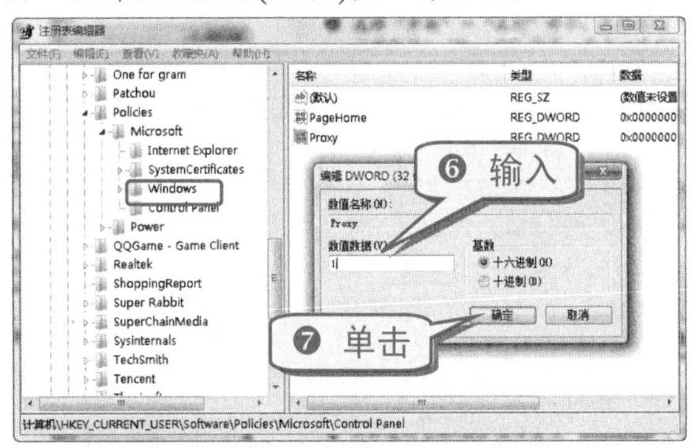

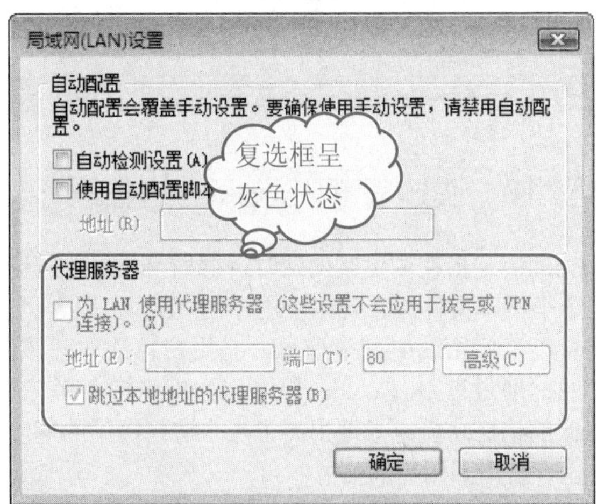

注 意 事 项

如果需要重新启用 IE 浏览器的主页设置功能，只需要将 Proxy 值修改为“0”，刷新 IE 浏览器即可生效。

技巧117 禁止 IE 的下载功能

浏览的网页中有时会夹带着病毒或木马类文件，禁止 IE 自动下载功能可以有效地防止病毒入侵，提高系统的安全性。

❶ 选择“开始”→“运行”命令，在弹出的“运行”对话框中输入 Regedit 命令，单击“确定”按钮，打开“注册表编辑器”窗口。

❷ 在打开的“注册表编辑器”左窗格中展开 HKEY_CURR ENT_USER\Software\Microsoft\Windows\CurrentVersion\InternetSettings\Zones 分支，然后在右窗格的空白区域右击。

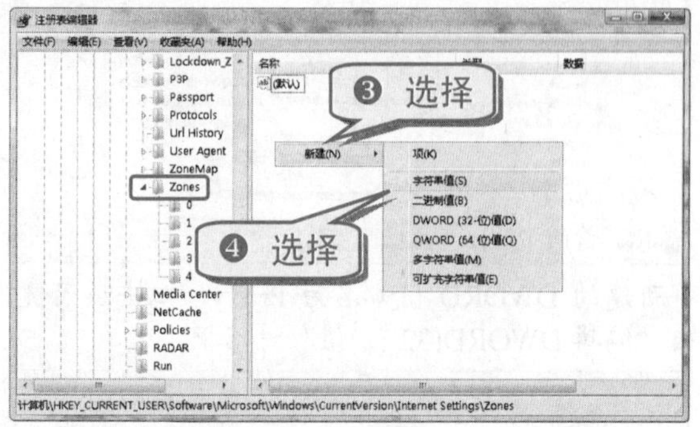

❺ 将新建的字符串值命名为“1803”，双击该子键，弹出“编辑字符串”对话框。

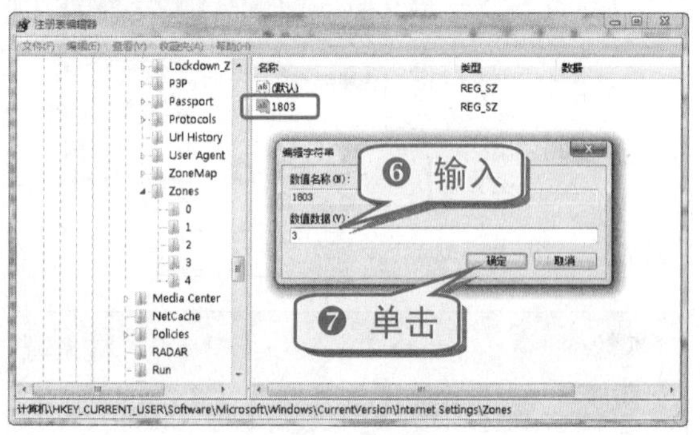

技巧118 快速管理 Cookie 的技巧

Cookie 是指在浏览某网站时，网站存储在用户计算机的一个小文本文件。它记录了用户的 ID、密码、浏览过的网页以及停留的时间等信息，当用户再次访问该网站时，网站通过读取 Cookie 便可得知用户的相关信息。Cookie 的记忆功能有效地提高了用户访问网站的速度，但同时也容易泄漏用户的信息。

❶ 在打开的 IE 浏览器中选择“工具”→“Internet 选项”命令，弹出“Internet 选项”对话框。

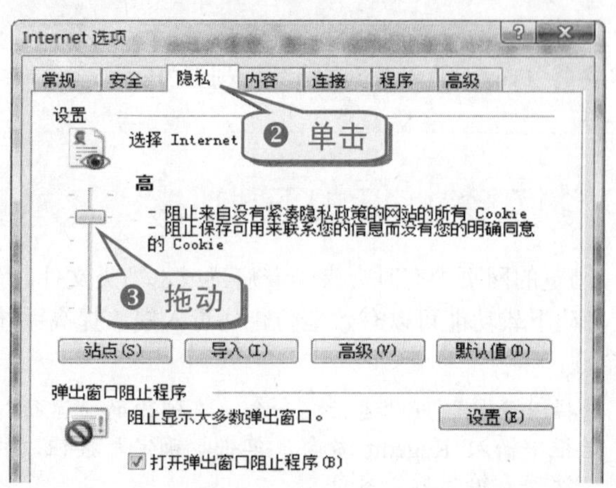

❹ 单击“确定”按钮。

专 家 坐 堂

通常情况下，可以将滑块调整到“中高”或“高”的位置。因为只有多数的论坛站点才需要使用 Cookie 信息，如果用户去访问这些地方，可以将安全级调到“阻止所有 Cookies”。

技巧119 取消 IE 自动完成设置

通过更改 IE 浏览器的“自动完成设置”功能的设置，可以有选择地对“Web 地址”、“表单”、“表单上的用户和密码”以及“提示我保存密码”复选框实行自动完成功能，也可以选择在特定的地方使用此功能，同时还能实现对任何项目的历史记录进行清除。

❶ 在打开的 IE 浏览器中选择“工具”→“Internet 选项”命令，弹出“Internet 选项”对话框。

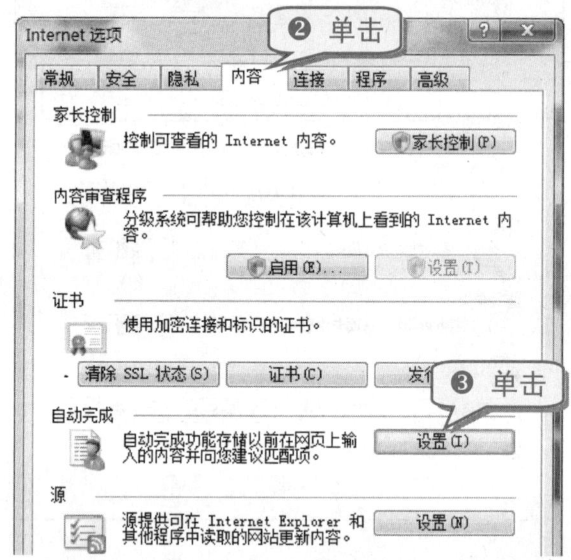

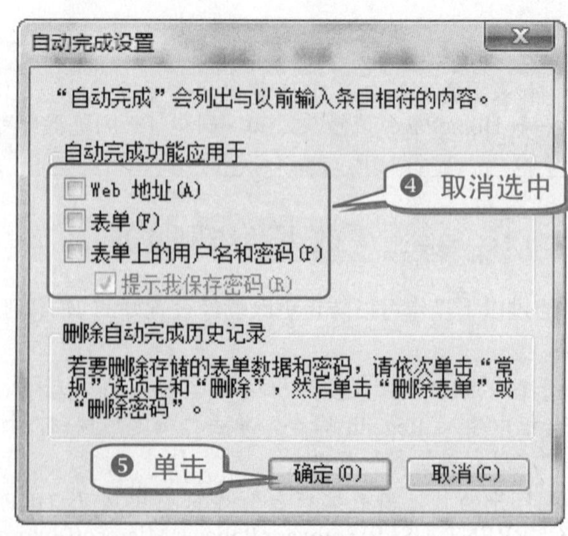

❻ 在返回的“Internet 选项”对话框中单击“确定”按钮即可。

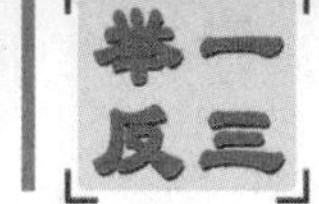

技巧120　快速查看本机的 IP 地址

通过系统托盘处的"本地连接"图标可以快速查看本机的 IP 地址。

❶ 单击桌面右下角系统托盘处的"本地连接"图标，弹出"当前连接到"对话框。

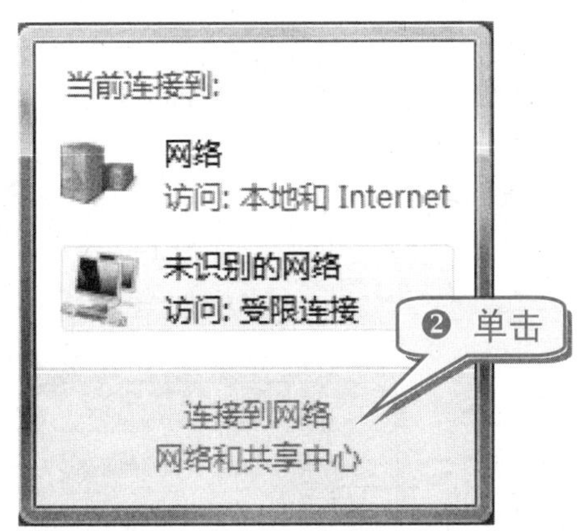

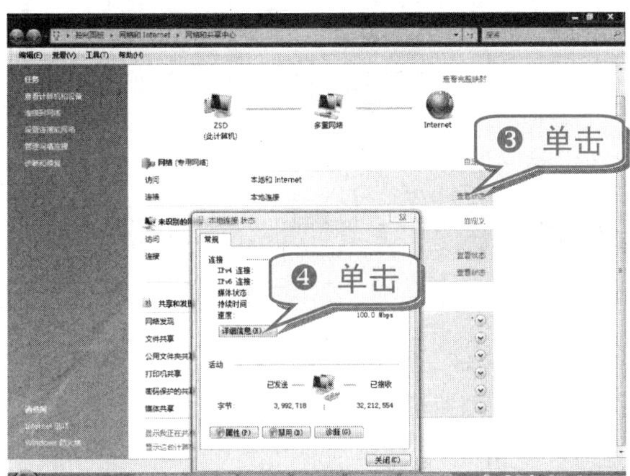

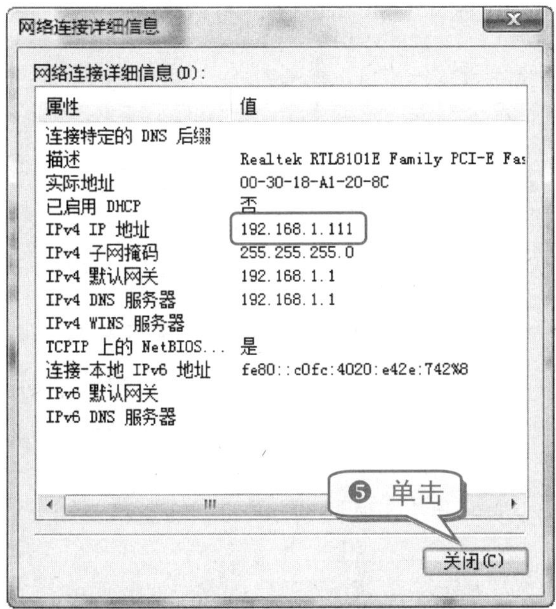

专 家 坐 堂

查看 IP 地址也可以在"管理员：命令提示符"窗口中输入 ipconfig 命令，按 Enter 键，系统即可以列出所有关于本地计算机连接的信息。

技巧121　巧妙使用 IE 黑名单

当用户在浏览网页时，有时会弹出大量的广告，这不仅会影响浏览网页，而且还会大量消耗系统资源。使用系统自带的受限站点功能，可以禁止这些广告弹出。

❶ 在打开的 IE 浏览器中选择"工具"→"Internet 选项"命令，弹出"Internet 选项"对话框。

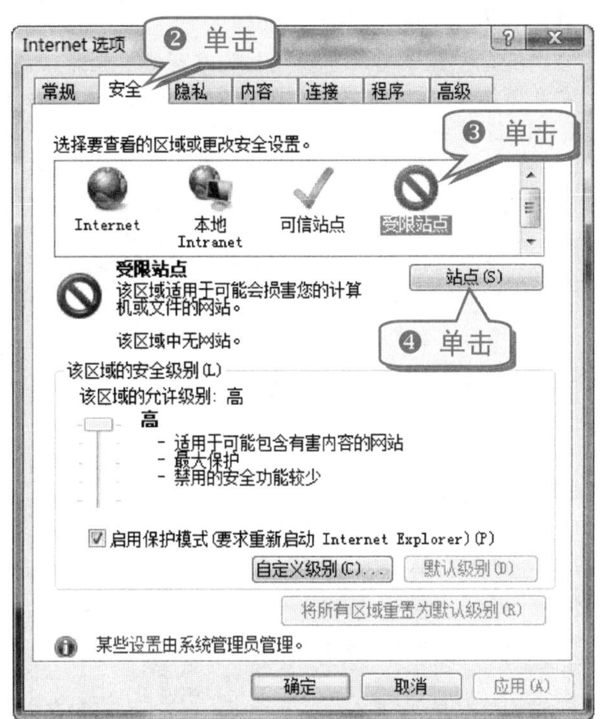

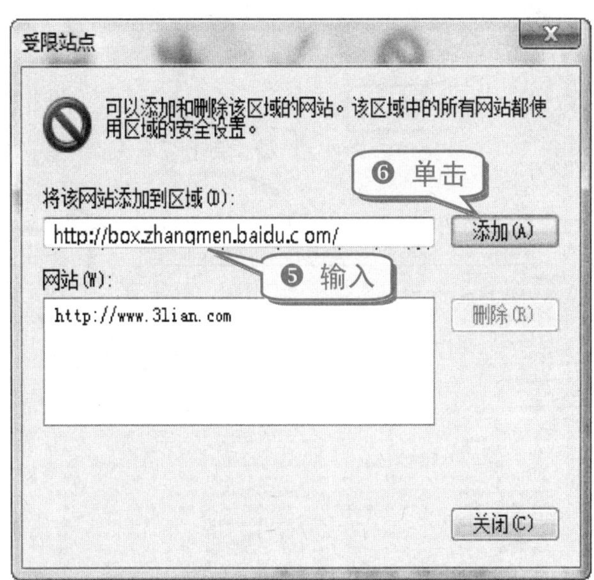

技巧122　轻松恢复 IE 标题栏和主页

浏览网页时，一些恶意代码和小程序会修改 IE 的标题、首页、右键菜单，甚至还会弹出一个访问其他网站的对话框。通过对组策略中的设置进行修改可以避免这种现象发生。

(1) 修改标题

通过修改标题可以将自己或亲朋好友的名字添加到 IE 浏览器的标题栏中。

❶ 选择“开始”→“运行”命令，在弹出的“运行”对话框中输入 gpedit.msc 命令，单击“确定”按钮，打开“组策略对象编辑器”窗口。

❷ 在打开的“组策略对象编辑器”左窗格中展开“计算机配置”→“用户配置”→“Windows 设置”→“Internet Explorer 维护”→“浏览器用户界面”分支。

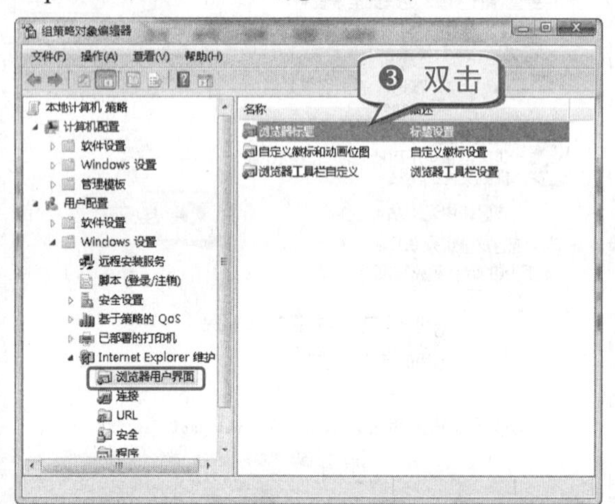

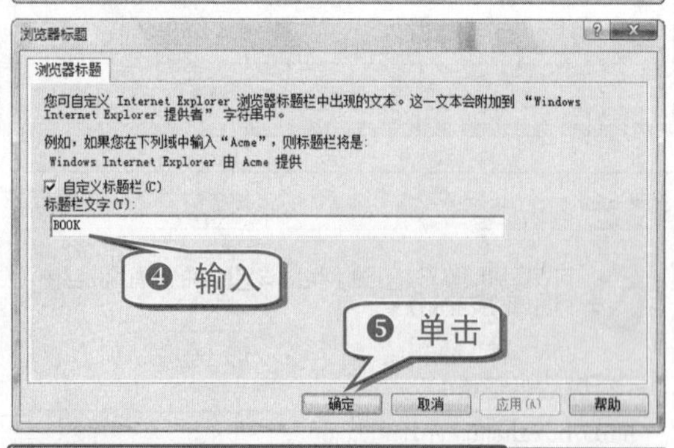

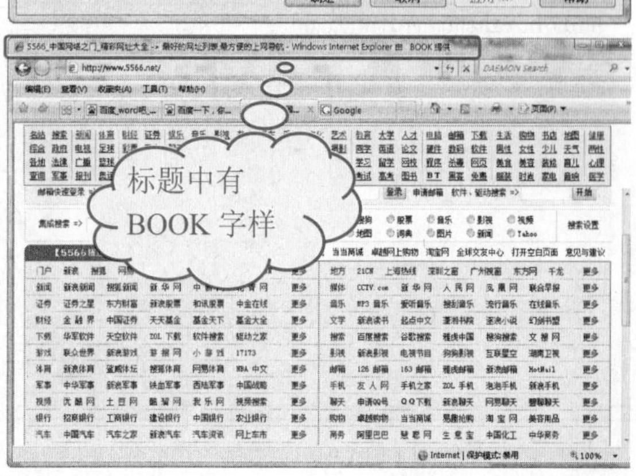

(2) 保护 IE 主页

如果主页被恶意锁定，可以执行“Internet Explorer 维护”中的 URL 进行相应的操作。

❶ 选择“开始”→“运行”命令，在弹出的“运行”对话框中输入 gpedit.msc 命令，单击“确定”按钮，打开“组策略对象编辑器”窗口。

❷ 在打开的“组策略对象编辑器”左窗格中展开“计算机配置”→“用户配置”→“Windows 设置”→“Internet Explorer 维护”→URL 分支。

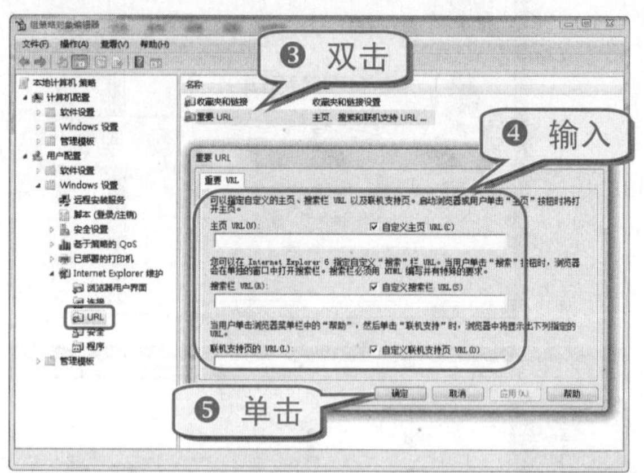

技巧123　快速向 IE 浏览器中添加语言栏

在浏览网页时，如果希望以多种语言显示网页上的内容，可以向 IE 浏览器中添加语言。

❶ 在打开的 IE 浏览器中选择“工具”→“Internet 选项”命令，弹出“Internet 选项”对话框。

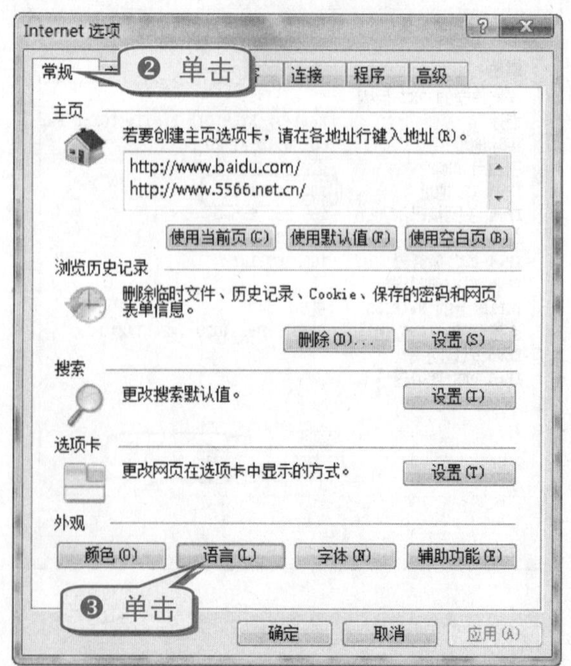

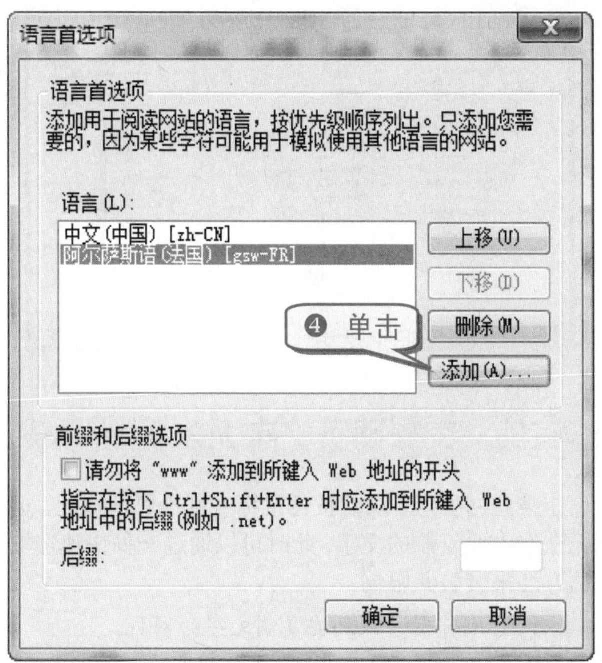

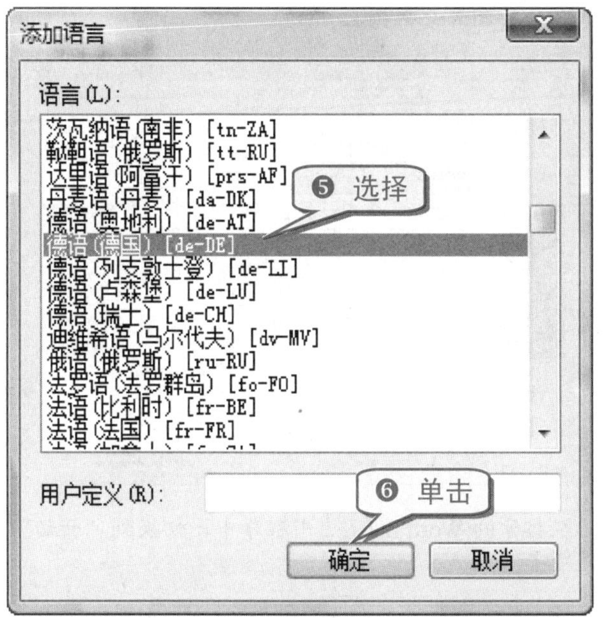

❼ 在返回的“Internet 选项”对话框中单击“确定”按钮即可。

技巧124　巧妙更改网页中的字体

网页上的字体通常都是以宋体显示的，如果用户想要让网页上的字体变得更美观，只要在 Internet 选项中稍微修改一下就可以了。

❶ 在打开的 IE 浏览器中选择“工具”→“Internet 选项”命令，弹出“Internet 选项”对话框。

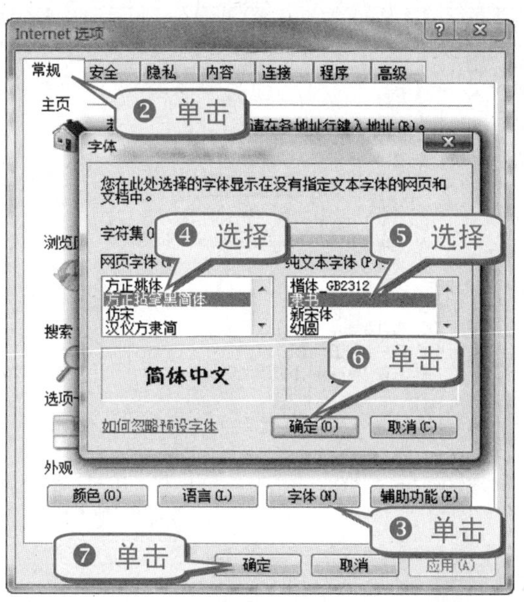

知 识 补 充

单击“Internet 选项”对话框中常规选项卡中的“颜色”按钮，可以实现对网页中文字的颜色、网页背景的颜色进行自定义设置。

技巧125　巧妙实现自动下载字体

一些网站或网页上的信息是以特定的字体编写的，如果“字体下载”功能是开启的，Internet Explore 就会自动下载新字体以便正常显示新字体的特性。如果该功能被其他用户关闭了，以下的操作可以重新开启此功能。

❶ 在打开的 IE 浏览器中选择“工具”→“Internet 选项”命令，弹出“Internet 选项”对话框。

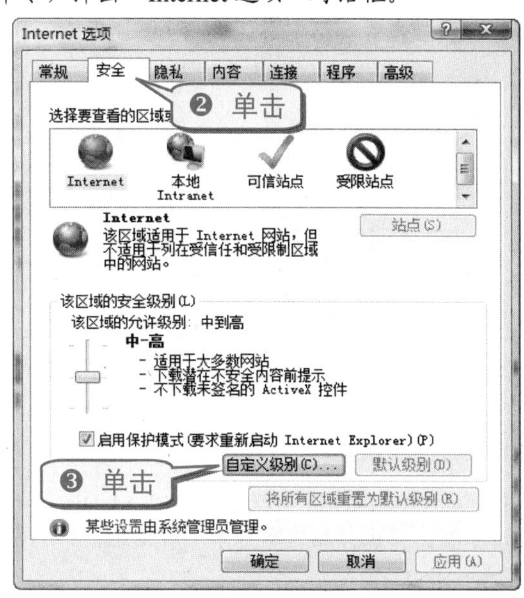

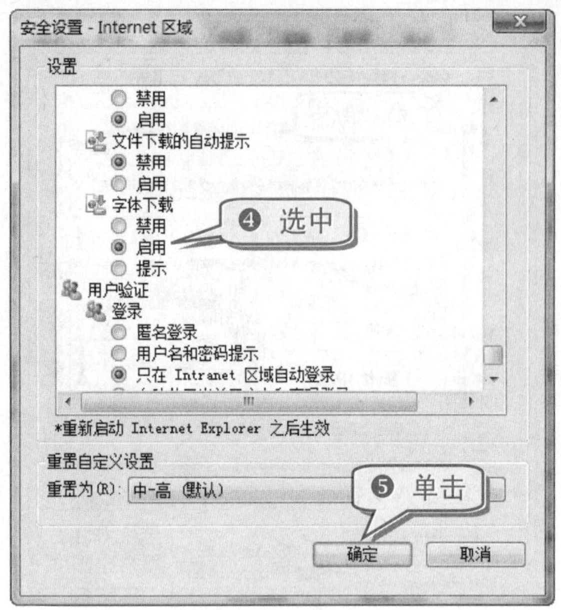

⑥ 在返回的“Internet 选项”对话框中单击“确定”按钮即可。

技巧126 指定 IE 的下载目录

每次使用 IE 进行下载保存文件时，系统都会提示选择保存路径。此时可以通过修改注册表中的设置，为 IE 指定一个默认的下载路径，让每次下载的文件都保存到该目录下。

❶ 选择“开始”→“运行”命令，在弹出的“运行”对话框中输入 regedit 命令，单击“确定”按钮，打开“注册表编辑器”窗口。

❷ 在打开的“注册表编辑器”左窗格中展开 HKEY_CURRENT_USER\Software\Microsoft\Internet Explorer 分支，然后在右窗格空白区域右击。

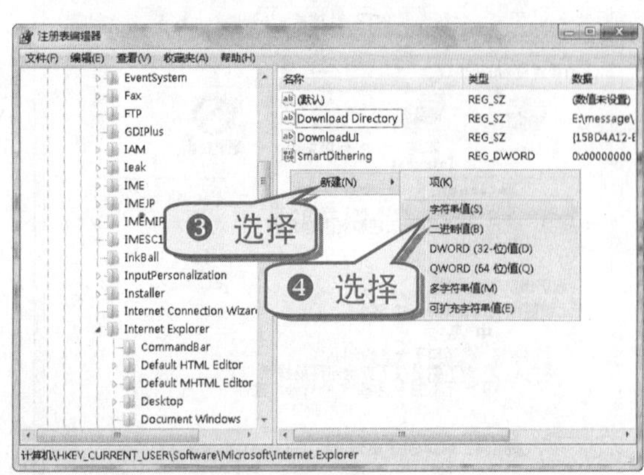

❺ 将新建的 DWORD 值命名为 Download Directory，双击该子键，弹出“编辑字符串”对话框。

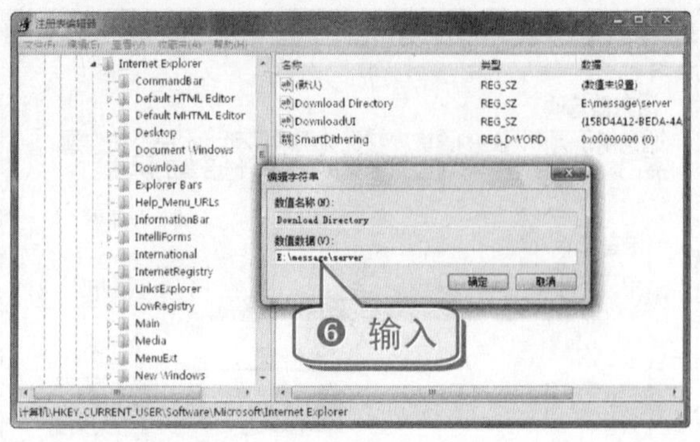

技巧127 突破网页文字无法复制的限制

在某些网页上，虽然按住鼠标左键不停地拖动，但还是无法选中要复制的文字。此时可以通过一种快速选取文字的方法来突破此限制。

❶ 打开 IE 浏览器，找到要复制文字的网页。

❷ 按 Ctrl+A 组合键选中网页的全部内容，按 Ctrl+C 组合键复制其全部内容。

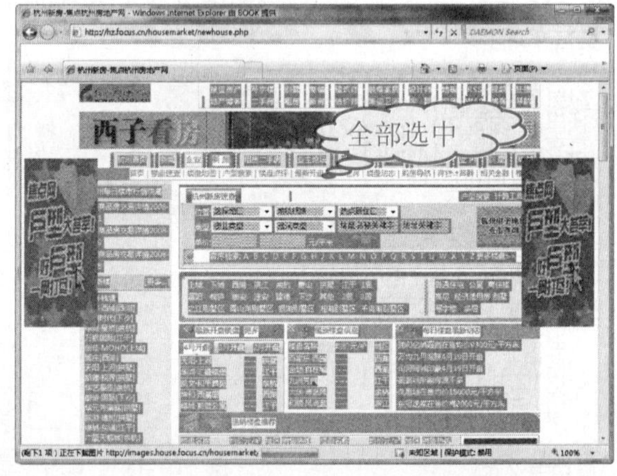

❸ 在打开的 Word 2007 应用程序中，切换到“开始”选项卡。

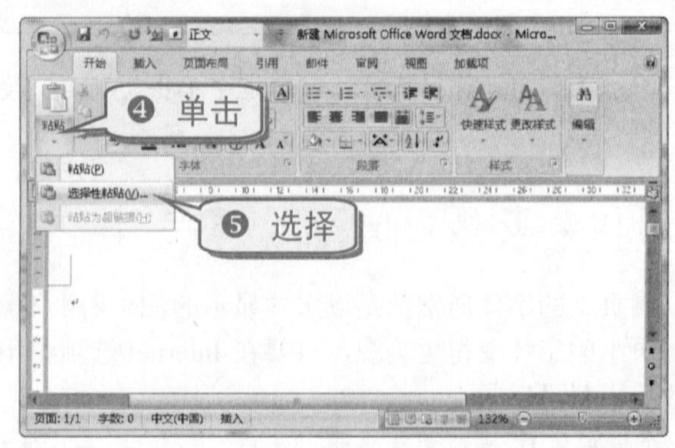

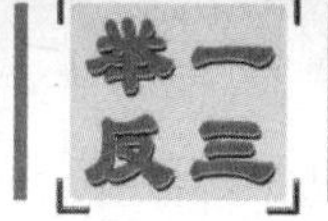

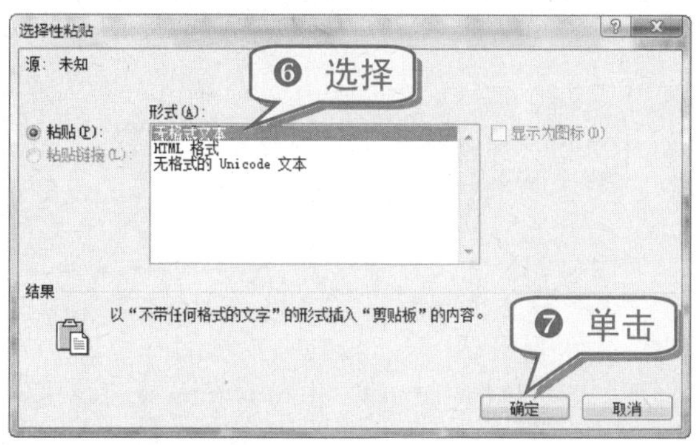

技巧128　快速删除上网记录

每次上网浏览网页时，IE 浏览器都会自动记录相关的信息，包括登录密码和用户名等。最好是删除 Internet 临时文件和浏览器的历史记录，这样能有效地保护用户的信息不被泄露。

❶ 在打开的 IE 浏览器中选择"工具"→"Internet 选项"命令，弹出"Internet 选项"对话框。

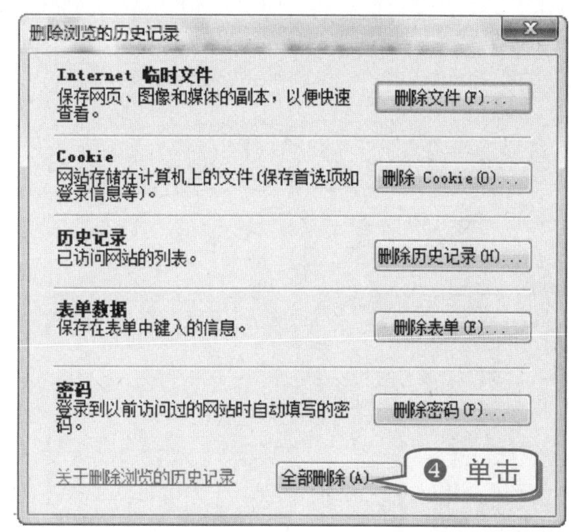

❻ 在返回的"删除浏览的历史记录"对话框中单击"关闭"按钮，返回到"Internet 选项"对话框，单击"确定"按钮即可。

知 识 补 充

删除上网记录可以很好地保护用户的上网隐私，特别是在其他用户的计算机或在公用的计算机上上网时更是如此。

专题五 网络通信技巧

目前使用的网络通信工具中以 QQ、MSN 以及收发邮件的 Outlook 2007 居多，使用此类通信工具可以很好地与家人、朋友和同事进行沟通。

热点快报

- 定位 QQ 好友
- 快速清理 QQ 文件夹
- 快速为 MSN 瘦身
- 快速锁定 MSN 技巧
- 配置邮件账户
- 预防垃圾邮件技巧

技巧129 快速隐藏 QQ

有些用户在工作时喜欢上 QQ 聊天，却又怕被老板发现，这时可以把任务栏中的 QQ 图标隐藏起来。

❶ 单击系统托盘中的图标，选择“个人设置”命令，弹出“QQ2008 设置”对话框。

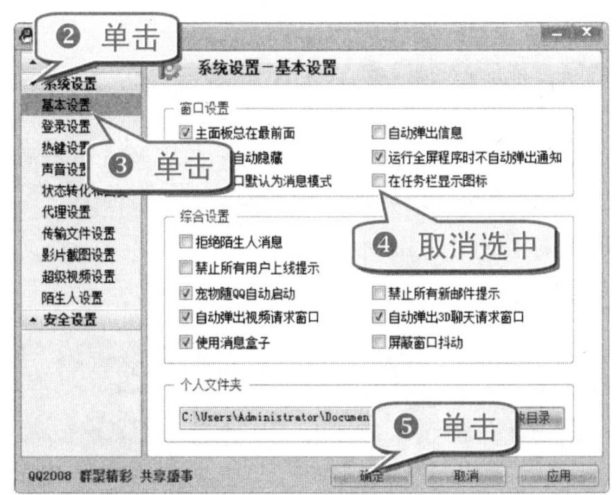

知 识 补 充

如果系统托盘中的 QQ 图标隐藏后想再打开 QQ 窗口，按 Ctrl+Alt+Z 组合键即可。

技巧130 快速隐藏 QQ 游戏状态

QQ 2004 版本以后，增加了一个新的功能，只要用户将鼠标停留在好友的 QQ 头像上片刻，即可看到好友是否在玩游戏。这时可以对 QQ 进行设置隐藏 QQ 游戏状态。

❶ 单击系统托盘中的图标，选择“个人设置”命令，弹出“QQ 设置”对话框。

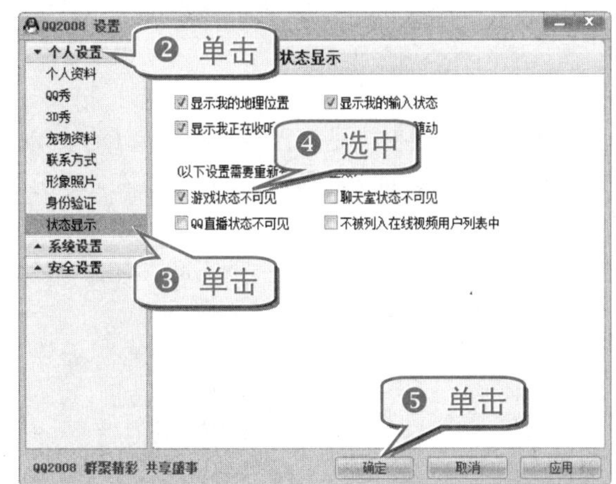

举 一 反 三

选择“个人设置”→“状态显示”命令，选中“聊天室状态不可见”复选框，可以使对方不知道自己处在聊天状态中，而选中其他复选框可以设置不同的 QQ 显示状态。

技巧131 加自己为QQ好友

早期的QQ版本中，在默认情况下，可以直接把自己的QQ号码添加到"我的好友"组中的，而有些版本的QQ却没有此功能。

❶ 打开QQ好友列表，右击"黑名单"选项。

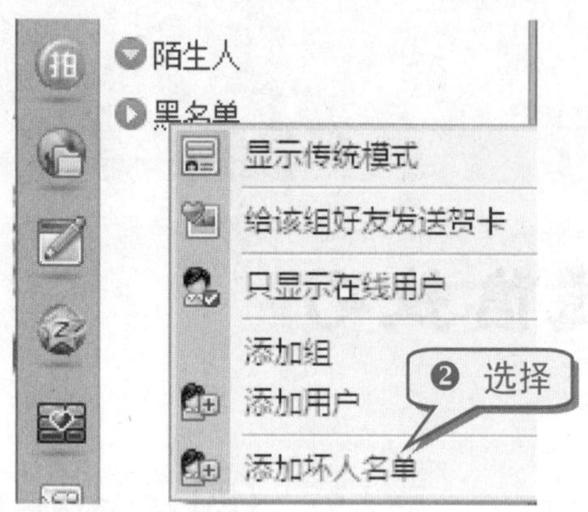

❸ 在[图标]中输入自己的QQ号码，然后拖动这个号码到"我的好友"组中。

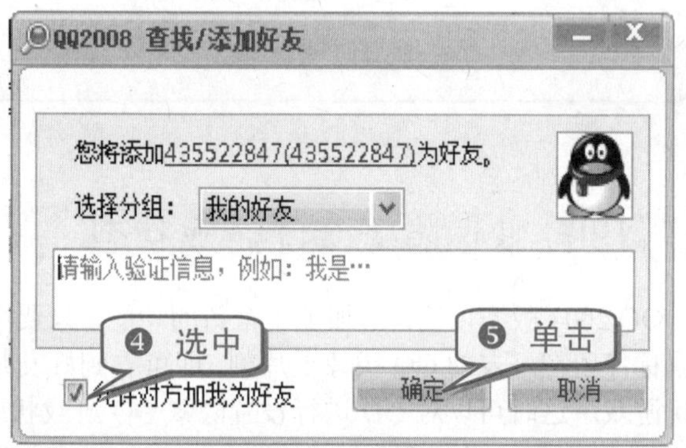

技巧132 查看对方是否已经加自己为QQ好友

如果用户想知道对方是否已经加自己为QQ好友，以及是谁将自己从好友列表里删除了，可通过在QQ秀商场中购物来辨别。

❶ 打开QQ秀商场，任意挑选一件商品，单击"索要"按钮，弹出"请他人支付"对话框。

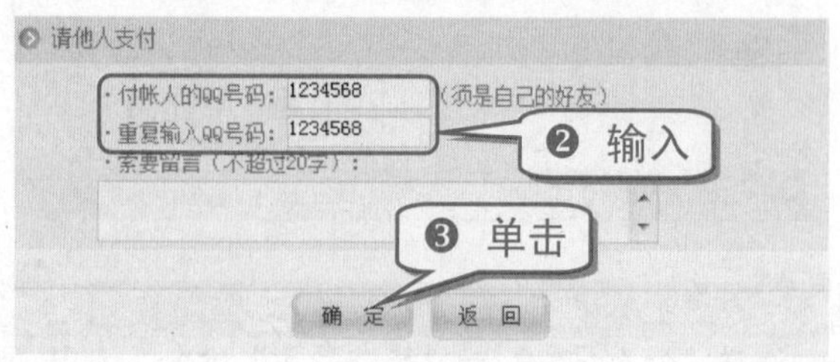

知识补充

只有加到"我的好友"组中才能向对方索要商品，这样就可以验证对方是否加自己为好友了。

技巧133 拒绝QQ好友探查我的IP地址

有些人总是用各种方法来探查其他用户的真实IP地址，其实只要用户在QQ里更改一下设置，就可以轻松隐藏自己的IP地址。

❶ 单击系统托盘中的[图标]图标，选择"个人设置"命令，弹出"QQ2008设置"对话框。

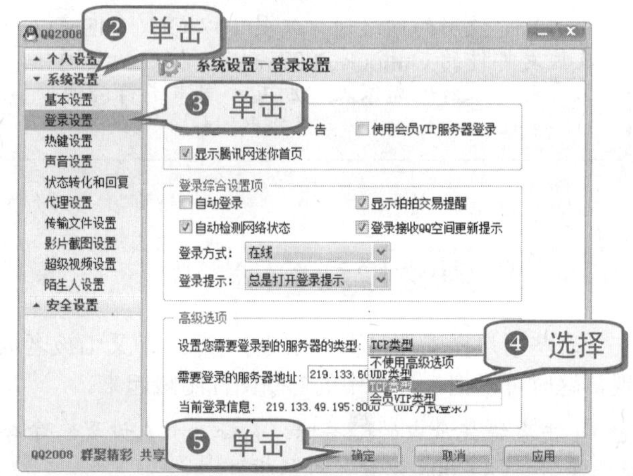

技巧134 快速使用QQ截屏

通过QQ向对方请教时，常有一些问题表述不清楚，通过截图就能很好地解决这一问题。

❶ 将光标移到要截图的位置。

❷ 按Ctrl+Shift+A组合键激活QQ的捕捉功能。

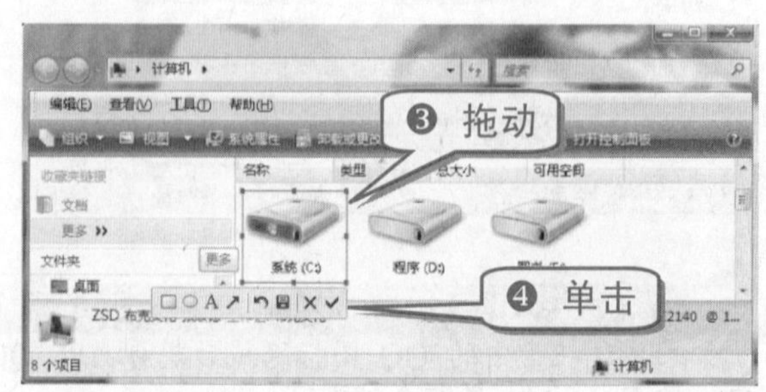

专 家 坐 堂

单击 □○A↗|↶🖫|×✓ 上的 A 按钮可以向捕捉的画面中插入文字，以更好地说明问题。而单击 🖫 图标可以将捕捉的画面保存到指定的路径中。

技巧135　巧妙添加网上图片到 QQ 表情

在浏览网页时，可以将精彩的图片保存为 QQ 表情，以便下次聊天时使用。

❶ 右击需要添加到 QQ 表情的图片，在弹出的快捷菜单中选择“添加到 QQ 表情”命令，弹出“添加自定义表情”对话框。

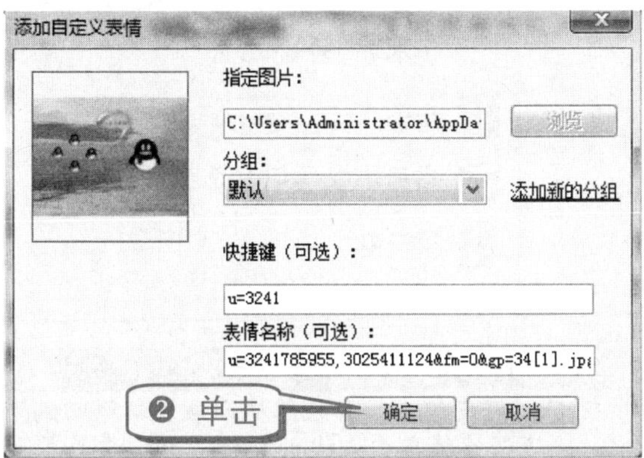

知 识 补 充

在“添加自定义表情”对话框中单击“添加新的分组”超链接，可以对新添加的 QQ 表情进行分类，以方便管理。

技巧136　巧妙隐藏 QQ 摄像头

在 QQ 处于登录状态中，隐藏自己的摄像头可以防止被恶意的视频聊天请求骚扰。

❶ 单击系统托盘中的图标，选择“个人设置”命令，弹出“QQ2008 设置”对话框。

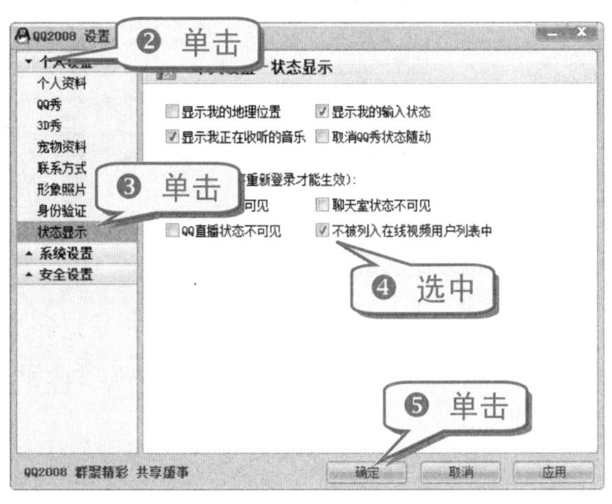

❻ 在弹出的“更新成功”对话框中，单击“确定”按钮即可。

技巧137　快速插入 QQ 表情符号

在和好友聊天过程中需要插入 QQ 表情符号时，不需要每次都从表情窗口中选择符号，通过在消息框中输入相应的表情符号代码，即可快速实现插入 QQ 表情。

❶ 在消息框中输入“/t”，即可显示出用 t 字母开头的符号表情。

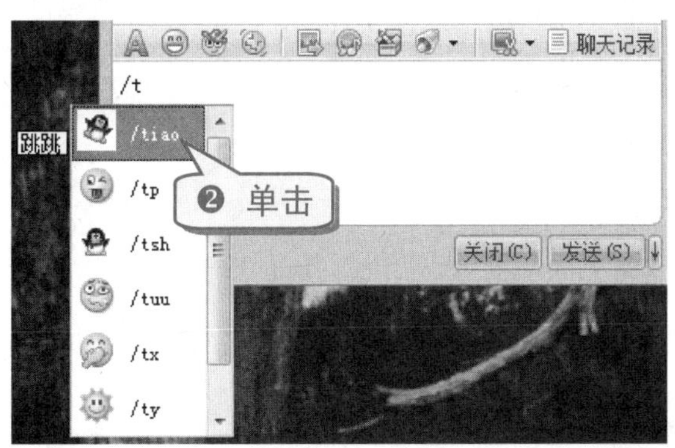

知 识 补 充

当光标移到符号表情上时，就会弹出该表情的提示说明(包括代码和文字)，用户使用熟练了就能记住这些符号表情的代码。

技巧138　避免 QQ 群消息的骚扰

当用户正在看电影或工作，却又不想错过热闹的群消息时，可以将群消息设置为“保存在服务器上”，以便空闲时查看。

❶ 打开群聊天的对话框。

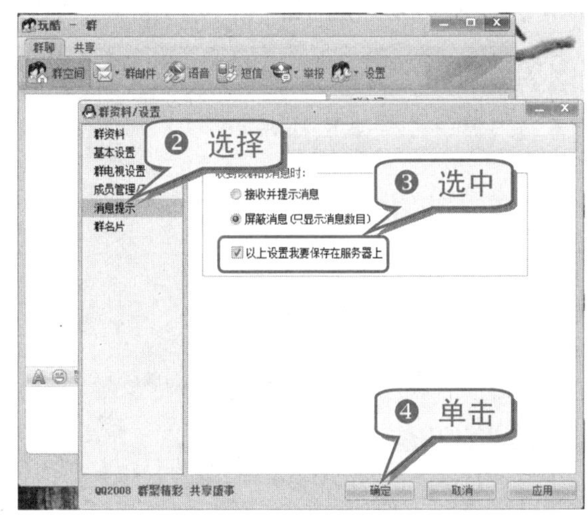

技巧139 唤醒游戏中的 QQ 好友

如果给在线的好友连续发了多条消息，而对方都没有响应，这可能是由于对方在玩游戏或忙其他的事。这时只要发送视频请求就能唤醒对方。

❶ 双击该 QQ 好友的头像，弹出“发送消息”窗口。

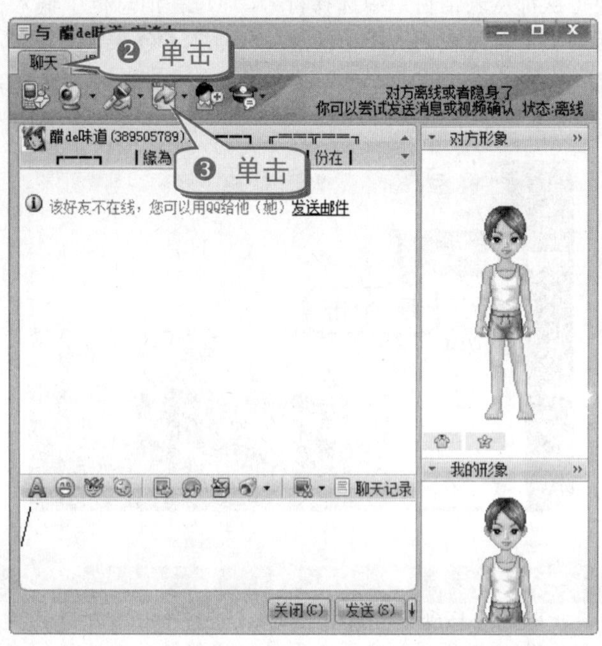

❹ 当向对方发送视频请求后，对方的 QQ 窗口会自动弹出，这样就达到了呼唤对方的目的。

技巧140 美化 QQ 聊天文字

使用 QQ 聊天时，用户可以自定义聊天文字的大小和样式，使发送给对方的消息更加美观和醒目。

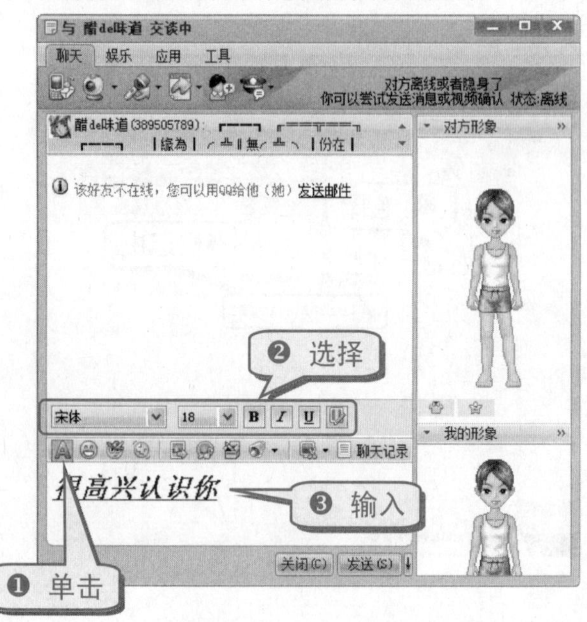

技巧141 快速定位 QQ 好友

当 QQ 好友列表里的用户太多时，逐个查找好友效率很低，下面介绍一种快速定位好友的方法。

例如，查找一个昵称为“小宝贝”的好友。

❶ 激活 QQ 面板，单击好友所在的组。

❷ 取昵称“小宝贝”的首字母“X”，按 X 键，系统马上可以将一组以“X”为首字母的好友显示出来。

> **专家坐堂**
>
> 在 QQ 好友组中，如果想从列表底端返回到列表顶端时，不必连续单击向上的按钮。只需要切换到其他的组，然后再切回来这个组，就回到列表的顶端了。

技巧142 定时清理 QQ 文件夹

如果频繁使用 QQ，会发现 QQ 安装目录下的文件夹越来越大，这时需要将一些临时文件清理掉，以释放一些磁盘空间。

❶ 打开资源管理器，找到安装 QQ 的目录。

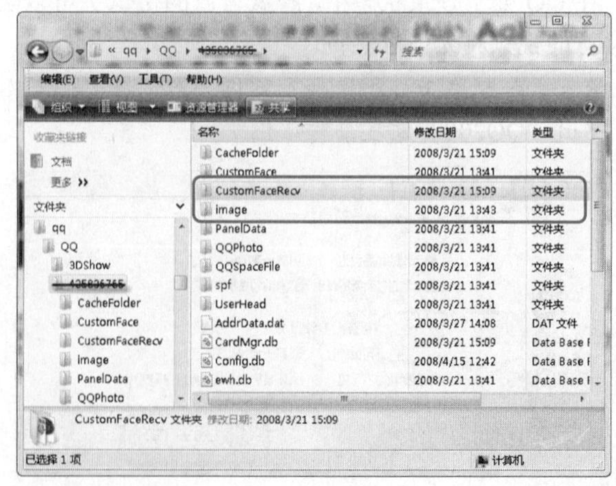

❷ 删除 CustomFaceRecv 文件夹和 Image 文件夹中的所有内容。

以上两个文件夹是 QQ 的图片缓存目录。和别人聊天时，对方发给你的表情、图片以及其他用户在群里发的图片，都保存在这两个文件夹中。

随着时间的推移，这两个文件将会很大，此时只要将这两个文件夹删除即可。

技巧143　和 QQ 好友一起看电视

利用 QQ 看网络电视，可以使聊天和看电视两不误。

❶ 单击 QQ 面板底部工具栏　　　中的　按钮。

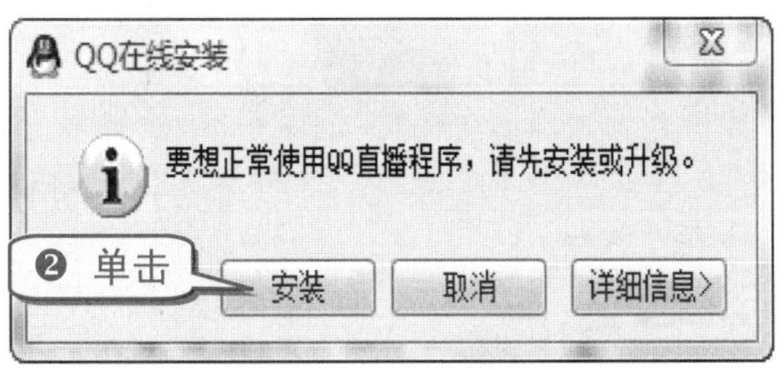

❸ 系统提示安装好 QQ 电视后，双击好友的头像，弹出“发送消息”窗口。

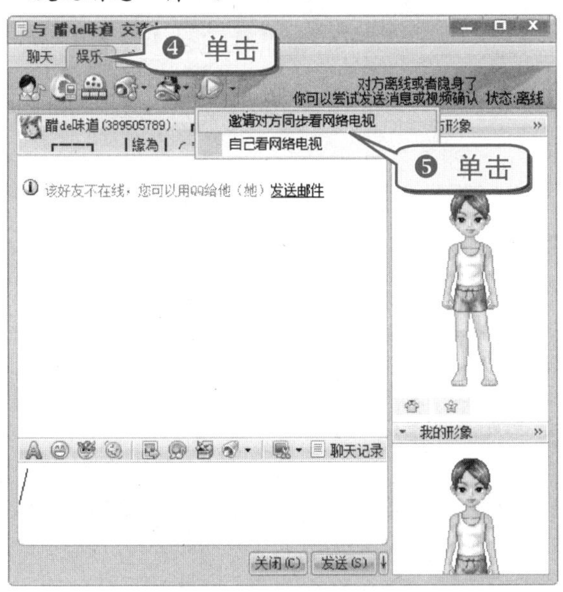

技巧144　个性化设置 QQ 提示音

QQ 的默认提示音也可以被更改，使其富有个性化。

❶ 单击系统托盘中的　图标，选择“个人设置”命令，弹出“QQ2008 设置”对话框。

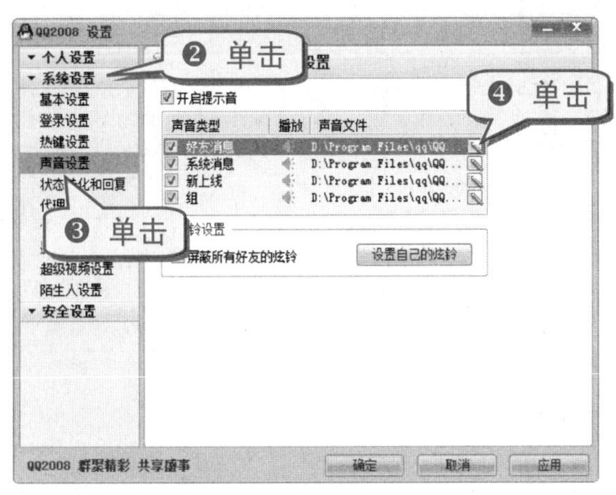

技巧145　轻松去掉 QQ 消息中显示的时间

给好友发送消息时，通常会将发送的时间和消息一同显示出来。此时可通过设置，去掉消息中的时间。

❶ 双击“系统托盘”上的时间设置。

❷ 选择

15:16

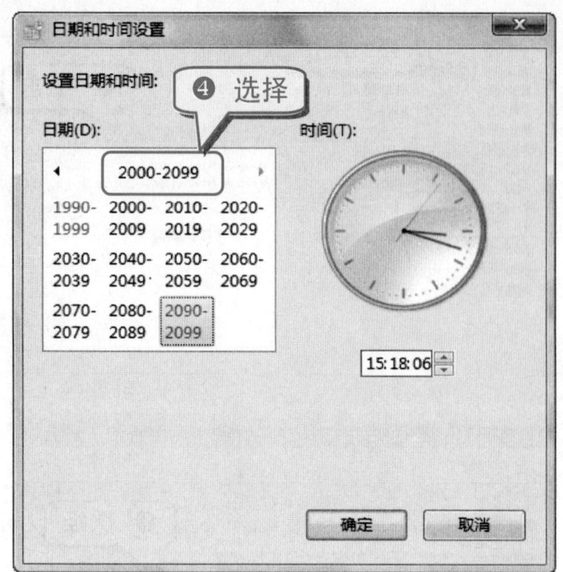

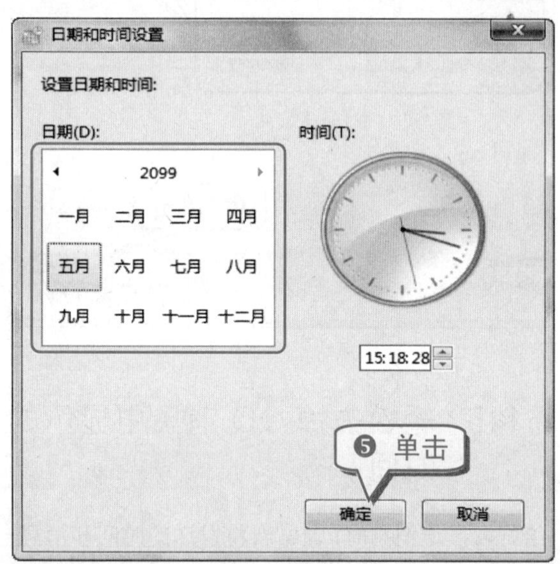

专 家 坐 堂

在去掉消息中的时间后，要及时对系统托盘处的时间设置进行修改，否则有些程序将无法运行。

技巧146 给 QQ 好友传送文件

QQ 不仅是一款优秀的聊天软件，还可以方便地传输文件。

❶ 打开 QQ 好友的聊天面板。

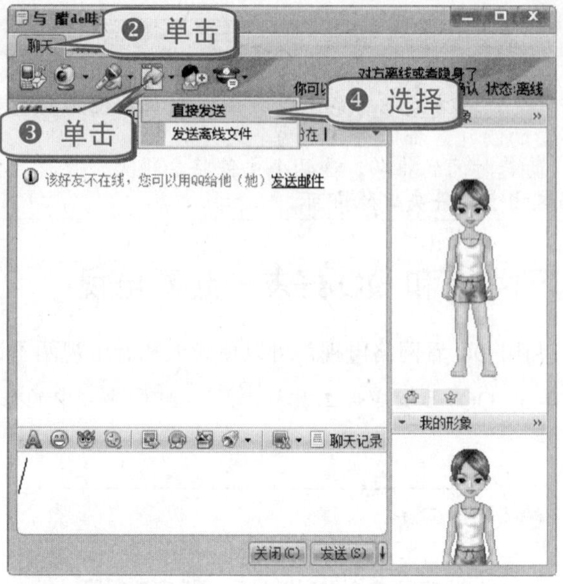

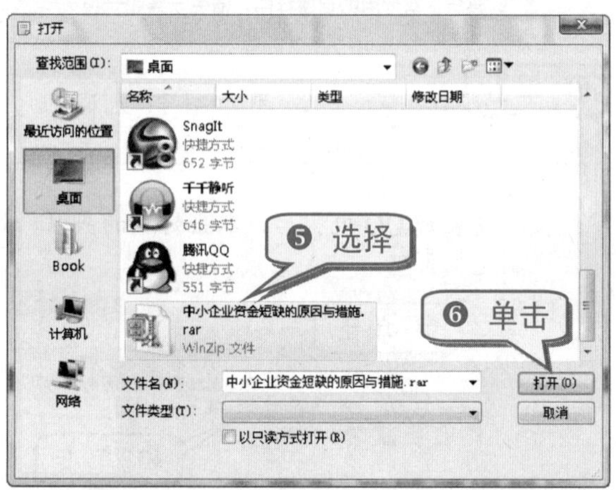

知 识 补 充

此外，给对方传输文件的方法还有两种。

方法一：直接将需要发送的文件拖到与好友聊天的窗口中；

方法二：复制需要发送的文件，粘贴到聊天窗口的消息发送框中，然后单击“发送”按钮。

技巧147 巧妙解决 QQ 好友接收不到文件的问题

使用 QQ 给好友传输文件时，有时系统会提示对方可能处于防火墙之后而无法接收文件，这时只要告诉好友更改一下 QQ 中的安全设置就能接收文件了。

❶ 单击系统托盘中的图标，选择“个人设置”命令，弹出“QQ2008 设置”对话框。

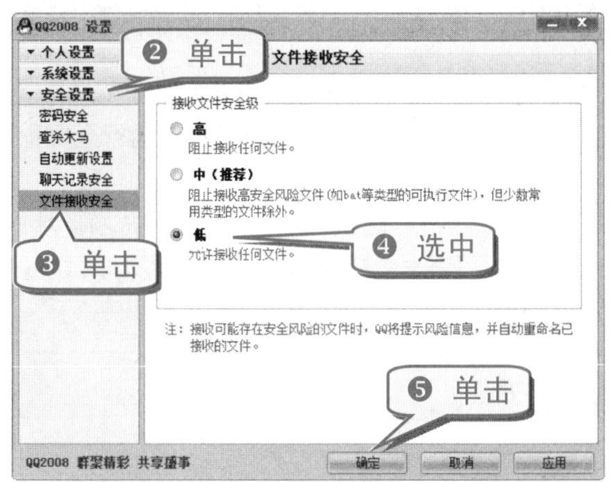

知 识 补 充

不能传输文件还有一种可能，就是对方使用代理服务器上网。此时可单击“拨号属性”对话框中的“高级”标签，切换到“高级”选项卡，取消选中“Internet连接防火墙”复选框即可。

技巧148 使用 QQ 网络硬盘存放文件

如果将本地计算机中的内容保存到QQ网络硬盘上，那么无论用户在哪里上网都可以随时调用QQ网络硬盘上的文件。

❶ 双击系统托盘中的图标，弹出QQ面板。

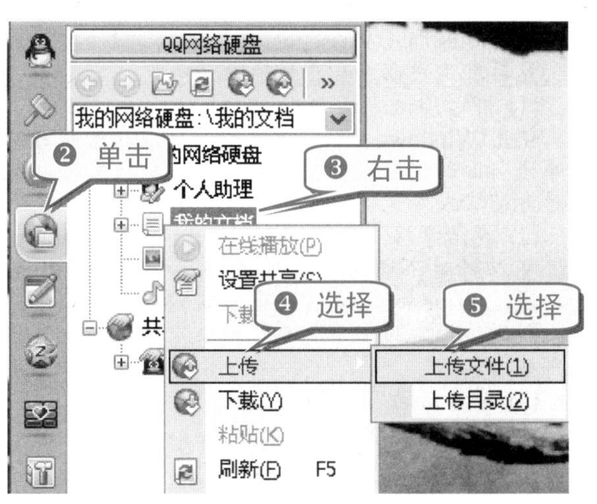

技巧149 让 QQ 把不速之客拒之门外

在使用QQ聊天时，如果想要拒绝好友发送过来的消息，只要更改该好友备注设置就可以轻松实现。

❶ 右击QQ好友的头像，从弹出的快捷菜单中选择“查看好友资料”命令，弹出“查看资料”对话框。

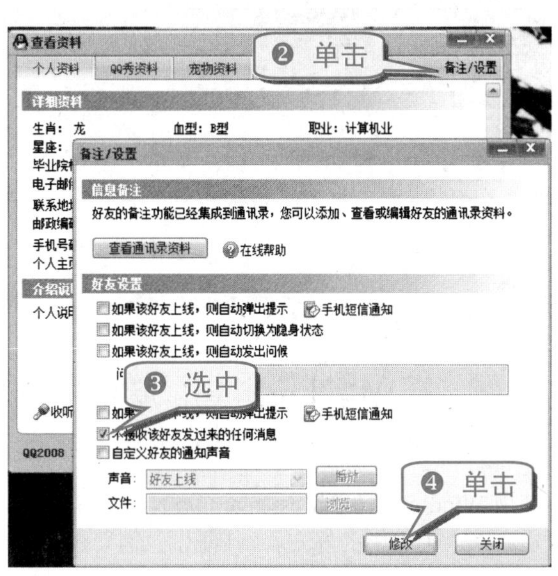

❺ 在弹出的QQ提示框中，单击“确定”按钮即可。

注 意 事 项

直接将对方的QQ号码拖动到“黑名单”组，这样对方发过来的消息就接收不到了，从而可以避免骚扰。

技巧150 为 QQ 聊天记录加上安全密码

通过安全设置，可以有效防止QQ聊天记录的丢失或被盗窃。

❶ 单击系统托盘中的图标，选择“个人设置”命令，弹出“QQ2008 设置”对话框。

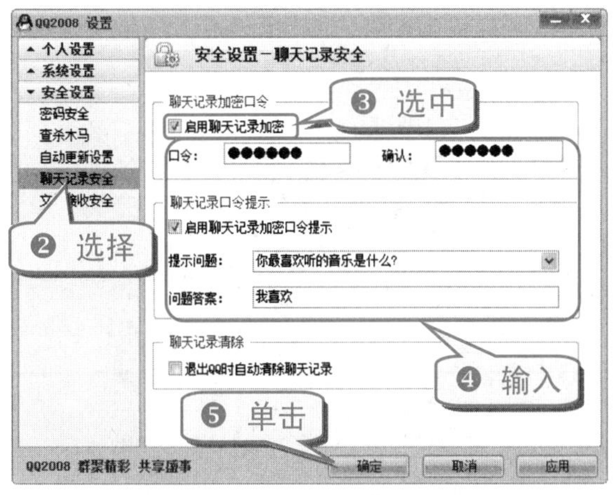

❻ 设置完成后，重新启动QQ，输入本地消息密码后才能进入QQ。

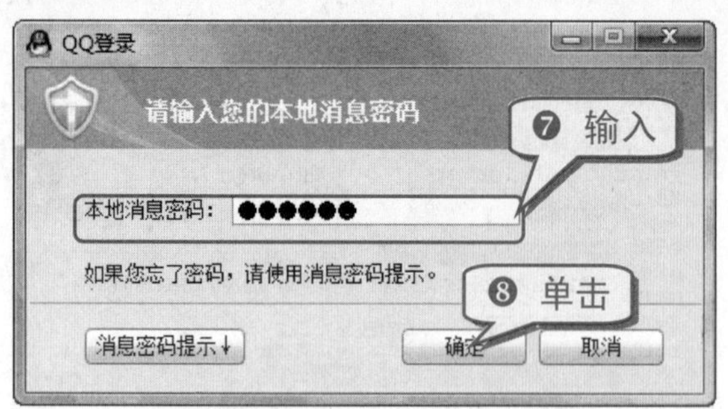

技巧151　在 MSN 中阻止某联系人看到自己

使用 Windows Live Messenger(MSN)发送消息时，想要阻止联系人列表中的好友看到自己，只需要进行简单的设置即可。

❶ 打开 Windows Live Messenger 主窗口。

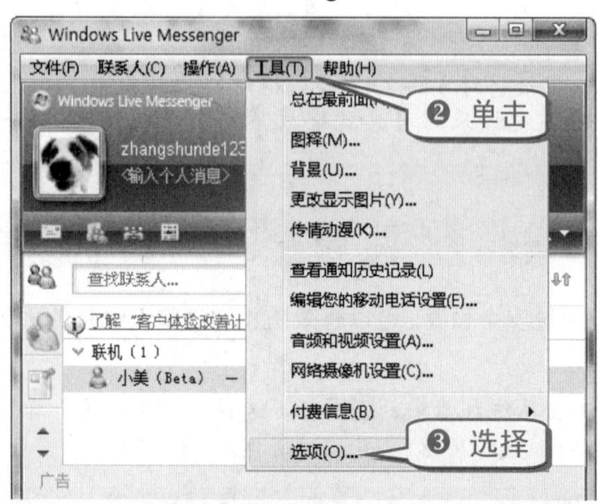

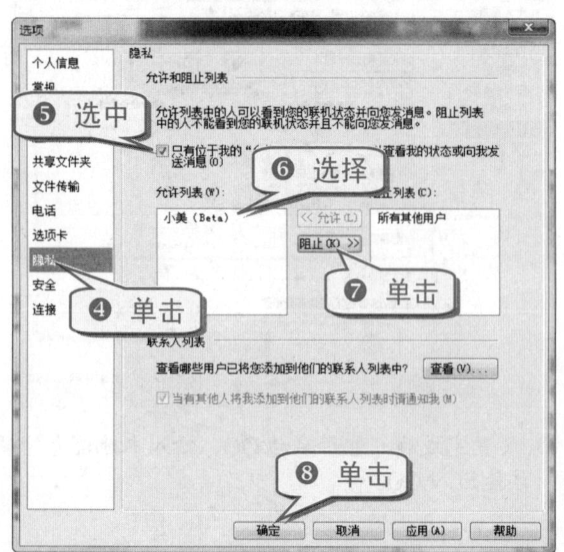

举 一 反 三

还有一种阻止联系人的方法：右击想要阻止的联系人的名称，在弹出的快捷菜单中选择“阻止联系人”命令即可。

技巧152　在 MSN 中阻止通知窗口弹出

在运行全屏程序时，可以将 Windows Live Messenger 的工作状态设置为忙碌，这样可以避免在运行全屏程序时弹出 MSN 的通知窗口。

❶ 选择“工具”→“选项”命令，弹出“选项”对话框。

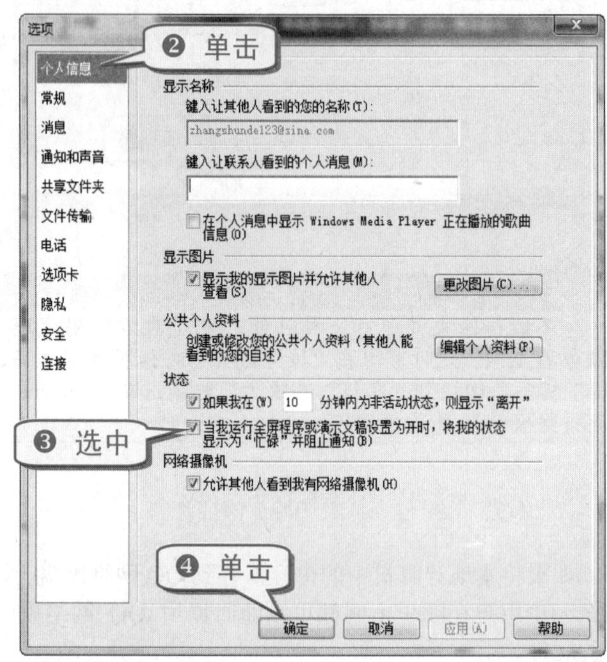

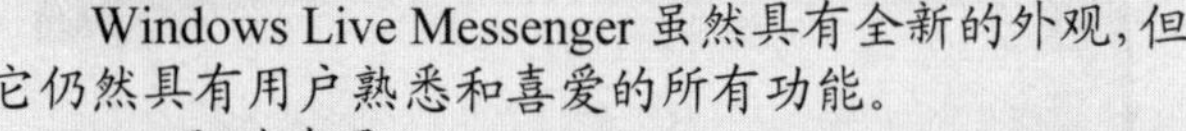

Windows Live Messenger 虽然具有全新的外观，但它仍然具有用户熟悉和喜爱的所有功能。

(1) 即时沟通

使用 Windows Live Messenger 可以与亲朋好友和同事进行即时沟通，即使好友处于脱机状态，也可以给对方留言或发送简短信息。

(2) 灵活掌握

可以针对不同场合选择使用各种不同的状态消息，通过 Windows Live Contacts 可以控制个人信息，随心所欲地设定谁能看到自己的个人信息以及能够看到哪些内容。

(3) 分享活动

分享个人的文件、照片和视频，不受文件大小的限制，只需将其拖放到共享文件夹中即可。

技巧153　在 MSN 中批量复制联系人

由于工作的需要，有时需要更换 MSN 账户，这时就需要将原来账户上的联系人添加到新的账户上。如果逐个添加好友，将会很繁琐。利用 MSN 的联系人管理功能，可以快速实现批量复制联系人。

❶ 登录需要导出联系人名单的 MSN 账户。

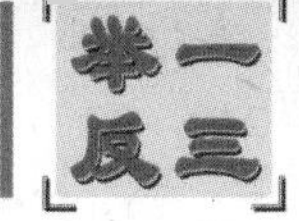

❼ 登录另一个需要导入联系人的账户，选择“联系人”→“导入即时消息联系人”命令，弹出“导入即时消息联系人列表”对话框。

技巧154　在MSN中添加自己为联系人

在QQ中可以将自己加到好友中，在MSN中同样可以添加自己为联系人。

❶ 选择“联系人”→“添加联系人”命令，弹出“添加联系人”对话框。

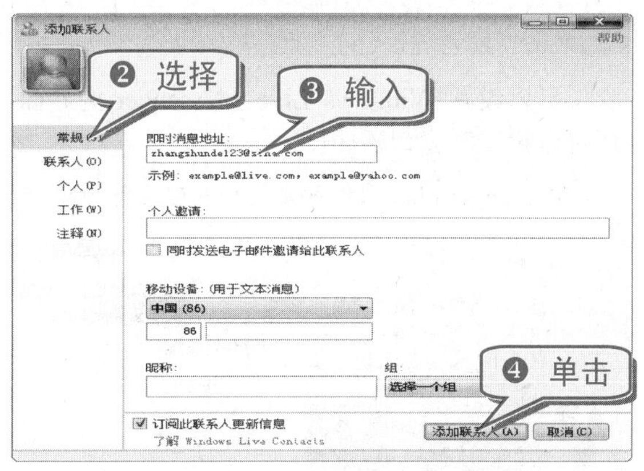

添加其他的联系人也是通过上述的操作来完成。

技巧155　打扮你的MSN背景

如果用户对Windows Live Messenger的背景不满意，完全可以自定义漂亮的图片为主窗口的背景。

❶ 找到一幅自己喜欢的图片并右击，从弹出的快捷菜单中选择“重命名”命令，在文本框中输入lvback.gif，并将其复制到MSN的文件夹里面。

❷ 找到MSN的安装目录，一般情况下其路径是C:\Program Files\Windows Live\Messenger。

❸ 将以“lvback.gif”命名的图片复制到Messenger文件夹中。

❹ 重新登录MSN，即可看到效果。

技巧156 给MSN穿上透视装

除了可以设置Windows Live Messenger的界面背景外，还可以设置其窗口透明度。

❶ 下载Messenger Plus!软件并安装，然后运行MSN程序。

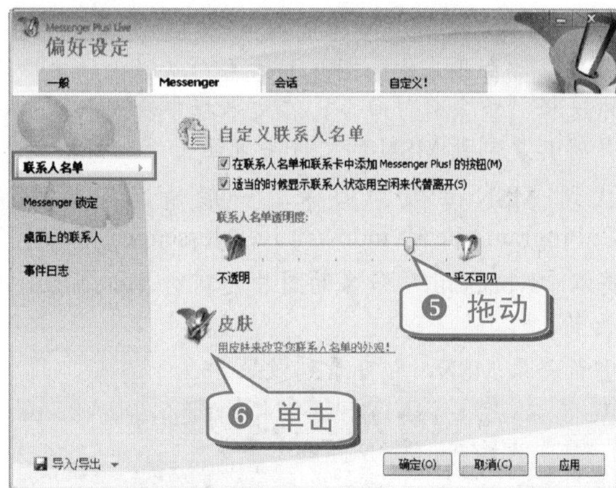

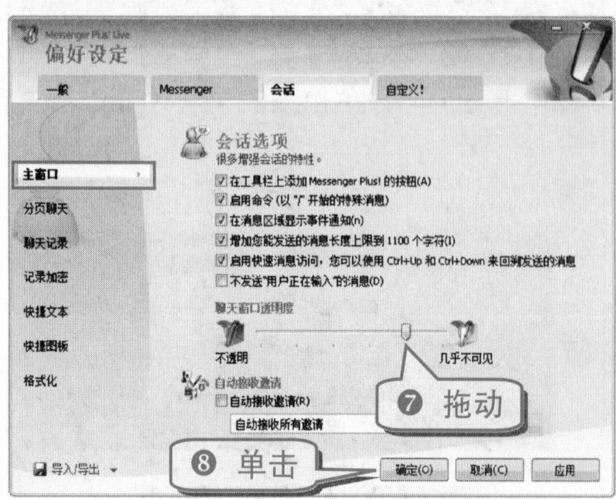

技巧157 快速为MSN瘦身

MSN是一款功能强大的即时消息软件，但是对某些用户来说，其中一些功能并没有实际意义，比如标签、广告条以及天气预报等。因此，对MSN瘦身是很有必要的。

(1) 通过插件瘦身

下载并安装MessnegerPlus!2.54.0075插件，选择手动安装方式。在安装过程中，不需要安装Sponsor广告程序。安装完成后重新启动Windows Live Messenger即可。

(2) 管理联系人

按照联系人脱机/联机进行分组瘦身。

❶ 打开Windows Live Messenger主窗口。

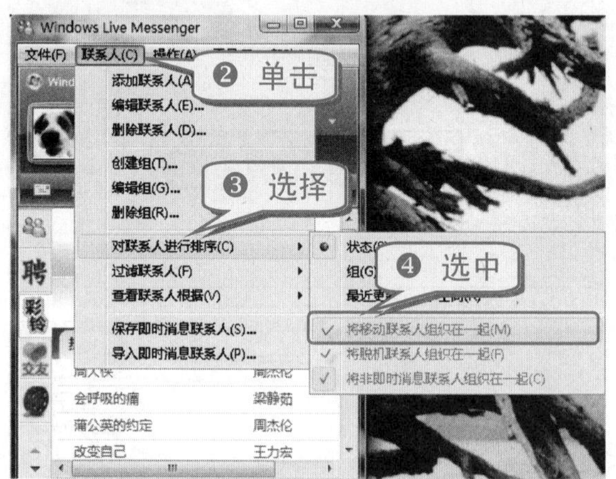

(3) 去除不必要的标签

❶ 选择"工具"→"选项"命令，弹出"选项"对话框。

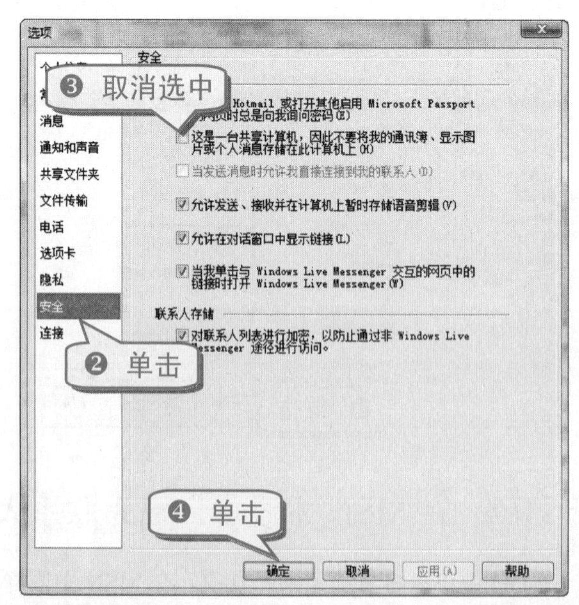

注 意 事 项

在下载插件时，针对不同的版本MSN的插件可能不同，Messenger Plus! Live V4.00.235需要8.0版本以上的MSN才能安装。

技巧158 自定义 MSN 中好友的昵称

在 MSN 的联系人列表中，由于联系人过多不容易查找，这时可以通过自定义联系人的昵称，以便快速实现查找好友。

❶ 右击需要更改昵称的联系人。

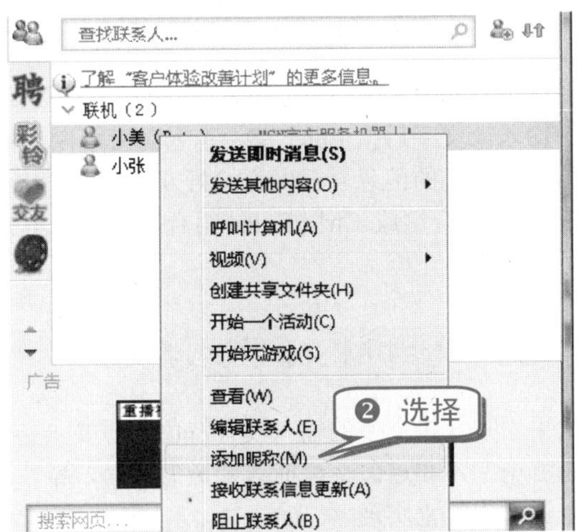

❸ 在 小美（Beta） 中输入容易记的联系人昵称。

知 识 补 充

为了更好地记住好友，可以给好友添加备注。方法是：右击需要添加备注的联系人名称，在弹出的快捷菜单中选择“编辑联系人”命令，弹出“编辑联系人”对话框，在文本框中输入联系人的备注信息，然后单击“保存”按钮即可。

技巧159 为 MSN 个性化消息铃声

在使用 Windows Live Messenger 时，可以给一些事件设定独特的铃声。

❶ 选择“工具”→“选项”命令，弹出“选项”对话框。

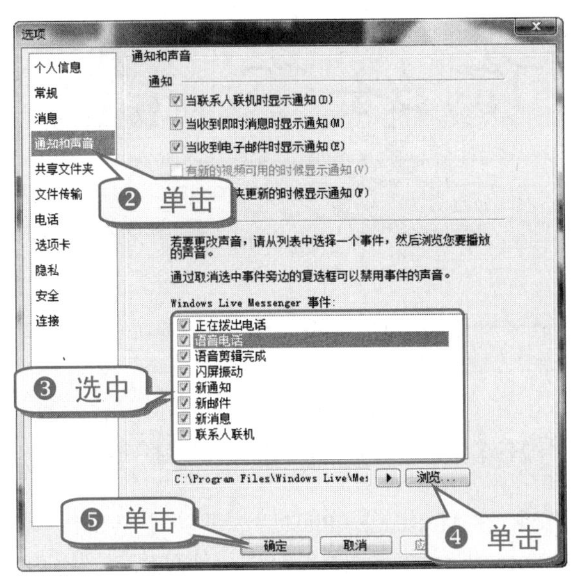

举 一 反 三

在“选项”对话框中的“通知”选项区域，可以为联系人设定状态通知，即根据需要设定联系人联机时显示的消息、收到即时消息时显示的通知和收到邮件时显示的通知。

技巧160 轻松发送 MSN 传情动漫

给好友发送传情动漫，在聊天的同时可以保持轻松和愉快的心情。

❶ 登录 MSN 程序，右击想要发送传情动漫的好友。

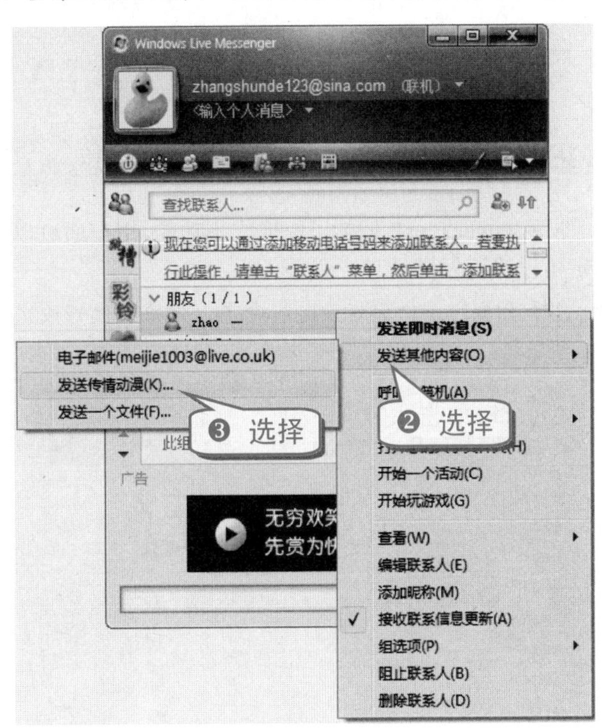

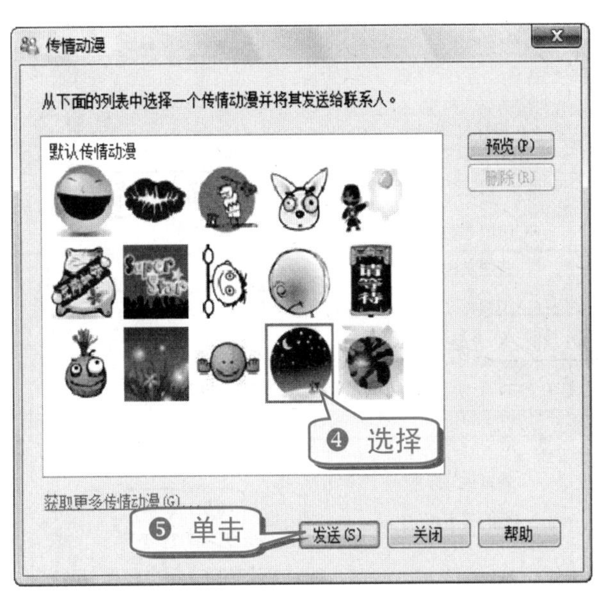

技巧161 巧妙设置MSN快捷回复

Messenger Plus! 增加了快捷文本功能，用户通过以下设定可以快速发送消息。

❶ 选择 Plus! → “偏好设定”命令，弹出“偏好设定”对话框。

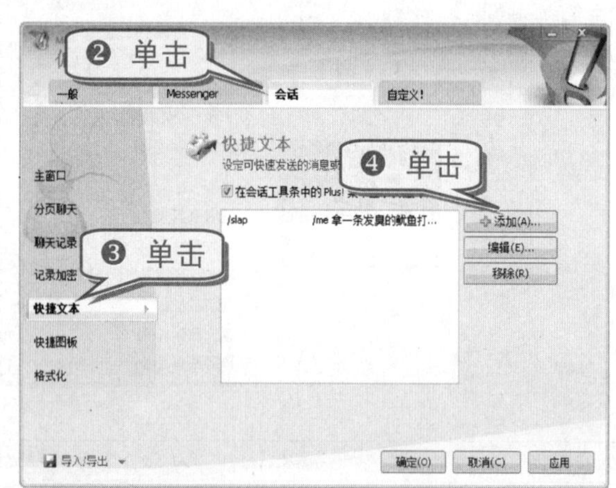

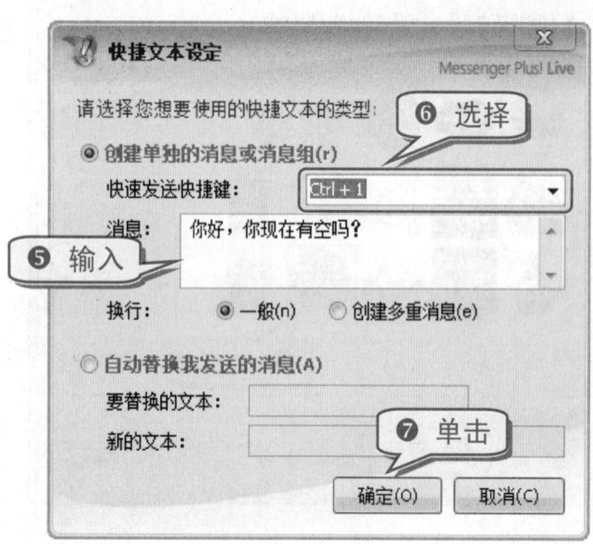

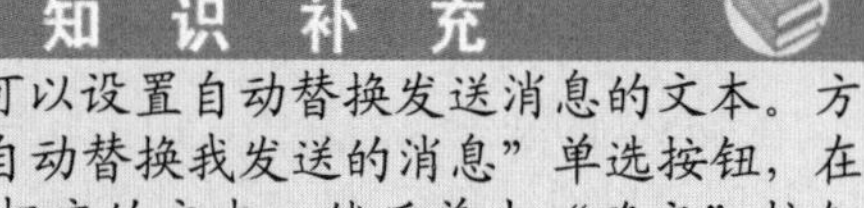

此外，还可以设置自动替换发送消息的文本。方法是：选中“自动替换我发送的消息”单选按钮，在文本框中输入相应的文本，然后单击“确定”按钮即可。

技巧162 巧妙在MSN聊天窗口中换行

使用 Windows Live Messenger 聊天时，在“消息”文本框中输入一文字后按 Enter 键，本来以为可以换行的，但是却把未写完的消息直接发送给好友了。这时可以使用 Shift+Enter 组合键或 Ctrl+Enter 组合键来对文本文字进行换行。

技巧163 巧用MSN手写聊天

如果用户认为文字的输入没有特色，想要张扬个性，或者是哪个字不知道怎么读而只知道怎么写，等等，这些都可以通过手写来实现。

❶ 打开聊天窗口。

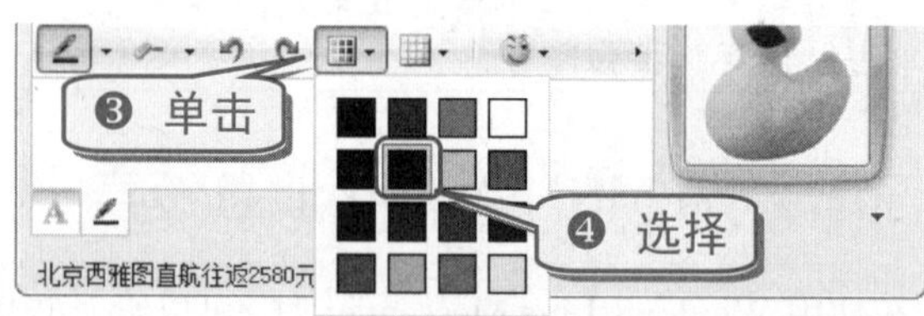

技巧164 快速锁定MSN保护隐私

安装了 Messenger Plus!后，可以对 Windows Live Messenger 进行锁定。当用户离开计算机却又不想退出

Windows Live Messenger 时，可以使用该功能保护自己的隐私。

❶ 选择“Plus!”→“偏好设定”命令，弹出“偏好设定”对话框。

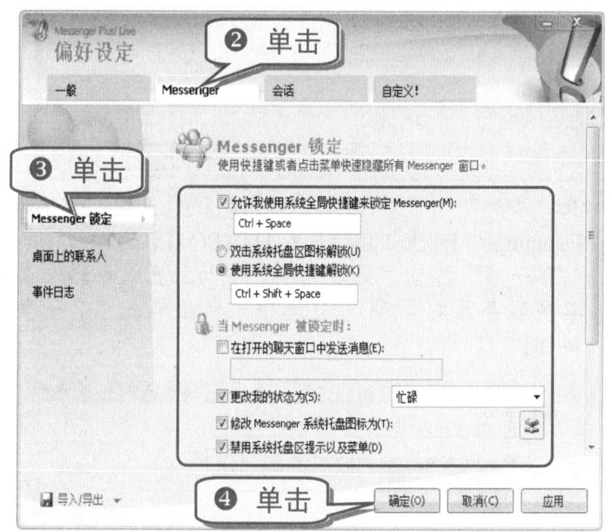

技巧165　快速打造智能化 MSN

在工作或学习时，有时需要离开计算机一段时间，此时，可以开启 Windows Live Messenger 的自动回复功能，使其可以自动回复好友发过来的消息。

❶ 选择“Plus!”→“偏好设定”命令，弹出“偏好设定”对话框。

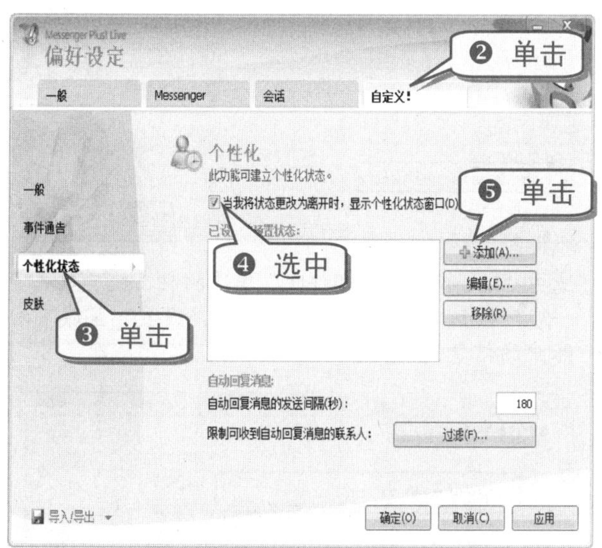

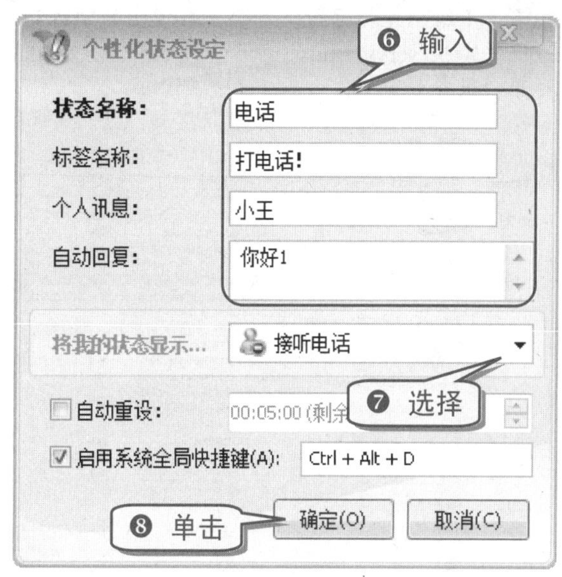

技巧166　MSN 也能显示对方的 IP 地址

Windows Live Messenger 本身并没有显示对方 IP 地址的功能，通过监控 Windows Live Messenger 的点对点传输端口，可以获得对方的 IP 地址。

❶ 登录 Windows Live Messenger 后，选择“开始”→“运行”命令，在弹出的“运行”对话框中输入 cmd 命令，单击“确定”按钮，打开“管理员：命令提示符”窗口。

❷ 在该中输入 netstat 命令，按 Enter 键，可以查看 Windows Live Messenger 的服务器地址。

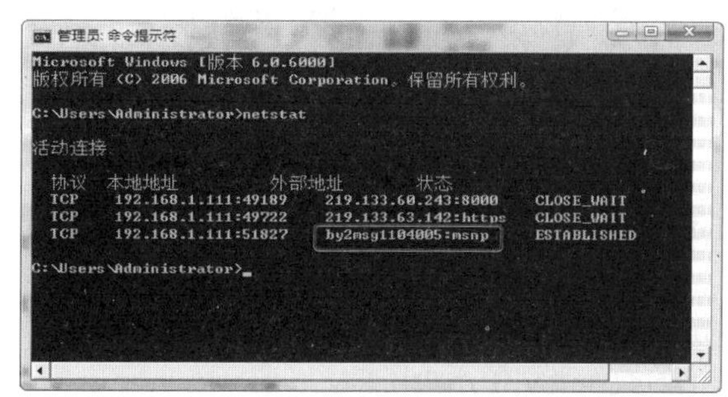

❸ 给好友传送一个文件，当好友开始接收文件时，在“管理员：命令提示符”窗口中再次输入 netstat 命令，按 Enter 键。对比两次的网络连接结果，出现的新 IP 地址即为好友的 IP 地址。

专家坐堂

查看对方的 IP 地址时，最好关闭网络软件或网页，以免查到其他无关的 IP 地址。给对方发送文件时，文件大小最好在 600KB 以下。

技巧167　取消 MSN 的自动登录功能

每次启动计算机时，Windows Live Messenger 会自动开启。通过修改本地计算机上的服务设置可禁用此功能。

❶ 选择“开始”→“运行”命令，在弹出的“运行”对话框中输入 services.msc 命令，单击“确定”按钮，打开“服务”窗口。

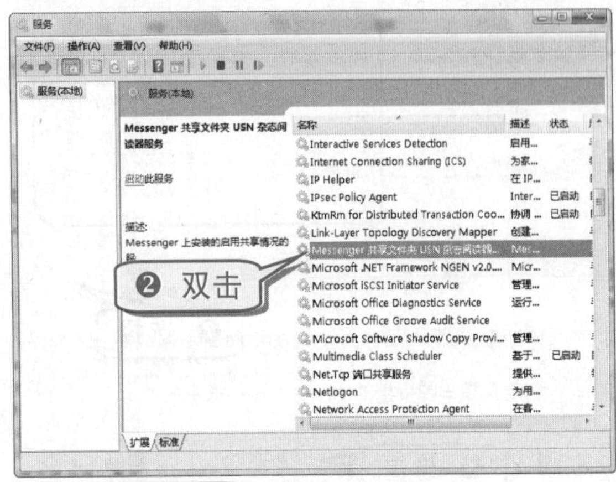

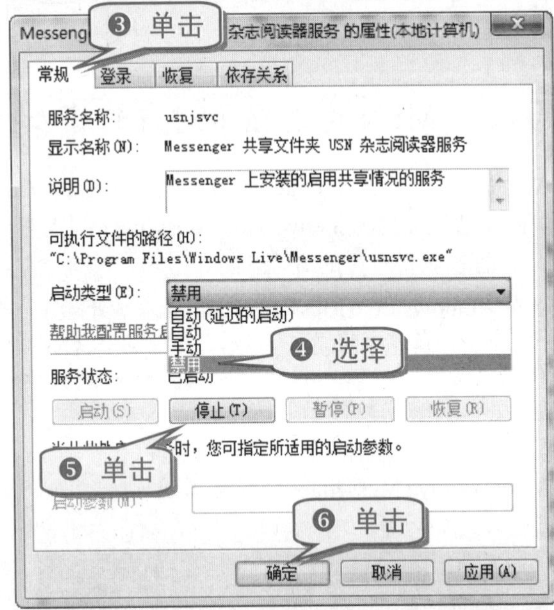

技巧168 快速配置 Outlook 2007 账户

Microsoft Office 2007 以其华丽的界面、详尽的提示和简单的操作吸引了不少用户。

其中的组件 Outlook 2007 的设置界面与 Outlook 2003 等以前的版本有很大的不同。

首次使用 Outlook 2007 需要先设置电子邮件账户。

❶ 选择“开始”→“电子邮件”命令，打开“Outlook 2007 启动向导”窗口，单击“下一步”按钮，弹出“帐户配置”对话框。

❷ 在“帐户配置”对话框中选中“是”单选按钮，然后单击“下一步”按钮，弹出“添加新电子邮件帐户”对话框。

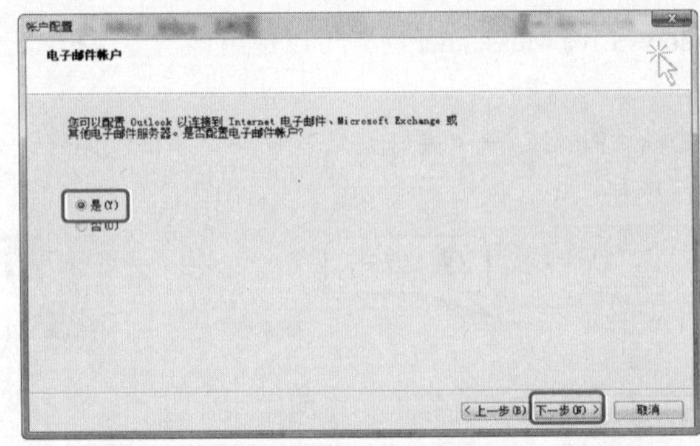

❸ 在“添加新电子邮件帐户”对话框中，选择 Microsoft Exchange、POP3、IMAP 或 HTTP(M)单选按钮，单击“下一步”按钮，接着选中“手动配置服务器设置或其他服务器类型(M)”复选框，然后单击“下一步”按钮。

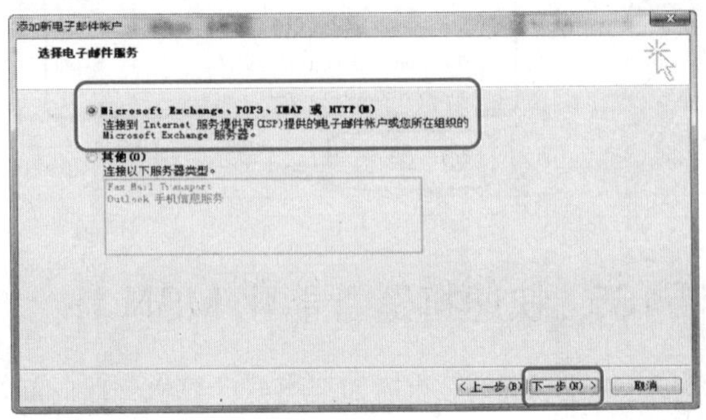

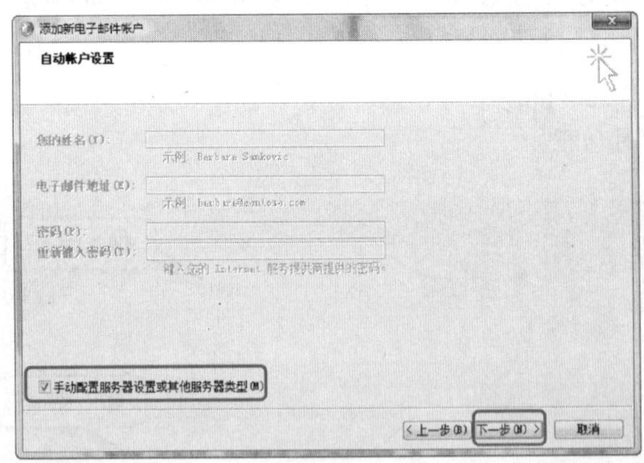

❹ 选中“Internet 电子邮件(I)”单选按钮，然后单击“下一步”按钮，在“Internet 电子邮件设置”区域下输入账户的信息。

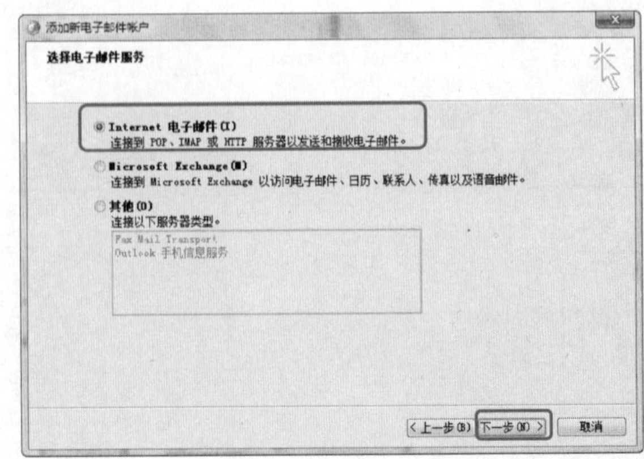

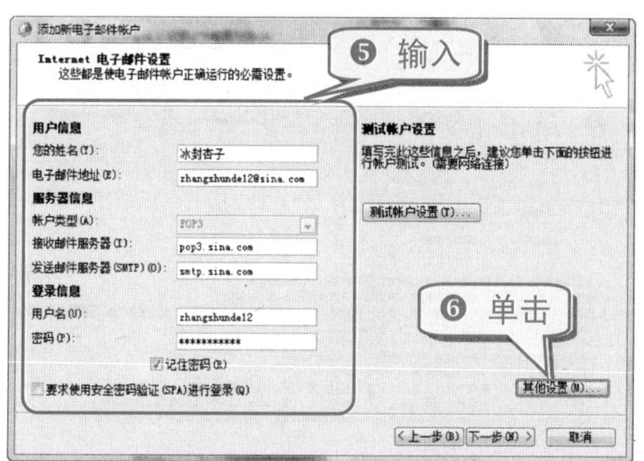

注 意 事 项

除用户信息中的“您的姓名”可以任意填写，服务器信息和登录信息都要严格按照实际设置来填写。

服务器信息中“帐户类型”一般选 POP3，“接收邮件服务器”一般是把电子邮箱前面的地址换成 pop 或 pop3，“发送邮件服务器”则是改成 smtp。

登录信息的“用户名”一般是电子邮箱的前面那一段。

⑦ 在“Internet 电子邮件设置”对话框中，切换到“发送服务器”选项卡，选中“我的发送服务器(SMTP)要求验证”复选框，接着选中“使用与接收邮件服务器相同的设置”单选按钮。切换到“高级”选项卡，选中“在服务器上保留邮件的副本”单选按钮，然后单击“确定”按钮。

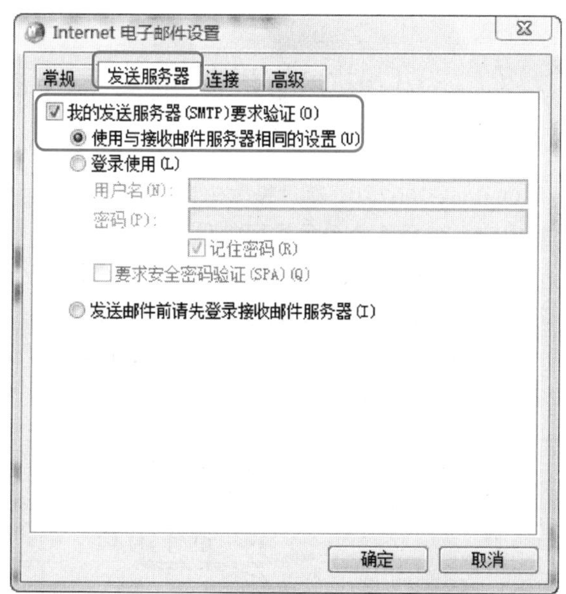

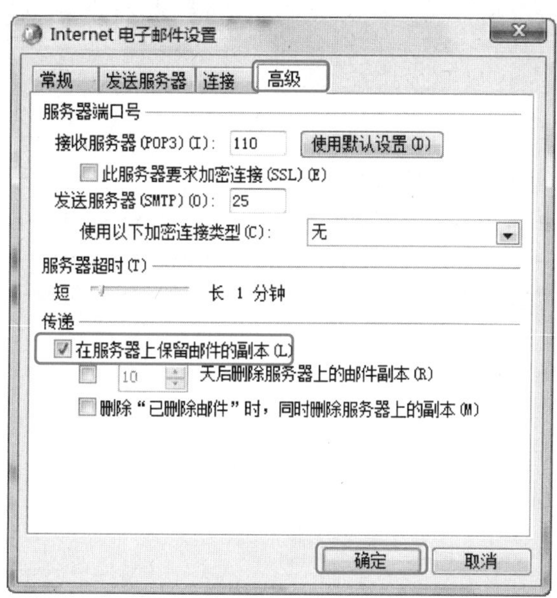

⑧ 单击“Internet 电子邮件设置”对话框中的“测试帐户设置”按钮。

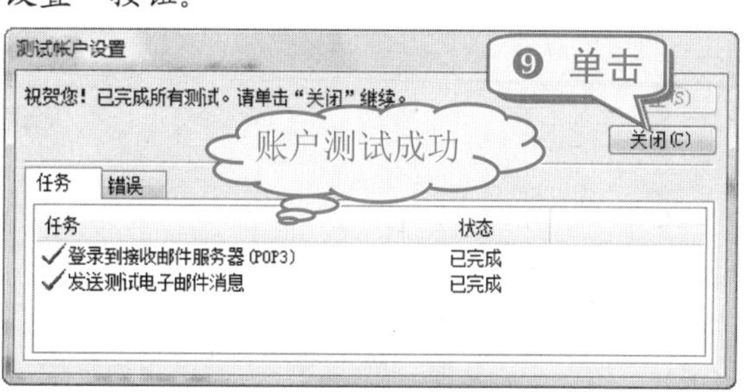

⑩ 在返回的“Internet 电子邮件设置”对话框中单击“下一步”按钮完成设置。

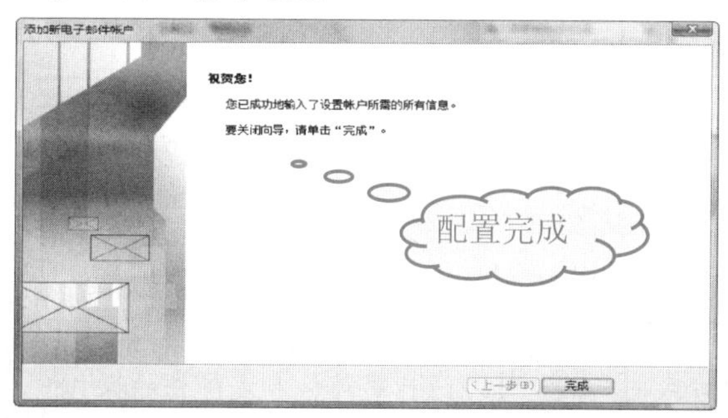

知 识 补 充

Microsoft Office Outlook 2007 提供了集成的解决方案，可以帮助用户管理事件和信息、跨越界限进行联系，同时又能始终控制所收到的信息。利用 Outlook 2007 中的革新技术，可以快速搜索通信和组织工作并更好地与他人共享信息。

技巧169　在Outlook 2007中制作写信的快捷方式

在 Windows Vista 系统中，不打开 Outlook 2007 照样可以进行写信和发信的操作。

❶ 右击桌面空白区域，在弹出的快捷菜单中选择“新建”→“快捷方式”命令，弹出“创建快捷方式”对话框。

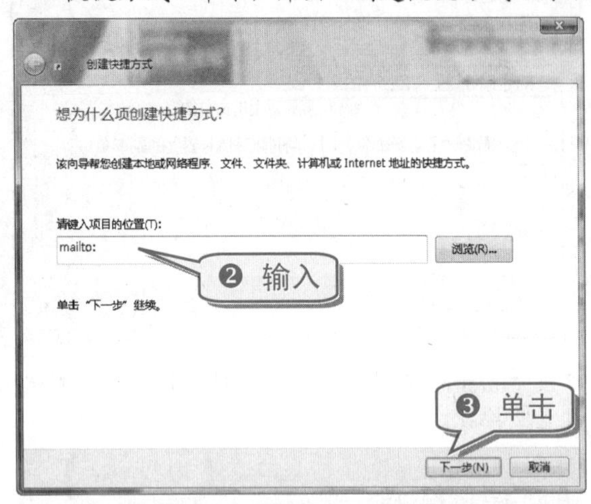

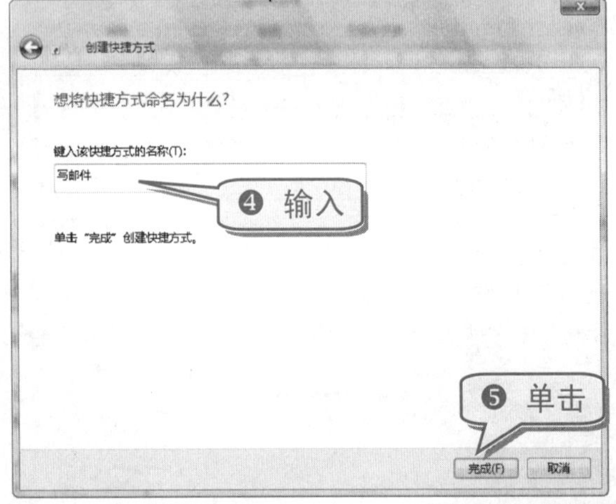

知识补充

制作完写信的快捷方式后，只要双击桌面上的快捷方式图标就可以进行写邮件和发邮件的操作。

技巧170　在Outlook 2007中使用纯文本格式发送信件

网络的传输速度慢，当发送大容量的邮件时，可能会出现掉线现象。因此在写信的时候，最好采用纯文本的方式编写。

❶ 单击 Outlook 工具栏中的“新建”按钮，打开写新邮件的窗口。

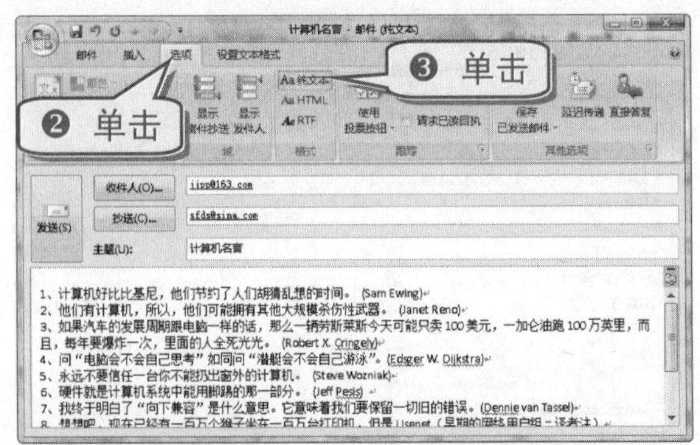

专家坐堂

Outlook 2007 可以帮用户控制信息，为用户提供更高的安全性，使计算机免受恶意网站的攻击。

(1) 阻止垃圾邮件，减少对恶意网站的访问。Microsoft Office Outlook 2007 引入的垃圾邮件筛选器有助于防止垃圾邮件弄乱用户的收件箱。

(2) Office Outlook 2007 与 Exchange Server 2007 共同在新的垃圾邮件筛选器中提供反仿冒技术。

(3) 使用信息权限管理(IRM)功能可防止收件人转发、复制或打印重要电子邮件，帮助用户保护公司资产；甚至可以指定邮件过期日期，超过该日期，则既不能查看该邮件，也不能对其执行其他操作。

(4) 利用 Office Outlook 2007 E-mail Postmark 可确保电子邮件的合法性。Office Outlook 2007 E-mail Postmark 有助于确保抵达收件箱的电子邮件的合法性，使 Office Outlook 2007 发送的电子邮件会受到收件人客户端的信任。

技巧171　在Outlook 2007中让未回复的邮件自动提醒用户

在 Outlook 2007 中，通过设置可以让未回复的邮件自动提醒用户，这样不会导致重要邮件未回复而造成损失。

❶ 右击需要设置提醒的重要邮件，弹出快捷菜单。

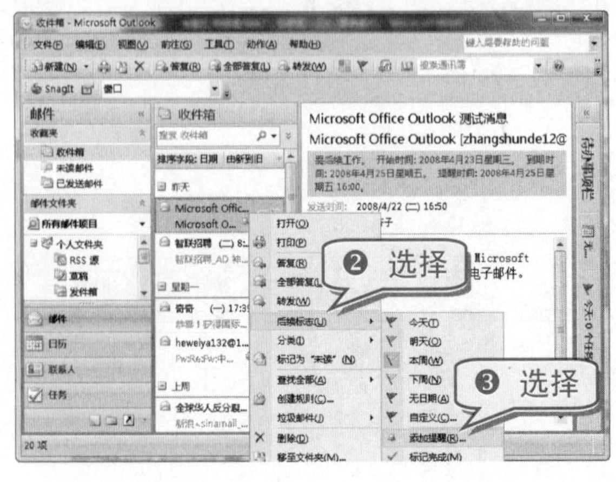

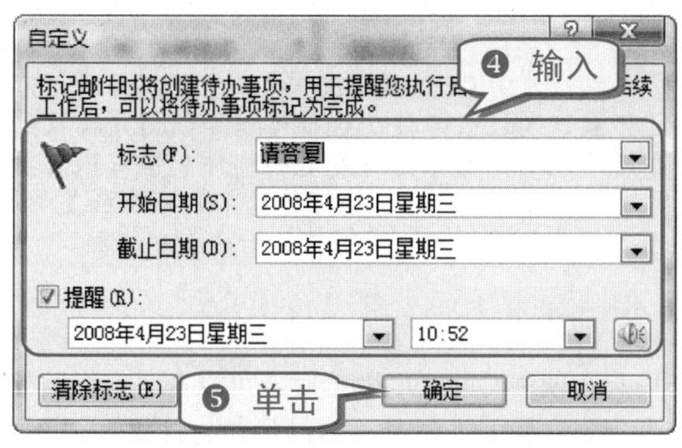

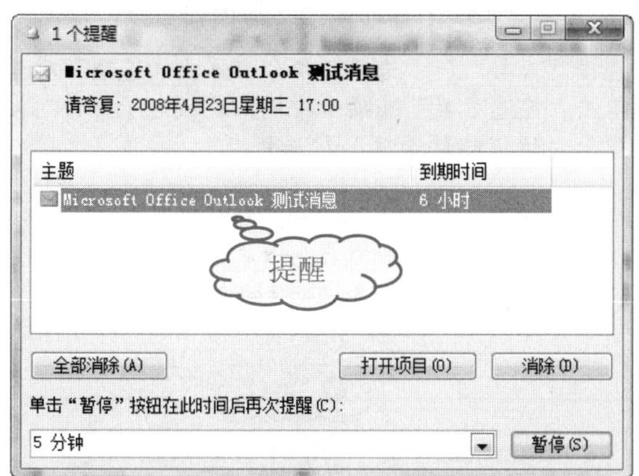

知 识 补 充

当用户收到一封重要的邮件时，往往由于各种原因，如需要准备相关的附件，或者需要请示更高一级领导的决策，暂时无法立即进行回复。那样继续接收到其他邮件时，这封重要的邮件会被淹没在其中，这就会错过及时回复的良机。

技巧172 在Outlook 2007中取消收件人的邮件地址提示

Outlook 2007 与 Live Hotmail、Gmail、Foxmail 一样，都提供了自动匹配收件人地址的功能。当用户输入收件人地址前面几个字符时，Outlook 2007 就会自动显示相关的邮件地址，这样大大减少了用户记忆邮件地址的麻烦。

当系统显示的邮件地址并非用户所需要的，就需要将其删除。

(1) 逐个删除

删除特定的邮件地址时需要打开一个新邮件窗口，在“收件人”文本框中输入希望删除的邮件地址的前几个字符，Outlook 2007 将显示与之相匹配的邮件地址供用户选择。然后用户可以通过方向键将光标移到该邮件地址上，然后按 Delete 键将其删除即可。

❶ 打开 Outlook 2007 应用程序主窗口。

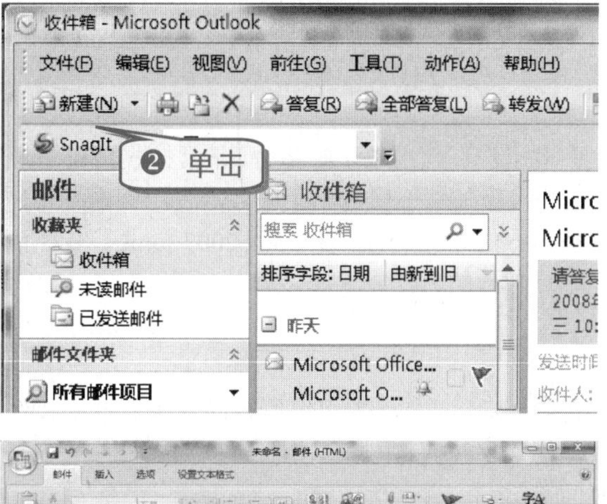

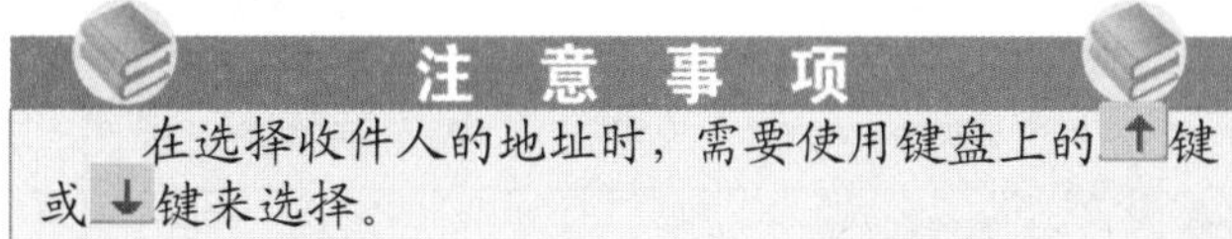

❺ 按 Delete 键，即可删除特定的收件人地址。

注 意 事 项

在选择收件人的地址时，需要使用键盘上的↑键或↓键来选择。

(2) 批量删除

如果希望删除 Outlook 2007 已经自动存储的所有邮件地址，通过上面的方法逐一手工删除就显然太慢，此时可以通过直接删除存储这些邮件地址的文件来达到此目的。

❶ 在资源管理器中找到 C:\Users\Administrator\AppData\Roaming\Microsoft\Outlook 文件夹。

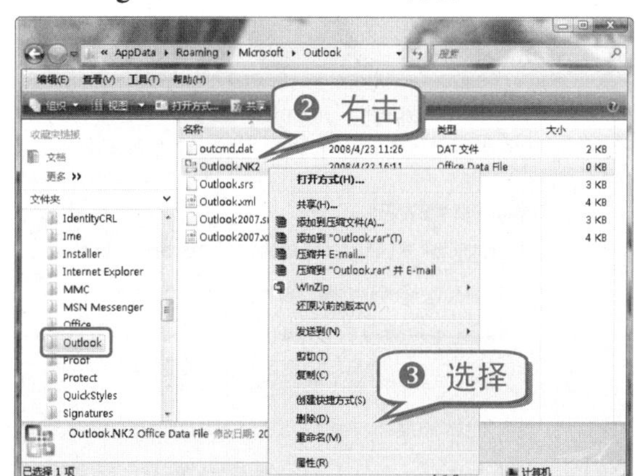

知 识 补 充

可以考虑将 Outlook.NK2 文件进行重新命名，这样可以在需要时对其进行恢复。但是这种方法是治标不治本，因为 Outlook 2007 会自动创建一个新的列表文件以收集新存储的邮件地址，用户在写邮件时系统仍然会进行邮件地址的提示。

技巧173 巧妙预防 Outlook 2007 中的垃圾邮件

许多用户在使用电子邮箱时，常常接收到很多垃圾邮件，这些垃圾邮件不仅占用了服务器资源和网络带宽，也是传播病毒的罪魁祸首。Outlook 2007 提供了多种预防和减少垃圾邮件的方法。

(1) 加盖电子邮戳

使用 Outlook 2007 可以给自己发送的电子邮件加盖邮戳，使该邮件拥有唯一的特征。例如，收件人列表、发送时间等。

❶ 在打开的 Outlook 2007 的应用程序主窗口中选择“工具”→“选项”命令，弹出“选项”对话框。

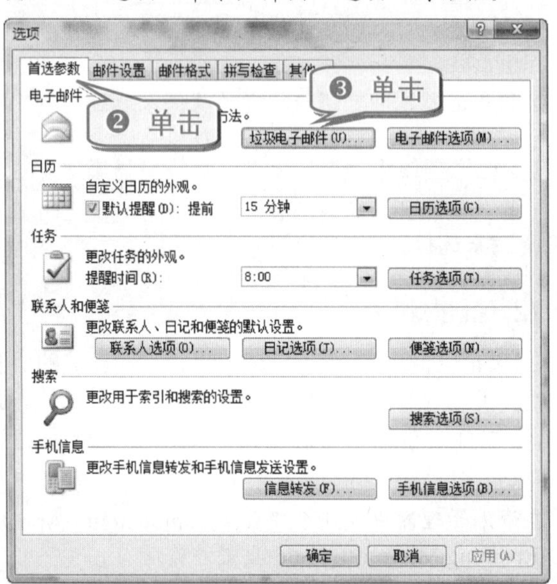

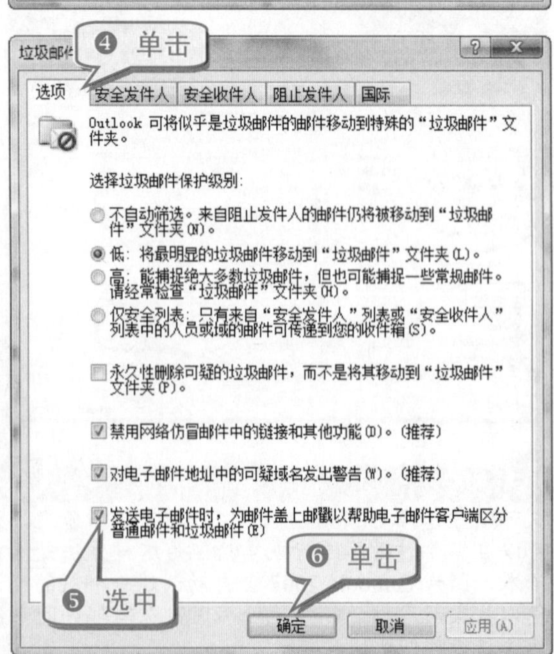

知识补充

当用户使用 Outlook 2007 接收电子邮件时，可以通过邮戳识别垃圾邮件，这样可以降低用户接收到垃圾邮件的几率。由于为将发送的邮件加盖邮戳需要处理时间，所以批量发送垃圾邮件时不太可能加盖邮戳，因此这是减少接收到垃圾邮件的一个有效措施。

(2) 设置安全发件人

用户在使用 Outlook 2007 时，可以在“安全发件人”选项卡中建立联系人列表，这样以后来自该联系人列表中的地址或域名的电子邮件均不会被识别为垃圾邮件。

❶ 选择“工具”→“选项”命令，弹出“选项”对话框，单击“首选参数”选项卡中的“垃圾电子邮件”按钮，弹出“垃圾邮件选项”对话框。

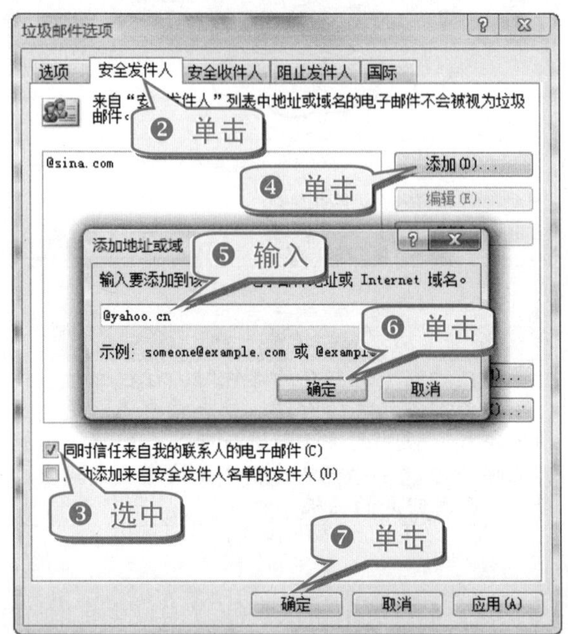

举一反三

除了“安全发件人”选项卡以外，在“垃圾邮件”对话框中还提供了其他三个选项卡。列入“安全收件人”选项卡中的地址或域名的电子邮件不会被作为垃圾处理，列入“阻止发件人”选项卡中的地址或域名的电子邮件始终被当作垃圾处理，而使用“国际”选项卡可以将来自某一顶级域或使用某一字符集的邮件标记为垃圾邮件。

(3) 为收到的邮件设防线

尽管 Outlook 2007 对垃圾邮件采取了比较严密的预防措施，但是仍有一些垃圾邮件可能溜进来，这时可以针对不同的邮件完善“安全发件人”等防线。

❶ 打开收件箱，右击需要设防线的垃圾邮件。

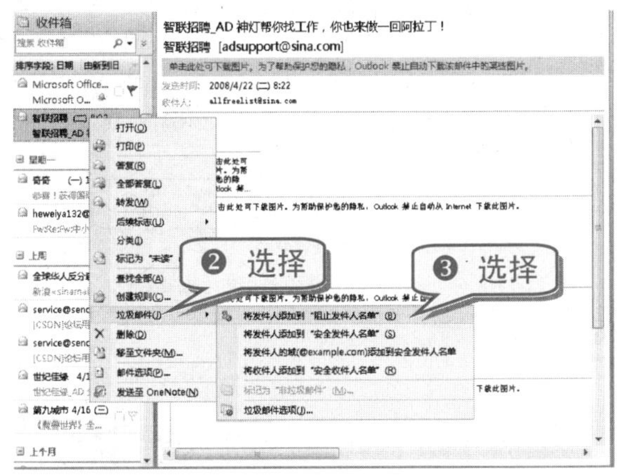

技巧174　Outlook 2007 与 Windows Vista 共享日历

Outlook 2007 添加了新功能，它可以使用 Office Online 在网络上发布自己的日历，因为微软在 Office 网站上提供了日历共享服务和 2MB 空间。用户只需要注册一个 Windows Live ID，登录以后就可以和家人、朋友以及同事在线分享日历。

❶ 打开 Outlook 2007 应用程序主窗口。

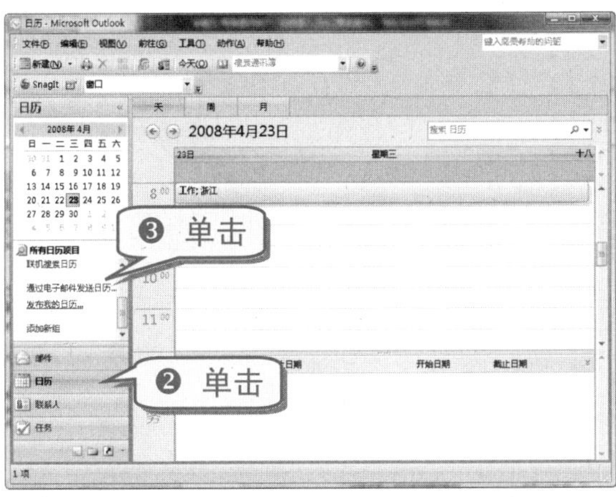

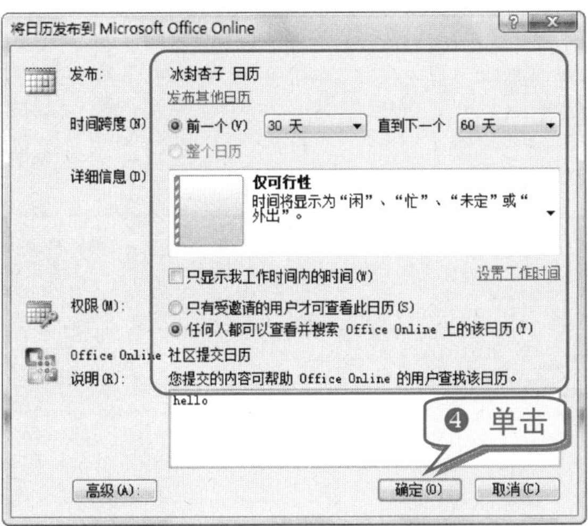

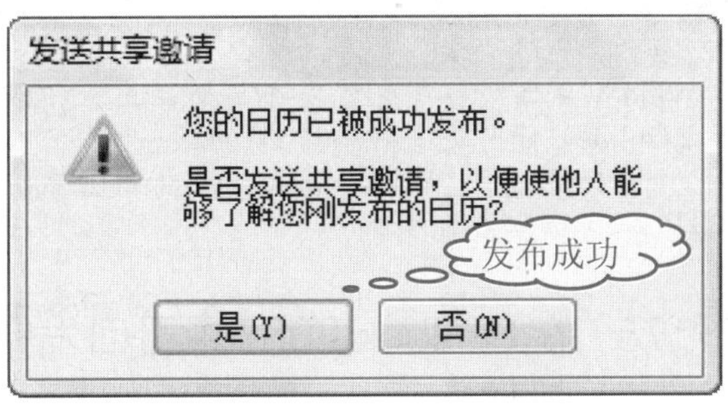

❺ 使用 Windows Live ID 登录 Office Online，日历就会自动登录到网络了。之后，在 Outlook 2007 中可以收到一封邮件，提醒用户这个在线日历的地址(URL)。

❻ 选择“开始”→“所有程序”→“Windows 日历”命令，打开“Windows 日历”应用程序主窗口，单击工具栏中的“订阅”按钮，弹出“订阅日历”对话框。

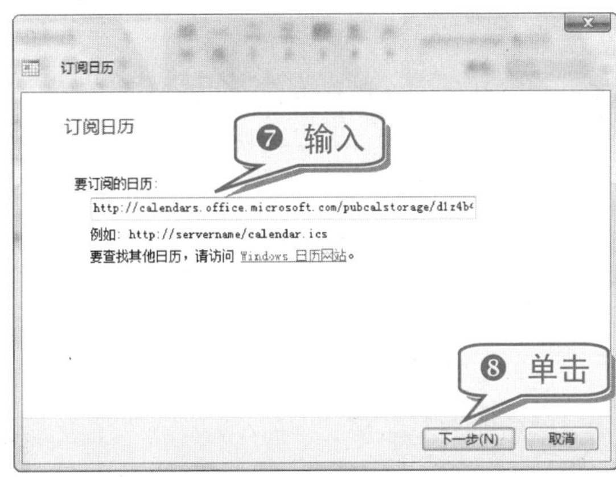

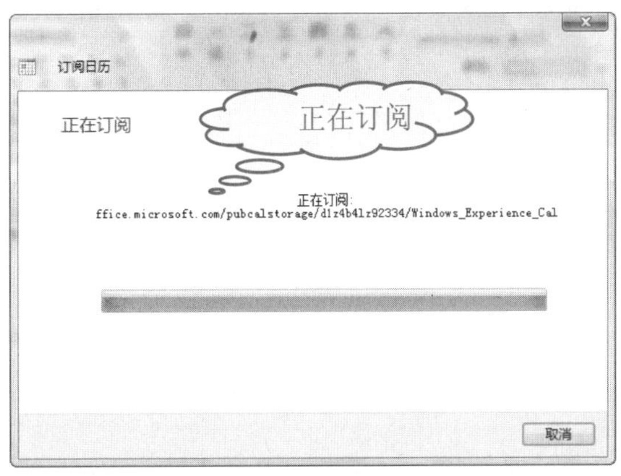

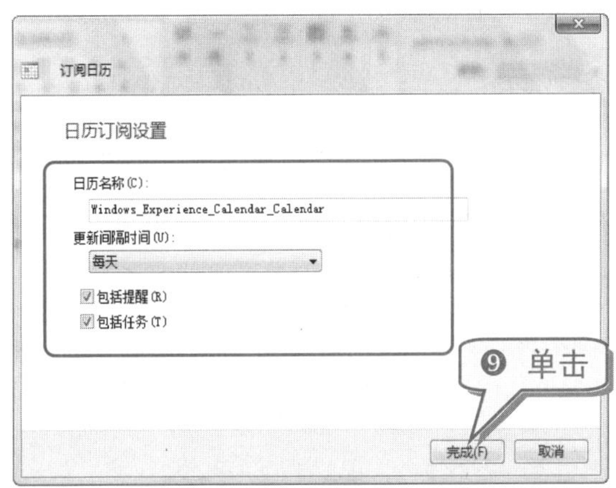

专 家 坐 堂

Windows 日历程序也能发布日历，而且不限于 Office Online，任何支持 Web DAV 的服务器都可以发布日历。例如发布到 Windows Home Server 上或者某个 FTP 上。

技巧175 在Outlook 2007中召回发错的邮件

使用 Outlook 2007 可以将发错的邮件召回，但是必须有个前提条件，即收信人必须在网上也开启了 Outlook 2007，而且发错的邮件还没有移到对方的磁盘上。

❶ 选择 Outlook 2007 左窗格中的“邮件”→“已发送邮件”命令，在“已发送邮件”窗口中双击需要召回的邮件。

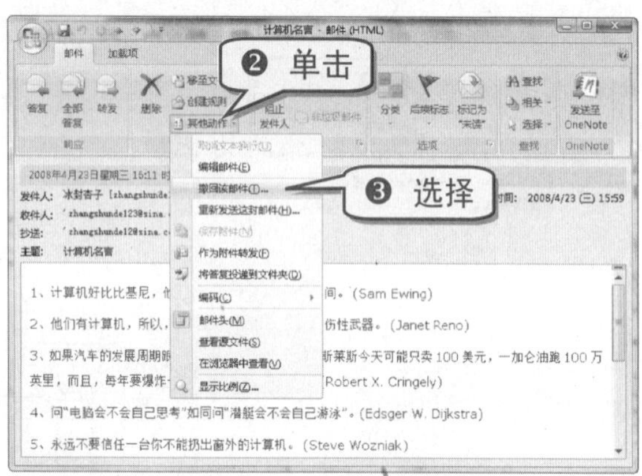

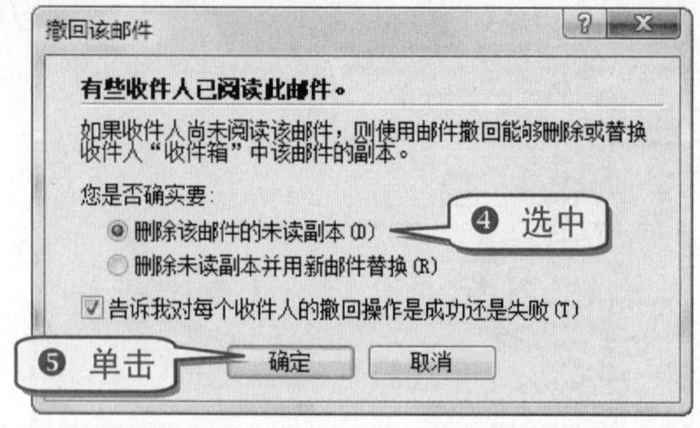

知 识 补 充

使用 Outlook 2007 还可以更好地管理你的时间和组织信息，以帮助节省时间和提高工作效率。

Outlook 2007 的快速搜索信息功能不仅可以通过关键字搜索信息，还能在电子邮件附件中查找这些关键字，同时利用“即时搜索”窗格中提供的有用的搜索条件可以缩小搜索范围。

使用“待办事项”栏可以安排日常活动并管理事件的优先级。而利用 Outlook 2007 的颜色类别，不仅可以轻松地让任何类型的信息都具有个性化特色，也可以给任何类型的信息添加类别。

专题六 影音娱乐技巧

Windows Vista 系统自带有强劲的娱乐功能，主要有 Windows Media Player 和 Windows Movie Maker 两大工具，利用它们，用户可以编辑歌词、制作电影以及制作相册等。

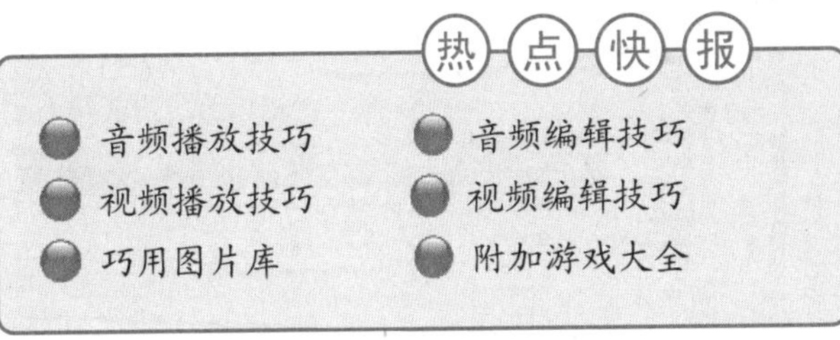

技巧176 全面认识 Windows Media Player 播放器

Windows Media Player 是 Windows 操作系统自带的播放器，在 Windows Vista 系统中，Windows Media Player 播放器的版本已经升级到 Windows Media Player 11，是新一代的数字音乐软件。

Windows Media Player 提供了直观易用的界面，用户可以使用 Windows Media Player 查找和播放本地计算机上的数字媒体文件、播放 CD 和 DVD，以及播放来自 Internet 的数字媒体流等。此外，用户还可以从音频 CD 中翻录音乐、刻录自己喜爱的音乐 CD、将数字媒体文件与便携设备同步，以及通过在线商店查找和购买 Internet 上的数字媒体内容。

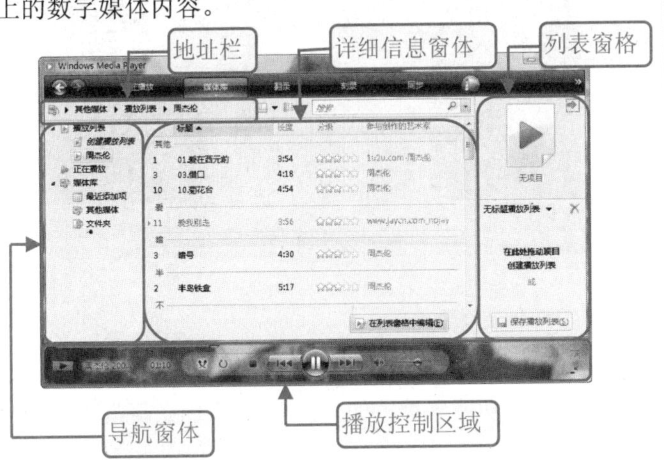

技巧177 快速播放媒体文件

Windows Media Player 11 是 Windows Vista 操作系统自带的播放程序。

❶ 选择“开始”→“所有程序”→Windows Media Player 命令，打开 Windows Media Player 窗口。

❷ 在菜单栏左边的空白区域右击。

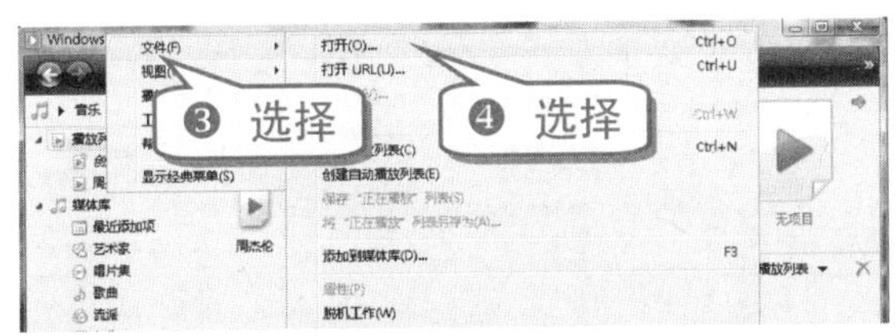

知识补充

还可以在播放控制区域空白区右击，在弹出的快捷菜单中选择“文件”命令，然后选择需要打开的媒体文件，最后单击“打开”按钮即可。

技巧178 快速创建媒体播放列表

如果每次播放音乐文件都要从其他文件夹中导入音乐文件，很麻烦，Windows Media Player 中有一个播放列表的功能，用户可以把媒体文件添加到播放列表，下次直接在播放列表里单击要播放音乐文件即可。

❶ 选择“开始”→“所有程序”→Windows Media Player 命令，打开 Windows Media Player 窗口。

❺ 在菜单栏左边的空白区域右击，在弹出的快捷菜单中选择“文件”→“打开”命令，选择音乐的存放路径。选择需要添加的音乐文件后单击“打开”按钮。

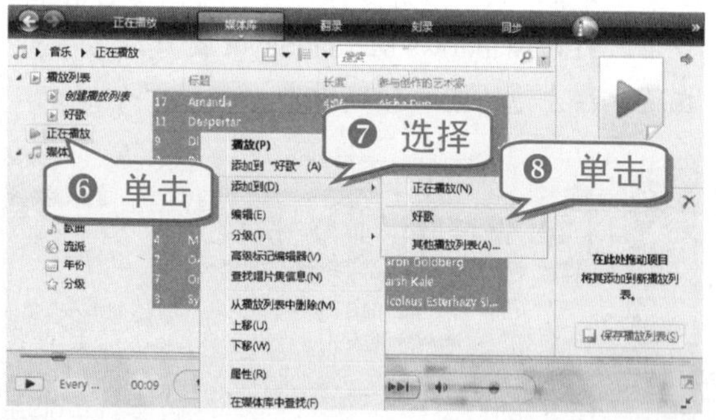

知识补充

经过上面的设置后，用户下次打开 Windows Media Player 应用程序时，系统会自动进入播放列表界面。单击播放控制区域的▶按钮或双击“好歌”选项，就可以直接播放音乐了。

举一反三

用户可以打开音乐所在的文件夹，然后将音乐文件直接拖到 Windows Media Player 中，也可以完成添加音乐的操作。

技巧179 显示 Windows Media Player 的经典菜单

Windows Media Player 11 是一个功能极强的媒体播放器，在默认情况下，其菜单处于隐藏状态下。

❶ 选择“开始”→“所有程序”→Windows Media Player 命令，打开 Windows Media Player 窗口。

❷ 在菜单栏左边的空白区域右击。

知识补充

显示经典菜单能更好地帮助用户熟悉和使用 Windows Media Player 中的各项功能。

技巧180 切换 Windows Media Player 的功能窗口

Windows Media Player 是一个功能极强的媒体播放器，选择“查看”菜单的选项可以切换到不同外观模式的播放器。

(1) 完整模式

在完整模式下，可以使用媒体库、翻录、刻录以及同步等功能。

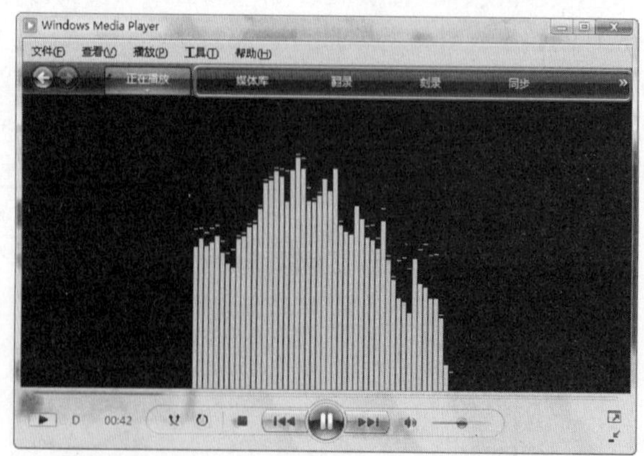

(2) 外观模式

外观模式由一个播放器和一个定位窗口组成，单击定位窗口中的功能菜单，可以选择“切换到完整模式”、“字

幕”以及“使屏幕适合原来的视频尺寸”等命令。

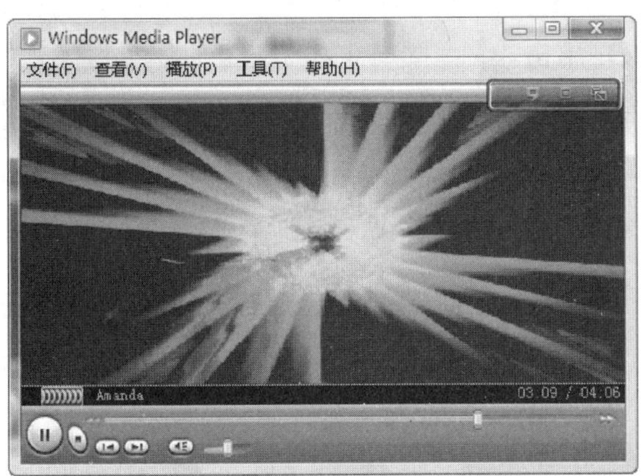

技巧181　巧妙配置唱片的封面

Windows Media Player 11 可以对同一专辑的媒体文件进行归类，并且以唱片集的方式进行查看。只是在默认的情况下，有些唱片集封面都是 CD 盒图片，需要用户手动添加封面。

❶ 选择“开始”→“所有程序”→Windows Media Player 命令，打开 Windows Media Player 窗口。

❷ 找到一张喜欢的图片并右击，在弹出的快捷菜单中选择“复制”命令。

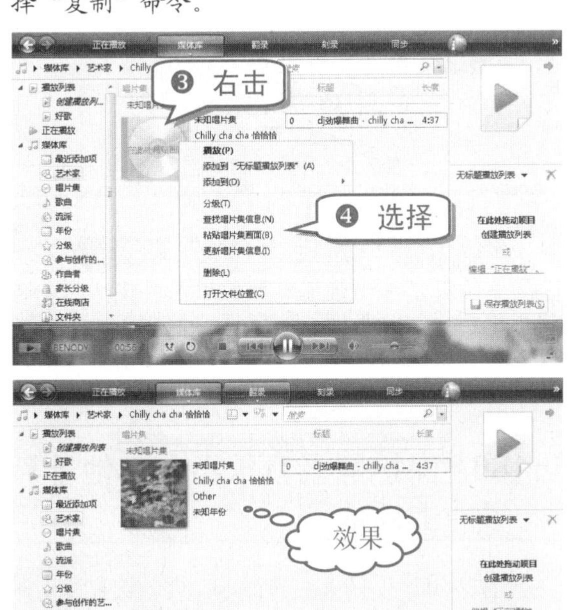

举　一　反　三

用户还可以直接拖动相应的图片到 CD 盒上，松开鼠标即可应用。

技巧182　个性化 Windows Media Player 的外观

Windows Media Player 除了完整模式外，还有多种外观模式可供用户选择。

❶ 在打开的 Windows Media Player 窗口中选择“查看”→“外观选择器”命令，打开“外观选择器”窗口。

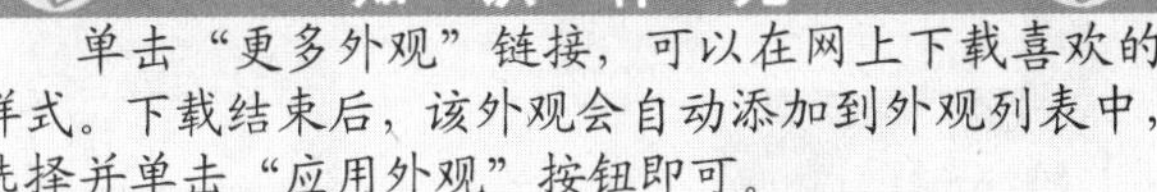

知　识　补　充

单击“更多外观”链接，可以在网上下载喜欢的样式。下载结束后，该外观会自动添加到外观列表中，选择并单击“应用外观”按钮即可。

技巧183　快速切换 Windows Media Player 的可视化效果

可视化效果是随着播放的音乐的节奏而变化的彩色光线和集合形状，通过设置可视化效果，用户可以在听音乐的同时看到精美的动画。

❶ 在打开的 Windows Media Player 窗口中右击播放窗口的空白区域。

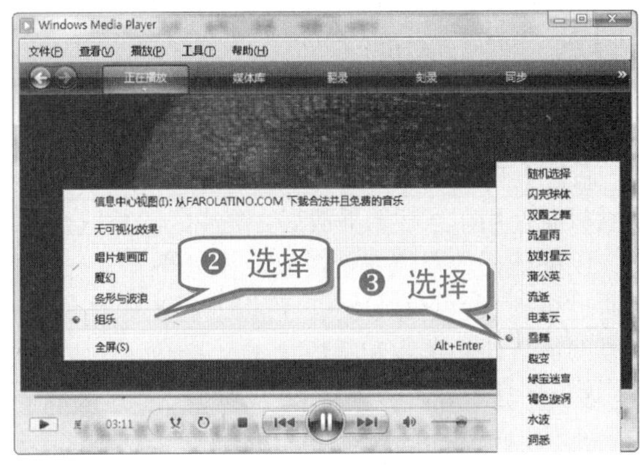

专家坐堂

在 Windows Media Player 播放器的工具栏中，选择“工具”→“下载”→“可视化效果”命令，可以登录网站下载更多精彩的可视化效果。

技巧184 快速更改 Windows Media Player 的窗口比例

使用 Windows Media Player 播放视频文件时，用户可以调整播放窗口的大小，调整比例为 50%、100%与 200%三种，还可以进行全屏播放。

❶ 在打开的 Windows Media Player 窗口中选择工具栏中的“查看”命令。

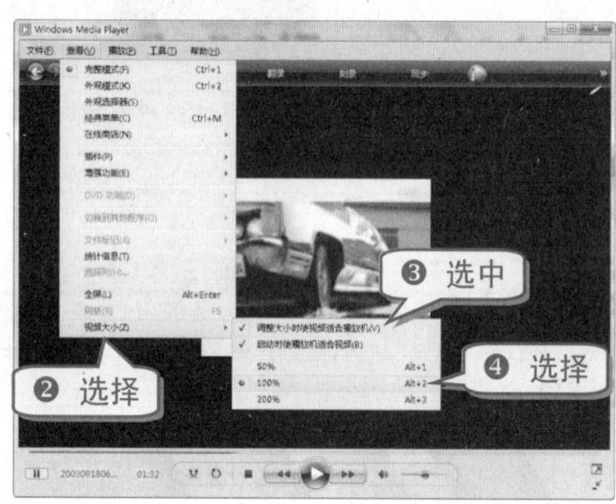

举一反三

另外，右击播放窗口也可以调整视频大小。将光标移到 Windows Media Player 程序窗口的右下角，当光标变成 时，可以自由拖动并改变播放器窗口的大小。

技巧185 设置 Windows Media Player 的缓冲区

使用 Windows Media Player 播放网络上的媒体文件之前，系统会自动下载一部分文件存储到缓冲区中，供播放器播放时使用。当开始播放后，缓冲区的数据会不断地补充，以保证播放器流畅地播放媒体文件。

通过更改缓冲区的大小，可以改善流媒体的播放质量，以保证最佳的接收和播放状态。

❶ 选择“开始”→“所有程序”→Windows Media Player 命令，打开 Windows Media Player 窗口。

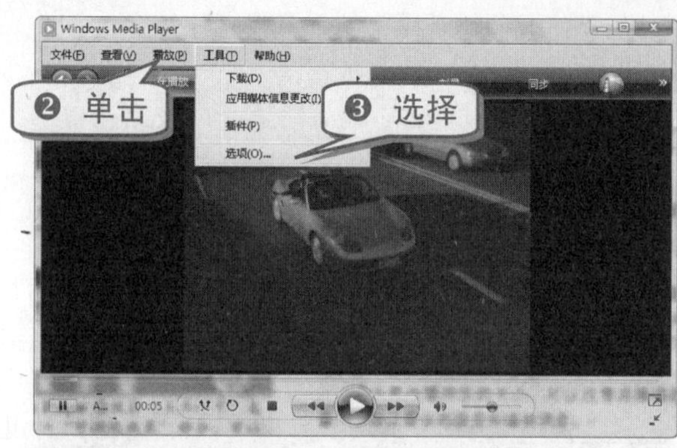

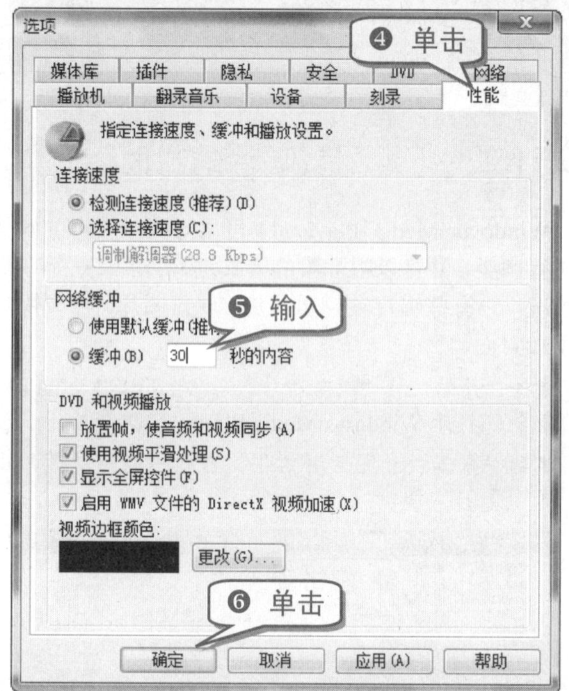

知识补充

通常情况下可以让播放器使用默认缓冲，即选择“使用默认缓冲”单选按钮即可。如果在播放网络文件时不流畅，可以将缓冲时间设置得长些，建议设置为“30”秒。

技巧186 保护翻录音乐不在其他计算机上播放

为了保护用户计算机上的音乐，可以设置音乐保护。

❶ 在打开的 Windows Media Player 窗口中，选择“工具”→“选项”命令，弹出“选项”对话框。

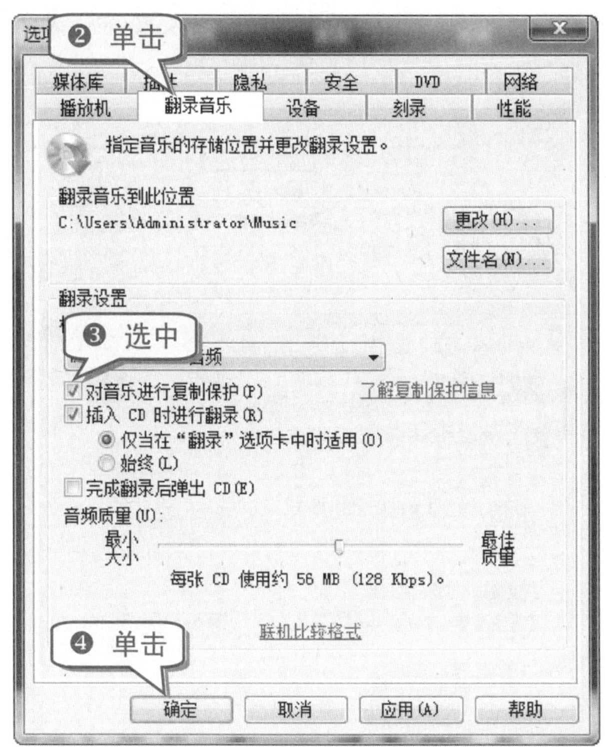

专 家 坐 堂

如果选中"对音乐进行复制保护"复选框，则翻录的文件将受到保护。这意味着播放、刻录或同步文件需要媒体使用权限。

如果将文件复制到另一台计算机上，并尝试使用这些文件，系统可能会提示用户为这台计算机下载媒体使用权限。

注 意 事 项

如果要在多台计算机上使用翻录的音乐，请不要选中"对音乐进行复制保护"复选框。如果要对翻录的歌曲的分发进行限制，请在翻录之前打开复制保护。请注意，在应用复制保护后，则无法取消文件的复制保护。复制保护仅在将音乐翻录成 Windows Media Audio (wma)格式时才可用。

技巧187　自动添加文件到媒体库

通过更改"选项"对话框中的设置，可以将播放后的媒体文件自动添加到媒体库中。

❶ 在打开的 Windows Media Player 窗口中选择"工具"→"选项"命令，弹出"选项"对话框。

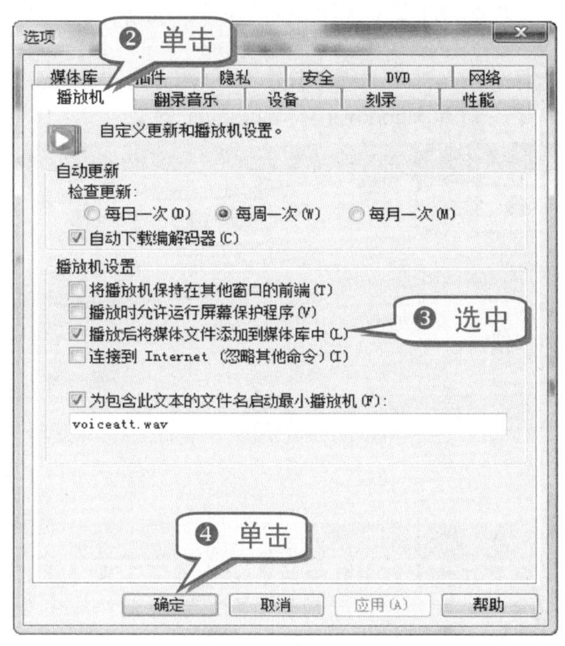

技巧188　快速查找最近添加到媒体库中的文件

在 Windows Media Player 的"最近添加的项目"视图窗口中，可以显示最近 30 天内添加到媒体库中的影音文件，包括从网上下载的文件、从设备复制过来的文件或从文件夹拖到媒体库中的文件。

❶ 选择"开始"→"所有程序"→Windows Media Player 命令，打开 Windows Media Player 窗口。

知 识 补 充

如果在右边的详细信息窗体中没有显示任何文件，则表明最近没有任何文件添加到该类别。

技巧189　妙用 Windows Media Player 中的高级搜索功能

使用 Windows Media Player 中的高级搜索可以查找媒体库中或联机音乐服务中与某一特定条件相匹配的所有项，所有搜索的信息都将显示在详细信息窗体中。

(1) 模糊搜索

❶ 选择"开始"→"所有程序"→Windows Media Player 命令，打开 Windows Media Player 窗口。

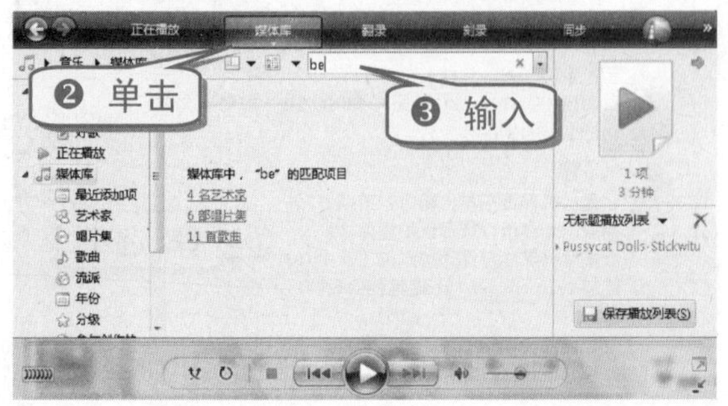

注 意 事 项

如果在搜索框中只输入了 1 个字符，则播放器除了搜索与该数字相匹配的歌曲和唱片标题外，还会搜索该年份发布的所有歌曲和唱片集。

(2) 精确搜索

若要精确搜索，需要使用双引号("")将该词组括起来；若需要使用组合搜索，请使用 OR 连接。

例如，若要搜索 chilly 或 beyond 的所有歌曲，则需要在搜索框中输入"chilly" OR "beyond"。

❶ 选择"开始"→"所有程序"→Windows Media Player 命令，打开 Windows Media Player 窗口。

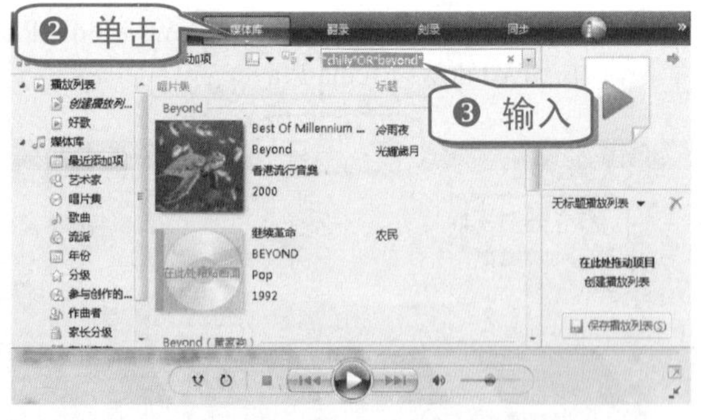

技巧190　巧妙防止媒体信息被覆盖

当用户向媒体库中添加了大量的文件后，最好确认一下文件有无被 Windows Media Player 覆盖掉。

❶ 选择"开始"→"所有程序"→Windows Media Player 命令，打开 Windows Media Player 窗口。

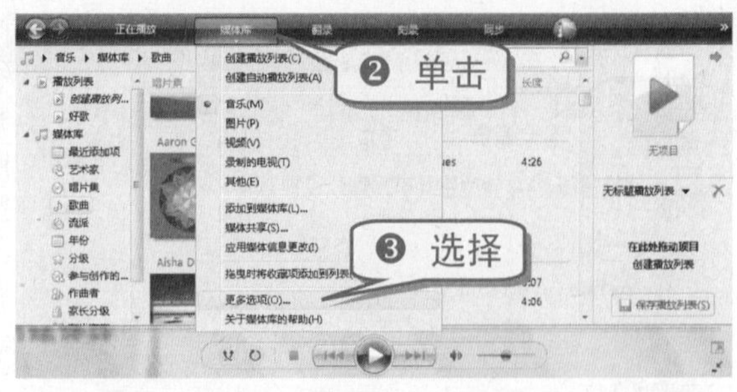

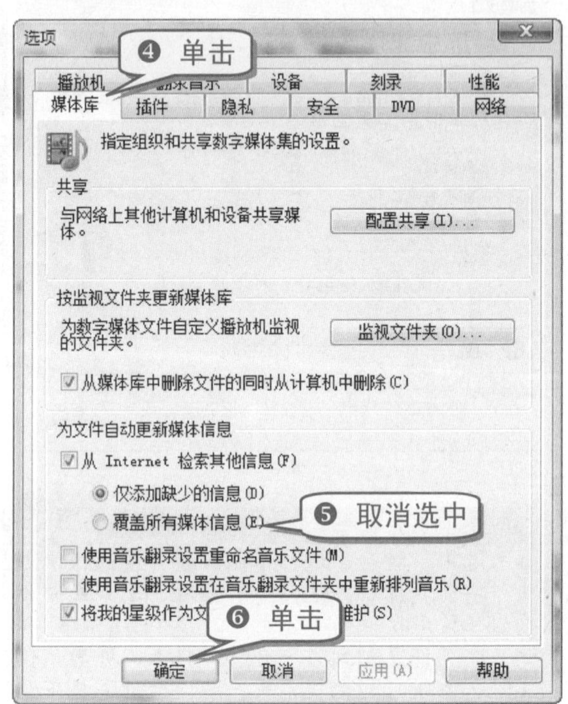

技巧191　巧用 Windows Media Player 编辑歌词

使用 Windows Media Player 播放器可编辑影音文件的标题、唱片集信息、艺术家信息、歌词、图片以及备注等，然后将这些信息直接保存在歌曲信息中。

❶ 选择"开始"→"所有程序"→Windows Media Player 命令，打开 Windows Media Player 窗口。

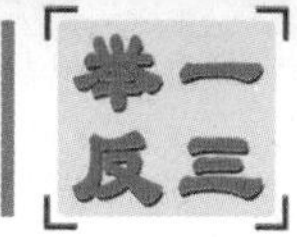

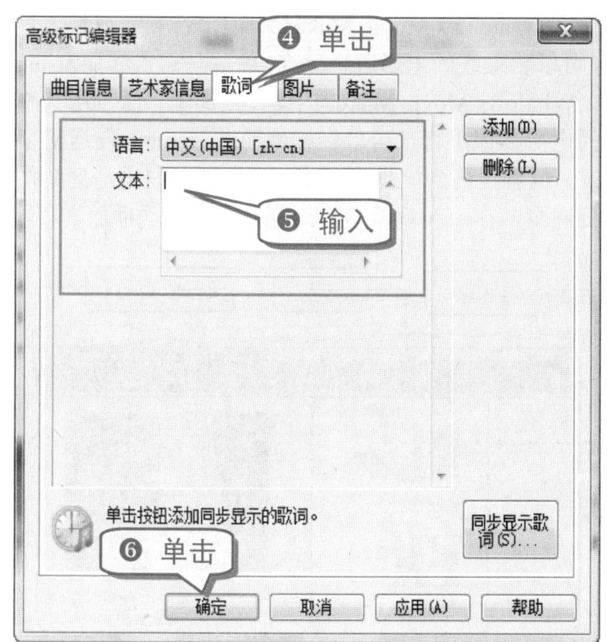

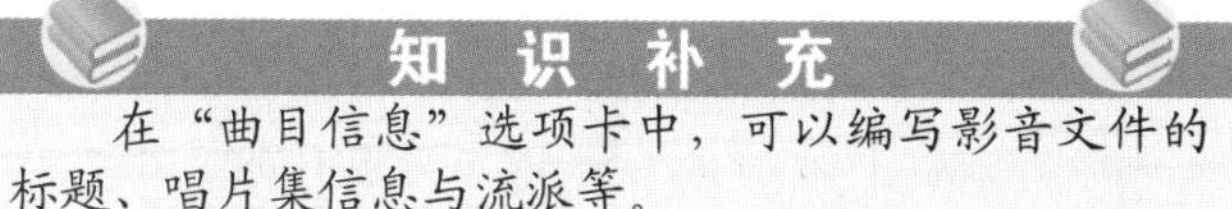

在“曲目信息”选项卡中，可以编写影音文件的标题、唱片集信息与流派等。

技巧192　巧用 Windows Media Player 播放 DVD

Windows Media Player 不仅能够播放音乐文件和图片，还能播放 DVD。

❶ 选择“开始”→“运行”命令，在弹出的“运行”对话框中输入 regedit 命令，单击“确定”按钮，打开“注册表编辑器”窗口。

❷在打开的“注册表编辑器”左窗格中展开 HKEY_CURRENT_USER\Software\Microsoft\MediaPlayer\Player\Settings 分支，然后在右窗格的空白处右击。

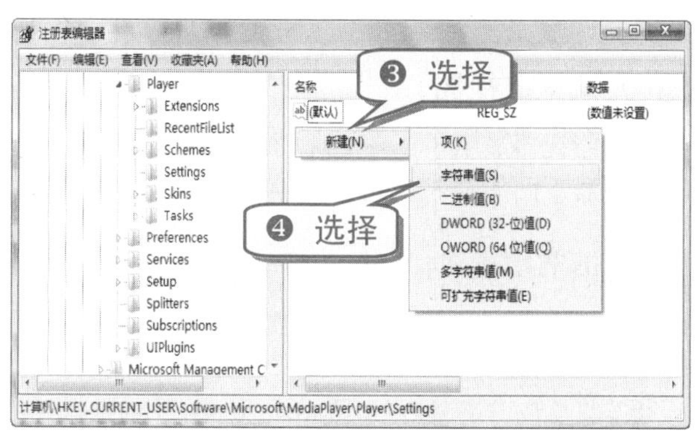

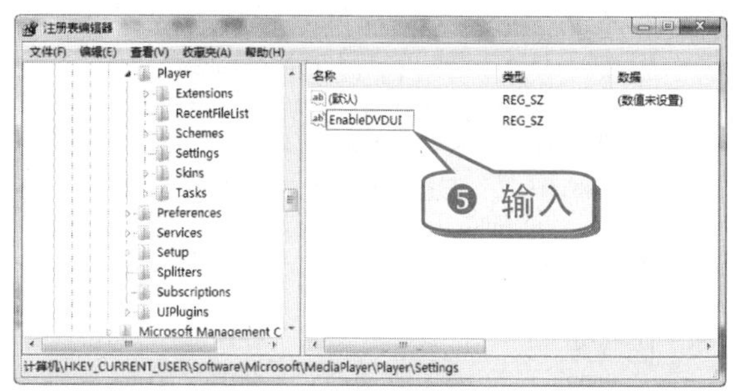

❻ 选择 EnableDVDUI 子键并双击。

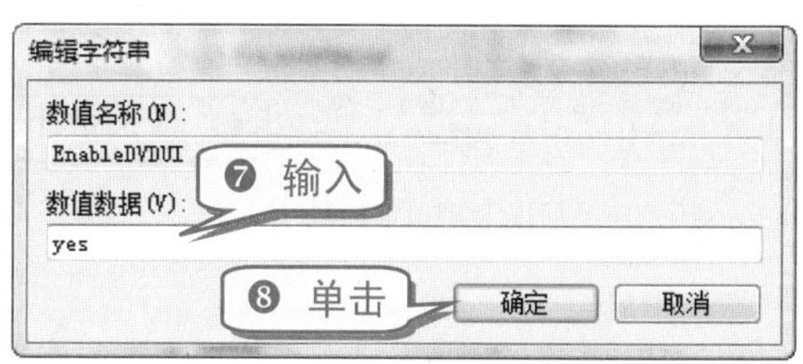

技巧193　禁止 Windows Media Player 出现升级提示信息

如果 Windows Media Player 有了更新的版本用户，每次登录系统时都会有升级提示信息。通过修改注册表可屏蔽此提示信息。

❶ 选择“开始”→“运行”命令，在弹出的“运行”对话框中输入 Regedit 命令，单击“确定”按钮，打开“注册表编辑器”窗口。

❷ 在打开的“注册表编辑器”左窗格中展开 HKEY_LOCAL_MACHINE\SOFTWARE\Microsoft\MediaPlayer\PlayerUpgrade 分支。

❷ 在右边的窗口种双击 AskMeAgain 子键。

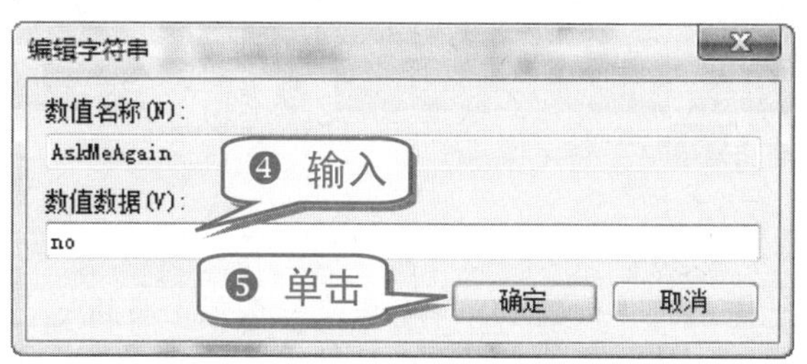

技巧194　取消 Windows Media Player 的上网设置

当使用 Windows Media Player 播放器在网上搜索影音文件时，系统会将用户的识别信息送到对应的网站，这样网站服务器就可以根据用户的联机情况，来提高用户播放影音文件的质量。但是这样会影响上网的速度。

❶ 在打开的 Windows Media Player 窗口中选择“工具”→“选项”命令，弹出“选项”对话框。

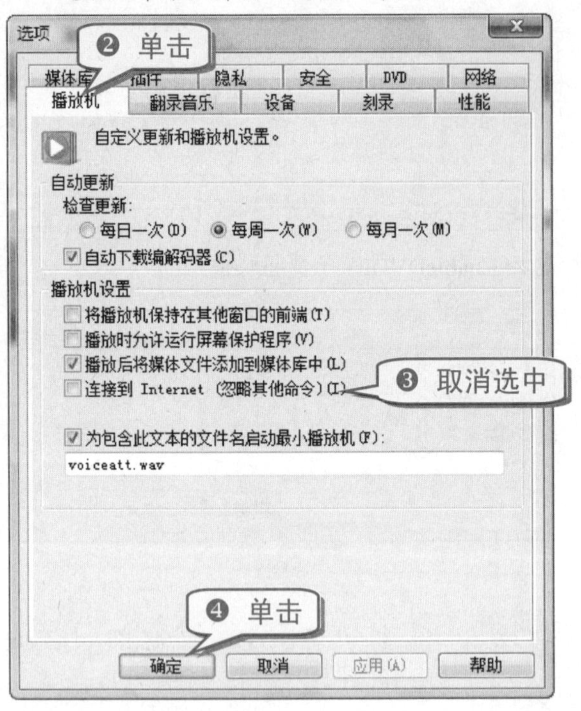

技巧195 妙用 Windows Media Player 锁定桌面

若用户在工作或学习时需要离开计算机一段时间，可以使用 Windows Media Player 11 锁定桌面，以防止他人对键盘的误操作。

❶ 全屏播放后发现在播放界面的右下角有一个小锁形状的按钮，此按钮可以锁定全屏模式。

❹ 单击✓即可锁定桌面。

注 意 事 项

输入的 4 位数 PIN 码并没有默认值，而且是“当次失效”的。也就是说，用户每使用一次，上次输入的四位数将会自动失效。同时，建议用户不要设置太过复杂的四位数，以免给自己带来不必要的麻烦。

技巧196 全面认识 Windows Movie Maker

使用 Windows Movie Maker 可以将音频文件和视频文件从数字摄像机或其他媒体捕捉到用户的计算机里。用户还可以将现有的音频文件、视频文件或静态图片导入到 Windows Movie Maker 中，制作自己的电影。

在 Windows Movie Maker 中编辑音频和视频内容之后，可以将最终的电影进行保存，然后与家人和朋友共享。

Windows Movie Maker 的操作很简单，而且用其制作出的电影体积小巧，可以轻松地通过 E-mail 发送给亲朋好友，或者上传到网络供大家下载收看。如果是把文件上传到网页，在 IE 6.0 以上的浏览器即可自动播放。

(1) 菜单栏

菜单栏中列出了 Windows Movie Maker 的各项快捷工具。

(2) 任务窗格

任务窗格列出了制作电影时需要执行的常见任务，包括电影的导入、编辑和发布等。

(3) 内容窗格

内容窗格显示了创建电影时所进行的效果、过渡或导入的媒体等编辑信息，内容窗格中的视图取决于用户工作的视图。

(4) 预览监视器

预览监视器显示了正在处理的影片剪辑或图片。使用预览监视器下面的按钮可以逐帧播放剪辑。

(5) 情节提要/时间线

情节提要和时间线这两种视图在制作电影时可以相互切换。

- 情节提要视图是 Windows Movie Maker 中的默认视图。通过该视图可以查看已添加的视频效果或视频过渡，还可以查看项目中剪辑的序列或顺序，以及轻松地对其进行重新排列。
- 时间线视图是电影项目在编辑时的详细视图。通过该视图可以对视频剪辑进行剪裁、调整剪辑之间过渡的持续

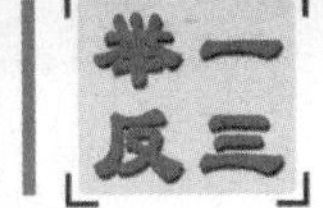

时间以及查看音轨。

技巧197 快速导入媒体文件

使用 Windows Movie Maker 制作电影时，首先需要导入媒体文件。

❶ 选择"开始"→"所有程序"→Windows Movie Maker 命令，打开 Windows Movie Maker 程序窗口。

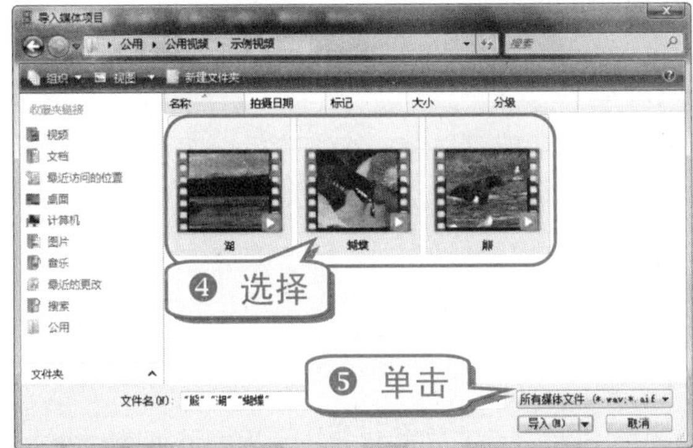

知识补充

要导入连续的文件，可在文件列表中单击第一个文件，按 Shift 键的同时单击列表中的最后一个剪辑，然后单击"导入"按钮。

要导入不连续的文件，可以在按 Ctrl 键的同时，逐个选中要导入的所有文件，然后单击"导入"按钮。

技巧198 快速保存与打开项目

在使用 Windows Movie Maker 制作影片时，在编辑过程中，可以先将一部分影片保存下来，等下次打开了项目之后可以继续编辑。Windows Movie Maker 中已保存的项目文件的扩展名为 MSWMM。

❶ 选择"开始"→"所有程序"→Windows Movie Maker 命令，打开 Windows Movie Maker 程序窗口。

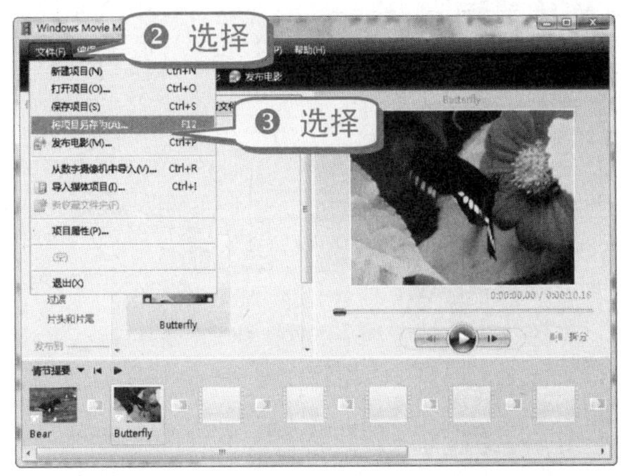

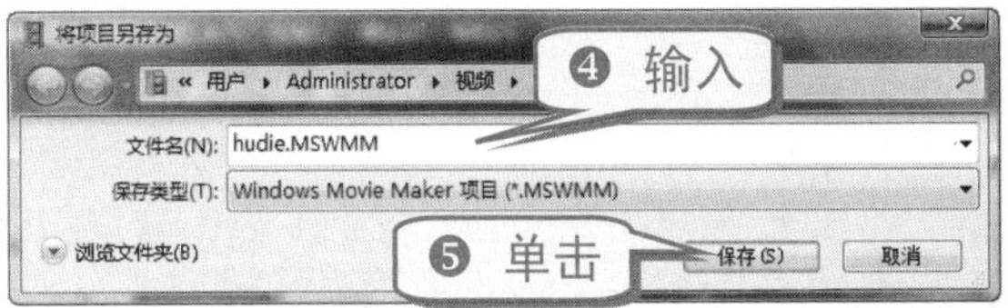

知识补充

项目的打开与媒体的文件导入相似，选择"开始"→"打开项目"命令，在弹出的"打开项目"对话框中选择需要打开的项目，单击"打开"按钮即可。

技巧199 启动 Windows Movie Maker 时自动打开最近保存的项目

通过修改 Windows Movie Maker 的常规选项卡中的设置，可以使 Windows Movie Maker 在启动时自动打开最近保存的项目，方便用户继续编辑媒体文件。

❶ 选择"开始"→"所有程序"→Windows Movie Maker 命令，打开 Windows Movie Maker 程序窗口。

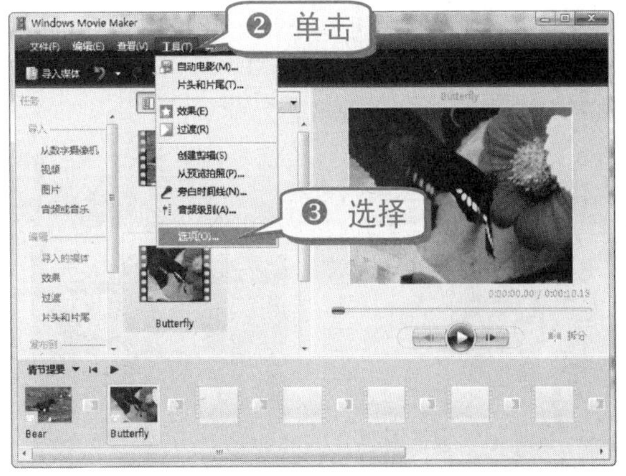

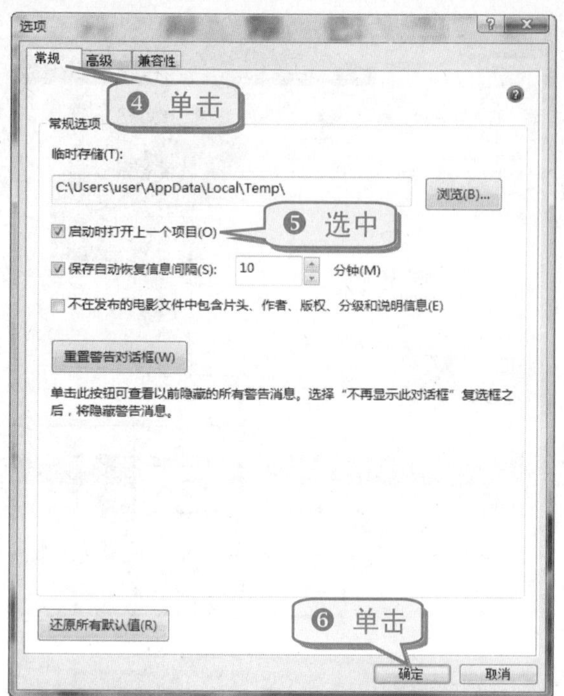

注 意 事 项

以上操作可以打开在以前或当前版本的 Windows Movie Maker 中已创建并保存的项目文件。但是在当前版本的 Windows Movie Maker 中打开并保存的项目文件，却无法在以前版本的 Windows Movie Maker 中打开该项目。

技巧200 妙用 Windows Movie Maker 的内容窗格

在内容窗格中可以用两种不同的视图方式显示影音文件，即"详细信息"和"缩略图"视图方式。

❶ 选择"开始"→"所有程序"→Windows Movie Maker 命令，打开 Windows Movie Maker 程序窗口。

❷ 选择"查看"→"详细信息"命令。

❸ 选择"查看"→"缩略图"命令。

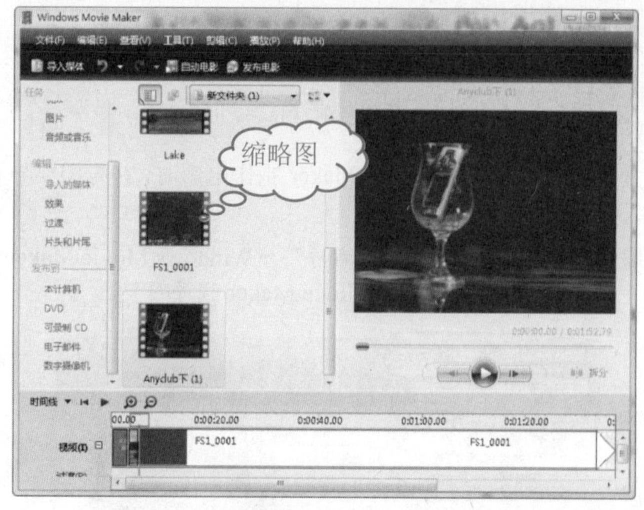

技巧201 快速拆分与合并 Windows Movie Maker 中的剪辑

使用 Windows Movie Maker 可以拆分视频或音频剪辑，拆分后可将一个剪辑分成两个剪辑。也可以把已经被拆分成较小的剪辑合并起来。

(1) 拆分剪辑

拆分剪辑功能可以将一个剪辑拆分为两个剪辑后，将已拆分的小剪辑再进行拆分，直到满足需要为止，以使剪辑更便于使用。

例如，如果要在视频剪辑中插入一个视频过渡，则可以在需要插入过渡的点拆分视频剪辑，然后在该处添加过渡效果。

❶ 选择"开始"→"所有程序"→Windows Movie Maker 命令，打开 Windows Movie Maker 程序窗口，在内容窗格中单击需要拆分的视频剪辑或音频剪辑。

❹ 这样就可以将一个视频剪辑为两个，然后分别将其放在情节提要和时间线上，以便继续编辑。

(2) 合并剪辑

合并剪辑功能可以把已经被拆分成较小的剪辑合并起来，但是只能合并连续的剪辑，即指第二个剪辑的开始时间紧随第一个剪辑的结束时间。只要剪辑是连续的，就可以一次将两个以上剪辑合并在一起。

❶ 在内容窗格中或者时间线上，选中第一个剪辑，然后按 Ctrl 键，同时单击需要合并的连续剪辑。

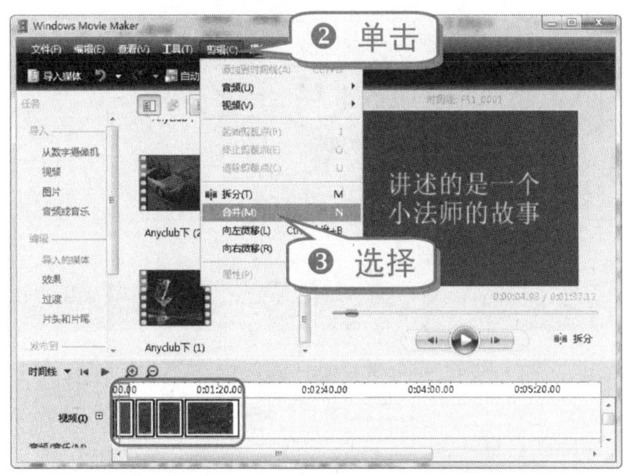

技巧202　快速放大和缩小时间线

在时间线上编辑剪辑时，可以放大和缩小时间线来更改时间线上的详细信息级别。时间线放大时，时间刻度以更小的间隔显示，用户可以更详细地查看项目。

相反，当时间线缩小时，将扩展时间刻度，在时间线上产生更大的视角，并将其内容看作一个整体，使得组织和编辑项目更容易。

❶ 选择“开始”→“所有程序”→Windows Movie Maker 命令，打开 Windows Movie Maker 程序窗口。

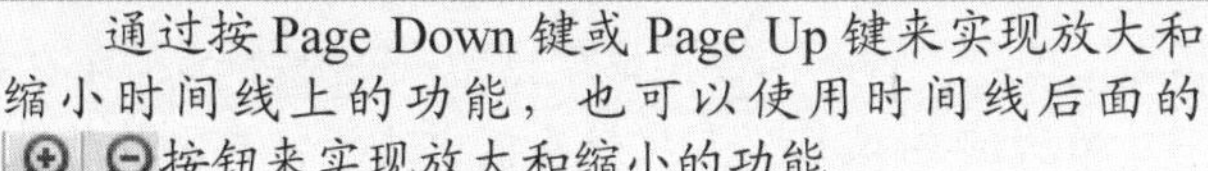

通过按 Page Down 键或 Page Up 键来实现放大和缩小时间线上的功能，也可以使用时间线后面的 按钮来实现放大和缩小的功能。

专　家　坐　堂

在 Windows Movie Maker 程序窗口中，选择“查看”→“适屏缩放”命令可将时间线调整为系统默认的大小。

技巧203　巧设完美的过渡视频

在对两个视频进行合并操作或切换影片场景时都需要一个完美的过渡。

❶ 将需要添加过渡的影片片段添加到时间线上。

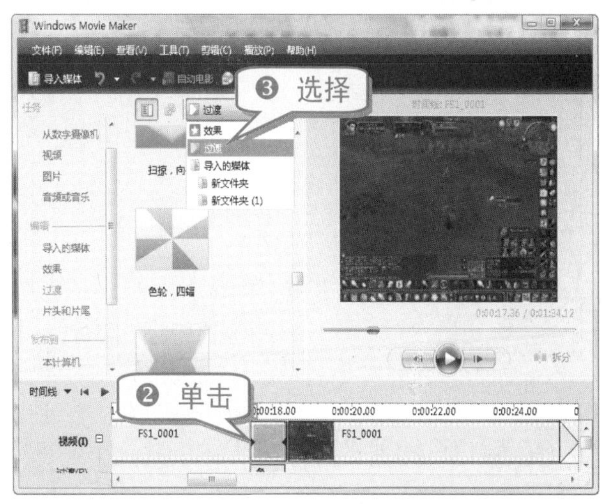

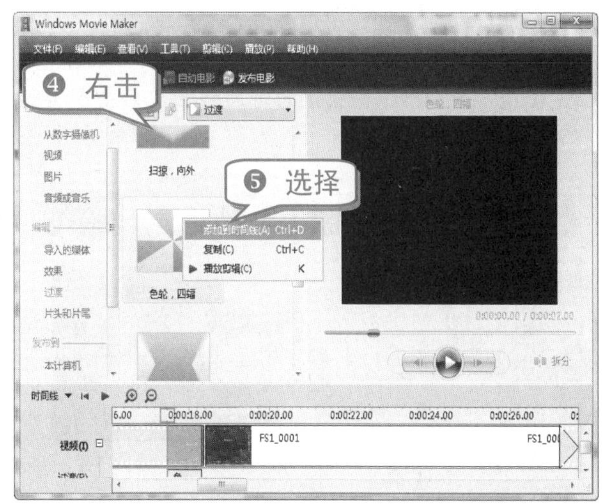

技巧204　快速更改过渡的默认持续时间

Windows Movie Maker 中的过渡有一个默认的持续时间，通过更改默认的持续时间，用户在制作影片时就不需要逐个去更改有过渡的影片片段。

❶ 在 Windows Movie Maker 中选择“工具”→“选项”命令，弹出“选项”对话框。

技巧205　巧妙删除不满意的过渡

在制作电影时，如果觉得有些过渡不好，可以对该过渡进行删除操作。

❶ 在 Windows Movie Maker 的时间线上，右击想要删除的过渡轨上的过渡。

技巧206　快速添加影片效果

效果在电影的制作过程中使用得很频繁，它不仅增加了电影的美感，还能弥补一些拍摄上的不足。例如，如果想让影片的画面看起来是比较传统、老式的电影，就可以向视频剪辑、图片或片头添加胶片老化等效果。

❶ 选择“开始”→“所有程序”→Windows Movie Maker 命令，打开 Windows Movie Maker 程序窗口。

技巧207　快速更改或删除影片效果

如果在播放电影时，用户对所添加的效果不满意，可以对效果进行更改或删除。

❶ 选择“开始”→“所有程序”→Windows Movie Maker 命令，打开 Windows Movie Maker 程序窗口。

❷ 在情节提要上右击需要更改或删除效果的单元格，从弹出的快捷菜单选择“效果”命令，弹出“添加或删除效果”对话框。

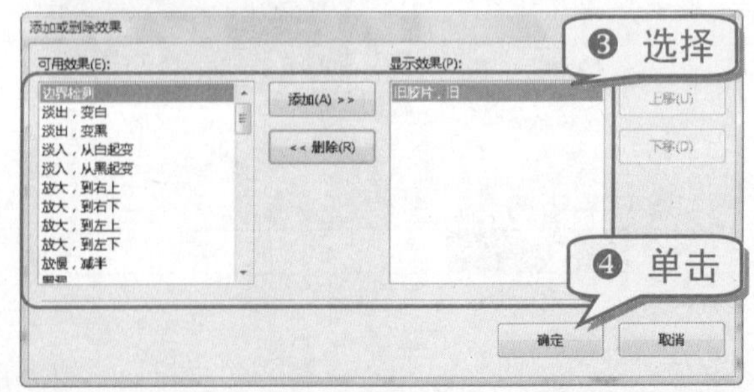

知 识 补 充

在“可用效果”下拉列表框中选择需要添加的效果，单击“添加”按钮，可以将其添加到“显示效果”列表框中。

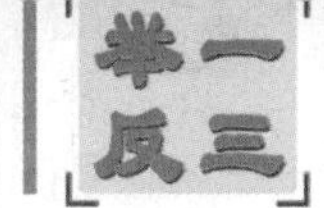

技巧208　巧妙添加电影的背景音乐

制作电影总需要背景音乐来配合，这样才能制作一部好电影。

❶ 选择“开始”→“所有程序”→Windows Movie Maker命令，打开Windows Movie Maker窗口。

❷ 选择“文件”→“导入媒体项目”命令，在弹出的“导入媒体项目”对话框中选择需要导入的音频文件。

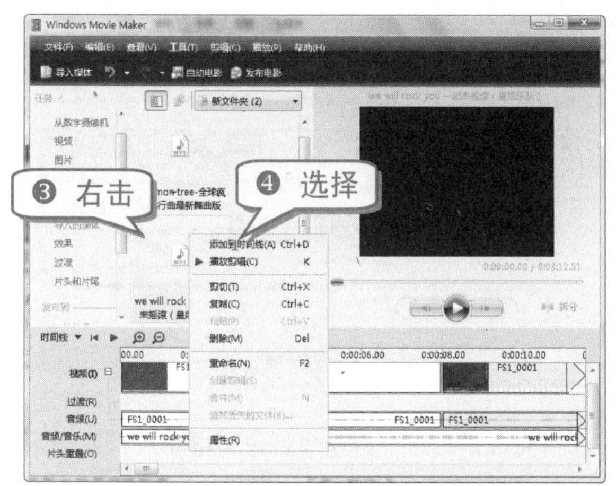

 **注　意　事　项** 

用户可以根据实际情况导入不同格式的音频文件，如MP3和WAV等。

技巧209　快速调整音频的音量

在成功导入音频文件并添加到情节提要/时间线上后，可以根据电影的实际情况调整音频的音量。

❶ 在内容窗格中双击需要调整音量的电影。

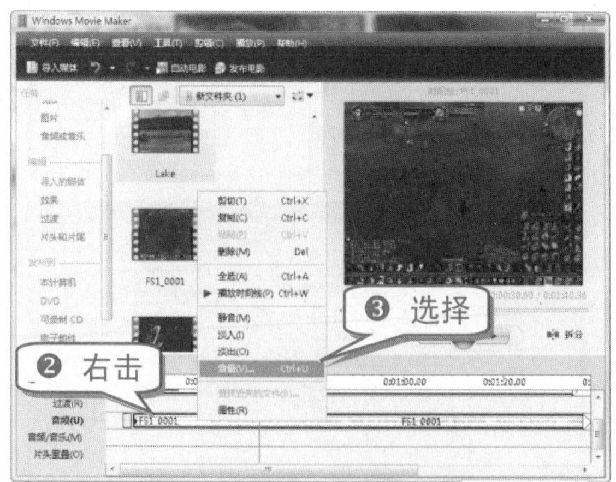

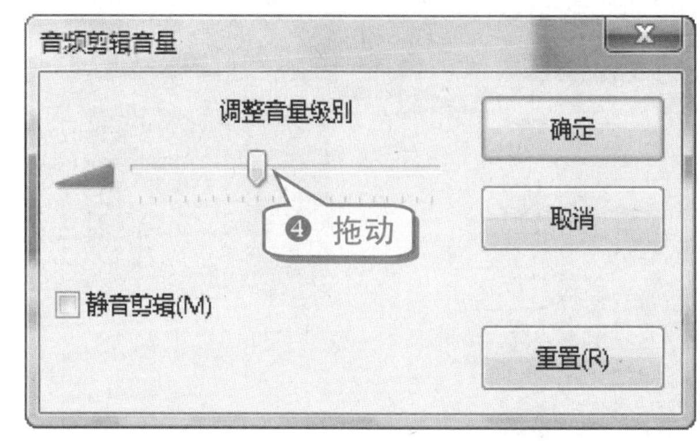

技巧210　巧妙制作电影的片头和片尾

用户可以向制作好的电影片头中添加有宣传性意义的标语，例如，故事背景、制作人以及导演等信息。

❶ 选择“开始”→“所有程序”→Windows Movie Maker命令，打开Windows Movie Maker窗口。

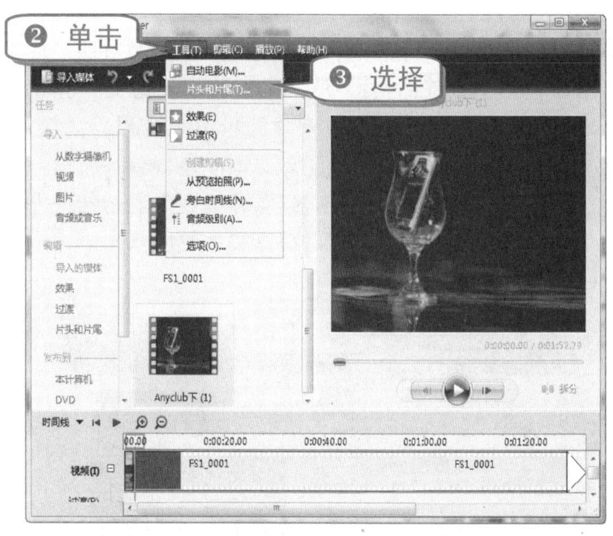

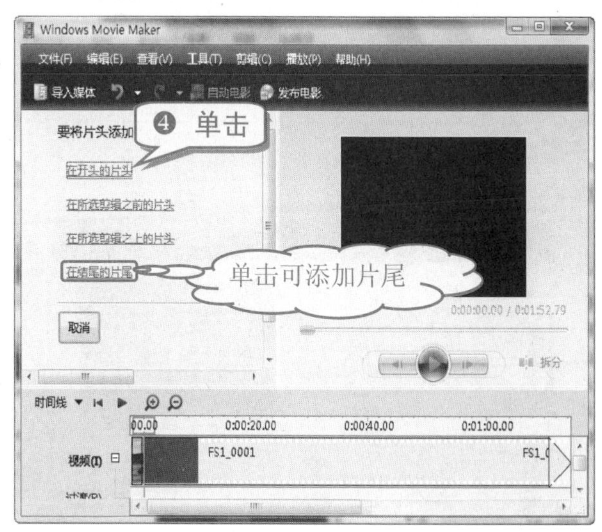

举 一 反 三

在“其他选项”的下面单击“更改片头动画效果”和“更改文本字体和颜色”超链接可以更改片头文字的动画、效果、字体格式以及显示方式等。

技巧211 巧妙添加语音提示到电影中

旁白是指用自己的语言来描述电影中发生的情节，它可以使电影更加个性化，并以此来达到传递更丰富的信息、表达特定的情感和启发观众的思考的目的。

❶ 在 Windows Movie Maker 窗口中选择“查看”→“时间线”命令，将播放指示器(在时间线上显示为一个绿色方框，下面有一条垂直线)拖动至时间线上需要开始录制旁白的点。

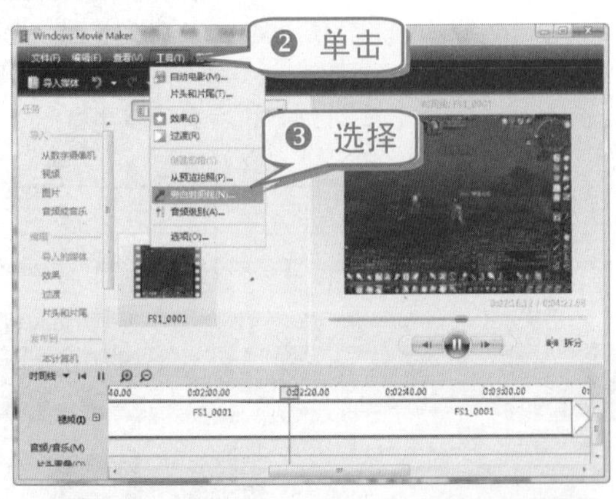

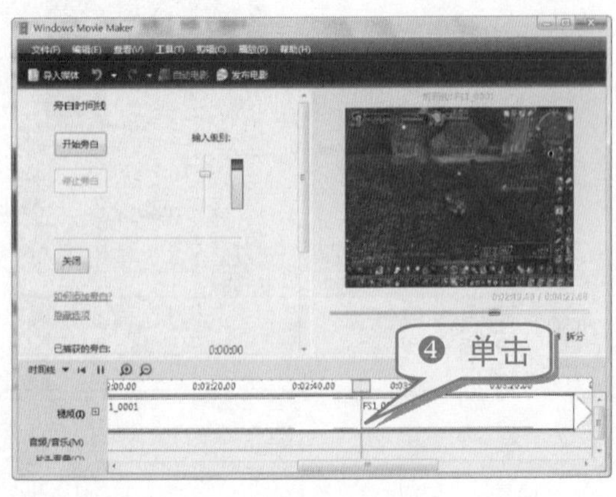

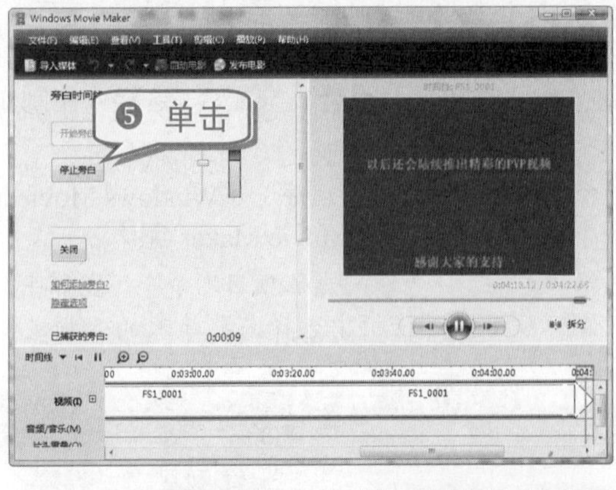

技巧212 快速发布电影

项目完成后，即可将该项目作为电影进行发布。电影是 Windows 媒体文件(文件扩展名为 wmv)。

❶ 在 Windows Movie Maker 窗口中选择“文件”→“发布电影”命令，弹出“发布电影”对话框。

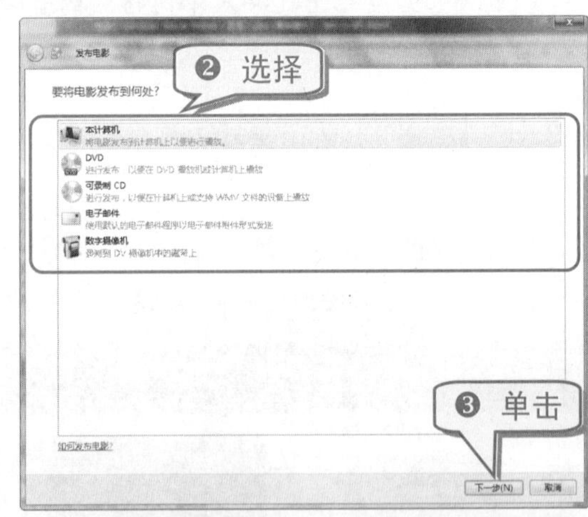

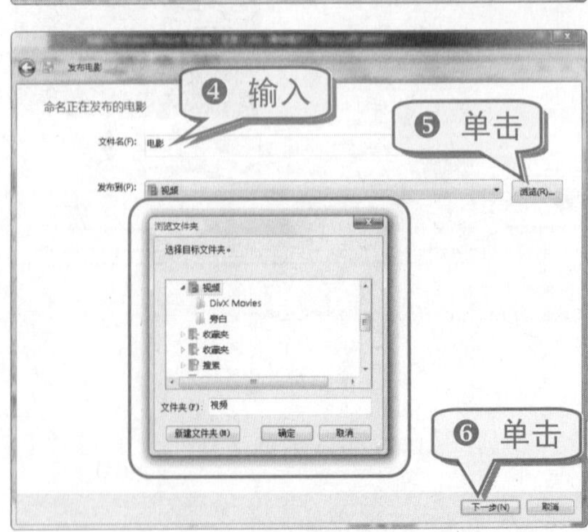

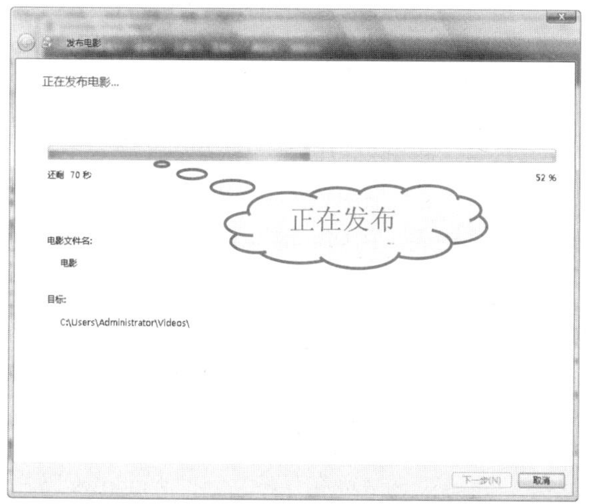

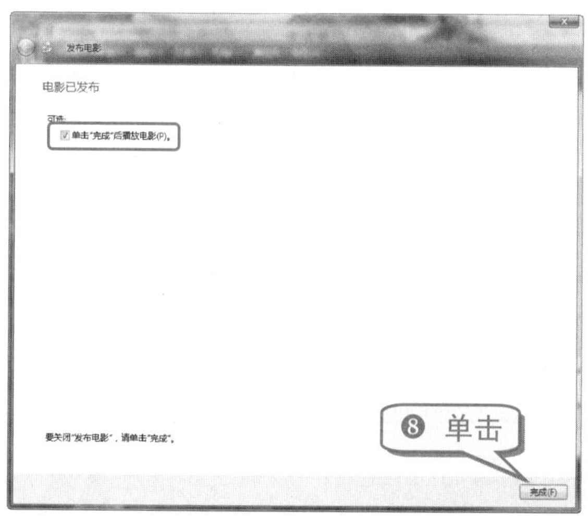

技巧213　巧妙地在 Windows Vista 中录制音乐

Windows Vista 系统中拥有一款自带的录音工具，用户可以使用输入设备将声音录制为数字媒体文件。

❶ 选择“开始”→“所有程序”→“附件”→“录音机”命令。

注　意　事　项

如果在“另存为”对话框中单击“取消”按钮，则可以继续录音。

技巧214　妙用 Windows 照片库查看图片

Windows 照片库是 Windows Vista 系统自带的一个图片管理程序，使用它可以对图片进行整理、编辑、查看以及将图片制作成电影等操作。

❶ 选择“开始”→“所有程序”→“Windows 照片库”命令，打开“Windows 照片库”窗口。

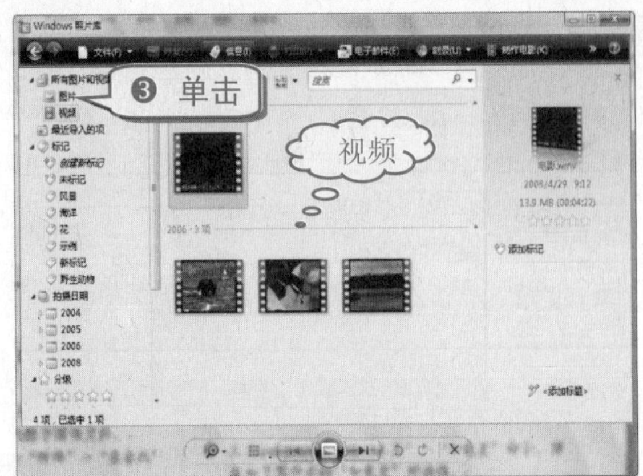

注 意 事 项

用户可以浏览图片和视频，但是不能同时浏览图片和视频。

如果想要以大视图浏览图片，双击该图片即可。单击工具栏中的“回到图库”按钮可以返回到图片库。

如果想要播放视频文件，双击该视频即可。单击工具栏中的“回到图库”按钮可以返回到图片库。

技巧215 采集、查找图片的方法

当图片库中的图片和视频很多时，逐个地查找比较麻烦，Windows 照片库的导航窗口可以快速帮用户查找需要的图片和视频。

(1) 按特定标记查找

❶ 选择“开始”→“所有程序”→“Windows 照片库”命令，打开“Windows 照片库”窗口。

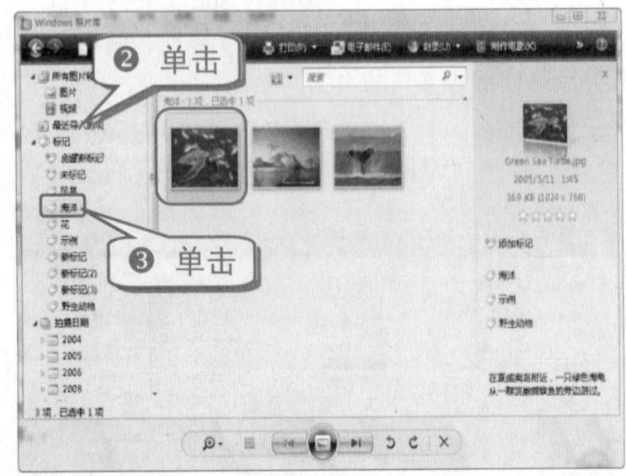

❹ 即可在右侧选中所选的图片。

(2) 按多个标记查找

❶ 选择“开始”→“所有程序”→“Windows 照片库”命令，打开“Windows 照片库”窗口。

知 识 补 充

按住 Ctrl 键的同时单击多个标记，可以同时查看多个标记中所包含的图片或视频。

(3) 使用搜索框来实现快速查找

在“搜索”文本框中输入文件名或标记时，可以输入完整的文件名，也可以仅输入文件名的前几个字符。

在“搜索”文本框中输入文件扩展名以将结果快速限制为特定文件格式，例如，输入.jpg、.tif 或.wmv 可以快速查找到以此为扩展名的图片或视频。

(4) 按拍摄日期查找

❶ 选择“开始”→“所有程序”→“Windows 照片库”命令，打开“Windows 照片库”窗口。

知 识 补 充

按日期查找是指单击日期前面的箭头将其展开，接着单击需要查看的日期，可查看该日期的图片和视频。

按住 Ctrl 键的同时单击多个日期，可以同时查看多个日期拍摄的图片或视频。

(5) 按分级查找

在导航窗格中，单击“分级”前面的箭头将其展开，然后单击一组星级(从无星级到五星)，以查看标记为该星级以及更高星级的所有图片和视频。

例如，如果仅查看三星图片，单击三星即可；如果要查看三星、四星和五星的所有图片，单击三星，然后按住Ctrl键，同时单击四星和五星。

❶ 选择“开始”→“所有程序”→“Windows 照片库”命令，打开“Windows 照片库”窗口。

技巧216 手动调整图片颜色

如果数字图片的颜色看起来不合适，则可以使用照片库进行校正或增强。Windows 照片库提供了色彩、色温、与饱和度三种颜色的调整方案。

❶ 选择“开始”→“所有程序”→“Windows 照片库”命令，打开“Windows 照片库”窗口。

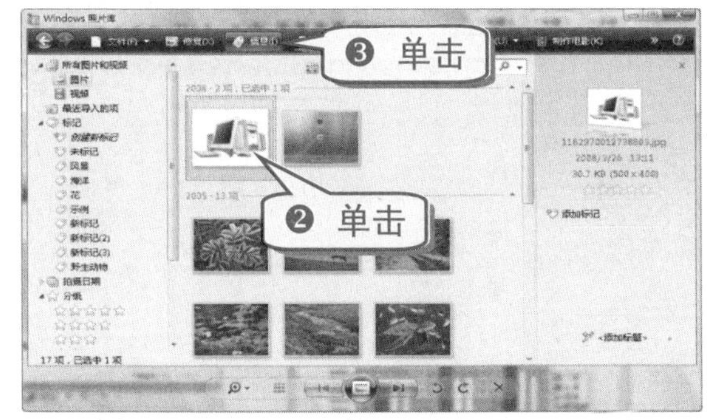

❹ 单击右边的“调整颜色”链接，展开调色列表框。

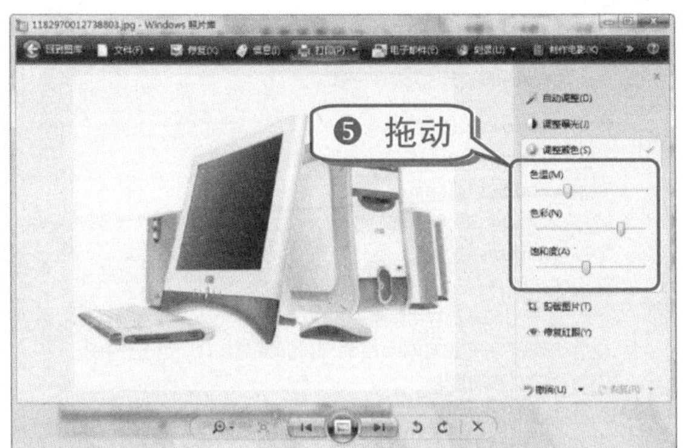

❻ 单击按钮返回到 Windows 照片库，可以发现图片的颜色已经改变。

技巧217 全自动调整图片颜色

除了手动调整图片颜色以外，还可以使用 Windows 照片库自动调整图片颜色到最佳。

❶ 选择“开始”→“所有程序”→“Windows 照片库”命令，打开“Windows 照片库”窗口。

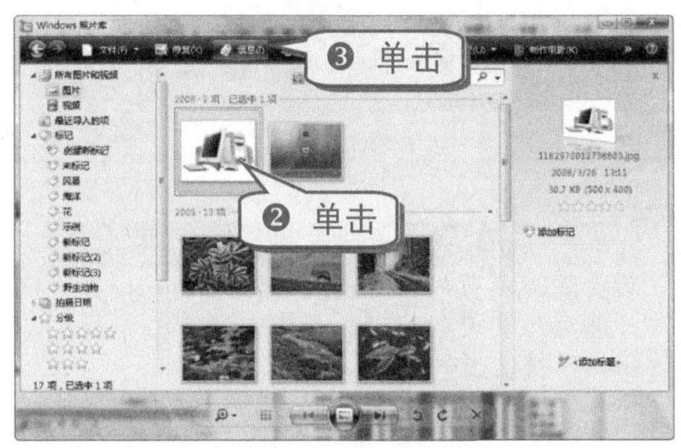

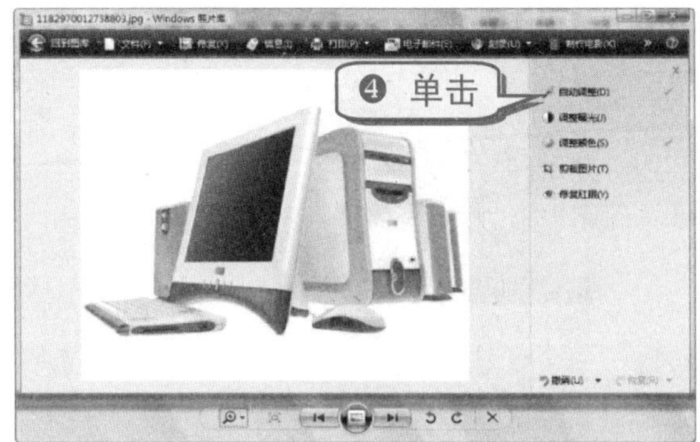

技巧218 快速裁剪图片

如果对拍摄的图片不满意，可以使用 Windows 照片库对图片进行裁剪，以改善其构造或者放大场景中的特定元素。

❶ 选择“开始”→“所有程序”→“Windows 照片库”命令，打开“Windows 照片库”窗口。

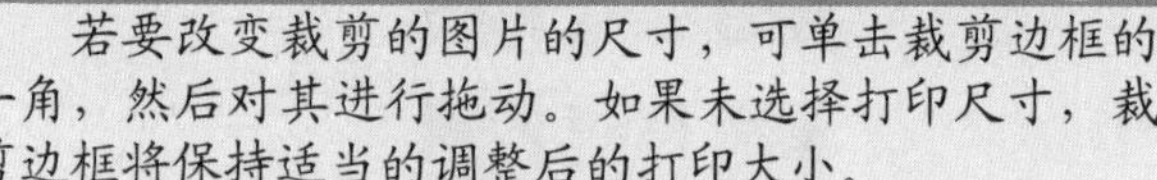

若要改变裁剪的图片的尺寸，可单击裁剪边框的一角，然后对其进行拖动。如果未选择打印尺寸，裁剪边框将保持适当的调整后的打印大小。

技巧219 巧妙去除照片中的“红眼”

如果在拍摄照片时曾使用过闪光灯，那么照片中的人的眼睛可能会发红。这种现象被称为“红眼”，是由照相机闪光灯反射到人的视网膜引起的。

用户可以通过使用照相机中降低红眼现象的功能使红眼现象减至最轻。在照片拍摄之后，还可以使用Windows 照片库来减轻或消除照片中的“红眼”。

❶ 选择“开始”→“所有程序”→“Windows 照片库”命令，打开“Windows 照片库”程序窗口。

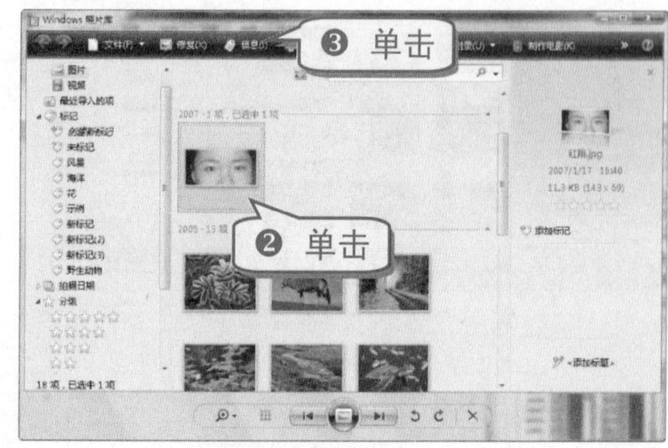

❹ 在红眼外拖动光标即可消除红眼。

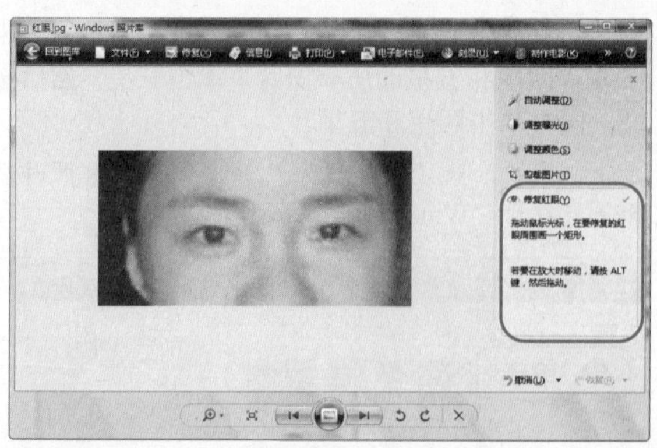

知 识 补 充

单击要校正的第一只眼的左上角，然后拖动光标到该只眼的右下角，以圈住该只眼作为选择对象，放开鼠标后可以发现“红眼”调整完毕。

技巧220 快速安装 Windows Vista 游戏

Windows Vista 系统中附带了一组少量的游戏，用户可以在空闲的时候玩这些游戏。

在默认情况下，Windows Vista Business 和 Windows Vista Enterprise 版本的系统是未安装 Windows 游戏的。下面介绍快速安装 Windows Vista 游戏的方法。

❶ 选择“开始”→“控制面板”命令，在弹出的“控制面板”窗口中单击“程序”链接。

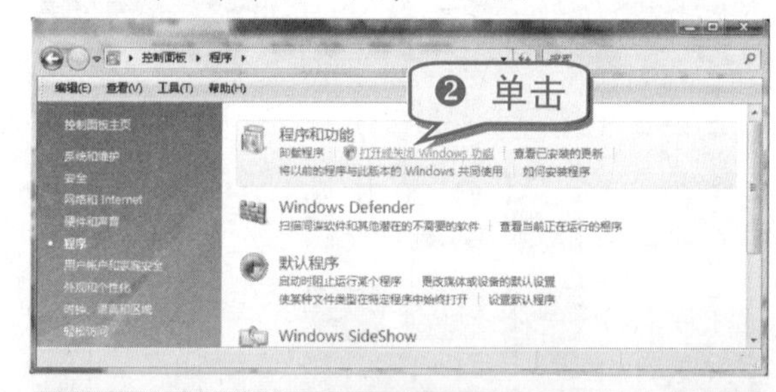

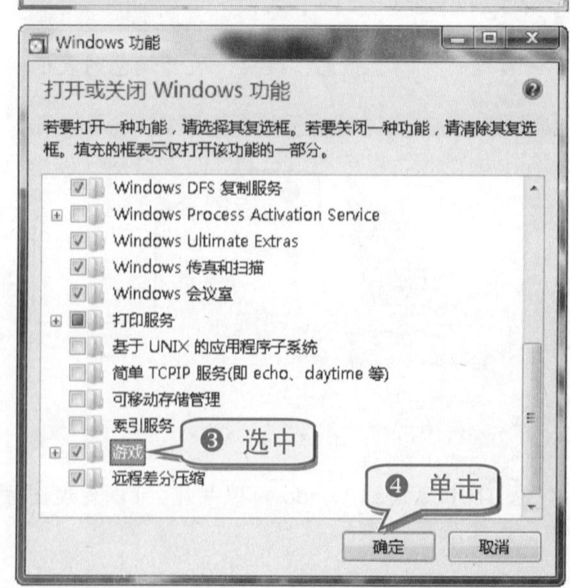

注 意 事 项

如果需要有选择地安装游戏，只要展开“游戏”选项即可挑选需要安装的游戏。

技巧221 Windows Vista 中各游戏大全

Windows Vista 自带的游戏位于“开始”菜单的“游戏”文件夹中，在计算机上游戏的中心位置。若要打开游戏，只要双击“游戏资源管理器”中的“游戏”图标即可。

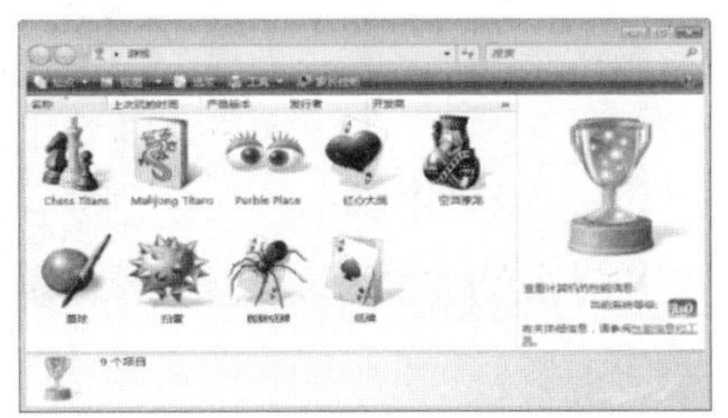

(1) Chess Titans

Chess Titans 是一种复杂的策略游戏，需要预先计划、关注对手，以及游戏过程中的相应调整才能取胜。

每个玩家都有一个王，游戏的目标是将对手的王将死。

在游戏开始时，棋局有两组，每组共 16 个棋子排为两行，每个棋子占据一个正方形。在局中向前移动棋子时，双方都试图占据同一个正方形。如果玩家将自己放的棋子移到对手占据的正方形中，就捕获了该棋子，并将其从局中删除，这就减少了对手的棋子的数量，削弱了对方的实力。

在捕获对手的棋子后，对手的王越来越容易被捕获。当对手的王在走下一轮之前无法移出自己方棋子的路线时，玩家就获胜了。当看到自己方的王下有一个粗体的红色正方形时，王被将军，表明对手赢了。

(2) Mahjong Titans

Mahjong Titans 是一种使用麻将牌替代纸牌而进行的牌类游戏。通过查找配对的自由麻将牌，从局上删除所有的麻将牌。所有的麻将牌都被删除后，表明玩家获取胜利。

Mahjong Titans 的主窗口共有六种不同的布局供玩家选择，不过 Mahjong Titans 是一种单人游戏。

(3) Purble Place

Purble Place 是一个寓教于乐的游戏。在 Purble Place 中有三种不同类型的游戏可供选择，这些游戏能够帮助玩家识别颜色、形状和图案。随着水平的提高，玩家可以通过增加完成任务的复杂度或通过打开计时器加快游戏速度来提高游戏难度。

(4) 红心大战

红心大战是一种基于圈的纸牌游戏，该游戏的目标是出掉手中的牌并避免得分。一圈是每一轮中玩家出的一组牌。任何时候拿到包含红心或黑桃皇后的圈，都会计分。红心大战由四个玩家一同进行，只要一个玩家的得分超过 100 分，那么得分最低的玩家就可获胜。

(5) 空当接龙

空当接龙是许多纸牌形式的游戏之一。游戏区由四个回收单元、四个可用单元和一副牌组成。游戏开始时，牌的正面朝上，排成八列。回收单元是位于屏幕右上角的四个放纸牌的位置。A 可立即移到回收单元中，其他相同花色的牌可按从小到大的顺序移到 A 的上面。将所有纸牌都移入回收单元后，即告胜利，可用单元是位于屏幕左上角的四个放纸牌的位置，每个单元可容纳一张纸牌。

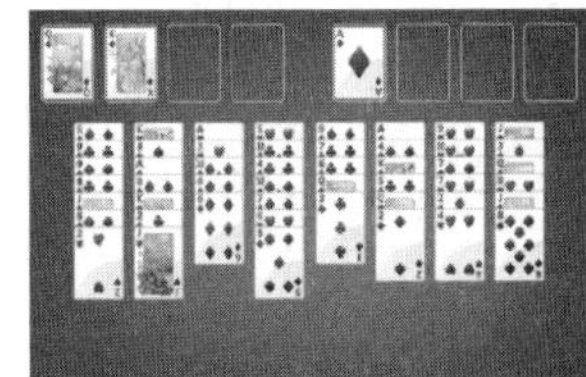

(6) 墨球

打开墨球游戏程序时，墨球会自动启动。玩家可以立即开始玩游戏，也可以选择一个新游戏和一个不同的难度级别。

玩家使用墨笔在游戏界面画线条，当球击中墨笔画时，墨笔画会消失，球会改变运动方向，直到球进入相应颜色的洞表明此关获胜。

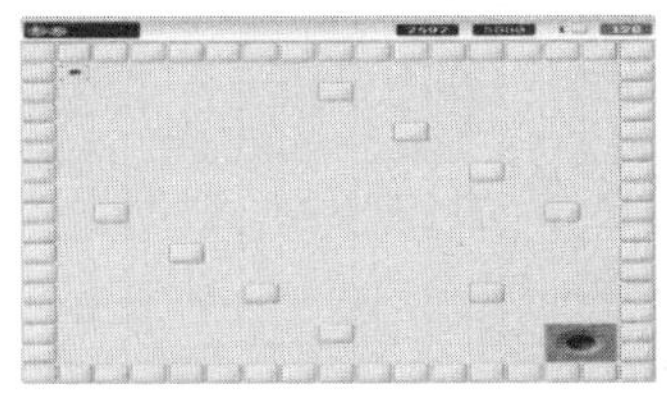

(7) 扫雷

扫雷是一种具有迷惑性的简单记忆和推理性的游戏。“扫雷”的目标是翻转空白方块并避开隐藏雷的那些方块。如果单击某个雷，则游戏失败。尽可能最快挖开所有空白方块可获得最高分。

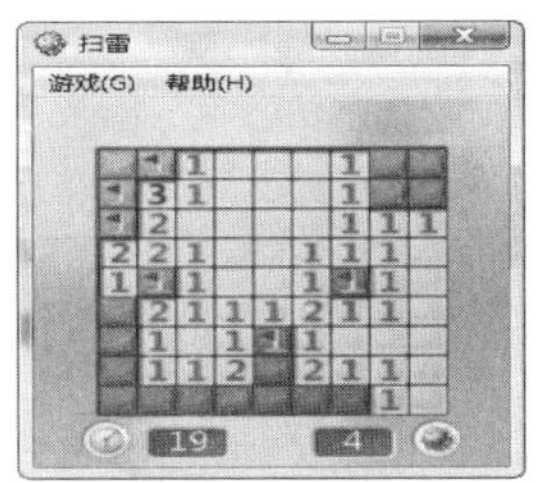

(8) 蜘蛛纸牌

蜘蛛纸牌的目标是以最少的移动次数将牌都移走。将同一花色的一套牌按从 K 到 A 排成一列来移走它们。在更高难度设置下，还可以交替红黑花色来排列、翻转和移牌，但仍需要按从 K 到 A 排成一列来移走牌。

(9) 纸牌

纸牌是玩家自己进行的传统七列纸牌游戏。游戏的目标是按从 A 到 K 红黑花色交替的方式收集所有的牌。当所有的纸牌都收集完就获胜。

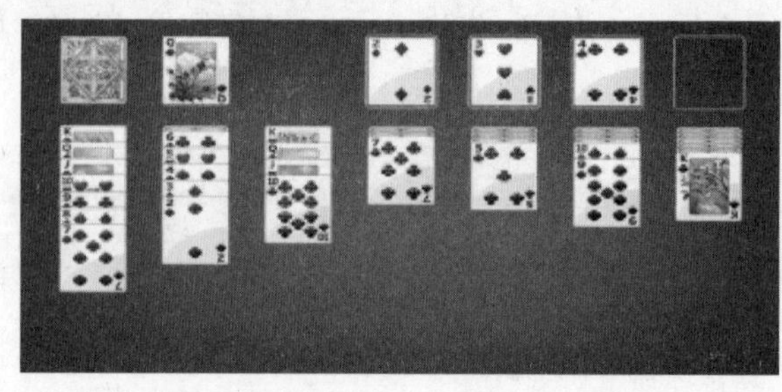

专题七 局域网应用技巧

局域网是计算机技术和通信技术相结合的产物，了解局域网、组建局域网以及使用局域网，成为每一个用户必须掌握的技能。

热点快报

- 掌握MAC地址
- 强制中断来访用户
- 快速改善网络环境
- 远程桌面连接技巧
- 局域网络会议技巧
- 家庭网络组建技巧

技巧222 快速查看本机的MAC地址

MAC地址是指网卡的物理地址。一般用户很难更改网卡的MAC地址，因此网络设备将这个地址进行集中管理，并根据该地址来识别网络用户、管理上网权限与确定各项服务等。

❶ 选择“开始”→“所有程序”→“附件”→“系统工具”→“系统信息”命令，打开“系统信息”窗口。

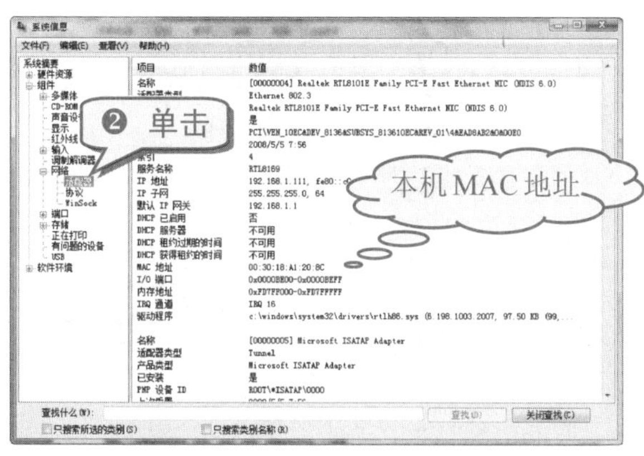

专家坐堂

虽然右击“MAC地址”不会弹出快捷菜单，但是可以通过按Ctrl+C组合键复制MAC地址，然后直接粘贴到需要使用的文件中。

技巧223 快速显示本机网卡的全部MAC地址

如果用户的计算机中有多块网卡，可以通过输入命令一次性获得本机网卡的全部MAC地址。

❶ 选择“开始”→“运行”命令，弹出“运行”对话框。

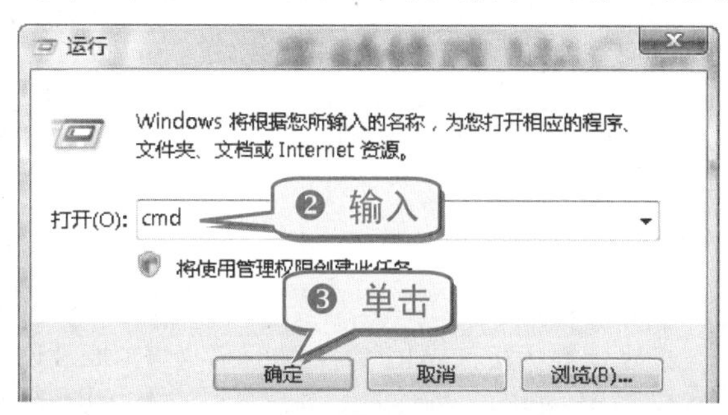

知 识 补 充

在“管理员：命令提示符”窗口中输入 getmac 命令，按 Enter 键，将会列出本机网卡的全部 MAC 地址。

技巧224　显示局域网内的所有 MAC 地址

如果多台计算机处在一个局域网内，想要获取所有计算机的 MAC 地址，同样可以通过输入命令的方式来实现。

❶ 选择“开始”→“运行”命令，弹出“运行”对话框。

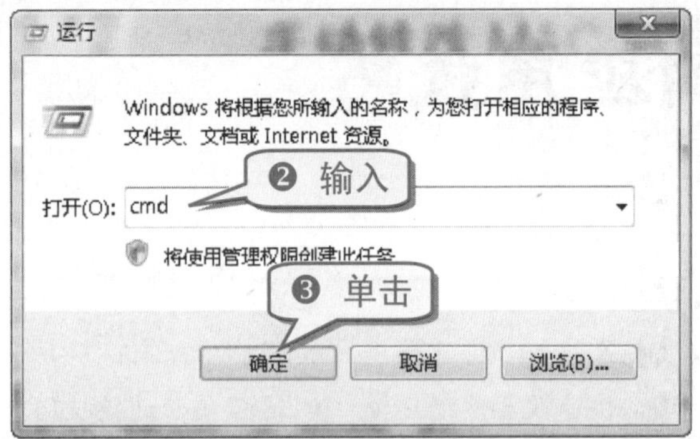

注 意 事 项

在“管理员：命令提示符”窗口中输入 arp -a 命令时，注意中间有个空格。

专 家 坐 堂

在地址解析协议(ARP)缓存中保存着 IP 地址以及对应的 MAC 地址，执行 arp -a 命令可以从 ARP 缓存中读取并显示相关信息列表。

技巧225　手动修改 MAC 地址

MAC 地址也叫做物理地址、硬件地址或链路地址，由网络设备制造商在生产时写在硬件内部。当然修改网卡 MAC 地址的方法有多种，最直接的就是通过系统内部修改 MAC 地址。

❶ 右击桌面上的“网络”图标，在弹出的快捷菜单中选择“属性”命令，打开“网络和共享中心”窗口。

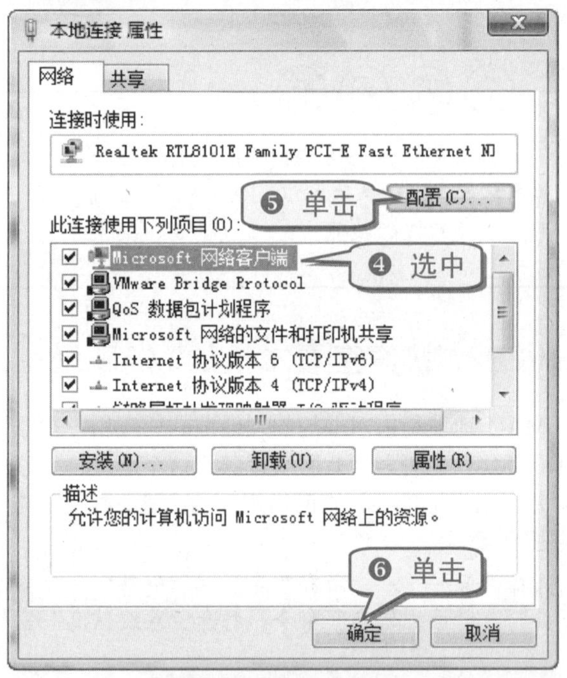

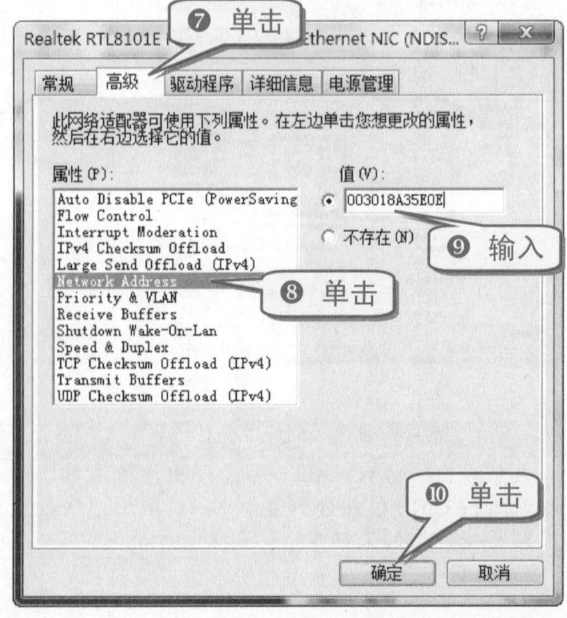

注　意　事　项

在输入MAC地址时注意中间的“-”不需要输入。

技巧226　快速捆绑IP地址与MAC地址

MAC地址是网卡的唯一标识，通过捆绑IP地址和MAC地址，可以有效防止局域网中IP地址被盗用，阻止非法入侵。

❶ 选择“开始”→“运行”命令，在弹出的“运行”对话框中输入cmd命令，单击“确定”按钮，打开“管理员：命令提示符”窗口。

❷ 在“管理员：命令提示符”窗口中输入arp –a找到本机的IP地址和对应的MAC地址。

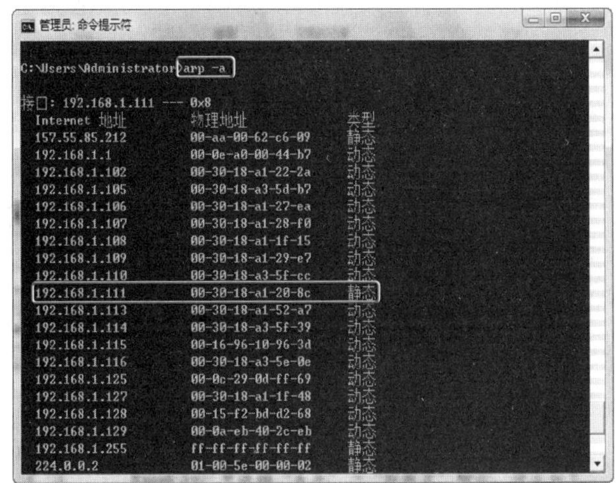

❸ 在“管理员：命令提示符”窗口中输入arp –s 192.168.1.11100-30-18-a1-20-8c命令，即可将IP地址和MAC地址进行绑定。

专　家　坐　堂

对于网络管理员来说，熟悉IP地址和MAC地址的绑定是很必要的，因为这样能打造一个高安全性的网络环境。

技巧227　巧妙配置TCP/IP协议

配置计算机的TCP/IP，主要需要设置计算机的IP地址、IP地址的子网掩码、默认网关地址以及局域网的域名解析服务器(DNS服务器)地址等。

❶ 右击桌面上的“网络”图标，在弹出的快捷菜单中选择“属性”命令，打开“网络和共享中心”窗口。

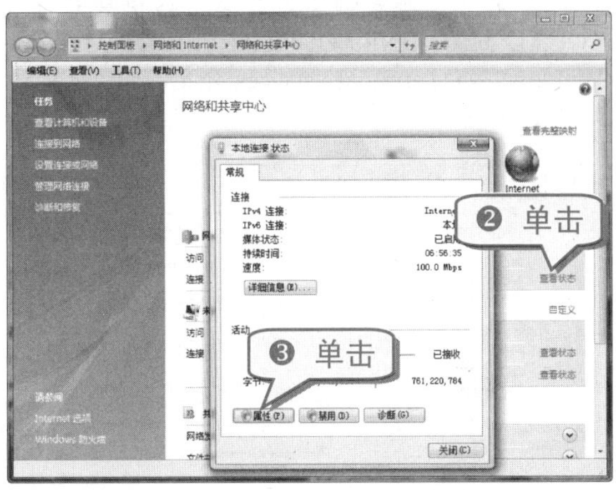

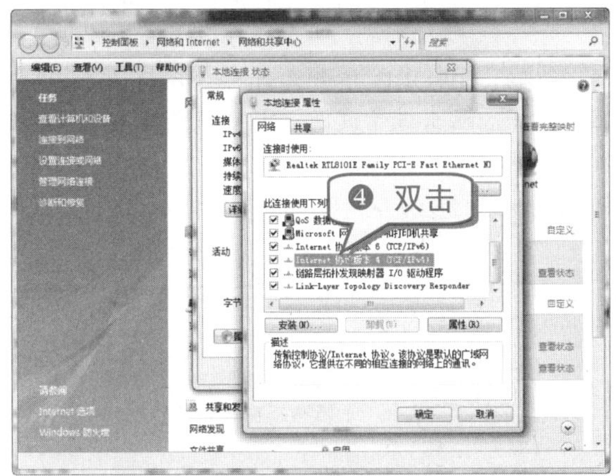

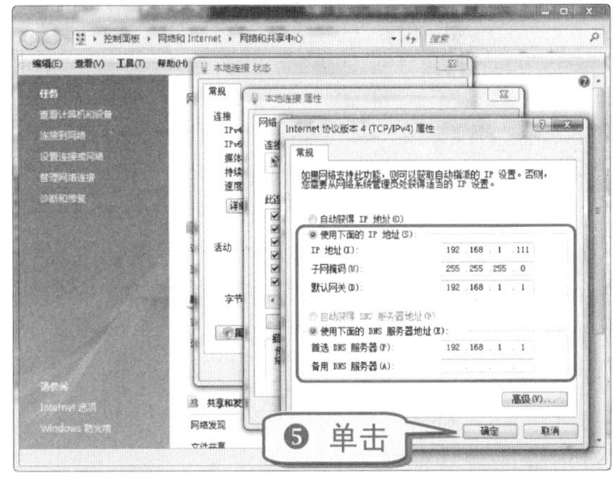

❻ 在返回的“本地连接属性”对话框中，单击“确定”按钮，返回到“本地连接状态”对话框，单击“关闭”按钮。

技巧228　快速重新定向终端服务器的IP地址

在连接终端服务器时，可以自定向客户端设备，从而重新定向终端服务器的IP地址。

❶ 选择“开始”→“运行”命令，在弹出的“运行”对话框中输入Regedit命令，单击“确定”按钮，打开“注册表编辑器”窗口。

❷ 在打开的“注册表编辑器”左窗格中展开 HKEY_LOCAL_MACHINE\SOFTWARE\Policies\Microsoft\Windows NT\Terminal Services 分支，然后在右边的窗格空白区域右击。

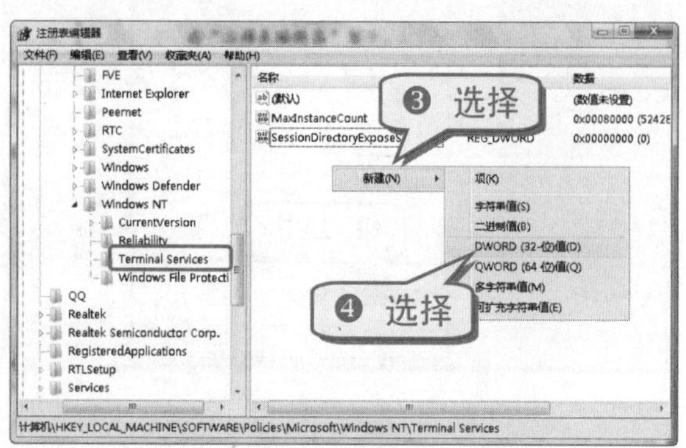

❺ 将新建的 DWORD 值命名为 SessionDirectoryExposeServerIP，双击该子键，弹出“编辑 DWORD(32 位)值”对话框。

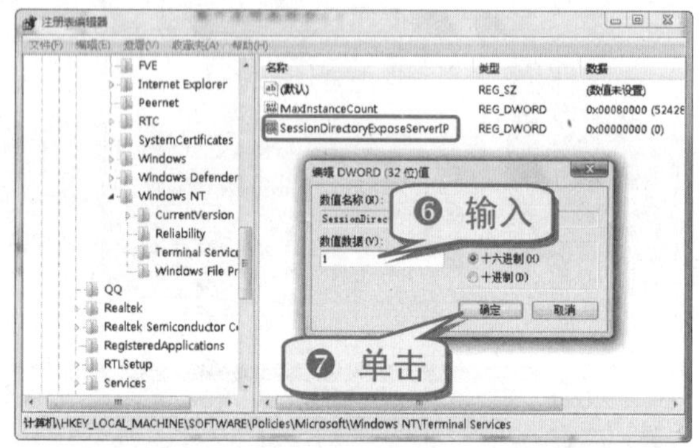

技巧229 快速改善网络环境

如果在一台计算机中有多块网卡，可能在应用程序和网络服务的连接过程中有延迟情况。通过指定应用 TCP/IP 协议的第一块网卡，可以改善网络环境。

❶ 选择“开始”→“运行”命令，在弹出的“运行”对话框中输入 Ncpa.cpl 命令，单击“确定”按钮，打开“网络连接”窗口。

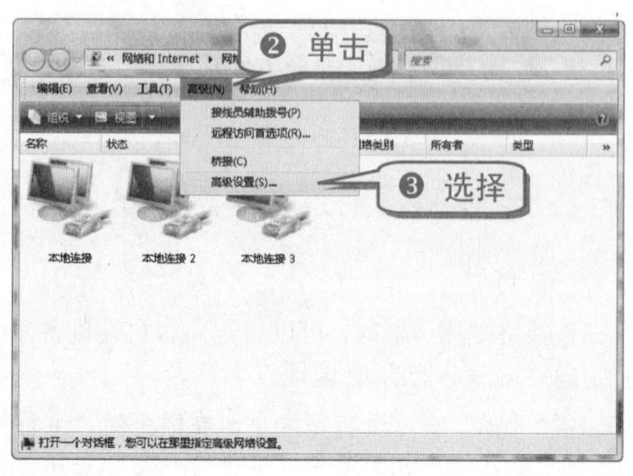

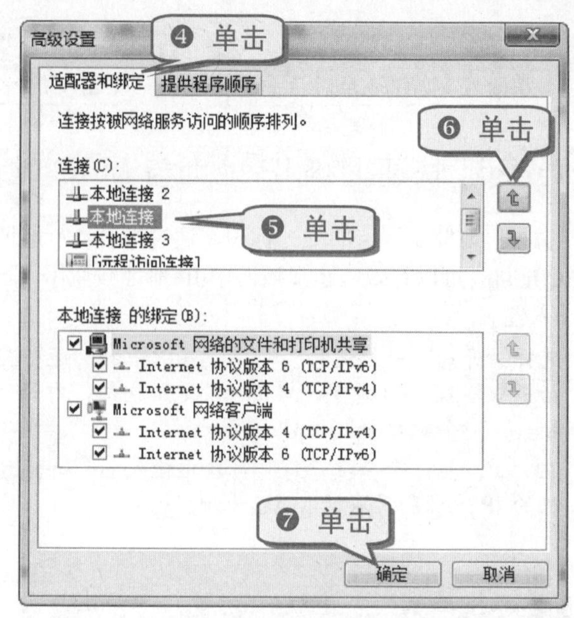

技巧230 快速查看本地计算机共享资源

在局域网络中，资源共享非常普遍，是进行数据交互的重要手段。

❶ 选择“开始”→“运行”命令，在弹出的“运行”对话框中输入 cmd 命令，单击“确定”按钮，打开“管理员：命令提示符”窗口。

❷ 在打开的“管理员：命令提示符”窗口中输入 net share 命令。

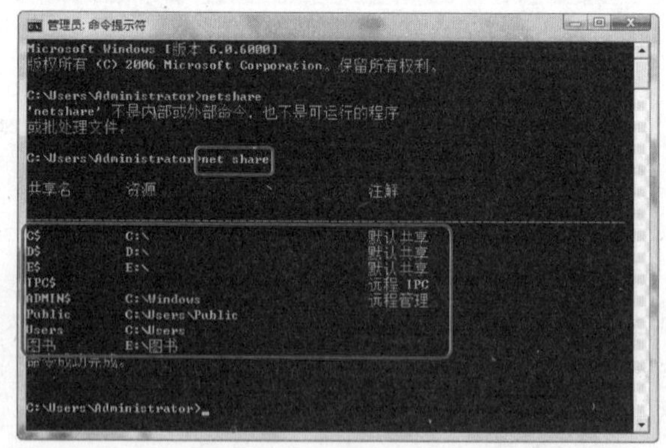

技巧231 强制中断来访用户

如果有太多的用户同时访问一台计算机，可能会导致该计算机死机，这时可以执行强制中断某些用户对该计算机的共享访问。

❶ 选择“开始”→“运行”命令，在弹出的“运行”对话框中输入 Compmgmt.msc 命令，单击“确定”按钮，打开“计算机管理”窗口。

❷ 在弹出的“计算机管理”左窗格中展开“系统工具”→“共享文件夹”→“会话”分支。

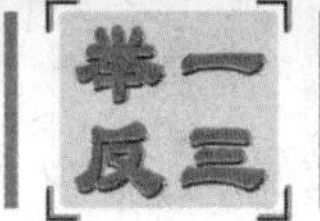

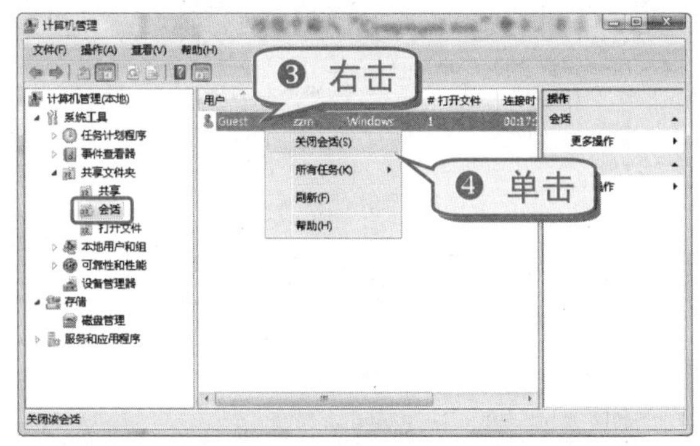

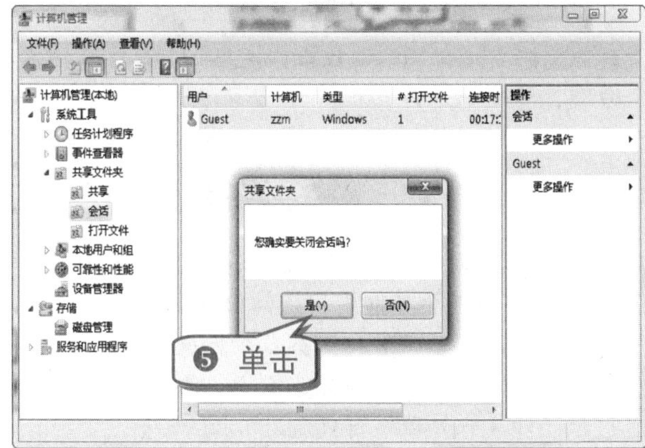

技巧232　快速创建多个共享文件夹

在 Windows Vista 系统中，如果需要快速创建多个共享文件夹，可通过向导来完成。

❶ 选择“开始”→“运行”命令，在弹出的“运行”对话框中输入 Shrpubw 命令，单击“确定”按钮，弹出“创建共享文件夹向导”对话框，单击“下一步”按钮。

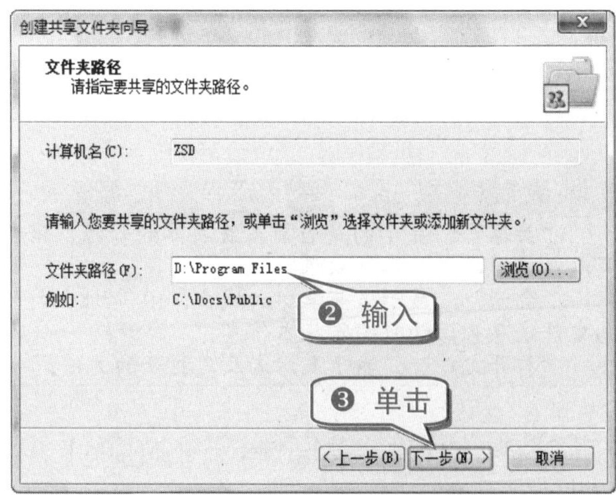

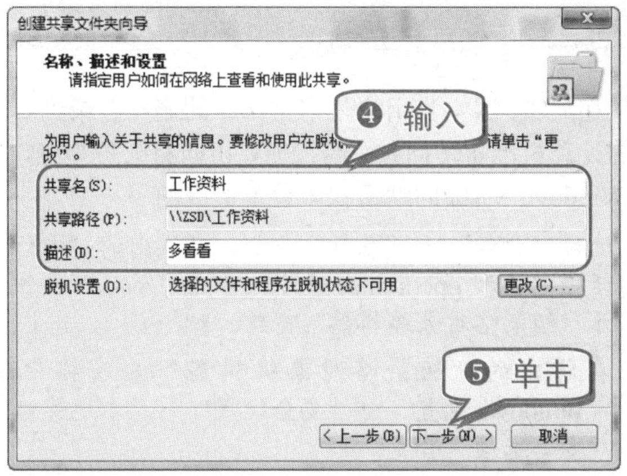

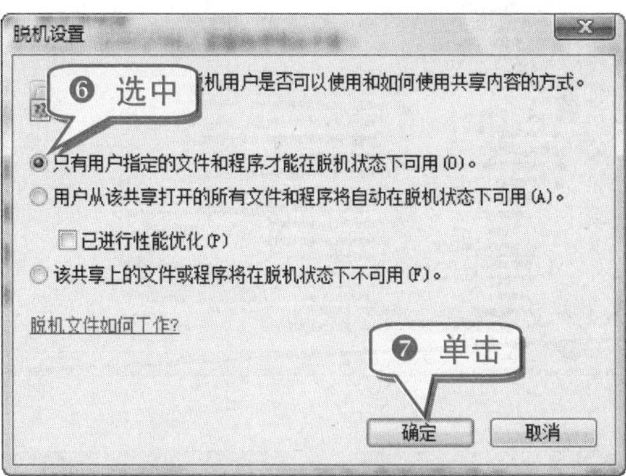

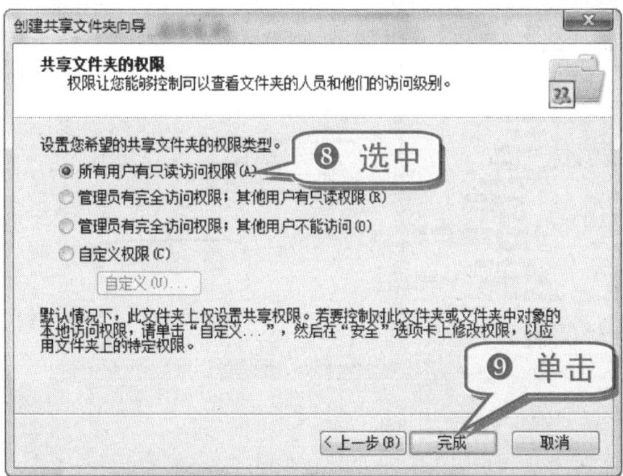

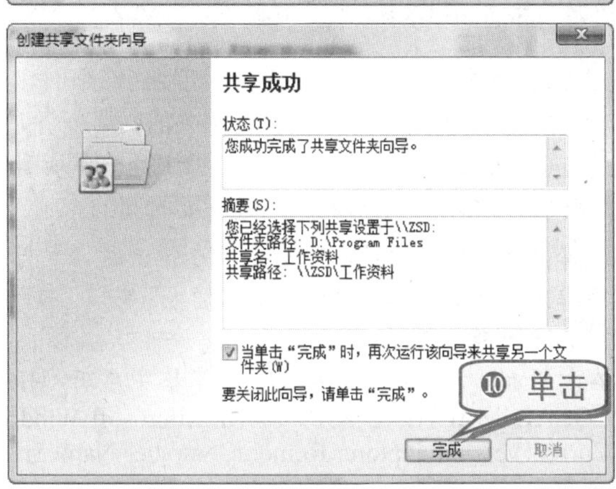

技巧233 允许空口令的账户远程登录

在局域网中，当用户使用空口令的账户登录到其他用户的计算机准备访问共享资源时，访问将会被拒绝，这是由 Windows Vista 的默认权限设置造成的。

❶ 选择“开始”→“运行”命令，在弹出的“运行”对话框中输入 gpedit.msc 命令，单击“确定”按钮，打开“组策略对象编辑器”窗口。

❷ 在弹出的“组策略对象编辑器”左窗格中展开“Windows 设置”→“安全设置”→“本地策略”→“安全选项”分支。

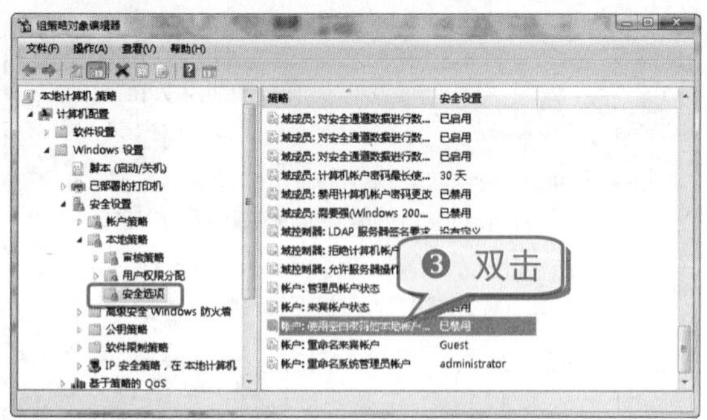

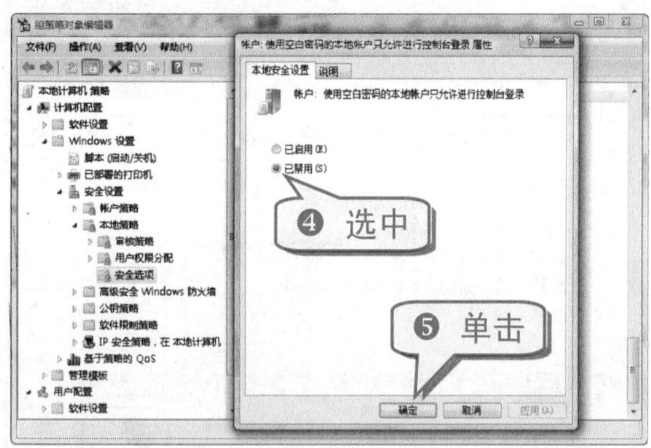

技巧234 加快访问局域网的速度

在默认情况下，Windows Vista 连接到网络时，会自动检测每个用户的共享打印机以及相关的网络任务，然后才继续执行网络协议。在“网络”窗口中列出了所有用户的计算机用户名，这个检测过程是需要时间的。

❶ 选择“开始”→“运行”命令，在弹出的“运行”对话框中输入 regedit 命令，单击“确定”按钮，打开“注册表编辑器”窗口。

❷ 在打开的“注册表编辑器”左窗格中展开 HKEY_LOCAL_MACHINE\SOFTWARE\Microsoft\Windows\CurrentVersion\explorer\RemoteComputer\NameSpace 分支。

❸ 在 NameSpace 选项下面找到{2227A280-3AEA-1069-A2DE-08002B30309D}子项并右击。

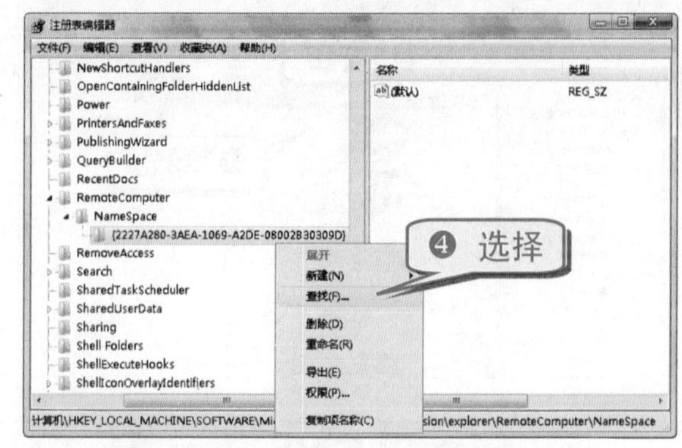

❺ 在“注册表编辑器”窗口中，选择“文件”→“退出”命令，重新启动计算机。

技巧235 巧妙监视本地计算机

在工作或学习时，若发现硬盘指示灯不停地闪烁，应该要想到这时可能有其他用户访问该计算机。

❶ 选择“开始”→“运行”命令，在弹出的“运行”对话框中输入 Compmgmt.msc 命令，单击“确定”按钮，打开“计算机管理”窗口。

❷ 在弹出的“计算机管理”左窗格中展开“系统工具”→“共享文件夹”分支。

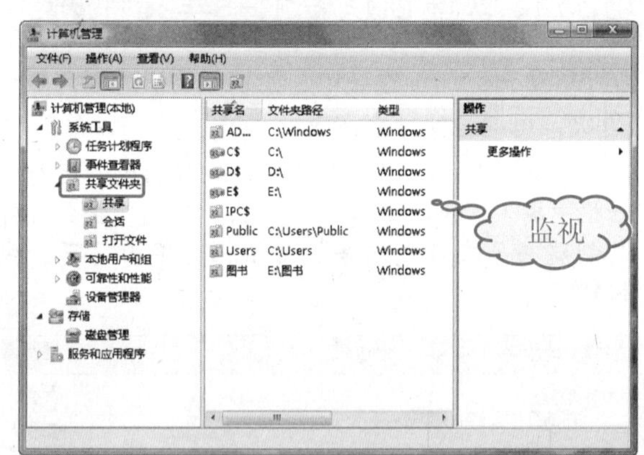

专 家 坐 堂

“共享”：显示的是当前系统共享的资源，用户可以在这里设置共享及权限。

“会话”：显示当前来访的用户、IP 地址、打开的文件以及来访的时间等基本信息。

“打开文件”：显示来访者及其打开的文件。

技巧236 快速搜索局域网内的主机

如果局域网内有大量的主机，而用户只需要查找一台主机，那么只要知道该台主机的 IP 地址或主机名即可快速搜索。

❶ 双击桌面上的“网络”图标，打开“网络”窗口。

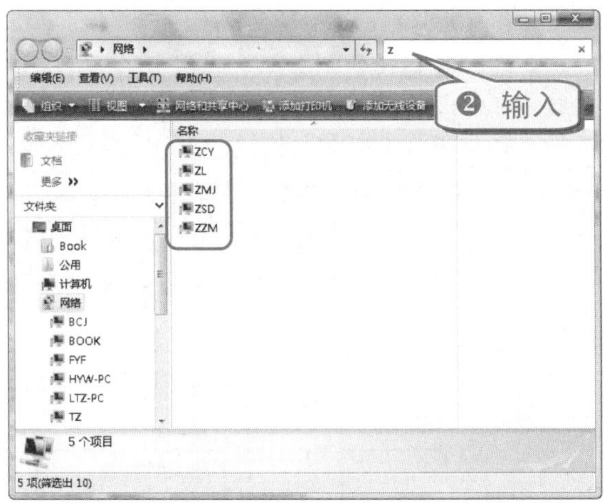

技巧237　远程桌面连接技巧

从 Windows XP 开始，系统中就有了远程桌面连接的功能。使用远程桌面连接，用户可以通过网络把远程计算机连接到本地桌面，就像操作自己的计算机一样。要想实现此功能，远程计算机必须开启远程桌面功能。

(1) 开启远程桌面连接

若用户开启了允许远程桌面连接的功能，其他用户就可以按指定的用户名和密码登录到该台计算机。

❶ 在打开的"控制面板"窗口中单击"系统和维护"→"系统"链接，打开"系统"窗口。

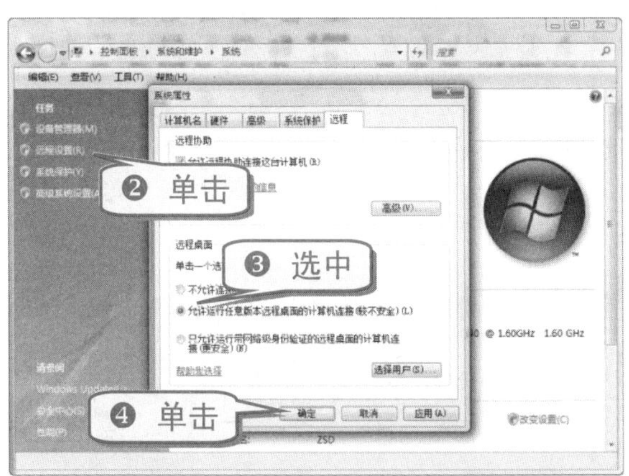

知 识 补 充

单击"系统属性"对话框中的"选择用户"按钮，可以设置远程桌面用户，这样远程计算机就可以使用这个用户名和密码登录到此计算机。

(2) 连接远程桌面

拥有远程计算机的用户名和密码，就可以登录该台计算机并进行相关的操作。

❶ 选择"开始"→"所有程序"→"附件"→"远程桌面连接"命令，打开"远程桌面连接"窗口。

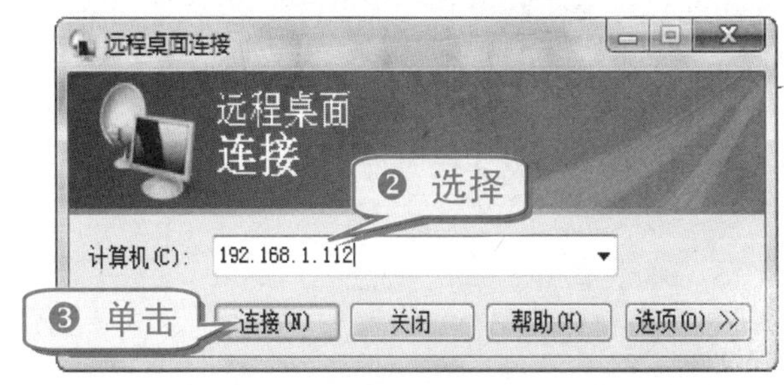

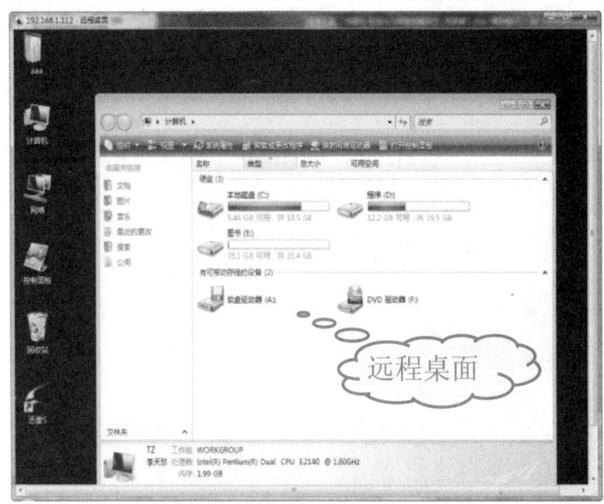

技巧238　局域网络会议技巧

在一个办公网络或家庭网络中，如果需要召集几个人展开网络会议，可以使用 Windows Vista 系统自带的"Windows 会议室"功能来实现。

(1) 会议配置

使用 Windows 会议室时需要配置会议，然后新建一个 Windows 会议室。

❶ 选择"开始"→"所有程序"→"Windows 会议室"命令，打开"Windows 会议室"窗口。

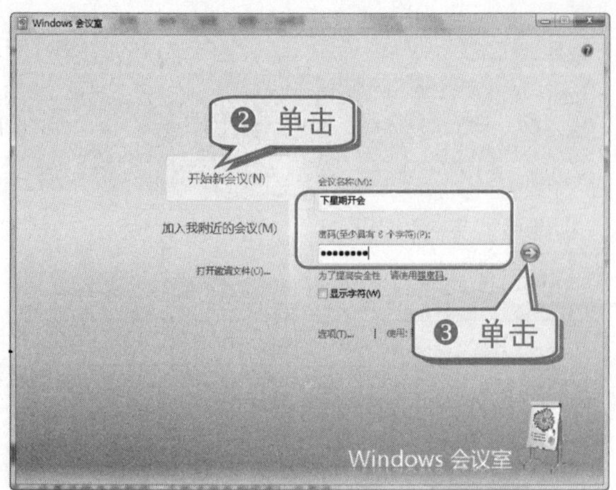

(2) 邀请他人参加会议

用户可以参加已经开启的会议，也可以自行创建会议，然后邀请他人来参加会议。

❶ 在“Windows 会议室”窗口中单击“邀请他人”超链接。

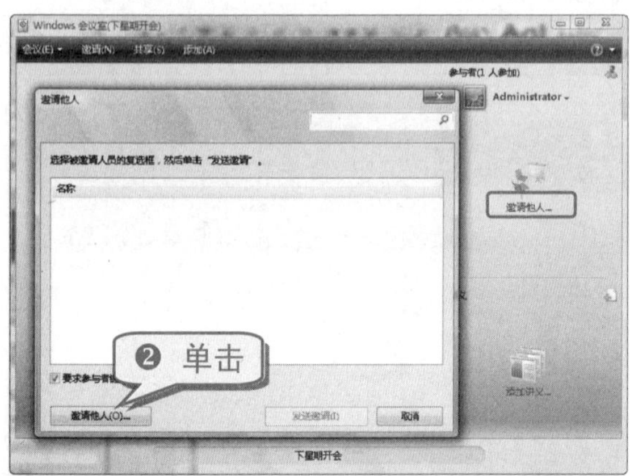

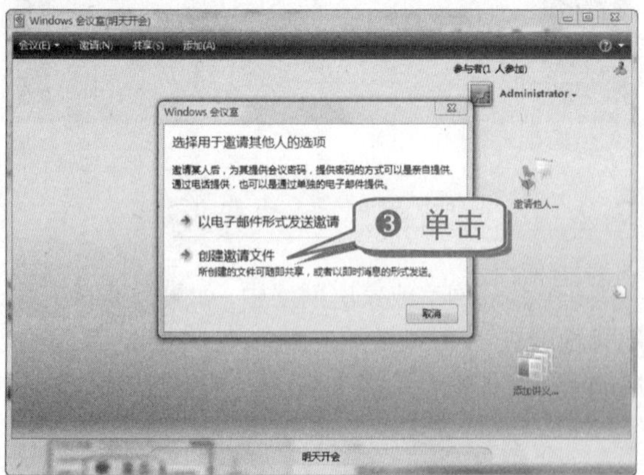

(3) 参加会议

当接收到其他用户的邀请文件后，可以参加 Windows 会议室。

❶ 在“Windows 会议室”窗口中单击“打开邀请文件”链接，在弹出的“打开”对话框中选择“下星期开会”文件，然后单击“打开”按钮。

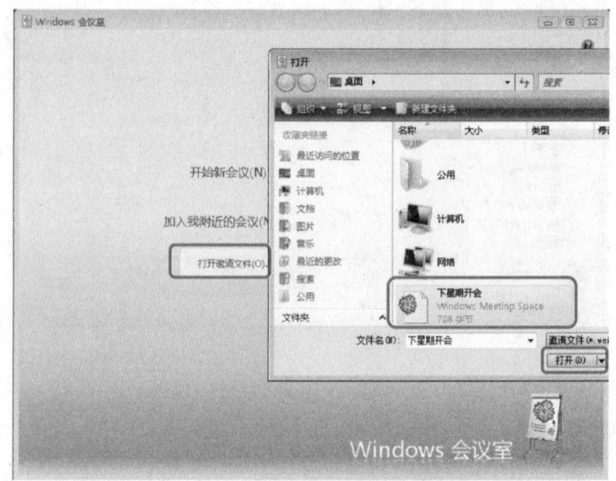

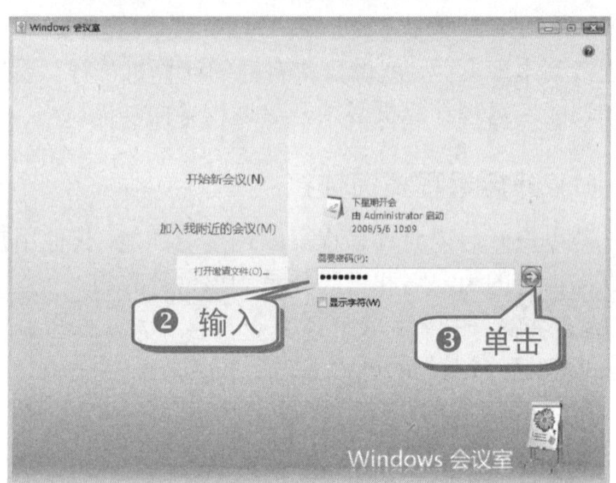

❹ 右击 aaa 用户头像，在弹出的快捷菜单中选择“发送便笺”命令，弹出“发送便笺”对话框，在“发送便笺”对话框中输入内容，然后单击“发送”按钮。

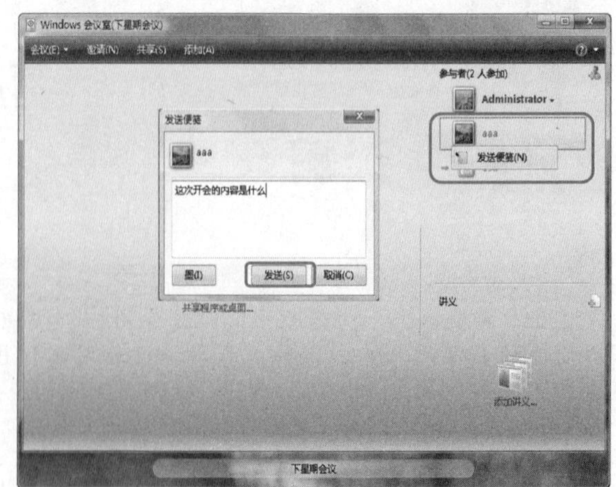

❺ 接收到便笺的用户单击“答复”按钮，可以直接回复对方的信息。

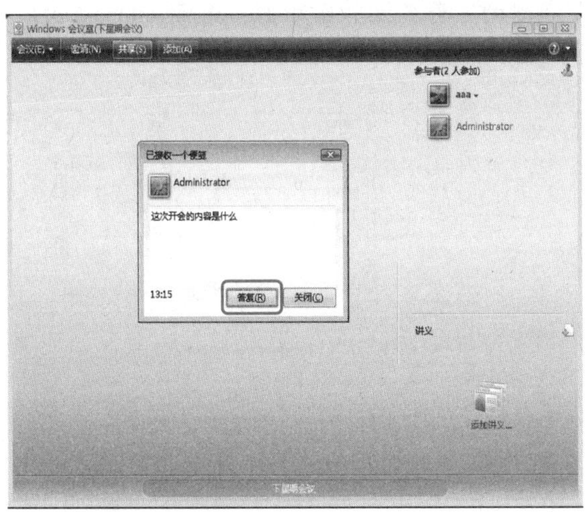

(4) 开启远程共享

在使用 Windows 会议室时，可以开启远程共享，这样每个参加会议的用户都可以看到共享的内容，以便交流。

❶ 单击“共享程序或桌面”链接。

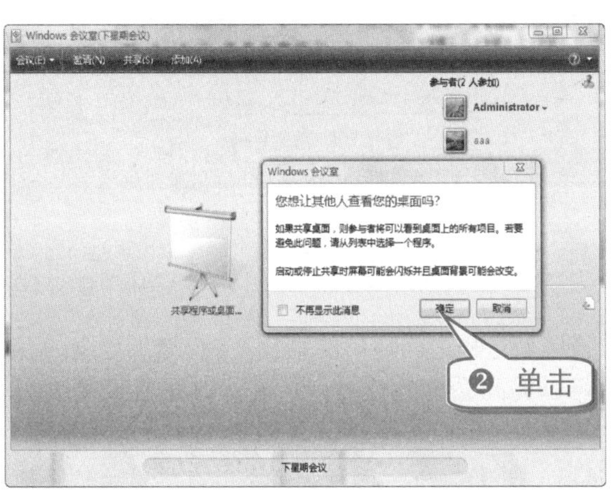

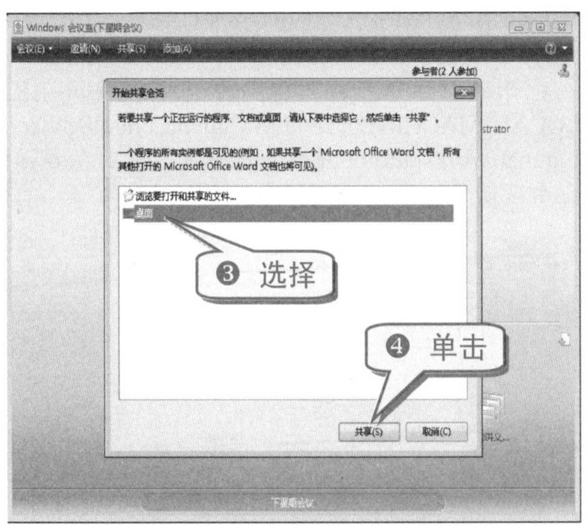

技巧239 巧用 Ping 命令测试网络

在局域网的应用中，Ping 命令是用来测试网络连接十分有用的工具，能快速地判断出网络故障。

❶ 选择“开始”→“所有程序”→“附件”→“命令提示符”命令，打开“管理员：命令提示符”窗口。

❷ 在“管理员：命令提示符”窗口中输入 ping 192.168.1.112 后按 Eeter 键。

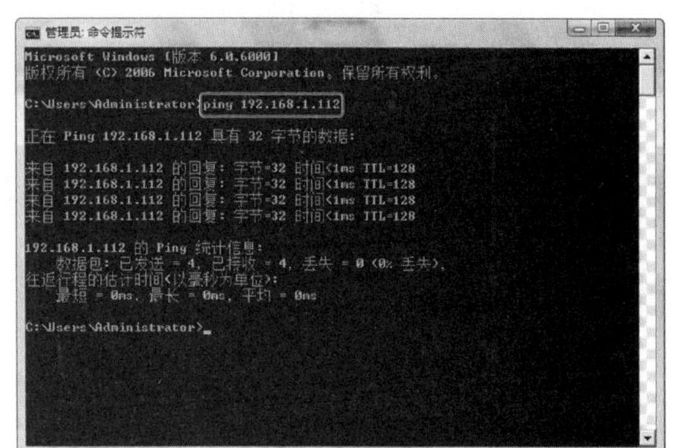

专家坐堂

在命令运行成功后，“管理员：命令提示符”窗口中显示“来自 192.168.1.112 的回复：字节 = 32 时间 <1ms TTL=128”信息，表明该台计算机已经连接到局域网中。

如果显示“请求超时”的提示，表明该计算机没有成功连接到网络。

技巧240 巧妙限制客户端会话数量

通过修改注册表中的设置，可以限制在终端服务器上处于活动状态的客户端会话的数量。

❶ 选择“开始”→“运行”命令，在弹出的“运行”对话框中输入 Regedit 命令，单击“确定”按钮，打开“注册表编辑器”窗口。

❷ 在打开的“注册表编辑器”左窗格中展开 HKEY_LOCAL_MACHINE\SOFTWARE\Policies\Microsoft\Windows NT\Terminal Services 分支，然后在右窗格空白区域右击。

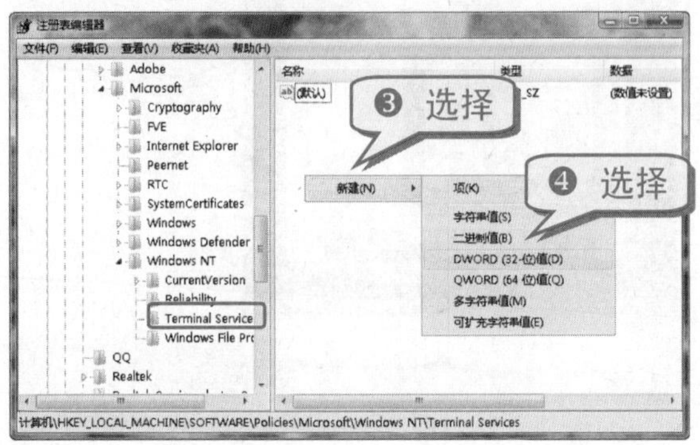

❺ 将新建的 DWORD 值命名为 MaxInstanceCount，双击该子键，弹出“编辑 DWORD(32 位)值”对话框。

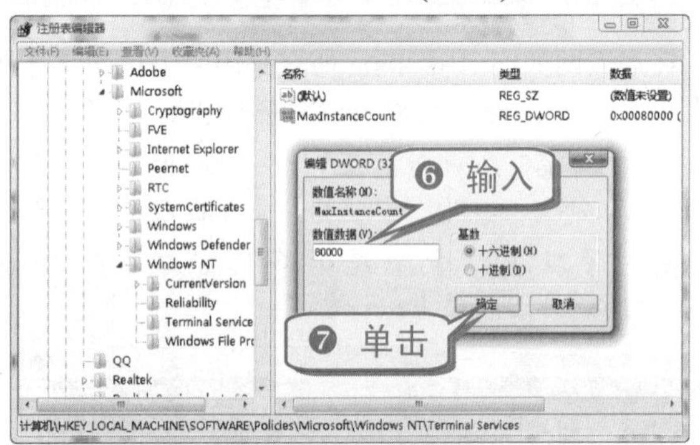

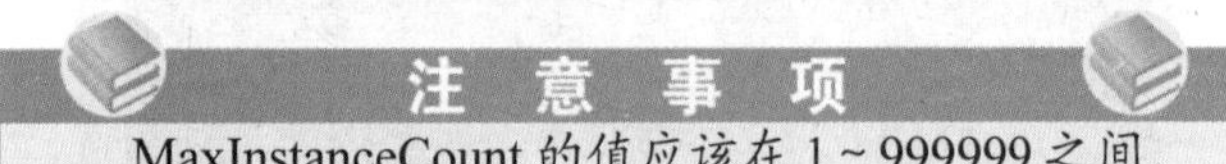

注 意 事 项

MaxInstanceCount 的值应该在 1～999999 之间。

技巧241 快速修改远程访问服务器

通过对注册表中的设置进行修改，可以对远程访问服务器(RAS)进行修改。

❶ 选择“开始”→“运行”命令，在弹出的“运行”对话框中输入 Regedit 命令，单击“确定”按钮，打开“注册表编辑器”窗口。

❷ 在打开的“注册表编辑器”左窗格中展开 HKEY_LOCAL_MACHINE\SOFTWARE\Microsoft\Windows NT\CurrentVersion\Winlogon 分支，然后在右窗格的空白区域右击。

❺ 将新建的字符串值命名为 KeepRasConnections，双击该子键，弹出“编辑字符串”对话框。

❽ 在打开的“注册表编辑器”左窗格中展开 HKEY_LOCAL_MACHINE\SYSTEM\CurrentControlSet\Services\LanmanWorkstation\Parameters 分支，然后在右窗格中找到 EnablePlainTextPassword 子键并双击。

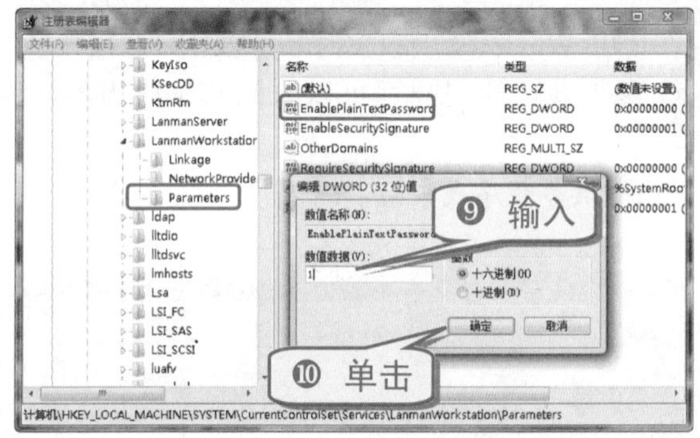

技巧242 巧妙增加管道的吞吐量

管道是进程之间通信的重要工具，增加管道的吞吐量无疑可以提高系统的性能。通过修改注册表可以实现此功能。

❶ 选择“开始”→“运行”命令，在弹出的“运行”对话框中输入 Regedit 命令，单击“确定”按钮，打开“注册表编辑器”窗口。

❷ 在打开的“注册表编辑器”左窗格中展开 HKEY_LOCAL_MACHINE\SYSTEM\CurrentControlSet\Services\LanmanWorkstation\Parameters 分支，然后在右窗格的空白区域右击。

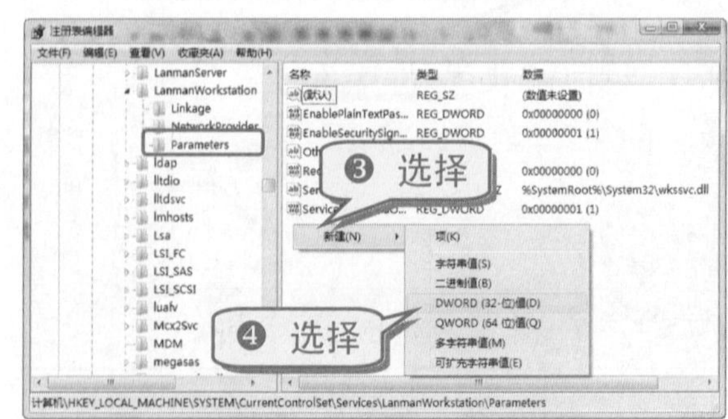

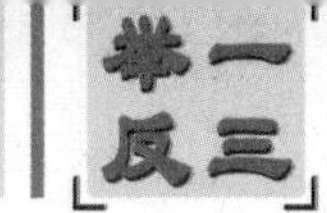

❺ 将新建的 DWORD 值命名为 MaxCollectionCount，双击该子键，弹出“编辑 DWORD(32 位)值”对话框。

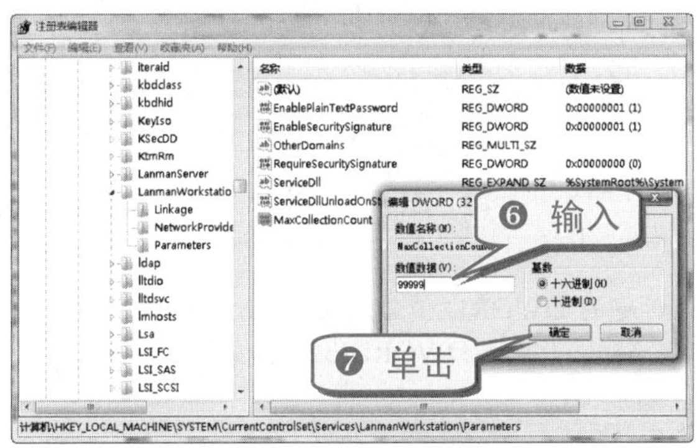

技巧243 巧妙防止 ARP 欺骗技巧

地址解析协议(Address Resolution Protocol)可以把 MAC 解析成 IP，并设置 ARP 缓存老化时间，以防止 ARP 被欺骗。

❶ 选择“开始”→“运行”命令，在弹出的“运行”对话框中输入 Regedit 命令，单击“确定”按钮，打开“注册表编辑器”窗口。

❷ 在打开的“注册表编辑器”左窗格中展开 HKEY_LOCAL_MACHINE\SYSTEM\CurrentControlSet\Services\Tcpip\Parameters 分支，然后在右窗格的空白区域右击。

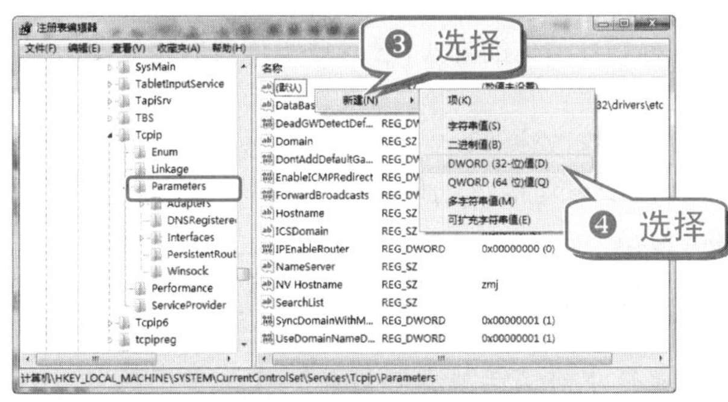

❺ 将新建的 DWORD 值命名为“ArpCacheLife”，双击该子键，弹出“编辑 DWORD(32 位)值”对话框。

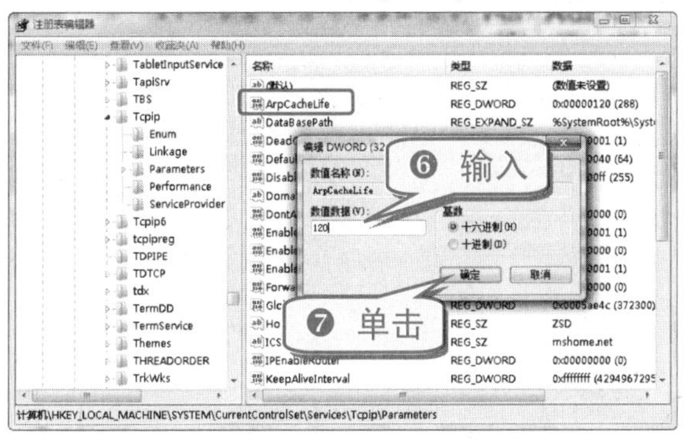

技巧244 巧妙保护拨号网络密码

使用拨号网络时，一些系统会自动将网络口令和密码记录在计算机上，这样很容易被盗。通过修改注册表，可以有效地保护拨号网络密码。

❶ 选择“开始”→“运行”命令，在弹出的“运行”对话框中输入 Regedit 命令，单击“确定”按钮，打开“注册表编辑器”窗口。

❷ 在打开的“注册表编辑器”左窗格中展开 HKEY_LOCAL_MACHINE\System\CurrentControlSet\Services\RasMan\Parameters 分支，然后在右窗格的空白区域右击。

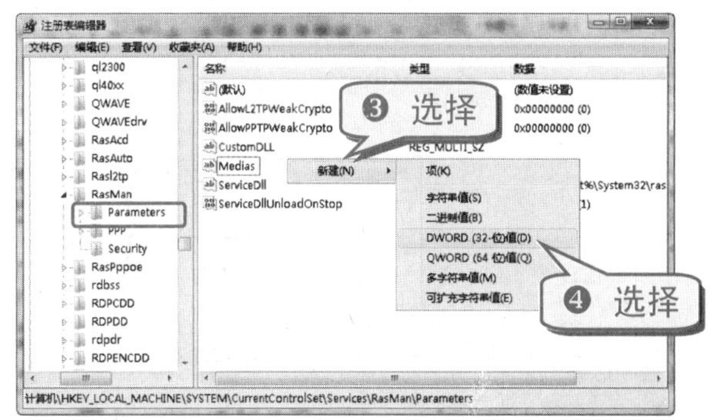

❺ 将新建的 DWORD 值命名为 DisableSavePassword，双击该子键，弹出“编辑 DWORD(32 位)值”对话框。

技巧245 禁止网关检测技术

如果计算机内设有多个网关，当处理多个连接有困难时，系统将会自动连接备份网关。有些非法用户会利用此问题来强制切换到次要网关，从而对 SNMP 进行攻击。

❶ 选择“开始”→“运行”命令，在弹出的“运行”对话框中输入 Regedit 命令，单击“确定”按钮，打开“注册表编辑器”窗口。

❷ 在打开的“注册表编辑器”左窗格中展开 HKEY_LOCAL_MACHINE\SYSTEM\CurrentControlSet\Services\Tcpip\Parameters 分支，然后在右窗格的空白区域右击。

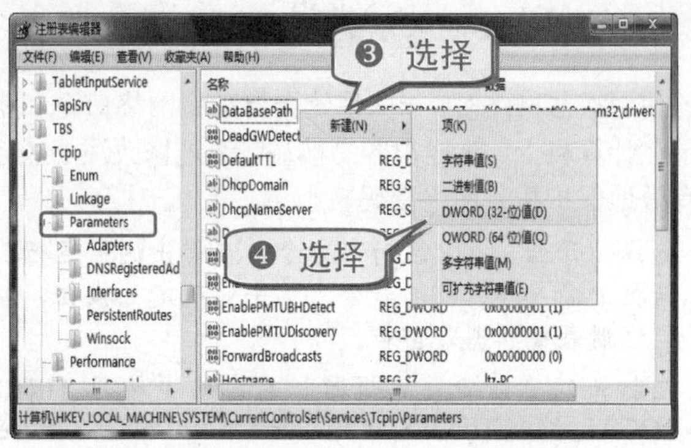

❺ 将新建的 DWORD 值命名为 EnableDeadGWDetect，双击该子键，弹出“编辑 DWORD(32 位)值”对话框。

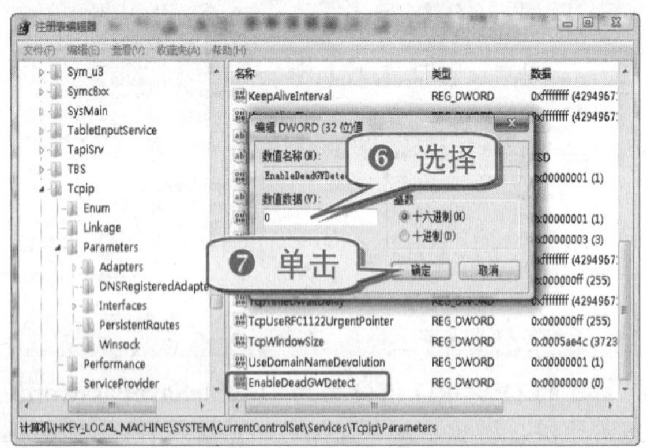

知 识 补 充

Simple Network Management Protocol(简单网络管理协议，SNMP)是由 Internet 工程任务组织(Internet Engineering Task Force，IETF)的研究小组为了解决 Internet 上的路由器管理问题而提出的。它可以在 IP、IPX、AppleTalk、OSI 以及其他传输协议上被使用。

SNMP 为一系列网络管理规范的集合，包括协议本身、数据结构的定义和一些相关概念。

技巧246 禁止 ADMIN$默认共享

ADMIN$是正常的系统共享文件，如果怀疑被非法用户控制，可以将其关闭。如果不希望被共享，则可以通过修改注册表中的设置将其禁止。

❶ 选择“开始”→“运行”命令，在弹出的“运行”对话框中输入 Regedit 命令，单击“确定”按钮，打开“注册表编辑器”窗口。

❷ 在打开的“注册表编辑器”左窗格中展开 HKEY_LOCAL_MACHINE\SYSTEM\CurrentControlSet\Services\LanmanServer\Parameters 分支，然后在右窗格的空白区域右击。

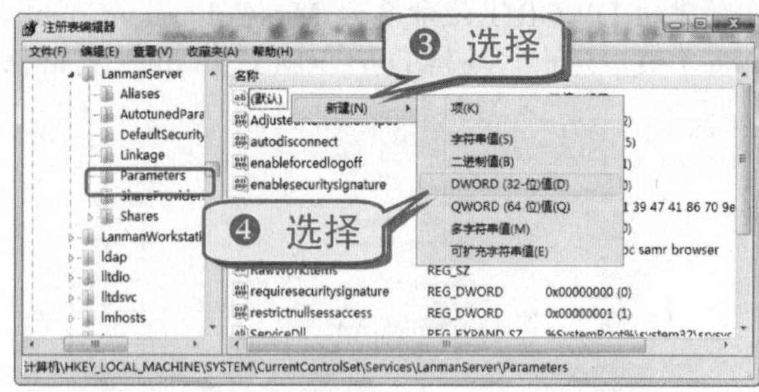

❺ 将新建的 DWORD 值命名为 AutoShareWks，双击该子键，弹出“编辑 DWORD(32 位)值”对话框。

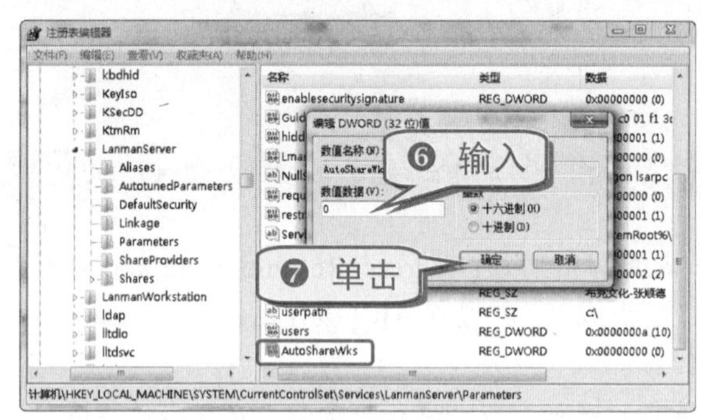

技巧247 禁止终端服务允许不安全的 RPC 通信

RPC 是一种协议，程序使用此协议可以向网络中的另一台计算机的程序请求服务。RPC 的主要目的是为组件提供一种相互通信的方式，使这些组件能够相互发出请求并传递其结果。

通过修改注册表中的设置，可以禁止终端服务允许不安全的 RPC 通信，从而提高终端的安全性。

❶ 选择“开始”→“运行”命令，在弹出的“运行”对话框中输入 Regedit 命令，单击“确定”按钮，打开“注册表编辑器”窗口。

❷ 在打开的“注册表编辑器”左窗格中展开 HKEY_LOCAL_MACHINE\SOFTWARE\Policies\Microsoft\Windows NT\Terminal Services 分支，然后在右窗格的空白区域右击。

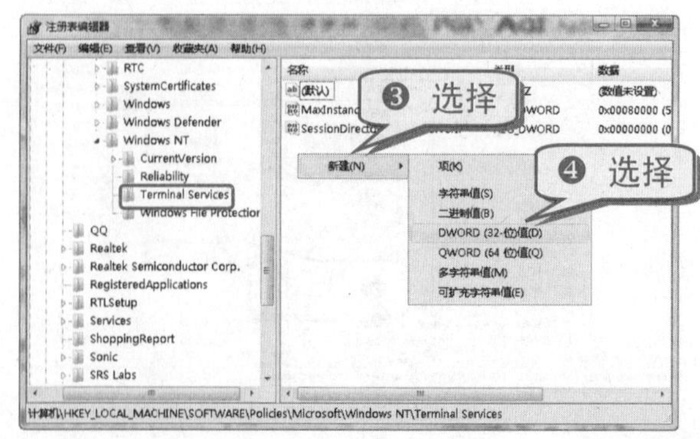

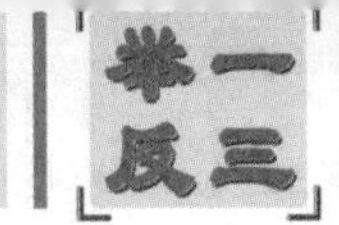

❺ 将新建的 DWORD 值命名为 fEncryptRPCTraffic，双击该子键，弹出“编辑 DWORD(32 位)值”对话框。

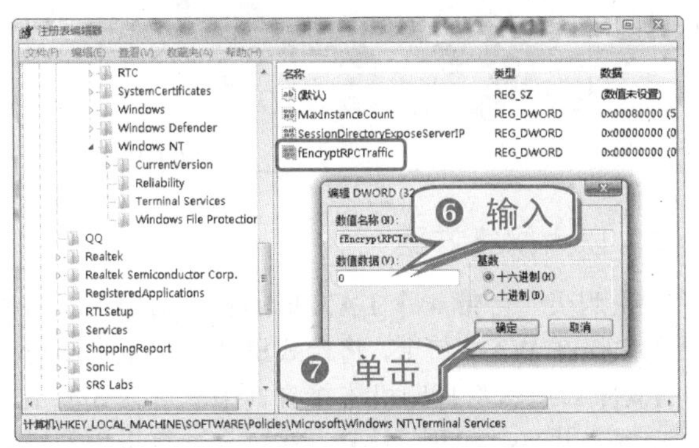

技巧248　允许“分布式链接跟踪”客户端使用域资源

域中的“分布式链接跟踪”客户端可以使用分布式链接跟踪(DLT)服务器运行在域控制器上，通过修改注册可表轻松实现。

❶ 选择“开始”→“运行”命令，在弹出的“运行”对话框中输入 Regedit 命令，单击“确定”按钮，打开“注册表编辑器”窗口。

❷ 在打开的“注册表编辑器”左窗格中展开 HKEY_LOCAL_MACHINE\SOFTWARE\Policies\Microsoft\Windows\System 分支，然后在右窗格的空白区域右击。

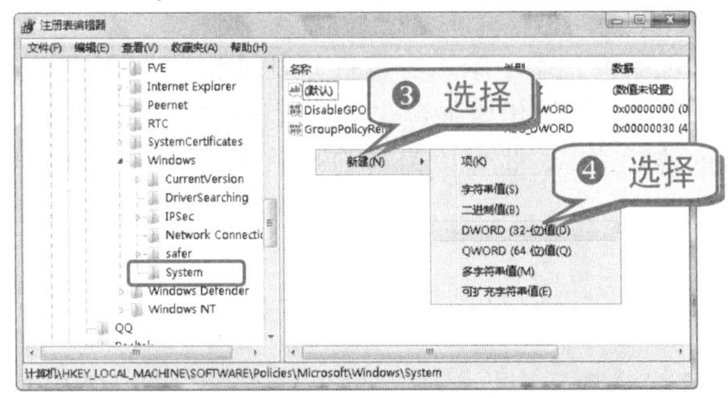

❺ 将新建的 DWORD 值命名为 fEncryptRPCTraffic，双击该子键，弹出“编辑 DWORD(32 位)值”对话框。

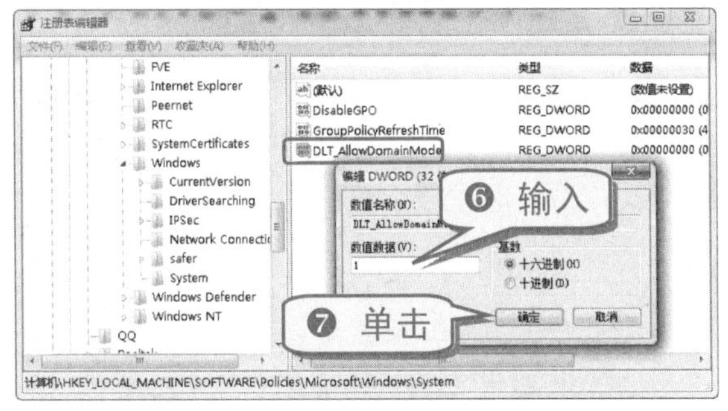

技巧249　交换机端口连接计算机技巧

普通的 24 口交换机可以将其全部连接计算机，即 24 个端口都可以使用。虽然有的 24 口交换机有 25 个端口，但第 25 个端口与其相邻的端口是同一个，即所谓的 Uplink 端口，只是端口的接线顺序不同而已。

技巧250　分析剪短网线长度与网速的关系

两台计算机分布在不同的房间共享同一网络，网速一直上不去。以为是线路过长，于是将将近 100 米的网线剪短至 90 米。可是，网速非但没有提升，反而变得更糟，下载时只有 10Kb/s。

将网线剪短后下载速率变得更慢，出现这种现象不仅仅与网线的长度有关，也与双绞线和 RJ-45 头的质量有关，甚至与网线的压制技术和是否符合 E568A 或 E568B 标准也有关。

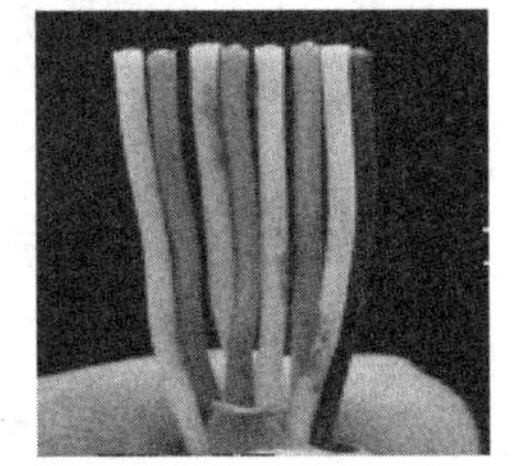

从传输速率上看，很有可能是网线的线序有问题，可尝试按照标准重新压制跳线，并使用网线测试仪进行连通性测试。另外，网卡和集线器的质量在很大程度上也会对传输速率有重要影响。

技巧251　ADSL 时而不能正常上网

在家庭网络中，使用 ADSL 有时不能正常上网，有时却又可以，是什么原因导致的这种现象？

要知道，ADSL 是一种基于双绞线传输的技术。双绞线是将两条绝缘的铜线按一定的规律互相缠在一起，这样可以有效抵御外界的电磁场干扰。大多数电话线都是平行线，也就是说从电信公司的接线盒到用户的家里这段线大多用的是平行线，这对 ADSL 的传输非常不利。因为过长的非双绞线传输会造成连接不稳定、ADSL 灯闪烁等现象，从而影响上网。

由于 ADSL 是在普通电话线的低频语音上叠加高频数字信号，所以从电信公司到 ADSL 滤波器这段连接中，任何设备的加入都将影响到数据的正常传输。因此在滤波器之前最好不要并接电话和电话防盗器等设备。

技巧252　快速解决拨打/接听电话时网络掉线问题

如果用户在家庭网络中使用普通电话+ADSL 上网，只要在家中有人拨打或接听电话，网络就会出现掉线现象，稍等一分钟左右它就会自动连接上而不需要重新拨号。把整个线路和 Modem 都换成新的后，拨打和接听电话时都不会导致掉

线，以为问题解决了，但是没过多久这种现象又发生了。

导致这种现象的原因可能有以下几个方面，用户可以对照着逐一进行排除。

- 距离局端太远：ADSL 所允许的最远有效传输距离是5000 米，用户与局端的距离越远，信号质量和稳定性越差。
- 线路质量太差：在大多数电缆中，线对之间的串扰非常严重，如果线路质量太差，电阻过高或串扰过大，就必然会影响数据传输的质量。
- 分离器质量问题：分离器相当于是一个低通滤波器，只允许频率为 0kHz～4kHz 的语音信号通过电话，消除电话与 ADSL 调制解调器在 4kHz 频率的边缘产生的干扰。如果分离器质量有问题，就会在语音信号到来时影响数据信号。
- 安装有其他设备：在分离器前不得安装任何其他设备，如防盗打装置，否则，也会导致连接故障。

技巧253 快速组建家庭办公网络

硬件设备有两台台式机、一台笔记本电脑以及一台打印机。希望三台计算机能够分别或同时上互联网，平时又能互相访问硬盘，并通过设置网络打印服务器的方式共享打印机，而且笔记本电脑还要在几个房间内移动。Internet 采用电信宽带(双绞线到户)，不想单独拿出一台计算机做代理服务器。

有以下两种组建方案可以实现以上要求，一种是以太网络方案，另一种是无线网络方案。

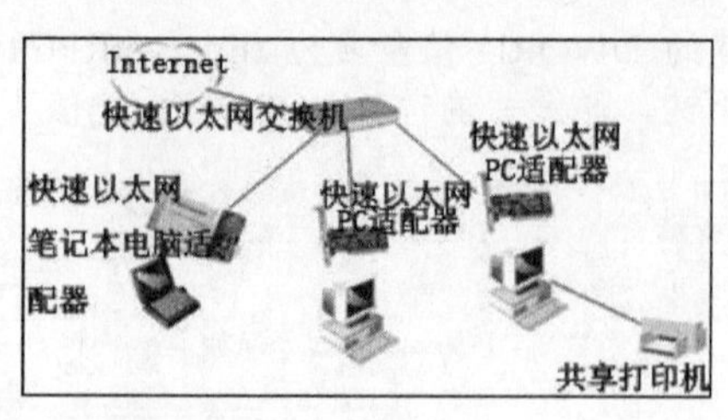

(1) 以太网络方案

首先购买一台带 4 个 LAN 口的宽带路由器。将电信宽带入口接在 WAN 口上，将台式机和笔记本电脑也都连接在 LAN 口上。将打印机连接到其中一台台式机上，并将其设置为共享打印机。接着，在每台计算机上都设置共享文件夹。至于笔记本电脑需要移动，可以在每个房间都布设信息插座，这样，在每个房间都可以使用跳线连接到宽带路由器。该方案的优点是投资少，传输速率高(通常为 100Mb/s)。

(2) 无线网络方案

首先购买一台带 4 个 LAN 口的无线路由器。将电信宽带入口接在 WAN 口上，将台式机也都连接在 LAN 口上。打印机连接至其中一台台式机，并将其设置为共享打印机。然后，在每台计算机上都设置共享文件夹。笔记本电脑需要安装无线网卡，这样可以随意在各个房间移动，避免拖着以太网电缆。该方案的优点是投资较高，需要为笔记本购置安装无线网卡，传输速率较低(不高于 44Mb/s)。

如果笔记本电脑本身带有无限网卡，则无须再为其购置。另外，如果想增强台式机的可移动性，并且不介意彼此的传输速率，也可以为其购置 PCI 接口或 USB 接口的无线网卡。

专题八 Word 2007 应用技巧

内容导航

Word 2007是Office办公软件中使用频率最高的文字处理软件之一，其中文字处理和文档编辑是其核心内容，而插入艺术字、图形和SmartArt可以使文档更加生动和美观。

热点快报

- 妙用Alt键
- 格式刷应用技巧
- 格式设置技巧
- 艺术字体设置技巧
- 快速粘贴多项内容
- 巧妙打造电子书签

技巧254 去除随Word 2007一起启动的输入法

启动Word 2007应用程序时，微软拼音输入法会随着Word 2007一起启动，将其去除的方法很简单。

❶ 在打开的Word 2007应用程序窗口中单击Office按钮，在弹出的下拉菜单中选择“Word选项”命令，打开“Word选项”窗口。

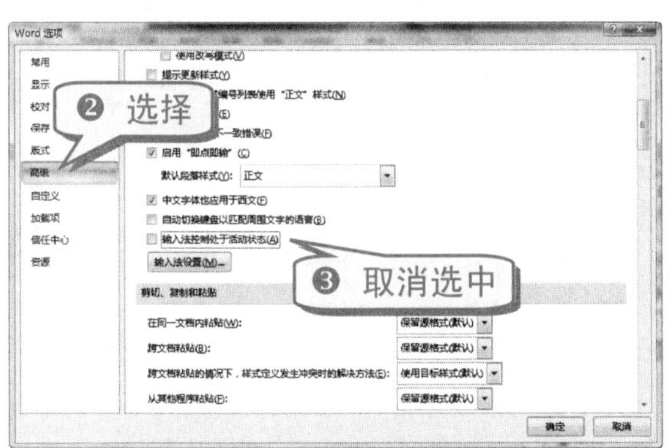

注 意 事 项

重新启动Word 2007，就会发现微软拼音输入法不再随着Word 2007一起启动了。

技巧255 妙用Alt键

在Word 2007中，只要按Alt键，就会显示出菜单栏上的按钮和菜单项的快捷键，再一次按Alt键后，之前的显示就会消失。

例如，要在Word 2007中插入艺术字体。

❶ 打开Word 2007应用程序，按Alt键。

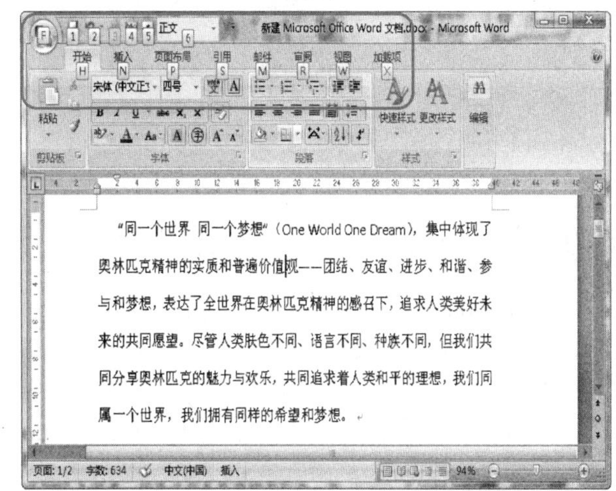

❷ 当工具栏或菜单项的快捷键显示出来以后，按N键，即可切换到“插入”选项卡。

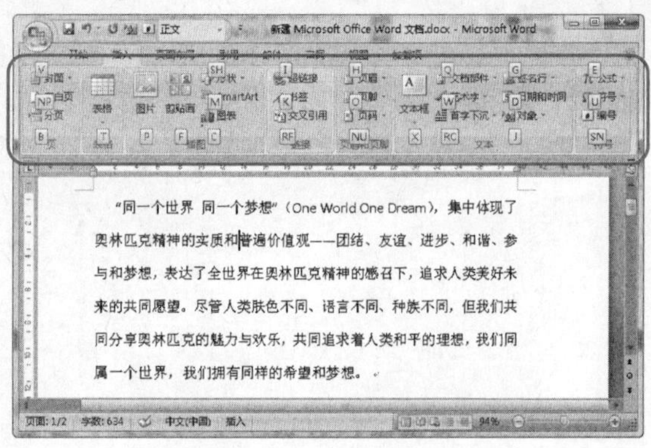

❸ 按 W 键，就可以选择艺术字体。

技巧256 快速显示文档中的图片

如果一篇 Word 文档中有太多的图片，则打开后显示比较慢。

若在打开文档时快速单击“打印预览”按钮，图片就会立刻清晰地显示出来。然后退出“打印预览”界面，此时所有的图片都已经显示出来了。

❶ 双击需要打开的 Word 文档。

技巧257 快速修改最近使用的文档数量

在 Word 2007 的“打开”菜单中列出了最近打开过的文档记录，这样能方便查找上次使用过的文档。不过数量设置得不要过多，否则会影响选择。

❶ 在打开的 Word 2007 中应用程序窗口中单击 Office 按钮，选择“Word 选项”命令，打开“Word 选项”窗口。

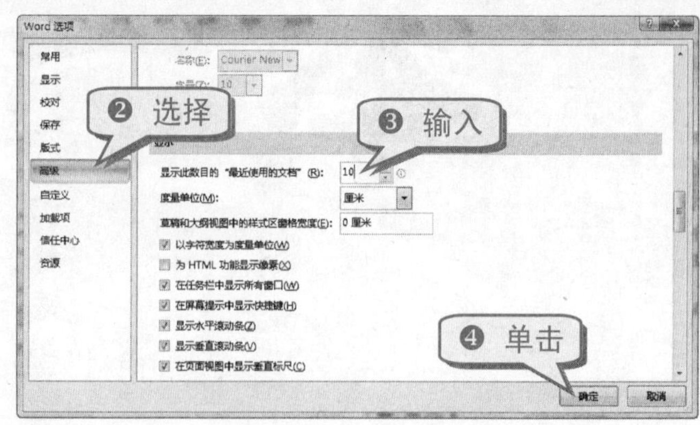

技巧258 快速粘贴多项内容

用户在编辑 Word 文档时，有时需要复制不连续的内容到指定位置，若逐个复制内容显得有些麻烦，而利用剪贴板可以快速实现此项功能。

❶ 打开 Word 2007 应用程序，切换到“开始”选项卡。

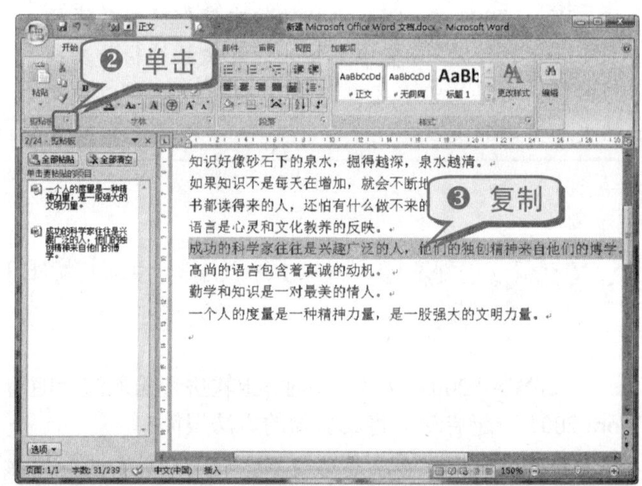

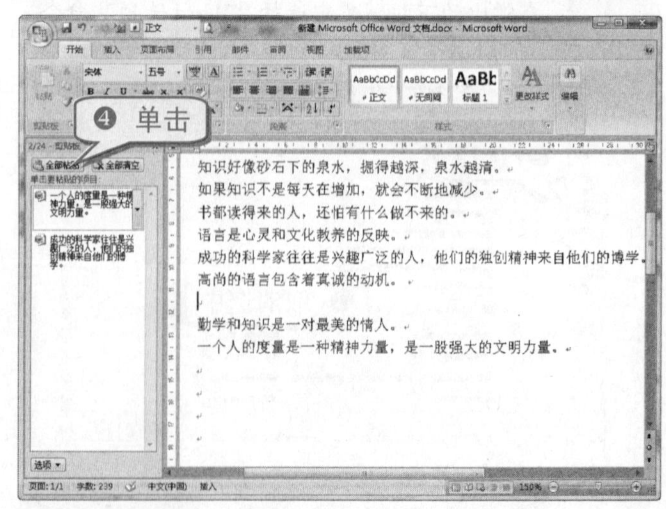

知 识 补 充

在将内容复制到剪贴板时，可以单独复制每项内容，也可以在按住 Ctrl 键的同时选中多项内容，然后复制到剪贴板。

在光标所在处插入剪贴板中的内容时，可以逐个插入每项内容，也可以单击“全部粘贴”按钮，一次将剪贴板中的内容插入到光标所在处。

技巧259 解决原文本被覆盖问题

编辑文本时，会出现在中间插入的文本覆盖了后面的文本的情况，这样会导致后面的文本丢失。

出现这种情况的原因可能是在之前的操作过程中不小心按过 Insert 键，将文档的输入方式改为了“改写”状态。此时只要再按一次 Insert 键，即可将输入状态切换到原来的“插入”状态。

例如，在“不信书不能提高境界，光信书不如无书”语句中插入“我们爱读书”时，通过比较可以看出在“插入”状态和“改写”状态下输入文本的区别。

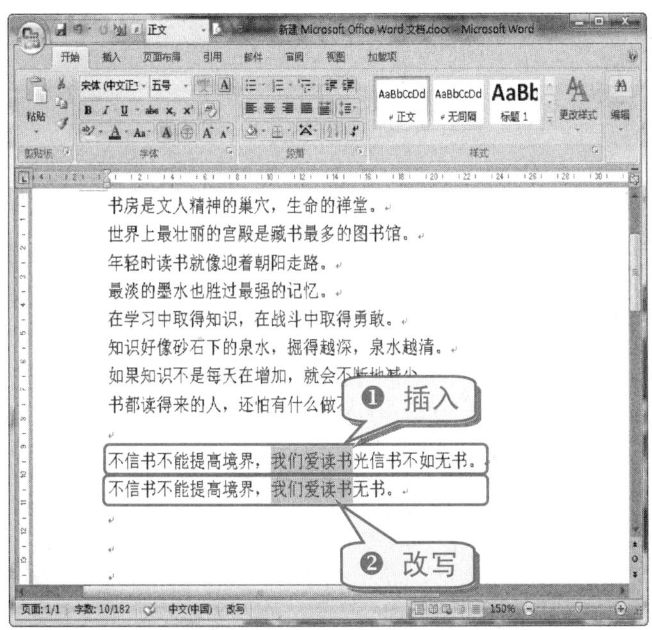

知 识 补 充

当需要删除某些内容时，只需要将光标置于要删除的内容之前，按 Delete 键就可删除光标后面的内容。

如果是删除一句话或一个段落，那么先选中该句话或该段落，然后按 Delete 键即可。

技巧260 妙用格式刷

使用格式刷可以快速更改文本的格式，而不需要通过功能菜单重新设置文本格式。单击 图标可以应用一次格式，而双击 图标则可以无限次地应用格式。

❶ 打开 Word 2007 应用程序。

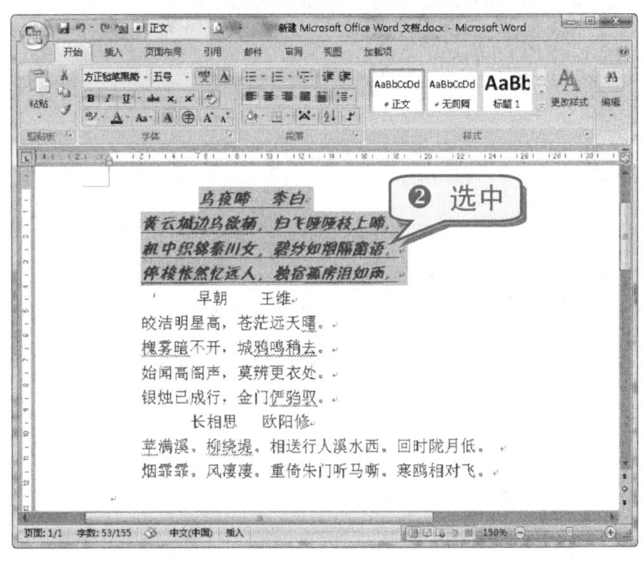

❸ 按 Ctrl+Shift+C 组合键复制格式。

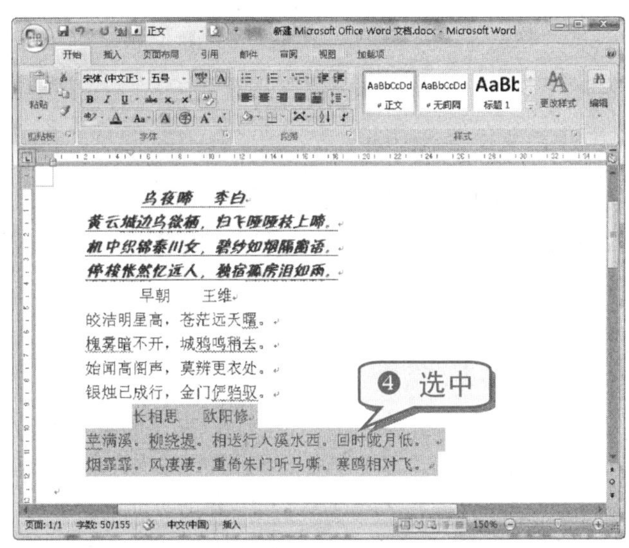

❺ 按 Ctrl+Shift+V 组合键应用格式。

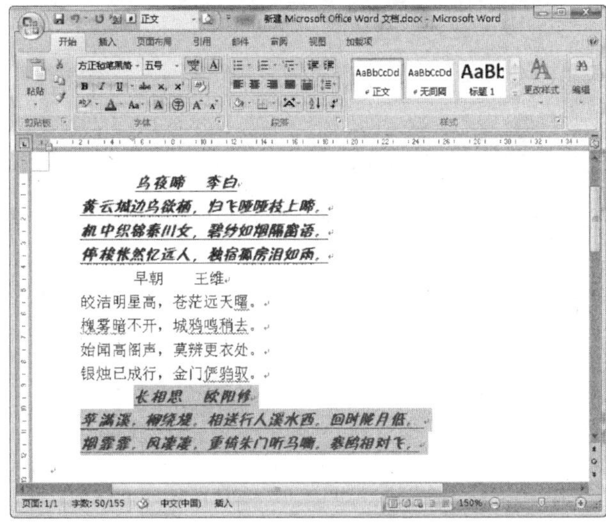

知 识 补 充

在 Word 2007 的应用程序中，“格式刷”的默认组合键是 Ctrl+Shift+C。

技巧261 快速消除文档粘贴格式混乱

在多个文档之间进行复制或粘贴操作时，不同的格式可能会引起文档格局发生混乱。通过对跨文档内粘贴格式的处理方法进行设置，可以避免这种现象的发生。

❶ 在打开的 Word 2007 应用程序窗口中单击 Office 按钮，在弹出的下拉菜单中选择“Word 选项”命令，打开“Word 选项”窗口。

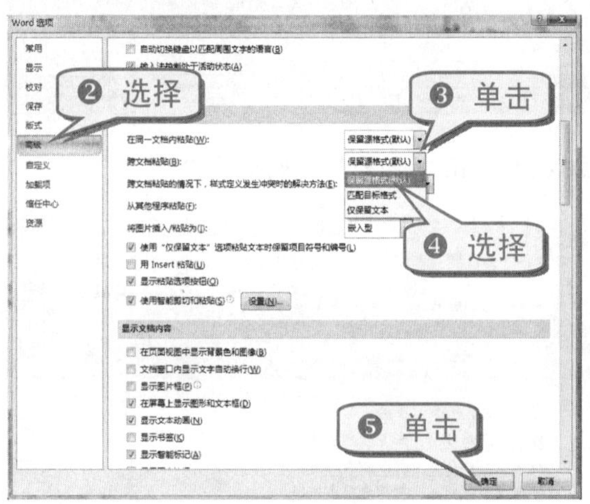

技巧262 快速插入新页面

在编辑 Word 文档时，有时需要在中间插入一张新的页面。这虽然可以通过连续按 Enter 键的方法来实现，但是，可以使用更加轻松的方法来插入新的页面。

❶ 在打开的 Word 2007 应用程序窗口中，将光标定位到需要分页的位置。

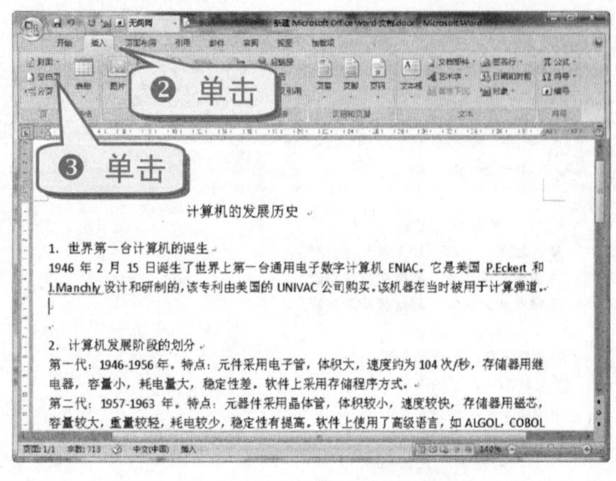

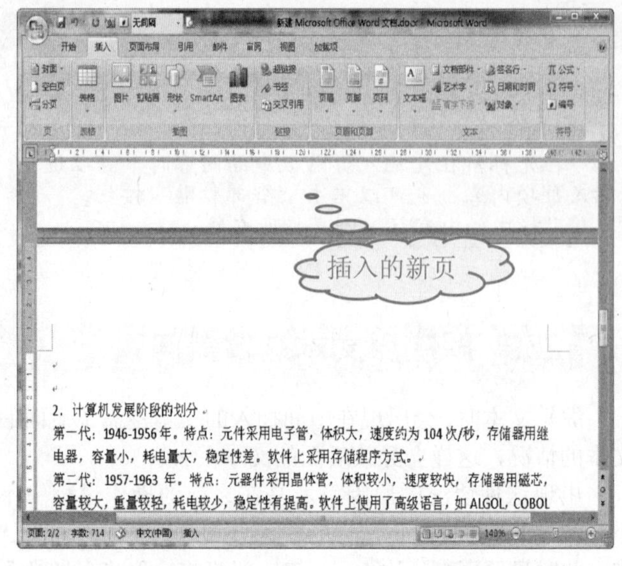

举 一 反 三

插入分页后，在光标位置将会新建一个空白页，而在光标后的文本内容将被隔开至空白页之后的页面上。

技巧263 如何输入 10 以上的序号

在 Word 2007 中，默认情况下只能插入 10 以下的序号。

❶ 打开 Word 2007 中应用程序，将光标定位到需要插入符号的位置。

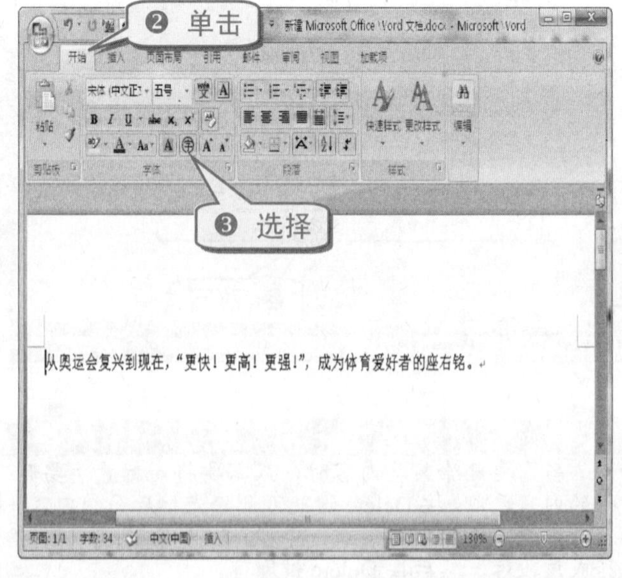

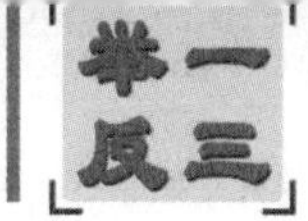

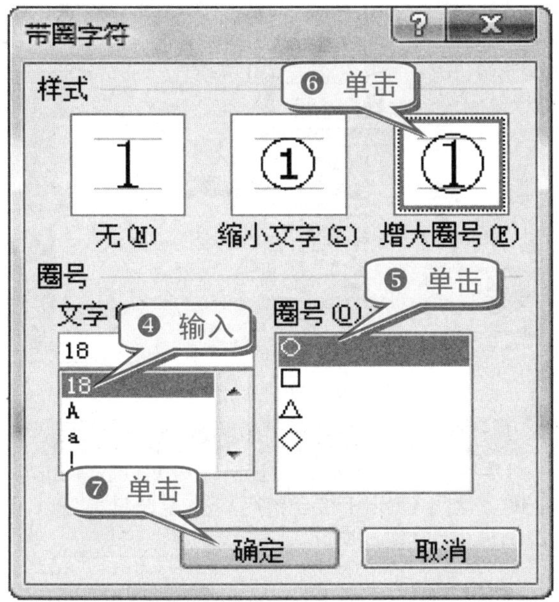

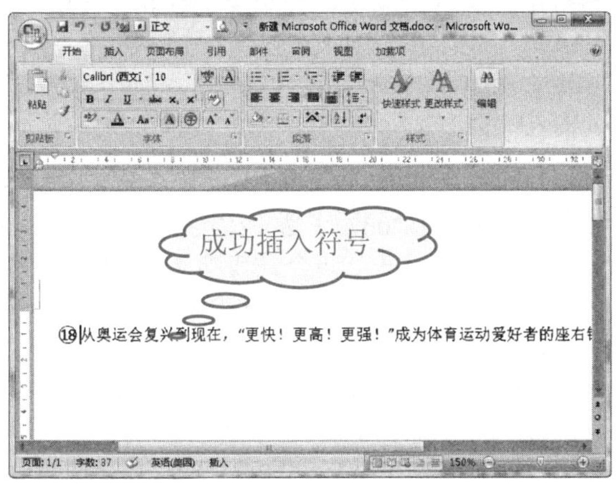

技巧264 快速统计文档字数

在 Word 2007 中提供了字数统计的功能，以便在录入文档时即时统计字数。

❶ 打开 Word 2007 应用程序。

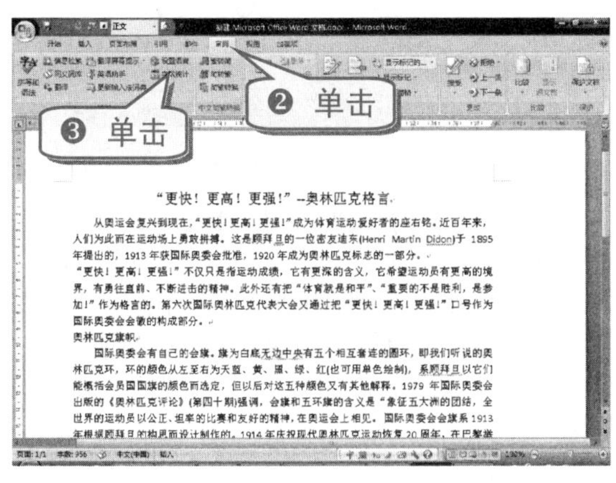

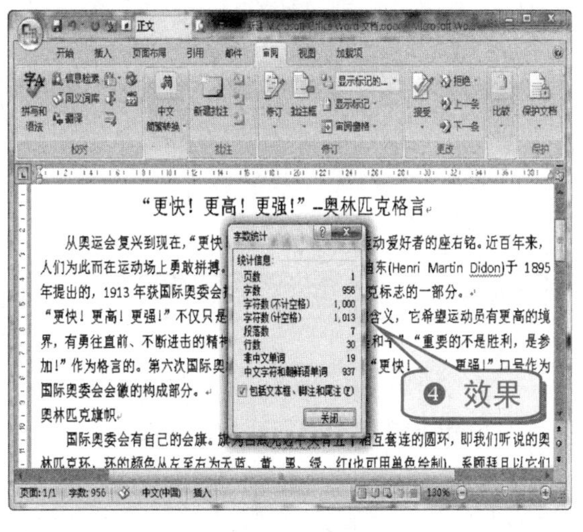

技巧265 取消自动调整功能

在 Word 2007 中编辑文本时，有时将临近全角符号的汉字和符号删除后，Word 2007 的自动调整功能会插入一个空格，使得版面看起来更整齐。

❶ 在打开的 Word 2007 应用程序窗口中单击 Office 按钮，在弹出的下拉菜单中选择“Word 选项”命令，打开“Word 选项”窗口。

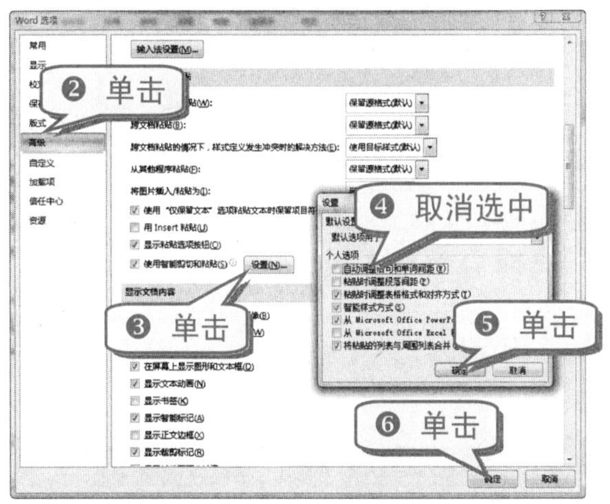

技巧266 妙用 Shift+F3 组合键

在使用 Word 2007 编辑文档时，可以使用 Shift+F3 组合键来更改已录入的英文字符大小写，也可以将选中的英文字符在全部大写字母、全部小写字母及第一个字符大写三种状态之间快速切换。

❶ 将光标置于要改变大小写的单词当中，或者选中需要更改的整个语句。

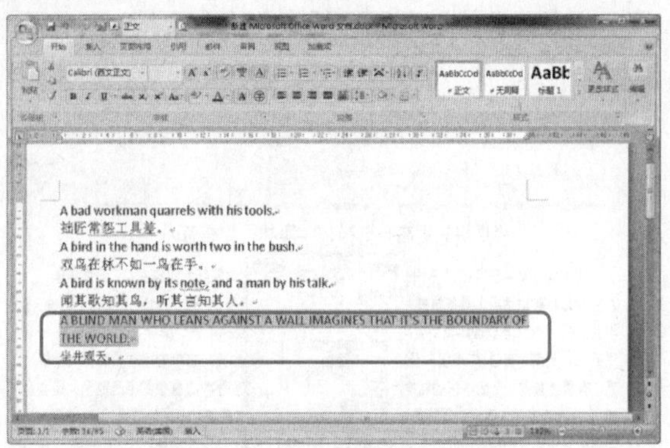

❷ 然后按 Shift+F3 组合键即可切换状态。

技巧267 快速插入省略号

许多用户在使用 Word 2007 编辑文档时，以为只有切换到英文输入法状态下，然后连续按键盘上的“。”键才能输入省略号，或者在任何输入法状态下连续按小键盘上的“.”键输入省略号。

其实上述两种输入省略号的方法都不专业。在中文输入法状态下只要同时按 Ctrl+Alt+.组合键，即可快速输入省略号。

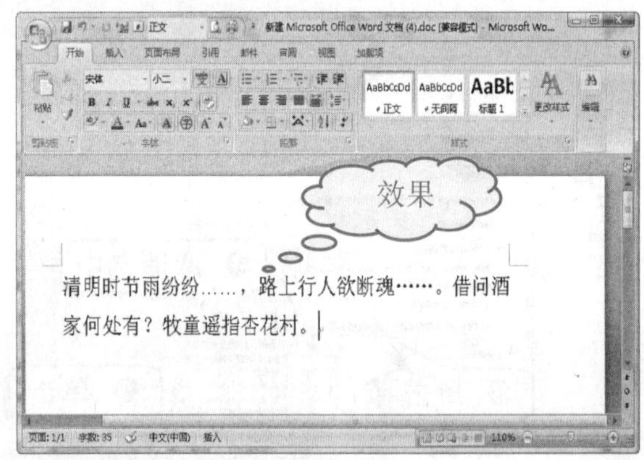

注 意 事 项

可以发现，按“。”或“.”键输入的省略号“……”与按 Ctrl+Alt+.组合键输入的省略号“……”有很大不同。

技巧268 快速更改字号大小

使用 Word 2007 编辑文档时，经常需要更改字符的格式以及字号大小写等。

❶ 在打开的 Word 2007 应用程序中，选中需要更改大小的字符。

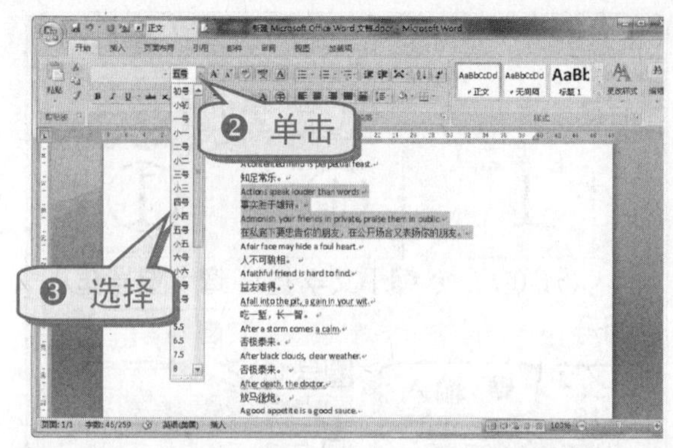

举 一 反 三

想要快速改变字符大小还可以使用 Ctrl+Shift+F 组合键。使用 Ctrl+I 组合键可以快速倾斜文字；而使用 Ctrl+U 组合键可加下划线。

技巧269 让字体大小缩放自如

在 Word 2007 中，虽然可以通过功能按钮更改字号的大小，但是常设字体的字号最大为初号，最小为八号。而在实际工作中，有时需要制作特大字和超小字。

❶ 在打开的 Word 2007 中选中需要更改字号大小的内容。按 Shift+Ctrl+ > 组合键可以放大字体。

❷ 按 Shift+Ctrl+ < 组合键可以缩小选中字体的字号。

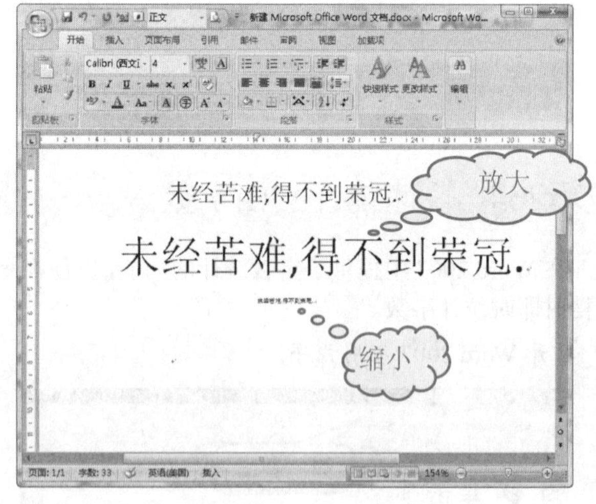

技巧270 让图片悬浮在文字中

在使用 Word 2007 编辑文档时，不仅可以插入图片，而且还可以让图片自由摆放在 Word 文档任何处。

❶ 在打开的 Word 2007 应用程序中，双击需要让其悬浮的图片。

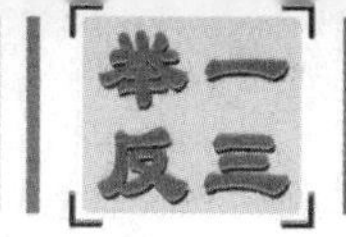

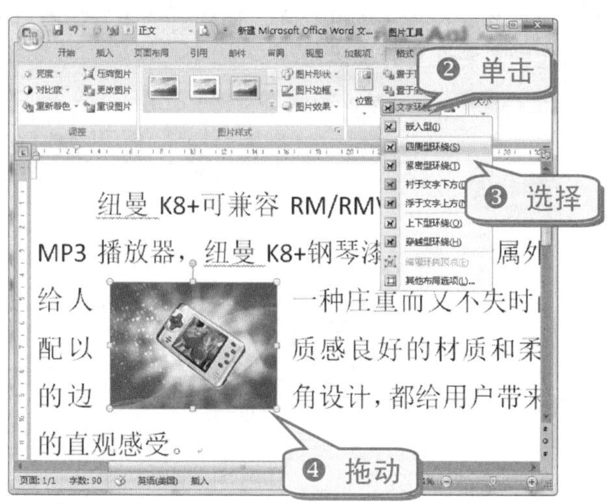

技巧271 妙用查找和替换功能

在校对文档时，有时需要更改重复出现的错别字，如果逐一查找工作量很大，此时可以使用 Word 2007 的查找和替换功能来快速实现此目的。

例如，需要将整篇文档中的“妈妈”改为“母亲”。

❶ 打开需要进行校对的文档，选择“开始”选项卡。

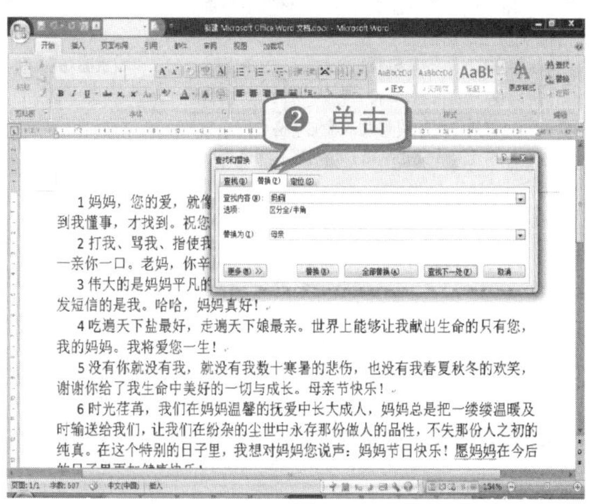

❸ 在“查找内容”文本框中输入“妈妈”，接着在“替换为”文本中输入“母亲”。

❹ 单击“查找和替换”对话框中的“全部替换”按钮即可。

举 一 反 三

按 Ctrl+H 组合键也可以弹出“查找和替换”对话框。

选择“开始”→“替换”命令，同样可以弹出“查找和替换”对话框。

在“查找和替换”对话框中，单击“查找下一处”按钮可以查找“妈妈”所在的位置，然后可以手动更改。单击“替换”按钮一次，Word 2007 只能完成一处替换。

技巧272 快速调整字符间距

如果在一篇 Word 文档中字符之间排列得太过紧凑，会影响整篇文档的阅读。通过设置“字符间距”可以快速调整字符间的间距。

❶ 右击选中需要更改字符间距的语句或段落，在弹出的快捷菜单中选择“字体”命令，弹出“字体”对话框。

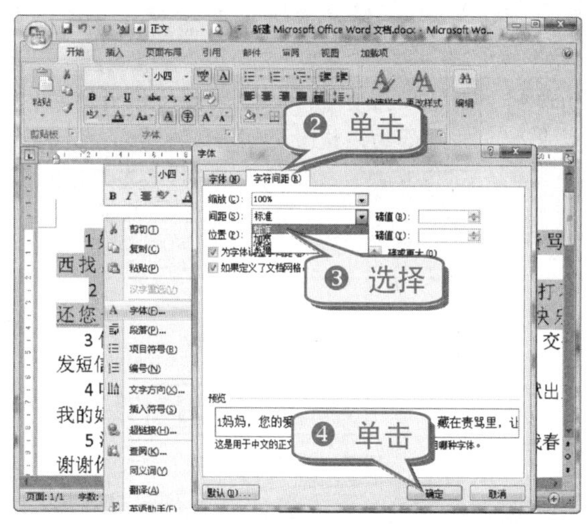

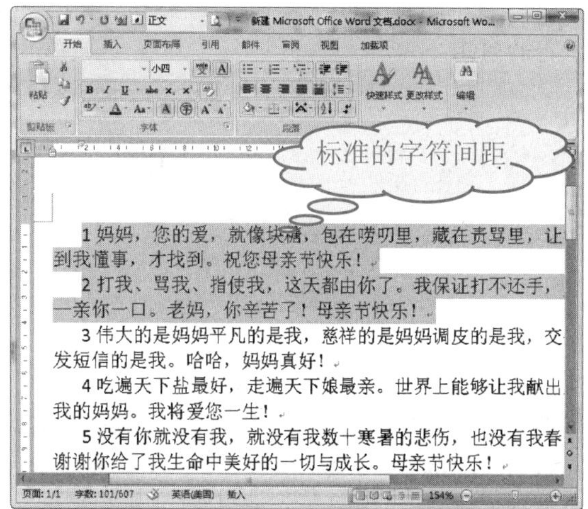

技巧273 快速调整段落格式的两种方法

段落格式是文档显示的一部分，是文档段落的属性之一。设置段落格式可以通过“段落”的功能区和对话框两种方式进行设置。

(1) 通过“段落”功能区设置

在“段落”功能区中可以对段落的对齐方式、缩进量、间距以及段落中的编号进行设置。

❶ 打开 Word 2007 应用程序，切换到“开始”选项卡，选中需要设置的段落，然后单击［对齐按钮］中的各项按钮，可以设置段落的对齐方式。

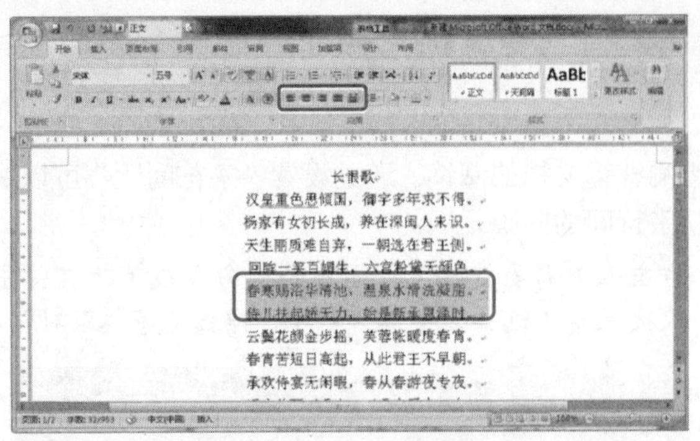

❷ 切换到“开始”选项卡，单击 的各项按钮，可以减少和增加段落的缩进量。

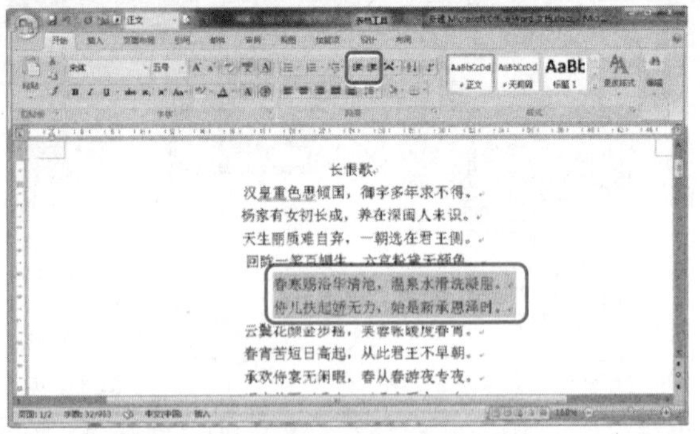

❸ 切换到“开始”选项卡，单击 按钮，可以更改文本行的间距。

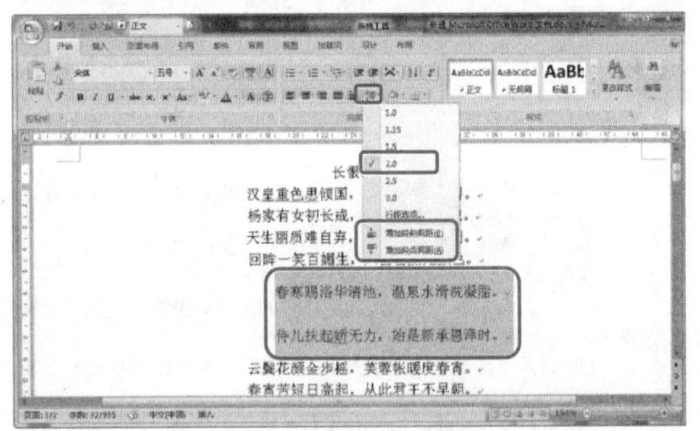

❹ 切换到“开始”选项卡，单击 下拉按钮，可以给各段落设置编号。

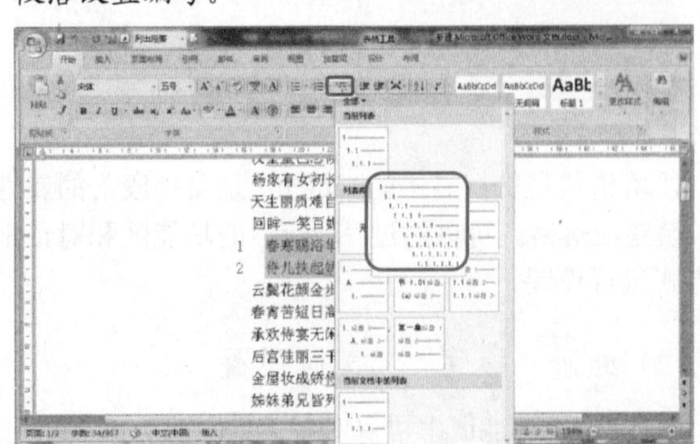

(2) 通过“段落”对话框设置

在 Word 2007 应用程序中，使用“段落”对话框也可以进行段落格式的设置，而且各项设置的参数更精确。

❶ 打开 Word 2007 应用程序，切换到“开始”选项卡，选中需要设置的段落。

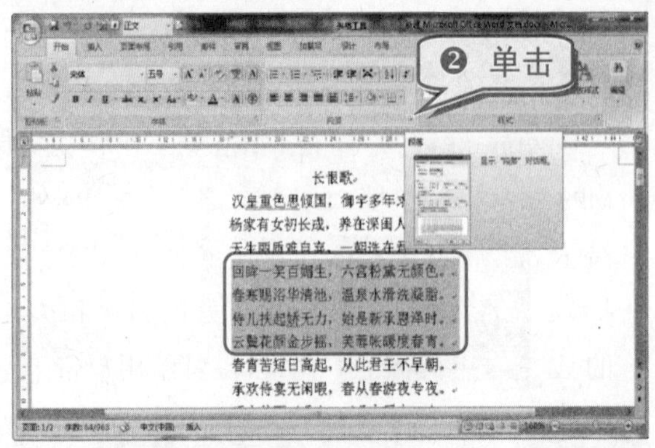

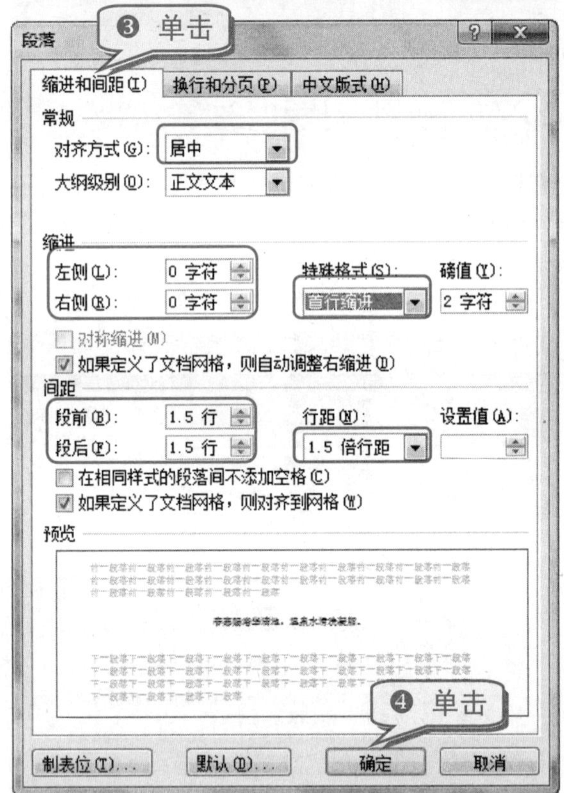

技巧274 边框和底纹添加技巧

在 Word 2007 中，通过为文档添加边框和底纹，可以增加文档的修饰性，使文档看起来更加美观。

(1) 为文本添加边框

向文本添加边框后，文本的四周就会显示已经设置好的边框。随着文本的内容增多，边框也会增大。

❶ 打开 Word 2007 应用程序，选择“页面布局”选项卡，选中需要设置边框的文本。

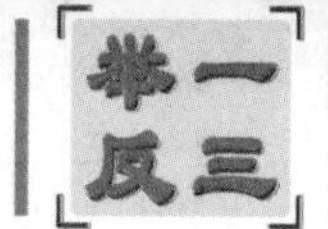

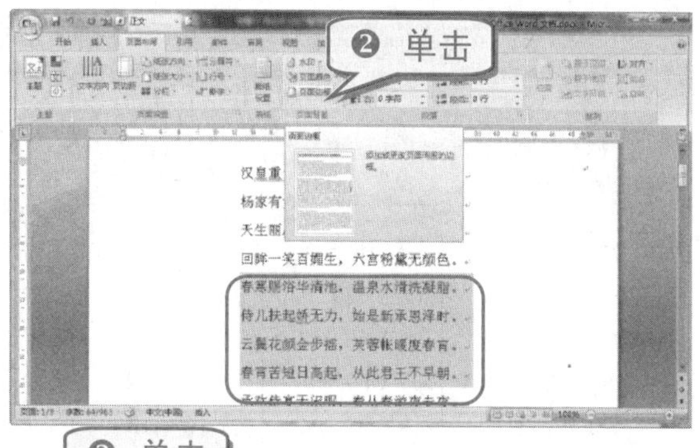

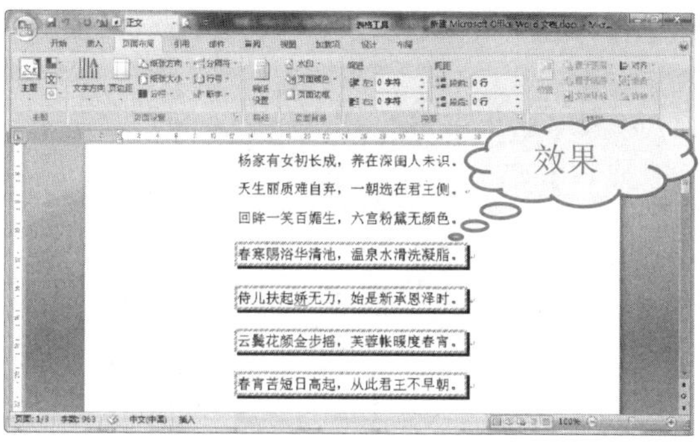

(2) 添加页面边框

在 Word 2007 中，为页面添加边框的方法与为文本添加边框的方法相似。

❶ 打开 Word 2007 应用程序，切换到“页面布局”选项卡，单击“页面边框”按钮，弹出“边框和底纹”对话框。

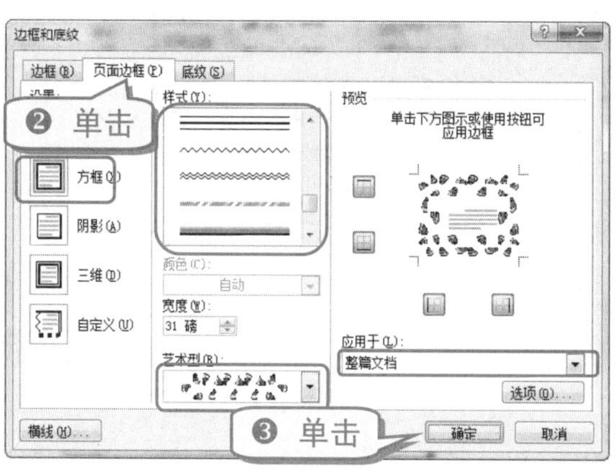

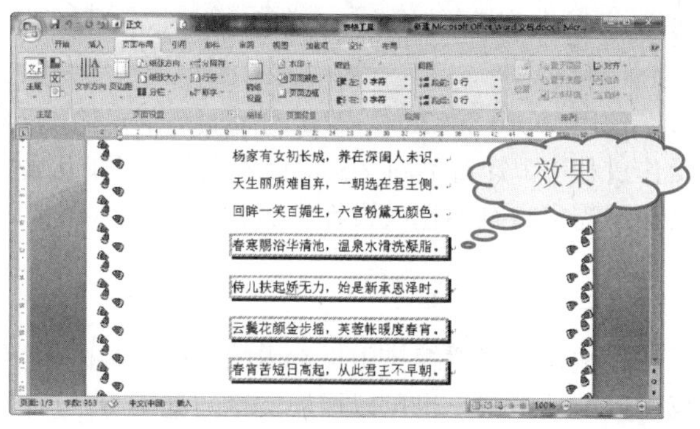

知 识 补 充

单击“边框和底纹”对话框中的“选项”按钮，弹出“边框和底纹选项”对话框，在其中可以设置边框的边距。

(3) 底纹的设置

底纹是指正文的背景颜色，可以让文本看起来更加美观和醒目。

在 Word 2007 中，为页面添加底纹的方法与为文本添加边框的方法相似。

❶ 打开 Word 2007 应用程序，切换到“页面布局”选项卡，选中需要设置底纹的文本，单击“页面边框”按钮，弹出“边框和底纹”对话框。

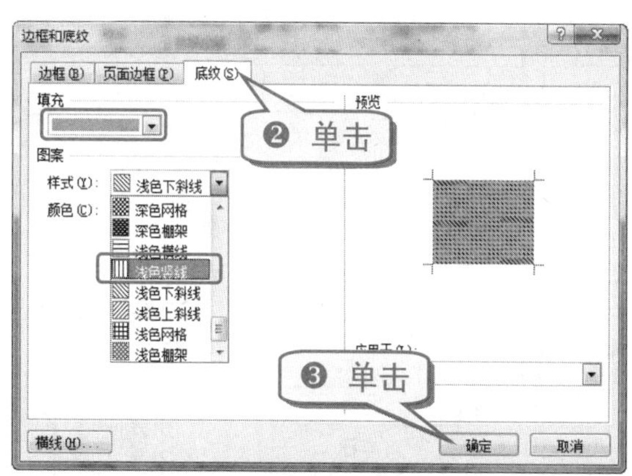

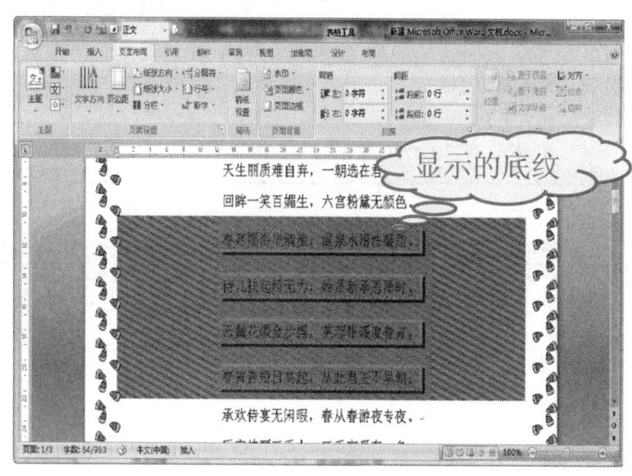

技巧275 Word 高级排版技巧

在使用 Word 2007 时，默认的版面是单栏的。而在实际操作过程中，针对不同文档需要不同的版面，因此用户需要根据需求自行挑选或设计版面。

(1) 三栏编排设计

三栏编排是多栏编排中最常用的一种，使用三栏编排不仅可以节约纸张，也可以增加文章的紧凑感。

❶ 打开 Word 2007 应用程序，切换到“页面布局”选项卡。

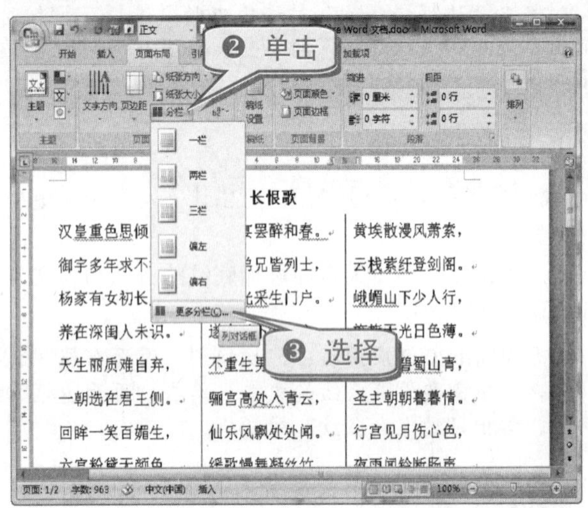

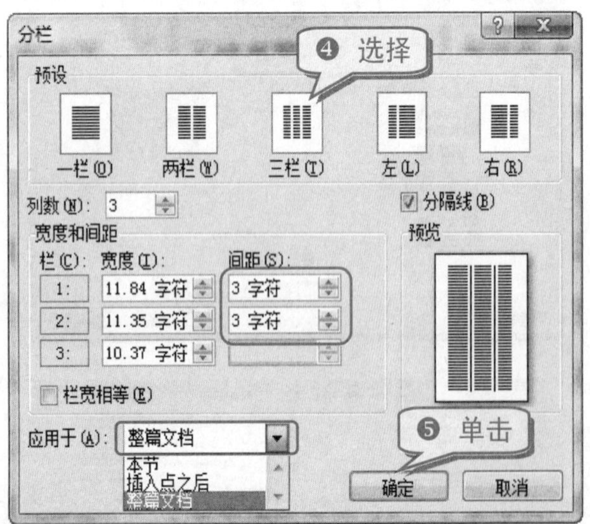

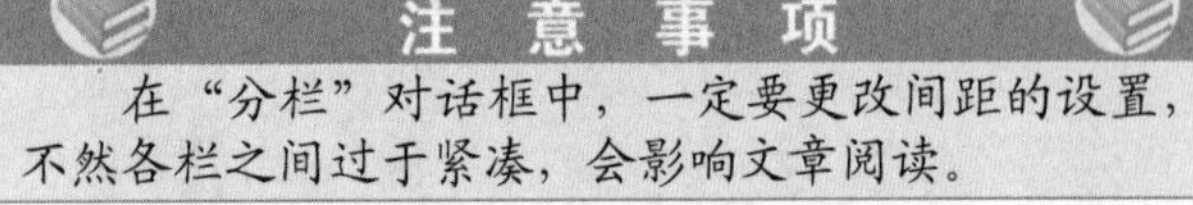

在“分栏”对话框中，一定要更改间距的设置，不然各栏之间过于紧凑，会影响文章阅读。

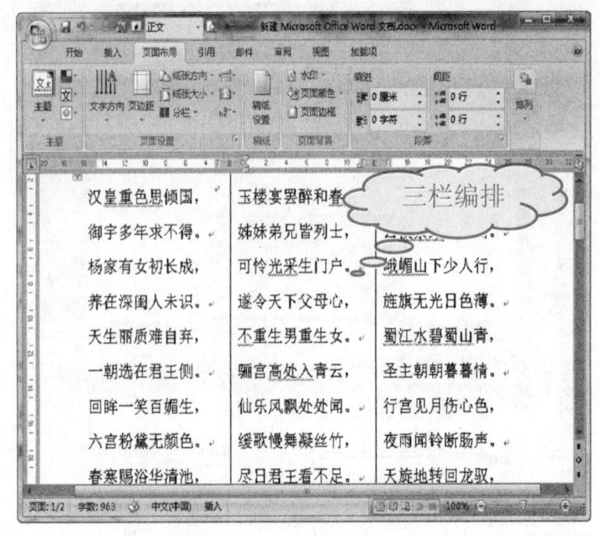

(2) 竖排编排设置

相对于横排编排方式来说，竖排编排是指将文档中的文字竖直排列。

❶ 打开 Word 2007 应用程序，切换到“页面布局”选项卡。

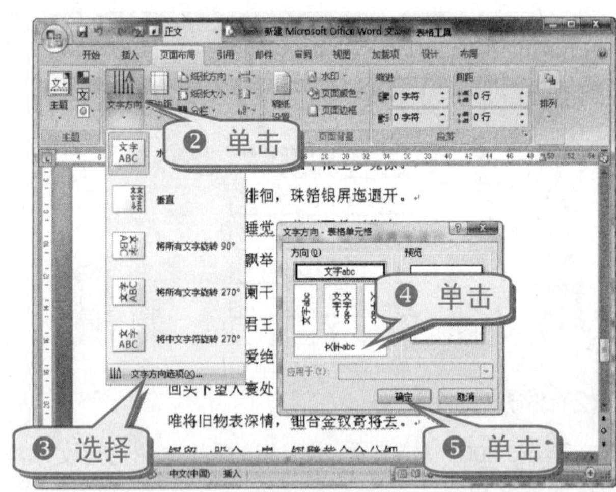

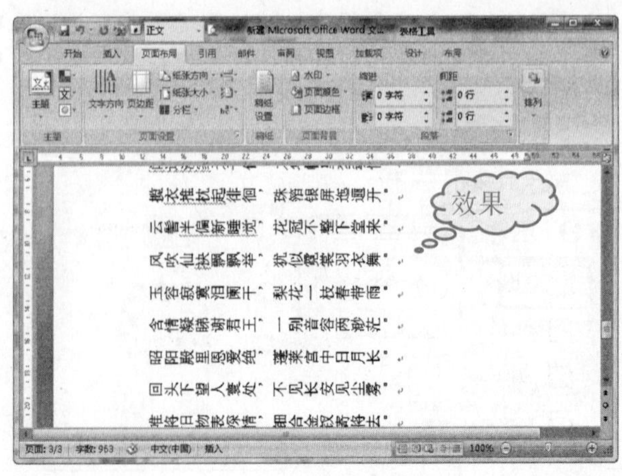

技巧276 巧设页眉或页脚

页眉和页脚是文档中每个页面的顶部、底部和两侧页边距中的区域。

可以在页眉和页脚中插入或更改文本或图形。例如，可以添加页码、时间和日期、公司徽标、文档标题、文件名或作者姓名。

❶ 打开 Word 2007 应用程序，切换到“插入”选项卡。

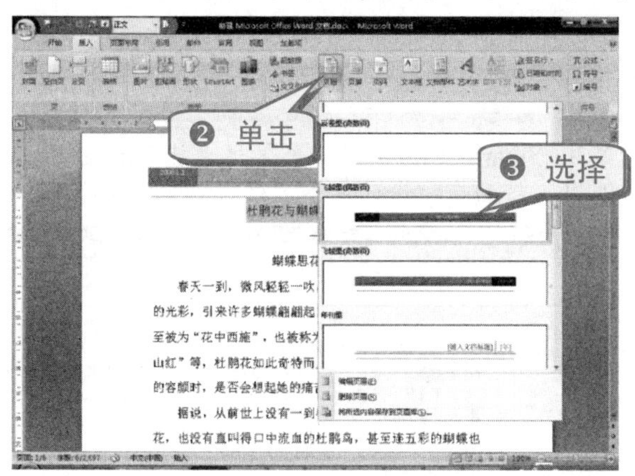

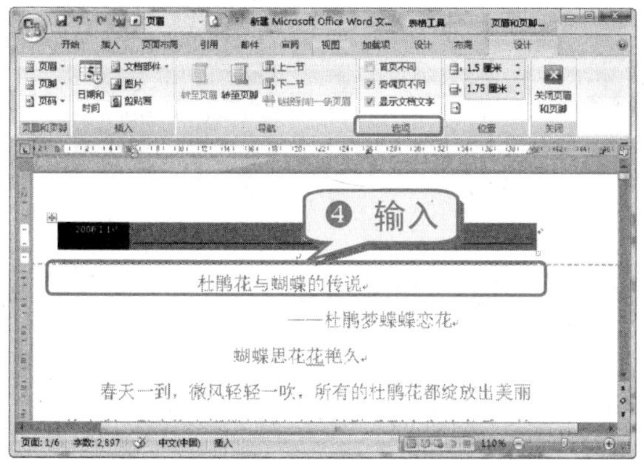

选中“奇偶页不同”复选框，可以对奇偶页设置不同风格的页眉和页脚。

❺ 双击文档的文字部分，完成插入页眉的操作。

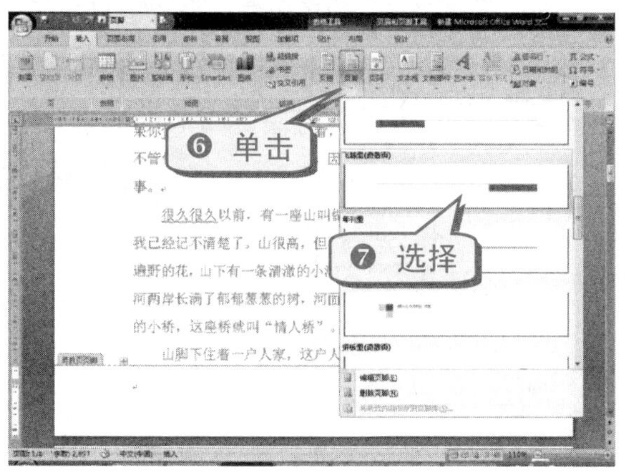

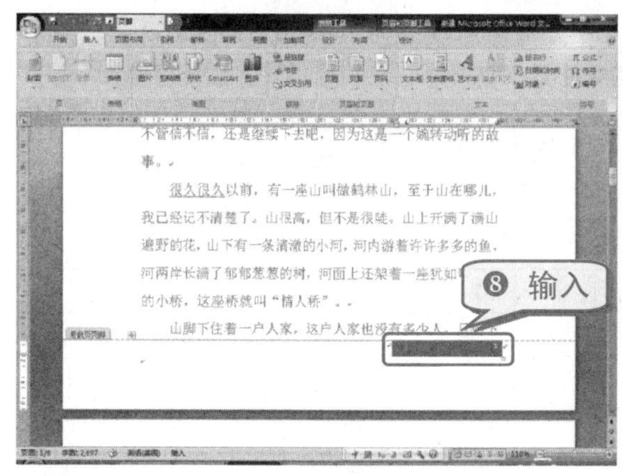

举 一 反 三

在页眉和页脚处还可以插入文本和图片并作修改，例如，可以添加页码、时间和日期、公司徽标、文档标题、文件名和作者姓名等。

技巧277 妙用 SmartArt 工具制作精美的文档图表

SmartArt 工具是 Word 2007 的一个突出的亮点，能帮助用户制作出精美的文档图表。

SmartArt 的意思可以翻译为“精美艺术”，运用在文档中的演示流程、层次结构、循环或者关系等方面。

SmartArt 图形包括列表、流程、循环、层次结构关系，矩阵和棱锥圆。配合图形样式的使用，能够得到意想不到的效果。

(1) SmartArt 概述

SmartArt 图像库提供了 115 套不同类型的模板,从视觉上给用户以强大的冲击力,这些模板都呼应了 Windows Vista 操作系统的精美风格。

❶ 打开 Word 2007 应用程序，切换到“插入”选项卡。

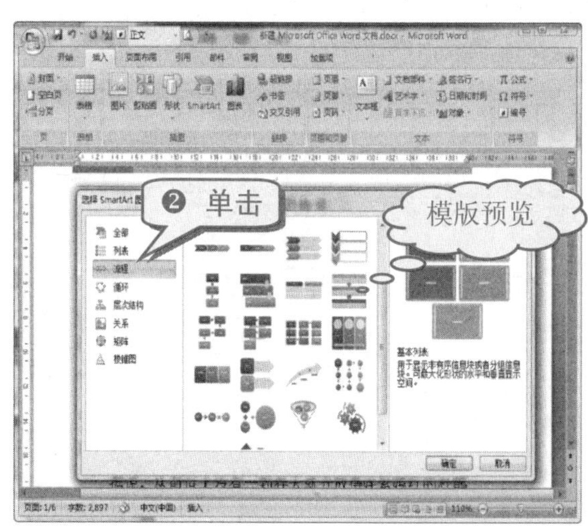

SmartArt 的内置图像目录

图像分类	模板情况	简要描述
列表	24 套	分为蛇形、图片、垂直、水平、流程、层次、目标以及棱锥等种类
流程	32 套	分为水平流程、列表、箭头、公式、漏斗以及齿轮等类型
循环	14 套	分为图表、齿轮以及射线等类型
图形结构	7 套	包含组织结构等类型
关系	31 套	包含漏斗、箭头、棱锥、层次、目标、列表流程、射线、循环以及维恩图等类型
矩阵	3 套	以象限的方式显示整体和局部的关系
棱锥图	4 套	用于显示包含、互连或层级等关系
注意：不同类型的模板之间有重复现象。		

(2) SmartArt 的使用技巧

例如，通过插入一个层次结构的图像，来说明 SmartArt 的基本用法。

❶ 打开 Word 2007 应用程序，切换到“插入”选项卡，单击 SmartArt 按钮。

❺ 单击“文本窗格”按钮，在弹出的“在此处键入文字”对话框中输入目录信息。

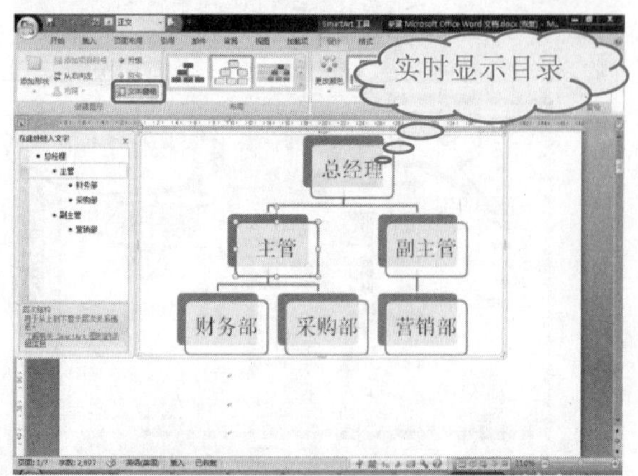

❻ 选中左侧的项目，右击该项目就会弹出升、降级提示。

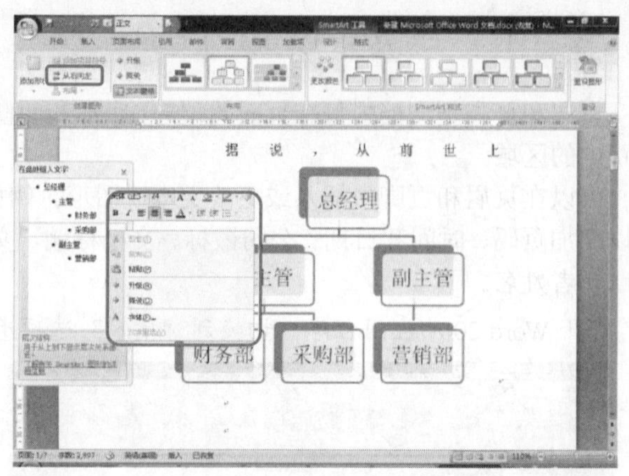

❼ 选中 SmartArt 图像时，工具栏上就会出现 SmartArt 工具，下面有“设计”和“格式”两大功能区。

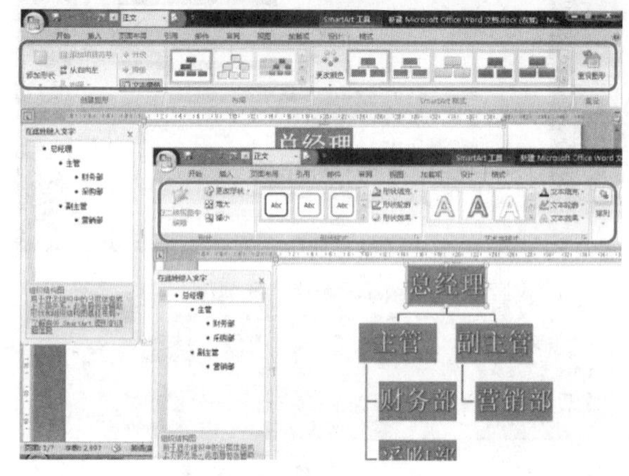

技巧278 在 SmartArt 中美化图表

在使用“SmartArt 工具”制作图表时，可以使用其“设计”和“格式”两大功能区，对图表进行美化。

(1) “设计”功能区

在“设计”功能区有“创建图形”、“布局”和“SmartArt 样式”等工具可供选择，在选定格式的情况下，可以对该图表应用不同的样式。

❶ 双击正在编辑的图表或选择选项卡列表中的“设计”选项卡，切换到“设计”功能区。

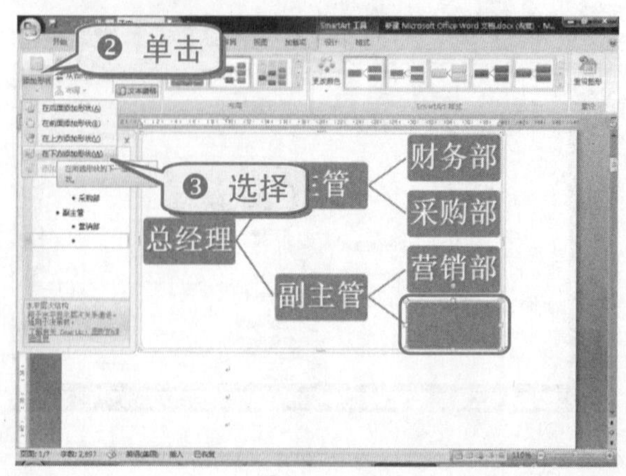

❹ 单击"布局"功能区的下拉按钮，弹出选择布局的选择列表。

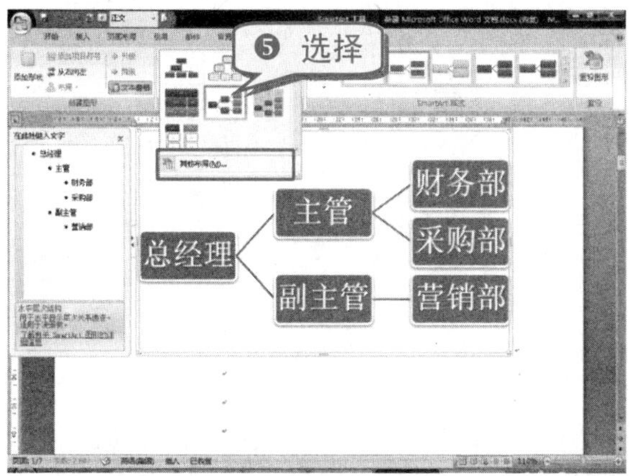

举 一 反 三

在选择布局格式时，只要将光标停留在格式上，就可以预览该格式。选择"其他布局"命令，即可选择其他模版的格式。

❻ 单击"更改颜色"按钮，可以选择图表颜色。

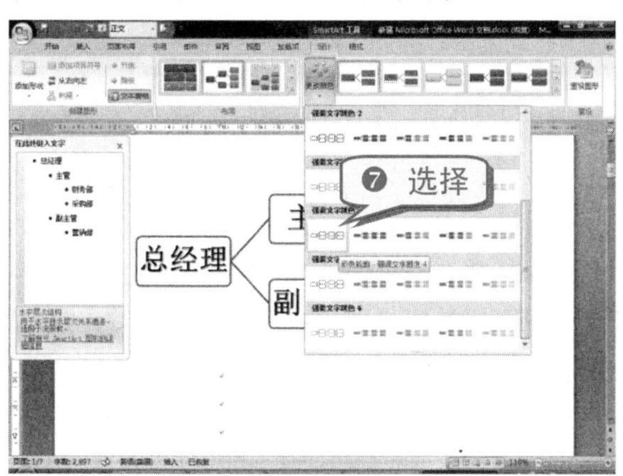

❽ 单击 SmartArt 样式功能区的下拉按钮，弹出选择样式的选择列表。

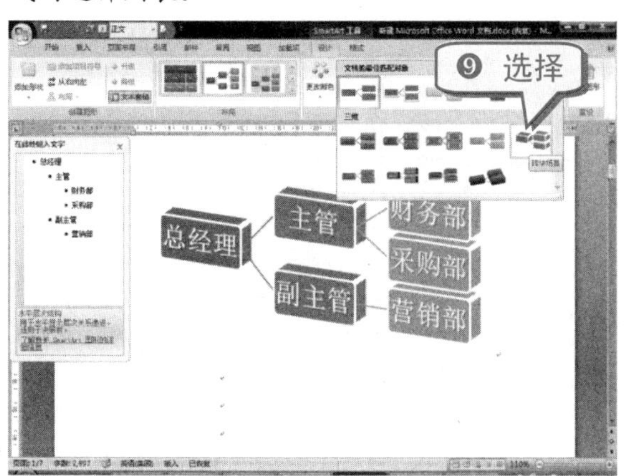

(2) "格式"功能区

SmartArt 的图像格式也具备图片的性质，所以同样适用修改图片风格的各种工具。

在"格式"工具区有"形状"、"形状样式"和"艺术字样式"等工具可供选择，能够改变各个区块的大小、进行图像区内文字格式的填充、修改和改变形状效果。

❶ 单击"形状"功能区中的"更改形状"下拉按钮，在弹出的下拉列表框中可以选择不同的图形。

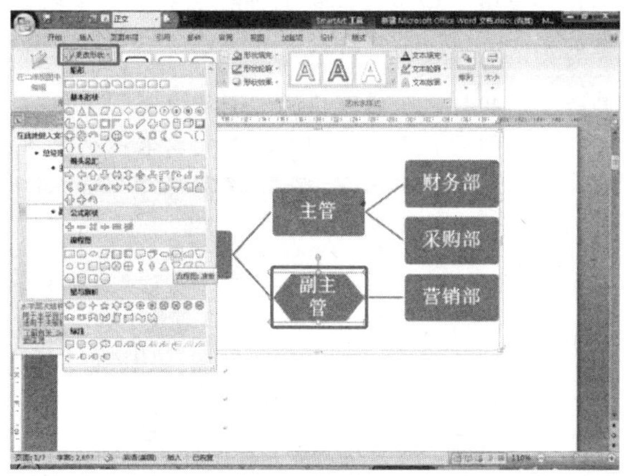

❷ 在"形状"功能区，通过单击"增大"按钮和"减小"按钮，分别可以增大和减小图形。

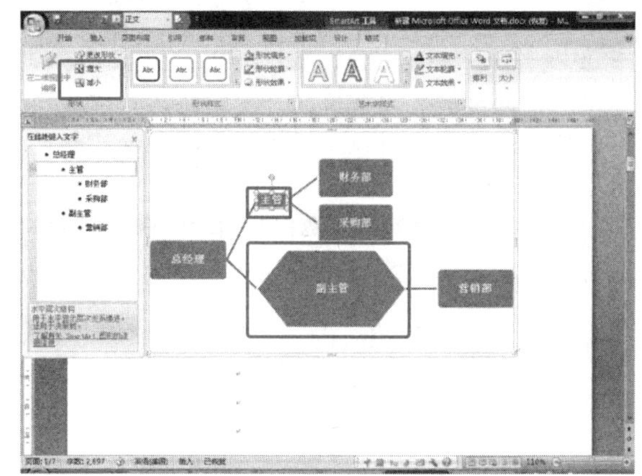

注 意 事 项

在增大或减小图形的同时，图形上的文字也会随之增大或减小。

❸ 单击"形状样式"功能区的"形状效果"下拉按钮，在弹出的下拉菜单中选择各种形状效果。

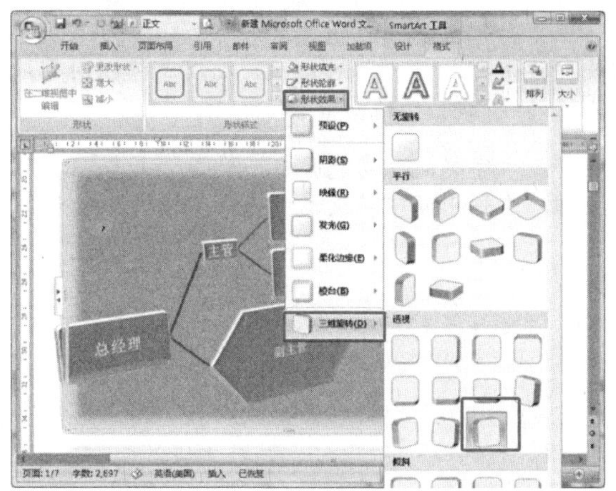

举 一 反 三

在“形状效果”的下拉菜单中，可以对图形的“阴影”、“映像”、“发光”、“柔化边缘”、“棱台”和“三维旋转”的各方面进行配置，以达到美化图表的目的。

在“映像”中可以给图形设置倒影，让图形看起来更加柔和。

❹ 单击“形状样式”功能区的“形状填充”下拉按钮，可以给图形的背景填充颜色、渐变效果以及纹理等。

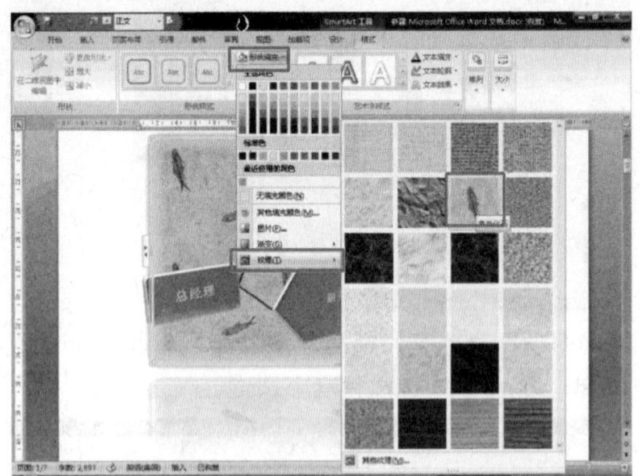

❺ 单击“形状样式”功能区的“形状轮廓”下拉按钮，可以给图形添加轮廓以及设置轮廓的粗细、颜色和形状等。

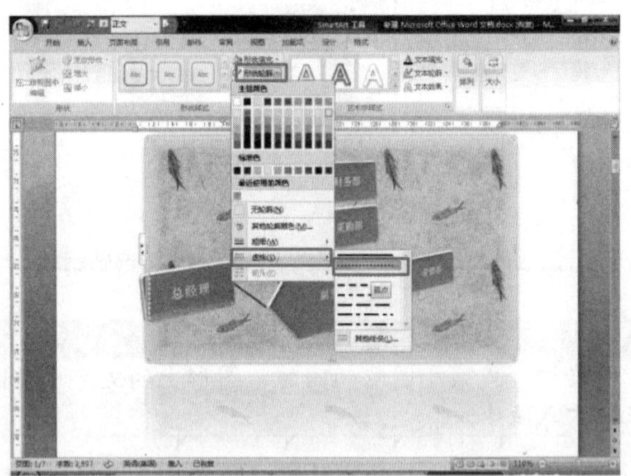

知 识 补 充

单击“形式样式”功能区右下角的下拉按钮，弹出“设置形状格式”对话框，在其中可以对形状的格式进行精确的设置。

❻ 在“艺术字样式”功能区中，单击“文本效果”下拉按钮，在弹出的下拉菜单中选择“转换”命令。

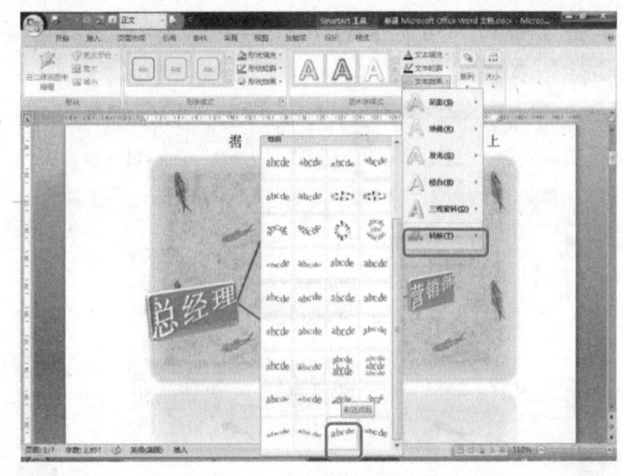

注 意 事 项

若选择“文本效果”功能区中的“转化”和“棱台”命令，显示的效果是针对图形中的文字，这与“形状样式”功能区中的设置不同。

举 一 反 三

分别单击“文本效果”中的“文本填充”和“文本轮廓”按钮，可以对形状中的字体的颜色和轮廓进行设置。

技巧279 巧妙插入艺术字体

Word 2007 提供了多种艺术字体供用户选择，而插入艺术字体可以让文档看起来更加鲜明和醒目。

艺术字是一个文字样式库，用户可以将艺术字添加到文档中以制作出装饰性效果，如带阴影的文字或镜像(反射)文字等。

❶ 打开 Word 2007 应用程序，切换到“插入”选项卡。

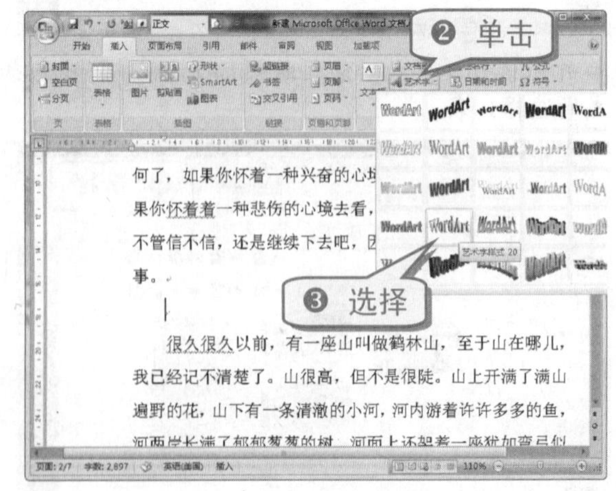

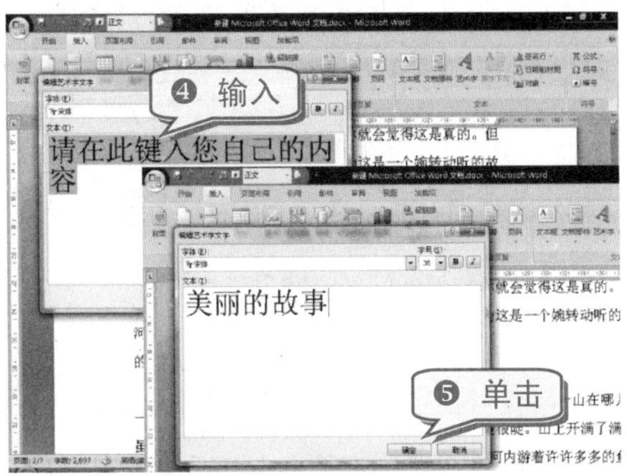

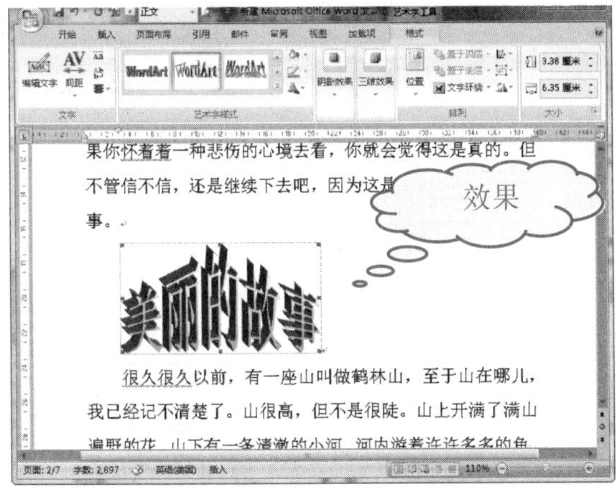

知 识 补 充

将光标移到艺术字图片上的角落处，当光标变成↕时，通过拖动可以调整调整艺术字体的大小。

技巧280 个性化艺术字的样式

插入的艺术字体是样式库中的一种默认的样式，用户还可以根据实际情况个性化设置艺术字体。

❶ 打开 Word 2007 应用程序，选中需要进行个性化设置的艺术字体，此时在选项卡栏目中将会多出一个“格式”选项卡。

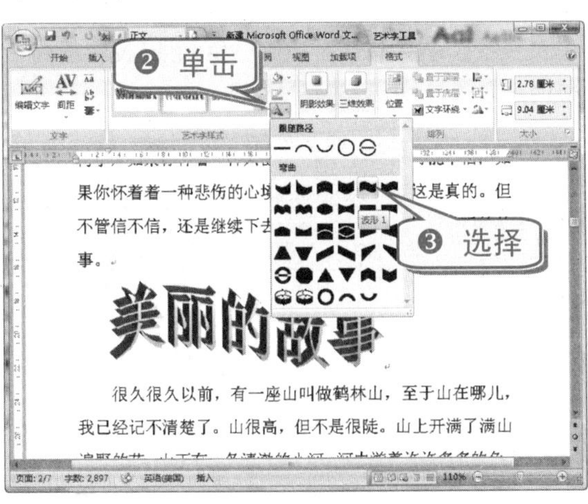

❹ 单击“艺术字样式”功能区中的下拉按钮，可以设置艺术字的颜色、纹理以及图案等。

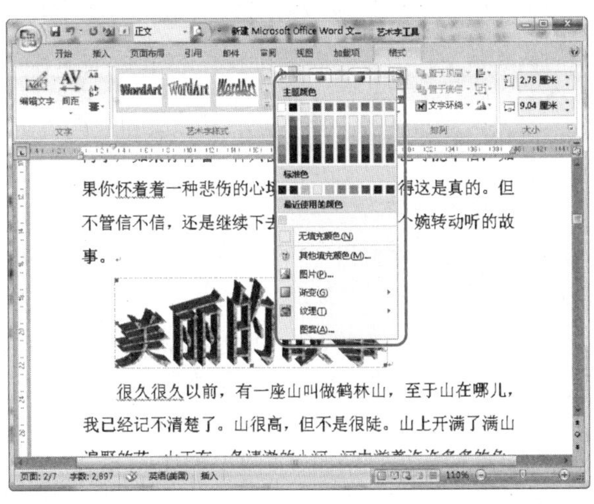

技巧281 让艺术字更具立体感

如果想让艺术字体更具有层次感和空间感，可以通过设置艺术字体的三维效果来达到该目的。

❶ 打开 Word 2007 应用程序，选中需要进行个性化设置的艺术字体。

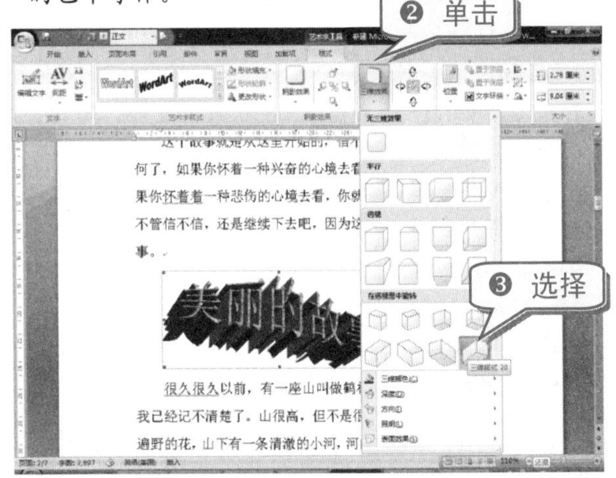

❹ 在“三维效果”功能区中，可以旋转艺术字体。

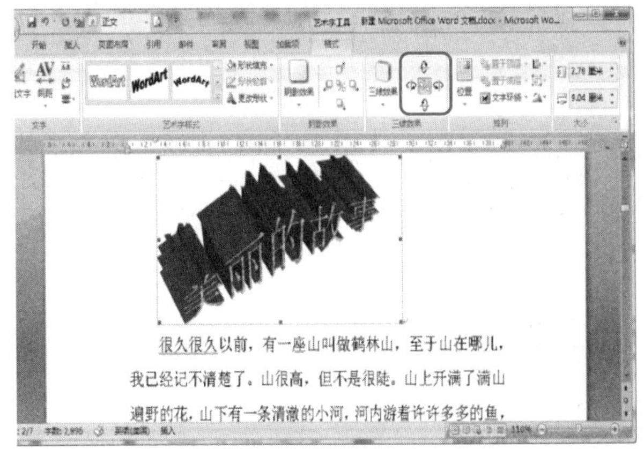

技巧282 快速除去文档中的段落标记和手动换行符

当从其他文档中复制内容到基本文档时，有时在段落之间会有空行。若对整篇文档进行手动删除空行很麻烦。这时可以使用查找和替换功能来快速完成。

(1) 替换段落标记

段落标记是指在编辑文档时，按 Enter 键后出现的软回车符号“↵”。

❶ 打开 Word 2007 应用程序，选中整篇文档，按 Ctrl+H 组合键，弹出“查找和替换”对话框。

❷ 在“查找和替换”对话框中的“查找内容(N)”和“替换为(I)”文本框中分别输入^p^p 和^p。

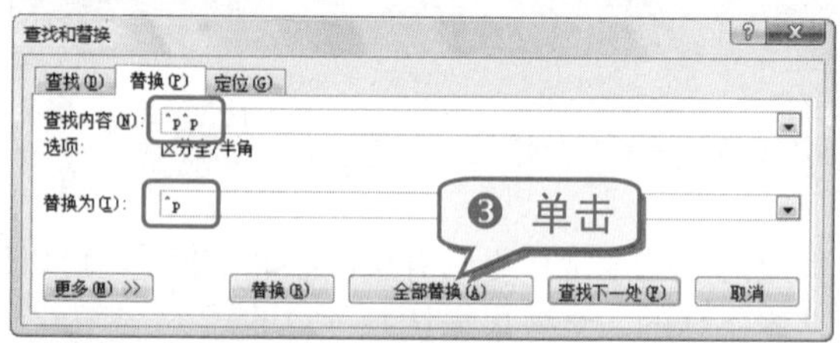

(2) 替换手动换行符

手动换行符是在编辑文档时按 Shift+Enter 组合键后出现的符号↓。

❶ 打开 Word 2007 应用程序，选中整篇文档，按 Ctrl+H 组合键，弹出“查找和替换”对话框。

❷ 在“查找和替换”对话框的“查找内容”和“替换为”文本框中分别输入^l 和^P。

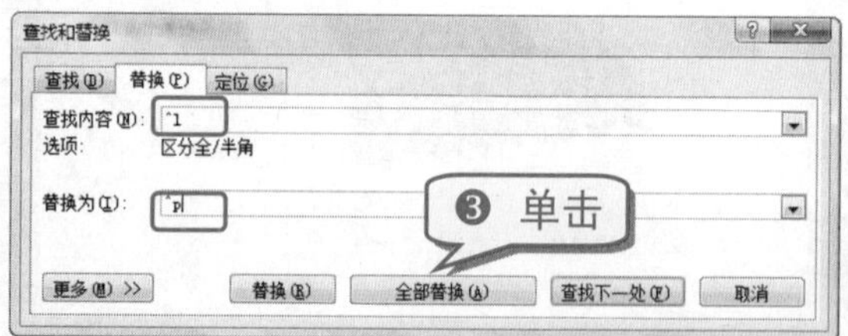

注 意 事 项

这里的“l”是字母 L 的小写，而不是数字 1。

专 家 坐 堂

如果每个段落标记前都有空格，可以在“查找和替换”对话框中输入“^p ^p”(两个“^p”之间加空格)，单击“全部替换”按钮即可。

技巧283 整合标题与内容

在编辑 Word 文档时，必须保证标题与内容在同一页面，不然会影响对文档的审阅。

❶ 在打开的 Word 2007 应用程序中切换到“开始”选项卡。

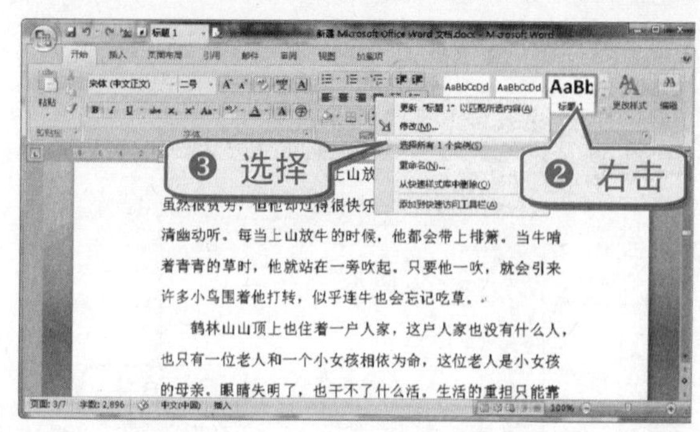

❹ 单击“段落”功能区右下角的下拉按钮，打开“段落”窗口。

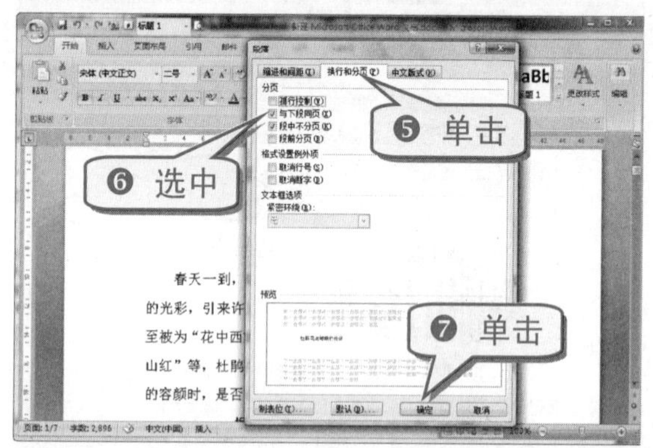

技巧284 快速添加分割线

在编辑文档时，需要添加一些横线或者虚线来分割文档，通过快捷键可以达到事半功倍的效果。

- 输入三个或者三个以上“-”，按 Enter 键可得到一条直线。
- 输入三个或者三个以上“*”，按 Enter 键可得到一条虚线。
- 输入三个或者三个以上“~”，按 Enter 键可得到一条波浪线。
- 输入三个或者三个以上“=”，按 Enter 键可得到一条双直线。
- 输入三个或者三个以上“#”，按 Enter 键可得到中间加粗的一条三直线。

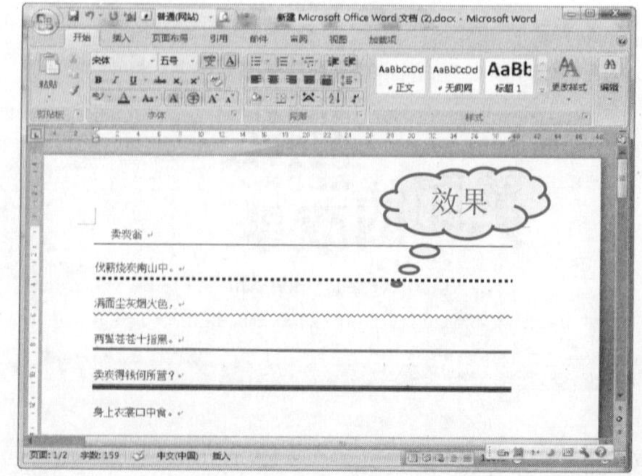

技巧285 允许西文单词中间换行

在编辑文档时，当一行末尾的空间不足以容纳一个英文或连续的英文字符时，Word 2007 会自动转入下一行完整显示英文部分，而上一行的内容会在编辑区域均匀分布。

❶ 打开 Word 2007 应用程序，选中需要编辑的内容，切换到"开始"选项卡，单击"段落"功能区的按钮，弹出"段落"对话框。

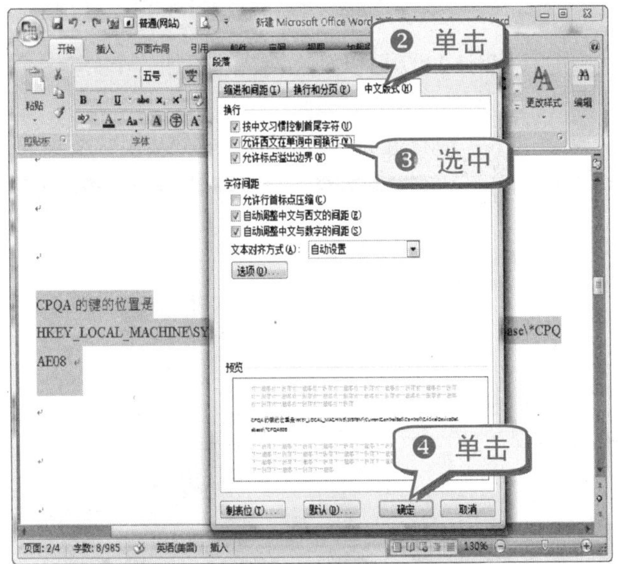

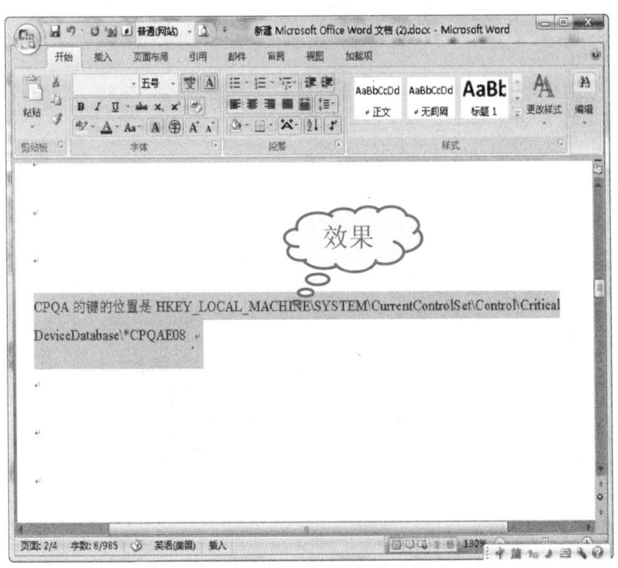

技巧286 在文档中插入超链接

通过向 Word 文档中添加超链接，可以将该文本链接到其他文档，或者将该文档链接到指定的网站。

❶ 打开 Word 2007 应用程序，切换到"插入"选项卡，选中需要设置为超链接的内容。

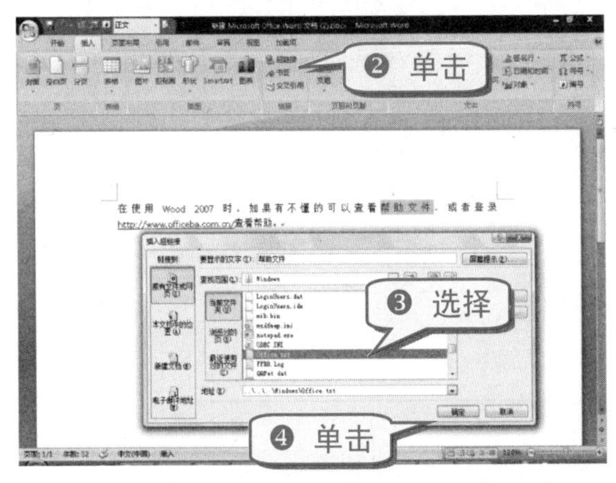

举 一 反 三

在"插入超链接"对话框中输入指定的网站地址，即可将选中的内容链接到该网站。

在 Word 2007 中访问超链接时，需要在按住 Ctrl 键的同时单击该链接，才能跳转到指定的位置。

技巧287 在 Word 文档中插入个性化签名

在编辑 Word 文档时，对已经审查过的文档进行签名，可以增加文档的有效性。

❶ 打开 Word 2007 应用程序，切换到"插入"选项卡。

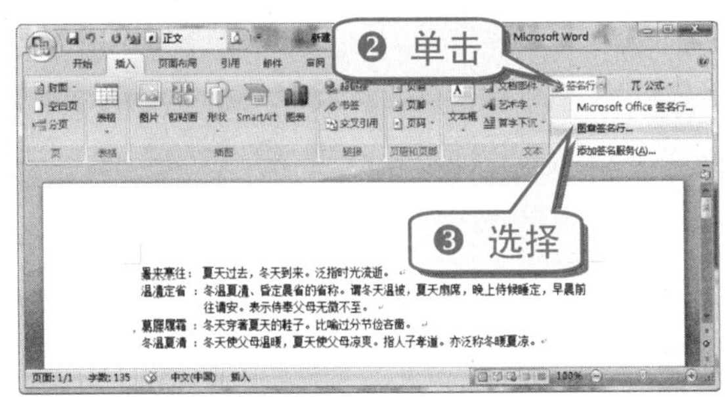

❹ 在弹出的"签名设置"对话框中输入相关信息，单击"确定"按钮。

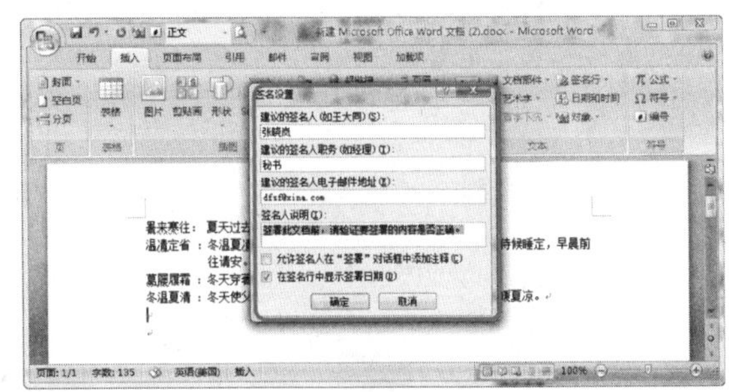

❺ 右击"签名"，在弹出的快捷菜单中选择"签署"命令，在弹出的"签名"对话框中单击"选择图像"超链接。

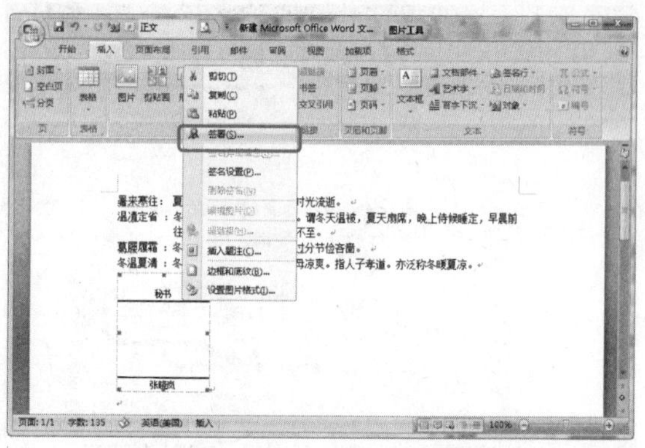

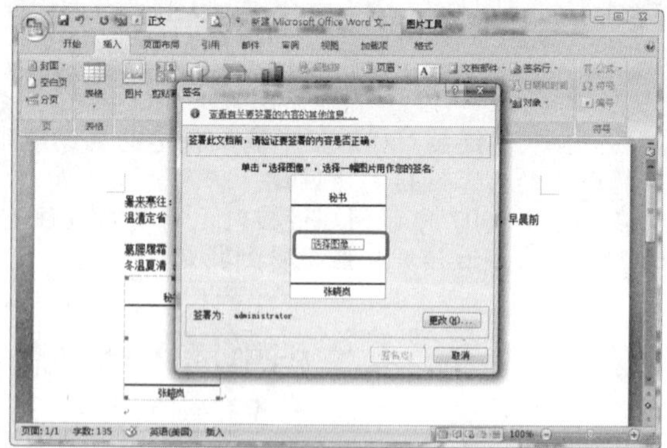

❻ 在弹出的“选择签名图像”对话框中，选择一张签名图像，然后单击“选择”按钮。

❼ 在返回的“签名”对话框中，单击“签名”按钮，弹出“签名确认”对话框，选中“不再显示此消息”复选框，然后单击“确定”按钮。

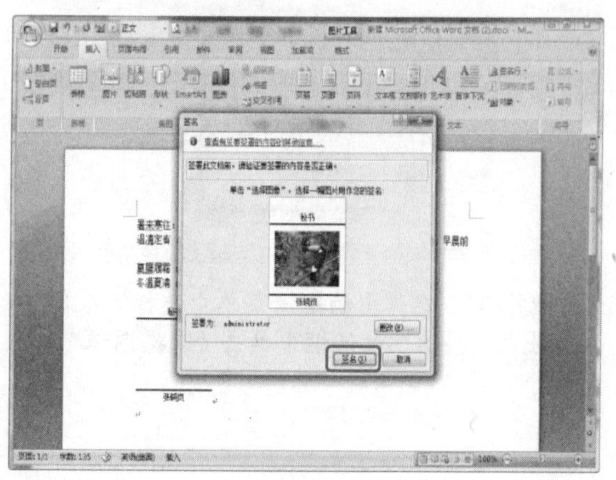

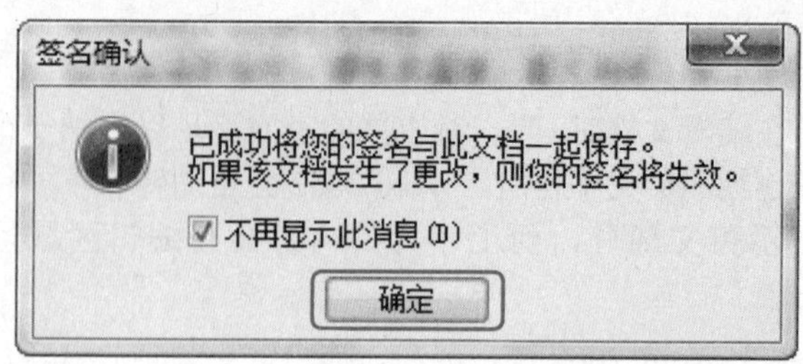

技巧288 快速给文档添加封面

使用 Word 2007 可以给文档快速添加一个封面，而不需要用户再从网上下载封面。

❶ 打开 Word 2007 应用程序，切换到“插入”选项卡。

知 识 补 充

选中已经编辑好的封面，单击“封面”按钮，选择“将所选内容保存到封面屏”命令，将封面保存到封面库中，供下次调用。

技巧289 快速添加日期和时间

在使用 Word 2007 编辑文档时，可以向文档中快速插入日期和时间。

❶ 打开 Word 2007 应用程序，切换到“插入”选项卡，将光标定位到需要插入日期和时间处。

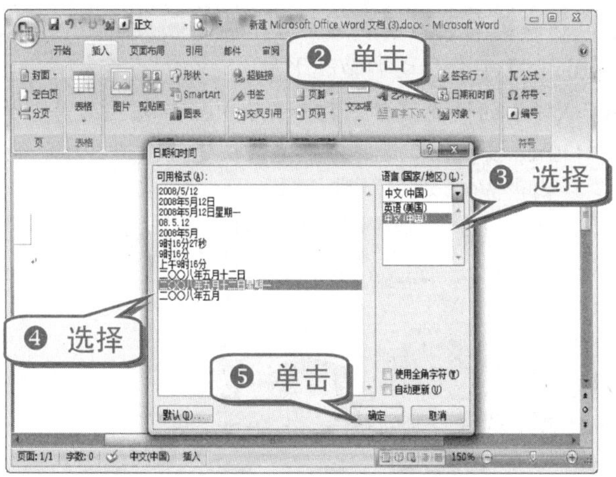

技巧290 巧妙打造电子书签

当在翻阅电子书籍或文档时，有时需要离开计算机一会，这样可能会导致下次阅读时找不到上次阅读的位置。利用电子书签可以快速帮助用户定位上次阅读的位置。

❶ 打开 Word 2007 应用程序，切换到“插入”选项卡，将光标定到需要添加电子书签处。

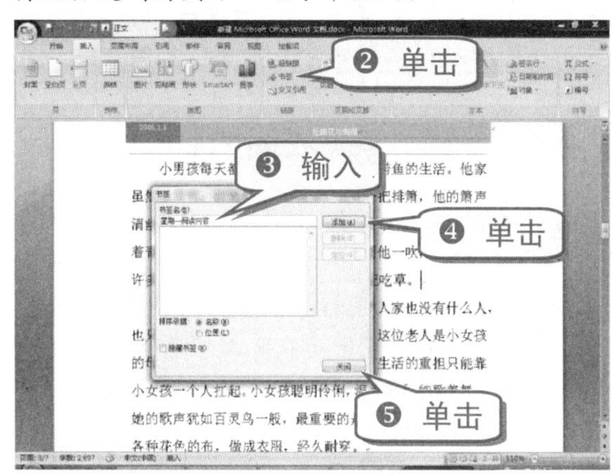

❻ 单击 Office 按钮，选择“Word 选项”命令，弹出“Word 选项”窗口。

知 识 补 充

向文档中添加书签后，可以发现在光标处有书签图标 I。单击“书签”按钮，在弹出的“书签”对话框中选择书签名称，单击“定位”按钮即可跳转到书签位置。

技巧291 让新版本的 Word 文档在旧版本中照样可以打开

Word 2007 默认保存格式为 docx 文档，这虽然与旧版本的 doc 格式文档相比有体积小等优点，不过低版本的 Word 应用程序(例如 Word 2003)却必须通过安装兼容补丁后才能识别 docx 文档。因此将文档的默认保存格式更改为 doc 文档可以方便许多用户。

❶ 使用 Word 2007 新建一个空白文档。

❷ 单击 Office 按钮，选择“Word 选项”命令，弹出“Word 选项”窗口。

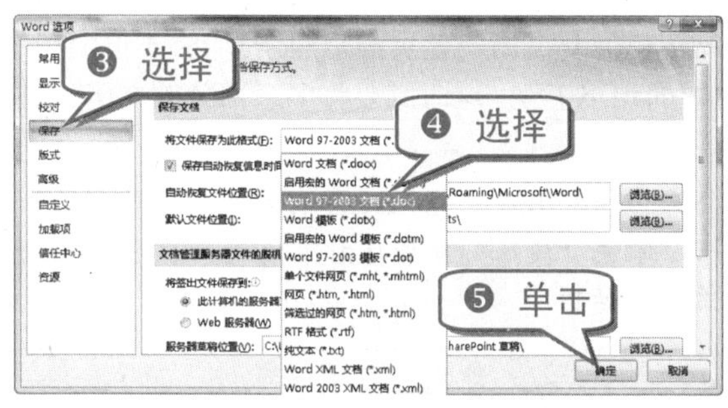

举 一 反 三

在 Microsoft Office 2007 的其他组件中，照样可以使用此方法将文档的默认保存格式更改为 doc。

技巧292 快速实现文档打印

在办公时经常需要打印 Word 文档。打印文档的方法之一：单击 Office 按钮，选择“打印”命令，设置打印方式。

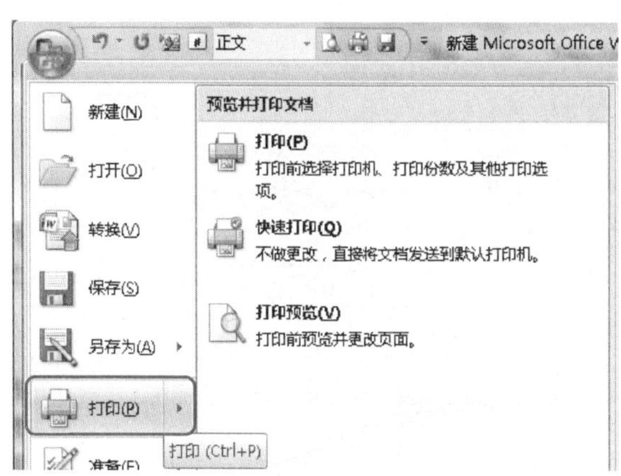

方法之二：选中需要打印的文档并右击，在弹出的快捷菜单中选择“打印”命令。

如果需要一次打印多个文档，可以按住 Shift 或 Ctrl 键批量选取文档，然后右击，在弹出的快捷菜单中选择“打印”命令。

知 识 补 充

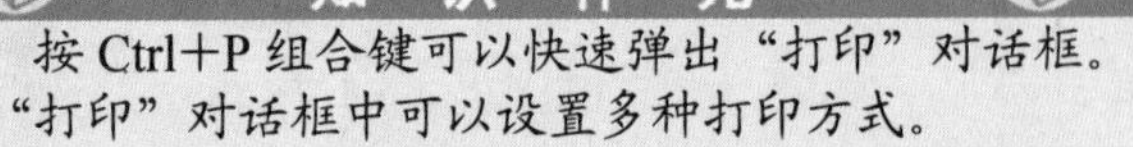

按 Ctrl+P 组合键可以快速弹出“打印”对话框。在“打印”对话框中可以设置多种打印方式。

技巧293　省钱的打印技巧

打印是不可缺少的工作，然而油墨和纸张的消耗速度却令人担忧。如何在保证工作质量的同时尽量节省资金呢？

(1) 弧行控制

有时会遇到这样一种情况，最后一页只有几行甚至几个字，却仍需要占用一整页的空间，打印时不但浪费纸张，而且版面也不美观。这时需要将多余部分的文字加到上一页面中。

❶ 打开 Word 2007 应用程序，切换到“页面布局”选项卡，单击“段落”功能区右下角的按钮，弹出“段落”对话框。

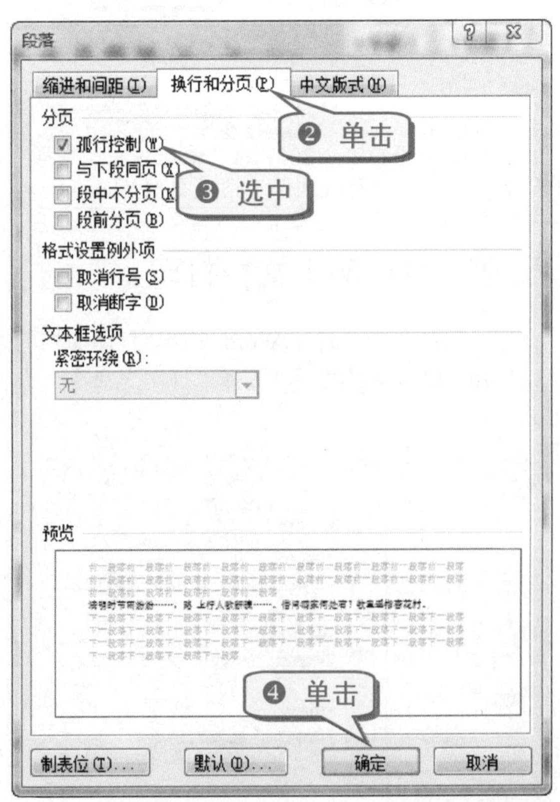

(2) 减页处理

在编辑 Word 文档时，会遇到一张页面上只有几行文字，这就需要通过手动调整段落间距和页边距等。其实 Word 2007 中有自动调整的工具。

❶ 从弹出的快捷菜单中打开 Word 2007 应用程序，右击 Office 按钮，选择“自定义快速访问工具栏”命令，弹出“Word 选项”对话框。

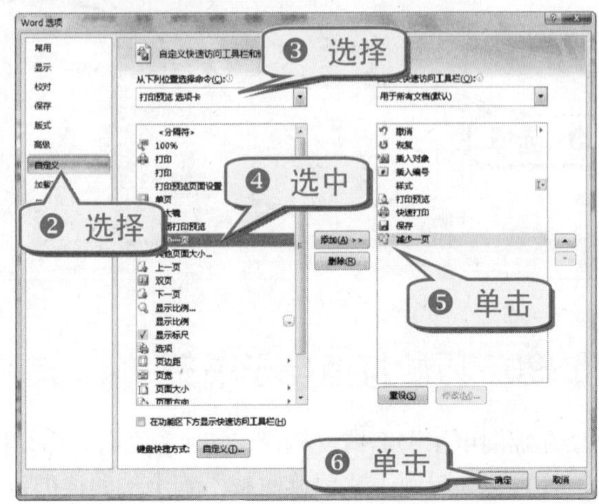

举 一 反 三

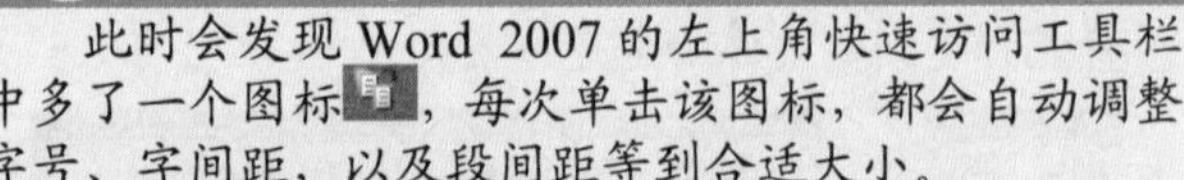

此时会发现 Word 2007 的左上角快速访问工具栏中多了一个图标，每次单击该图标，都会自动调整字号、字间距，以及段间距等到合适大小。

技巧294　轻松实现双面打印

出于对经济或阅读的方便考虑，有时需要双面打印文档。

❶ 打开 Word 2007 应用程序，切换到“页面布局”选项卡，单击“页面设置”功能区右下角的按钮，弹出“页面设置”对话框。

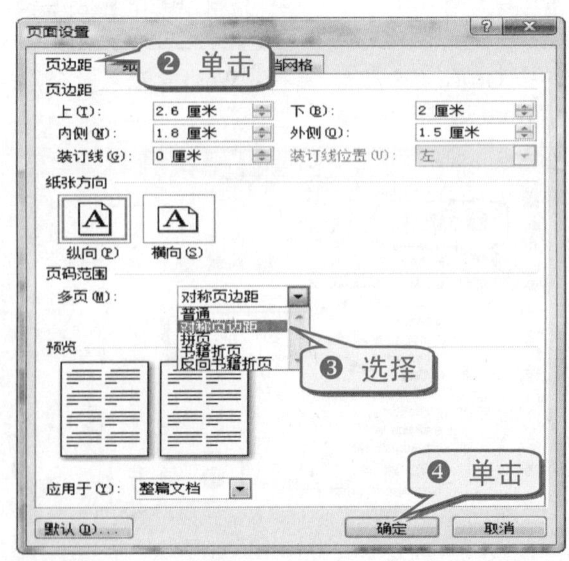

❺ 单击 Office 按钮，在弹出的菜单中选择“打印”命令，弹出“打印”对话框。

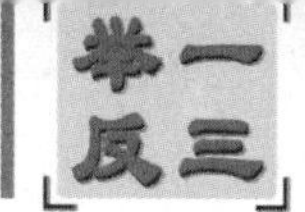

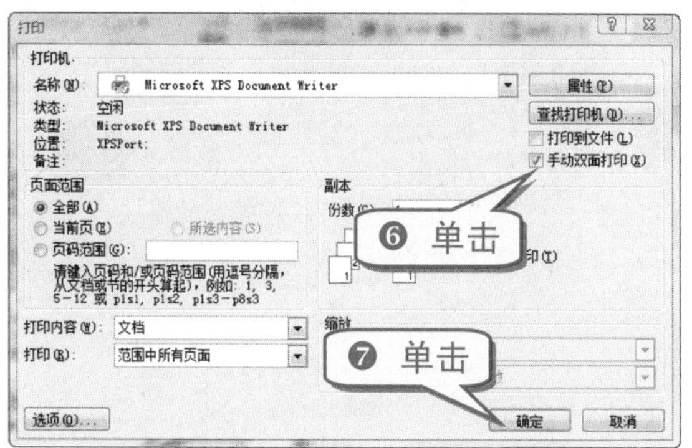

技巧295 使用兼职硬件诊断检测计算机兼容性

通过 Microsoft Office 2007 兼职硬件诊断，可以检测计算机的硬盘、内存以及兼容性问题，以确保 Microsoft Office 2007 程序可靠的运行。

❶ 单击 Office 按钮，在弹出的菜单中选择“Word 选项”命令，打开“Word 选项”窗口。

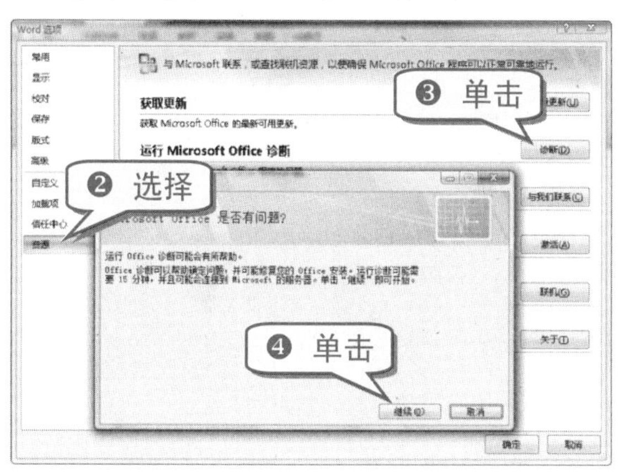

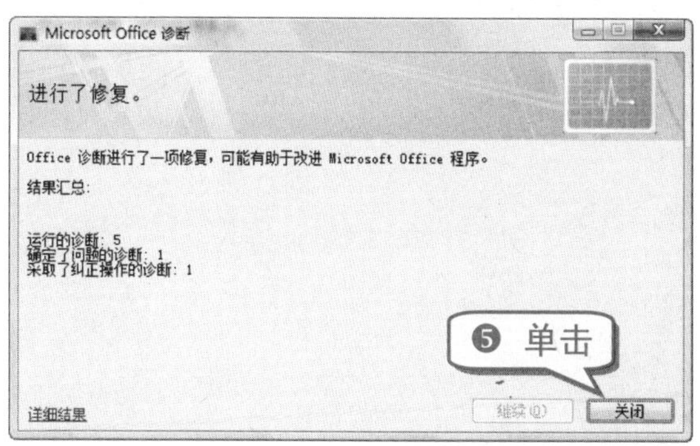

专 家 坐 堂

该测试过程中，主要测试的是硬盘和内存。其中硬盘测试的奇数主要依赖于硬盘的自监控、分析与报告技术(SMART)功能；而内存诊断主要验证计算机随机存取内存(RAM)的完整性。

专题九 Excel 2007 应用技巧

内容导航

使用 Excel 2007 可以对数据进行处理、分析、运算和检索，它已成为功能强大的数据处理软件。在 Excel 2007 中，可以使用公式和函数进行各种数学运算，还可以对工作表中的数据进行排序、筛选和查询等操作。

热点快报

- 新功能展示
- 创建与管理工作簿
- 创建与管理工作表
- 函数使用技巧
- 数据筛选和排序
- 图表管理技巧

技巧296 快速创建工作簿的三种方法

创建 Excel 文档有多种方法，可以直接新建空白文档，也可以通过模板创建文档，还可以根据现有工作簿进行创建。

(1) 直接创建工作簿

直接创建工作簿是最常用的方法之一。

❶ 打开 Excel 2007 应用程序，单击 Office 按钮，在弹出的菜单中选择“新建”命令，弹出“新建工作簿”对话框。

(2) 使用模板建立新工作簿

模板是系统提供给用户用于创建特殊格式的文档，其中定义了文档的各种内容和格式。

❶ 打开 Excel 2007 应用程序，单击 Office 按钮，在弹出的菜单中选择“新建”命令，弹出“新建工作簿”对话框。

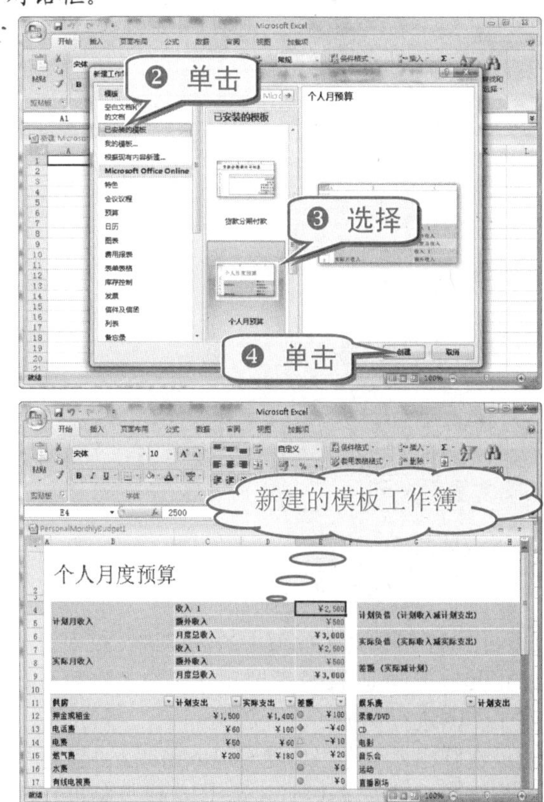

知识补充

新创建的工作簿不是空白的，只需稍加修改就可以创建出一张完整的电子表格。使用这种方法可以创建出各种不同样式的工作簿。

(3) 根据现有内容新建工作簿

如果需要新建的工作簿与以前创建的工作簿文件相似，则可以根据“现有内容新建”的方法来创建新工作簿文件，这样可以减少设置工作簿的时间。

❶ 打开Excel 2007应用程序，单击Office按钮，在弹出的菜单中选择“新建”命令，弹出“新建工作簿”对话框。

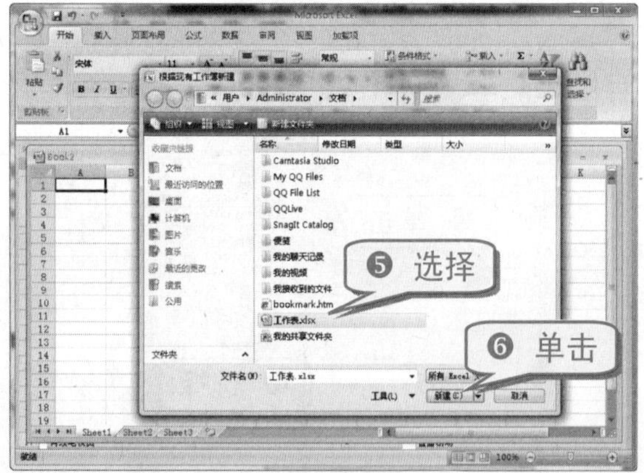

举一反三

根据现有内容新建工作簿时，必须先确定先前创建的工作簿和现在需要创建的工作簿相似。如果差别太大，则创建的工作簿还需要进行更多的设置和修改才能满足需要。

技巧297 巧妙加密工作簿

Excel 2007可以对工作簿中的数据进行权限设置，有效地防止其他用户浏览、修改或删除用户工作簿及其工作表，对工作簿进行保护。

通过在弹出或保存工作簿时输入密码，可以对打开和使用工作簿数据的人员进行限制，还可以限制以只读方式打开工作簿。

❶ 打开Excel 2007应用程序，单击Office按钮，在弹出的菜单中选择“另存为”命令，弹出“另存为”对话框，单击“工具”按钮，选择“常规选项”命令。

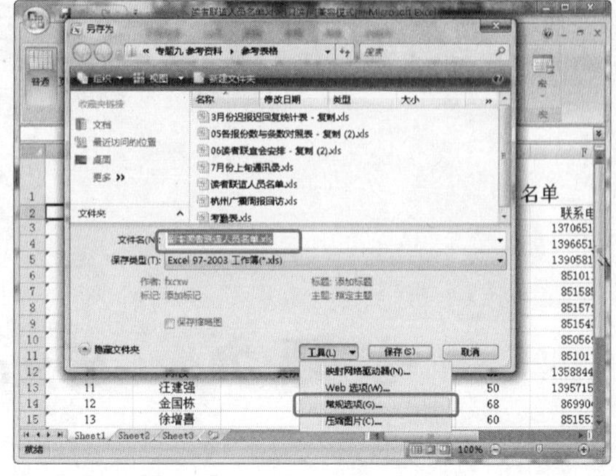

❷ 在弹出的“常规选项”对话框中，输入打开权限密码和修改权限密码，选中“建议只读”复选框，单击“确定”按钮。

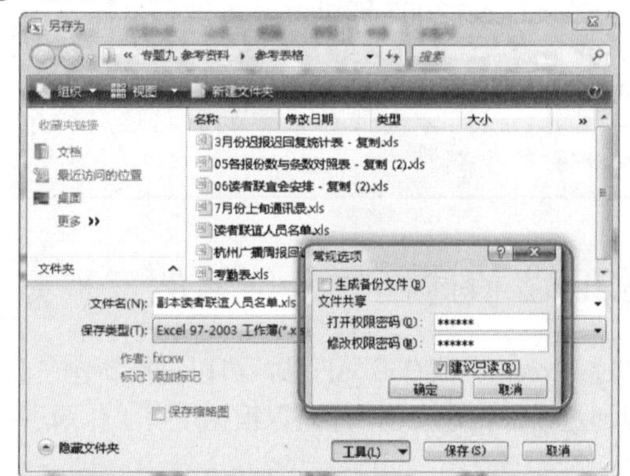

知识补充

选中“建议只读”复选框后，保存的工作簿就只允许浏览而禁止修改。用户可以使用“建议只读”的方式打开工作簿，以防止其他用户对工作簿进行修改。

❸ 在弹出的“确认密码”对话框中重新输入密码，单击“确定”按钮，再一次弹出“确认密码”对话框，重新输入修改权限密码，然后单击“确定”按钮。

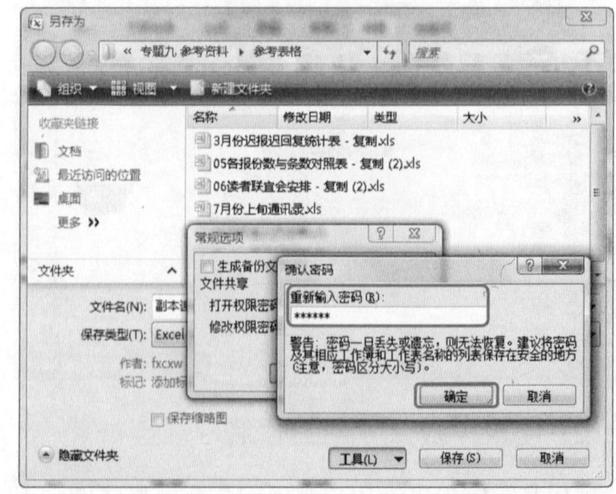

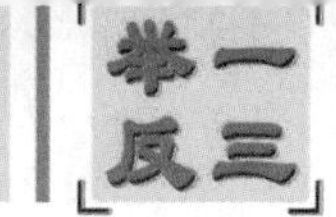

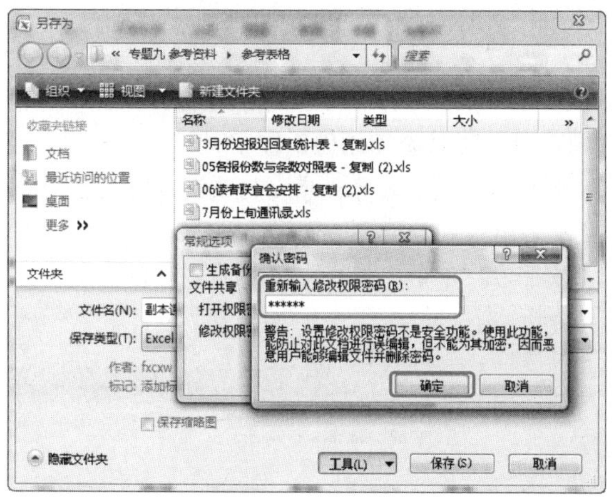

❹ 在返回的“另存为”对话框中，单击“保存”按钮，弹出 Microsoft Office Excel 提示框，单击“是”按钮。

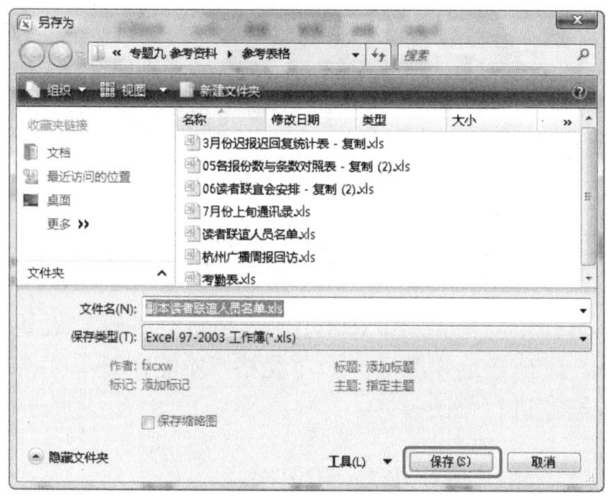

举 一 反 三

单击 Microsoft Office Excel 提示框中的“是”按钮，弹出“另存为”对话框，可以将文件保存为 Office Open XML 格式，增强文件的安全性。

技巧298 巧妙共享工作簿

共享工作簿有助于协同办公，非常适用于分组性的工作。用户可以根据自己分工的不同，针对项目中的一部分进行修改和提交，工作组中的各个成员都处平等的地位。

❶ 打开 Excel 2007 应用程序，单击 Office 按钮，在弹出的菜单中选择“打开”命令，在弹出的“打开”对话框中选中需要共享的工作簿，然后单击“打开”按钮。

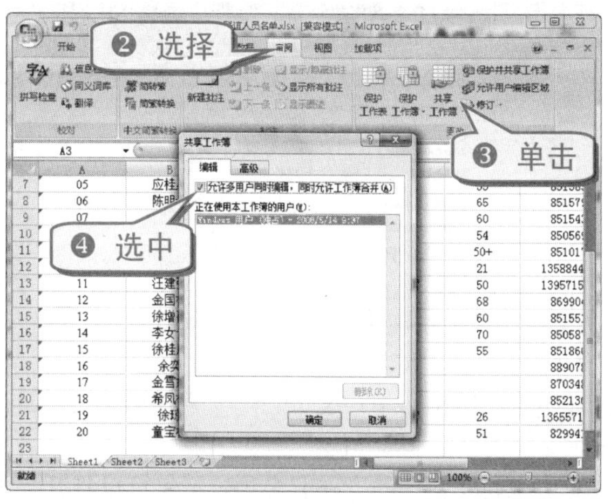

❺ 在“共享工作簿”对话框中，切换到“高级”选项卡。

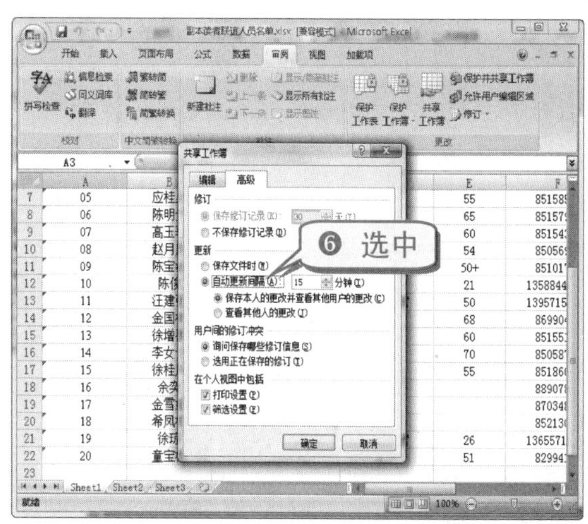

❽ 单击 Office 按钮，在弹出的菜单中选择“另存为”命令，弹出“另存为”对话框，将文件保存到网络上的共享文件夹中即可。

技巧299 全自动保存 Excel 文档

使用 Excel 2007 的自动保存功能，可以保证在系统异常中断时将损失减到最小。

❶ 打开 Excel 2007 应用程序，单击 Office 按钮，在弹出的菜单中选择“Excel 选项”命令，弹出“Excel 选项”对话框。

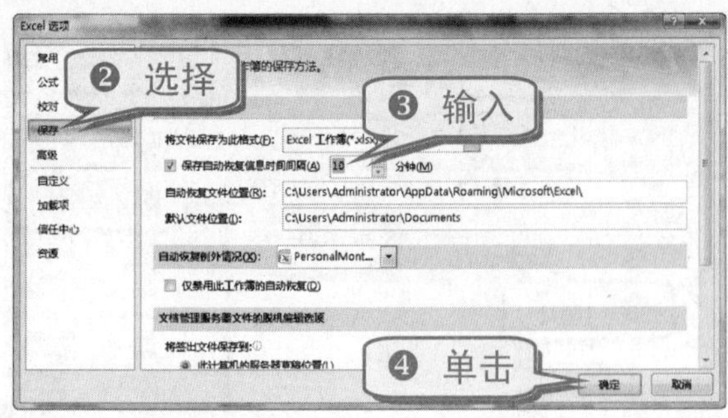

技巧300 快速打开 Excel 文档

打开 Excel 文档的方法有多种，不仅可以打开最近使用过的文档，还能同时打开多个 Excel 文档。

(1) 打开最近使用过的文档

❶ 打开 Excel 2007 应用程序，单击 Office 按钮 。

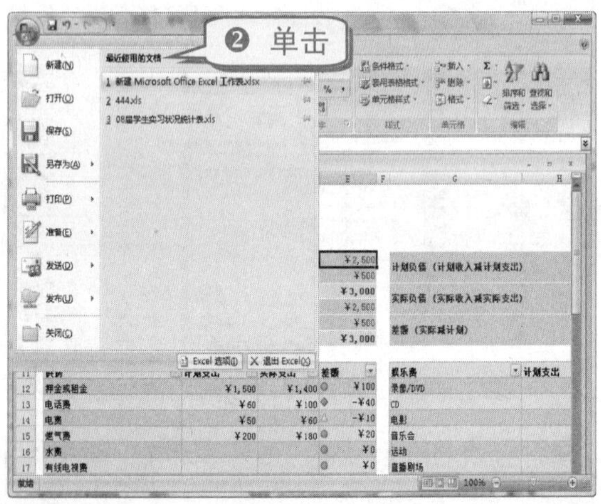

(2) 同时打开多个 Excel 文档

通过"打开"对话框打开工作簿，将多个文档同时打开。

❶ 打开 Excel 2007 应用程序，单击 Office 按钮 ，在弹出的菜单中选择"打开"命令，弹出"打开"对话框。

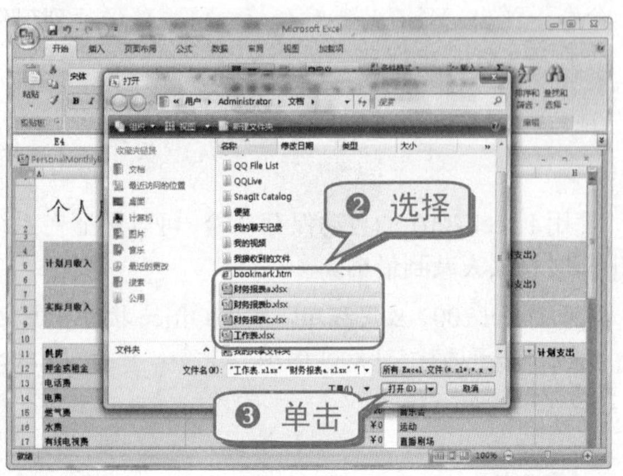

技巧301 快速添加文档到模板库

在使用 Excel 2007 时遇到好的或需要经常使用的表格，用户可以将其添加到模板库中。

❶ 打开 Excel 2007 应用程序，切换到目标文档。

❷ 单击 Office 按钮 ，在弹出的菜单中选择"保存"或"另存为"命令，弹出"另存为"对话框。

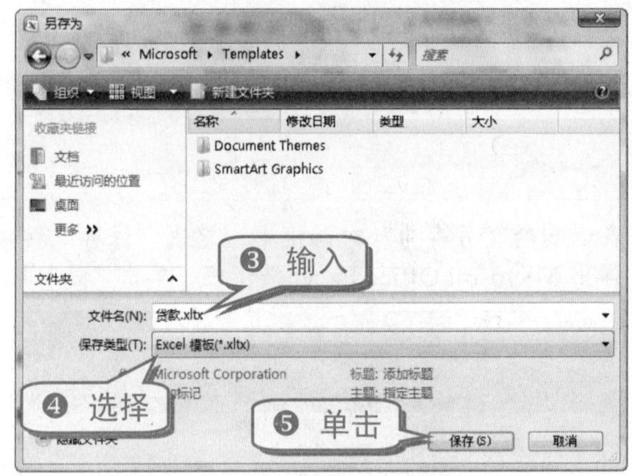

技巧302 巧妙选择单元格

选择单元格是对 Excel 电子表格进行编辑的最基本的操作。只有选定并激活一个单元格，才能在该单元格中输入数据或进行修改。

(1) 使用鼠标选择单元格

❶ 要选择一个单元格，只需单击该单元格即可。

❷ 要选择整行，只需单击位于窗口左端的行标即可。

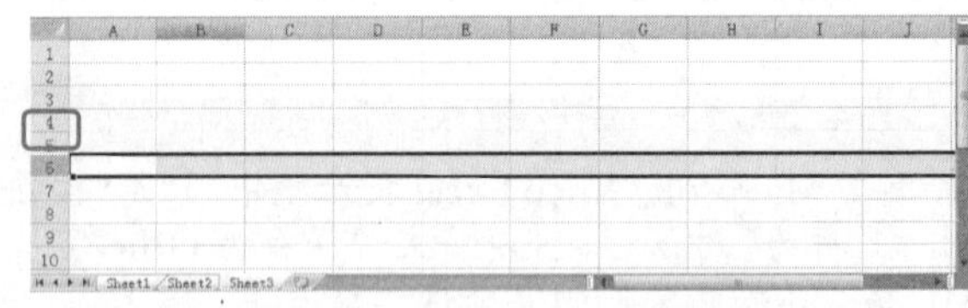

❸ 要选择整列，只需单击位于窗口顶端的列标即可。

❹ 要选择连续的行或列，只需选择起始行号或列标，然后拖动鼠标选择连续的行或列；或选择起始行号或列号，然后按住 Shift 键的同时单击终止行号或列号即可。

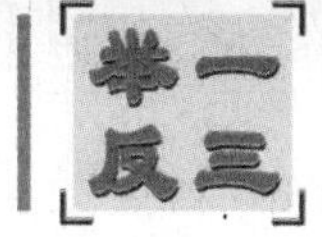

❺ 要选择不连续的行、列或单元格，首先单击第一个行或列之后，按住 Ctrl 键的同时，单击其他需要选择的行、列或单元格即可。

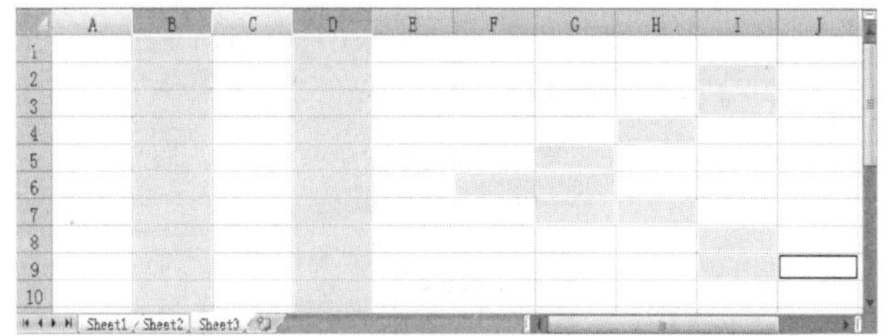

❻ 要选择工作表中的所有单元格，只需单击工作表左上角的“全选”按钮即可。

(2) 使用键盘选择单元格

组合键	选择范围
Shift+→	选择区域向右扩展
Shift+←	选择区域向左扩展
Shift+↑	选择区域向上扩展
Shift+↓	选择区域向下扩展
Shift+Ctrl+Home	将当前位置到工作表的第一个单元格间的所有单元格选中
Shift+Page Up	将当前位置到所在列的第一个单元格间的所有单元格选中
Shift+Page Down	可将当前位置到所在列可见的单元格全部选中

技巧303 妙用记忆式键入功能

记忆式键入功能是指当用户向单元格中输入数据时，Excel 2007 会根据用户已经输入过的数据显示建议的数值，以减少用户的工作量。

❶ 打开 Excel 2007 应用程序，单击 Office 按钮，在弹出的菜单中选择“Excel 选项”命令，弹出“Excel 选项”对话框。

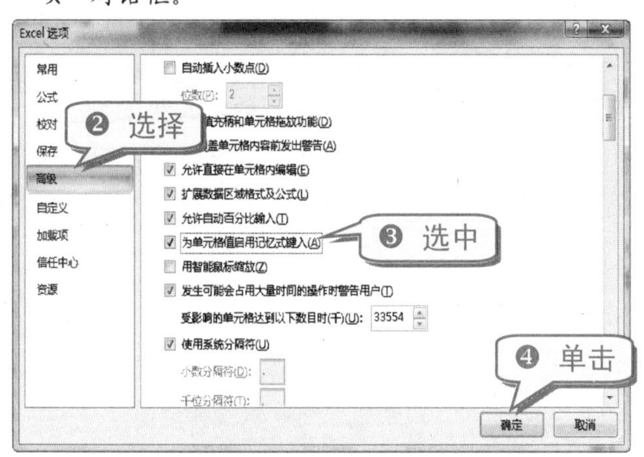

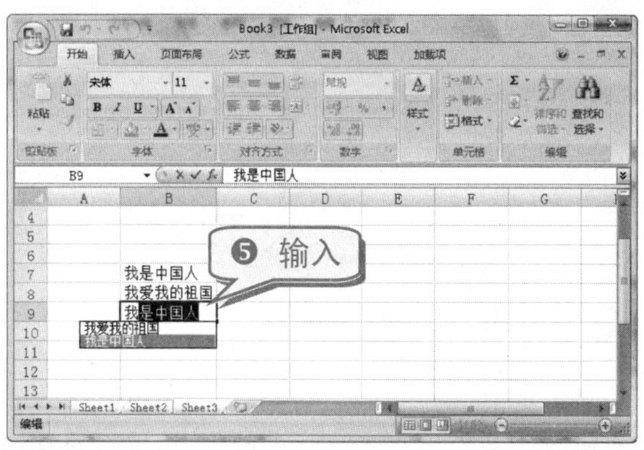

知识补充

在输入数据时，Excel 2007 将建议的数据以黑色背景显示。如果用户接受建议，按 Enter 键，建议的数据会自动输入。当输入一个与建议不符合的字符时，建议会自动消失。

举一反三

当输入的数据与当前列中的其他数据相同，可以按 Alt+↓组合键或右击，在弹出的快捷菜单中选择“从下拉列表中选择”命令，即可显示当前列中的已有数据列表，选择需要的数据项即可。

技巧304 自动填充数据

自动填充是指将用户选择的起始单元格中的数据，复制或按序列规律延伸到所在行或列的其他单元格中。

在编辑 Excel 电子工作表时，其中的某一行或某一列中的数据经常是一些有规律的序列，如项目编号。对于这样的序列，可以通过使用 Excel 2007 中的自动填充功能来填充数据。

(1) 快速复制数据

以填充的方式复制数据包括使用活动单元格填充柄和通过菜单命令来填充数据。

❶ 打开 Excel 2007 应用程序，切换到“开始”选项卡。

❷ 选择包含源数据单元格区域和目的单元格区域。

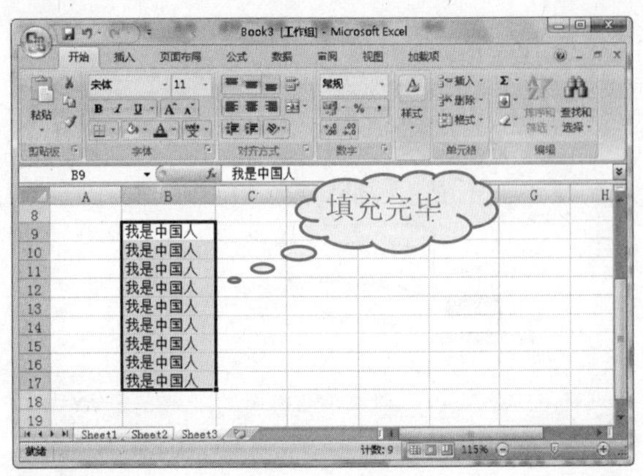

举 一 反 三

选择需要复制数据的单元格，将指针移到所选单元格的右下角，当指针变为╋形状时，拖动即可以复制的方式填充数据。

(2) 序列数据的填充

在 Excel 2007 中，除了可以复制填充数据外，还可以进行序列填充数据，包括日期序列、等比序列、等差序列和自动填充序列。

- **日期序列。**

日期序列包括指定天数、周数或月份数增长的序列。

❶ 打开 Excel 2007 应用程序，选择包含日期数据的单元格区域，将指针移到所选单元格的右下角，当指针变为╋形状时，拖动填充柄即可。

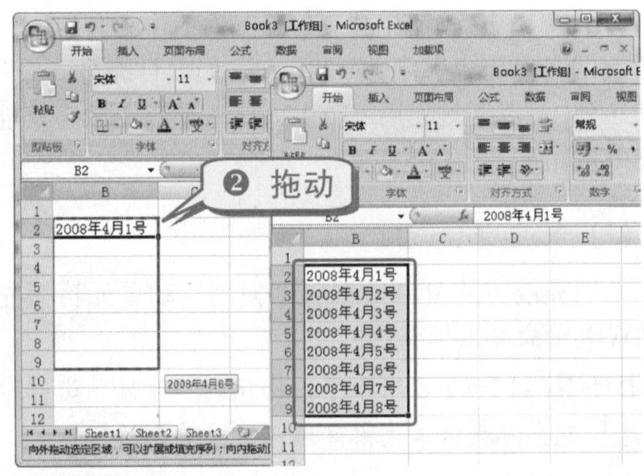

- **等差序列。**

填充等差序列时，需要先指定其步长值。步长是指序列每一步的延伸幅度，也就是等差序列中相邻项之间的差，或是等比序列中相邻项之间的比。

❶ 在单元格中输入序列前两个数，并选择这两个单元格。

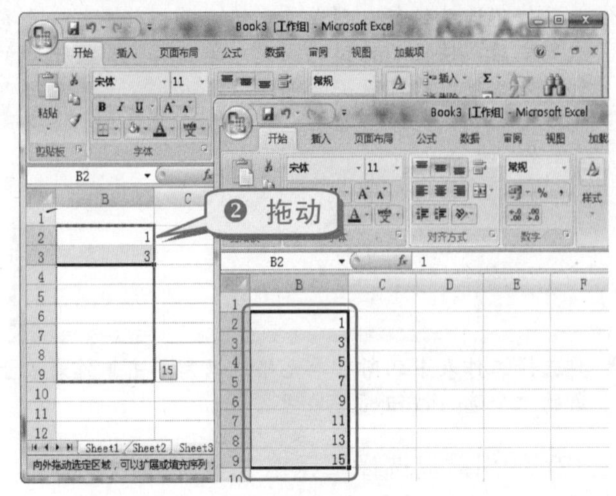

- **等比序列。**

在填充等比序列时，需要先设定其步长值，然后再进行数据的填充。与填充等差序列不同的是，填充等比序列时需要使用鼠标右键拖动填充柄，否则，系统将默认为等差序列进行填充。

❶ 打开 Excel 2007 应用程序，切换到“开始”选项卡，单击编辑功能区中的下拉按钮，选择“系列”命令，弹出单击“序列”对话框。

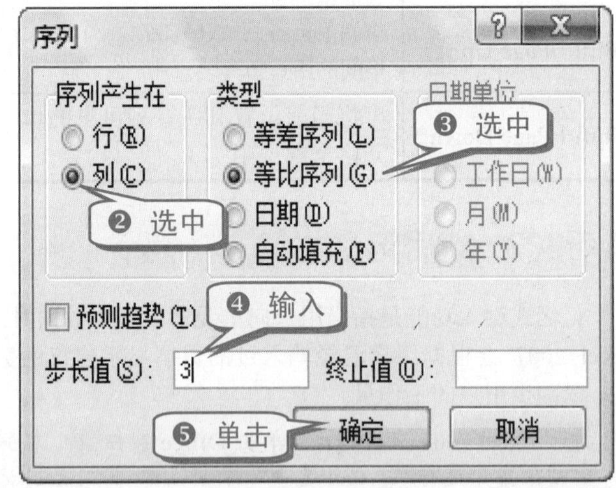

注 意 事 项

其默认步长值为“1”，也就是说在递增或递减填充数据时，相邻两个单元格之间的差值为 1。

❻ 选择两个连续的单元格，将指针移到所选单元格的右下角，当指针变为╋形状时，用右键拖动填充柄到指定位置，然后释放鼠标右键即可。

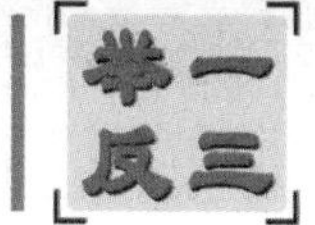

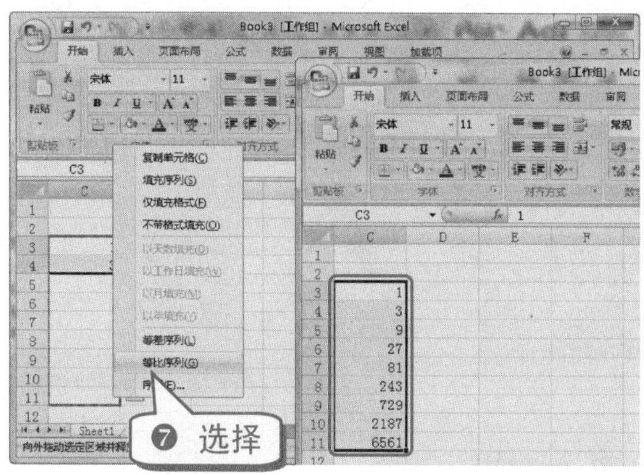

技巧305　快速清除单元格

清除单元格是指清除单元格中的内容、格式和批注。它与删除单元格的操作是不同的，清除单元格后单元格本身不会被删除，也不会影响到工作表中其他单元格的布局。

❶ 打开 Excel 2007 应用程序，切换到“开始”选项卡，选择需要清除的单元格。

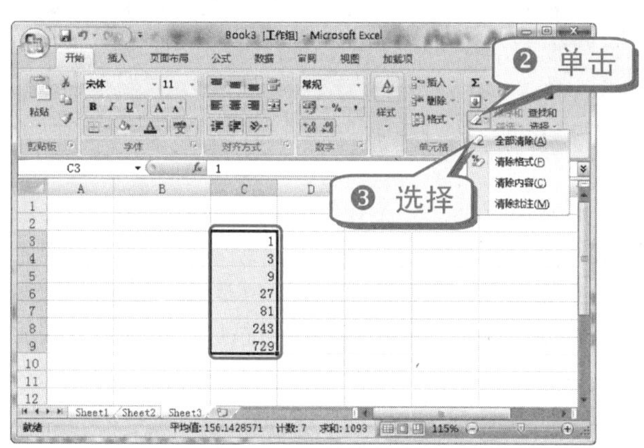

专　家　坐　堂

“全部清除”：指清除单元格中的所有内容、格式和批注。

“清除格式”：指只清除单元格中的格式，而其中的数据内容不变。

“清除内容”：指只清除选择单元格中的数据内容，而单元格格式不变。

“清除批注”：指清除单元格中的批注。

技巧306　隐藏工作表中的列或行

在打印 Excel 2007 电子表格时，如果不想让某列或某行打印出来，但是又不能删除，这时可以隐藏该列或行。

例如，隐藏当前工作表中的第三行。

❶ 打开 Excel 2007 应用程序。

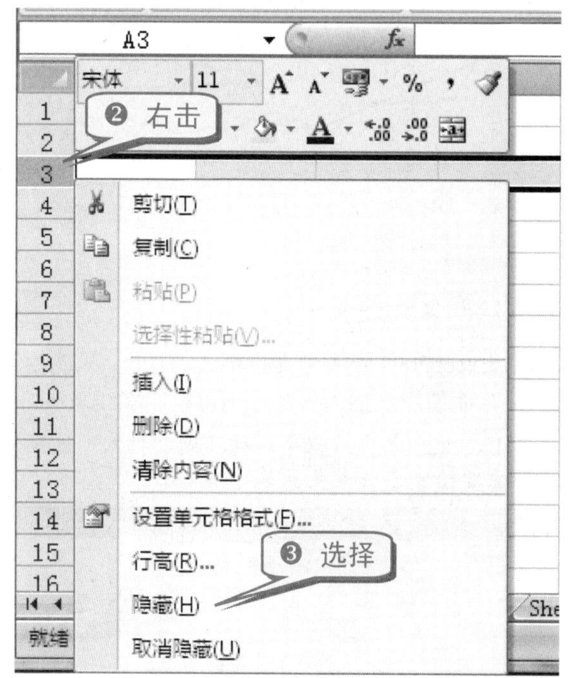

知　识　补　充

若要取消对第三行的隐藏，可将指针移到第二行列和第四行之间，当指针变成“”形状时，向下拖动即可。

技巧307　快速、巧妙绘制表头

在制作 Excel 电子表格时，经常需要绘制表头的。表头的绘制不仅有单线的还有多线的，用户可以根据实际需要而定。

(1) 绘制单线表头

利用 Excel 2007 设置单元格格式的功能，可以快速绘制单线表头。

❶ 打开 Excel 2007 应用程序，切换到“开始”选项卡，单击单元格功能区的“格式”下拉按钮，选择“设置单元格格式”命令，弹出“设置单元格格式”对话框。

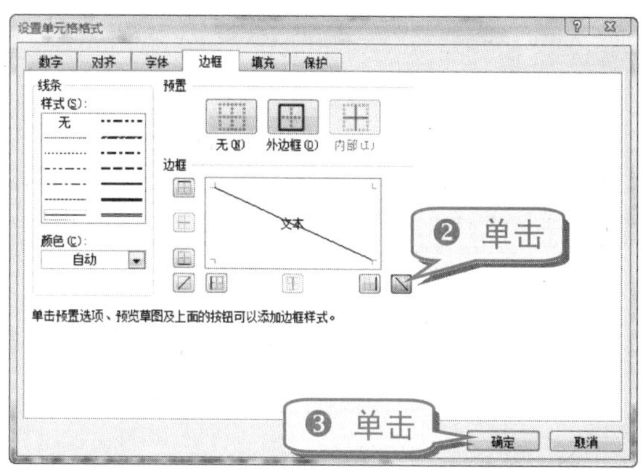

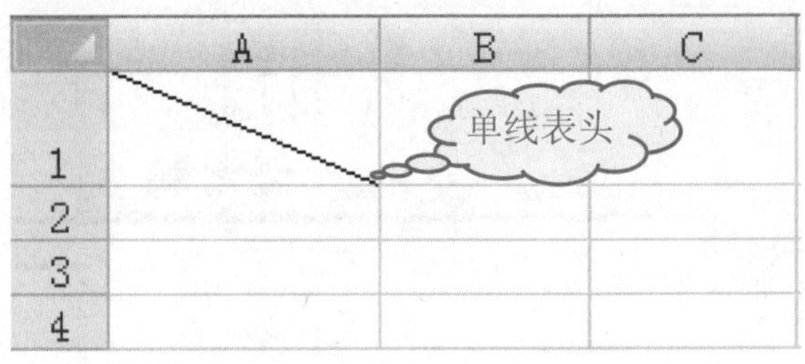

(2) 绘制多线表头

利用 Excel 2007 设置单元格格式的功能，只能绘制单线的表头，而使用“插入”命令则可绘制多线表头。

❶ 打开 Excel 2007 应用程序，切换到“插入”选项卡，调整需要绘制多线表头的单元格大小。

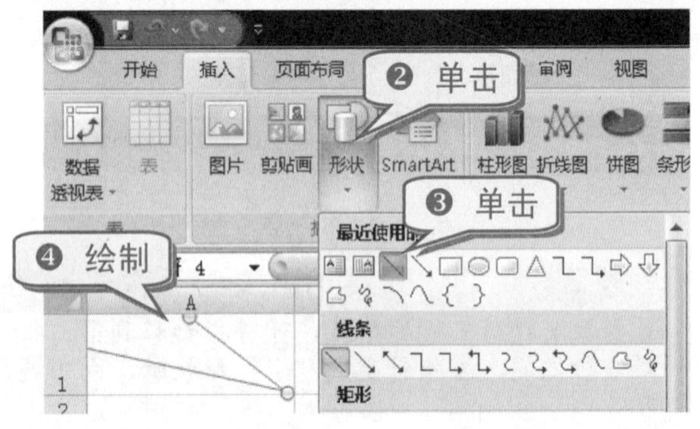

技巧308　快速添加工作表的两种方法

通常情况下，一个工作簿默认状态下有 3 个工作表，在对工作簿中的表格进行操作时，经常需要添加工作表。

添加工作表的方法有两种，即通过菜单命令添加和通过“插入”对话框添加。

(1) 通过菜单命令添加

❶ 打开 Excel 2007 应用程序，切换到“开始”选项卡。

(2) 通过“插入”命令添加

❶ 打开 Excel 2007 应用程序，右击工作表标签。

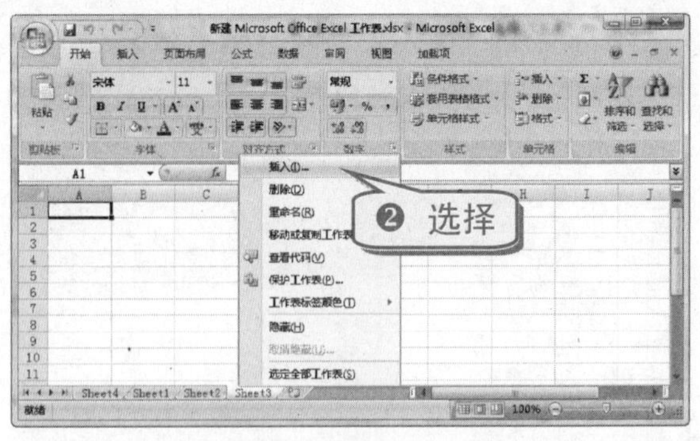

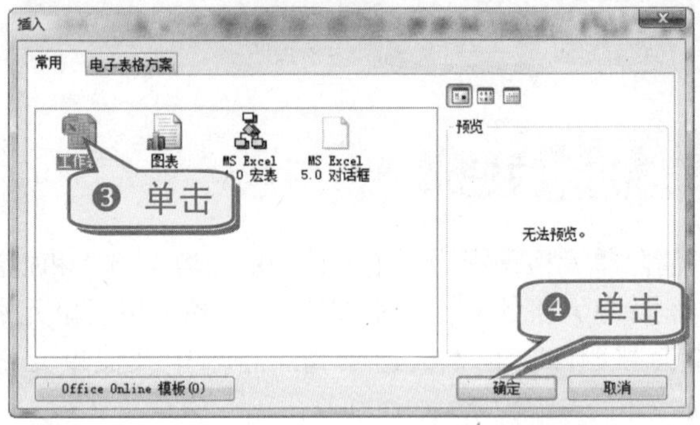

单击工作表标签上的按钮，可以直接创建一个新的工作表。

技巧309　快速删除工作表的两种方法

通常情况下一个工作簿默认状态下有 3 个工作表，在对工作簿中的表格进行操作时，经常需要删除工作表。

删除工作表的方法有两种，也是通过菜单命令删除和通过“插入”对话框删除，这与添加工作表的方法相似。

(1) 通过菜单命令删除

❶ 打开 Excel 2007 应用程序，切换到“开始”选项卡。

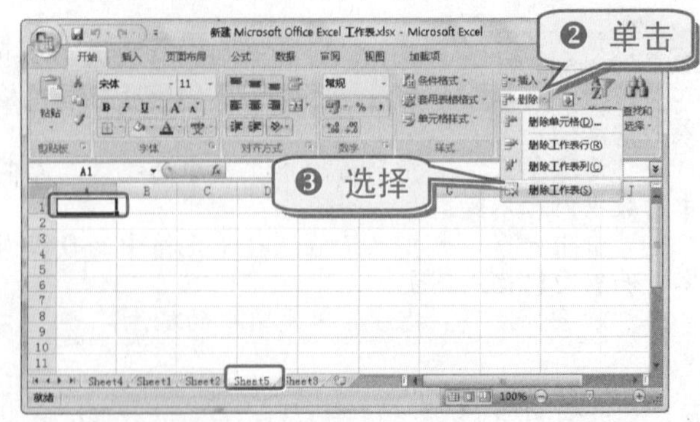

(2) 通过“删除”命令删除

❶ 打开 Excel 2007 应用程序，右击工作表标签。

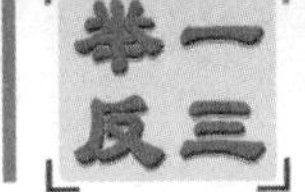

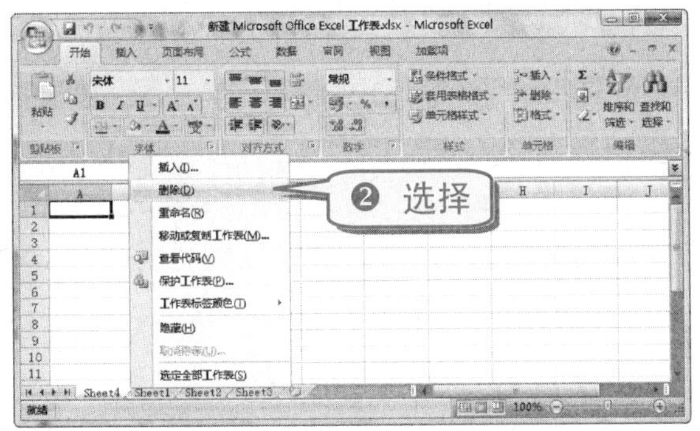

技巧310　快速更改工作表默认数量

在默认情况下，新建工作簿中有 3 个工作表，用户可以根据实际需要更改工作表默认数量。

❶ 打开 Excel 2007 应用程序，单击 Office 按钮，在弹出的菜单中选择“Excel 选项”命令，弹出“Excel 选项”对话框。

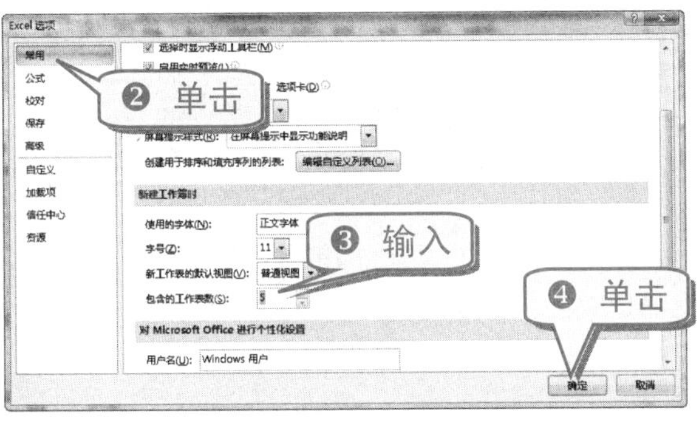

技巧311　快速为工作表网格线着色

在默认情况下，Excel 2007 工作表的网格线颜色为灰色的，显得很单调。

❶ 打开 Excel 2007 应用程序，单击 Office 按钮，在弹出的菜单中选择“Excel 选项”命令，弹出“Excel 选项”对话框。

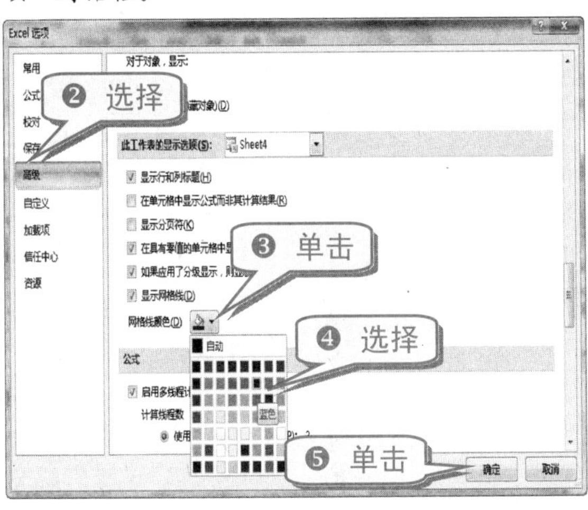

技巧312　轻松加密工作表

对工作表进行加密，可以有效地防止其他用户查看或修改电子表格中的内容，特别是对财务数据工作表进行加密很重要。

❶ 打开 Excel 2007 应用程序，选择需要加密的工作表，右击该工作表的标签。

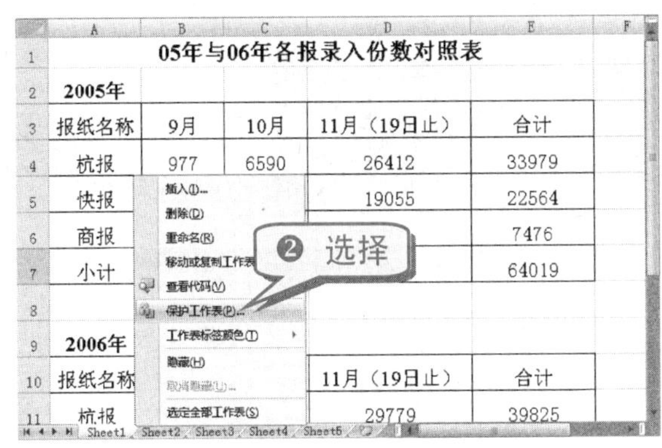

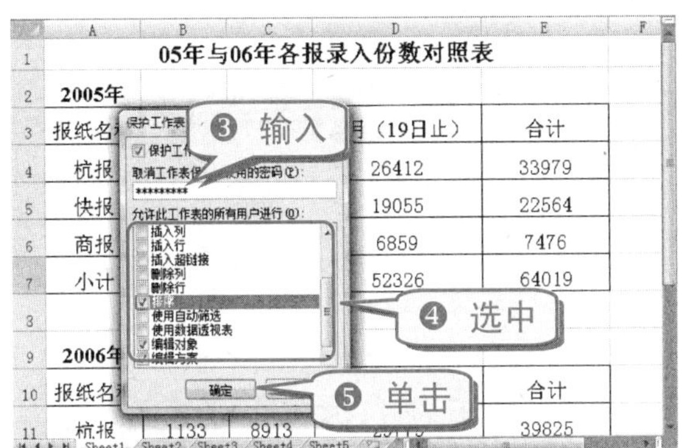

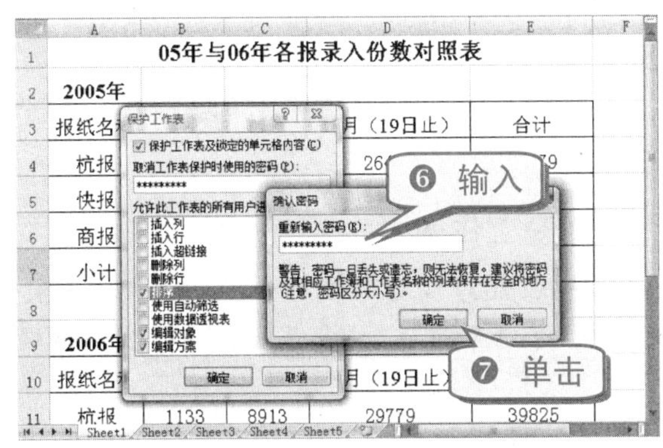

技巧313　巧妙标记重要工作表

在使用 Excel 2007 时，可能由于打开了过多的工作表而很难及时找到需要的工作表。为工作表标签设置颜色，可以重点标记该工作表。

❶ 打开 Excel 2007 应用程序，右击工作表标签。

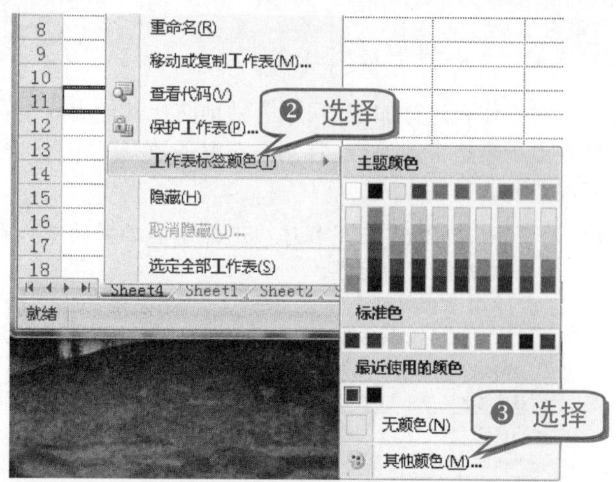

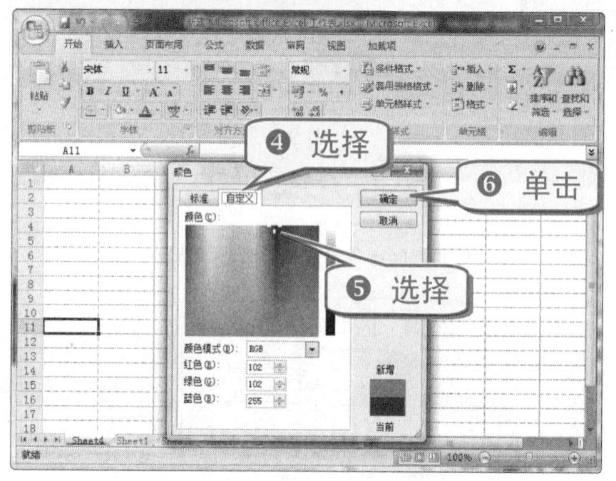

技巧314 工作表的拆分和冻结技巧

拆分工作表是指将工作表按照垂直或水平方向拆分成独立的窗格，每个窗格中可以独立地显示内容。冻结窗口是指在滚动工作表时，保持行列标志或其他数据可见状态。

(1) 拆分工作表

❶ 打开 Excel 2007 应用程序，切换到“视图”选项卡。

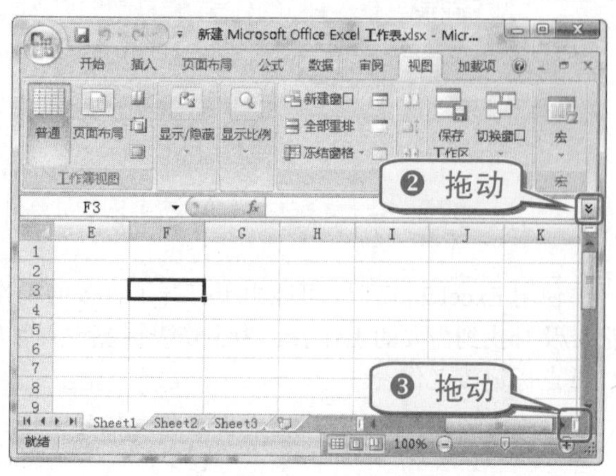

(2) 冻结工作表

使用冻结窗口功能以后，窗口出现横向或纵向的冻结线，在滚动工作表时，冻结线上面或左面的单元格不随工作表左右或垂直滚动。

❶ 打开 Excel 2007 应用程序，切换到“视图”选项卡。

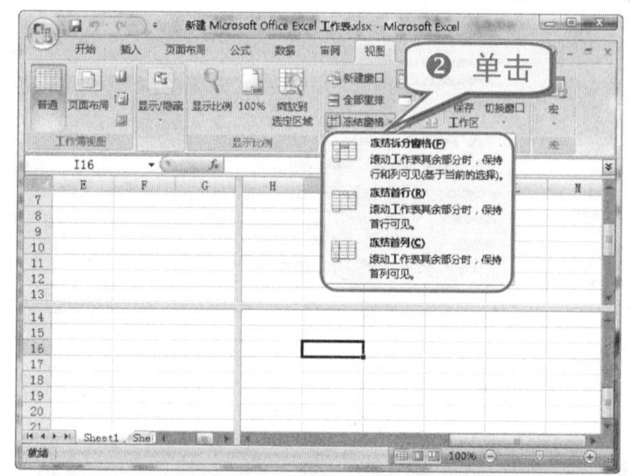

专 家 坐 堂

如果要在窗口顶部第一行生成冻结窗格，可单击“窗口”功能区中的“冻结首行”按钮。

如果要在窗口左侧第一列生成冻结窗格，可单击“窗口”功能区中的“冻结首列”按钮。

如果冻结整个拆分窗口，可单击“窗口”功能区中的“冻结拆分窗口”按钮。

技巧315 快速创建条件格式

条件格式是指对所选单元格中满足某个特定条件的单元格进行格式的设置，以此来对满足条件的单元格进行相关的格式设置。

❶ 打开 Excel 2007 应用程序，切换到“开始”选项卡，选择需要设置条件格式的单元格区域。

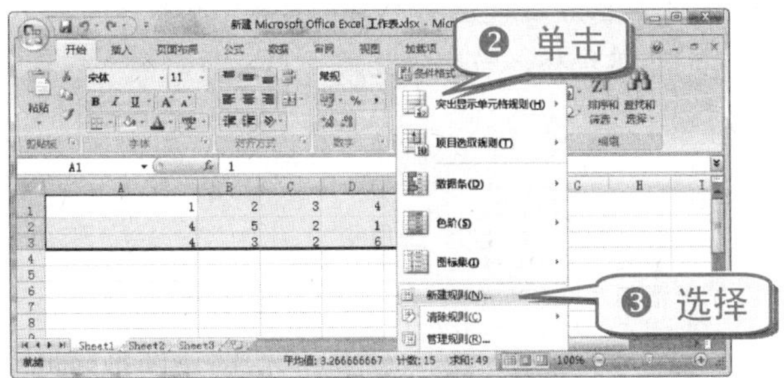

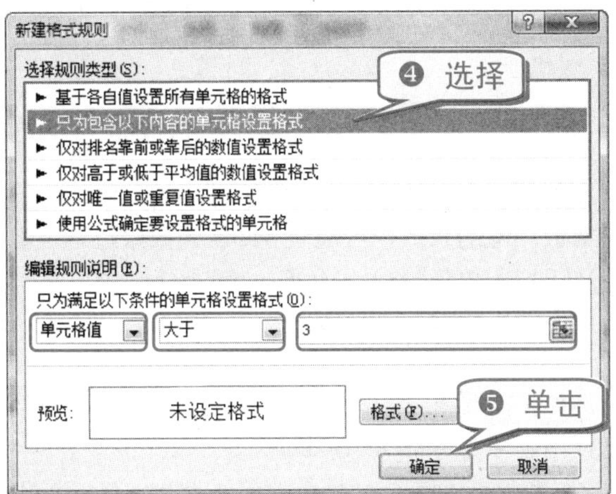

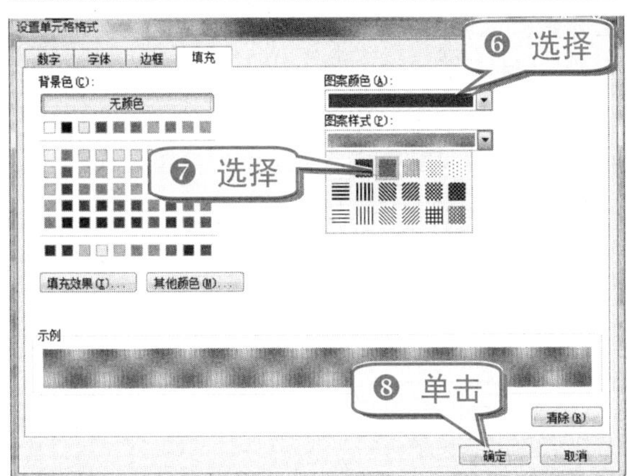

❾ 在返回的“新建格式规则”对话框中，单击“确定”按钮即可。

技巧316　快速修改条件格式

如果用户对创建的条件格式不满意或者需要修改的，可以使用条件格式管理程序来创建、编辑、删除以及查看工作簿中的所有条件格式规则。

❶ 打开 Excel 2007 应用程序，切换到“开始”选项卡，选择需要修改条件格式的单元格区域。

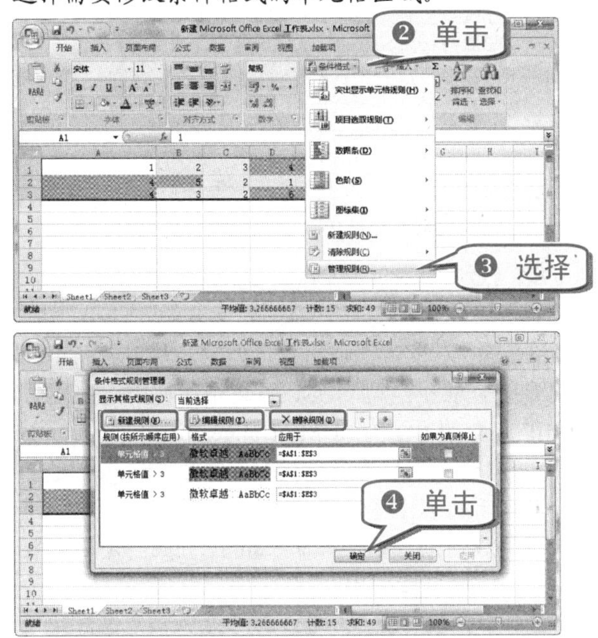

知 识 补 充

若选中“建议只读”复选项，保存的工作簿则只允许浏览而禁止修改。用户可以使用“建议只读”的方式打开工作簿，以防止其他用户对工作簿进行修改。

技巧317　巧用 SUM 函数求和

函数是由 Excel 2007 内部预先定义，执行计算、分析等处理数据任务的特殊公式。在工作表中使用 SUM 函数可返回某一单元格区域中所有数值之和。

SUM 函数的语法为 SUM(number1,number2,…)。其“number1,number2,…”为 1～255 个需要求和的参数(包括逻辑值及文本表达式)、区域或引用。

例如，需要计算单元格 B4 至 D4 中一系列数字之和，可以输入函数“=SUM(B4:D4)”，而不是输入公式“=B4+C4+D4”。

❶ 打开 Excel 2007 应用程序，选择需要进行求和运算的工作表，选择 E4 单元格。

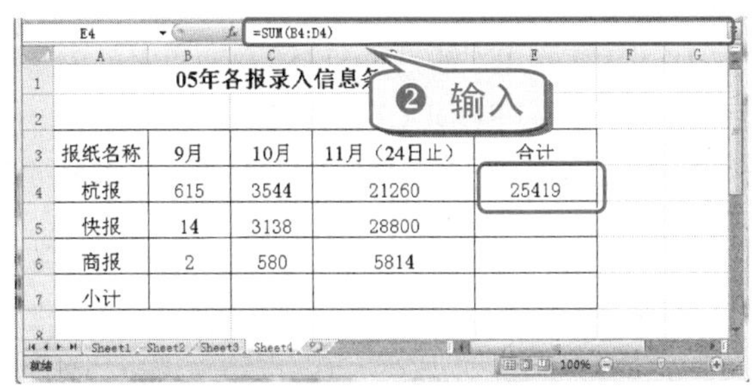

报纸名称	9月	10月	11月（24日止）	合计
杭报	615	3544	21260	25419
快报	14	3138	28800	
商报	2	580	5814	
小计				

❸ 如果需要对相邻单元格使用相同函数进行运算，可选择 E4 单元格，当指针变成**＋**形状时，向下拖动至 E6 单元格即可。

E4 =SUM(B4:D4)

05年各报录入信息条数对照表				
报纸名称	9月	10月	11月（24日止）	合计
杭报	615	3544	21260	25419
快报	14	3138	28800	31952
商报	2	580	5814	6396
小计				

技巧318 巧用 SUMIF 函数求和

SUMIF 函数可根据用户指定的条件对若干单元格、区域或引用求和，与 SUM 函数相比使用起来更方便。SUMIF 函数的语法为 SUMIF(range,criteria,sum_range)。

在 SUMIF 函数的表达式中，参数“range”是指被用作条件判断的单元格区域；“criteria”是由数字、逻辑表达式等组成的判定条件；而“sum_range”是指需要求和的单元格、区域或引用。

例如，需要计算“快报一期”录入信息总和，可以输入函数“=SUMIF(A4:A10,"快报一期",E4:E9)”。

❶ 打开 Excel 2007 应用程序，选择需要进行求和运算的工作表，选择 C11 单元格。

C11 =SUMIF(A4:A10,"快报一期",E4:E9)

❷ 输入

05年各报录入信息条数对照表				
报纸名称	9月	10月	11月（24日止）	合计
杭报一期	615	3544	21260	25419
快报一期	14	3138	4534	7686
商报一期	12	580	45335	45927
浙报一期	55	4566	7865	12486
快报一期	66	556	1112	1734
快报一期	33	888	34455	35376
合计	快报一期	44796		

技巧319 巧用 PRODUCT 函数求积

使用 PRODUCT 函数可对工作表中的数据进行求积运算，该函数的语法为 PRODUCT(number1,number2，...)。在 PRODUCT 函数语法中，“number1,number2,...”是要相乘的 1～255 个参数。

例如，需要求 B3 单元格到 D3 单元格之间的乘积，可以使用函数“=PRODUCT(B3:D3)”。

❶ 打开 Excel 2007 应用程序，选择需要进行求和运算的工作表，选择 E3 单元格。

E3 =PRODUCT(B3:D3)

❷ 输入

	2007年3月份采购表			
物品	定货量	单价	打折	成本
面粉	505	2.9	9.8	14352.1
大米	342	3.8	8.8	
料酒	34	2.1	9.5	
蔬菜	333	2	9.7	

❸ 如果需要对相邻单元格使用相同函数进行运算，可选择 E3 单元格，当指针变成**+**形状时，向下拖动至 E6 单元格即可。

E3 =PRODUCT(B3:D3)

	2007年3月份采购表			
物品	定货量	单价	打折	成本
面粉	505	2.9	9.8	14352.1
大米	342	3.8	8.8	11436.48
料酒	34	2.1	9.5	678.3
蔬菜	333	2	9.7	6460.2

技巧320 巧用 MOD 函数求余

在使用 Excel 电子表格对数据进行处理时，如果需要求出两数相除的余数，可通过 MOD 函数来进行运算。

MOD 函数的语法为 MOD(number,divisor)。在 MOD 函数的语法中，参数“number”为被除数；“divisor”为除数。

例如，需要将 B4 单元格除以 C4 单元格，得到余数。可以使用函数“＝MOD(B4:C4)”。

❶ 打开 Excel 2007 应用程序，选择需要进行求余运算的工作表，选择 D4 单元格。

D4 =MOD(B4,C4)

❷ 输入

使用MOD函数对两数的相除进行求余		
被除数	除数	余数
18	5	3
19	6	
22	4	
18	5	

❸ 同样可以使用拖曳的方法对相邻单元格进行求余运算。

D4 =MOD(B4,C4)

使用MOD函数对两数的相除进行求余		
被除数	除数	余数
18	5	3
19	6	1
22	4	2
18	5	3

注 意 事 项

其中“divisor”不能为零，也就是说除数不能为零，否则会返回错误值“#DIV/0!”。

技巧321 巧用 ABS 函数求绝对值

在使用 Excel 电子表格对数据进行处理时，可以通过 ABS 函数对数据求绝对值。ABS 函数的功能就是返回参

数的绝对值，绝对值没有符号。

ABS 函数的语法为 ABS(number)。在该函数的语法中，参数“number”是指需要计算其绝对值的一个实数。

❶ 打开 Excel 2007 应用程序，选择需要求绝对值运算的工作表，选择 D3 单元格。

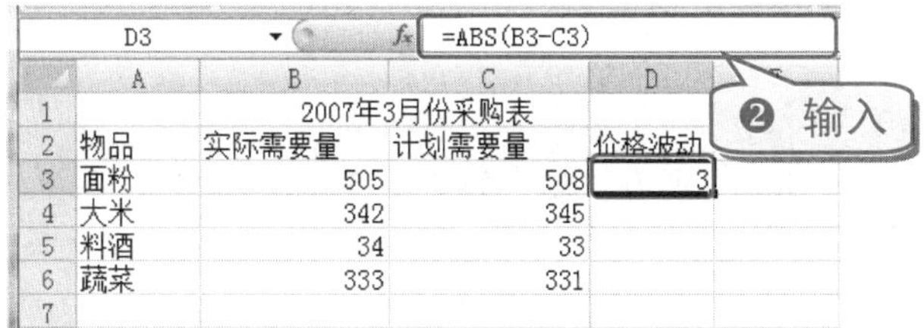

	A	B	C	D
1		2007年3月份采购表		
2	物品	实际需要量	计划需要量	价格波动
3	面粉	505	508	3
4	大米	342	345	
5	料酒	34	33	
6	蔬菜	333	331	
7				

❸ 同样可以使用拖曳的方法对相邻单元格进行求绝对值运算。

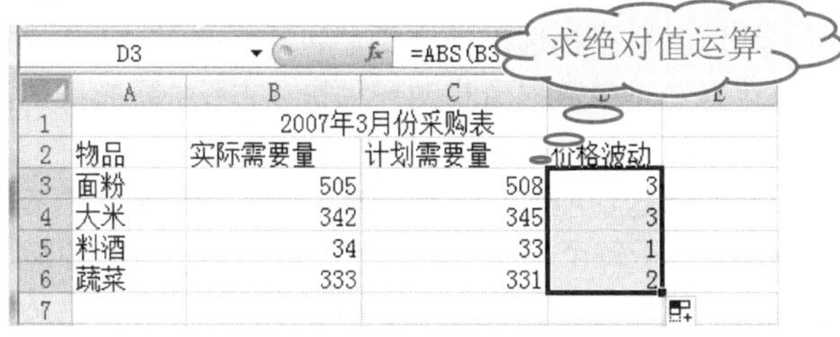

	A	B	C	D
1		2007年3月份采购表		
2	物品	实际需要量	计划需要量	价格波动
3	面粉	505	508	3
4	大米	342	345	3
5	料酒	34	33	1
6	蔬菜	333	331	2
7				

技巧322 巧用 RAND 函数快速生成随机数

使用 RAND 函数可返回大于等于 0 且小于 1 的均匀分布的随机实数，每次执行都将返回一个新的随机实数。RAND 函数的语法为 RAND()，该函数不需要运算的参数。

例如，随机在单元格填充介于 10～100 之间的实数。

❶ 打开 Excel 2007 应用程序，新建一张空的工作表，选择 A1 单元格。

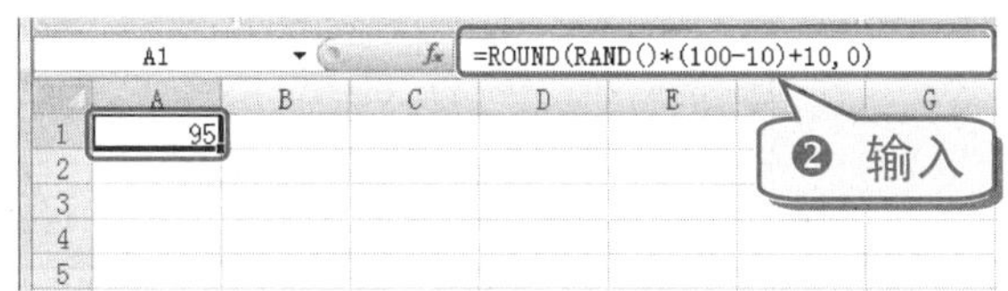

❸ 如果需要在其他单元格中填充介于 10～100 之间的随机数，只要选中 A1 单元格，当指针变成✚形状时，向下或向左拖动即可。

A1 =ROUND(RAND()*(100-10)+10,0)

	A	B	C	D	E
1	74	82	45	44	37
2	65	35	63	82	16
3	60	70	67	88	97
4	92	29	94	45	27
5	64	76	34	88	39
6	35	15	28	78	16
7	31	57	98	65	12
8	63	15	53	83	40

随机数

> **注意事项**
>
> 在使用拖曳方法填充其他单元格时，每一次拖动单元格中的数值都会变换。

技巧323 巧用 POWER 函数求幂

在 Excel 2007 的数学运算中，经常需要对数据进行求幂运算，这时可通过 POWER 函数来进行。该函数的功能就是返回指定数字的乘幂。

POWER 函数的语法为 POWER(number,power)，在该函数的语法中，参数“number”为底数，“power”为指数，均可以为任意实数。

❶ 打开 Excel 2007 应用程序，选择需要求幂运算的工作表，选择 C3 单元格。

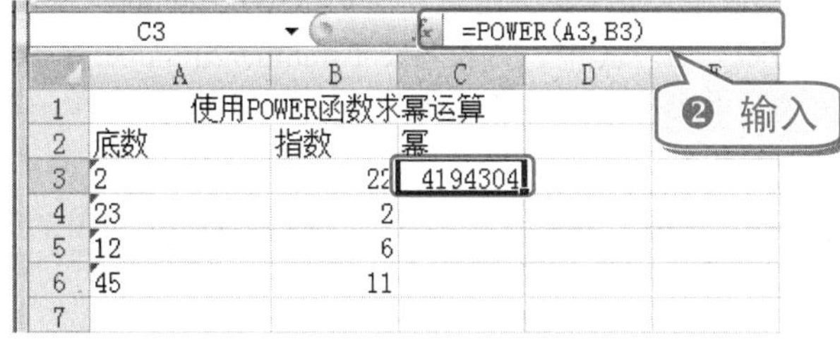

	A	B	C
1	使用POWER函数求幂运算		
2	底数	指数	幂
3	2	22	4194304
4	23	2	
5	12	6	
6	45	11	
7			

❸ 同样可以使用拖曳的方法对相邻单元格进行求幂运算。

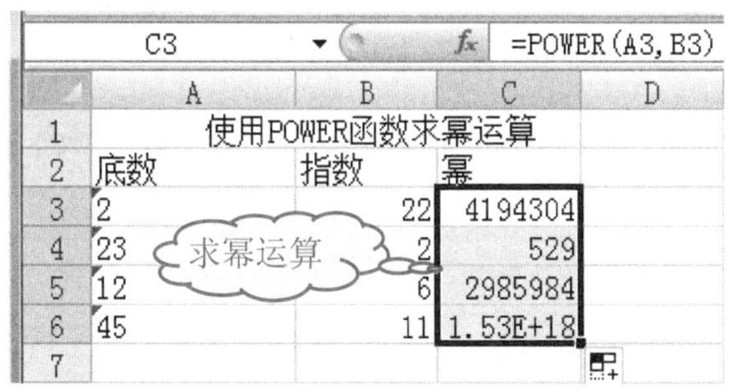

	A	B	C
1	使用POWER函数求幂运算		
2	底数	指数	幂
3	2	22	4194304
4	23	2	529
5	12	6	2985984
6	45	11	1.53E+18
7			

技巧324 巧用 INT 函数取整

INT 函数的功能是将数值进行四舍五入到接近的整数。INT 函数的语法为 INT(number)。在该函数的语法中，参数“number”为需要进行四舍五入取整的实数。

❶ 打开 Excel 2007 应用程序，选择需要进行取整运算的工作表，选择 H3 单元格。

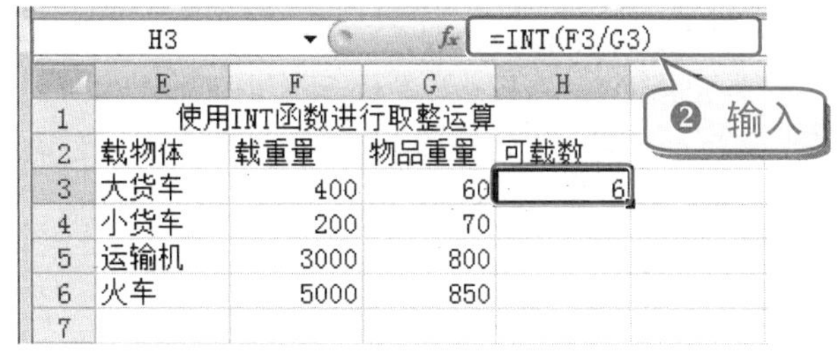

	E	F	G	H
1	使用INT函数进行取整运算			
2	载物体	载重量	物品重量	可载数
3	大货车	400	60	6
4	小货车	200	70	
5	运输机	3000	800	
6	火车	5000	850	
7				

❸ 同样可以使用拖曳的方法对相邻单元格进行取整运算。

H3 =INT(F3/G3)

取整运算

	E	F	G	H
1	使用INT函数进行取整运算			
2	载物体	载重量	物品重量	可载数
3	大货车	400	60	6
4	小货车	200	70	2
5	运输机	3000	800	3
6	火车	5000	850	5
7				

技巧325 巧用AVERAG函数取平均值

平均值函数AVERAGE属于统计函数类型，其函数功能在于将单元格区域中的数字取平均值。

AVERAGE函数的语法为AVERAGE(number1,number2, number3,...)。其中，“number1,number2,number3,…”为该函数的参数，在各个参数之间用“,”分开。在函数中最多可以有255个参数。

❶ 打开Excel 2007应用程序，选择需要求平均值的工作表，选择E3单元格。

❷ 输入 =AVERAGE(B3:D3)

	A	B	C	D	E	F
1			2001第一季度月份价格表			
2	物品	一月份价格	二月份价格	三月份价格	平均价格	
3	面粉	2.8	2.9	3.1	2.933333	
4	大米	3.2	3.8	3.5		
5	料酒	1.9	2.1	1.8		
6	蔬菜	2.1	2.5	2.2		
7						

❸ 同样可以使用拖曳的方法对相邻单元格进行取平均值运算。

E3 =AVERAGE(B3:D3)

	A	B	C	D	E	F
1			2001第一季度月份价格表			
2	物品	一月份价格	二月份价格	三月份价格	平均价格	
3	面粉	2.8	2.9	3.1	2.933333	
4	大米	3.2	3.8	3.5	3.5	
5	料酒	1.9	2.1	1.8	1.933333	
6	蔬菜	2.1	2.5	2.2	2.266667	
7						

技巧326 在函数中快速引用单元格

在使用函数时，经常需要用单元格的名称来引用该单元格中的数据。如果引用的单元格太多，逐个输入会很麻烦，此时可通过以下方法解决。例如，以SUM函数为例。

❶ 打开Excel 2007应用程序，在公式编辑栏中直接输入“=SUM()”，再将光标定位于小括号内。

❷ 按住Ctrl键的同时在工作表中选择所有参与运算的单元格，接着按Enter键即可。

SUM =sum(B3:D3)

	A	B	C	D	E	F
1		2007年3月份采购表				
2	物品	定货量	单价	打折		
3	面粉	505	354.6	9.8	=sum(B3:D3)	
4	大米	342	3.8	8.8		
5	料酒	34	2.1	9.5		
6	蔬菜	333	2	9.7		
7						

举一反三

此时，所有被选中的单元格都自动填入了函数中，并用“，”自动分隔开。

技巧327 快速完成数据筛选

筛选就是指挑选出符合要求和条件的记录，是查找和处理数据清单中数据子集的一种快捷方法。筛选只是暂时隐藏不必显示的行。

自动筛选功能包括按列表值、按格式和按条件三种筛选方法。对于每个单元格区域或列表来说，这三种筛选方法每次只能任选一种。例如，不能既按单元格颜色又按数字列表进行筛选。

❶ 打开Excel 2007应用程序，切换到“开始”选项卡，单击需要筛选的表格区域中的任意单元格。

❹ 在需要筛选的列标题上单击▾下拉按钮。例如，需要筛选出总资金介于3000～1000的表单。

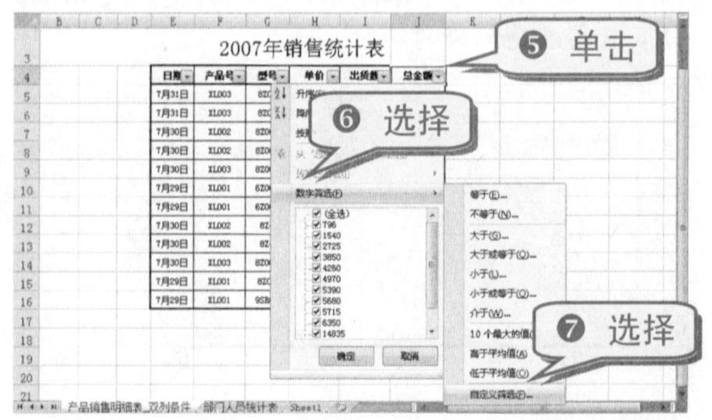

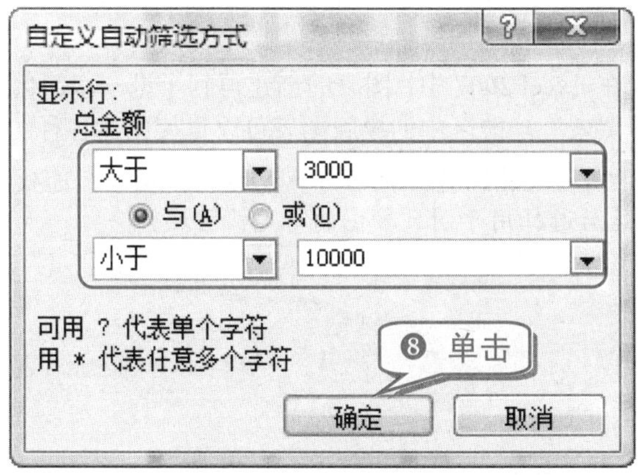

2007年销售统计表

日期	产品号	型号	单价	出货数	总金额
7月31日	XL003	8Z02	770	5	3850
7月30日	XL002	8Z005	710	8	5680
7月30日	XL002	8Z005	710	7	4970
7月30日	XL003	8Z005	710	6	4260
7月30日	XL002	8Z4	635	10	6350
7月30日	XL002	8Z4	635	9	5715
7月29日	XL001	9SR02	245	22	5390

举一反三

在“自定义自动筛选方式”对话框中，可以选择不同的筛选方式，若选择“或”单选按钮，筛选出来的结果将和选择“与”单选按钮有很大差别。用户可以尝试不同的筛选方法，以便熟练掌握自定义筛选功能。

技巧328 快速完成数据排序

对数据进行排序是指按照一定的规则和方法对数据进行整理、排列。

例如，将所有的数据按照从大到小的顺序或者从小到大的顺序排列，也可以按颜色或图标进行排序。排序以后的数据能够更直观地显示表格内容。

(1) 简单排序

简单排序可以在自动筛选状态下实现，是比较常用的数据排序方法。在工作表中可以对一列或多列中的数据按文本(升序或降序)、数字(升序或降序)以及日期和时间(升序或降序)进行排序。

例如，对单价进行升序排列。

❶ 打开 Excel 2007 应用程序，切换到“数据”选项卡，选择需要排序的单元格。

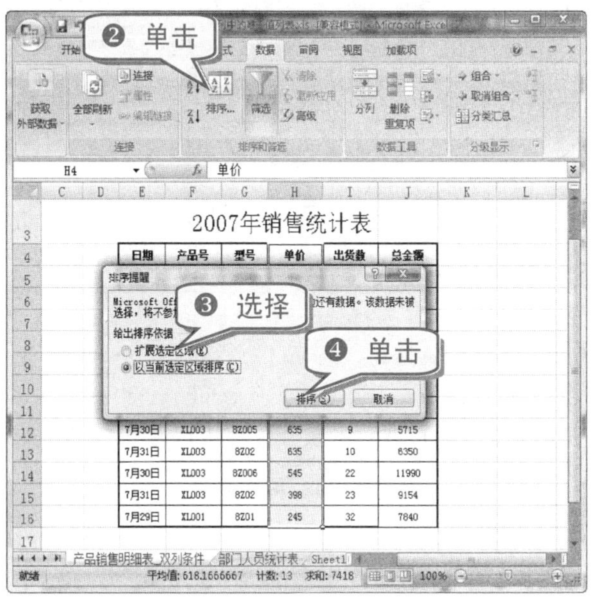

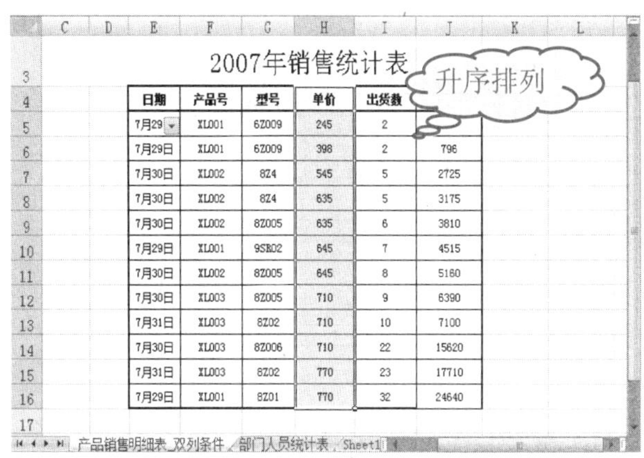

2007年销售统计表

日期	产品号	型号	单价	出货数	
7月29	XL001	6Z009	245	2	
7月29日	XL001	6Z009	398	2	796
7月30日	XL002	8Z4	545	5	2725
7月30日	XL002	8Z4	635	5	3175
7月30日	XL002	8Z005	635	6	3810
7月29日	XL001	9SR02	645	7	4515
7月30日	XL002	8Z005	645	8	5160
7月30日	XL003	8Z005	710	9	6390
7月31日	XL003	8Z02	710	10	7100
7月30日	XL003	8Z006	710	22	15620
7月31日	XL003	8Z02	770	23	17710
7月29日	XL001	8Z01	770	32	24640

(2) 自定义排序

简单排序只能针对有限区域的单元格进行升序或者降序的排列操作，而对于一些复杂条件下的数据进行排列时就不太适用，这时可以通过自定义排序来完成。

例如，对 7 月 29 号的数据进行升序排列。

❶ 打开 Excel 2007 应用程序，切换到“开始”选项卡。

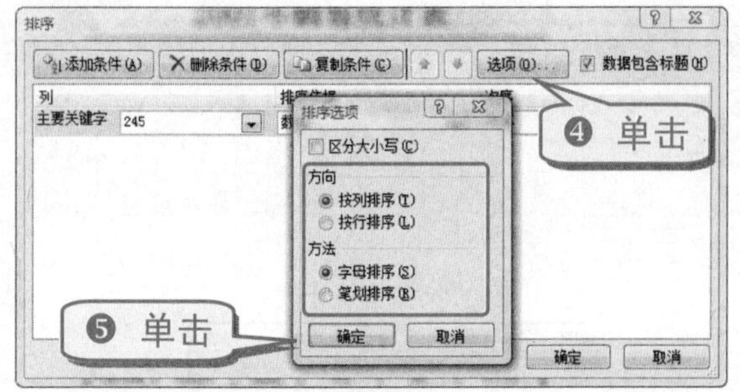

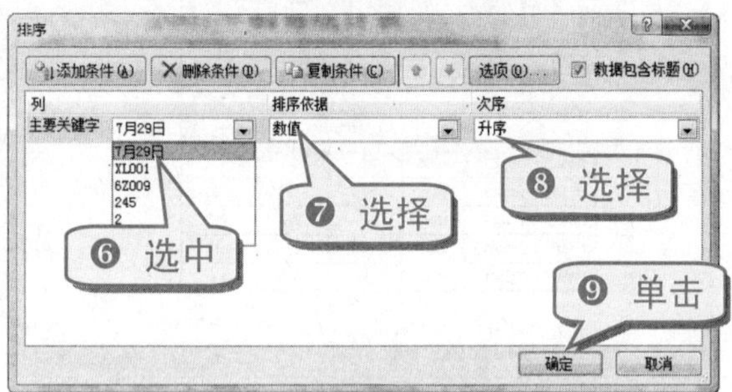

排序结果

知 识 补 充

按升序排序时，Excel 2007 将使用下表所示的顺序；按降序排序时，则使用相反的顺序。

值	注 释
数字	数字按从最小的负数到最大的正数进行排序
日期	日期按从最早的日期到最晚的日期进行排序
文本	字母和数字文本按从左到右的顺序逐字符进行排序 文本以及包含存储为文本的数字的文本按以下次序排序： 0 1 2 3 4 5 6 7 8 9 (空格) ! " # $ % &()* , . / : ; ? @ [\ ] ^ _ ` { | } ~ + < = > A B C D E F G H I J K L M N O P Q R S T U V W X Y Z
逻辑	在逻辑值中，FALSE 排在 TRUE 之前
错误	所有错误值(如 #NUM! 和 #REF!)的优先级相同

技巧329 快速管理图表技巧

在 Excel 2007 中，创建图表的操作方法非常简单，直接通过“图表”功能区选择相应的图表类型、图表布局和图表样式即可创建各种专业的图表。

(1) 创建图表

在 Excel 2007 中，图表的创建得到了进一步简化，通过“图表”功能区中的模版图表可以直接创建各种图表。

❶ 打开 Excel 2007 应用程序，切换到“插入”选项卡，然后选择用于图表数据的单元格区域。

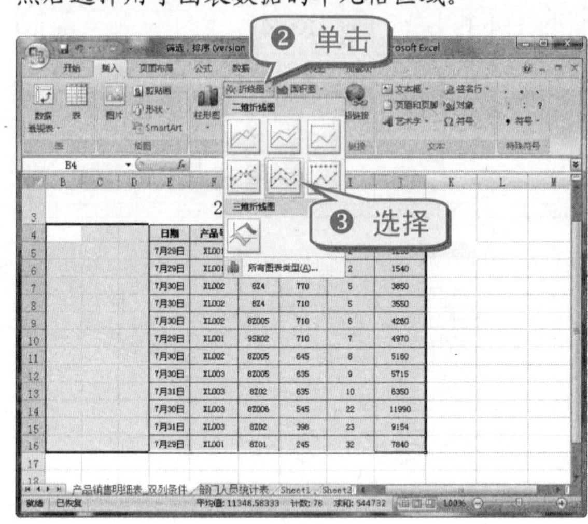

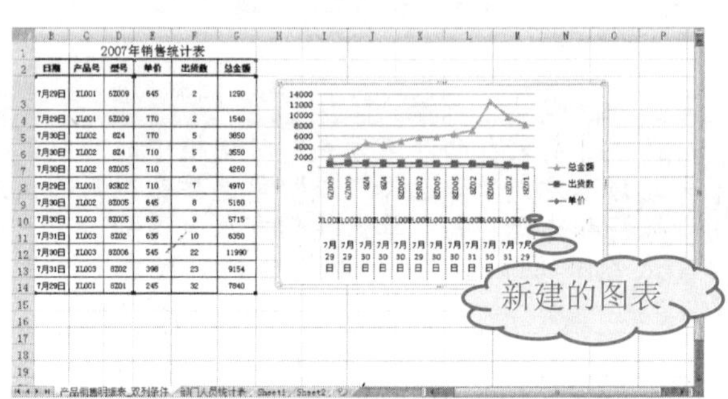

知 识 补 充

图表是将工作表中的数据用条形、折线、柱形、饼状或其他形状的图形来表示，比数据本身更易于表现数据之间的关系。

图表可以即时地反映出工作表中的数值，与生成它们的工作表数据相关联，当修改工作表数据时，图表也会随之变化。

图表的类型可以分为 11 种：柱形图、折线图、饼图、条形图、面积图、散点图、股价图、曲面图、圆环图、气泡图以及雷达图。

(2) 复制和清除图表

已经建立好的图表可以被复制到当前工作表中的不同位置，也可以被复制到其工作表中，这样可以避免重复创建图表。

❶ 打开 Excel 2007 应用程序，选择需要被复制的图表。

❷ 按 Ctrl+C 组合键，选择目标单元格，接着按 Ctrl+V 组合键就可以将图表复制过来了。

❸ 如果需要清除图表，只要选中该图表，按下 Delete 键即可。

知识补充

复制图表时，用户也可以选中需要复制的图表，然后按下 Ctrl 键拖动图表到合适的位置，最后松开 Ctrl 键即可。

技巧330 快速修改图表样式

创建好图表后，用户还可以根据需要对图表的样式进行修改。

(1) 利用“更改图表类型”对话框修改

❶ 打开 Excel 2007 应用程序，在工作表中右击需要修改样式的图表。

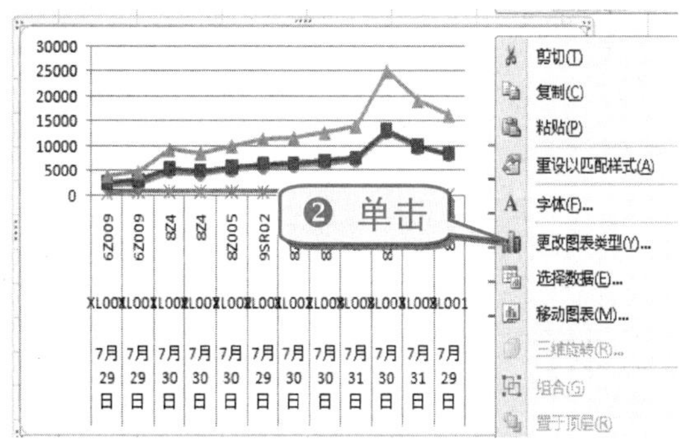

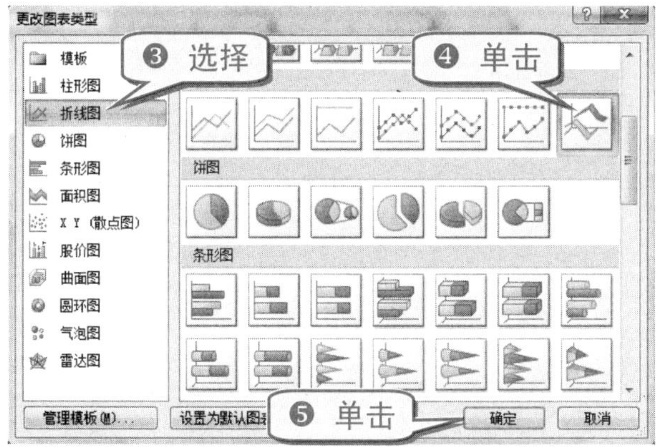

(2) 利用菜单命令修改

❶ 打开 Excel 2007 应用程序，选中需要修改的图表，单击“设计”功能区的下拉按钮。

技巧331 快速在图表中插入数据

图表创建好之后，根据实际需要，可能会向工作表中添加数据。如果要想将工作表中新添加的数据快速插入到图表中，可以执行复制、粘贴命令或直接将新数据拖到图表中。

❶ 打开 Excel 2007 应用程序，选中工作表中新添加的数据。

❷ 按 Ctrl+C 组合键，将新添加的数据复制到剪贴板。

❸ 选中工作表中的图表，按 Ctrl+V 组合键即可向图表中添加新数据。

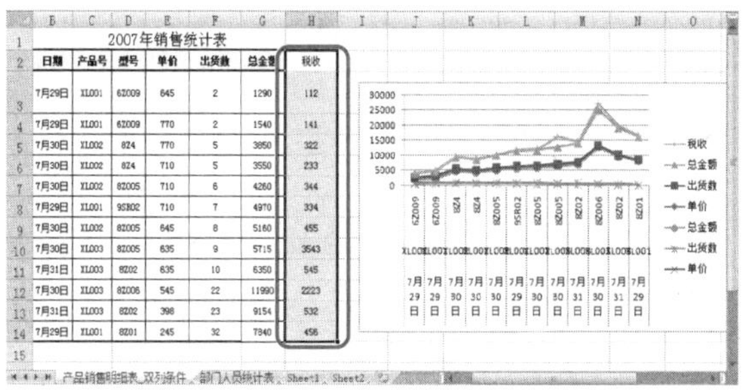

技巧332 美化图表使其更具魅力

在 Excel 2007 中，可以向图表中添加图片，让 Excel 图表更具魅力。

❶ 打开 Excel 2007 应用程序，采用柱形图或条形图的形式创建一个图表，然后右击其中任意一个数据系列。

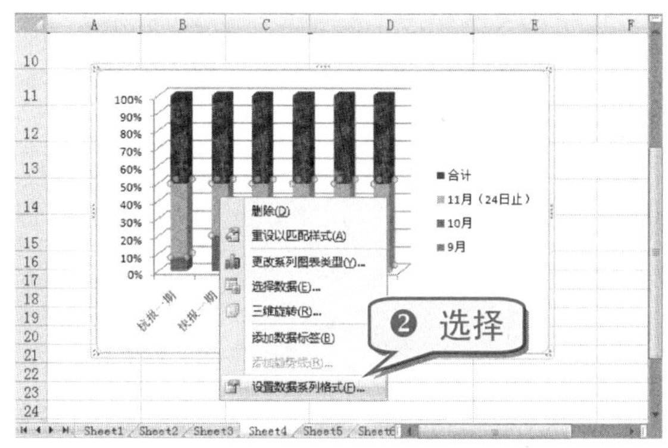

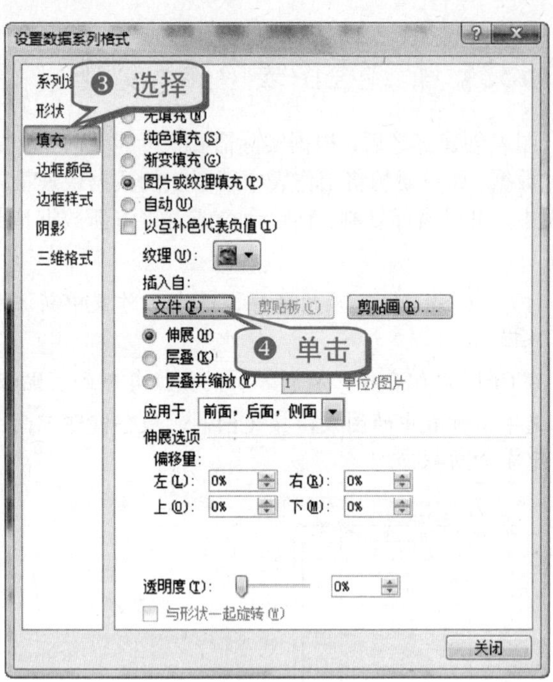

❺ 在弹出的“插入图片”对话框中选中相应的图片，然后单击“插入”按钮，返回“设置数据系列格式”对话框，单击“关闭”按钮即可。

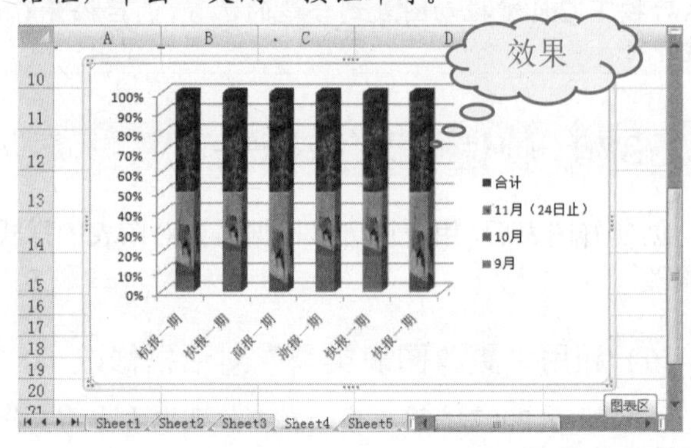

专题十 PowerPoint 2007 应用技巧

内容导航

PowerPoint 是一款集文字、图像和声音于一体的演示文稿软件，用 PowerPoint 制作的演示文稿常用于产品演示、教学和视频会议等。

热点快报

- 创建镜像技巧
- 美化幻灯片文稿
- 自定义放映方式
- 锁定文字
- 设置动画效果
- 宣传手册制作案例

技巧333 不一样的 PowerPoint 2007 最新功能

PowerPoint 2007 作为最新推出的产品，在很多方面都有所改进和更新，其功能更加强大和智能化。

(1) 增强的信息检索功能

信息检索是PowerPoint 2007中一个内置的搜索工具，用户可以在 PowerPoint 内部搜索各种信息源，同时也可以联机到 Internet 进行搜索。

打开 PowerPoint 2007 应用程序，切换到“动画”选项卡。

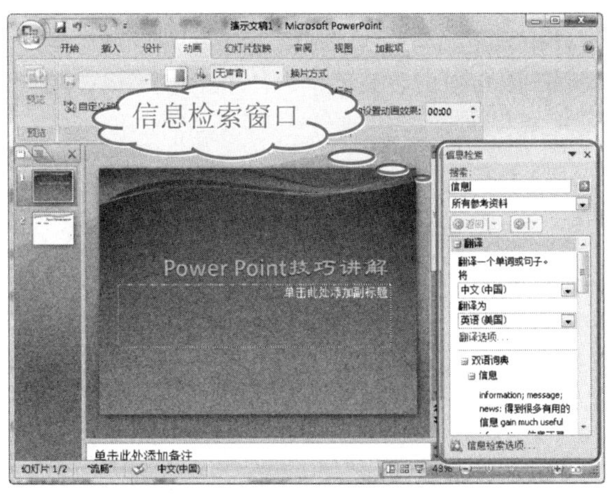

(2) 动画切换更迅速

PowerPoint 2007 在动画设置方面有更佳的表现，其中在动画切换方面，让用户能在简单的操作中设计出更加完美的动画效果。

❶ 打开 PowerPoint 2007 应用程序，切换到“动画”选项卡。

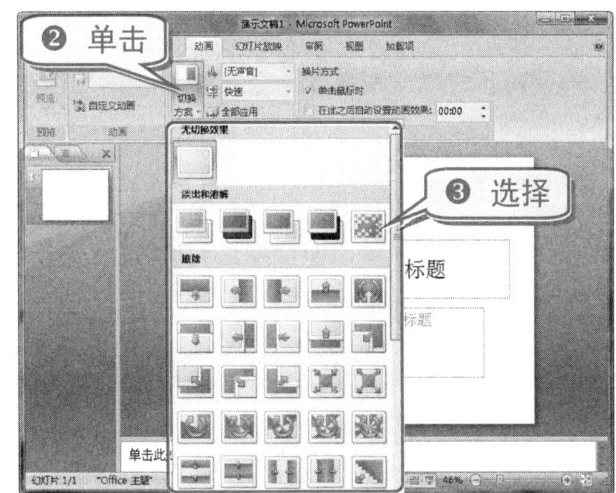

(3) 完美的动画效果

PowerPoint 2007 对动画效果进行了增强，包括进入和退出设计、更多的时间线控制以及动画路径设计。用户可以通过下面的操作查看 PowerPoint 2007 的动画效果方案。

❶ 打开 PowerPoint 2007 应用程序，切换到“动画”选项卡，在“动画”功能区中单击“自定义动画”按钮。

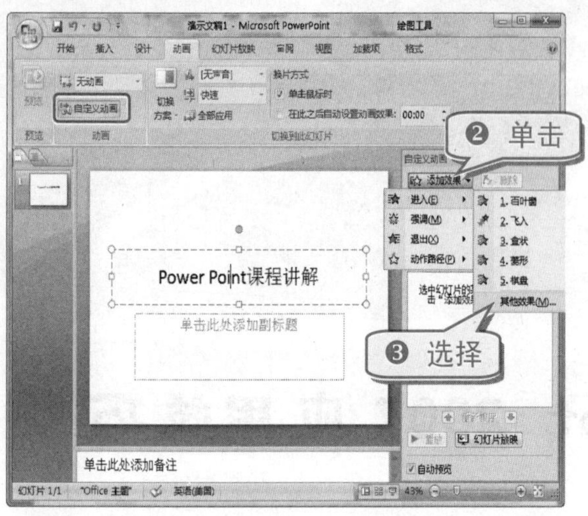

举 一 反 三

使用同样的方法可以查看并添加“强调”、“进入”和“动作路径”等效果，完成后，单击“确定”按钮即可。

(4) 强大的发布功能

演示文稿中有越来越多的视频及音频文件，导致打包 PowerPoint 演示文稿有些麻烦，因为这些文件占用的空间比较大。

PowerPoint 2007 中新增了打包用于制作 CD 的功能，使得打包操作变得简单。

❶ 在打开的 PowerPoint 2007 应用程序中，选择需要打包的 PowerPoint 文件，单击 Office 按钮，弹出下拉菜单。

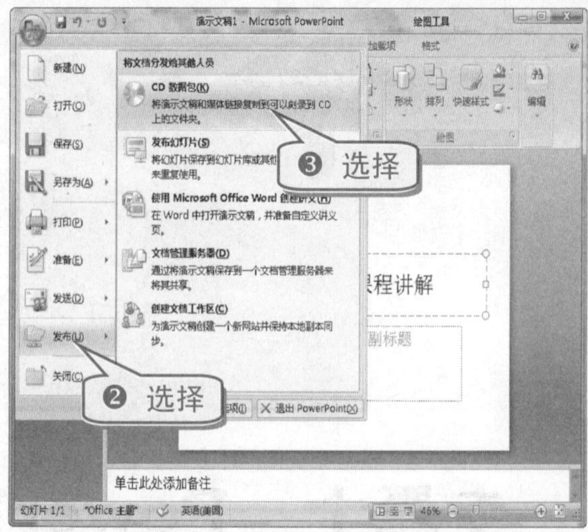

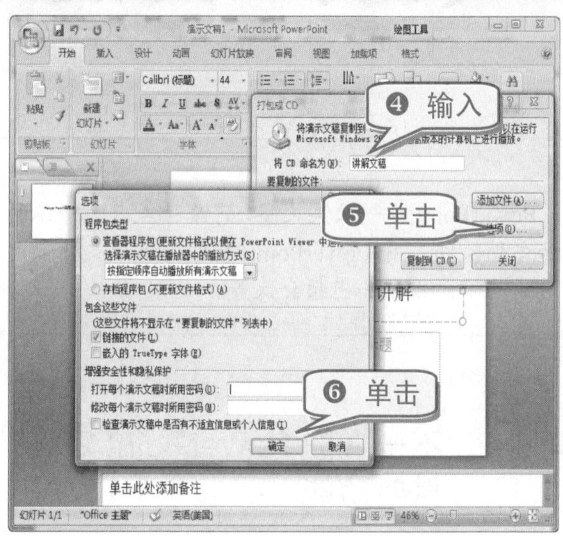

❼ 在返回的“打包成 CD”对话框中单击“复制到 CD”按钮，即将开始打包 PowerPoint 文件。

知 识 补 充

在“选项”对话框中可以设置演示文稿在播放器中的播放方式，同时也可以为每个演示文稿设置访问密码，以增强 PowerPoint 文稿的安全性。

技巧334 快速创建幻灯片

❶ 在打开的 PowerPoint 2007 应用程序中，单击 Office 按钮，在弹出的菜单中选择“新建”命令，打开“新建演示文稿”窗口。

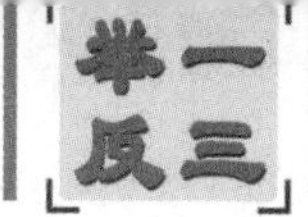

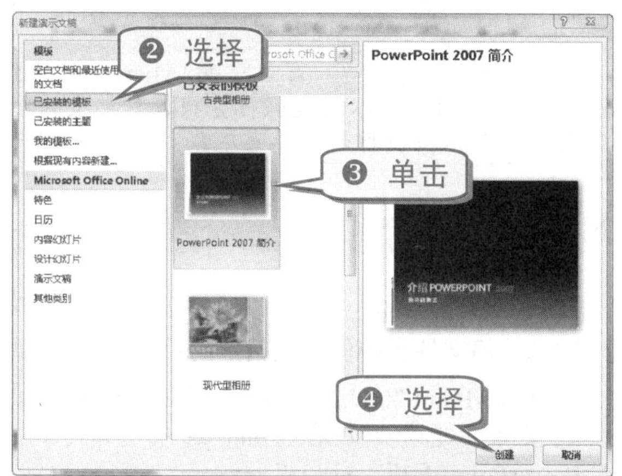

举 一 反 三

用户可以根据实际需要新建一个空白的文稿，或在自己的模版库中选择模版样式，还可以选择幻灯片的主题，这些操作都可以在“新建演示文稿”窗口中完成。

技巧335 套用不同版式的演示文稿

PowerPoint 2007 提供了多种设计版式，如带标题的和不带标题的、两栏的和三栏的、横栏的和纵栏的以及混向栏的版式。套用不同的版式可以美化所选幻灯片的布局。

❶ 打开 PowerPoint 2007 应用程序，切换到“开始”选项卡。

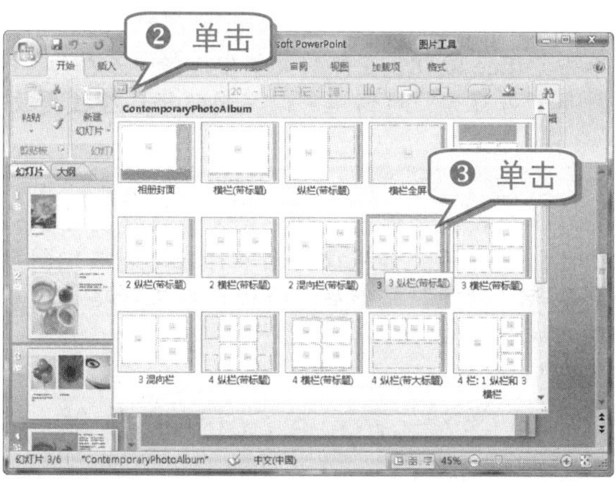

知 识 补 充

PowerPoint 2007 是 Microsoft Office 办公套件中的组件之一，使用它不仅可以创建出包括图片、文本、图表、声音以及影片等多种元素在内的幻灯片，还可以通过播放这些幻灯片，得到图文并茂的动态演示文稿。

在日常办公中，使用 PowerPoint 制作出的演示文稿适合在会议、演讲以及产品展示等场合播放。有了 PowerPoint 2007 制作出的演示文稿相配合，不仅使演讲和会议更加生动有趣，也有利于听众更加直观地了解报告中的各种信息。

技巧336 巧妙创建镜像

在 PowerPoint 2007 中，没有直接创建镜像效果的功能，只要通过旋转图片就可以创建镜像效果。

❶ 打开 PowerPoint 2007 应用程序，切换到“插入”选项卡。

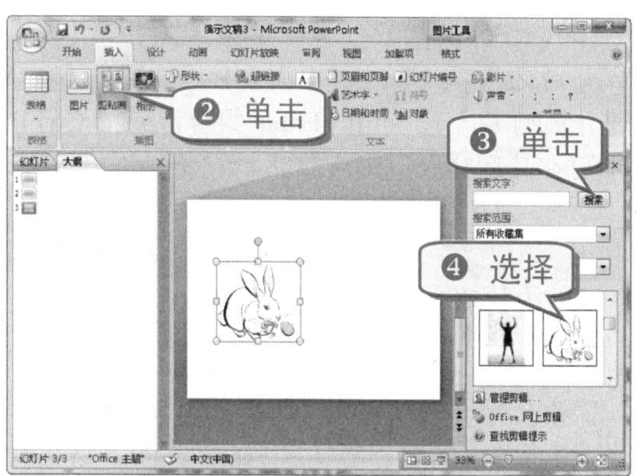

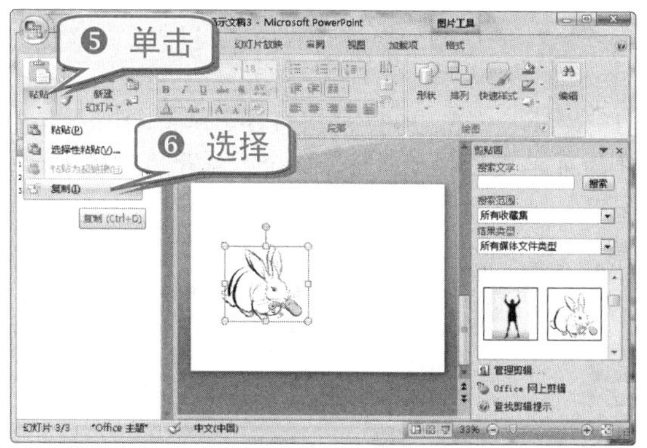

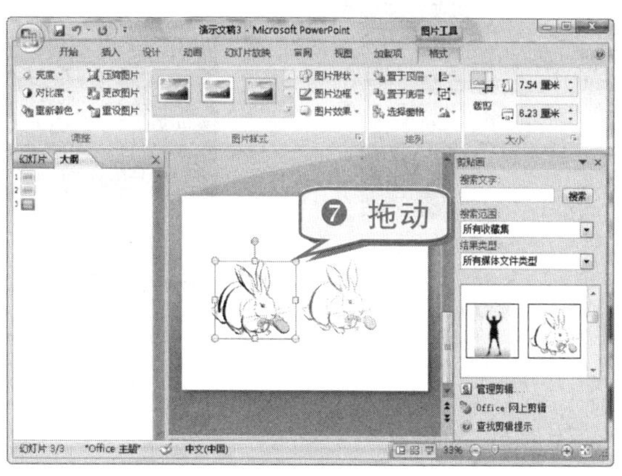

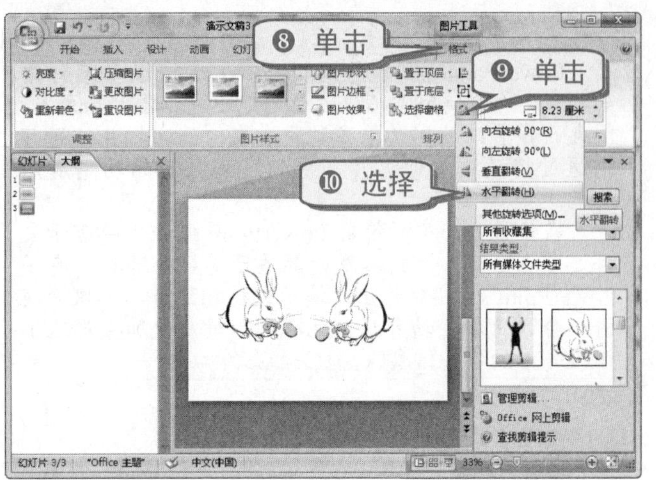

技巧337 快速插入新幻灯片

在PowerPoint 2007中，除了可以使用“开始”菜单新建幻灯片之外，还有一种更简单、更快捷的方法。

选中幻灯片，按Shift+Enter组合键或按Ctrl+M组合键即可在其后插入一张新幻灯片。

注 意 事 项

以上两种插入方式的区别在于：

前者只能单击选择左边幻灯片选项卡中的当前幻灯片；

后者没有该限制，即使光标定位在当前幻灯片编辑区，也可以按下组合键快速插入新幻灯片。

技巧338 挑选精彩的幻灯片

❶ 打开PowerPoint 2007应用程序，单击Office按钮，在弹的菜单中选择“新建”命令，打开“新建演示文稿”窗口。

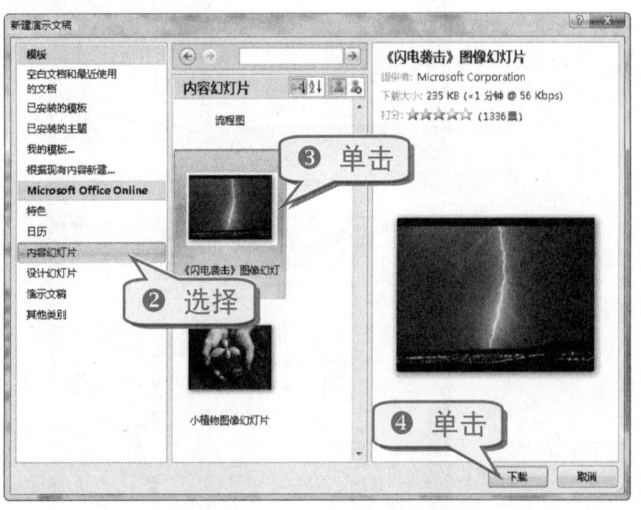

举 一 反 三

在“新建演示文稿”窗口中的Microsoft Office Online选项下面，可以通过联机查找各种类型的幻灯片，用户可以根据制作的需要来下载。

技巧339 集中管理PowerPoint文件

在PowerPoint 2007中，可以通过更改文件的默认保存位置，将文稿文件集中保存到指定的目录，以便于管理。

❶ 打开PowerPoint 2007应用程序，单击Office按钮，在弹的菜单中选择“PowerPoint选项”命令，弹出“PowerPoint选项”对话框。

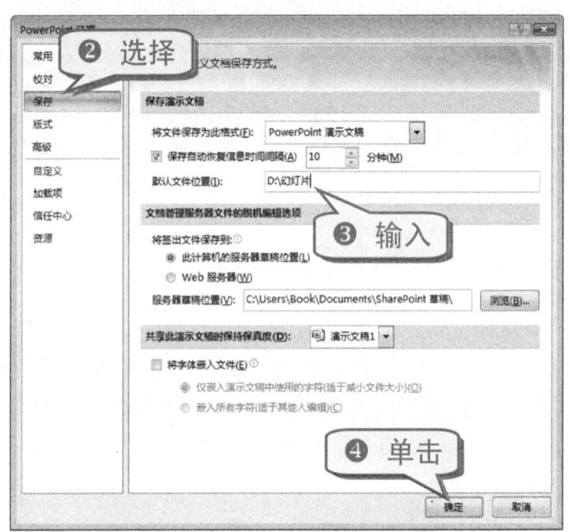

❺ 单击Office按钮，在弹的菜单中选择“另存为”命令，打开“另存为”对话框可以发现路径已经被更改。

注 意 事 项

在更改默认文件位置时，输入的路径必须是计算机中已经存在的。如果该路径不存在，则应先创建，否则单击“确定”按钮后，将会弹出文件路径或名称无效的提示信息。

技巧340 统一PowerPoint文件的打开方式

在默认情况下，打开的PowerPoint文档是按保存在文件中的默认视图显示的。用户可以更改视图的显示方式，直接以幻灯片放映的视图、大纲的视图以及幻灯片与大纲相结合的视图显示文档。

❶ 打开PowerPoint 2007应用程序，单击Office按钮，在弹的菜单中选择“PowerPoint选项”命令，弹出“PowerPoint选项”对话框。

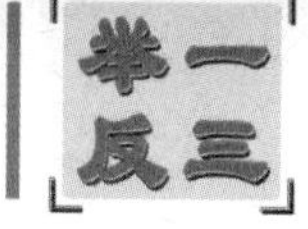

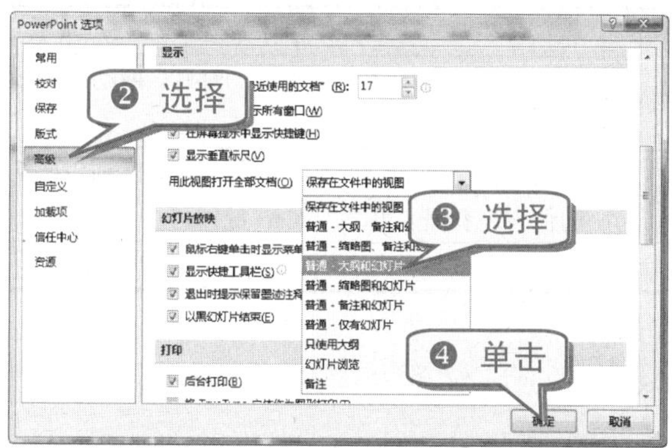

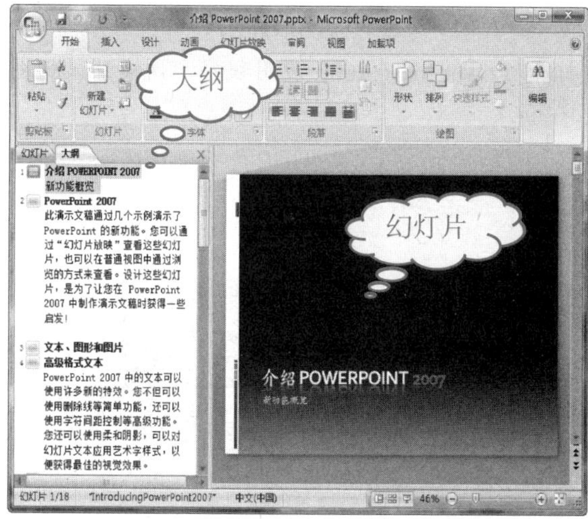

技巧341 设置自动更正选项和文字自检功能

PowerPoint 2007 可以对输入的字符使用自动更正功能和拼写检查功能，通过 PowerPoint 选项窗口可以更改这些功能的设置。

(1) 设置自动更正选项

❶ 打开 PowerPoint 2007 应用程序，单击 Office 按钮，在弹的菜单中选择“PowerPoint 选项”命令，弹出“PowerPoint 选项”对话框。

(2) 关闭文字自检功能

如果不需要 PowerPoint 2007 的拼写检查功能，可以将其关闭。

❶ 打开 PowerPoint 2007 应用程序，单击 Office 按钮，在弹的菜单中选择“PowerPoint 选项”命令，弹出“PowerPoint 选项”对话框。

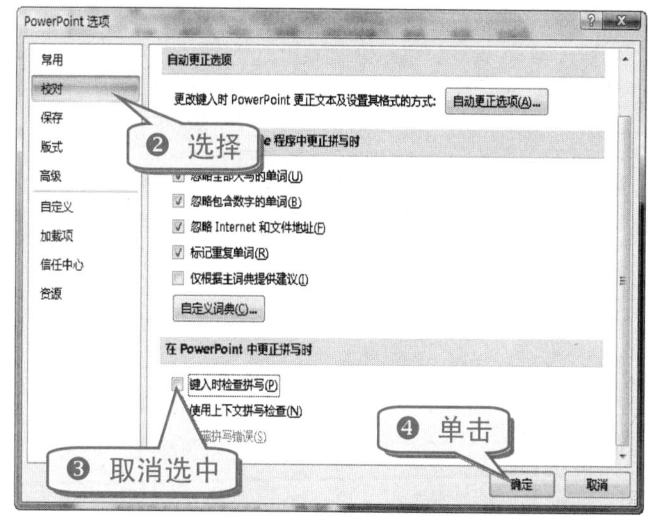

技巧342 巧妙锁定 PowerPoint 中的字体

将制作好的演示文稿复制到另一台计算机上播放时，可能由于两台计算机安装的字体格式不同，将会对演示文稿的播放效果有一定的影响。

❶ 在打开的 PowerPoint 2007 应用程序中，单击 Office 按钮，在弹的菜单中选择“发布”→“CD 数据包”命令，弹出“打包成 CD”对话框。

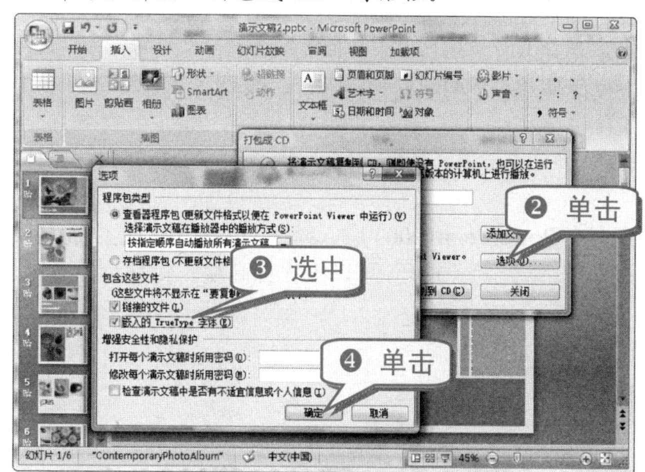

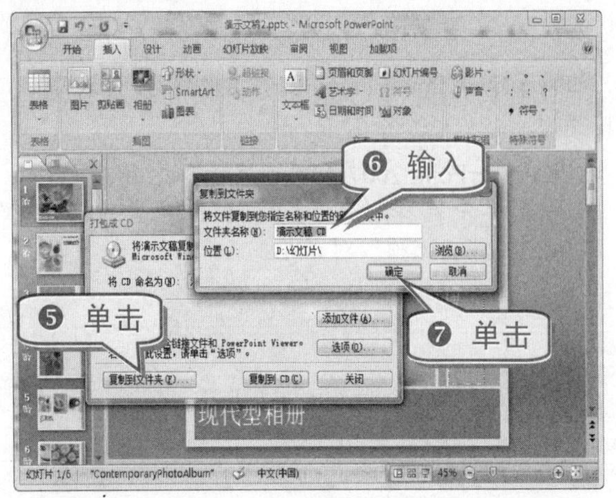

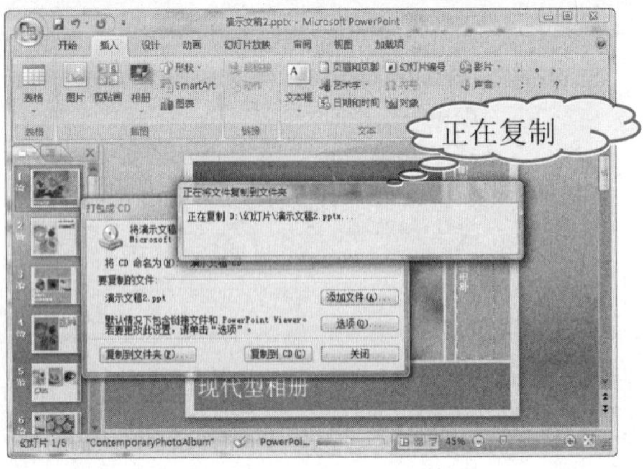

⑧ 复制完成后，单击“关闭”按钮即可。

技巧343 快速选定多张幻灯片

当演示文稿中的幻灯片过多时，使用鼠标选取多张幻灯片很不方便，而配合使用快捷键则可快速选定多张幻灯片。

- 按 Shift 键的同时，单击连续的幻灯片的首、尾页，可以选定多张连续的幻灯片。
- 按住 Ctrl 键的同时，单击需要选取的幻灯片，可以选定多张不连续的幻灯片。

技巧344 快速移动、复制和删除幻灯片

在 PowerPoint 2007 中，经常需要移动、复制和删除幻灯片。掌握相关技巧，可以大大提高编辑幻灯片的效率。

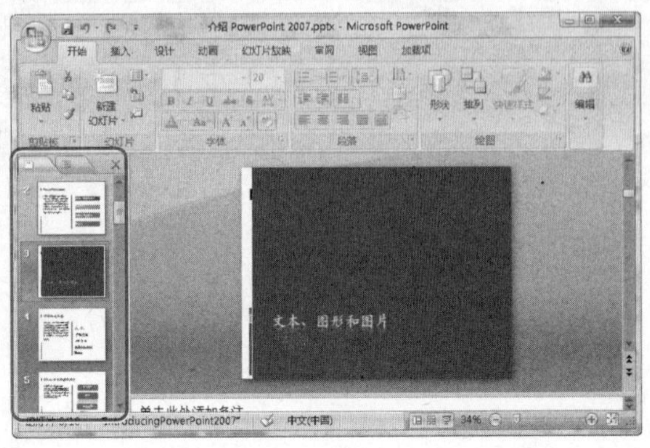

操作	具体操作方法
移动	在左窗格中选中需要移动的幻灯片，拖动到想要插入的位置，松开鼠标即可
复制	在左窗格中选中需要移动的幻灯片，拖到想要插入的位置，松开鼠标按住 Ctrl 键即可
删除	选中需要删除的幻灯片，按 Delete 键即可

技巧345 巧妙添加幻灯片备注

通过向幻灯片中添加注释，可以更好地表达幻灯片的意思，同时还可以起到美化的作用。

❶ 打开 PowerPoint 2007 应用程序，切换到“视图”选项卡。

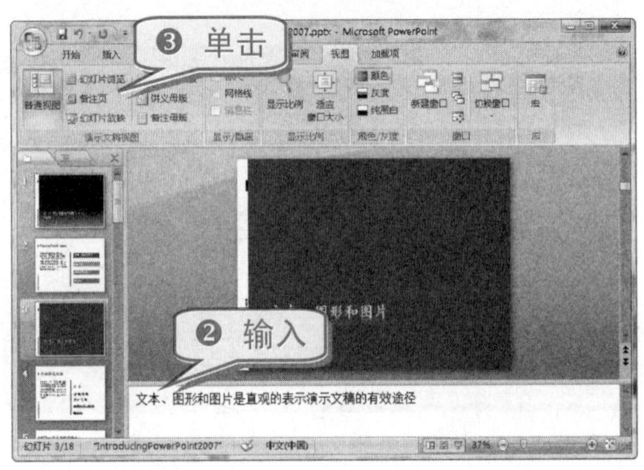

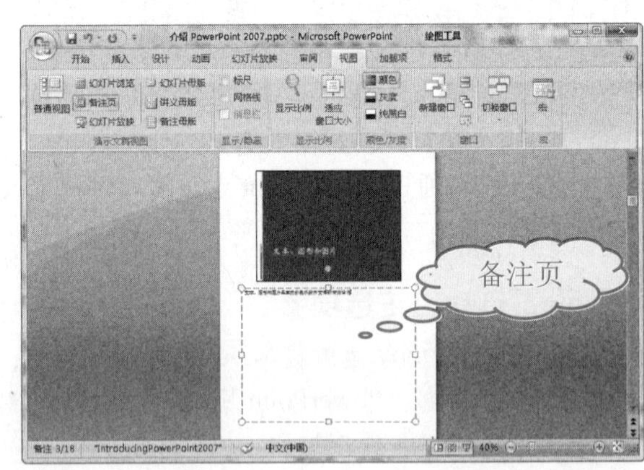

技巧346 快速插入表格的两种方法

表格由许多行和列的单元格构成，在单元格中可以随意添加文字和图片。利用表格的方式将一些重要性文字表现出来，更容易理解。

通过“表格”功能区和使用“插入表格”对话框可完成表格的插入工作。

(1) 通过“表格”功能区

通过“表格”功能区的“表格”按钮插入表格是最简单的方法。

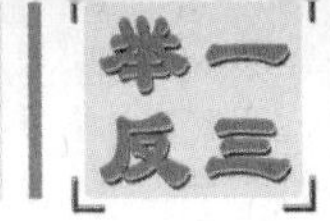

❶ 打开 PowerPoint 2007 应用程序，切换到“插入”选项卡，单击“表格”功能区的“表格”按钮，弹出“插入表格”下拉菜单。

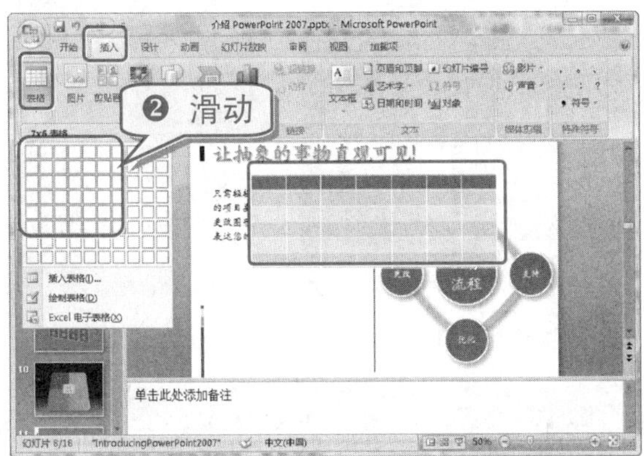

知 识 补 充

单击“表格”功能区中的“表格”按钮后，会出现 10×8 的表格行数和列数的选项表，将光标移到选项表中，滑动光标选定表格大小单击，即可在右边幻灯片编辑区插入表格。

(2) 使用“插入表格”对话框

❶ 打开 PowerPoint 2007 应用程序，切换到“插入”选项卡，单击“表格”功能区的“表格”按钮，弹出“插入表格”列表项。

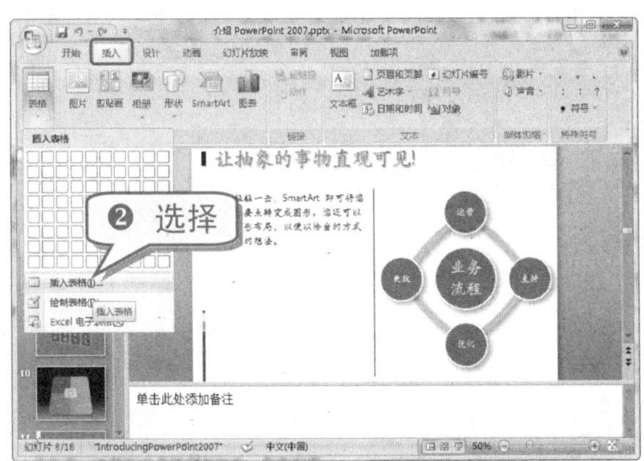

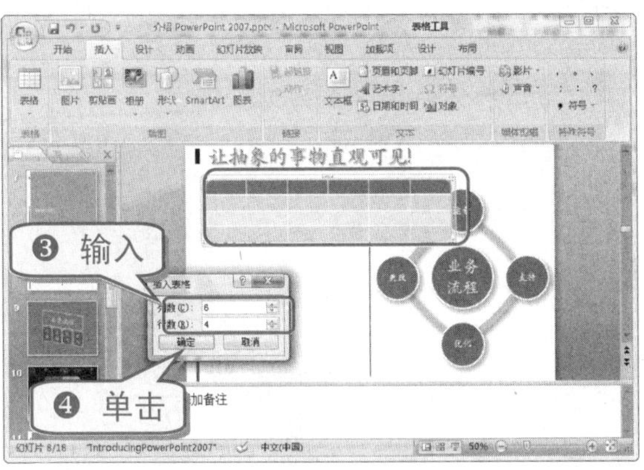

技巧347 快速插入剪贴画

在 PowerPoint 2007 中，可以轻松帮助用户插入适合幻灯片主题的图片，起到美化幻灯片的目的。

❶ 打开 PowerPoint 2007 应用程序，切换到“插入”选项卡。

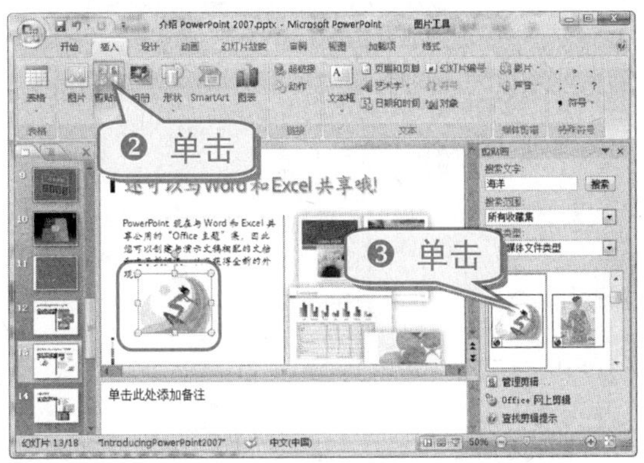

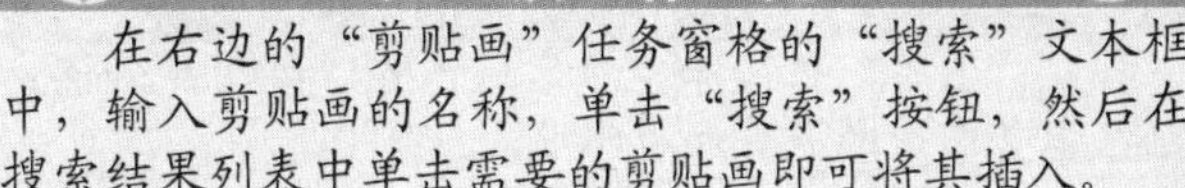

知 识 补 充

在右边的“剪贴画”任务窗格的“搜索”文本框中，输入剪贴画的名称，单击“搜索”按钮，然后在搜索结果列表中单击需要的剪贴画即可将其插入。

技巧348 量身定做背景效果

PowerPoint 2007 作为一种多媒体演示系统，不仅需要精彩的演讲稿内容，也需要丰富多彩的效果。

❶ 打开 PowerPoint 2007 应用程序，切换到“设计”选项卡。

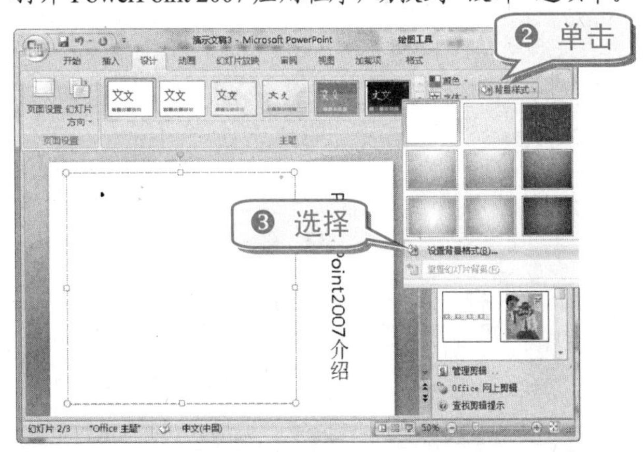

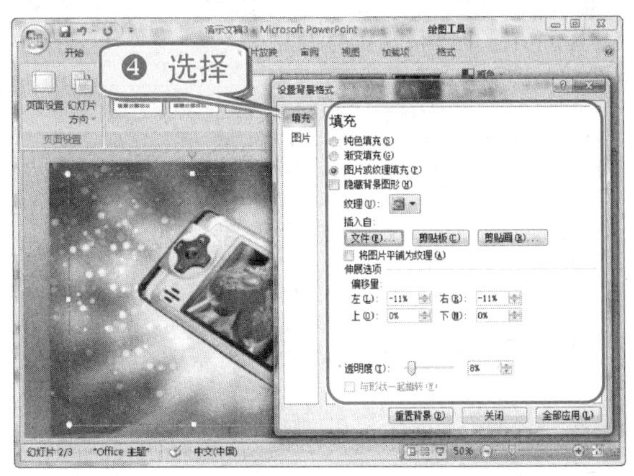

知识补充

在"填充"选项卡左边区域，单击"文件"按钮可以选择特定的图片作为背景；单击下拉按钮可以选择添加纹理。

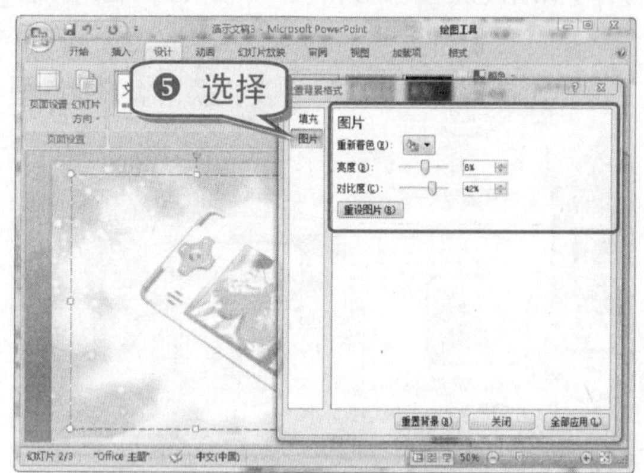

知识补充

在"图片"选项卡左边区域，可以给图片着色，以及调整图片的亮度和对比度。

技巧349 快速插入相册美化幻灯片

通过在幻灯片中插入相册，可以让演示文稿设计得更加美观。

❶ 打开PowerPoint 2007应用程序，切换到"插入"选项卡，单击"插图"功能区的"相册"按钮，选择"新建相册"命令。

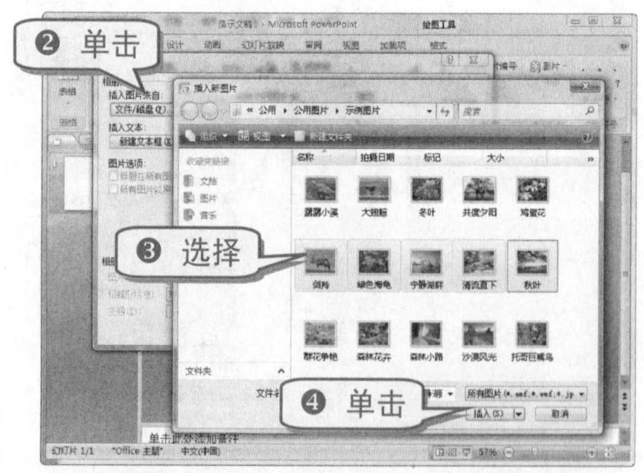

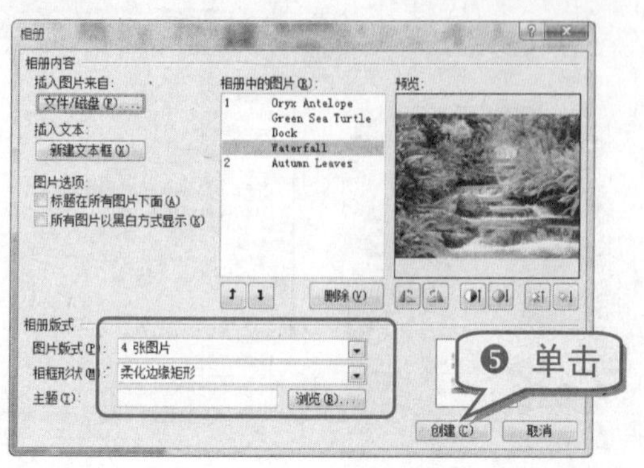

举一反三

在"相册"对话框中可以选择相册版式、图片版式、相框形状和主题等。

技巧350 快速插入播放音乐

在演示文稿中插入MP3音乐，可以让PowerPoint的放映更加生动。

❶ 打开PowerPoint 2007应用程序，切换到"插入"选项卡。

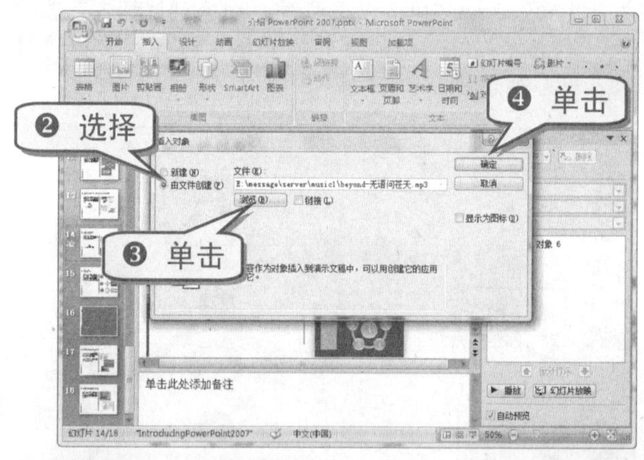

知识补充

在"插入对象"对话框中，单击"浏览"按钮，选择需要插入的音乐。

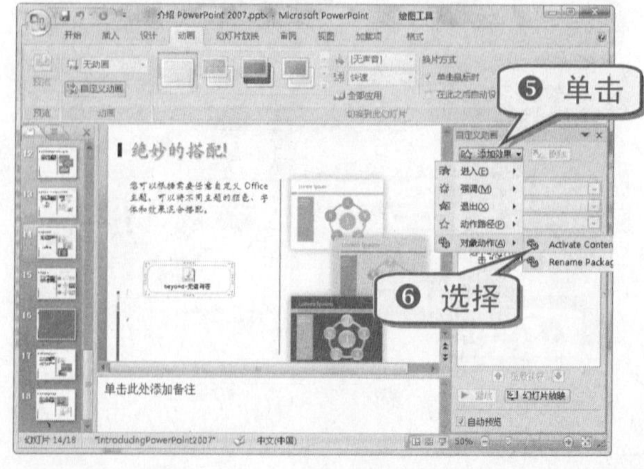

❼ 在“自定义动画”对话框中，单击“幻灯片放映”按钮，在幻灯片放映时，单击图标就可以播放音乐了。

技巧351 循环播放背景音乐

循环播放 PowerPoint 文稿中的背景音乐，可以增加演讲的气氛。

❶ 打开 PowerPoint 2007 应用程序，切换到“插入”选项卡。

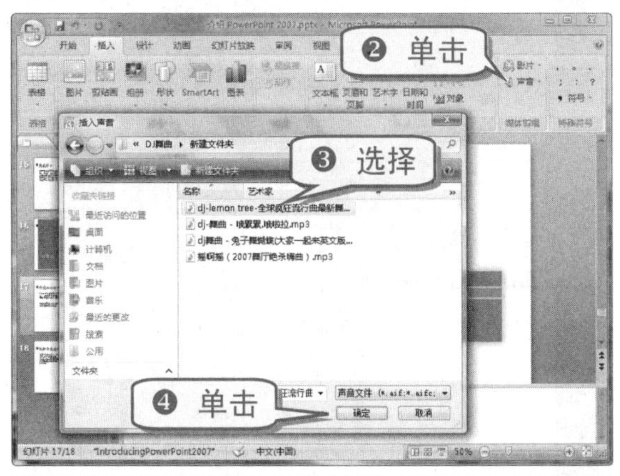

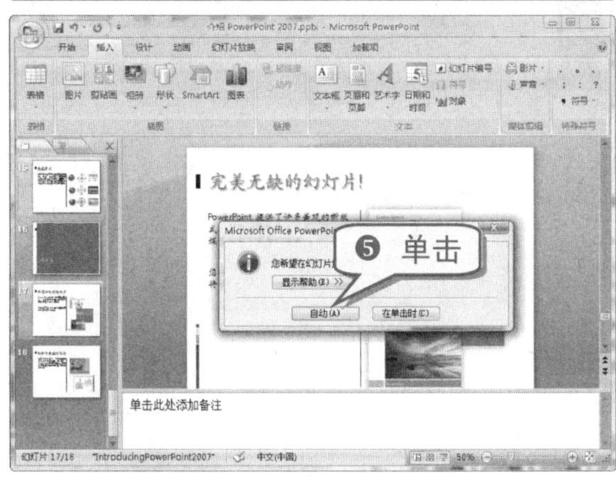

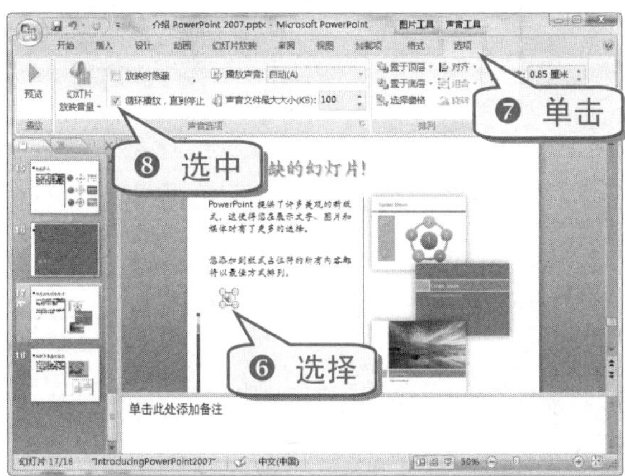

技巧352 体验 PowerPoint 中的录音功能

PowerPoint 2007 具有录音功能，用户可以录制声音到幻灯片中，为幻灯片添加语音注释。

❶ 打开 PowerPoint 2007 应用程序，切换到“插入”选项卡，单击“媒体剪辑”功能区中 声音 的下拉按钮。

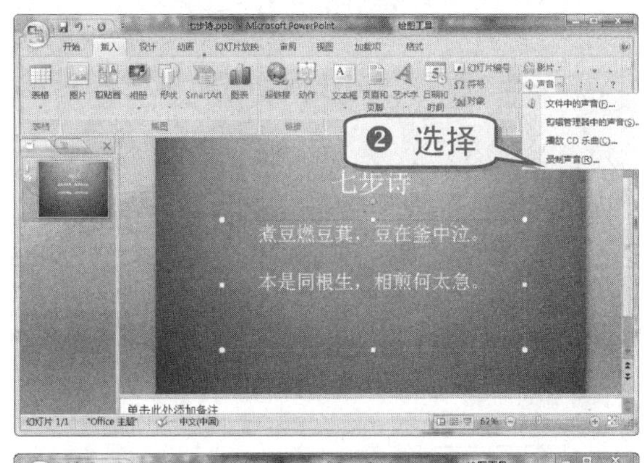

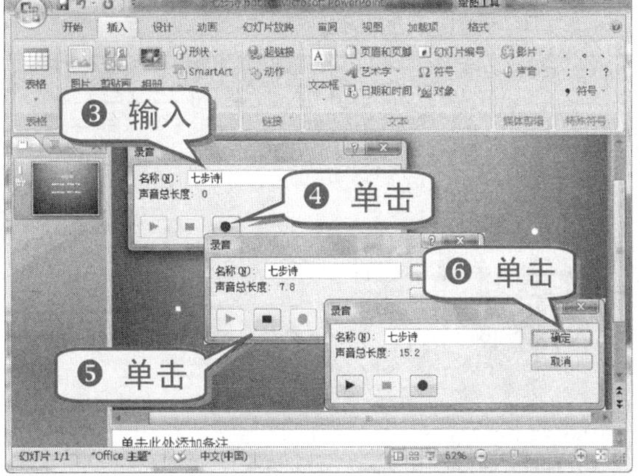

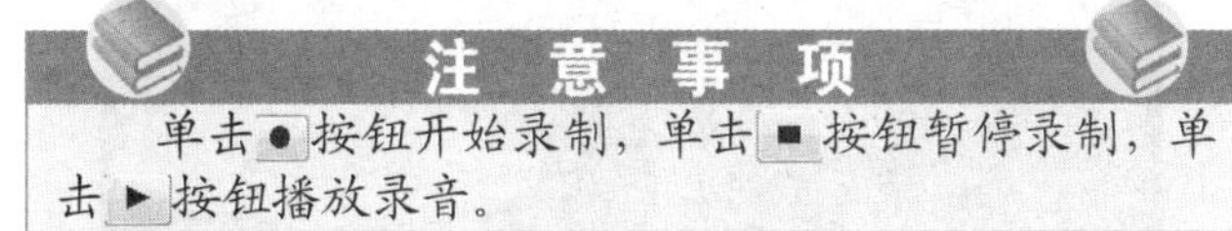

单击●按钮开始录制，单击■按钮暂停录制，单击▶按钮播放录音。

技巧353 让标题变得更醒目

放映幻灯片时，设置强调效果可以增加幻灯片放映的标题的视觉效果，更能吸引观看者的注意。

❶ 打开 PowerPoint 2007 应用程序，选中编辑区需要设置动态效果的文字，切换到“动画”选项卡。

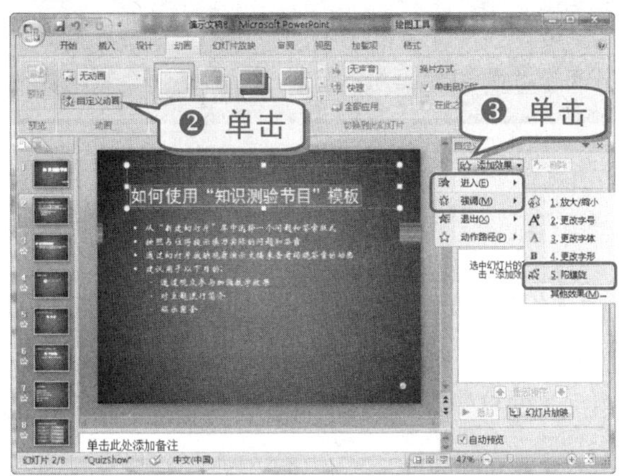

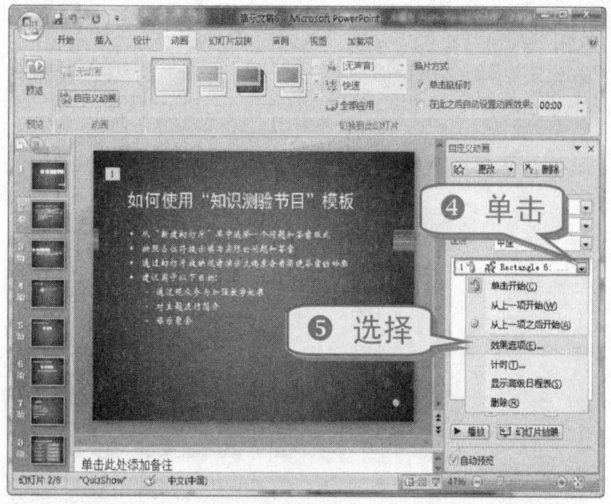

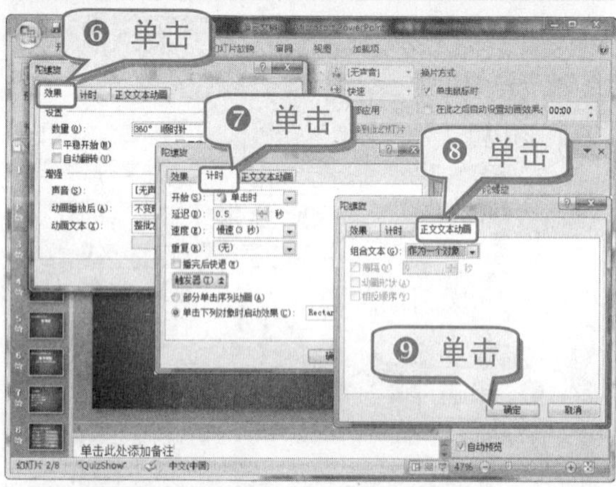

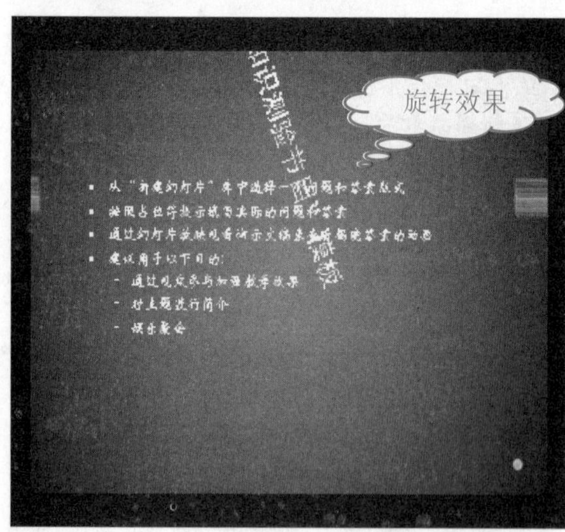

技巧354 设置文字的进入效果

放映幻灯片时，使用文字的进入效果，会使幻灯片的播放更加生动、有趣。

❶ 打开 PowerPoint 2007 应用程序，选中需要设置进入效果的文字，切换到“动画”选项卡。

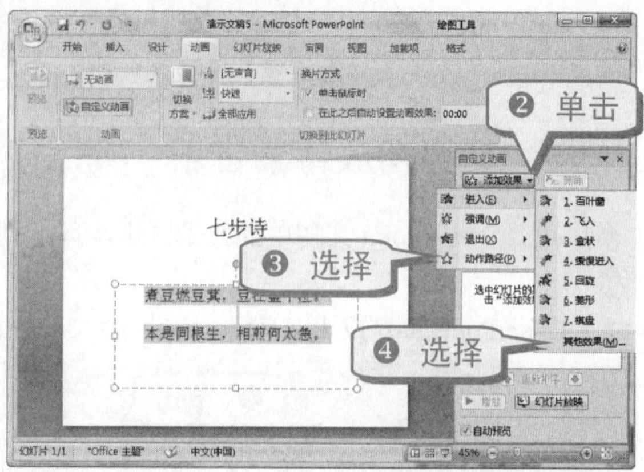

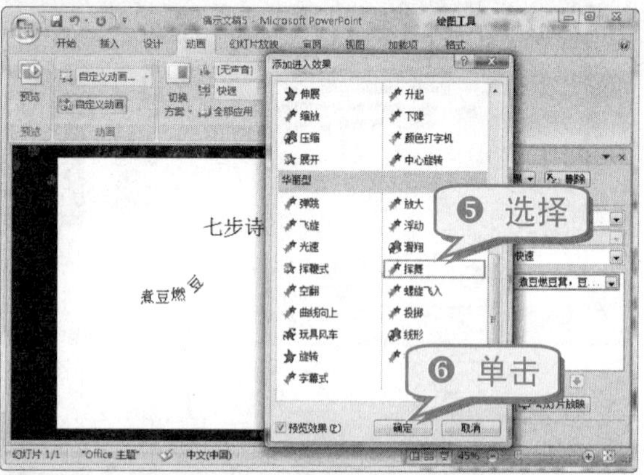

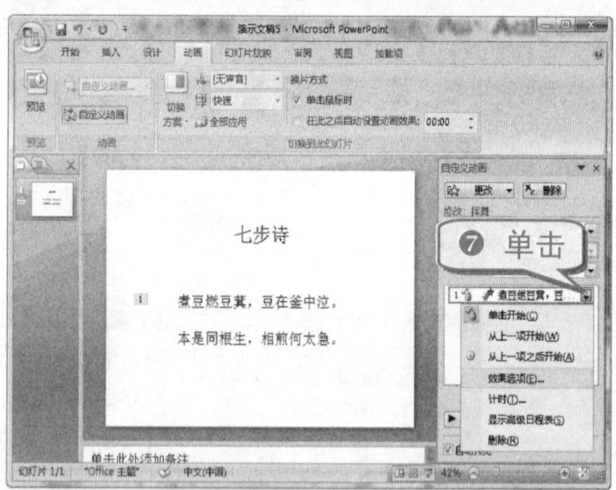

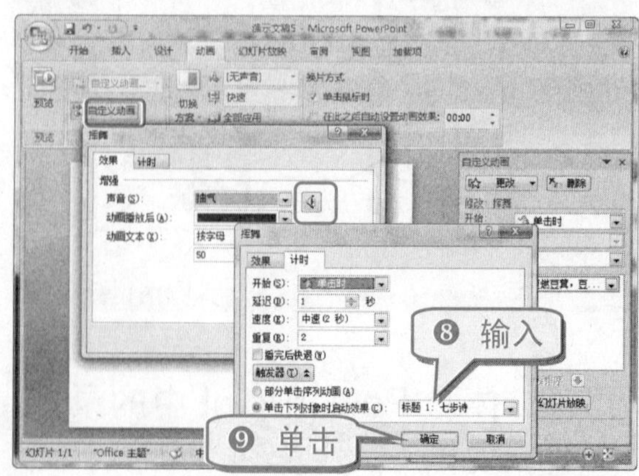

专家坐堂

在“挥舞”对话框中，可以设置文字飞入的效果和时间，建议时间不要设置得太长，不然播放时很慢。

设置触发器，在播放时单击被设为触发器的内容，即可触发进入效果。

技巧355 自定义动画路径

在 PowerPoint 2007 中，可以自定义动画的路径，让动画效果更加生动有趣。

❶ 打开 PowerPoint 2007 应用程序，切换到“动画”选项卡，选中需要设置自定义动画路径的内容。

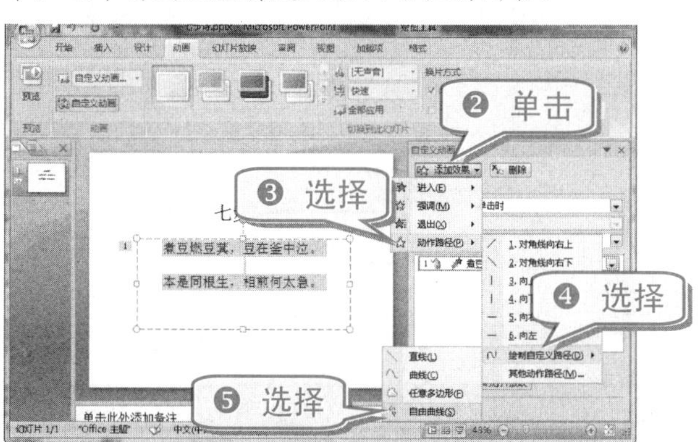

技巧356 巧妙组合多种动画效果

在 PowerPoint 2007 中，不仅可以组合多种动画效果，还可以使添加了多种效果的动画依次播放。

❶ 打开 PowerPoint 2007 应用程序，切换到“动画”选项卡，选中需要添加动画效果的内容。

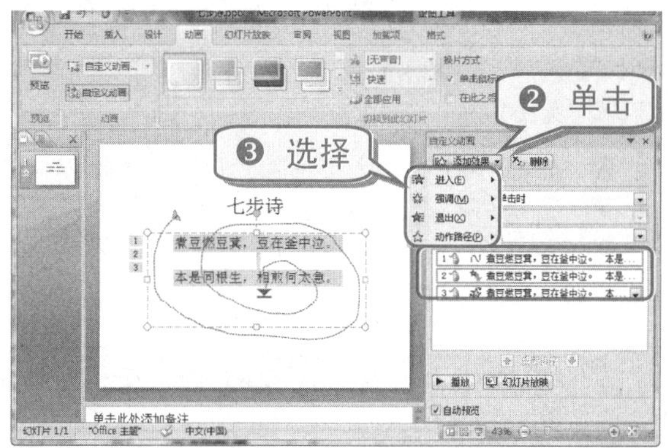

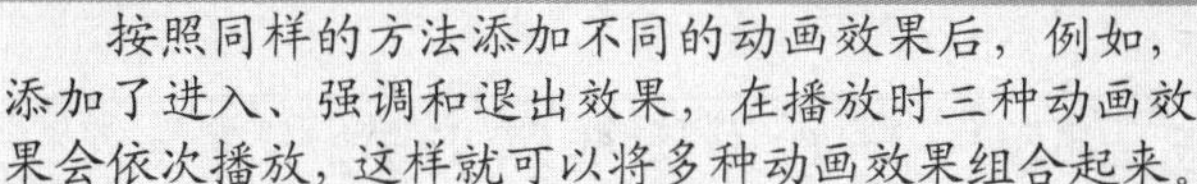

专家坐堂

按照同样的方法添加不同的动画效果后，例如，添加了进入、强调和退出效果，在播放时三种动画效果会依次播放，这样就可以将多种动画效果组合起来。

技巧357 快速隐藏幻灯片

在全屏放映幻灯片时，如果不需要播放某些幻灯片可以将其隐藏。

❶ 打开 PowerPoint 2007 应用程序，切换到“幻灯片放映”选项卡。

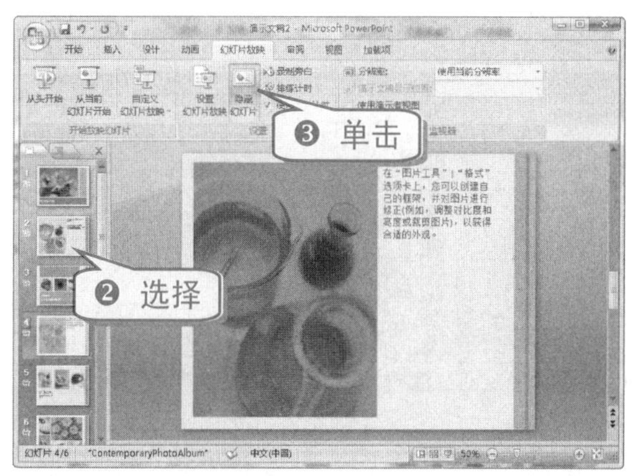

技巧358 隐藏幻灯片放映时的指针

在幻灯片的放映过程中，可以将鼠标的指针隐藏起来。

❶ 在幻灯片放映过程中右击屏幕。

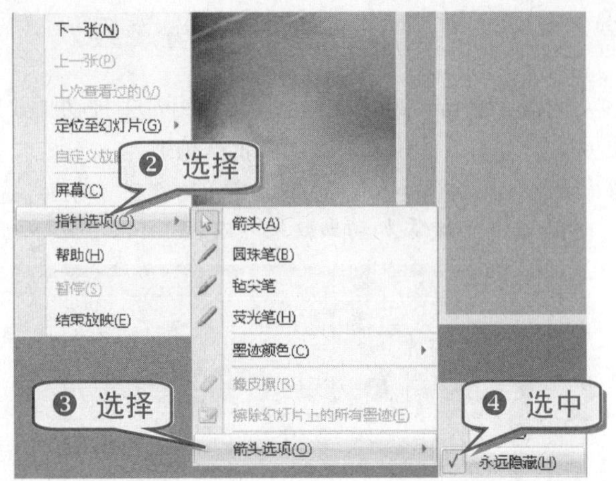

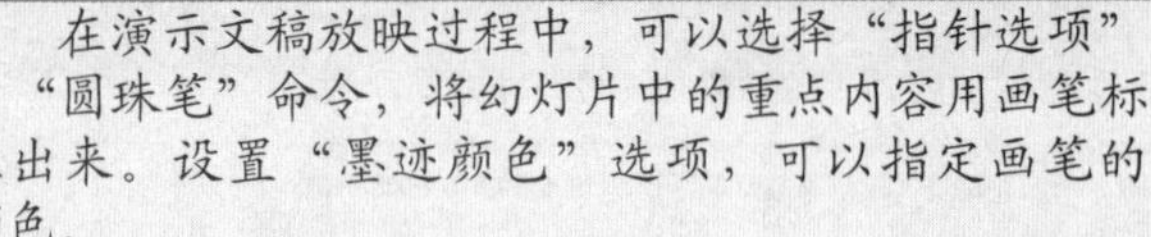

举 一 反 三

在演示文稿放映过程中，可以选择“指针选项”→“圆珠笔”命令，将幻灯片中的重点内容用画笔标注出来。设置“墨迹颜色”选项，可以指定画笔的颜色。

技巧359 巧妙设置放映方式

自定义放映幻灯片时，可以有选择地播放特定幻灯片，调整播放的速度、放映的类型以及换片的方式等。

❶ 打开 PowerPoint 2007 应用程序，切换到“幻灯片放映”选项卡。选择“设置幻灯片放映”命令。

❷ 在“设置放映方式”对话框中进行相应的设置。

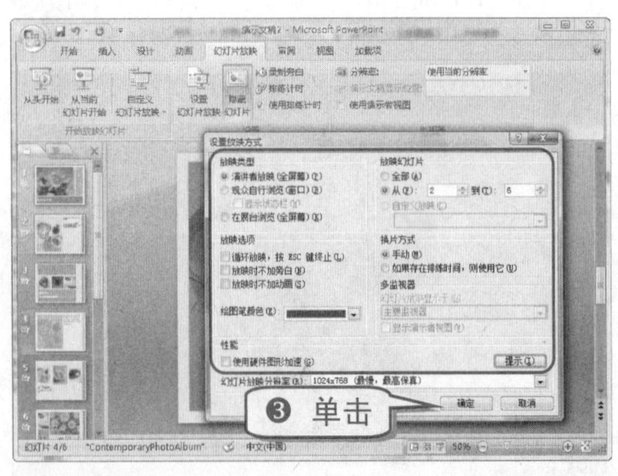

技巧360 自定义放映方式

自定义放映方式可以有选择地放映幻灯片中的一部分内容。

❶ 打开 PowerPoint 2007 应用程序，切换到“幻灯片放映”选项卡。

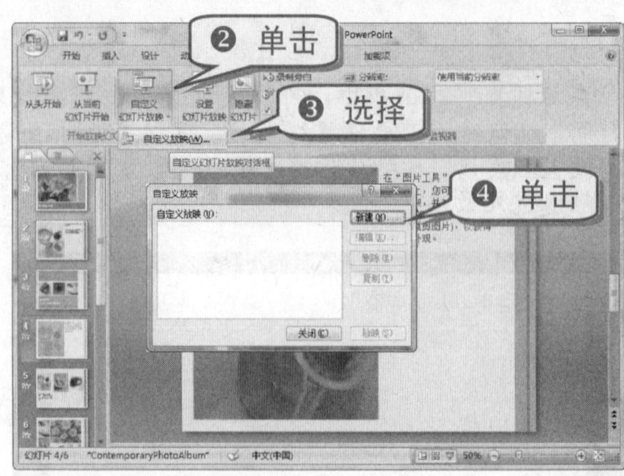

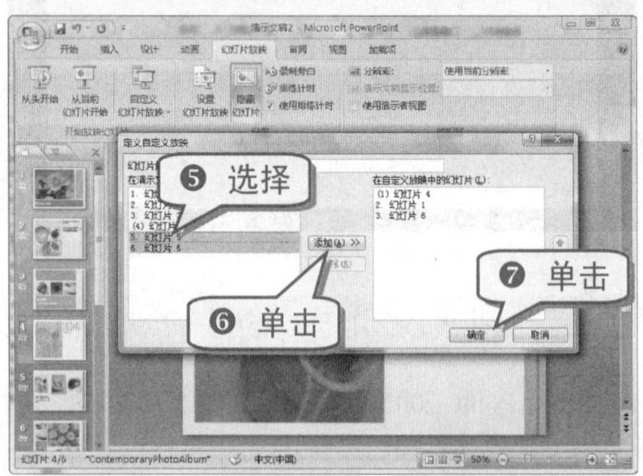

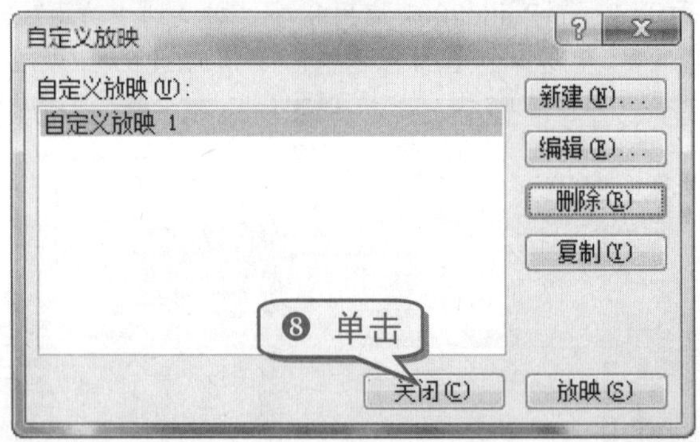

知 识 补 充

在返回的“自定义放映”对话框中，可以修改放映的方式，也可以单击“放映”按钮立即浏览放映的方式。

技巧361 巧妙实现幻灯片跳转

在 PowerPoint 文稿中设置超链接，不仅可以链接到该演示文稿的其他幻灯片，还可以链接到其他演示文稿或程序。

(1) 插入超链接

插入超链接是实现幻灯片之间跳转的最直接的方法。

❶ 打开 PowerPoint 2007 应用程序，右击需要添加超链接的文本或图片。

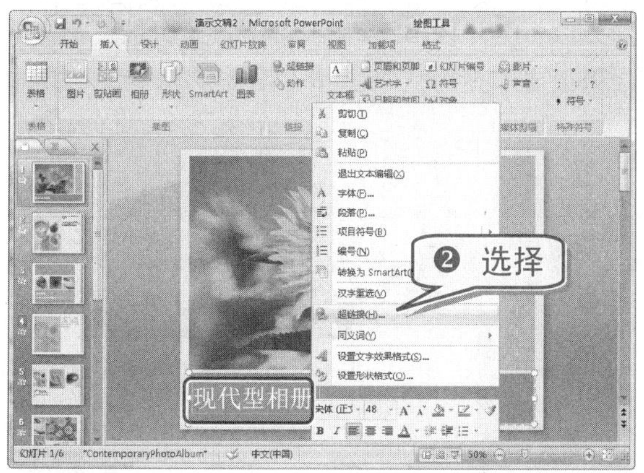

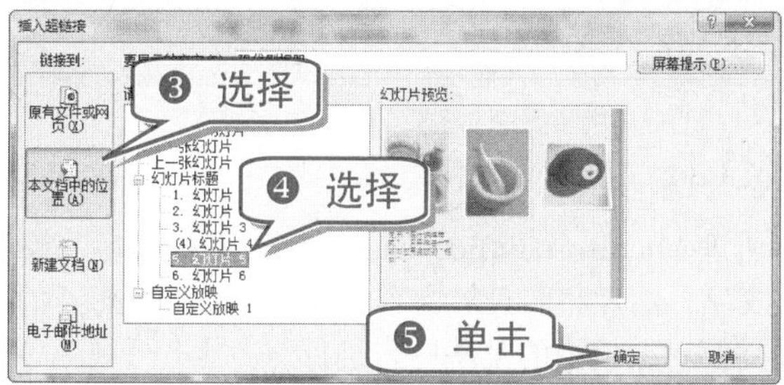

专 家 坐 堂

在“插入超链接”对话框中，选择“原有文件或网页”选项，单击按钮，可以选择链接的目标，可以是文档、图片或网页等。

(2) 设置动作按钮

在文本或图片上设置按钮同样可以快速实现幻灯片之间的跳转。

❶ 打开 PowerPoint 2007 应用程序，选中添加超链接的文本或图片，切换到“插入”选项卡。

专 家 坐 堂

在“动作设置”对话框中，有“单击鼠标”和“鼠标移过”两个标签，两者的设置选项是一样的，只是触发的方式不同。

选择“运行程序”单选按钮，单击“浏览”按钮，可以链接到指定的应用程序。

选择“播放声音”单选按钮，可以设置超链接时的声音效果。

技巧362 自动更新日期和时间

在 PowerPoint 2007 中，可以插入不同类型的日期和时间，并可自动更新。

❶ 打开 PowerPoint 2007 应用程序，选中需要添加日期和时间的幻灯片，切换到“插入”选项卡。

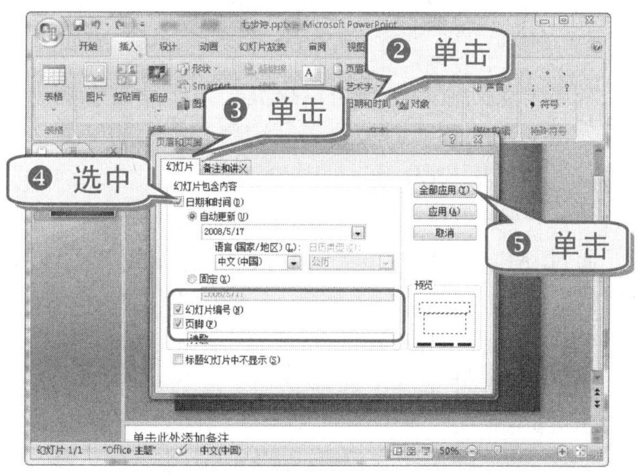

知 识 补 充

在“页眉和页脚”对话框中，选中“幻灯片编号”和“页脚”复选框，可以给当前幻灯片添加编号和页脚。

技巧363 巧妙保存幻灯片为图片格式

通过设置“另存为”对话框，可以将幻灯片保存为图片格式。

❶ 打开 PowerPoint 2007 应用程序，单击 Office 按钮，在弹出的菜单中选择“另存为”命令，弹出“另存为”对话框。

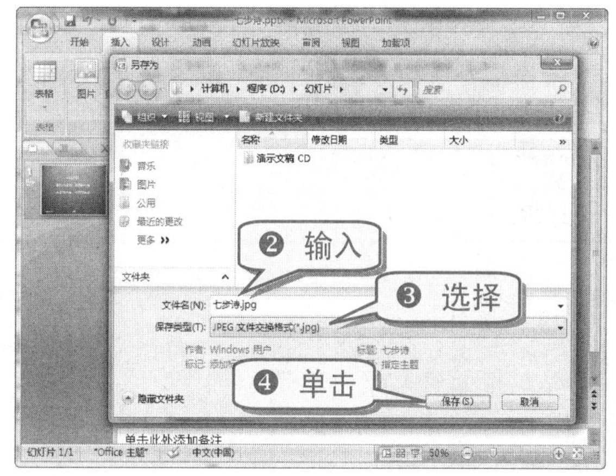

技巧364 巧妙更改播放窗口

通常情况下，PowerPoint 2007 是以全屏方式播放演示文稿的。如果想切换到另一个窗口中进行某些操作时，必须将播放窗口最小化。通过使用快捷键，可以巧妙解决该问题。

❶ 在 PowerPoint 2007 中，打开需要播放的演示文稿。

❷ 按住 Alt 键的同时，依次按 D 键和 V 键进入播放状态，此时的播放窗口是可以随意调节的。

技巧365 公司宣传手册制作案例

制作公司的宣传手册可以提高公司产品的影响力，良好的公司形象的宣传对公司产品销售有很大的好处。

(1) 下载模板

通过 Microsoft Office Online 可以下载自己需要的模板。

❶ 打开 PowerPoint 2007 应用程序，单击 Office 按钮，在弹出的菜单中选择“新建”命令，打开“新建演示文稿”窗口。

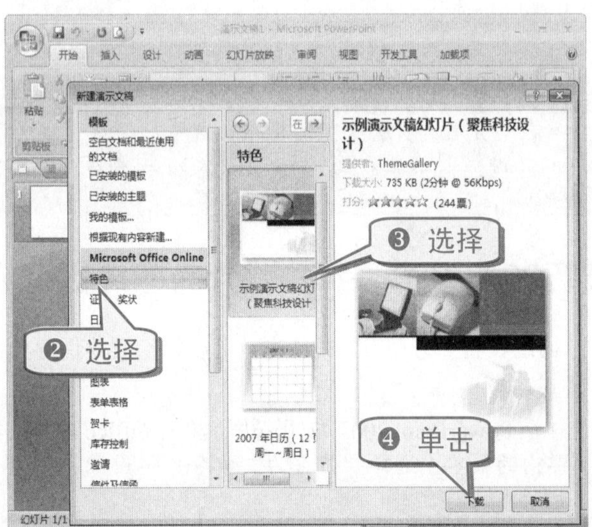

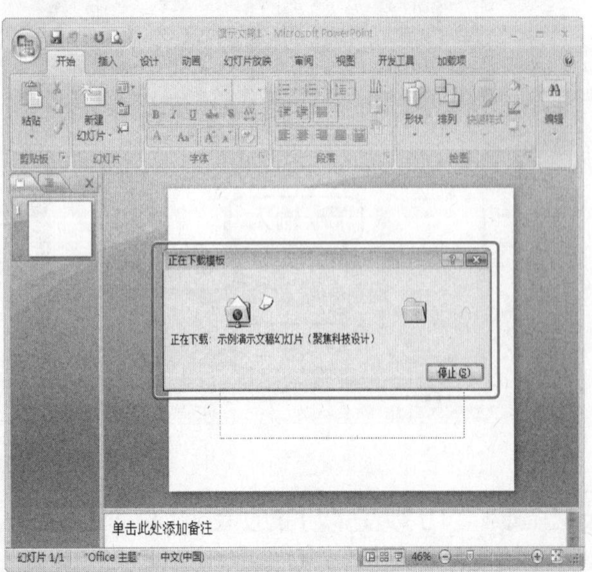

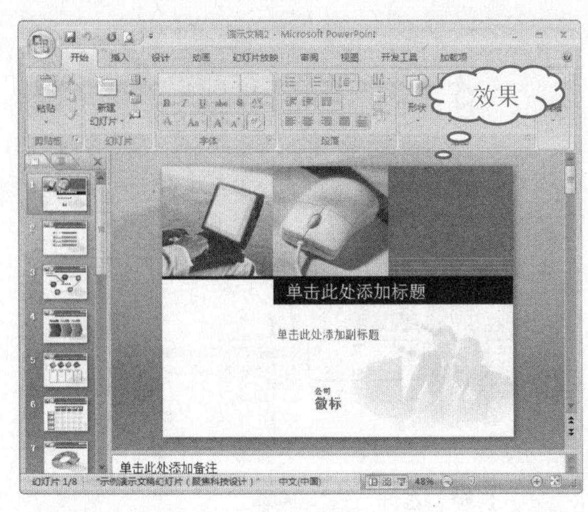

(2) 修改背景样式

通过 Microsoft Office Online 下载好模板后，模板中有些文字、图片和图表等内容，可能并非自己想要的。因此，需要对模板中的某些内容进行修改。

在幻灯片中，有些内容可以直接修改，而有些对象是不能被修改的。这时可以进入幻灯片母版视图对其进行修改。

❶ 打开 PowerPoint 2007 应用程序，选择“视图”→“幻灯片母版”命令。

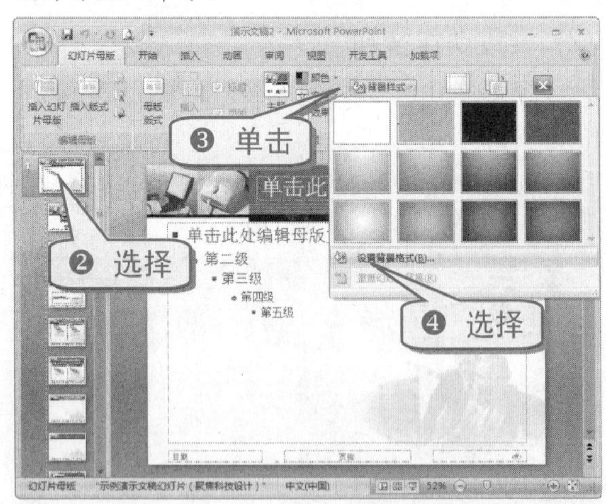

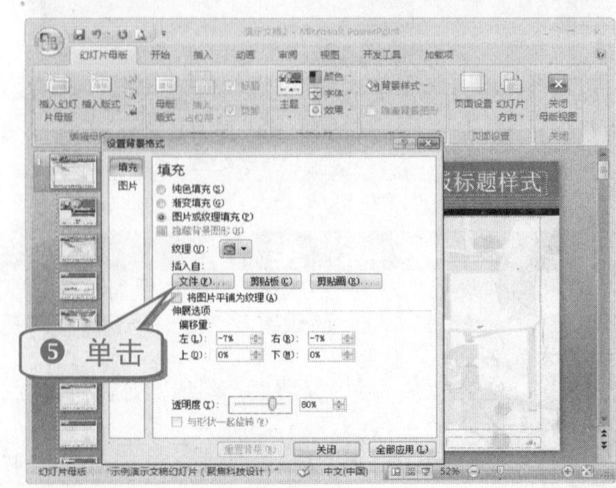

❻ 在弹出的“插入图片”对话框中选择需要的图片，单击“打开”按钮。在“设置背景格式”对话框中将图片的透明度设置为“80%”，然后单击“关闭”按钮。

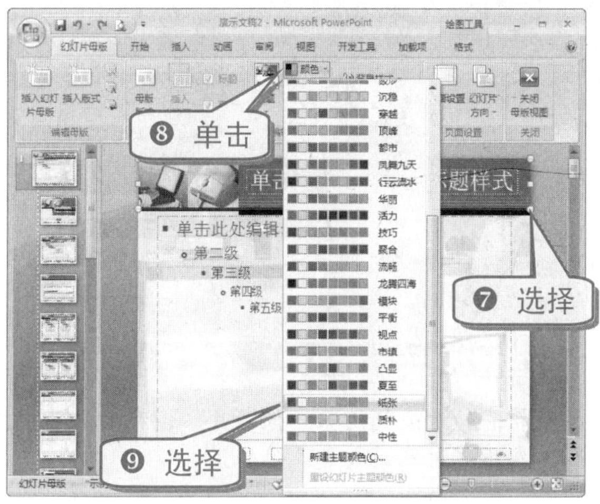

(3) 修改标题图片

❶ 在 PowerPoint 2007 中选择标题左上角的两张图片，按 Delete 键将其删除。

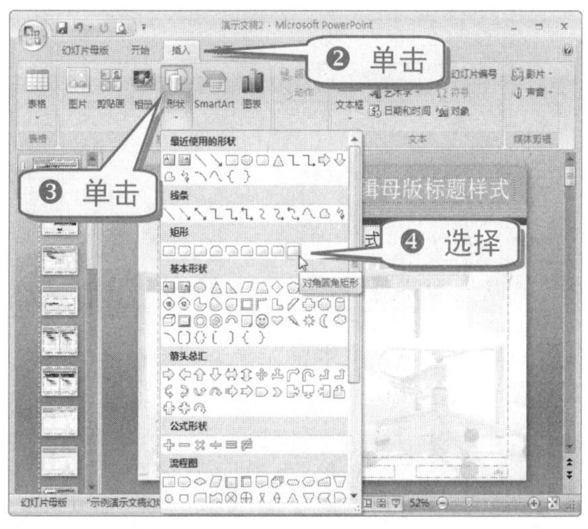

❺ 拖动光标绘制该对角矩形，并调整其大小和位置。

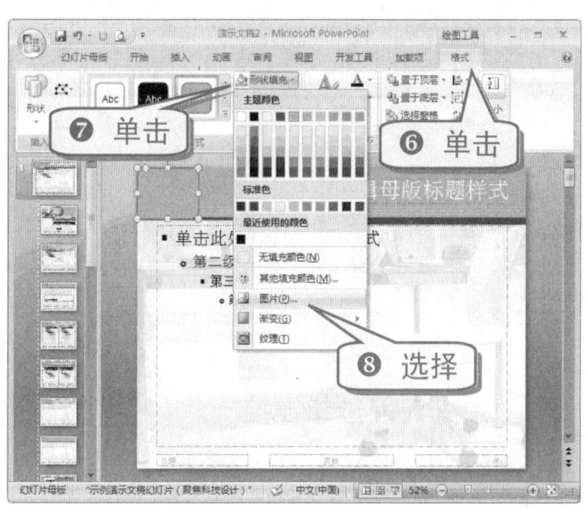

❾ 在弹出的“插入图片”对话框中选择需要的图片，单击“打开”按钮。

❿ 用相同的方法插入另一张图片并调整其位置。

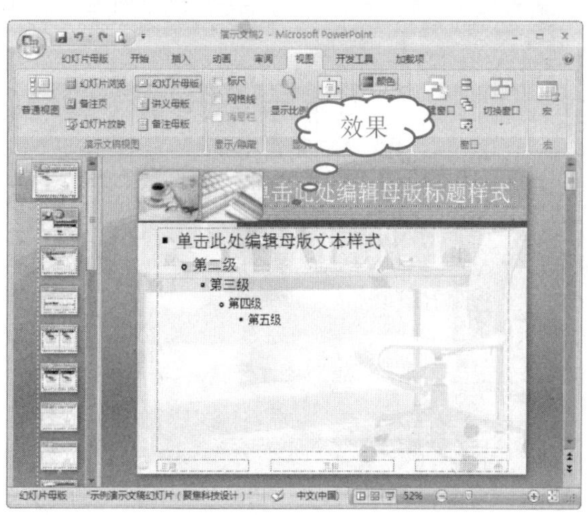

(4) 设置页脚和时间

❶ 在打开的 PowerPoint 2007 中选择“插入”→“页眉和页脚”命令，弹出“页眉和页脚”对话框。

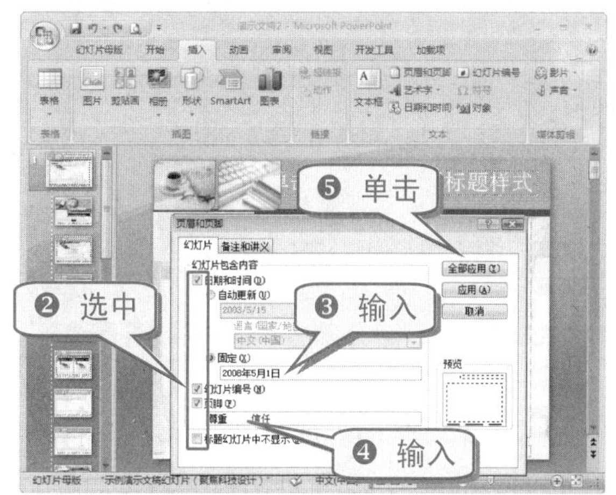

(5) 插入公司标志

❶ 打开 PowerPoint 2007 应用程序，选择“插入”→“图片”命令，在弹出的“插入图片”对话框中选择需要的公司标志图片，然后单击“插入”按钮。

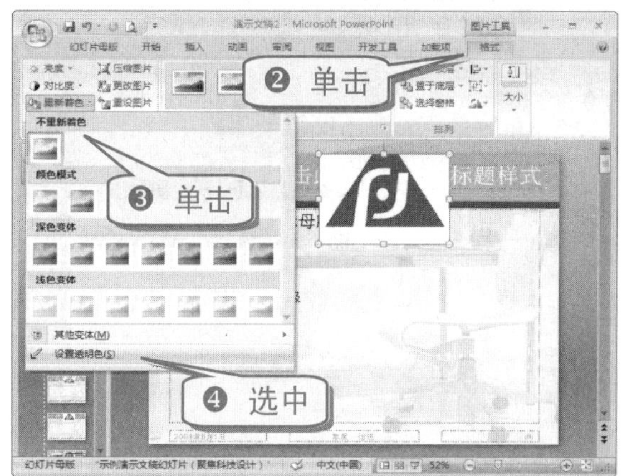

❺ 当光标变成一只笔的形状后，单击标志图片的白色区域。

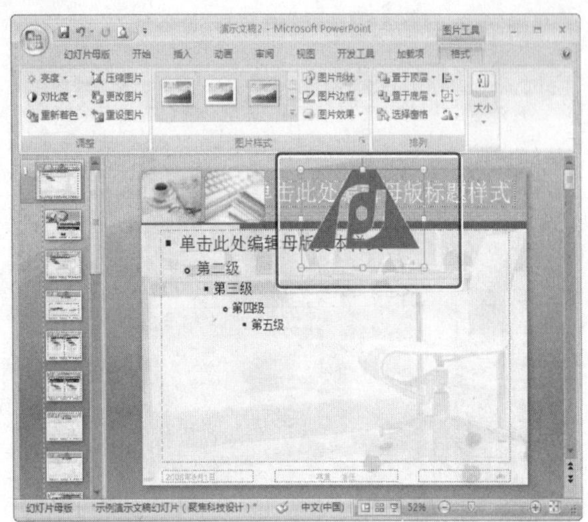

(6) 修改第二张幻灯片

❶ 打开 PowerPoint 2007 应用程序，选中标志图片，按 Ctrl+C 组合键复制该图片。

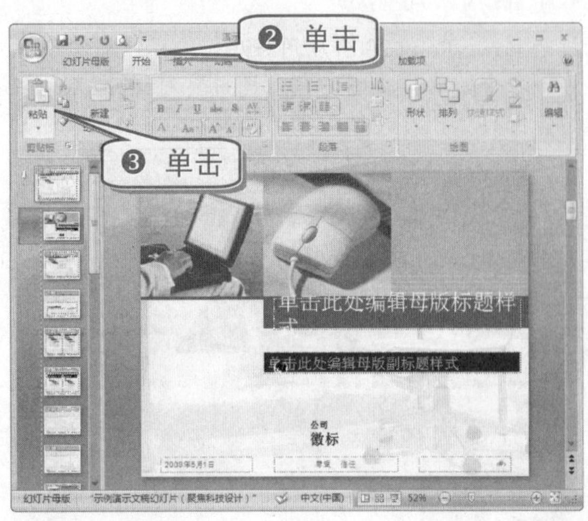

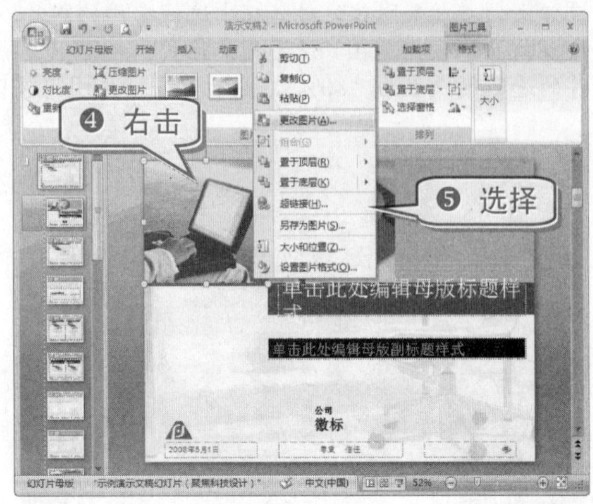

❻ 使用相同的方法插入另一张图片，调整幻灯片中图片和文本框等对象的大小及位置。

❼ 选择“插入”→“文本框”命令，绘制一个横排文本框，输入文本并设置其字体格式和位置。

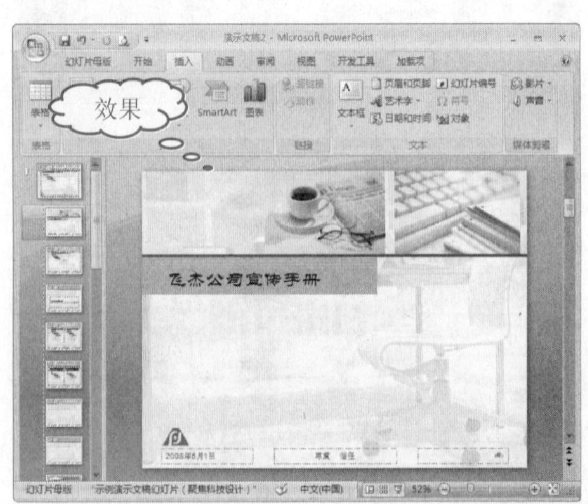

(7) 添加公司网址超链接

为了在幻灯片浏览过程中能够直接打开公司网址，可以在幻灯片首页上添加公司网址超链接。

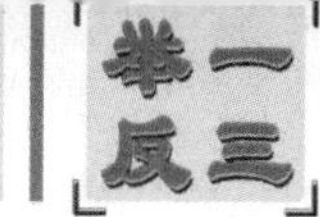

❶ 在打开的 PowerPoint 2007 中选择"幻灯片母版"→"关闭母版视图"命令。

❷ 选择"插入"→"文本框"命令，绘制一个横排文本框，输入文本并设置其字体格式和位置。

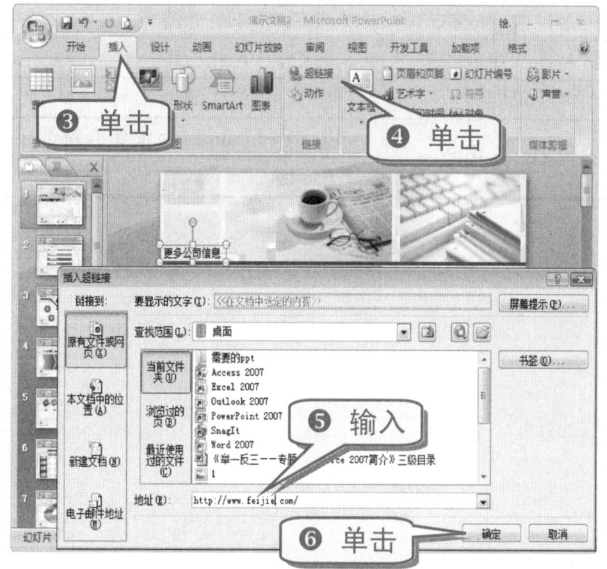

举 一 反 三

在文本框中直接输入公司网址后按 Space 键，则该网址下面将会出现下划线，表示该网址已自动设置为超链接地址。

(8) 设置图片动画效果

在幻灯片中设置动画、声音效果，能让幻灯片的内容更加生动。

❶ 打开 PowerPoint 2007 应用程序，选择"插入"→"图片"命令，在弹出的"插入图片"对话框中选择需要的图片，单击"打开"按钮。拖动光标调整图片大小和位置。

❷ 选择"动画"→"自定义动画"命令，单击"添加效果"按钮。

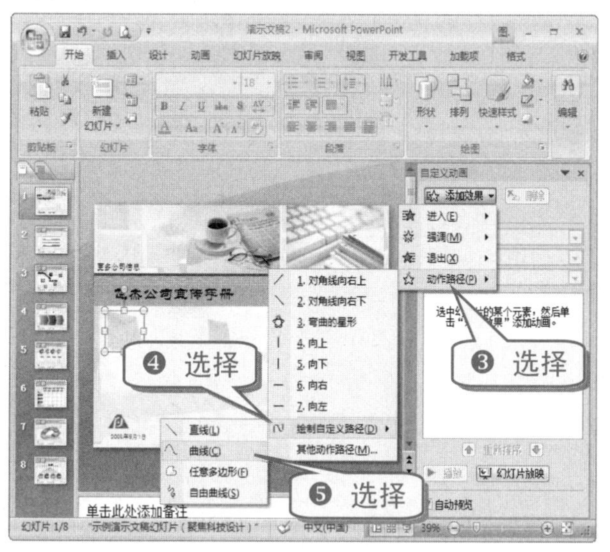

❻ 绘制曲线动作路径，完成后，双击即可停止该操作。

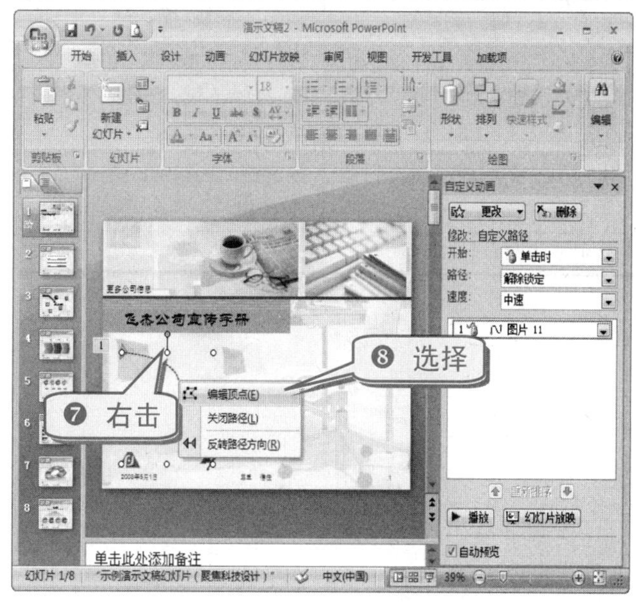

❾ 编辑曲线，用相同的方法为另外两张纸绘制动画路径。

❿ 幻灯片母版和首页设置完成后，即可在幻灯片中添加相关内容。由于该幻灯片是通过模板进行设置的，添添加内容时可以直接在模板样式中添加，这里就不再加以介绍了。

技巧366 幻灯片放映快捷键大全

在 PowerPoint 2007 全屏方式运行演示文稿时，可以使用快捷键控制放映。

功 能	快 捷 键
从头开始放映	按 F5 键
从当前开始放映	按 Shift+F5 键

续表

功　能	快 捷 键
执行下一个动画或切换到下一张幻灯片	按 N 键、Enter 键、Space 键、Page Down 键、→键、↓键或单击鼠标
执行上一个动画或切换到上一张幻灯片	按 P 键、Page UP 键、←键或↑键
显示或隐藏鼠标指针	按 A 键或=键

续表

功　能	快 捷 键
显示快捷菜单	按 Shift+F10 组合键或单击鼠标右键
将指针改变成绘图笔	按 Ctrl+P 组合键
将指针改变成箭头	按 Ctrl+A 组合键
白屏或黑屏显示	按 W 键或 B 键
结束幻灯片放映	按 Ctrl+Pause Break 组合键或 Esc 键

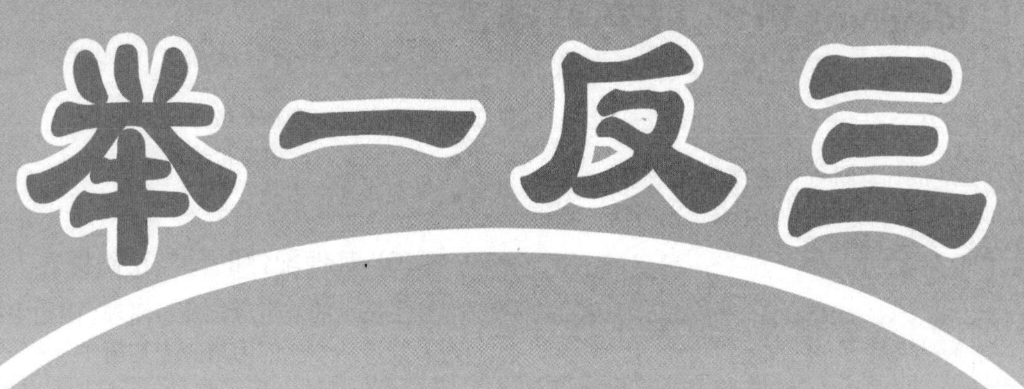

专题十一　系统管理与维护技巧

Windows Vista 系统中拥有功能强大的系统管理与维护工具，利用这些工具可以及时、有效地解决系统运行中可能出现的问题。

热点快报

- 挑选计算机工作环境
- 创建/恢复系统还原点
- 妙用任务管理器
- 快速锁定桌面
- 配置电源管理
- 自动选取默认按钮

技巧367　挑选计算机最佳的工作环境

计算机是精密的电子设备，与大多数家用电器类似，必须工作于适当的环境之中。恶劣的工作环境会导致电子元件的老化，减少计算机的使用寿命。

(1) 合理放置

计算机在运行过程中会产生电磁波和磁场，因此最好将其放置在远离电视机和录音机的地方，这样可以防止计算机的显示器和电视机屏幕之间相互电磁化，信号相互干扰。

计算机主机应该放置在平稳的地方，通风良好并且阳光不能直射。调整好显示器的高度，最好和视线平行，这样不易导致视觉疲劳。

(2) 温度条件

虽然现在计算机的散热系统设计得很好，但是过高的温度仍然会使计算机不正常，环境温度最好控制在 14～30℃之间，最佳室温为 22±2℃。而温度过低，会造成信息的读写错误，有条件的用户，应该为计算机所在房间加装空调。

(3) 湿度条件

湿度过大对计算机的影响也很大。如果空气湿度过大，计算机内部电子元件容易受潮，导致短路，损坏硬件；如果湿度过小，计算机内部易聚积静电荷，击穿电路，也会损坏电子元件。

(4) 防尘

计算机内部各组件非常精密，如果计算机在较多灰尘的环境下工作，可能堵塞计算机的各种接口，导致计算机不能正常工作。因此要对计算机做好防尘工作，如为显示器和机箱加装防尘罩。

(5) 电压

电压的经常波动会对计算机电路和各配件造成伤害，因此，最好配备一个稳定的电压器，这样才能保证计算机正常工作所需的稳定电压。有条件的用户最好配一个小型的家用 UPS(不间断电源)，既可以稳定电压，又可以保证计算机的正常使用。

(6) 静电

静电有可能造成计算机芯片的损坏，在打开计算机机箱时注意要戴防静电手套；用手接触暖气管等可以放电的物体前，应先将身上的静电放掉再接触计算机的配件。另外，在安放计算机时将机壳用导线接地，可以起到很好的防静电效果。

(7) 震动和噪音

震动和噪音会造成计算机部件的损坏(如硬盘)，因此计算机在震动和噪音很大的环境中运行时，需要给计算机安防震和隔音设备。

技巧368 计算机正确保养六大原则

计算机与大多数家用电器相似，各方面都需要保养和维护。

(1) 光驱的日常正确保养

光驱是安装系统和读取文件的重要工具，需要好好地保养。

- 不能在光盘上面贴标签。
- 在光驱进行读取操作时，不能强制弹出光盘。
- 当光驱中的光盘不用时，要及时取出。
- 保持光驱的清洁。
- 尽量使用虚拟光驱替代光驱。

(2) 硬盘的日常正确保养

人们对计算机的依赖度越来越高，硬盘上存储的数据也越来越重要，因此定期对硬盘进行保养很重要。

- 硬盘进行读写操作时，不可切断电源。
- 注意保持环境清洁。
- 做好硬盘防震措施。
- 控制环境温度。
- 正确拿硬盘，避免损坏。

(3) 显示器的日常正确保养

显示器的使用也有讲究，不然很容易报废，因此，一定要注意显示器的日常维护。

- 不要频繁地开关显示器。
- 防磁场干扰。
- 防阳光直射。
- 防潮湿、防静电。
- 做好散热工作。
- 防止灰尘。

(4) 键盘的日常正确保养

键盘的日常保养应该注意以下几点。

- 防止灰尘或杂志落入键位。
- 不将液体洒到键盘上。
- 按键时不宜太用力。
- 更换键盘时不要带电插拔。

(5) 鼠标的日常正确保养

鼠标的使用应该注意以下几点。

- 避免摔碰鼠标和强力拉拽导线。
- 点击鼠标时不要用力过猛。
- 配备鼠标垫。

(6) 其他配件的日常正确保养

主板上的灰尘应该及时清理，固定主板的螺丝不要拧得太紧，各螺丝的力道应当均衡。

保证CPU在正常频率下工作，同时保证CPU的散热系统一定要好。

扩充内存容量的时候，应选择相同品牌和型号的内存来搭配使用。

显卡应该单独带有一个散热风扇。

技巧369 养成良好的计算机使用习惯

(1) 按正确顺序开、关机

开机时要遵循一定的顺序，首先给打印机等外部设备加电，然后再给主机加电。关机时则相反，应该先关闭计算机主机的电源，然后再关闭外部设备的电源。这样可以避免主机中的部件受到外部设备的电流冲击。

(2) 定期进行清洁和保养工作

计算机在工作的时候，会产生一定的静电场和磁场，加上电源和CPU等风扇运转产生的吸力，会将悬浮在空气中的灰尘颗粒吸进机箱并滞留在板卡上。如果不定期清理，灰尘将越积越多。严重时，会致使电路板的绝缘性能下降，引起短路、接触不良、霉变，造成硬件故障。

鼠标垫也会因为灰尘的落下，使光电鼠标的灵敏度降低，用湿布擦拭干净即可。

键盘在使用时，也会有灰尘影响按键的灵敏度。使用一段时间后，可以将键盘翻转过来，适度拍打，将嵌在键帽下面的灰尘抖出来。

CPU风扇和电源风扇长时间的高速旋转，会使轴承磨损并进而影响散热性能，一般一年左右就要进行更换。

技巧370 快速卸载不常用的工具软件的两种方法

卸载一些不常用的工具软件，可以节省宝贵的磁盘空间，同时也有利于系统的管理。

(1) 利用软件自带的卸载程序进行卸载

工具软件在安装后，大多都会附带安装自身卸载程序，只要运行这些卸载程序，即可完成对工具软件的卸载。

例如，利用软件自带的卸载程序卸载360安全卫士。

❶ 选择“开始”→“所有程序”命令，找到工具软件自带的卸载程序。

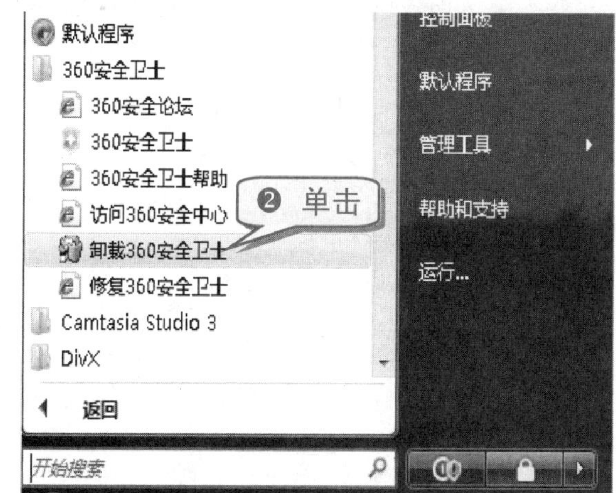

专 家 坐 堂

如果有些工具软件在开始菜单的程序项中找不到卸载程序，可以进入工具软件的安装目录，然后查找类似 Uninstall 的文件，双击即可启动该软件的卸载程序。

(2) 利用 Windows Vista 系统工具进行卸载

若软件本身没有自带卸载程序，就需要通过 Windows Vista 系统工具来卸载。

例如，卸载“DivX Player”播放软件。

❶ 选择“开始”→“控制面板”命令，弹出“控制面板”窗口。

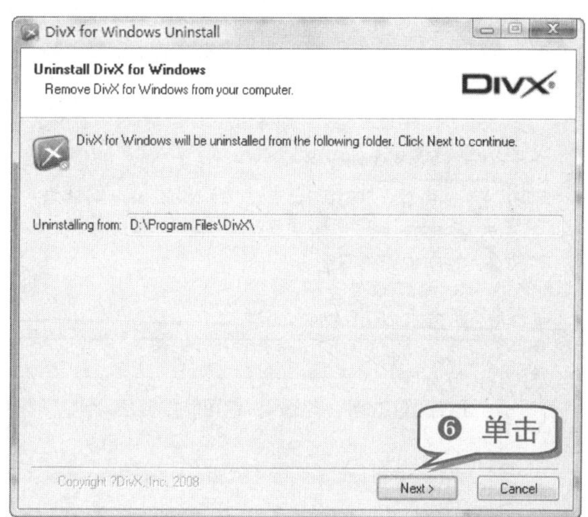

技巧371 快速添加 Windows 组件

Windows Vista 安装好后，有时还需要添加一些 Windows 组件。例如，安装 Activex 程序服务。

❶ 选择“开始”→“控制面板”命令，在打开的“控制面板”窗口中单击“程序”链接，打开“程序”窗口。

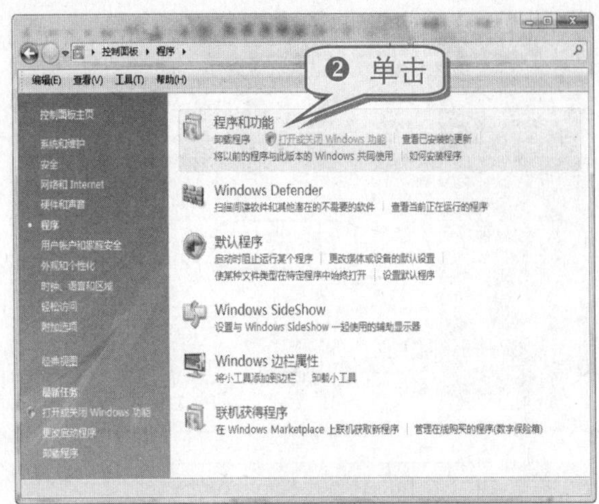

知识补充

在打开的“Windows 功能”窗口中，显示所有系统已安装和未安装的组件列表。

选中需要安装的组件名复选框，单击“确定”按钮，系统即会自动完成安装。

取消选中需要安装的组件名复选框，单击“确定”按钮，系统会自动完成卸载。

技巧372　定期对磁盘进行检查

计算机在使用过程中，由于长期对磁盘进行读写操作，可能会使磁盘的文件系统受到破坏并产生坏扇区，从而降低磁盘的使用效率。

Windows Vista 自带了一个磁盘扫描工具，可以方便地对磁盘分区进行扫描并修复一些简单的错误。

❶ 双击桌面上的“计算机”图标，打开“计算机”窗口，右击需要进行检查的磁盘分区。

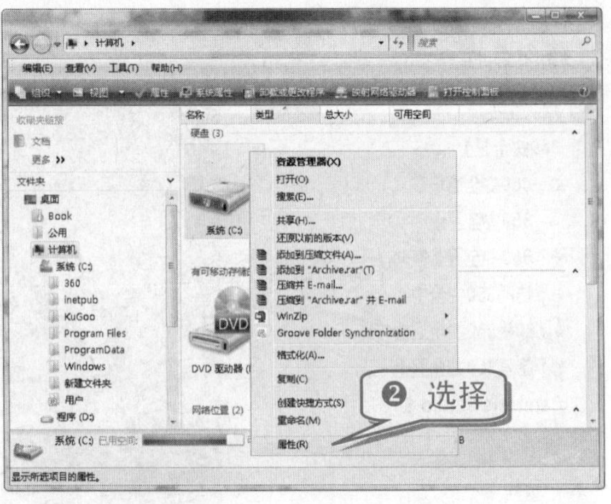

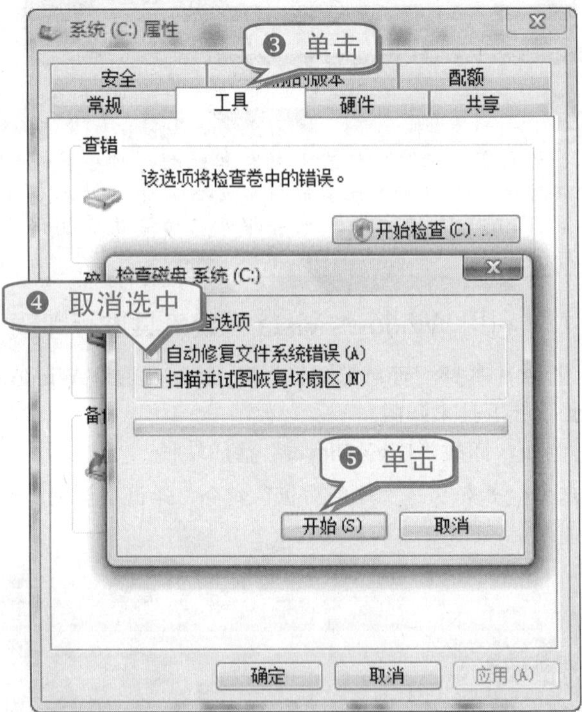

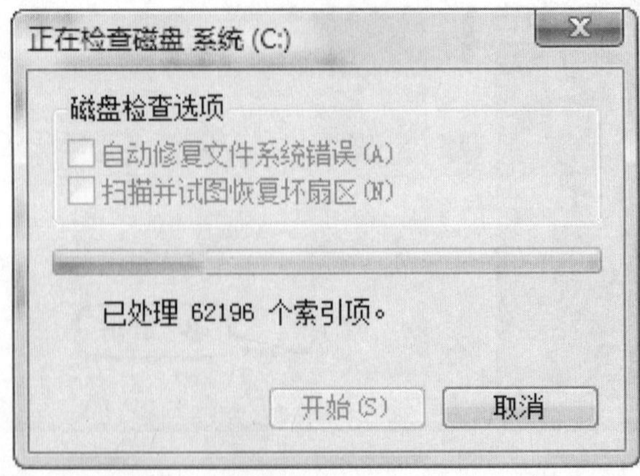

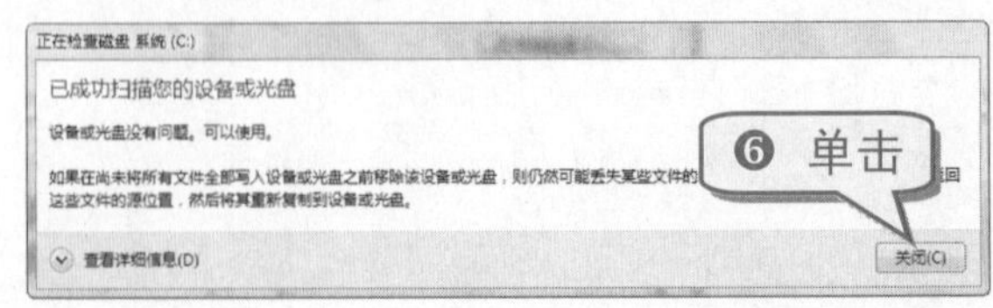

注　意　事　项

在“正在检查磁盘系统”对话框中，选中“自动修复文件系统错误”复选框后，单击“开始”按钮。由于检查程序需要单独访问系统分区上的一些文件，而这些文件又很可能正在被操作系统使用，所以单击“开始”按钮后，程序会提示“是否要在下次启动计算机时检查硬盘错误？”如果想在下次重新启动计算机时执行修复操作，可单击 计划磁盘检查 按钮；如果不想在下次重新启动计算机时执行修复操作，则单击“取消”按钮。

专　家　坐　堂

如果想要知道所选项目到底包含哪些垃圾文件，可以在“系统(C:)的磁盘清理”对话框中，切换到“磁盘清理”选项卡，选中“要删除的文件”下拉列表框中的文件，然后单击“查看文件”按钮。

技巧373　快速清理磁盘

Windows Vista 的磁盘清理工具，可以自动计算出某个磁盘可以释放的空间大小，并列出可以清理的文件列表，由用户指定需要删除的文件，操作便捷。

❶ 选择“开始”→“所有程序”→“附件”→“系统工具”→“磁盘清理”命令，弹出“磁盘清理：驱动器选择”对话框。

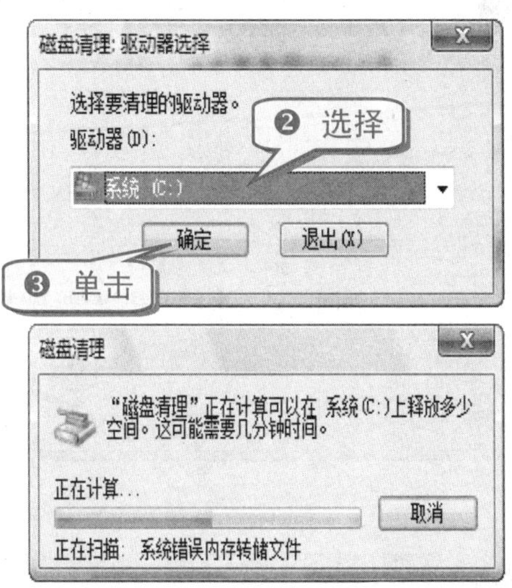

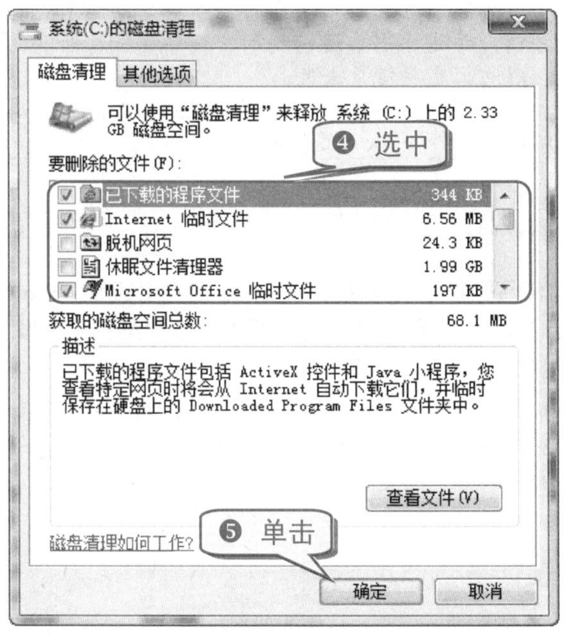

技巧374　快速创建系统还原点

由于误删除了文件而导致计算机出现了各种故障，可以利用系统的还原功能撤销对计算机执行的有害操作，返回计算机的正常状态。

还原系统必须首先创建还原点。还原点也就是还原位置，系统出现问题后，可以把系统还原到创建还原点时的状态。

❶ 选择“开始”→“所有程序”→“附件”→“系统工具”→“系统还原”命令，弹出“系统还原”对话框。

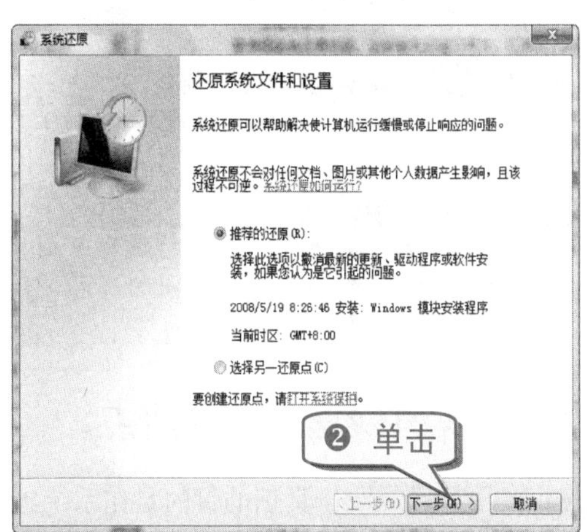

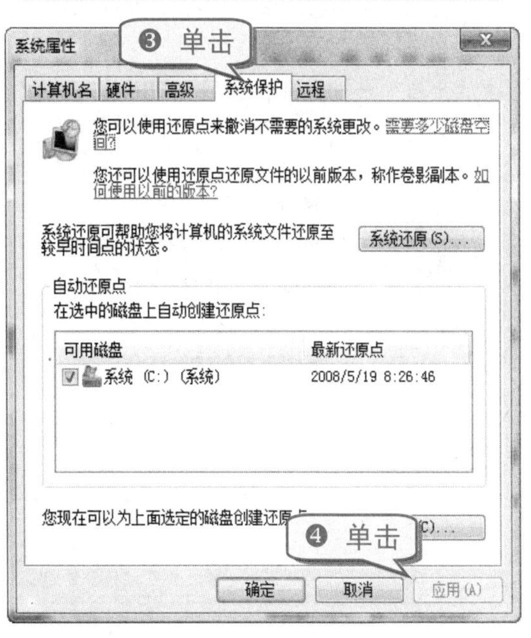

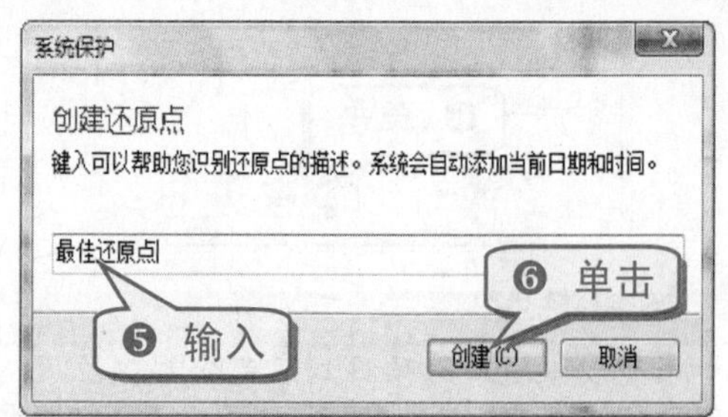

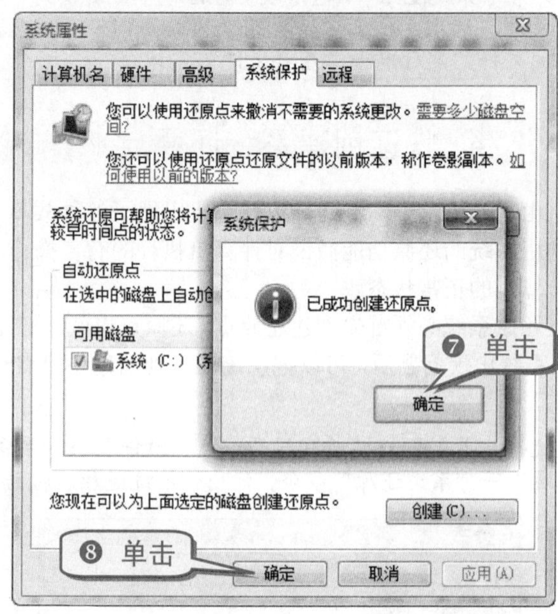

注 意 事 项

在创建还原点时要确保有足够的硬盘可用空间，否则可能导致创建失败。设置多个还原点的方法与创建一个还原点类似，这里不再赘述。

技巧375 快速恢复系统还原点

创建还原点不是目的，真正的目的是在系统出现故障后，可以恢复到创建还原点时的状态，保证计算机返回到一个正常的状态。

❶ 选择“开始”→“所有程序”→“附件”→“系统工具”→“系统还原”命令，弹出“系统还原”对话框。

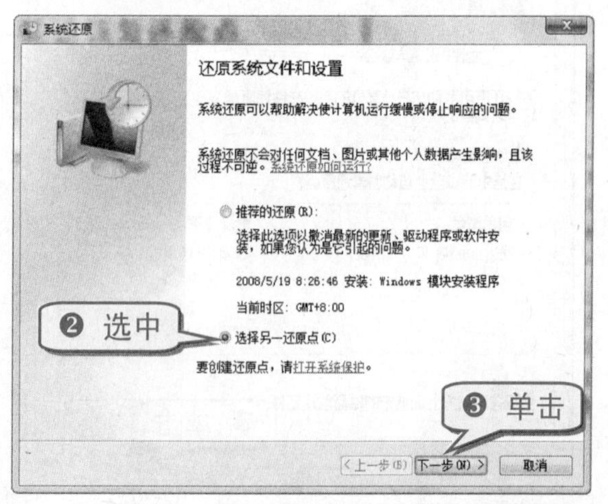

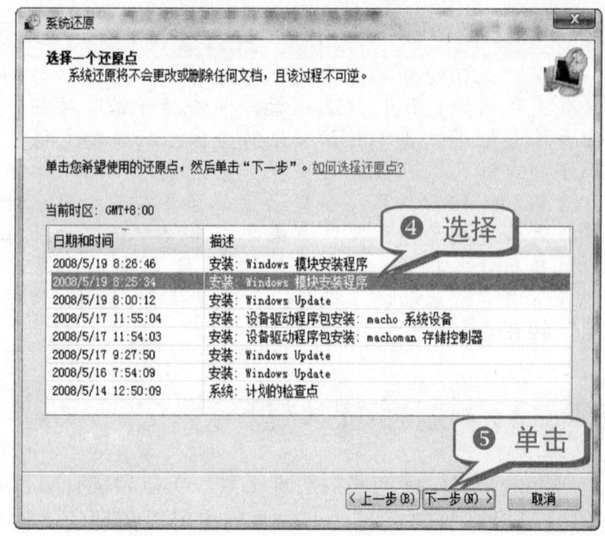

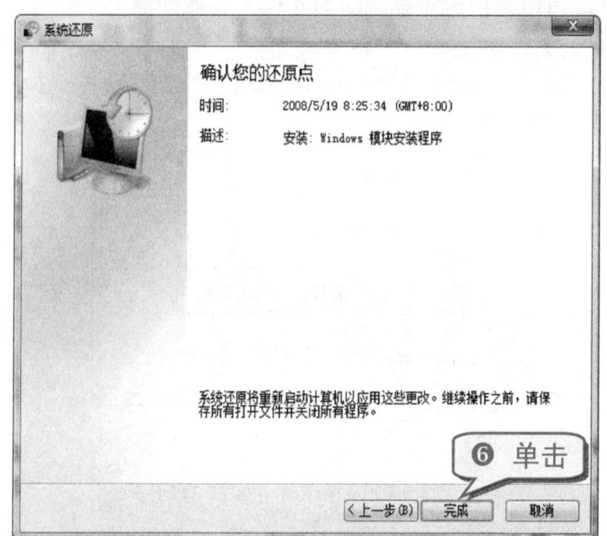

注 意 事 项

恢复还原点之后系统会自动重新启动，因此在操作之前应该退出当前运行的所有程序并保存所有的文件，以防止重要信息丢失。

计算机重新启动后，会有提示说明已经成功完成系统的还原操作。

技巧376 实时监控系统进行

任何操作系统都离不开操作者的精心维护，Windows Vista 的强大系统功能，更需要不间断的维护才能发挥其最大的功效。

❶ 双击桌面上的“计算机”图标，在打开的“计算机”窗口左窗格的文件夹列表中，展开“控制面板”→“系统和维护”分支。

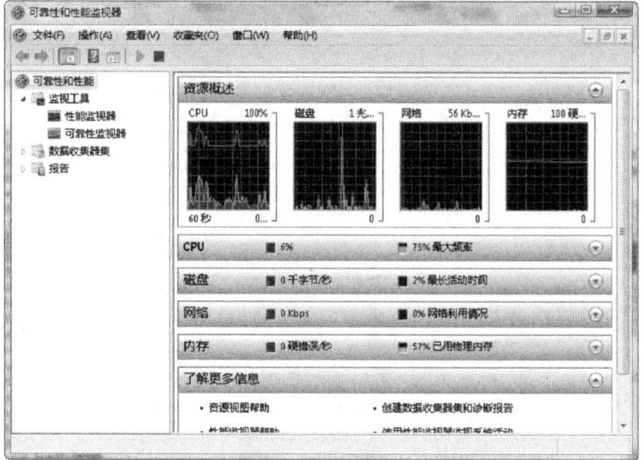

(1) 性能监视器

在打开的“可靠性和性能监视器”窗口中，选择“性能监视器”选项，即可进入具体查看窗口。在该窗口中可以查看实时的或历史的数据图表，以了解内置的 Windows 性能计数器。

用户还可以通过创建自定义数据收集器将性能计数器添加到性能监视器上，就可以直观地查看性能日志数据。

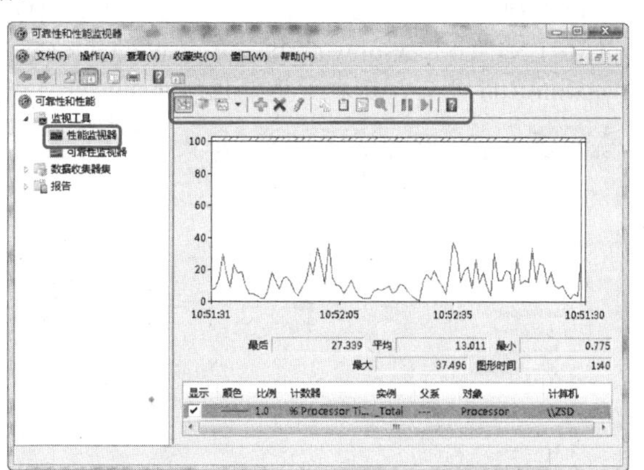

(2) 可靠性监视器

在打开的“可靠性和性能监视器”窗口中，选择“可靠性监视器”选项，即可进入具体查看窗口。在该窗口中可以查看系统稳定性的大体情况以及趋势分析。同时在该窗口中还显示出可能会影响系统总体稳定性的个别事件的详细信息，例如软件安装、应用程序故障、硬件故障以及 Windows 故障。

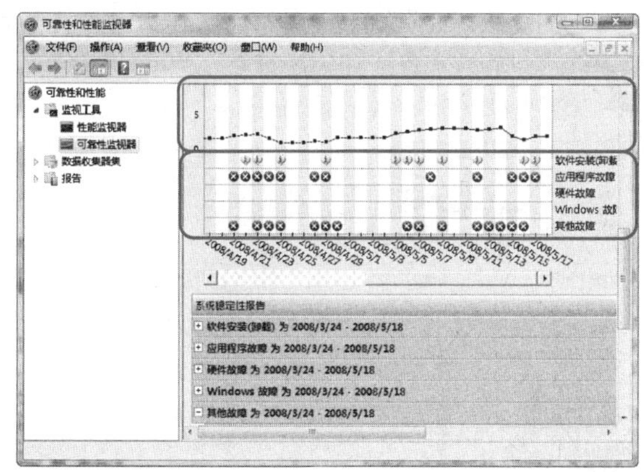

专　家　坐　堂

可靠性监视器最多可以保留一年的系统稳定性和可靠性事件的历史记录。在图表的上半部分显示了稳定性指数，下半部分的五行可以跟踪可靠性事件，有助于测量系统的稳定性，或者提供有关软件安装和删除的相关信息。

技巧377　快速调整任务管理器的更新速度

任务管理器运行之后，可以收集最新、最准确的系统信息。但是任务管理器更新得太频繁会影响系统的速度，因此，用户可以适当地调整任务管理器的更新速度。

❶ 右击桌面下方任务栏的空白处，在弹出的快捷菜单中选择“任务管理器”命令，弹出“Windows 任务管理器”窗口。

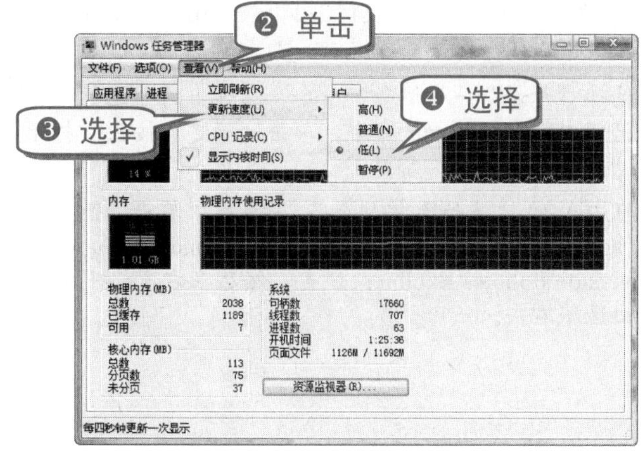

技巧378　管理运行中的应用程序

任务管理器中的“应用程序”选项卡会显示当前用户正在运行的程序，以及该程序的运行状态。在该选项卡中，用户可以对运行中的程序进行相关的管理操作。

❶ 右击桌面下方任务栏的空白处，在弹出的快捷菜单中选择“任务管理器”命令，打开“Windows 任务管理器”窗口。

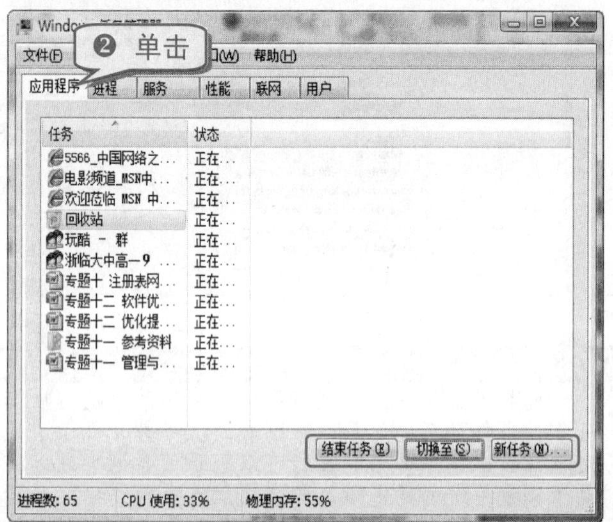

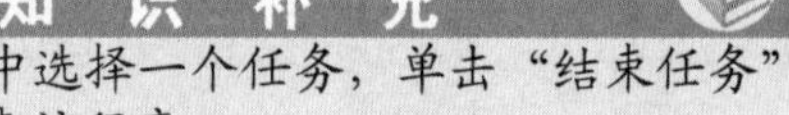

在任务窗口中选择一个任务，单击“结束任务”按钮，可立刻结束该程序。

在任务窗口中选择一个任务，单击“切换至”按钮，界面将立刻切换到该应用程序界面。

单击“新任务”按钮，弹出“创建新任务”对话框。在该对话框中输入相应程序的运行命令，单击“确定”按钮，即可启动该应用程序。

技巧379　屏蔽任务管理器中的注销功能

通过修改注册表中的设置，可以禁止用户使用任务管理器中的注销功能。

❶ 选择“开始”→“运行”命令，在弹出的“运行”对话框中输入 Regedit 命令，单击“确定”按钮，打开“注册表编辑器”窗口。

❷ 在打开的“注册表编辑器”左窗格中展开 HKEY_CURRENT_USER\Software\Microsoft\Windows\CurrentVersion\Policies\Explorer 分支，然后在右窗格中的空白区域右击。

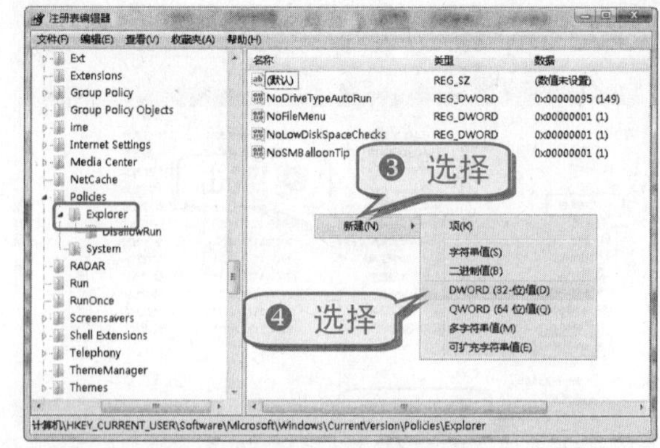

❺ 将新建的 DWORD 值命名为 NoLogoff，双击该子键，弹出“编辑 DWORD(32 位)值”对话框。

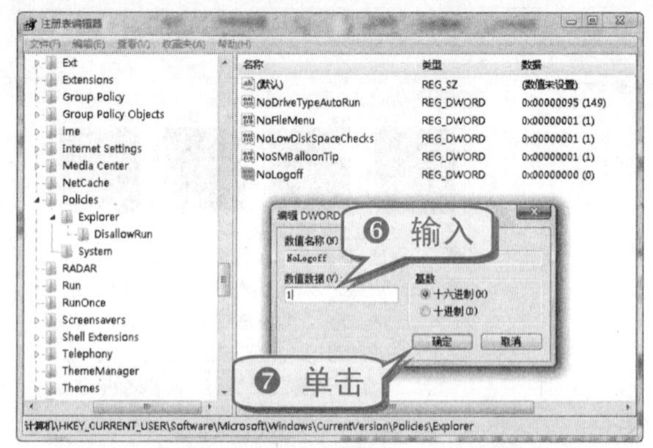

技巧380　禁止开机时启动 Messenger

在默认情况下，只要用户使用过一次 Windows Messenger 程序后，它就会自动随系统启动时一起启动。通过修改注册表中的设置可以禁止该功能。

❶ 选择“开始”→“运行”命令，在弹出的“运行”对话框中输入 Regedit 命令，单击“确定”按钮，打开“注册表编辑器”窗口。

❷ 在打开的“注册表编辑器”左窗格中展开 HKEY_CURRENT_USER\Software\Microsoft\Windows\CurrentVersion\Run 分支，在右窗格中找到 msnmsgr 子键。

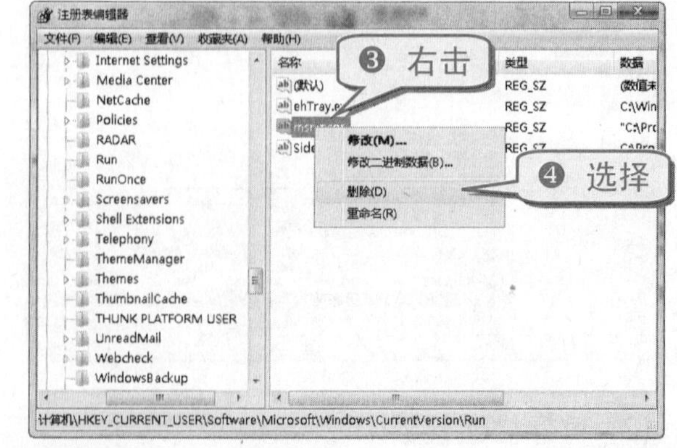

❺ 在弹出的“确认数值删除”对话框中，单击“是”按钮即可。

技巧381　巧妙设置自动关机

在 Windows Vista 下可以设置一段时间后自动关机。

❶ 选择“开始”→“运行”命令，弹出“运行”对话框。

专　家　坐　堂

输入 shutdown.exe /s 命令后，系统将在一分钟之内关机，所以要先保存好重要的文件和信息。

shutdown.exe 命令还有很多种用法，如 shutdown.exe [/i | /l | /s | /r | /g | /a | /p | /h | /e] [/f] [/m \\computer][/t xxx][/d [p|u:]xx:yy [/c "comment"]。

命　令	功　能
/i	显示图形用户界面(GUI)
/l	注销，此命令不能与 /m 或 /d 一起使用
/s	关闭计算机
/r	关闭并重新启动计算机
/g	关闭并重新启动计算机，系统重新启动后，重新启动所有注册的应用程序
/a	中止系统关闭，只能在超时期间使用
/p	关闭本地计算机，没有超时或警告，可以与 /d 和 /f 选项一起使用
/h	休眠本地计算机，可以与 /f 选项一起使用
/e	记录计算机意外关闭的原因
/m \\computer	指定目标计算机
/t xxx	设置关闭前的超时为 xxx 秒，有效范围是 0～600，默认为 30。使用 /t xxx 表示已经设置了 /f 选项
/c "comment"	重启动或关闭的原因的注释。最多允许 512 个字符
/f	强制正在运行的应用程序关闭，不前台警告用户，与 /t xxx 一起使用时 /f 自动设置
/d	[p|u:]xx:yy 提供重新启动或关机的原因

技巧382　实现快速关机或重启

当程序失去响应、系统处于死锁状态时，用户将无法退出系统。此时，用户可以通过设置强行关闭死锁的程序。

❶ 选择“开始”→“运行”命令，在弹出的“运行”对话框中输入 Regedit 命令，单击“确定”按钮，打开“注册表编辑器”窗口。

❷ 在打开的“注册表编辑器”左窗格中展开 HKEY_CURRENT_USER\Control Panel\Desktop 分支，然后在右窗格的空白区域右击。

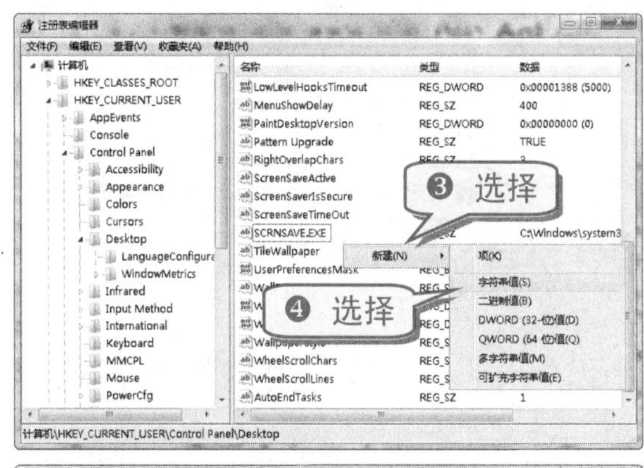

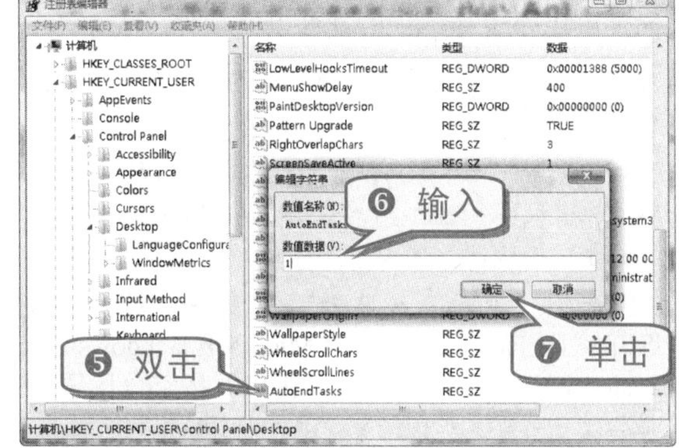

技巧383　妙用任务管理器发送消息

通过任务管理器可以给同时运行的另一个用户发送消息，起到给对方留言的作用。

❶ 按 Ctrl+Delete 组合键，在弹出的界面中单击“启动任务管理器(T)”按钮，弹出“Windows 任务管理器”对话框。

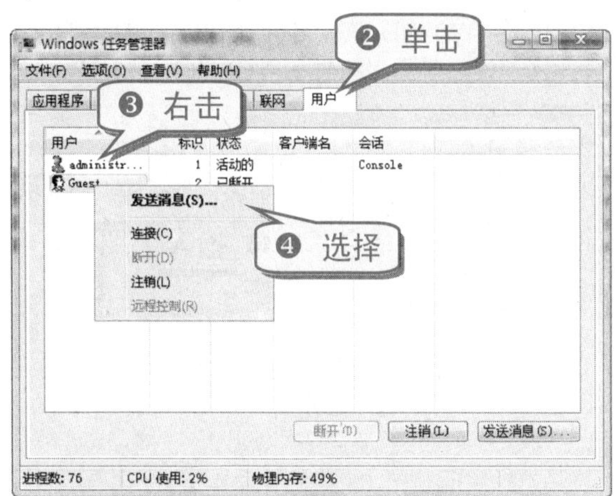

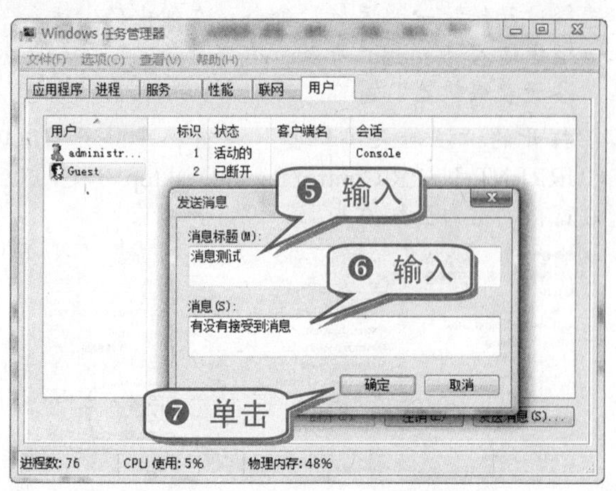

技巧384 自动删除无用的快捷方式

在 Recent 文件夹里保存了使用过的快捷方式，通过该文件夹可以查看使用过的软件以及文件。通过修改注册表里的设置，用户可以自动删除 Recent 文件夹里的文件，以节省磁盘的空间。

❶ 选择“开始”→“运行”命令，在弹出的“运行”对话框中输入 Regedit 命令，单击“确定”按钮，打开“注册表编辑器”窗口。

❷ 在打开的“注册表编辑器”左窗格中展开 HKEY_USERS\.DEFAULT\Software\Microsoft\Windows\CurrentVersion\Explorer 分支，然后在右窗格空白区域右击。

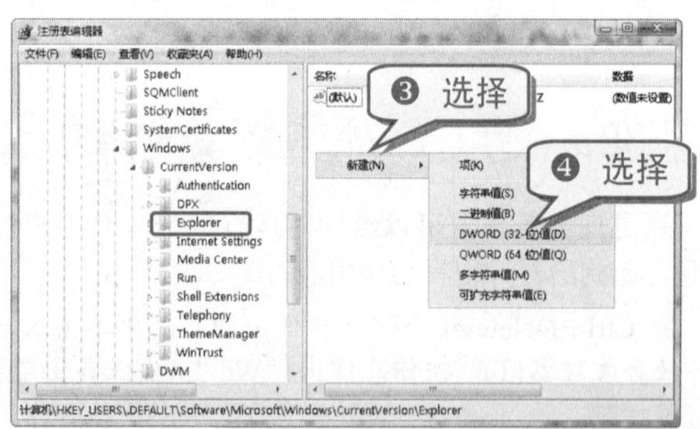

❺ 将新建的 DWORD 值命名为 NoRecentDocsHistory，双击该子键，弹出“编辑 DWORD(32 位)值”对话框。

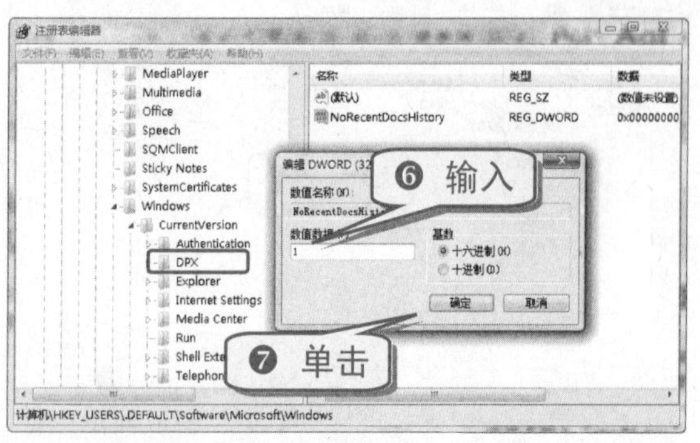

技巧385 删除多余的.dll 文件

在 Windows Vista 中有许多.dll 文件，这些文件可能被许多系统和应用程序共享，其中有一些文件被称为垃圾文件。为了让这些垃圾文件的“污染”远离计算机，可以做一次清理工作。

❶ 选择“开始”→“运行”命令，在弹出的“运行”对话框中输入 Regedit 命令，单击“确定”按钮，打开“注册表编辑器”窗口。

❷ 在打开的“注册表编辑器”左窗格中展开 HKEY_LOCAL_MACHINE\SOFTWARE\Microsoft\Windows\CurrentVersion\SharedDLLs 分支。

❸ 右窗格中的键值记录了共享的.dll 文件，如果键值是 0 的话，说明该.dll 文件是多余的。

❹ 右击需要的.dll 文件，在弹出的快捷菜单中选择“删除”命令。

技巧386 别让颜色泄漏秘密

IE 浏览器会以不同的颜色显示访问过的链接和未访问过的链接，当其他用户使用计算机时，就能发现上个用户访问过的网站。如果不想让别人知道自己访问过哪些网站，可进行如下设置。

❶ 在打开的 IE 浏览器中选择“Internet 选项”命令，弹出“Internet 选项”对话框。

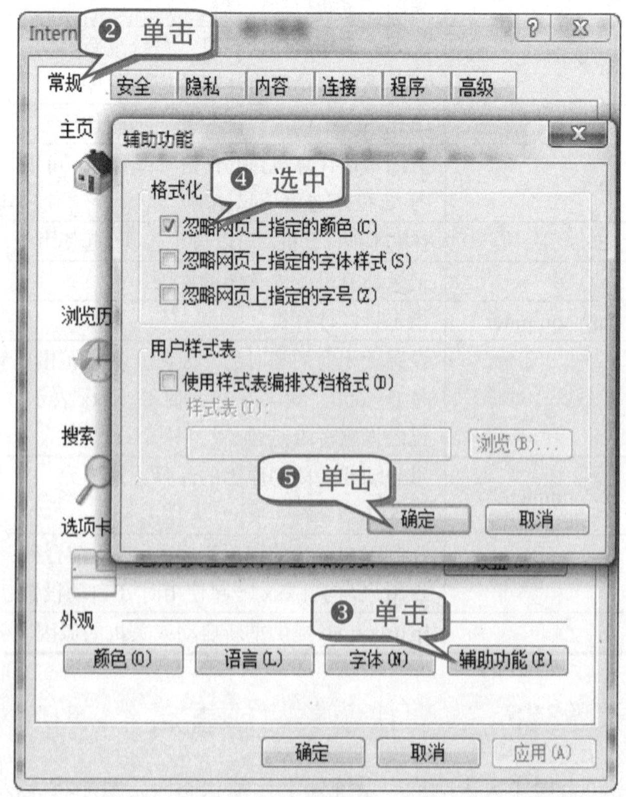

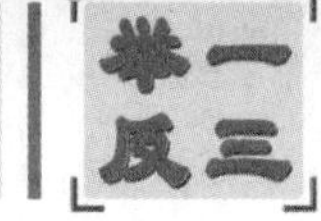

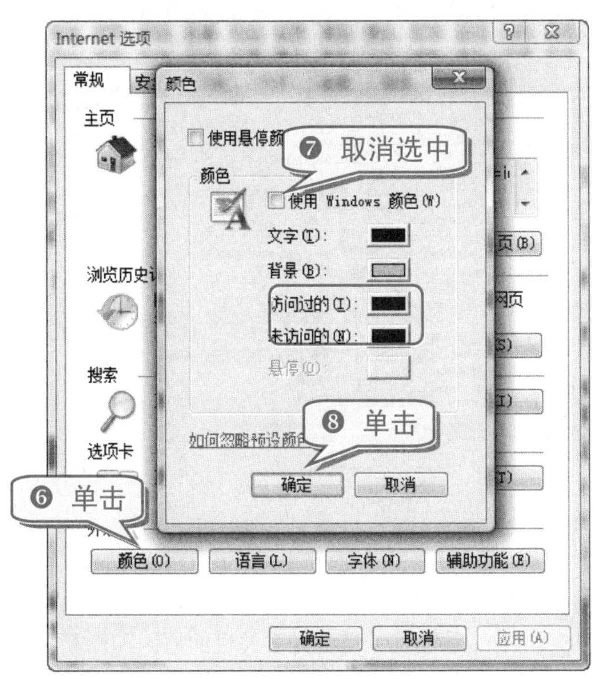

❾ 在返回的“Internet 选项”对话框中，单击“确定”按钮即可。

注　意　事　项

在“颜色”对话框中将 访问过的(I): 和 未访问的(N): 的颜色设置成相同的。

技巧387　快速锁定桌面

如果在办公过程中有急事需要离开，而又不想注销计算机，那么可以将桌面锁定。

❶ 右击桌面空白区域，在弹出的快捷菜单中选择“新建”→“快捷方式”命令，弹出“创建快捷方式”对话框。

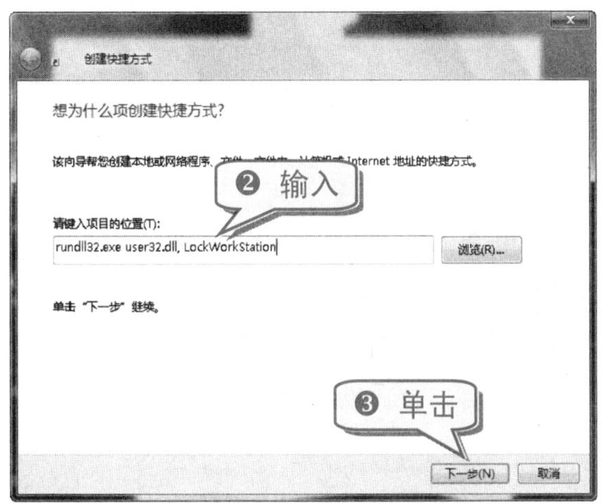

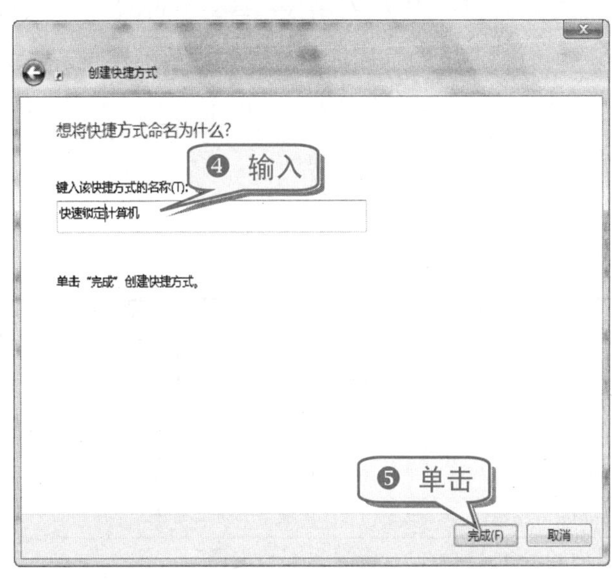

技巧388　在命令提示符中重复输入命令

如果在命令提示符中重复输入一些较长的命令，十分麻烦。通过设置图形界面的方法可以快速输入重复的命令。

例如，重复输入 devmgmt.msc、compmgmt.msc 和 services.msc 等。

❶ 选择“开始”→“所有程序”→“附件”→“命令提示符”命令，打开“管理员：命令提示符”窗口。

❷ 按 F7 键，出现图形界面，使用方向键进行选择后，按 Enter 键可立刻执行该命令。

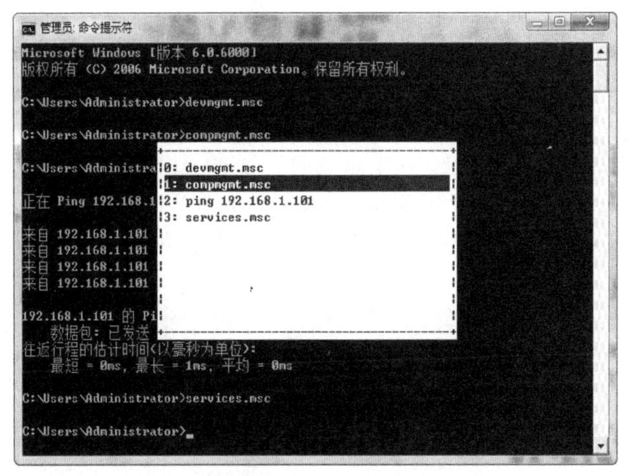

技巧389　妙用“运行”命令

在“运行”对话框中输入相关的命令可以打开特定的软件。下面列出了常用的几个命令，可以快速帮助用户打开特定的管理工具。

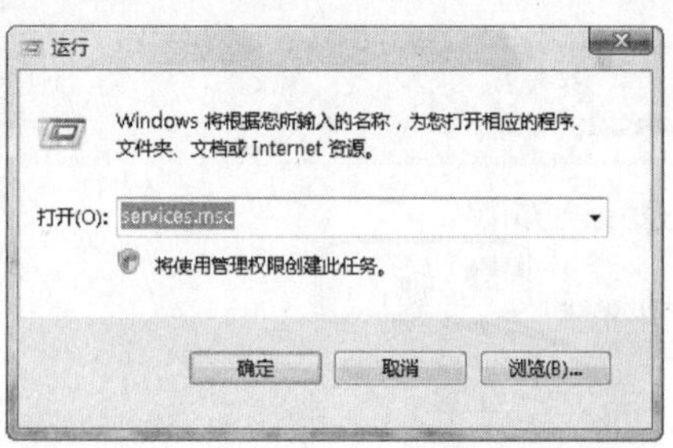

运行命令	中文解释
Devmgmt.msc	设备管理器
Compmgmt.msc	计算机管理
Diskmgmt.msc	磁盘管理
Dfrg.msc	磁盘碎片整理程序
Fsmgmt.msc	共享文件夹
Eventvwr.msc	事件查看器
Gpedit.msc	组策略
Lusrmgr.msc	用户和组
Secpol.msc	本地安全设置
Perfmon.msc	性能
Services.msc	服务
Rsop.msc	策略的结果集

技巧390　解决“磁盘空间不够”警告的烦恼

Windows Vista 系统会自动监控磁盘的剩余空间，如果磁盘空间剩余不足，会反复出现提示信息要求用户清理系统。可通过以下操作解决这一烦恼。

❶ 选择“开始”→“运行”命令，在弹出的“运行”对话框中输入 Regedit 命令，单击“确定”按钮，打开“注册表编辑器”窗口。

❷ 在打开的“注册表编辑器”左窗格中展开 HKEY_CURRENT_USER\Software\Microsoft\Windows\CurrentVersion\Policies\Explorer 分支，然后在右窗格的空白区域右击。

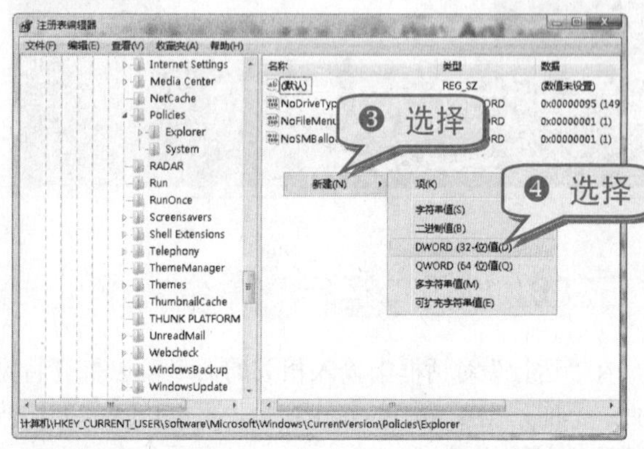

❺ 将新建的DWORD值命名为NoLowDiskSpaceChecks，双击该子键，弹出“编辑 DWORD(32 位)值”对话框。

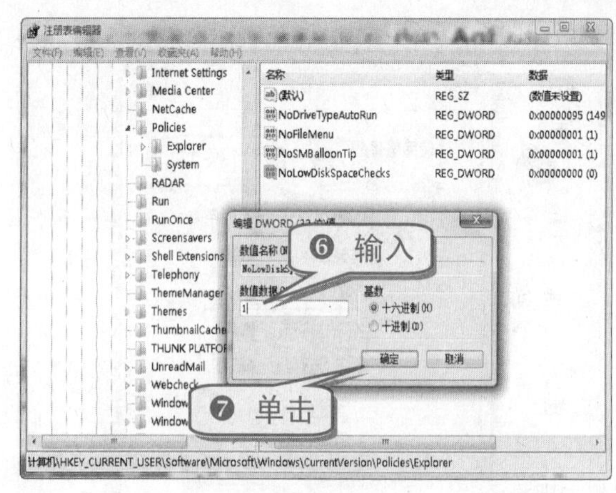

技巧391　快速关闭事件跟踪程序

通过组策略开启事件跟踪程序后，当用户关闭 Windows Vista 系统时，需要提供关机的原因和注释。

❶ 选择“开始”→“运行”命令，在弹出的“运行”对话框中输入 gpedit.msc 命令，单击“确定”按钮，打开“组策略对象编辑器”窗口。

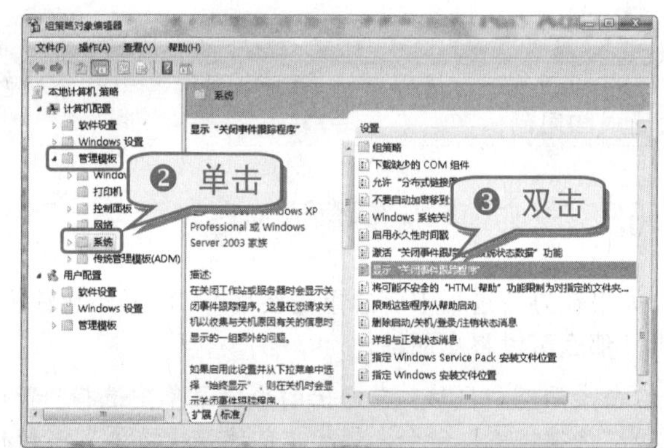

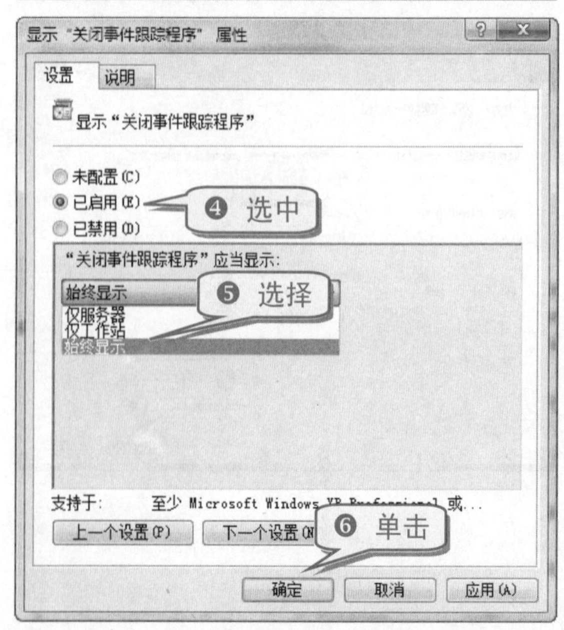

技巧392　配置最佳的电源管理模式

为了节约用电，Windows Vista 特别提供了一个与网页相似的用户界面。在其中，用户可以选择和配置自己系统的电源计划，以帮助计算机节省能量，使系统性能最大化，或者使二者达到平衡。

(1) 了解电源计划选项

电源计划是管理计算机如何使用电源的硬件和系统设置的集合。

❶ 双击桌面上的“控制面板”图标，选择“系统和维护”→“电源选项”命令，打开“电源选项”窗口。

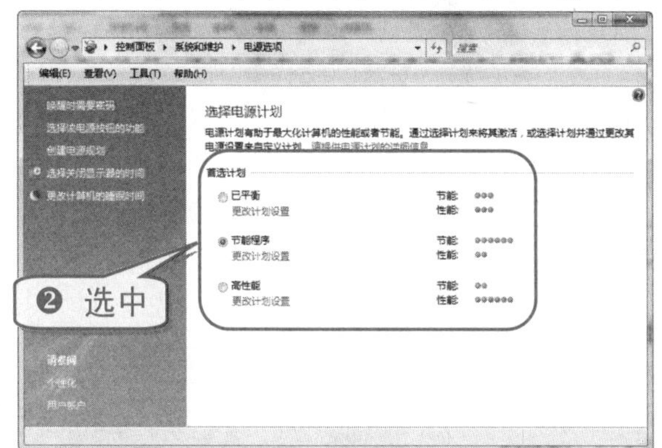

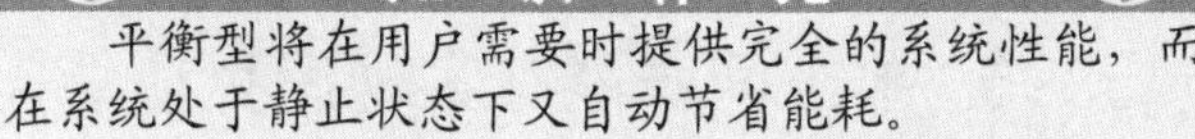

平衡型将在用户需要时提供完全的系统性能，而在系统处于静止状态下又自动节省能耗。

节能型将通过降低系统性能来最大化地节省能耗，设计这种模式是用来帮助那些使用移动计算机的用户能够获得尽可能长的使用时间。

高性能型将为计算机提供最佳的系统性能以及响应速度，但是它却不具备任何节能措施。

(2) 配置电源计划

虽然 Windows Vista 系统已为用户提供了三种不同的电源管理方案，但是用户还可以根据需要定制更符合实际需要的选项。例如，调整处理器状态。

❶ 在“电源选项”窗口中，单击其中一种电源计划下的“更改计划设置”选项，打开“编辑计划设置”窗口。

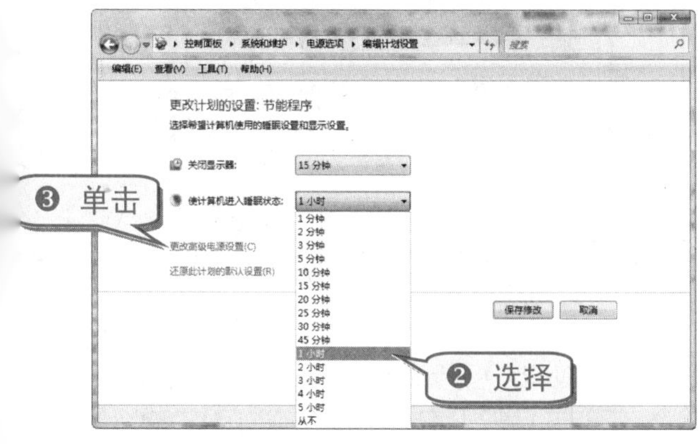

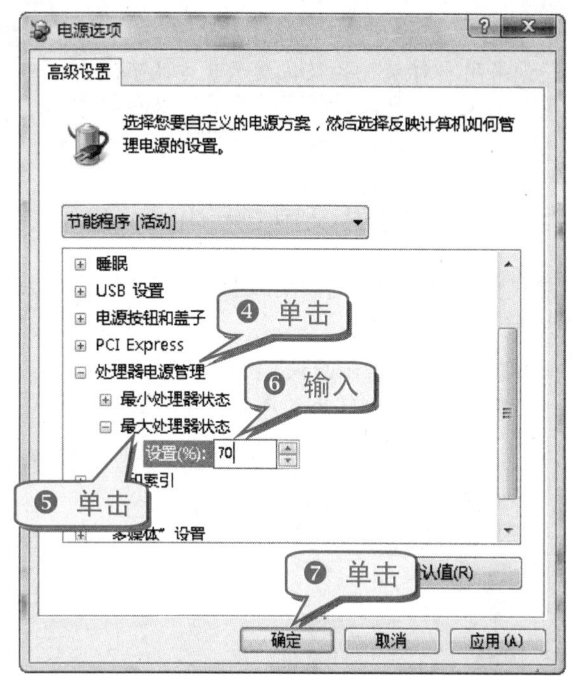

❽ 在返回的“编辑计划设置”窗口中，单击“保存修改”按钮即可。

技巧393　快速更改系统的声音方案

系统声音是指在系统中为事件设置的声音，当事件被触发时，系统会根据用户的设置自动发出提示音。

❶ 双击桌面上的“控制面板”图标，选择“硬件和声音”→“声音”命令，弹出“声音”对话框。

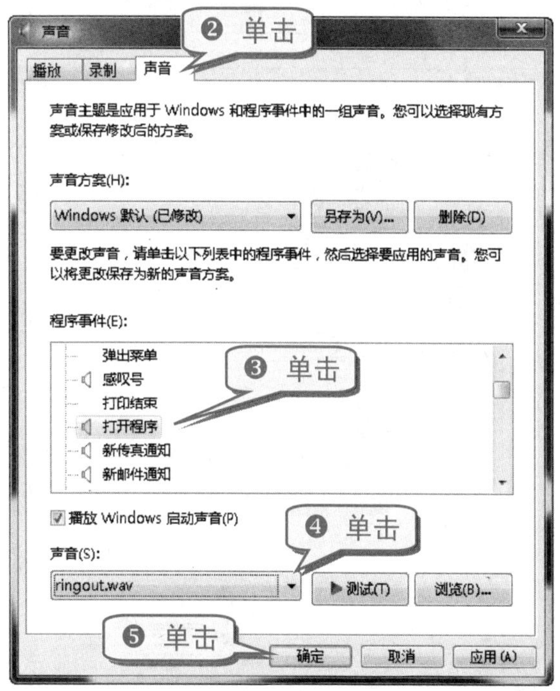

知 识 补 充

如果用户对系统的默认提示音方案不满意，可以单击"浏览"按钮选择特定的声音。然后返回到"声音"对话框，单击"确定"按钮即可。

技巧394 快速更改声音的输出效果

通过更改声音的输出效果，用户足不出户就可以聆听不同场景下的音乐效果。

❶ 双击桌面上的"控制面板"图标，选择"硬件和声音"→"声音"命令，弹出"声音"对话框。

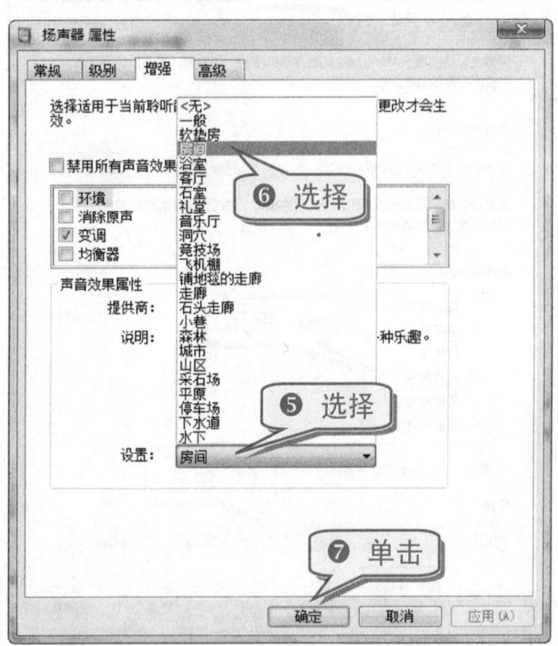

技巧395 实现光标自动选取默认按钮

Windows Vista 系统具有光标自动对准功能，当出现对话框时，光标可以自动移到对话框的默认按钮上。

❶ 双击桌面上的"控制面板"图标，选择"硬件和声音"→"鼠标"命令，弹出"鼠标属性"对话框。

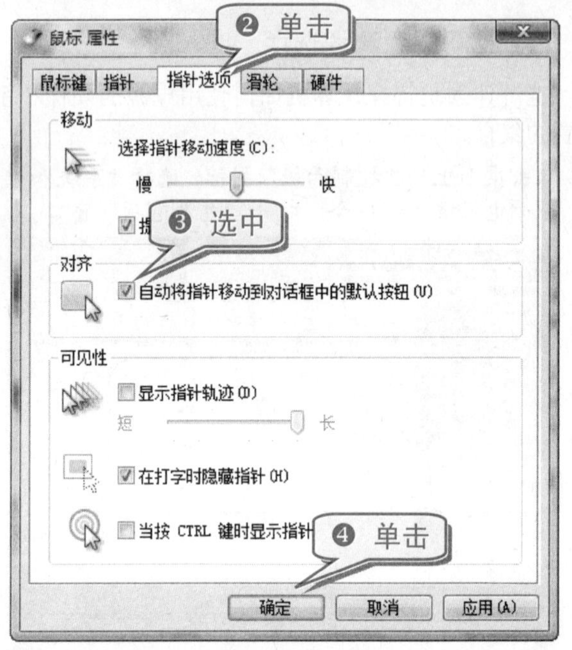

技巧396 单击同样能够实现滚页功能

如果用户使用的鼠标没有滚轮，通过单击锁定功能照样可以实现滚页的功能。

❶ 双击桌面上的"控制面板"图标，选择"硬件和声音"→"鼠标"命令，弹出"鼠标"对话框。

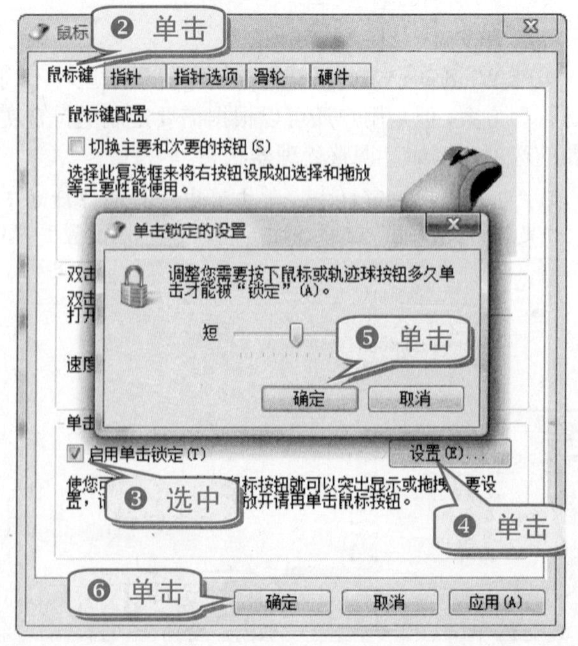

技巧397　添加“注销”按钮到“开始”菜单

通过修改组策略中的设置，可以将“注销”按钮添加到“开始”菜单中。

❶ 选择“开始”→“运行”命令，在弹出的“运行”对话框中输入 gpedit.msc 命令，单击“确定”按钮，打开“组策略对象编辑器”窗口。

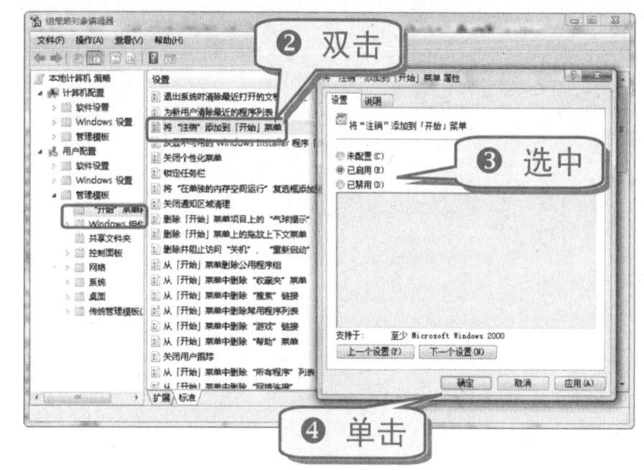

专题十二　系统提速与优化技巧

Windows Vista 有着绚丽的桌面和强大的系统功能，但也占用了大量的空间，因此对系统进行提速和优化显得很有必要。

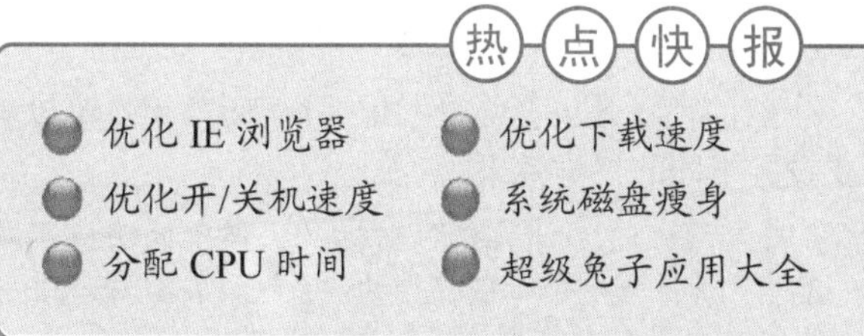

技巧398　快速提高系统的性能

硬件配置的高低、系统设置得是否合理、系统安装的软件多少都将影响系统的整体速度。

(1) 清理系统不必要的启动程序

关闭不使用的进程和程序能有效地提高系统的速度。

❶ 单击“开始”按钮，选择“所有程序”→Windows Defender 命令，弹出 Windows Defender 对话框。

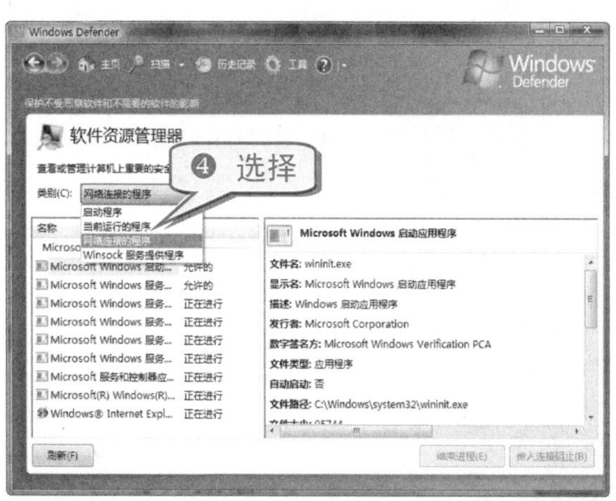

⑧ 对其他需要停止运行的程序重复步骤❺与步骤❻即可。

(2) 关闭不需要的视觉效果

华丽的视觉效果会大量占用系统资源,用户可以根据需要设置不同的视觉效果。

❶ 右击桌面上的"计算机"图标,从弹出的快捷菜单中选择"属性"命令,在打开的"系统"窗口中单击"高级系统设置"超链接。

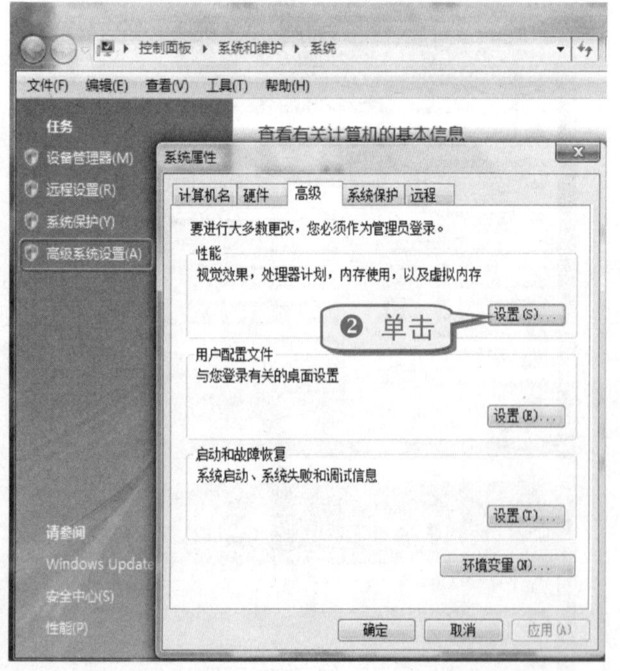

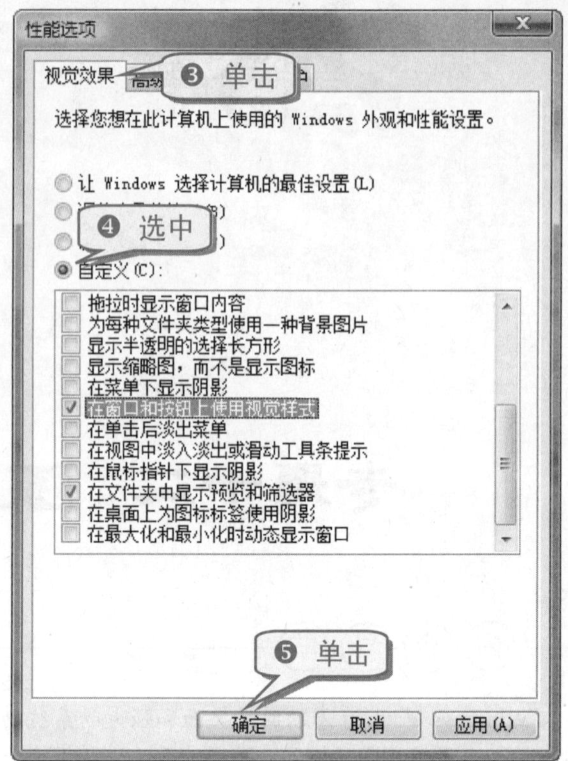

注 意 事 项

选中"在窗口和按钮上使用视觉样式"和"在文件夹中显示预览和筛选器"复选框,设置完成后窗口和文件夹的图标样式不会变化。

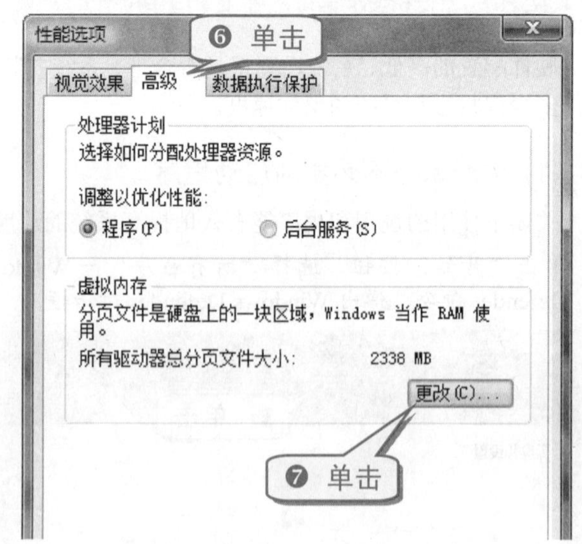

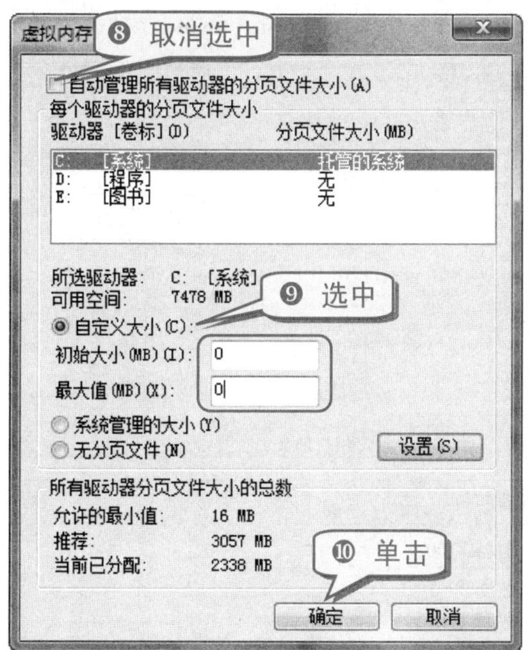

注　意　事　项

在“虚拟内存”对话框中，选择“C: [系统]”，将“自定义大小”选项组中“初始大小”和“最大值”都设置为“0”。单击“设置”按钮，弹出需要重新启动计算机的提示框，单击“否”按钮。接着选择另一个分区，将“初始大小”和“最大值”都设置为物理内存的 1.5 倍左右，单击“设置”按钮，在完成所有的设置后单击“确定”按钮，重新启动计算机即可。

技巧399　提高 IE 访问速度

IE 浏览器是使用最多的程序，在它各方面的性能都已经提高的情况下，更改其设置可以进一步提高速度。

❶ 打开 Internet Explorer 选项对话框。

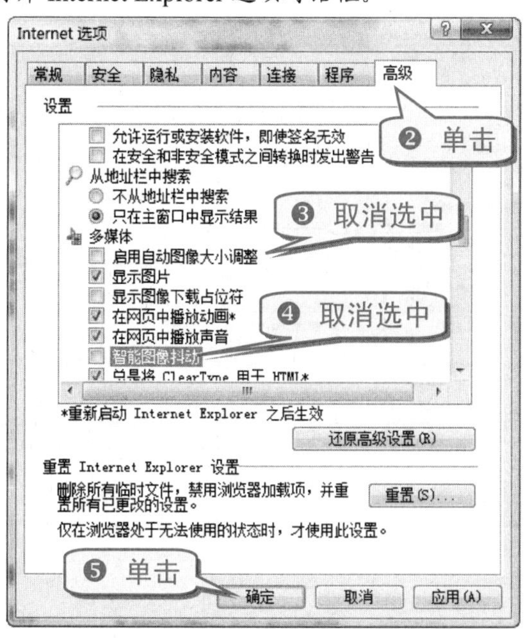

知　识　补　充

选中“使用直接插入自动完成”复选框，可以提高输入网址后打开网站的速度。

技巧400　巧妙提高系统开启速度

通过修改注册表中的设置可以提高 Windows Vista 系统的开机速度。

❶ 选择“开始”→“运行”命令，在弹出的“运行”对话框中输入 Regedit 命令，单击“确定”按钮，打开“注册表编辑器”窗口。

❷ 在打开的“注册表编辑器”左窗格中展开 HKEY_LOCAL_MACHINE\SYSTEM\CorrenrControlSet\Control\SessionManage\MemoryManagement\PrefetchParameters 分支。

❸ 在右窗格中找到 EnablePrefetcher 子键并右击。

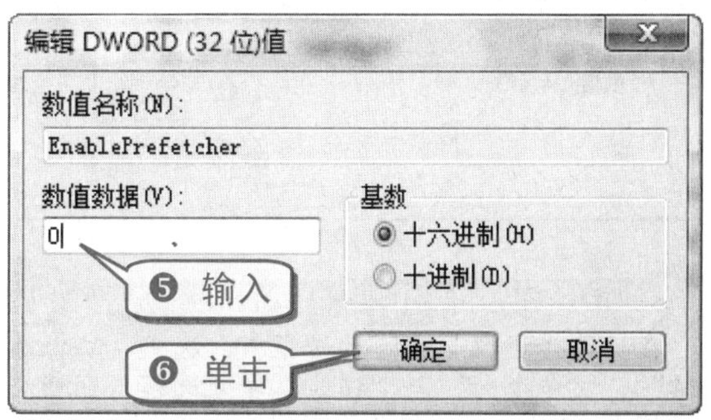

专　家　坐　堂

将“数值数据”中的数值更改为 0、1、2 或 3。其中 0 表示 Disable(关闭预读，这样可以提高启动速度，但是会影响系统的安全性和稳定性)，1 表示预读应用程序，2 表示启动预读，3 表示前两者均为预读(推荐将键值设置为 3)。

技巧401　利用好任务管理器

通过任务管理器可以快速查看进程、性能、应用程序与服务等，还可以手动添加其他的选项。

❶ 按 Ctrl+Alt+Delete 组合键，在弹出的界面中单击“启动任务管理器”按钮，弹出“Windows 任务管理器”对话框。

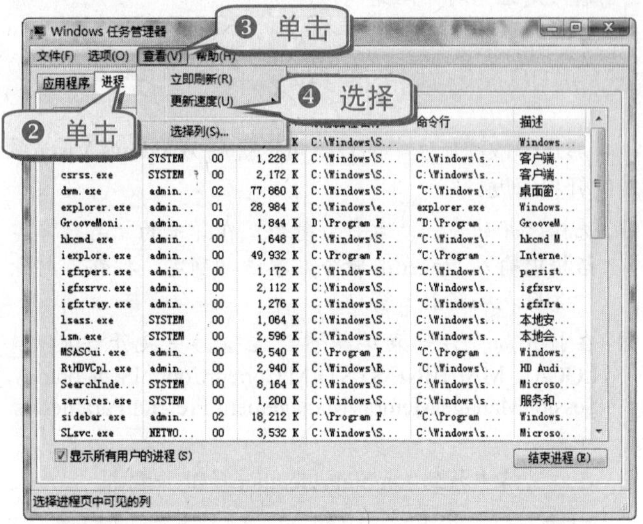

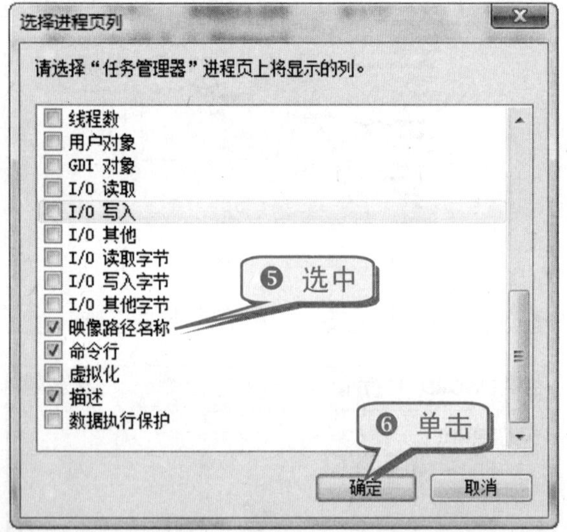

知识补充

在“选择进程页列”对话框中，选中“映像路径名称”、“命令行”与“描述”等复选框，则新添加的列将在“Windows 任务管理器”中显示出来，方便管理。

技巧402 加快窗口的弹出速度

Windows Vista 系统在打开窗口时使用了动画效果，会影响窗口的打开速度，因此提高窗口打开速度的方法就是将动画效果关闭。

❶ 选择“开始”→“运行”命令，在弹出的“运行”对话框中输入 Regedit 命令，单击“确定”按钮，打开“注册表编辑器”窗口。

❷ 在打开的“注册表编辑器”左窗格中展开 HKEY_CURRENT_USER\ControlPanel\Desktop\Window Metrics 分支。

❸ 然后在右窗格中找到 MinAnimate 子键并右击。

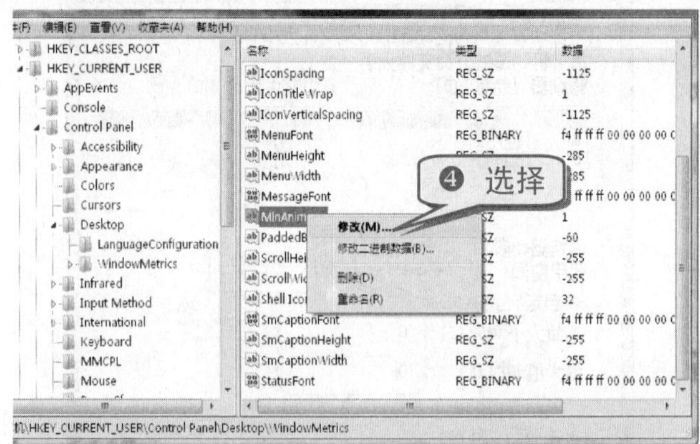

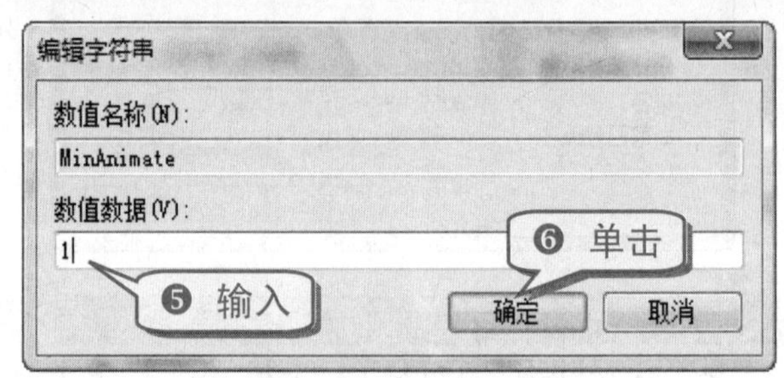

技巧403 关闭 IE 的安全提示

浏览网页的过程中会遇到安全提示，它不断弹出显示弱化了系统的安全设置，其实可以快速关闭该提示。

❶ 在“运行”命令窗口中输入 gpedit.msc 命令，打开“组策略对象编辑器”窗口。

❷ 在“组策略对象编辑器”左窗格展开“本地计算机策略”→“计算机配置”→“管理模板”→“Windows 组件”→Internet Explorer 分支，然后在右窗格中找到“关闭安全设置检查功能”选项。

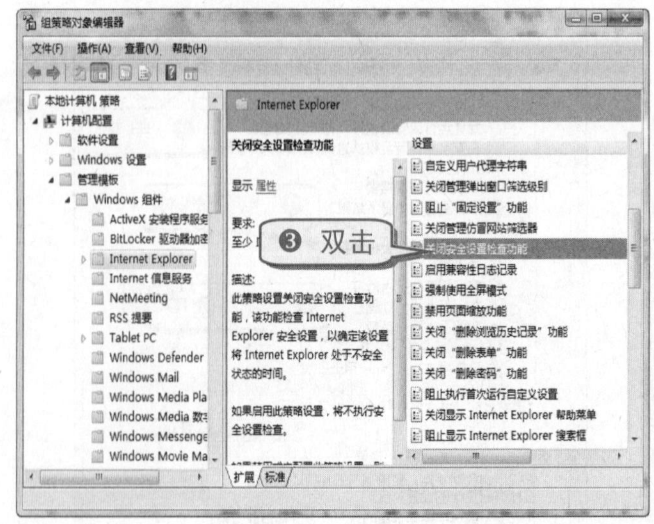

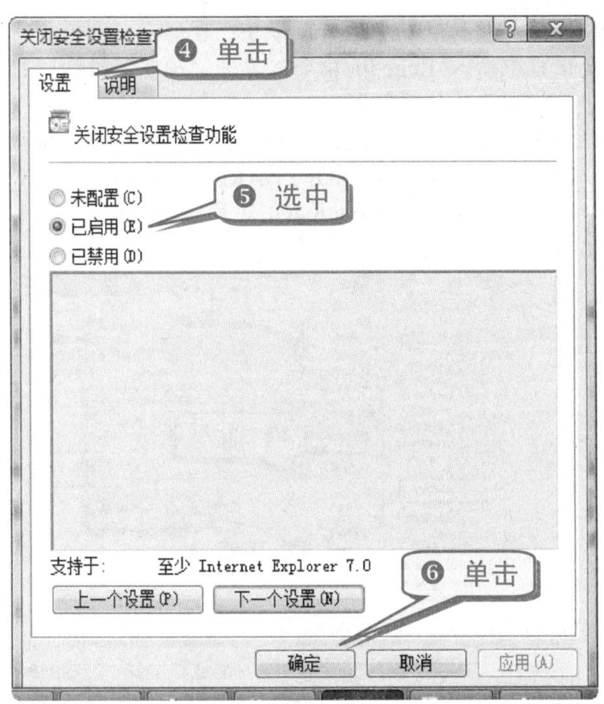

注 意 事 项

在右窗格中有很多的功能可以设置，如果用户不是很熟悉，不能随便更改，以免影响 IE 的安全性和稳定性。

技巧404 快速进行磁盘碎片整理

在长时间存储和删除文件后，需要对硬盘的碎片文件进行合并。

❶ 在打开的“控制面板”窗口中单击“系统和维护”链接，打开“系统和维护”窗口。

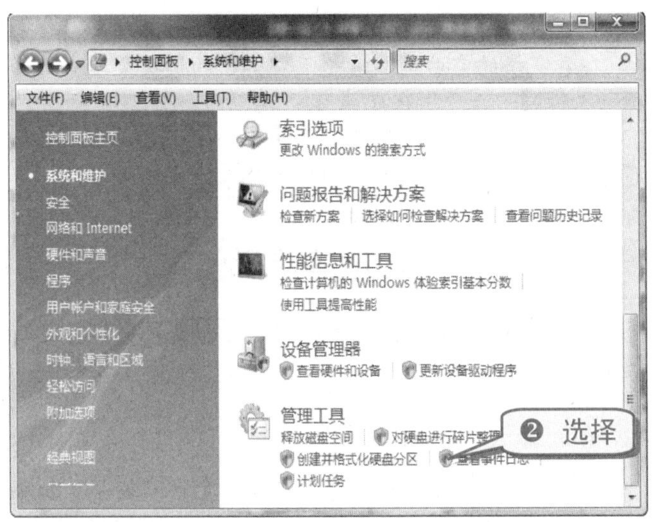

知 识 补 充

单击“修改计划”按钮，可以按计划运行磁盘碎片整理程序，可以设置为“频率”、“哪一天”与“时间”，有计划地对磁盘进行碎片整理。单击“立即进行碎片整理”按钮即开始运行碎片整理程序，完成后单击“确定”按钮即可。

技巧405 学会查看系统事件

通过查看日志可以知道计算机运行过的应用程序、安全提示与硬件事件等，可以有效地检查系统的安全问题和系统提示等。

❶ 选择“开始”→“所有程序”→“附件”→“管理工具”→“事件查看器”命令，打开“事件查看器”窗口。

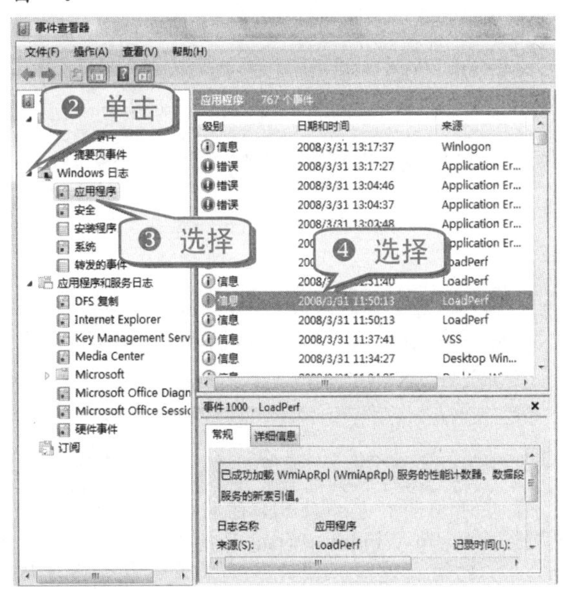

❺ 选择左窗格中的其他命令，相关的日志信息就会在右窗格中显示出来。

技巧406 利用 Ready Boost 加速系统

Ready Boost 的工作原理就是利用 USB 接口的闪存盘，为 Windows Vista 系统建立一个类似虚拟内存的缓冲区，将部分经常读写的数据通过 Ready Boost 转移到闪存盘中运行。由于闪存盘的存取速度远快于硬盘，因此使用闪存盘来处理经常读写的数据时就更显优势。

❶ 将拥有 USB 接口的闪存盘插入计算机的 USB 接口。

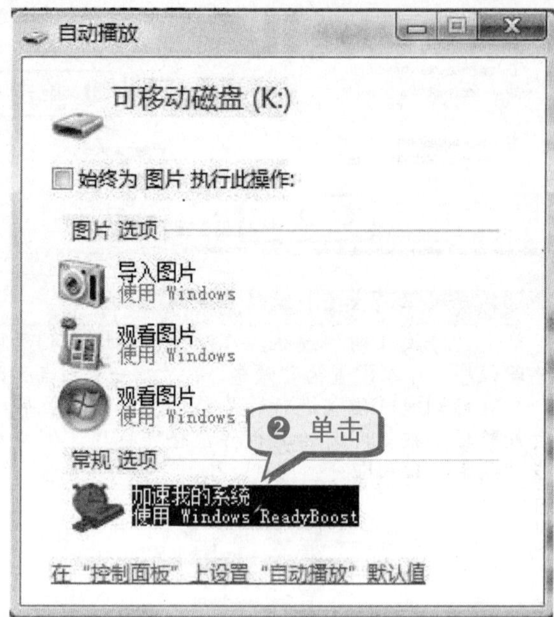

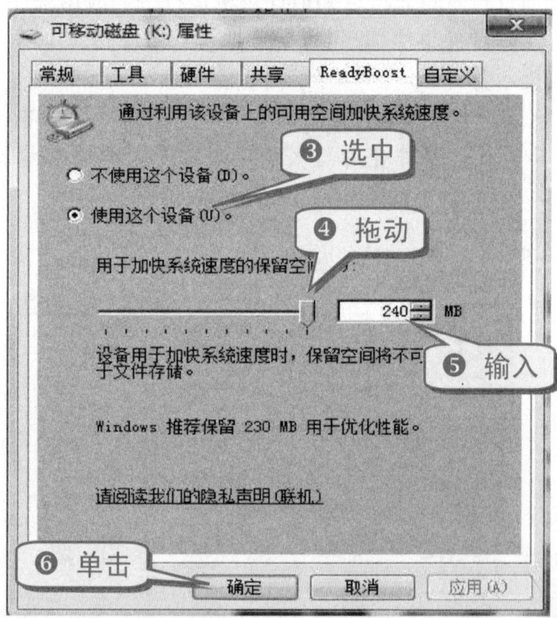

注 意 事 项

某些通用串行总线(USB)存储设备包含慢速闪存和快速闪存，而 Windows Vista 只能使用快速闪存来提高计算机的运行速度。因此，如果设备包含慢速闪存和快速闪存，切记只能使用快速闪存。

技巧407 Windows Vista 开机时自动登录

为 Windows Vista 设置了账户密码后，每次登录系统时都需要输入密码，而对于一些安全性不需要太高的用户来说，开机后自动登录系统则是最方便的。

❶ 选择"开始"→"运行"命令，在弹出的"运行"对话框中输入 Regedit 命令，单击"确定"按钮，打开"注册表编辑器"窗口。

❷ 在打开的"注册表编辑器"左窗格中展开 HKEY_LOCAL_MACHINE\SOFTWARE\Microsoft\Windows NT\CurrentVersion\Winlogon 分支，然后在右窗格中找到 AutoAdminLogon 子键。

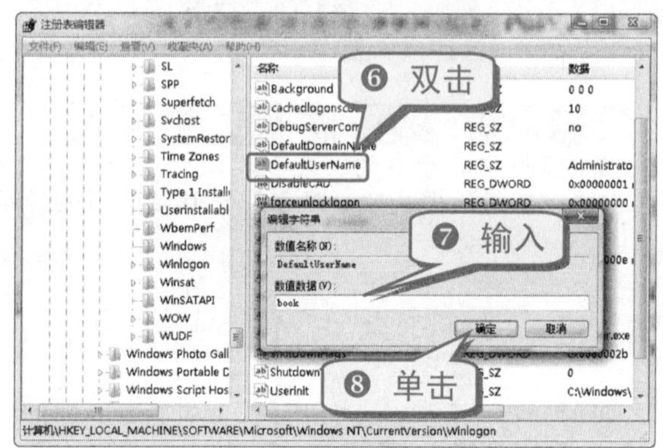

注 意 事 项

在"数值数据"文本框中输入正在使用的登录账户的名称。

❾ 在右窗格的空白区域右击，在弹出的快捷菜单中选择"新建"→"字符串值"命令，将该值命名为 DefaultPassword，双击该子键。

❿ 在"数值数据"文本框中输入登录账户的密码。

技巧408 缩短启动等待时间的两种方法

缩短 Windows Vista 操作系统的启动等待时间主要有以下两种方法。

(1) 修改"高级设置"

在默认情况下，多操作系统环境下全新安装 Windows Vista 后，在启动菜单中会有一个等待用户选择的时间。

❶ 右击桌面上的"计算机"图标，在弹出的快捷菜单中选择"属性"命令，弹出"系统"窗口。

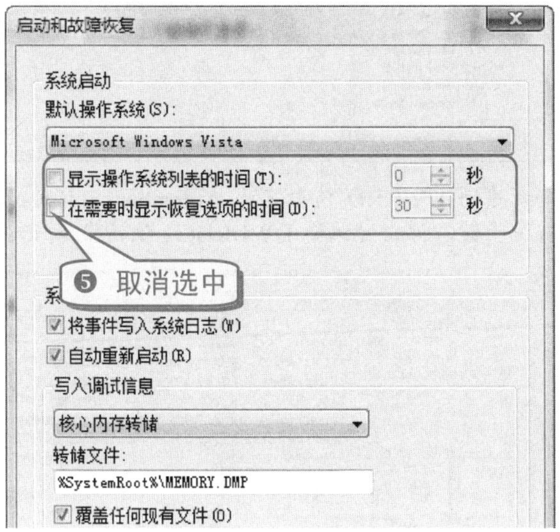

❻ 单击“确定”按钮。

❼ 在返回的“系统属性”对话框中，单击“确定”按钮即可。

(2) 修改注册表

通过修改注册表可以缩短系统的启动等待时间。

❶ 选择“开始”→“运行”命令，在弹出的“运行”对话框中输入 Regedit 命令，单击“确定”按钮，打开“注册表编辑器”窗口。

❷ 在打开的“注册表编辑器”左窗格中展开 HKEY_LOCAL_MACHINE/Syetem/CurrentControlSet/Control/Session Manager 分支，然后在右窗格中找到 BootExcute 子键。

注 意 事 项

更改此项设置需要重新启动计算机才能生效。

技巧409 加速系统的关机速度

缩短关闭前的等待时间，可以加快 Windows Vista 的关机速度。

(1) 缩短关闭前的等待时间

Windows Vista 在关机过程中，系统会先向已加载的服务发出关闭警告，然后等待这些服务自动关闭后给出关闭信号。如果在特定时间期限内没有收到关闭信号，Windows Vista 将对相应的服务实施强行中止关闭。因此要加快 Windows Vista 的关机速度，可以通过缩短系统默认的关闭服务等待时间来实现。

❶ 选择“开始”→“运行”命令，在弹出的“运行”对话框中输入 Regedit 命令，单击“确定”按钮，打开“注册表编辑器”窗口。

❷ 在打开的“注册表编辑器”左窗格中展开 HKEY_LOCAL_MACHINE\System\Current ControlSet\Control 分支，然后在右窗格中找到 WaitToKillServiceTimeout 子键。

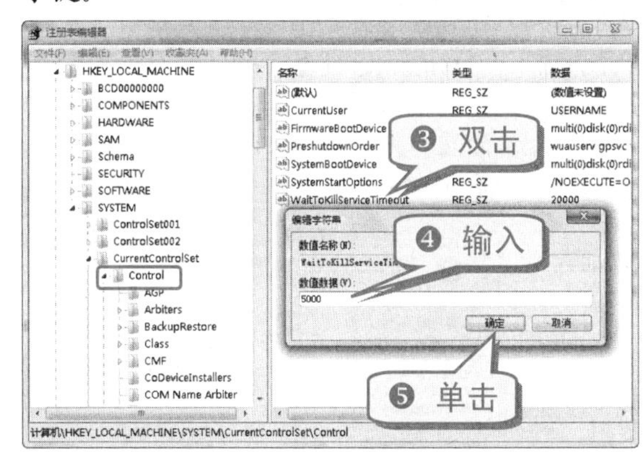

(2) 缩短关闭应用程序与进程前的等待时间

Windows Vista 在强行关闭应用程序与进程前有一段等待该程序或进程自行关闭的时间，只有超过该时限后，Windows 系统才会将其强行中止。

因此，缩短默认关闭应用程序或进程的等待时间，能够加快 Windows Vista 的关机速度。

❶ 选择“开始”→“运行”命令，在弹出的“运行”对话框中输入 Regedit 命令，单击“确定”按钮，打开“注册表编辑器”窗口。

❷ 在打开的“注册表编辑器”左窗格中展开 HKEY_CURRENT_USER\Control Panel\Desktop 分支，然后在右窗格中找到 WaitToKillAppTimeout 子键。

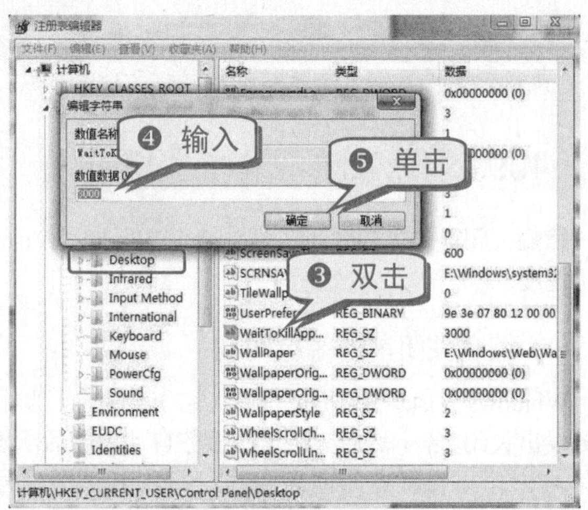

技巧410 去除虚拟内存页面文件

在 Windows Vista 系统关机时，清空虚拟内存页面文件能够有效地节省虚拟内存空间，从而加快下一次启动应用程序运行的速度。

❶ 选择“开始”→“运行”命令，在弹出的“运行”对话框中输入 gpedit.msc 命令，单击“确定”按钮，打开“组策略对象编辑器”窗口。

❷ 在打开的“组策略对象编辑器”左窗格中展开“计算机配置”→“Windows 设置”→“安全设置”→“本地策略”→“安全选项”分支，然后在右窗格中找到“关机：清除虚拟内存页面文件”选项。

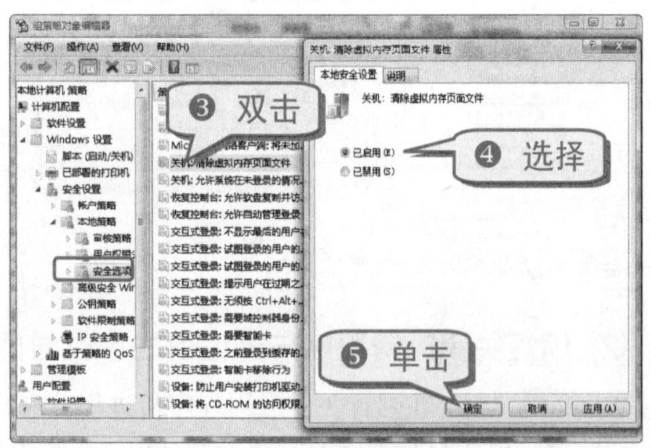

技巧411 让Windows Vista特效更加绚丽

安装 Windows Vista 系统的用户对系统的特效非常青睐，如果希望加强 Aero 特效或 Windows Flip3D 特效，可通过修改注册表来达到此目的。

❶ 选择“开始”→“运行”命令，在弹出的“运行”对话框中输入 Regedit 命令，单击“确定”按钮，打开“注册表编辑器”窗口。

❷ 在打开的“注册表编辑器”左窗格中展开 HKEY_CURRENT_USER\Software\microsoft\Windows\DWM 分支，然后在右窗格的空白区域右击。

❺ 将新建的 DWORD 值命名为 AnimationsShiftKey，双击该子键，弹出“编辑 DWORD(32 位)值”对话框。

技巧412 优化系统的下载速度

Windows Vista 有一项名为 Auto Tuning 的新特性，该功能能够根据网络的应用情况自动调整和优化网络传输速率。但在实际应用中，Auto Tuning 有时候并不能达到预期的效果，还容易造成系统故障，因此可以将其关闭。

❶ 选择“开始”→“运行”命令，在弹出的“运行”对话框中输入 cmd 命令，单击“确定”按钮，打开“管理员：命令提示符”窗口。

❷ 在打开的“管理员：命令提示符”窗口中输入 netsh int tcp set global autotuninglevel=disable 命令，按 Enter 键。

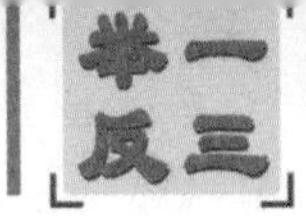

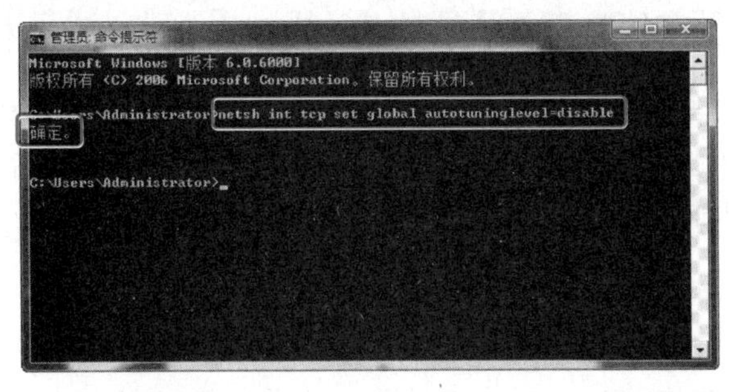

注　意　事　项

当在“管理员：命令提示符”窗口中看到“确定”字样后重新启动计算机即可。

技巧413　快速实现系统磁盘瘦身

有些文件会使系统磁盘快速膨胀，但是却不能删除，且属性是隐藏的。例如，变量名为TEMP的变量。

❶ 右击桌面上的“计算机”图标，在弹出的快捷菜单中选择“属性”命令，打开“系统属性”窗口。

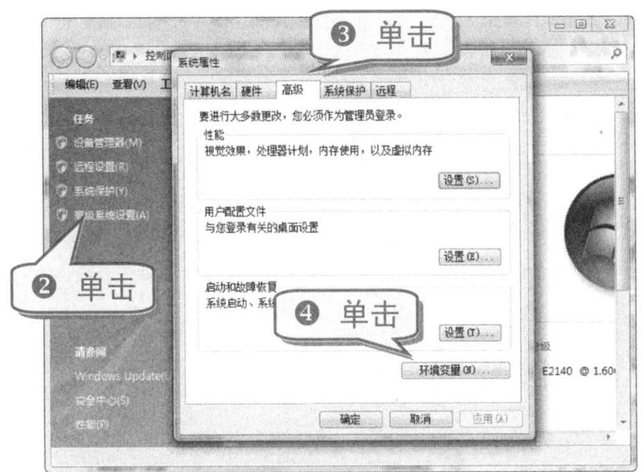

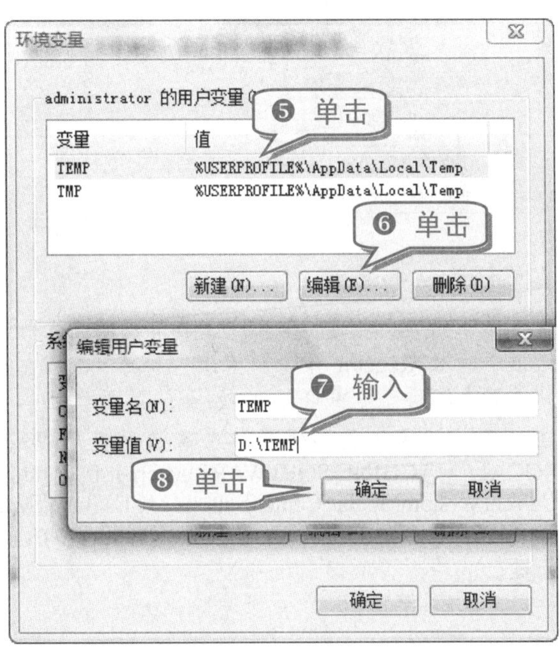

❾ 在返回的“环境变量”对话框中，选择变量TMP选项，单击“编辑”按钮。在“编辑用户变量”对话框的“变量值”文本框中输入“D:\TMP”，单击“确定”按钮。

❿ 在返回的“环境变量”对话框中，单击“确定”按钮。返回“系统属性”对话框，单击“确定”按钮即可。

技巧414　减少磁盘扫描的等待时间

当系统非正常关机后重新启动计算机，系统会自行检测，并有一个等待用户选择的时间。

❶ 选择“开始”→“运行”命令，在弹出的“运行”对话框中输入chkntfs /t:0命令。

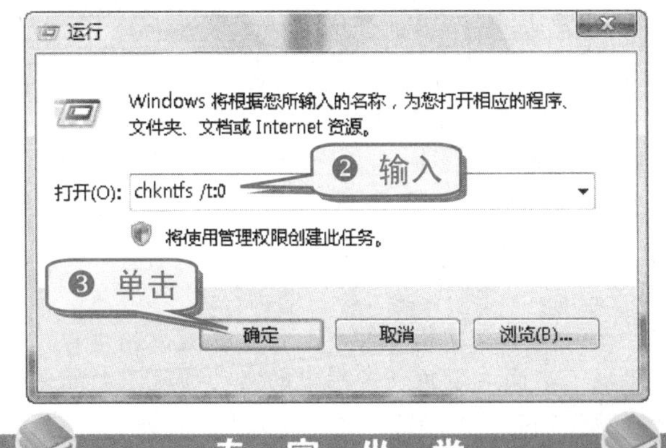

专　家　坐　堂

其中参数t后面的数字是以秒为单位的。

技巧415　减少开机滚动条的滚动时间

每次启动Windows Vista时，滚动条都要滚动好多次。通过修改注册表中的设置，可以减少滚动时间，加快系统的启动速度。

❶ 选择“开始”→“运行”命令，在弹出的“运行”对话框中输入Regedit命令，单击“确定”按钮，打开“注册表编辑器”窗口。

❷ 在打开的“注册表编辑器”左窗格中展开HKEY_LOCAL_MACHINE\SYSTEM\CurrentControlSet\Control\SessionManager\MemoryManagement\PrefetchParameters分支，然后在右窗格中找到EnablePrefetcher子键。

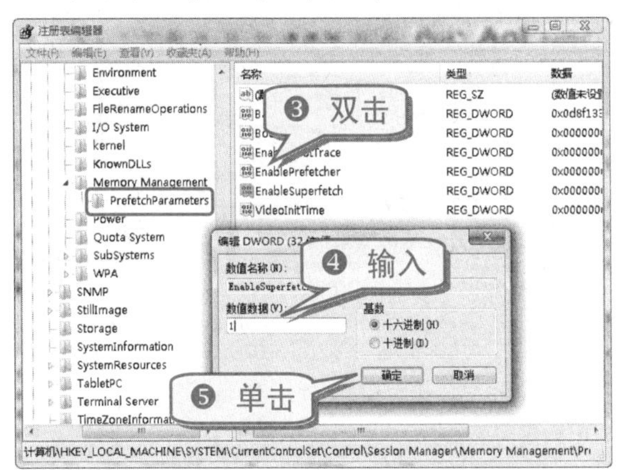

技巧416 优化系统启动项目

当 Windows Vista 系统启动时，系统会启动一些服务及程序。如果这些启动项目过多的话，则会影响系统的启动速度，这就需要对启动项目进行管理。

❶ 选择“开始”→“运行”命令，在弹出的“运行”对话框中输入 msconfig 命令，弹出“系统配置”对话框。

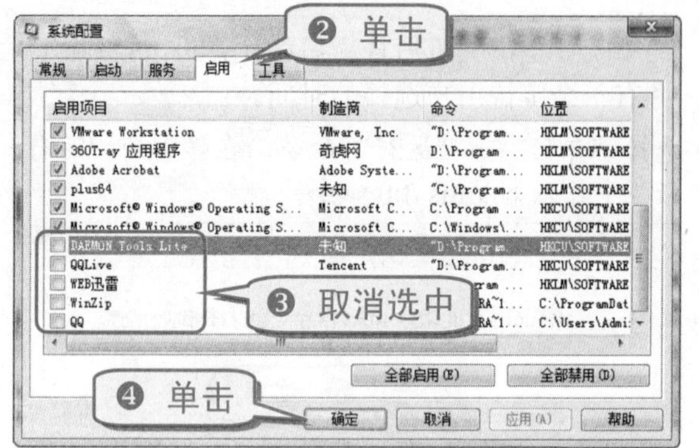

知 识 补 充

在“系统配置”对话框中，只要取消相应程序的复选框，桌面右下角任务栏中的启动项就不会随着计算机的开机一起启动了。

技巧417 加快窗口的弹出速度

Windows Vista 系统在打开窗口时使用了动画效果，会影响打开窗口的速度。因此对内存较小的用户来说，关闭动画效果是很不错的选择。

❶ 选择“开始”→“运行”命令，在弹出的“运行”对话框中输入 Regedit 命令，单击“确定”按钮，打开“注册表编辑器”窗口。

❷ 在打开的“注册表编辑器”左窗格中展开 HKEY_CURRENT_USER\ControlPanel\Desktop\WindowMetrics 分支。

❸ 在右窗格中找到 MinAniMate 子键，双击该子键。

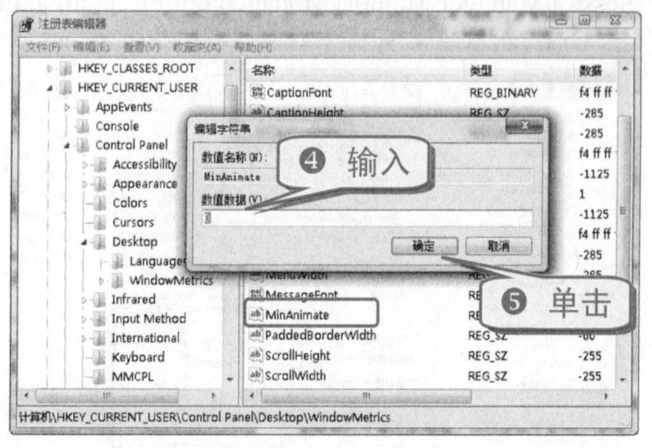

技巧418 巧妙保留媒体中心的控制面板

在 Windows Vista 的高级版本中内置有 MCE——“媒体中心”功能，以方便用户播放多媒体文件。但是为了美化版面，MCE 的操作面板会在打开后自动消失。

(1) 修改注册表中的 TBP 选项

❶ 选择“开始”→“运行”命令，在弹出的“运行”对话框中输入 Regedit 命令，单击“确定”按钮，打开“注册表编辑器”窗口。

❷ 在打开的“注册表编辑器”左窗格中展开 HKEY_CURRENT_USER\Software\Microsoft\Windows\CurrentVersion\Media Center 分支，然后在右窗格空白区域右击。

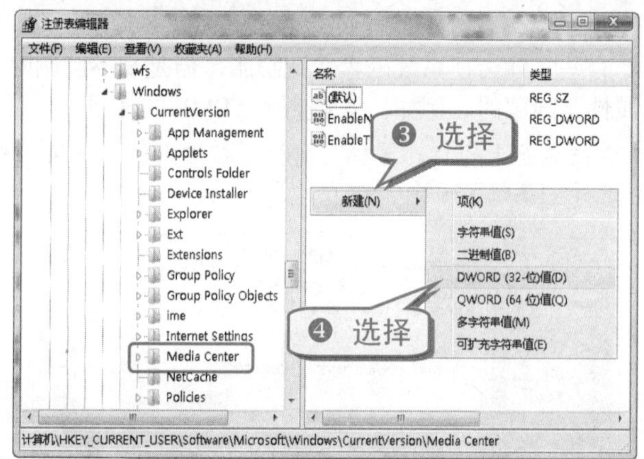

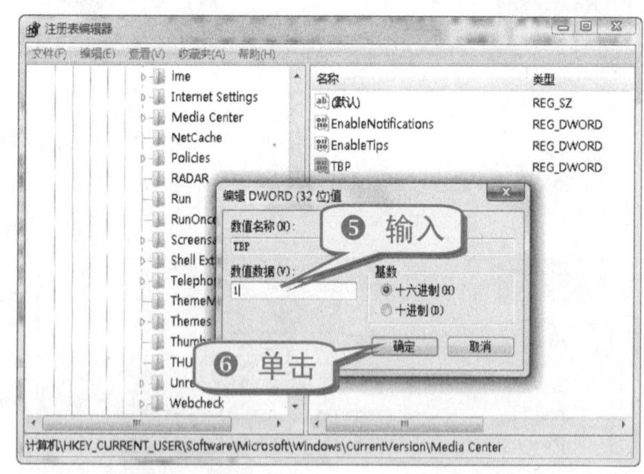

(2) 修改注册表

❶ 选择“开始”→“运行”命令，在弹出的“运行”对话框中输入 Regedit 命令，单击“确定”按钮，打开“注册表编辑器”窗口。

❷ 在打开的“注册表编辑器”左窗格中展开 HKEY_LOCAL_MACHINE\SOFTWARE\Microsoft\Windows\CurrentVersion\Media Center\Settngs\MCE.GlobalSettings 分支，然后在右窗格中找到 bindNavHintsToToolbars 子键。

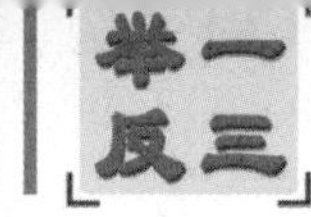

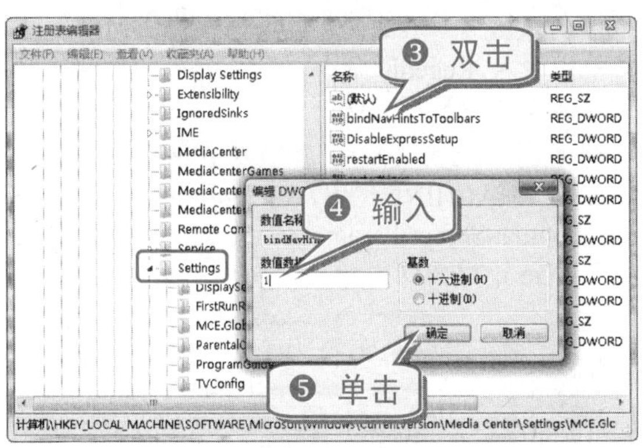

技巧419 隐藏登录时的欢迎界面

Windows Vista 系统在用户登录时有欢迎界面，虽然很美观，但是延迟了登录系统的时间，通过组策略可以将其去除。

❶ 选择“开始”→“运行”命令，在弹出的“运行”对话框中输入 gpedit.msc 命令，单击“确定”按钮，打开“组策略对象编辑器”窗口。

❷ 在打开的“组策略对象编辑器”左窗格中展开“用户配置”→“管理模板”→“系统”分支。

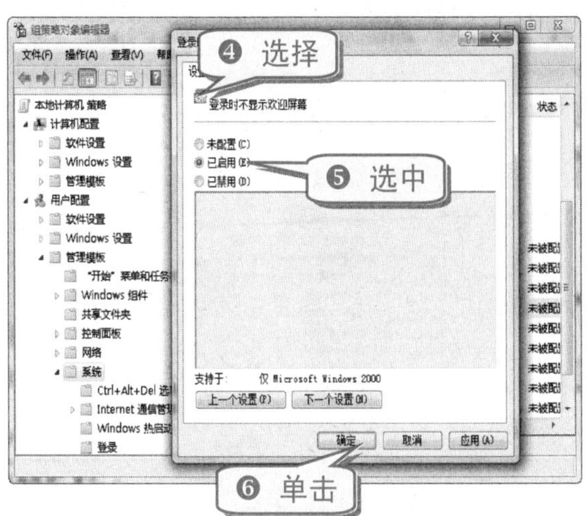

技巧420 加快子菜单的显示速度

在 Windows Vista 系统的默认情况下，当光标指向“开始”菜单时，会有一定时间的延迟。通过修改注册表中的设置可对其进行调整。

❶ 选择“开始”→“运行”命令，在弹出的“运行”对话框中输入 Regedit 命令，单击“确定”按钮，打开“注册表编辑器”窗口。

❷ 在打开的“注册表编辑器”左窗格中展开 HKEY_CURRENT_USER\Control Panel\Desktop 分支，然后在右窗格中找到 MenuShowDelay 子键。

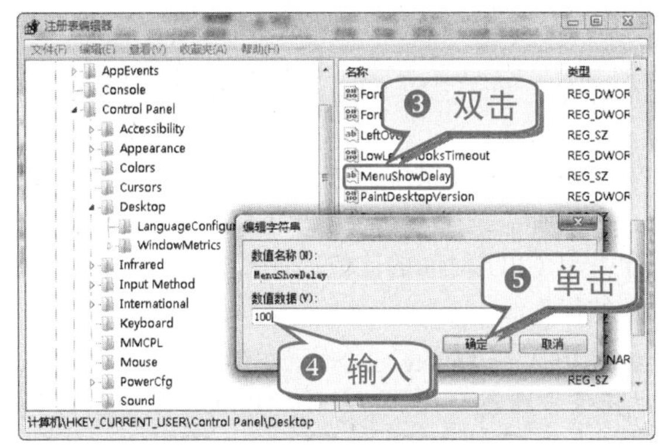

技巧421 优化账户管理

为了防止其他用户利用漏洞登录本地计算机，可以在“组策略对象编辑器”窗口中设置管理系统账户来禁止使用来宾账户。

❶ 选择“开始”→“运行”命令，在弹出的“运行”对话框中输入 gpedit.msc 命令，单击“确定”按钮，打开“组策略对象编辑器”窗口。

❷ 在打开的“组策略对象编辑器”左窗格中展开“计算机配置”→“Windows 设置”→“安全设置”→“本地策略”→“安全选项”分支，然后在右窗格中找到“来宾帐户状态”选项。

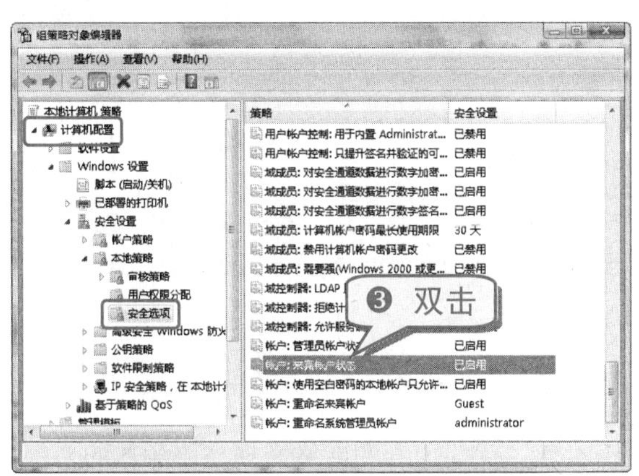

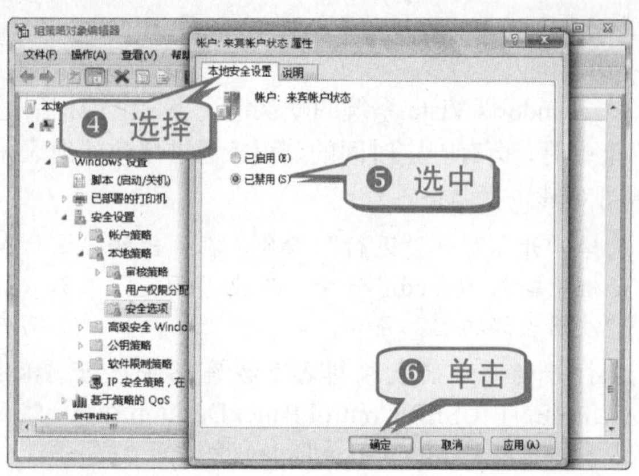

技巧422 自定义分配CPU占用时间

Windows Vista系统为每一个正在运行的程序和进程都定义了优先级，优先级的高低决定了一个程序相对于其他程序占用CPU时间的比值。大多数的程序和进程都属于标准的优先级。

❶ 按Ctrl+Alt+Delete组合键，在弹出的界面中单击“启动任务管理器”按钮，打开“Windows任务管理器”窗口。

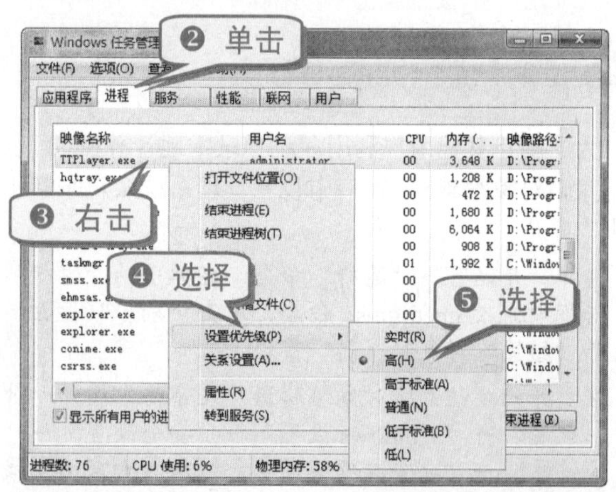

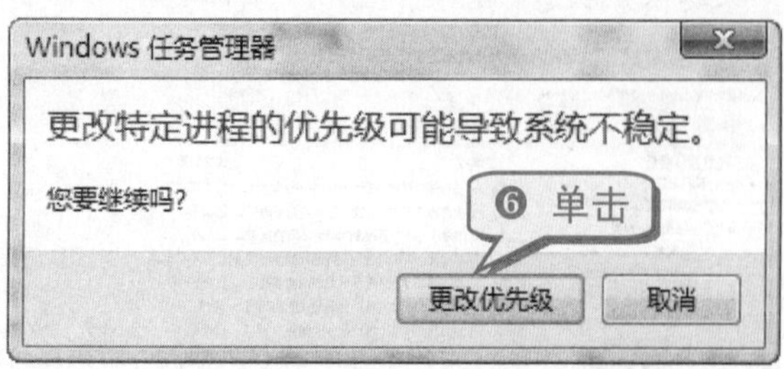

技巧423 优化服务器的系统服务性能

可以通过优化内存和网络来提高服务器的系统服务性能。

❶ 选择“开始”→“运行”命令，在弹出的“运行”对话框中输入Regedit命令，单击“确定”按钮，打开“注册表编辑器”窗口。

❷ 在打开的“注册表编辑器”左窗格中展开HKEY_LOCAL_MACHINE\SYSTEM\CurrentControlSet\Services\LanmanServer\Parameters分支，然后在右窗格中找到Size子键并双击。

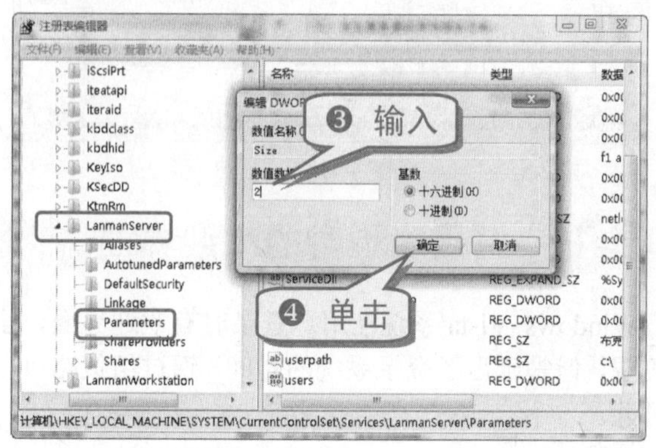

专 家 坐 堂

在“数值数据”的文本框中输入“1”表示优化内存，输入“2”表示优化部分内存和网络，输入“3”表示优化网络。

技巧424 设置ARP缓存的老化时间

地址解析协议(Address Resolution Protocol)可以把MAC解析成IP，设置ARP缓存的老化时间，能够防止ARP被欺骗。

❶ 选择“开始”→“运行”命令，在弹出的“运行”对话框中输入Regedit命令，单击“确定”按钮，打开“注册表编辑器”窗口。

❷ 在打开的“注册表编辑器”左窗格中展开HKEY_LOCAL_MACHINE\SYSTEM\CurrentControlSet\Services\Tcpip\Parameters分支，然后在右窗格的空白区域右击。

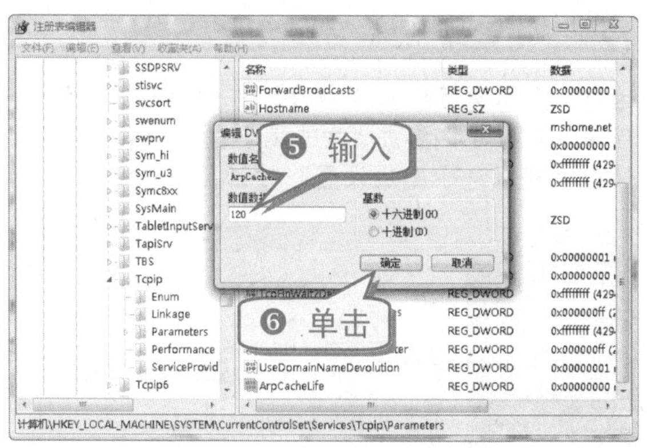

技巧425　妙用超级兔子优化系统

使用超级兔子清理王可以轻松实现自动优化系统，既省时又省力。

❶ 运行“超级兔子”应用程序，弹出“超级兔子”程序主窗口。

❸ 在弹出的“超级兔子清理王 2008.04 个人版”对话框中，单击左窗格列表中的“优化系统及软件”超链接。

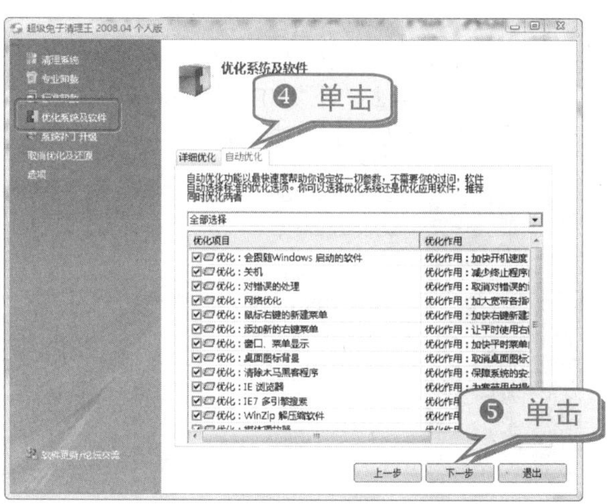

❻ 系统优化完成后单击“完成”按钮即可。

技巧426　妙用超级兔子卸载软件

超级兔子清理王的卸载包括专业卸载、标准卸载以及智能卸载三种卸载方式。

- 专业卸载方式可以自行卸载不需要的软件及其注册表文件。
- 标准卸载采用软件自带的卸载程序来安全地卸载不需要的软件。
- 智能卸载可以删除以前无法删除的软件，让顽固的软件快速消失。

例如，采用专业卸载方法来卸载不需要的软件。

❶ 运行“超级兔子”应用程序，在弹出“超级兔子”程序主窗口中，单击“清除垃圾、卸载软件”超链接，弹出“超级兔子清理王”对话框。

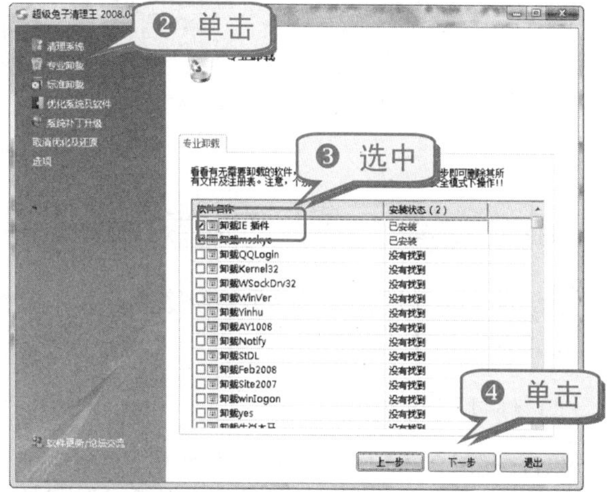

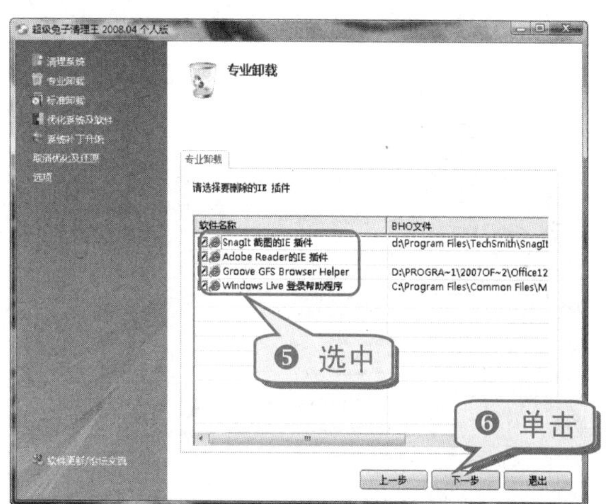

❼ 完成卸载后，单击“完成”按钮即可。

技巧427　妙用超级兔子下载和安装升级补丁程序

Windows Vista 系统自带有下载升级补丁的功能，但是如果使用超级兔子的升级天使，可以让系统的升级更加透明化。

❶ 运行“超级兔子”应用程序，在弹出“超级兔子”程序主窗口中，单击“最快地下载安装补丁”超链接，弹出“超级兔子升级天使”对话框。

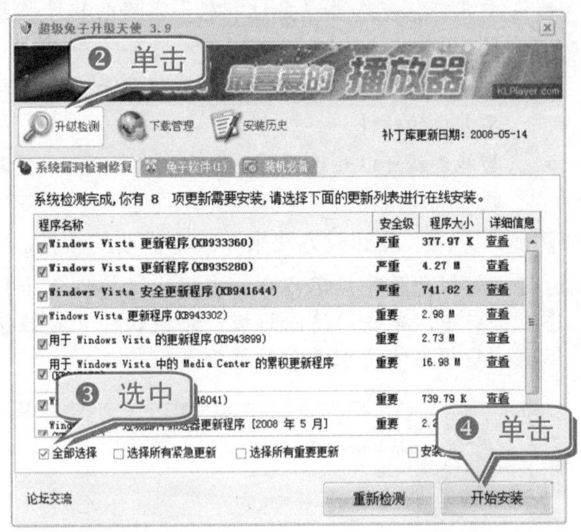

技巧428 妙用超级兔子向导设置

超级兔子向导设置可以提供系统隐藏参数，调整系统，使其更适合用户的需求。

(1) 快速管理启动项

❶ 运行“超级兔子”应用程序，在弹出“超级兔子”程序主窗口中，单击“打造属于自己的系统”超链接，弹出“超级兔子魔法设置”对话框。

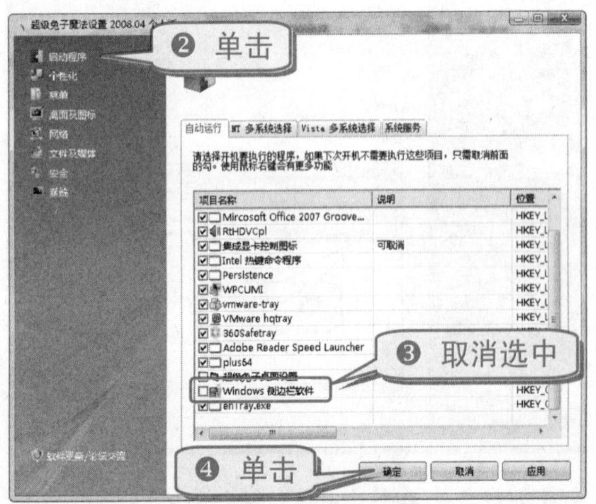

知 识 补 充

在“自动运行”选项卡的列表框中，取消选中应用程序的复选框，这样在启动系统时，这些应用程序就不会随着系统一起启动了，从而可加快系统的启动速度。

(2) 优化系统选项

❶ 运行“超级兔子”应用程序，在弹出的“超级兔子”程序主窗口中，单击“打造属于自己的系统”超链接，弹出“超级兔子魔法设置”对话框。

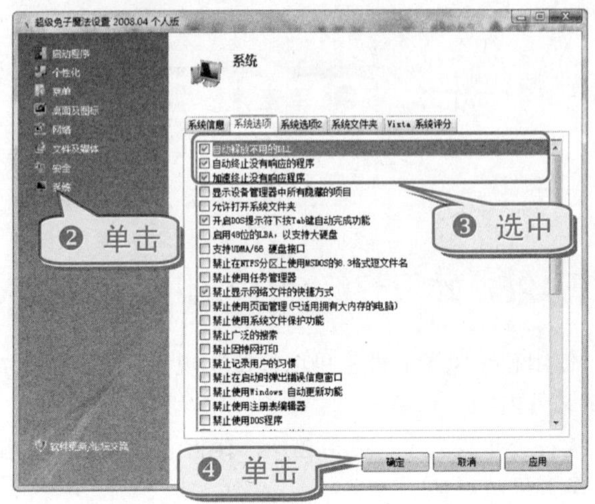

知 识 补 充

在“系统选项”选项卡的列表框中，选中需要开启的功能项的复选框，单击“确定”按钮即可。

举 一 反 三

在“超级兔子魔法设置”对话框中，还可以对系统的个性化、菜单、桌面及图标、网络、文件及媒体和安全进行优化设置。这些设置来说相对比较简单，用户可以根据需要进行设置。

技巧429 妙用超级兔子一键修复 IE

使用超级兔子的一键修复 IE 功能，可以帮助用户快速修复出错的 IE，并检测 IE 是否被加载了恶意插件和木马等。

❶ 运行“超级兔子”应用程序，在弹出“超级兔子”程序主窗口中，单击“修复 IE、检测木马”超链接，弹出“超级 IE 修复专家”对话框。

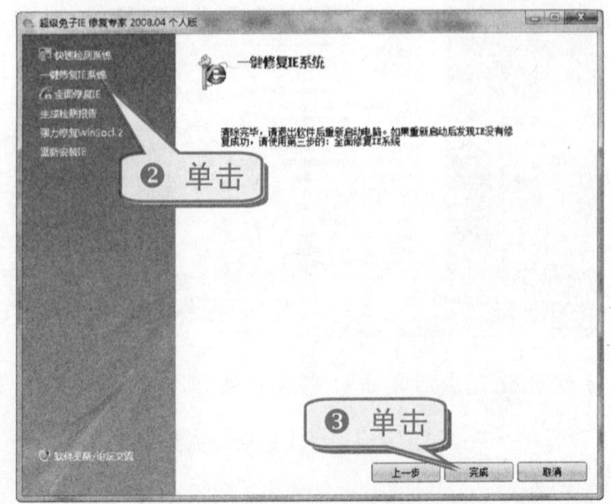

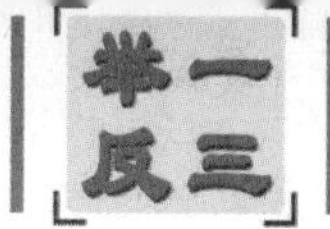

技巧430　全面修复受损的 IE

全面修复 IE，能够识别很多恶意网站的病毒，并给予清除。

❶ 运行“超级兔子”应用程序，在弹出“超级兔子”程序主窗口中，单击“修复 IE、检测木马”超链接，弹出“超级 IE 修复专家”对话框。

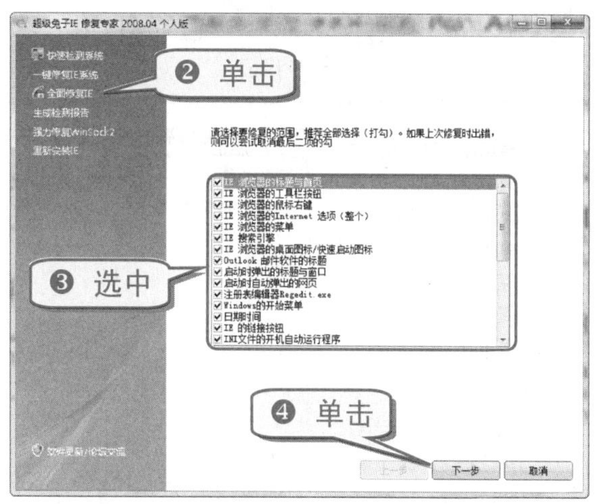

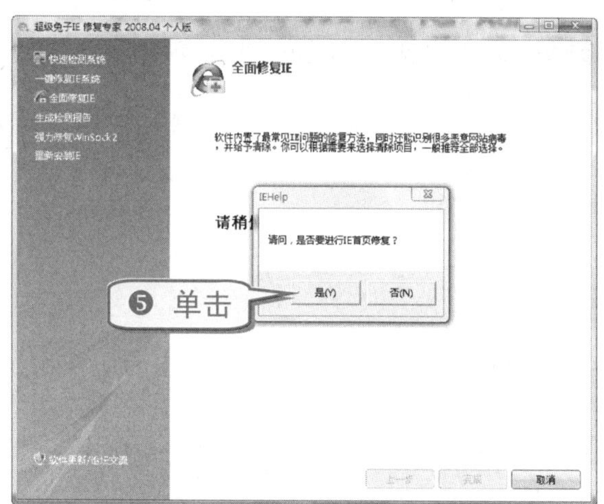

❻ 修复完成后，单击“完成”按钮即可。

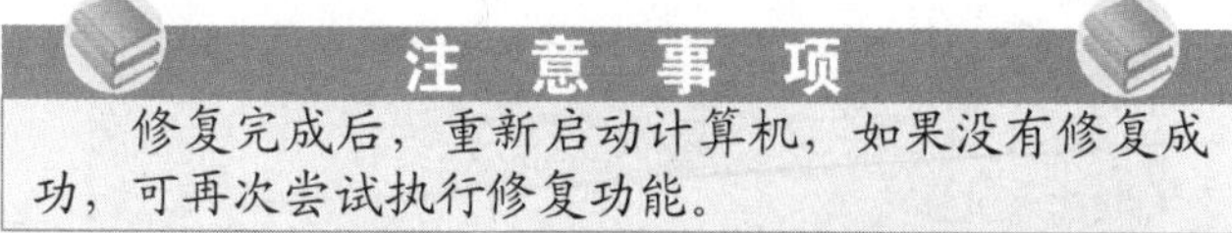

注　意　事　项

修复完成后，重新启动计算机，如果没有修复成功，可再次尝试执行修复功能。

技巧431　妙用超级兔子的老板键隐藏 IE

使用超级兔子上网精灵可以快速实现隐藏 IE 的功能。

❶ 运行“超级兔子”应用程序，在弹出的“超级兔子”程序主窗口中，单击“保护 IE、清除 IE 广告”超链接，弹出“超级兔子上网精灵”对话框。

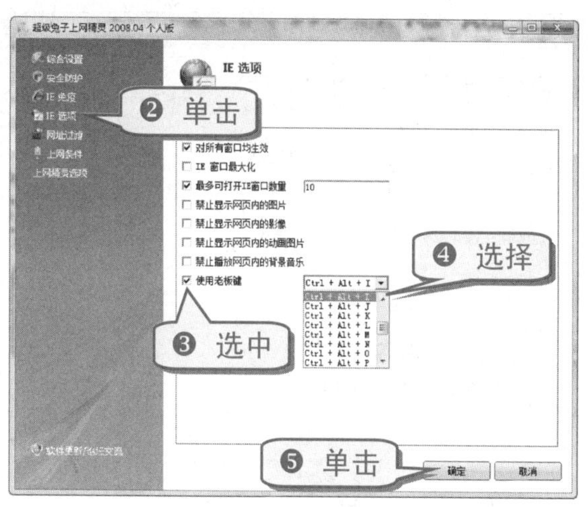

技巧432　妙用超级兔子整理内存

使用超级兔子内存整理功能，可以为应用软件提供更多的物理内存，提高系统的运行效率。

❶ 运行“超级兔子”应用程序，弹出“超级兔子”程序主窗口。

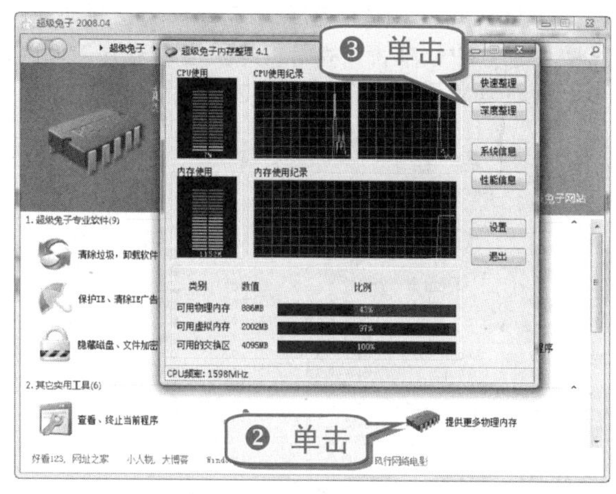

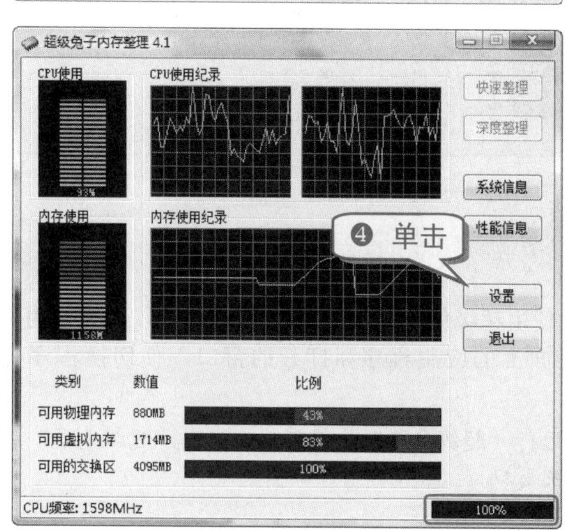

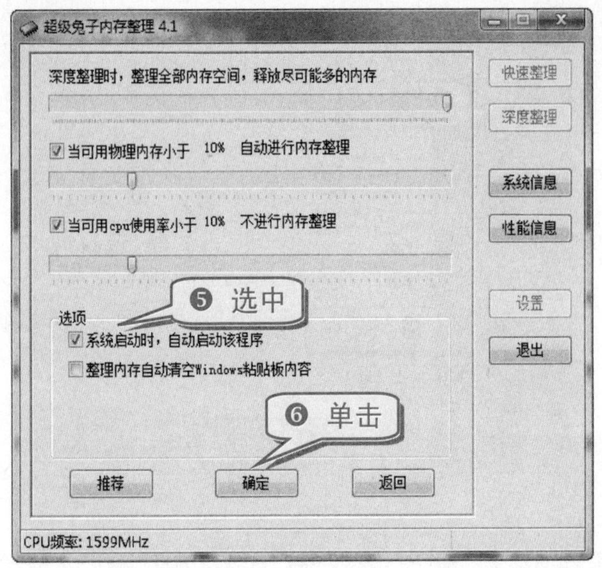

技巧433 妙用超级兔子的任务管理器

超级兔子提供了比系统自带功能更强大的任务管理器，可以管理窗口、进程、模块和端口。

❶ 运行“超级兔子”应用程序，在弹出的“超级兔子”程序主窗口中，单击“查看、终止当前程序”超链接，弹出“超级兔子任务管理器 V2.8”对话框。

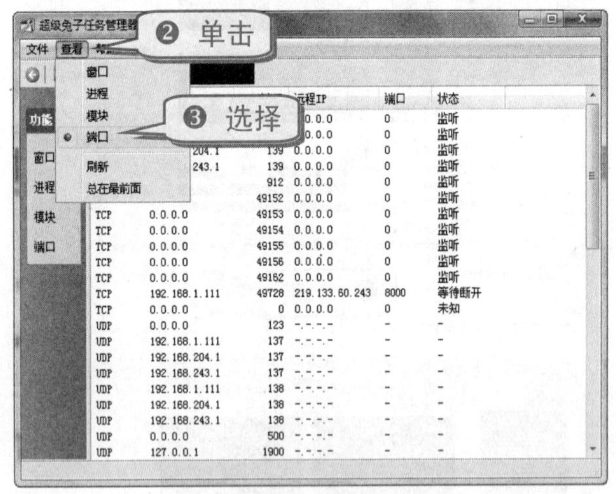

技巧434 巧妙建立多个虚拟桌面

使用超级兔子可以建立多个虚拟桌面，以方便用户管理桌面上的应用程序和打开的窗口，使切换程序更加轻松。

❶ 运行“超级兔子”应用程序，弹出“超级兔子”程序主窗口。

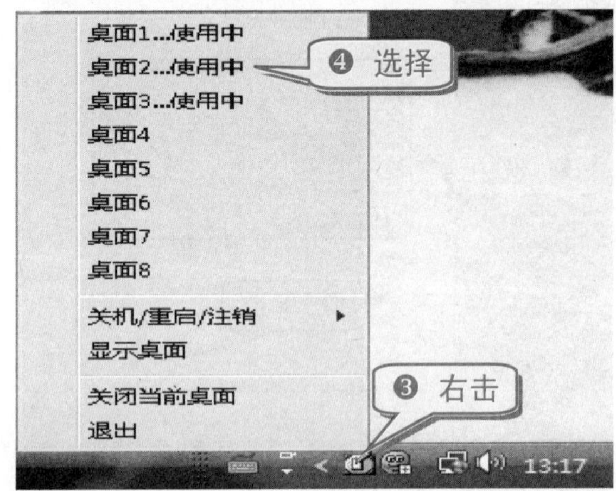

专家坐堂

单击桌面右下角任务栏中的图标，可以切换到不同的虚拟桌面。

技巧435 妙用超级兔子实现关机自动化

超级兔子提供了快速关机和定时关机的功能，用户可以根据需要来设置。

❶ 运行“超级兔子”应用程序，弹出“超级兔子”程序主窗口。

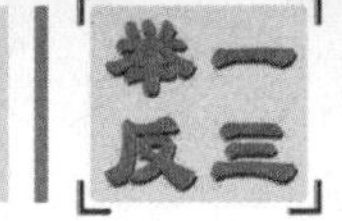

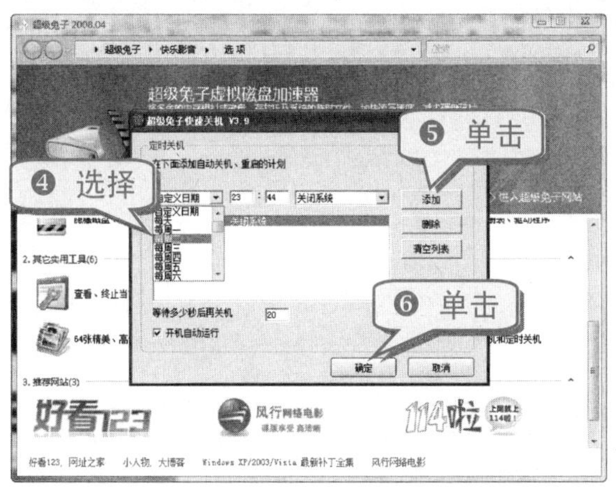

技巧436　妙用超级兔子检测计算机性能

超级兔子的系统检测功能，能够使用户清楚地知道自己计算机性能的好坏程度。

例如，对计算机的 CPU 速度进行测试。

❶ 运行“超级兔子”应用程序，在弹出的“超级兔子”程序主窗口中，单击“查看硬件、测试计算机速度”超链接，弹出“超级兔子系统检测 V5.5 个人版”对话框。

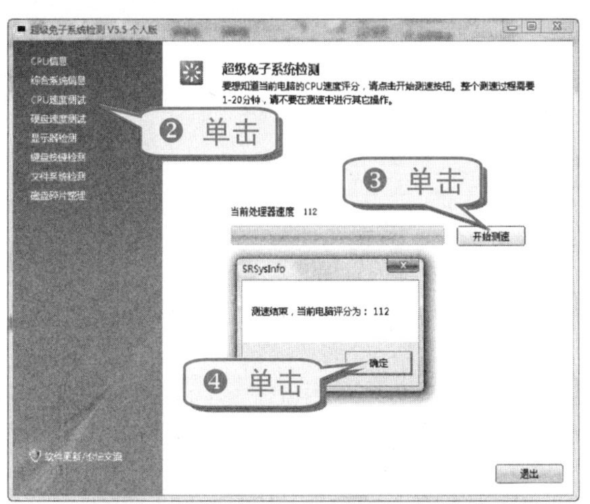

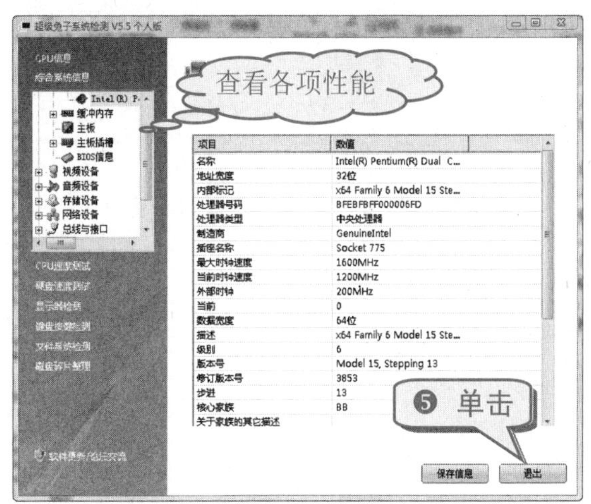

专　家　坐　堂

在左窗格的列表框中，用户可以选择“磁盘碎片整理”、“文件系统检测”、“键盘按键检测”以及“硬盘速度检测”等选项进行查看，能够了解自己计算机的整体性能。

专题十三　系统安全与防护技巧

Windows Vista 操作系统的安全性虽然比较高，但是未必绝对安全，因此保护计算机中的数据资料尤为重要。用户需要及时地扫描和更新系统以及安装杀毒软件。

- 系统账户管理
- 快速清除流氓软件
- 防止 Ping 连接
- 如何禁止各项功能
- 360 安全卫士配置
- 瑞星个人防火墙

技巧437　使用密码登录系统

在默认状态下，Windows Vista 系统并没有设置系统登录密码，这样其他用户就可以趁主人不在时偷偷使用该计算机了，这会给 Windows Vista 系统带来很大的安全使用隐患。因此设置系统登录密码是使用计算机安全防护的第一步。

❶ 选择"开始"→"控制面板"命令，打开"控制面板"窗口。

技巧438 拒绝陌生人登录系统

在 Windows Vista 系统下，可以限制账户的登录次数。当其他用户输入密码错误达到事先设定的次数后，账户将会被自动锁定 30 分钟，在锁定的时间内拒绝任何用户登录。

❶ 选择“开始”→“运行”命令，在弹出的“运行”对话框中输入 gpedit.msc 命令，单击“确定”按钮，打开“组策略对象编辑器”窗口。

❷ 在打开的“组策略对象编辑器”左窗格中依次展开“计算机配置”→“Windows 设置”→“安全设置”→“帐户策略”→“帐户锁定策略”分支，然后在右窗格中找到“帐户锁定阈值”选项。

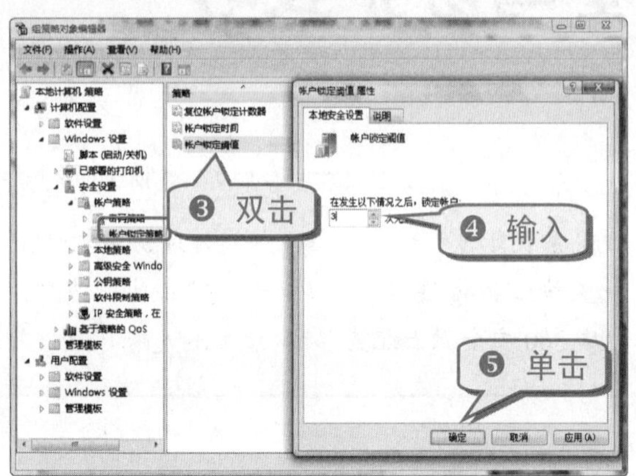

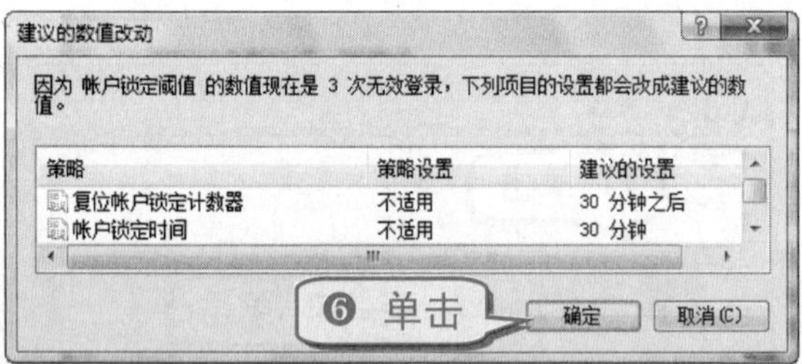

注 意 事 项

以上的设置意味着，在账户密码输入错误超过 3 次后，该账户就会被锁定 30 分钟，只有在 30 分钟后，这个用户才会被系统解锁。不熟练的用户最好慎用这一设置，以免输入次数超过限制，系统将自己拒绝在门外。

技巧439 拒绝非授权账户

为了保护系统和用户的安全，必须明确每个账户的使用权限，这样才能有效防止用户在登录系统后进行胡乱修改等操作。

在 Windows XP 系统下，使用 Windows Key 软件可以破解并修改 Administrator 账户密码。这个问题在 Windows Vista 系统下也存在，所以必须关闭 Administrator 账户以确保系统的安全。

❶ 选择“开始”→“所有程序”→“计算机管理”命令，打开“计算机管理”窗口。

❷ 在打开的“计算机管理”左窗格中展开“系统工具”→“本地用户和组”→“用户”命令，打开“计算机管理”窗口。

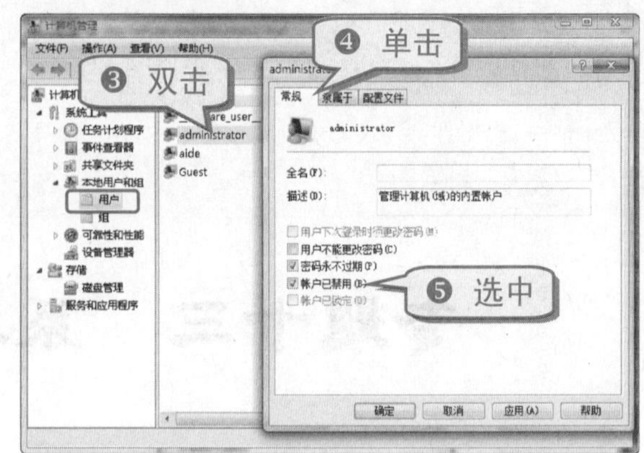

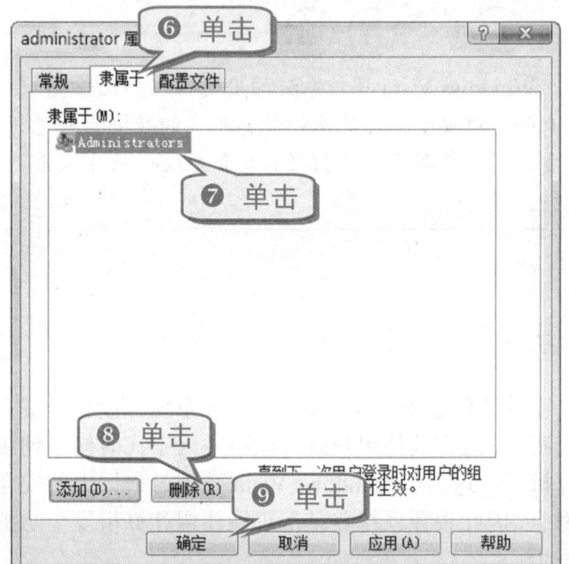

注 意 事 项

在执行删除 Administrator 操作时，需要以非管理员身份登录系统。

专 家 坐 堂

用同样的方法将 Guest 账户禁用并删除，这样才能有效地提高系统的安全。

技巧440 采用交互式登录系统

启用交互式登录功能后，当用户在登录系统时，需要在登录界面按下 Ctrl+Alt+Delete 组合键，以确保输入密码时通过信任的路径进行通信。

❶ 选择“开始”→“运行”命令，在弹出的“运行”对话框中输入 gpedit.msc 命令，单击“确定”按钮，打开“组策略对象编辑器”窗口。

❷ 在打开的“组策略对象编辑器”左窗格中展开“计算机配置”→“Windows 设置”→“安全设置”→“本地策略”→“安全选项”分支，然后在右窗格中找到“交互式登录：Ctrl+Alt+Del”选项。

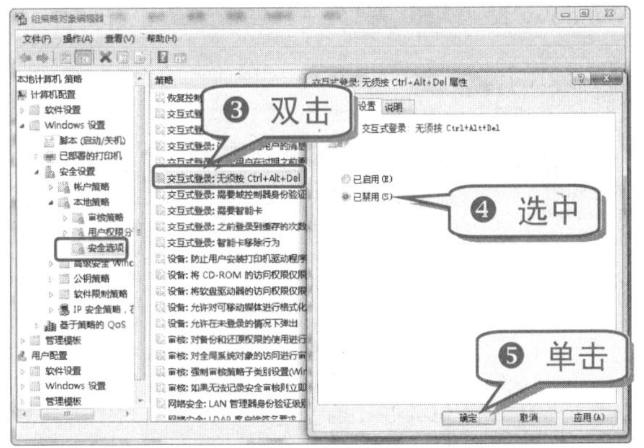

❻ 用户在下次启动计算机时，只有按下 Ctrl+Alt+Delete 组合键，才能进入登录界面。

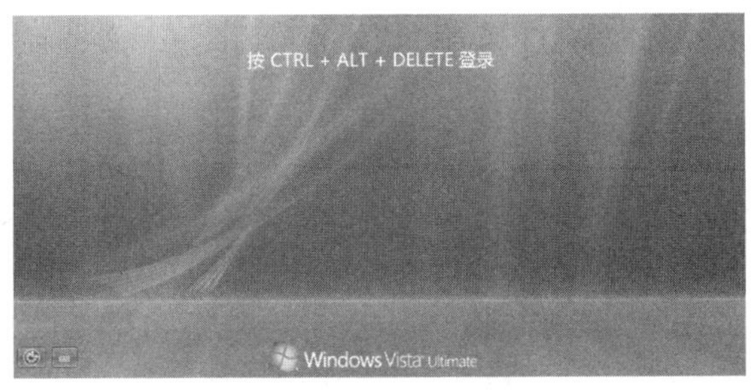

技巧441　快速清除流氓软件

Windows Vista 系统提供了一种名为 Windows Defender 的功能，通过它不仅能找出隐藏在 Vista 工作站系统中的所有流氓软件，还能直接将其清除。

❶ 选择“开始”→“所有程序”→Windows Defender 命令，弹出 Windows Defender 对话框。

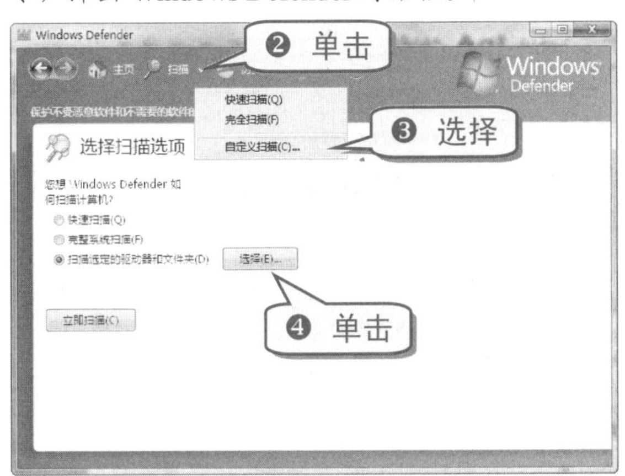

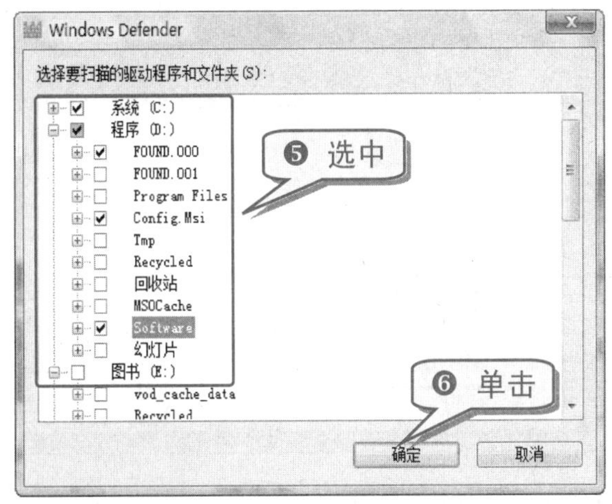

❼ 在返回的“选中扫描项”界面中，单击“立即扫描”按钮。

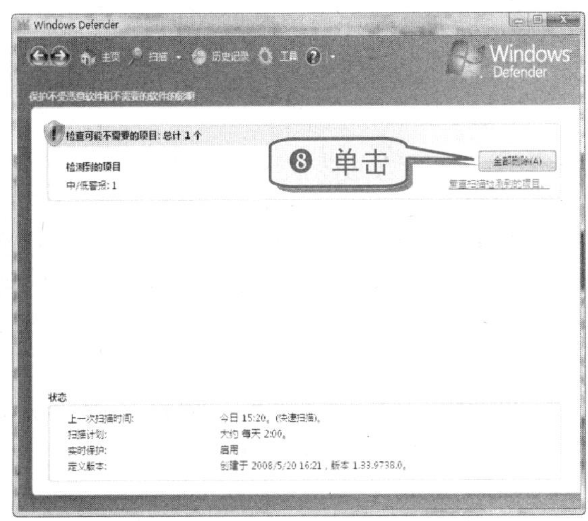

技巧442　配置 Windows Defender 参数

为了让 Windows Defender 的扫描过程更理想，也为了保障系统安全有更好的效果，用户可以在 Windows Defender 中进行一些相关的配置操作。

❶ 选择“开始”→“所有程序”→Windows Defender 命令，弹出 Windows Defender 对话框。

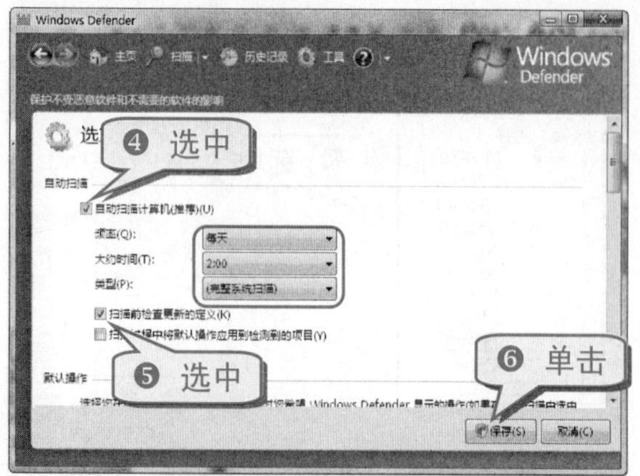

专 家 坐 堂

为了实现准确、高效的扫描，必须保证反间谍软件所使用的特征库文件是最新的。保证 Windows Defender 及时获取最新间谍软件特征文件的方法，就是通过 Windows Update 对 Windows Defender 进行自动升级。

技巧443 及时给系统打“补丁”程序

尽管 Windows Vista 系统的安全性非常高，可还是不停地出现安全漏洞。要堵住这些新发现的安全漏洞，就要及时为系统打“补丁”程序，这样系统的安全才能得到有效的保证。

❶ 选择“开始”→“所有程序”→Windows Defender 命令，弹出 Windows Update 对话框。

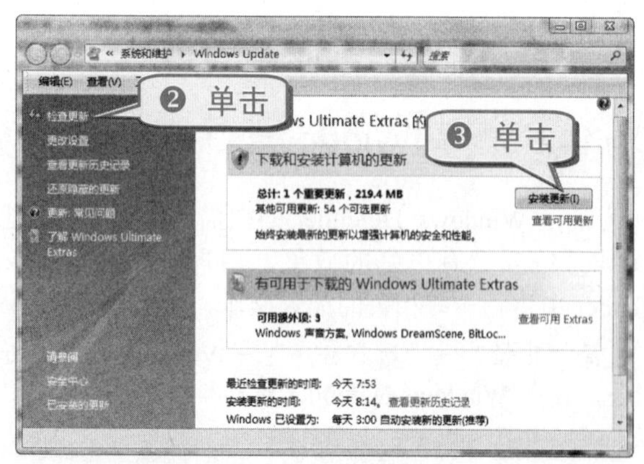

举 一 反 三

单击“更改设置”链接，在弹出的“更改设置”对话框中可以选择 Windows 安装更新的方法。

技巧444 阻止黑客的 Ping 连接

在局域网环境下，可以使用 Ping 命令来判断某台目标工作站是否已经接入局域网中，同时还能了解到目标工作站系统中究竟安装了什么版本的操作系统，然后可采取针对性攻击手段来破坏目标工作站的运行安全。

因此，阻止非法用户随意对自己的工作站进行 Ping 测试非常有必要。

❶ 选择“开始”→“所有程序”→“管理工具”→“高级安全 Windows 防火墙”命令，打开“高级安全 Windows 防火墙”窗口。

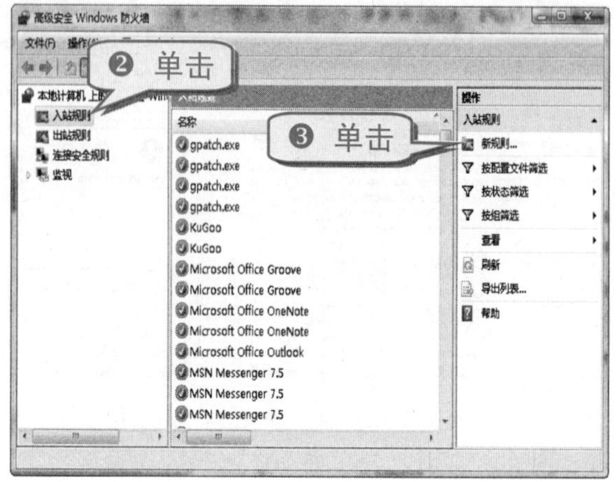

❹ 在“规则类型”界面中，选中“自定义”单选按钮，然后单击“下一步”按钮。

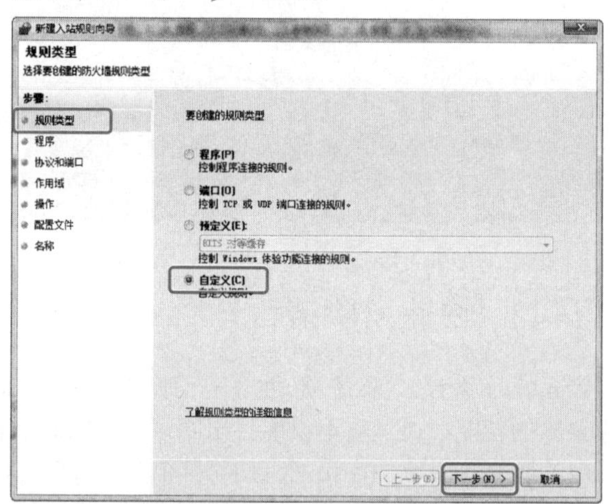

❺ 在“程序”选项界面中，选中“所有程序”单选按钮，然后单击“下一步”按钮。

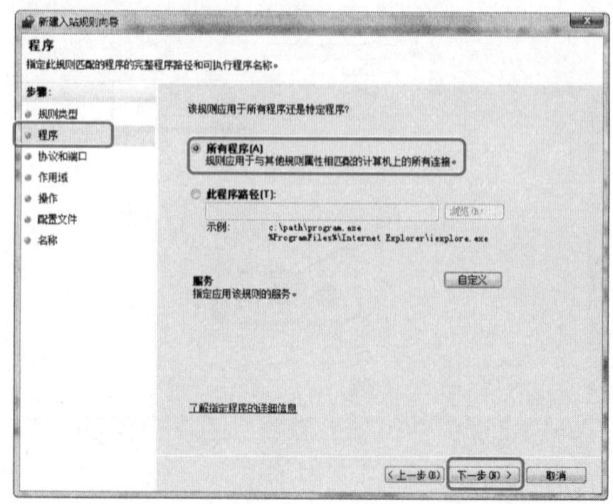

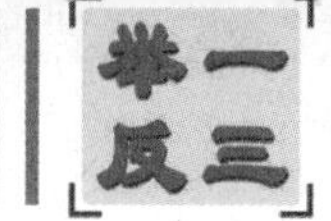

❻ 在“协议和端口”界面中，单击“协议类型”下拉列表框中的下拉按钮，选择“ICMPv4”命令，然后单击“下一步”按钮。

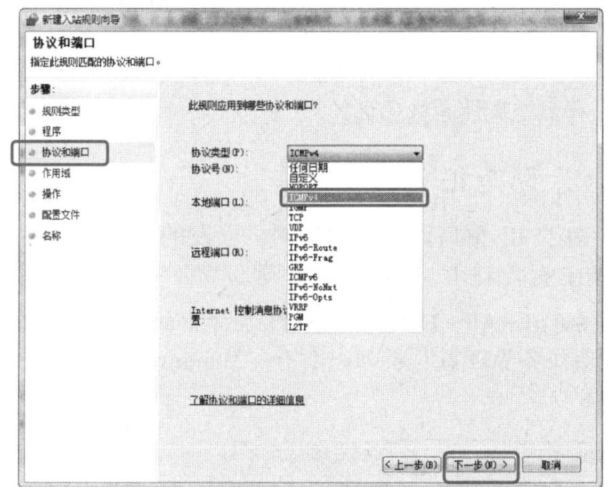

❼ 在“作用域”界面中，选中“任何 IP 地址”单选按钮，然后单击“下一步”按钮。

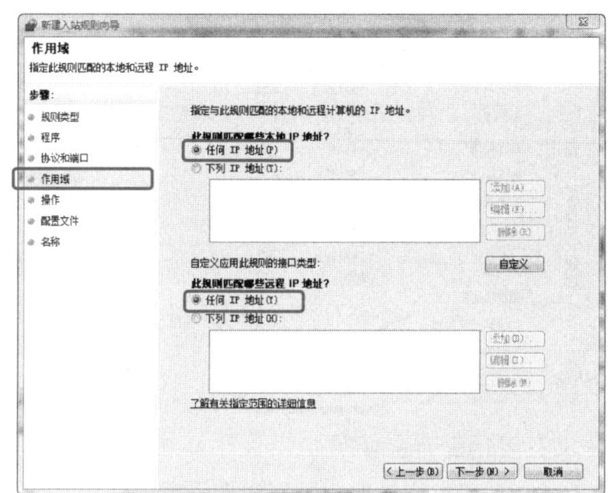

❽ 在“操作”界面中，选中“阻止连接”单选按钮，然后单击“下一步”按钮。

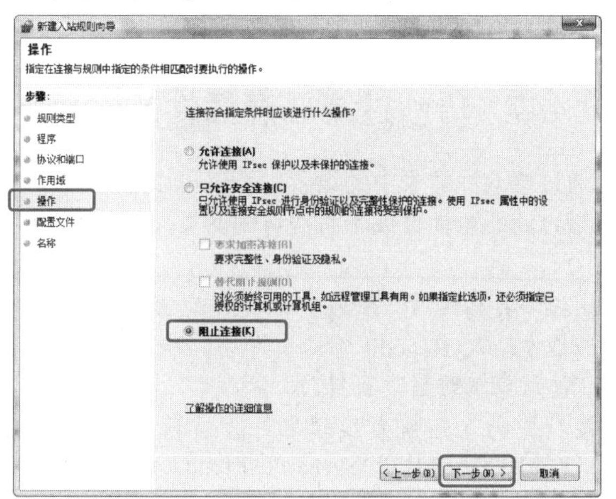

❾ 在“配置文件”界面中，选中“域”、“专用”和“公用”复选框，然后单击“下一步”按钮。

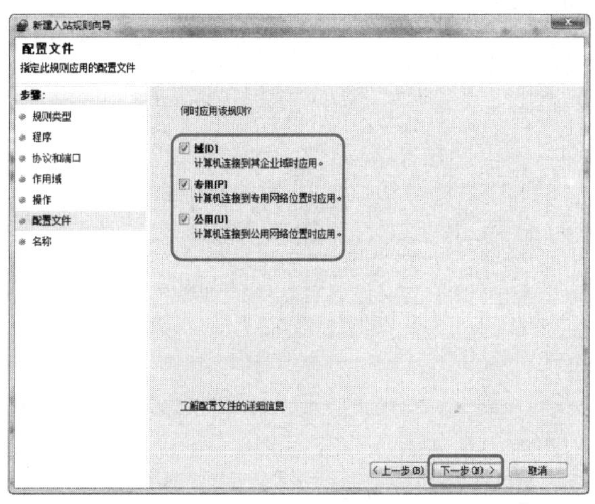

❿ 在“名称”界面中，在“名称”文本框中输入名称，单击“完成”按钮即可。

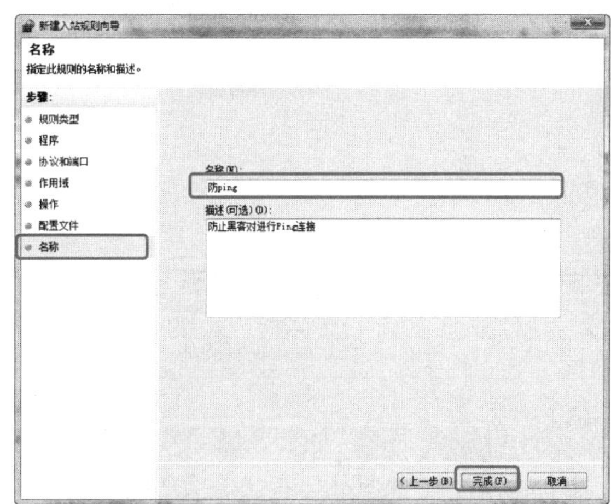

注　意　事　项

完成设置后，需要重新启动工作站才能使配置生效。

技巧445　更改 UAC 信息提示方式

Windows Vista 系统的 UAC 功能可在一定程度上保障系统安全，但频繁弹出需要用户确认的提示窗口会给用户操作上带来不便。通过更改 UAC 消息的提示方式，可以禁止 UAC 在操作过程中弹出提示。

❶ 选择“开始”→“运行”命令，在弹出的“运行”对话框中输入 gpedit.msc 命令，单击“确定”按钮，打开“组策略对象编辑器”窗口。

❷ 在“组策略对象编辑器”左窗格展开“计算机配置”→“Windows 设置”→“安全设置”→“本地策略”→“安全选项”分支，在右窗格中找到“用户帐户控制：管理员批准模式中管理员的提升提示行为”选项。

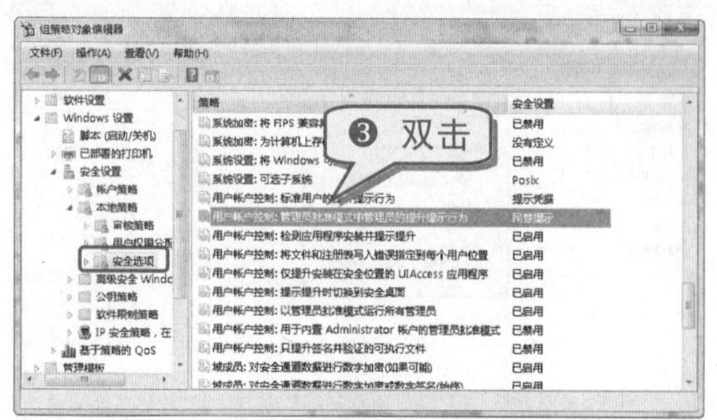

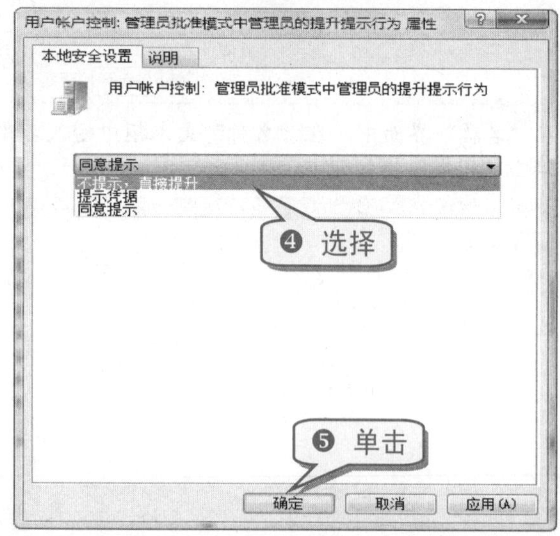

专家坐堂

"不提示，直接提升"指此选项允许许可管理员执行需要无许可或凭据的提升的操作。请注意，此方案仅用于大多数限制的环境中。

"提示凭据"指需要提升权限的操作将提示许可管理员输入其用户名和密码。如果用户输入有效凭据，则操作将使用适用权限继续进行。

"同意提示"指需要提升权限的操作将提示许可管理员选择允许或拒绝。如果许可管理员选择允许，则操作将使用可用的最高权限继续进行。此选项允许用户输入其姓名和密码来执行特权任务。

技巧446 防范IE窗口炸弹

IE窗口炸弹是指针对IE浏览器的逻辑炸弹，当打开含有恶意代码的网页时，就会触发逻辑炸弹，系统会不断地打开新的IE浏览器，消耗大量的系统资源，导致系统死机。

(1) IE窗口炸弹类型

- 死循环：死循环是指在网页包含的恶意代码中，有一段代码一旦执行后会立刻陷入无穷的循环，最终导致资源的耗尽。
- 打开窗口死循环：打开窗口死循环是最常见的IE窗口炸弹类型，当用户打开一个包含打开窗口死循环代码的网页时，会不断地弹出新的窗口直至计算机死机。
- 耗尽CPU资源：耗尽CPU资源攻击，是指在一段代码中设置超出CPU处理能力的大图片来使CPU超出负荷，造成计算机死机。

(2) 防范IE炸弹的措施

由于IE窗口炸弹是通过网页引发的，所以应该及时更新IE漏洞补丁，同时尽量不要浏览不安全的网页。

❶ 按Ctrl+Alt+Delete组合键，在弹出的界面中单击"启动任务管理器"按钮，打开"Windows任务管理器"窗口。

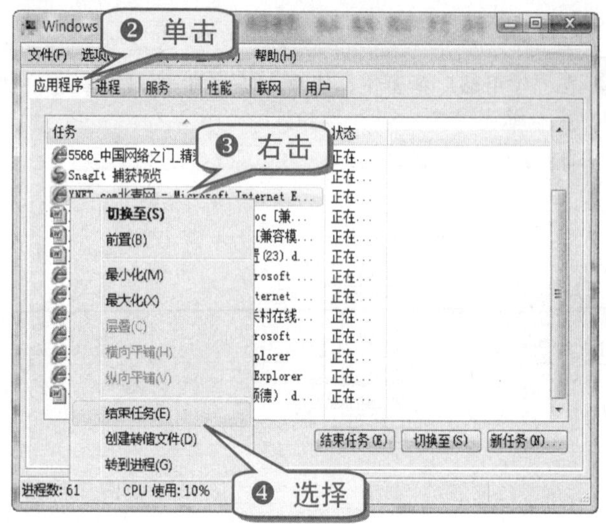

❺ 依次关闭弹出的窗口即可。

专家坐堂

如果需要关闭多个应用程序时，按住Ctrl键，同时单击需要关闭的项，单击"结束任务"按钮即可。

技巧447 巧妙过滤恶意插件或网页

通过修改注册表中的设置，不仅可以过滤IP地址，还可以过滤恶意插件或带有病毒的网页，能够有效地提高防御力。

❶ 选择"开始"→"运行"命令，在弹出的"运行"对话框中输入Regedit命令，单击"确定"按钮，打开"注册表编辑器"窗口。

❷ 在打开的"注册表编辑器"左窗格中展开HKEY_LOCAL_MACHINE\System\CurrentControlSet\Services\Tcpip\Parameters分支，然后在右窗格的空白区域右击。

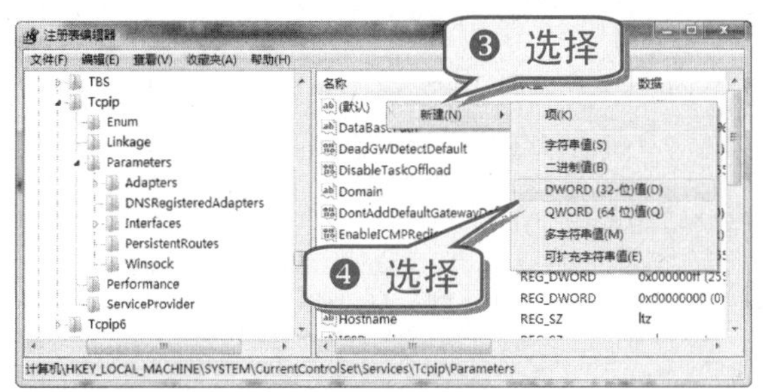

❺ 将新建的 DWORD 值命名为 EnableSecurityFilters，双击该子键，弹出“编辑 DWORD(32 位)值”对话框。

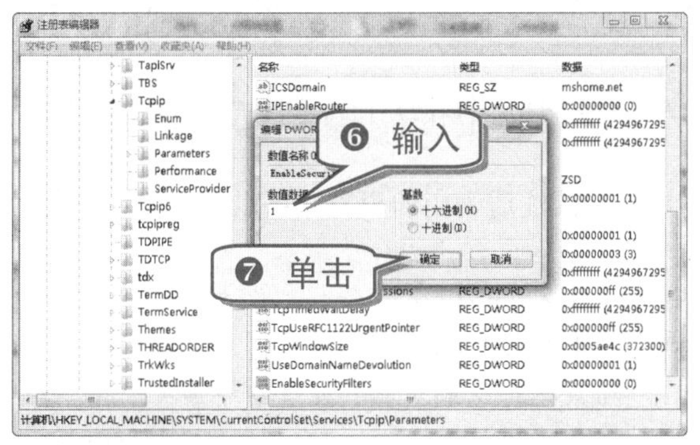

技巧448　锁定“开始”菜单

通过修改注册表中的设置可以给“开始”菜单上锁，防止别人修改“开始”菜单。

❶ 选择“开始”→“运行”命令，在弹出的“运行”对话框中输入 Regedit 命令，单击“确定”按钮，打开“注册表编辑器”窗口。

❷ 在打开的“注册表编辑器”左窗格中展开 HKEY_CURRENT_USER\Software\Microsoft\Windows\CurrentVersion\Policies\Explorer 分支，然后在右窗格空白区域右击。

❺ 将新建的 DWORD 值命名为 NoChangeStartMenu，双击该子键，弹出“编辑 DWORD(32 位)值”对话框。

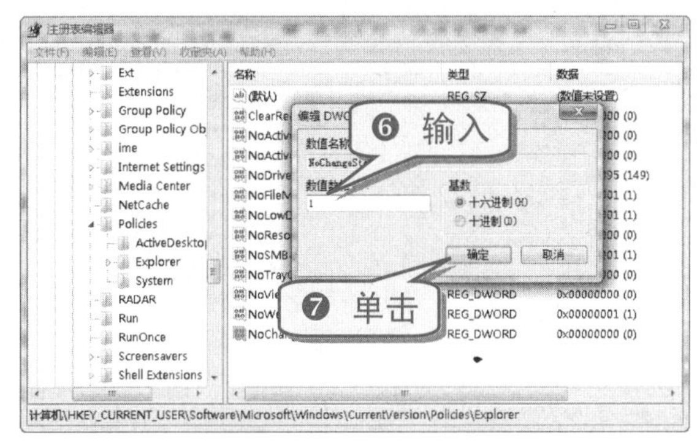

技巧449　禁用注册表

通过拒绝非授权账户登录系统的设置，可以将用户正式登录的部分通道堵死，如果非法用户使用安全模式或者使用授权用户登录系统，可能会对注册表进行修改从而破坏系统。

❶ 选择“开始”→“运行”命令，在弹出的“运行”对话框中输入 Regedit 命令，单击“确定”按钮，打开“注册表编辑器”窗口。

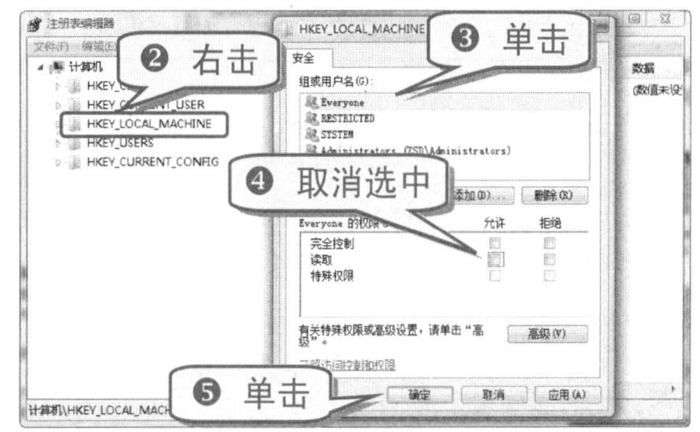

技巧450　禁止远程修改注册表

通过设置禁止远程修改注册表，可以有效地防止非法用户以远程访问的方式控制本地计算机，从而有效地提高本地计算机的安全性。

❶ 选择“开始”→“运行”命令，在弹出的“运行”对话框中输入 Regedit 命令，单击“确定”按钮，打开“注册表编辑器”窗口。

❷ 在打开的“注册表编辑器”左窗格中展开 HKEY_LOCAL_MACHINE\SYSTEM\CurrentControlSet\Control\SecurePipeServers\winreg 分支，然后在右窗格的空白区域右击。

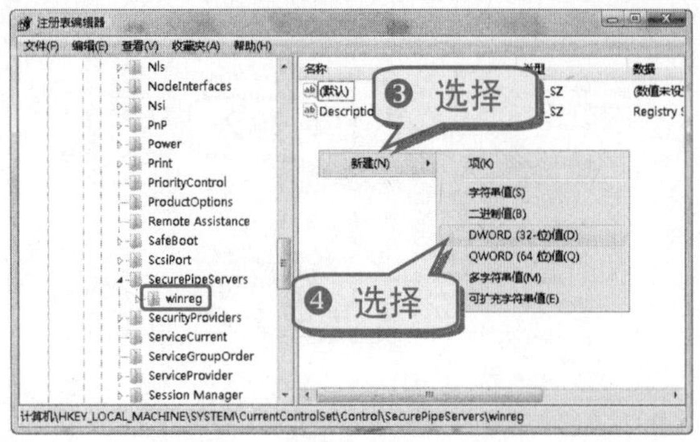

❺ 将新建的 DWORD 值命名为 RemoteRegAccess，双击该子键，弹出“编辑 DWORD(32 位)值”对话框。

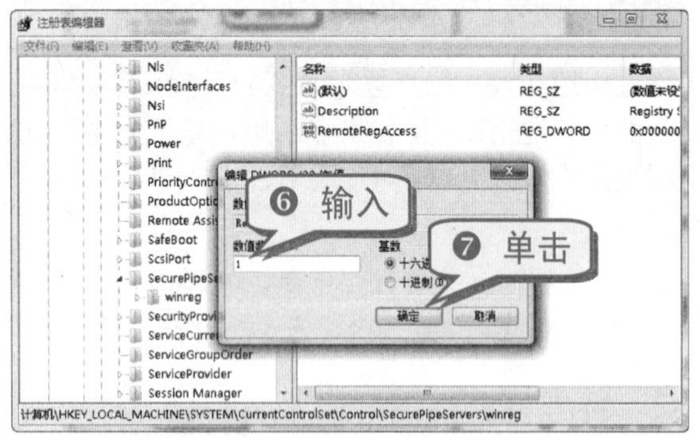

技巧451 禁用“运行”对话框

若用户不经常使用“运行”对话框，可以将其禁用掉，这样能增加系统的安全性。

❶ 选择“开始”→“运行”命令，在弹出的“运行”对话框中输入 Regedit 命令，单击“确定”按钮，打开“注册表编辑器”窗口。

❷ 在打开的“注册表编辑器”左窗格中展开 HKEY_CURRENT_USER\Software\Microsoft\Windows\CurrentVersion\Policies\Explorer 分支，然后在右窗格的空白区域右击。

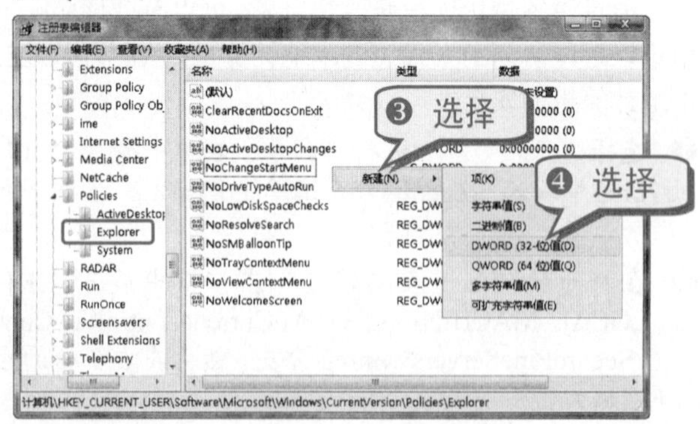

❺ 将新建的 DWORD 值命名为 NoRun，双击该子键，弹出“编辑 DWORD(32 位)值”对话框。

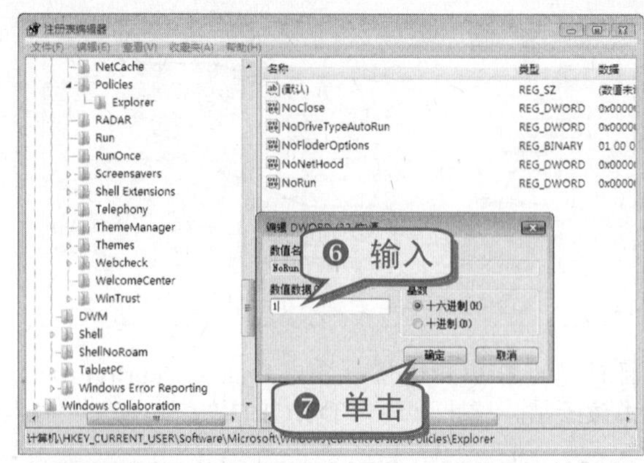

技巧452 禁止使用控制面板

通过修改注册表中的设置，可以禁止使用控制面板。

❶ 选择“开始”→“运行”命令，在弹出的“运行”对话框中输入 gpedit.msc 命令，单击“确定”按钮，打开“组策略对象编辑器”窗口。

❷ 在“组策略对象编辑器”左窗格中展开“用户配置”→“管理模板”→“控制面板”→“Windows 资源管理器”分支。

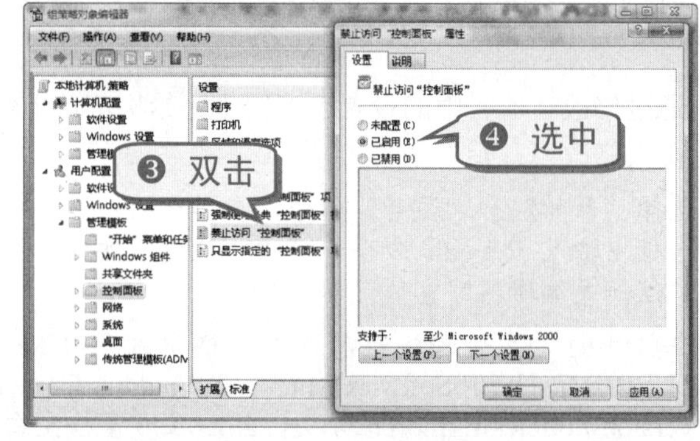

技巧453 禁止用户锁定计算机

为了防止别人恶意锁定计算机，可以通过修改注册表中的设置来禁止此功能。

❶ 选择“开始”→“运行”命令，在弹出的“运行”对话框中输入 Regedit 命令，单击“确定”按钮，打开“注册表编辑器”窗口。

❷ 在打开的“注册表编辑器”左窗格中展开 HKEY_CURRENT_USER\Software\Microsoft\Windows\CurrentVersion\Policies\System 分支，然后在右窗格的空白区域右击。

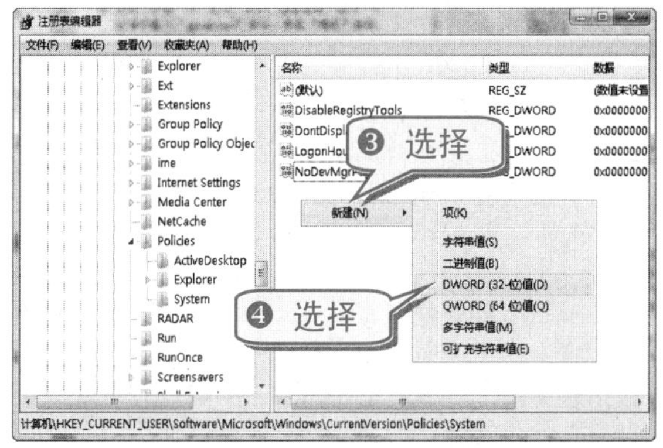

❺ 将新建的 DWORD 值命名为 DisableLockWorkstation，双击该子键，弹出“编辑 DWORD(32 位)值”对话框。

技巧454　禁止使用“命令提示符”窗口

若在“命令提示符”窗口中执行一些有安全隐患的命令，会破坏系统的稳定性，因此有时需要禁用“命令提示符”窗口。

❶ 选择“开始”→“运行”命令，在弹出的“运行”对话框中输入 gpedit.msc 命令，单击“确定”按钮，打开“组策略对象编辑器”窗口。

❷ 在“组策略对象编辑器”左窗格中展开“用户配置”→“管理模板”→“系统”分支，然后在右窗格中找到“阻止访问命令提示符”选项。

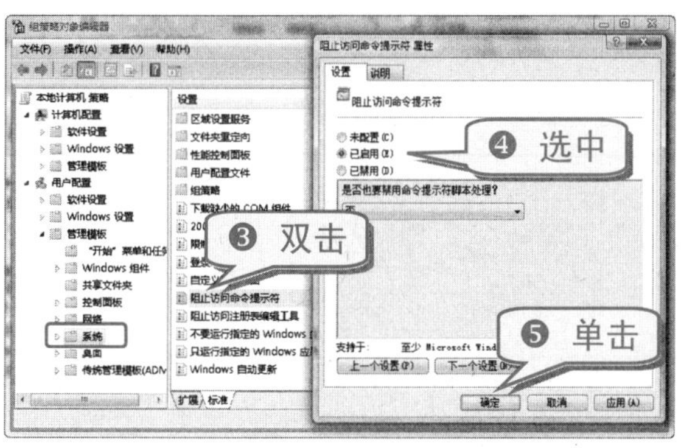

技巧455　禁止用户修改文件属性

通过修改注册表中的设置，可以禁止用户修改文件或文件夹的属性。

❶ 选择“开始”→“运行”命令，在弹出的“运行”对话框中输入 Regedit 命令，单击“确定”按钮，打开“注册表编辑器”窗口。

❷ 在打开的“注册表编辑器”左窗格中展开 HKEY_LOCAL_MACHINE\SOFTWARE\Microsoft\Windows\CurrentVersion\Policies\Explorer 分支，然后在右窗格的空白区域右击。

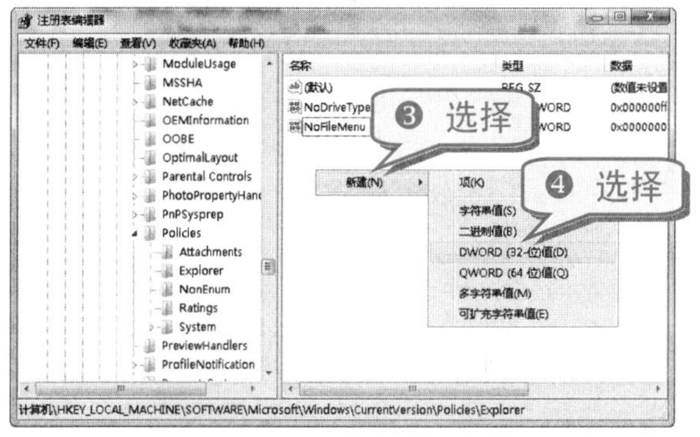

❺ 将新建的 DWORD 值命名为 NoFileAssociate，双击该子键，弹出“编辑 DWORD(32 位)值”对话框。

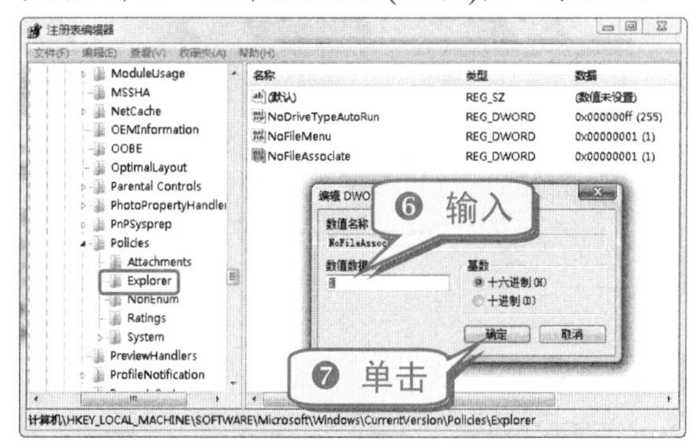

重新启动计算机，即可使该项设置生效。

技巧456　禁止使用*.reg 文件

*.reg 文件一般为注册表备份文件，其默认功能是直接导入注册表。禁止使用该项功能，可以很好地防止此类文件对注册表进行恶意修改，同时也能防止用户误操作。

❶ 选择“开始”→“运行”命令，在弹出的“运行”对话框中输入 Regedit 命令，单击“确定”按钮，打开“注册表编辑器”窗口。

❷ 在打开的“注册表编辑器”左窗格中展开 HKEY_LOCAL_MACHINE\Software\Classes\.reg 分支。

❸ 在右窗格中选中“默认”子键并双击。

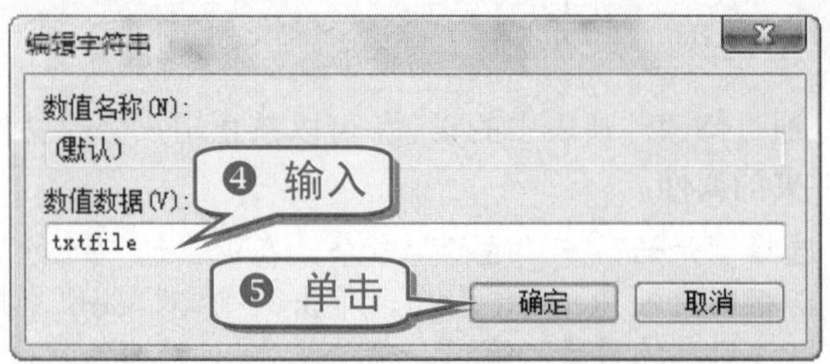

技巧457 禁止查看指定驱动器

通过修改注册表中的设置，可以禁止其他用户查看指定驱动器里的内容，能够很好地保护用户的隐私。例如禁止查看D盘。

❶ 选择“开始”→“运行”命令，在弹出的“运行”对话框中输入Regedit命令，单击“确定”按钮，打开“注册表编辑器”窗口。

❷ 在打开的“注册表编辑器”左窗格中展开HKEY_CURRENT_USER\Software\Microsoft\Windows\CurrentVesion\Policies\Explorer分支，然后在右窗格的空白区域右击。

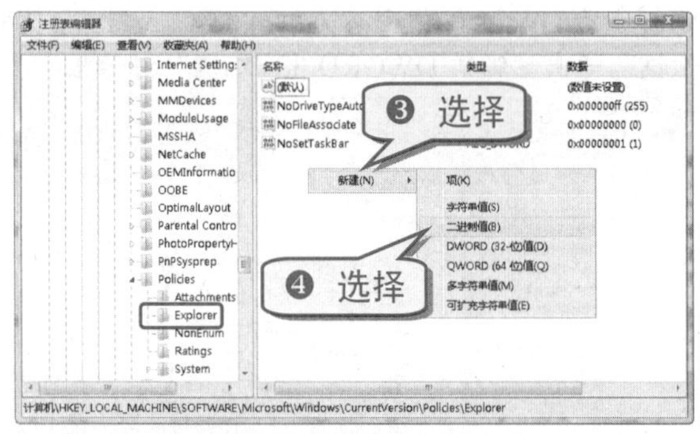

❺ 将新建的二进制值命名为NoviewOnDriver，双击该子键，弹出“编辑二进制数值”对话框。

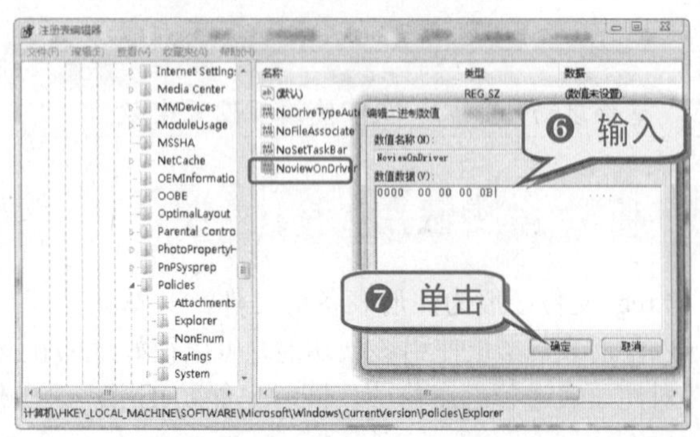

技巧458 启用自动更新功能

启动Windows Vista的自动更新功能，可以让系统一直保持最新的状态，能够及时地给系统漏洞打“补丁”，提高系统的安全性。

❶ 选择“开始”→“运行”命令，在弹出的“运行”对话框中输入gpedit.msc命令，单击“确定”按钮，打开“组策略对象编辑器”窗口。

❷ 在打开的“组策略对象编辑器”左窗格中展开“用户配置”→“管理模板”→“系统”分支，然后在右窗格中找到“Windows自动更新”选项。

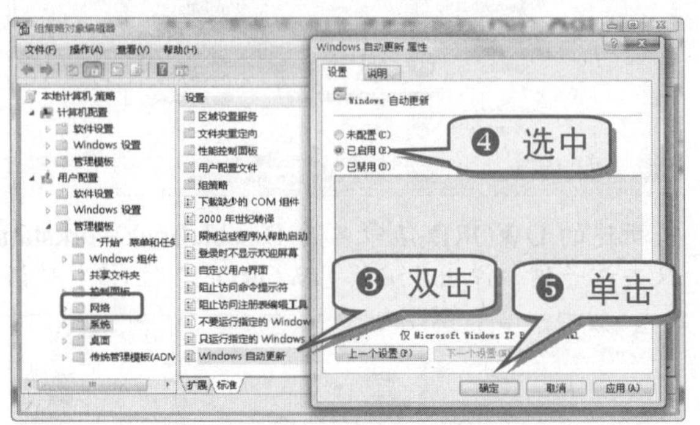

技巧459 隐藏指定的驱动器

通过“组策略对象编辑器”窗口中的设置，可以隐藏计算机中指定的驱动器，防止其他用户破坏该驱动器中的资料。

❶ 选择“开始”→“运行”命令，在弹出的“运行”对话框中输入gpedit.msc命令，单击“确定”按钮，打开“组策略对象编辑器”窗口。

❷ 在“组策略对象编辑器”左窗格中展开“用户配置”→“管理模板”→“Windows组件”→“Windows资源管理器”分支。

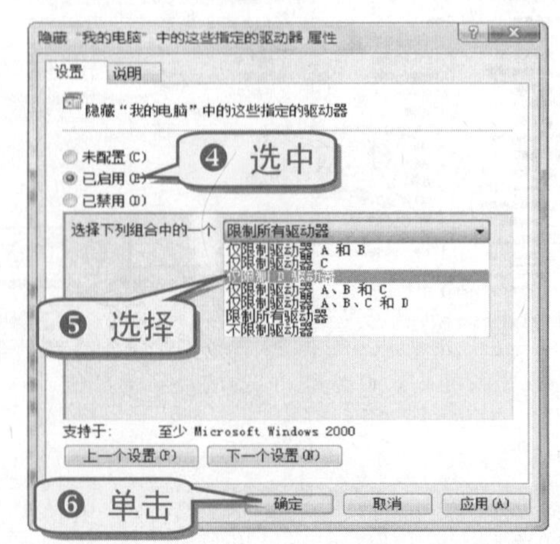

技巧460　通过组策略删除共享文档

通过“组策略对象编辑器”窗口中的设置，可以删除计算机中的“共享文档”文件，保护计算机的共享安全。

❶ 选择“开始”→“运行”命令，在弹出的“运行”对话框中输入 gpedit.msc 命令，单击“确定”按钮，打开“组策略对象编辑器”窗口。

❷ 在打开的“组策略对象编辑器”左窗格中展开“用户配置”→“管理模板”→“Windows 组件”→“Windows 资源管理器”分支。

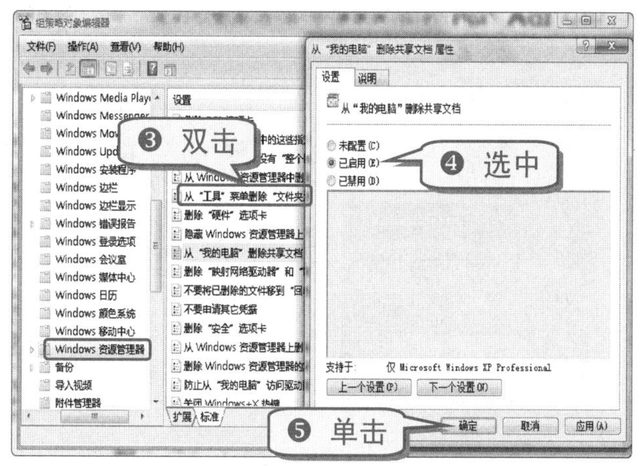

技巧461　为计算机再加把锁

通过 Syskey 命令，可以为计算机设置启动密码。这个密码比普通的密码要高一级。

❶ 选择“开始”→“运行”命令，在弹出的“运行”对话框中输入 Syskey 命令，单击“确定”按钮，弹出“保证 Windows 帐户数据库的安全”对话框。

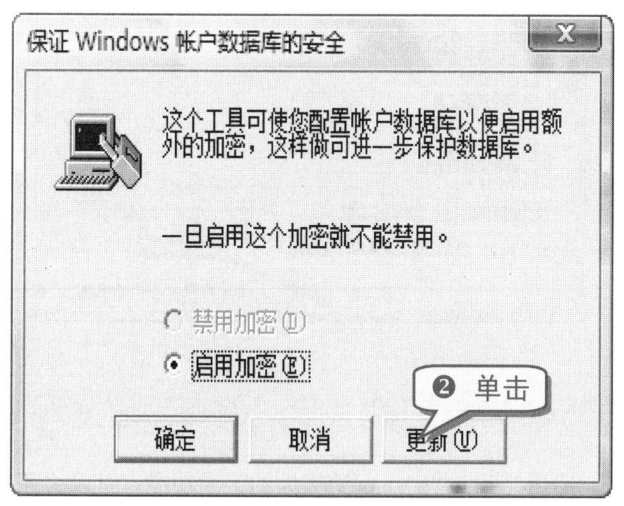

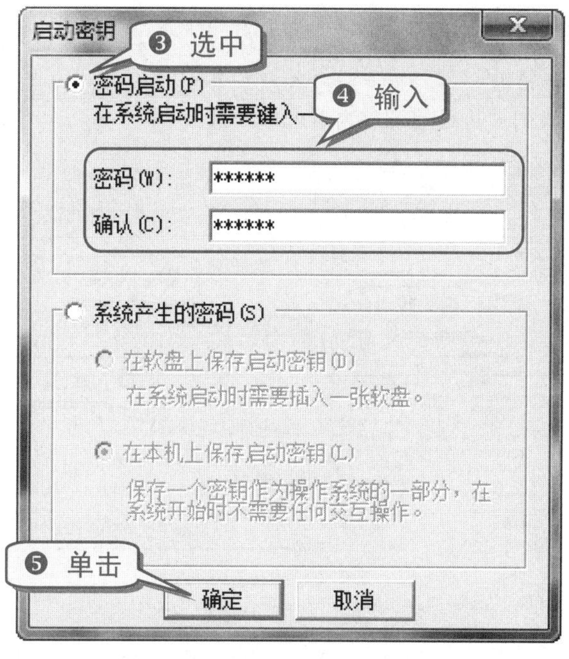

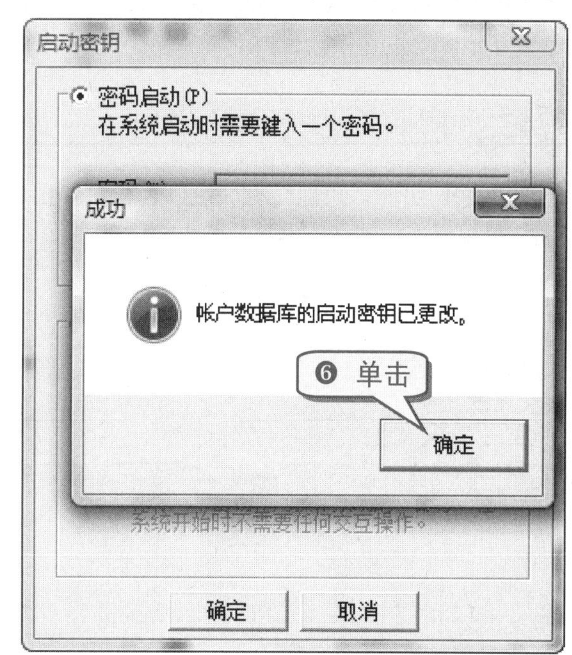

技巧462　指定个别管理员权限

建立 Windows Vista 用户账户时，应该尽量减少具有管理员权限的账户数量。管理员账户的数量越少，系统受到修改和破坏的几率越小。

例如，设置“为进程调整内存配额”的管理权限。

❶ 选择“开始”→“运行”命令，在弹出的“运行”对话框中输入 gpedit.msc 命令，单击“确定”按钮，打开“组策略对象编辑器”窗口。

❷ 在打开的“组策略对象编辑器”左窗格中展开“计算机配置”→“Windows设置”→“安全设置”→“本地策略”→“用户权限分配”分支，然后在右窗格中找到“为进程调整内存配额”选项。

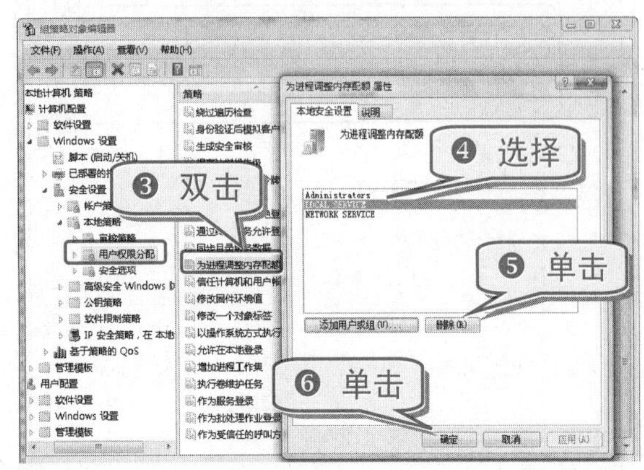

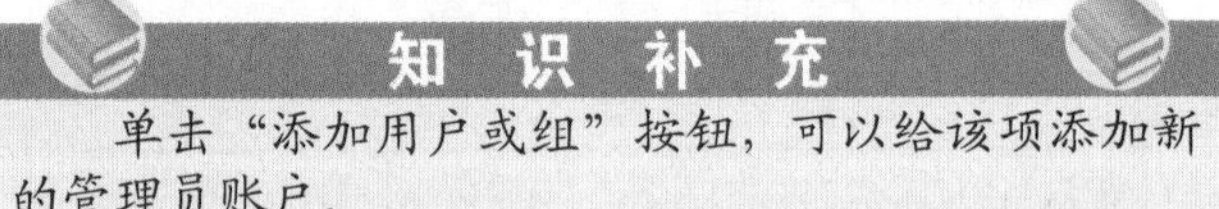

单击“添加用户或组”按钮，可以给该项添加新的管理员账户。

技巧463 屏蔽广告窗口的弹出

打开某些网页时，可能会有大量广告窗口弹出的现象。通过以下操作可屏蔽广告窗口弹出。

❶ 打开IE浏览器。

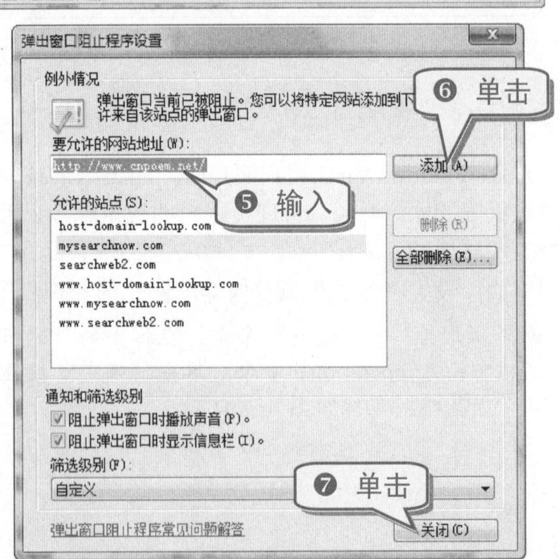

注 意 事 项

将NoBrowserContextMenu的键值设置为0，在IE浏览器中的右击功能就能正常使用。该设置在刷新网页后生效。

技巧464 保护网络打印的安全

通过系统防火墙可以禁止通过网络使用共享打印机。

❶ 单击桌面右下角任务栏中的图标，然后单击“网络和共享中心”超链接，打开“网络和共享中心”窗口。

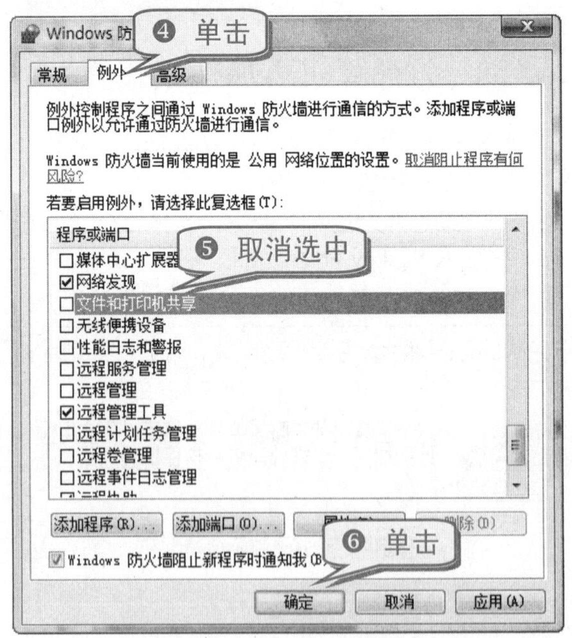

技巧465 记录非法用户的操作痕迹

启用Windows Vista防火墙的记录功能，可以将任何使用该计算机的操作痕迹都记录下来。

❶ 选择“开始”→“运行”命令，在弹出的“运行”对话框中输入gpedit.msc命令，单击“确定”按钮，打开“组策略对象编辑器”窗口。

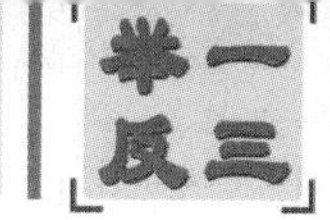

❷ 在打开的“组策略对象编辑器”左窗格中依次展开“计算机配置”→“管理模板”→“Windows 组件”→Windows Defender 分支，然后在右窗格中找到“启用记录已知的正确检测”选项。

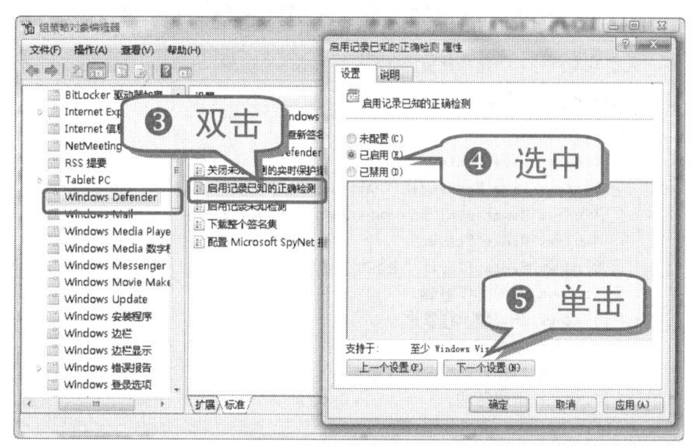

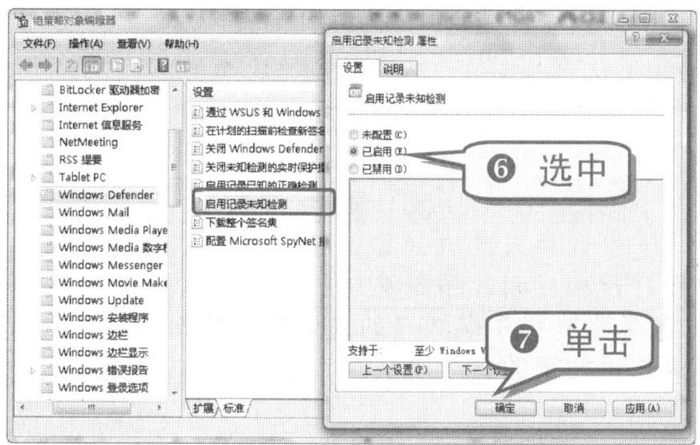

技巧466 让任务管理器失效

通过修改“组策略对象编辑器”窗口中的设置，可以屏蔽任务管理器中的功能选项。

❶ 选择“开始”→“运行”命令，在弹出的“运行”对话框中输入 gpedit.msc 命令，单击“确定”按钮，打开“组策略对象编辑器”窗口。

❷ 在“组策略对象编辑器”左窗格中依次展开“用户配置”→“管理模板”→“系统”→“Ctrl+Alt+Delete 选项”分支。

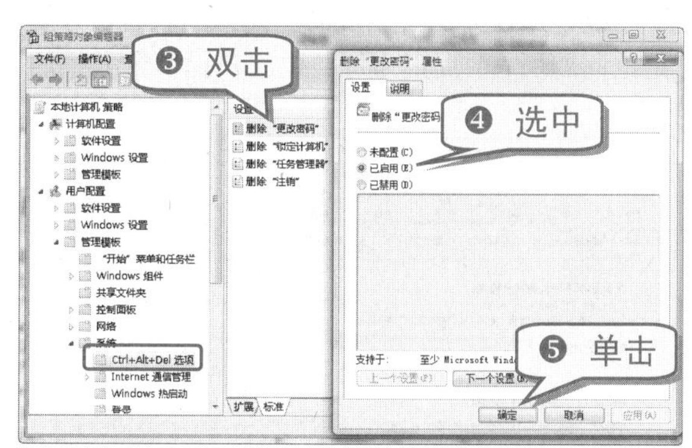

❻ 依次将“删除‘锁定计算机’”、“删除‘任务管理器’”以及“删除‘注销’”选项设置为已启用。

技巧467 让 U 盘无懈可击

在 Windows Vista 中，只要对 U 盘进行简单的设置，就可以让 U 盘很好地防御 autorun 病毒。

❶ 在 U 盘里面新建一个文件夹，重命名为 Autorun.inf。右击 Autorun.inf 文件夹，在弹出的快捷菜单中选择“属性”命令，弹出“Autorun.inf 属性”对话框。

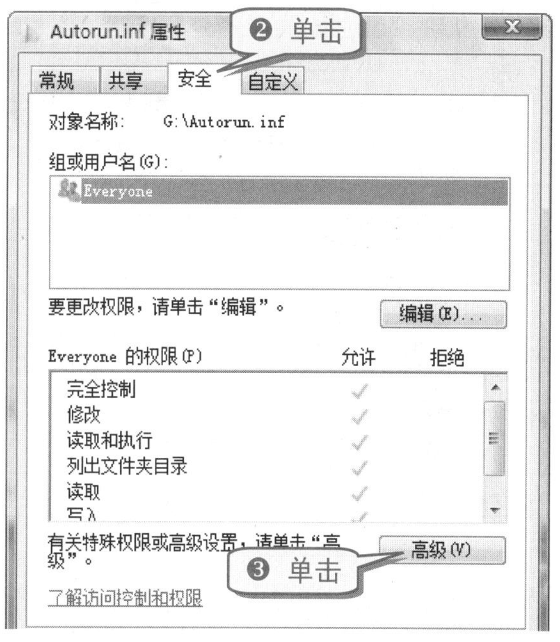

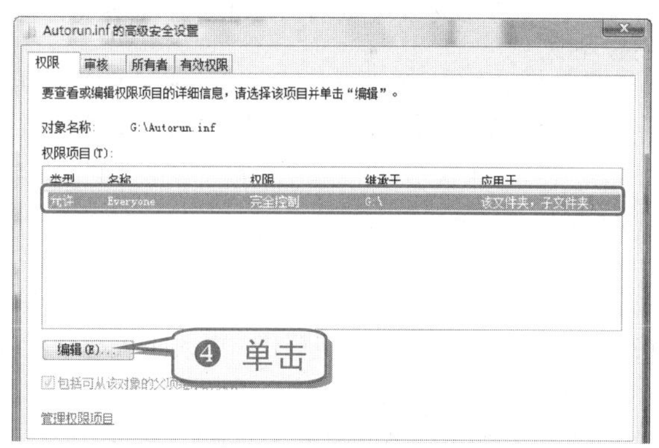

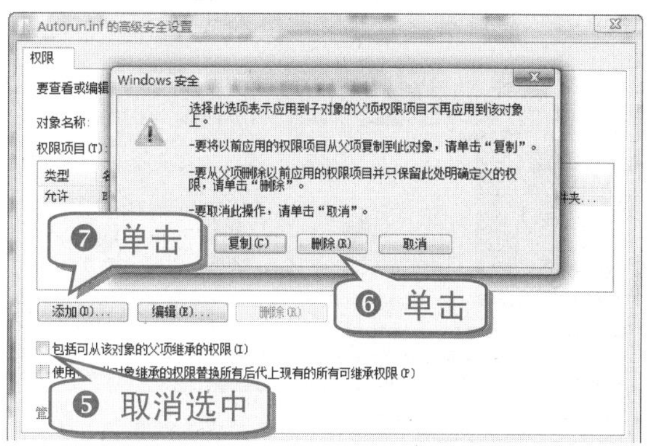

❽ 弹出“选择用户或组”对话框，在“输入要选择的对象名称”下的文本框中输入“everyone”，单击“确定”按钮。

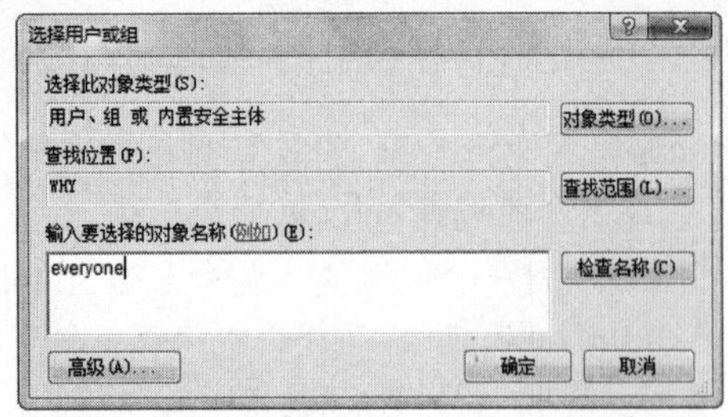

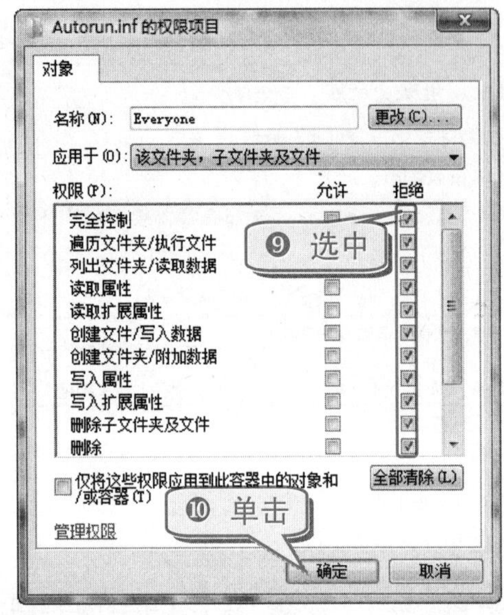

注 意 事 项

插入 U 盘后，首先要将 U 盘的存储格式转化为 NTFS 格式。

设置完成后，即使 U 盘感染了 autorun 病毒，病毒也不会自动运行，有效地提高了 U 盘的安全性。

技巧468 设置防火墙中的程序或端口

开启 Windows Vista 系统自带的防火墙后，有些应用程序或服务的连接可能会出现问题。更改防火墙中的设置可以很好地解决此类问题。

❶ 单击桌面右下角任务栏中的图标，单击“网络和共享中心”超链接，打开“网络和共享中心”窗口。

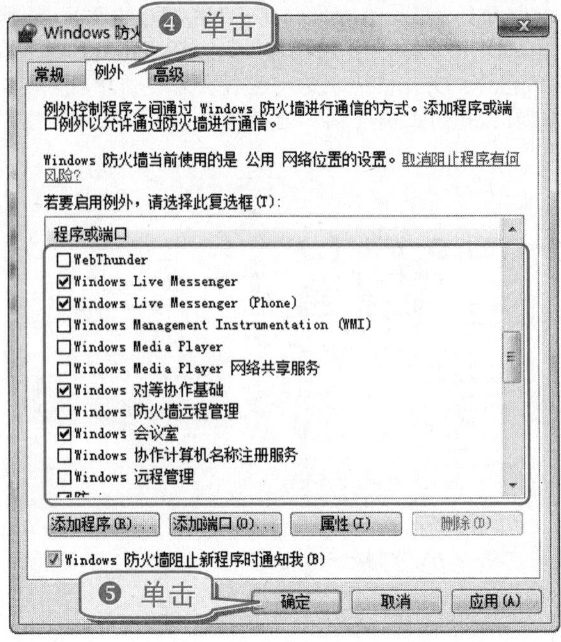

知 识 补 充

选中程序或端口的复选框，单击“确定”按钮，即可打开相应的程序或端口。

取消选中程序或端口的复选框，单击“确定”按钮，可以关闭相应的程序或端口。

举 一 反 三

单击“添加程序”或“添加端口”按钮，可以自定义增加需要通过防火墙的服务。

技巧469 使用 360 安全卫士保护系统

360 安全卫士是奇虎公司推出的完全免费的安全类上网辅助工具软件，具有查杀流行木马、清理恶评插件、管理应用软件、修复系统漏洞、系统全面诊断、清理使用痕迹以及实时保护等功能。

360 安全卫士还提供 IE 修复、系统优化清理、系统进程状态管理、系统服务状态管理以及启动项管理等特定的辅助功能，并且提供对系统的全面诊断报告，方便用户及时定位问题所在，真正为每一位用户提供全方位的系统安全保护。

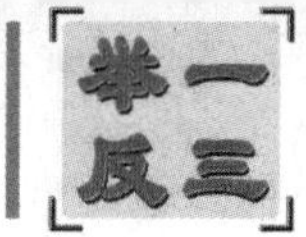

技巧470　彻底查杀流行木马

360 安全卫士可以对各种流行木马进行彻底的扫描并查杀，扫描包括三种方式(快速扫描、全盘扫描和自定义区域扫描)。

- 快速扫描：扫描系统内存、启动对象等关键位置，速度较快。
- 全盘扫描：扫描系统内存、启动对象及全部磁盘，速度较慢。
- 自定义区域扫描：由用户指定需要扫描的范围。

在 360 安全卫士中查杀流行木马的操作非常简单，下面以选择“快速扫描”方式进行流行木马的查杀为例来介绍具体操作。

❶ 双击桌面右下角任务栏中的图标，在弹出的“360 安全卫士”主窗口中单击“常用”按钮。

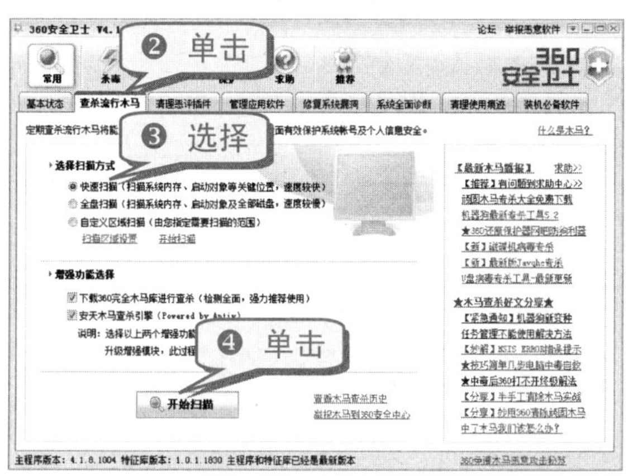

技巧471　完全清理恶评插件

通过 360 安全卫士的清理恶评插件功能，可以对大量的恶评插件进行清理，在清理的同时还可以修复系统中被篡改的设置。

❶ 双击桌面右下角任务栏中的图标，在弹出的“360 安全卫士”主窗口中，单击“常用”按钮。

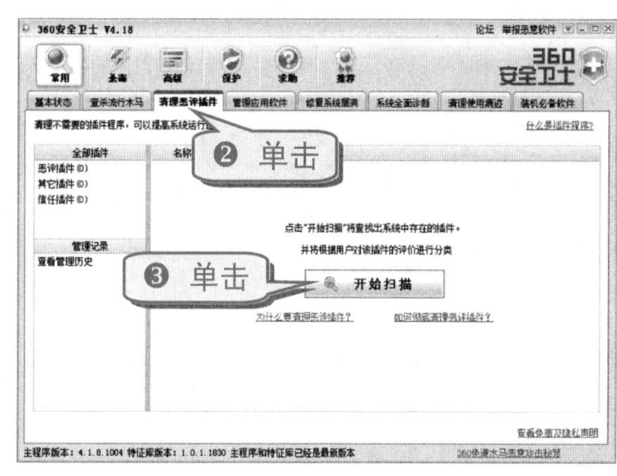

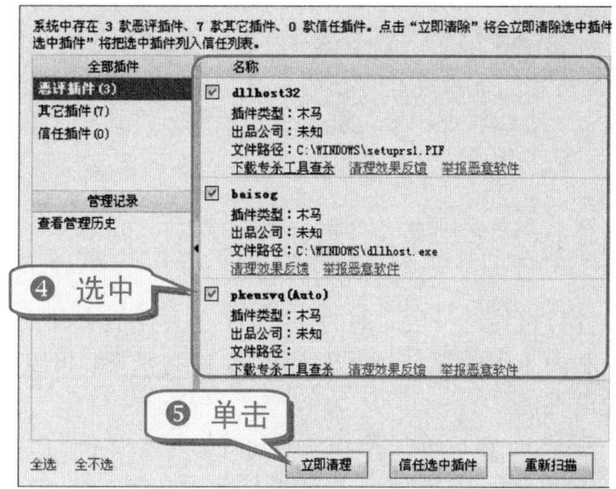

技巧472　全面诊断系统

通过 360 安全卫士的系统全面诊断功能，可以显示系统中的进程项、启动项、浏览器辅助对象、IE 第三方工具条、域名解析文件、IE 右键菜单额外项、IE 工具栏额外项、ActiveX 对象和系统服务等多项内容，供用户查看和修复。

用户遇到无法解决或修复的故障时，还可以将“诊断报告”导出，发布在论坛上进行求助。

❶ 双击桌面右下角任务栏中的图标，在弹出的“360 安全卫士”主窗口中单击“常用”按钮。

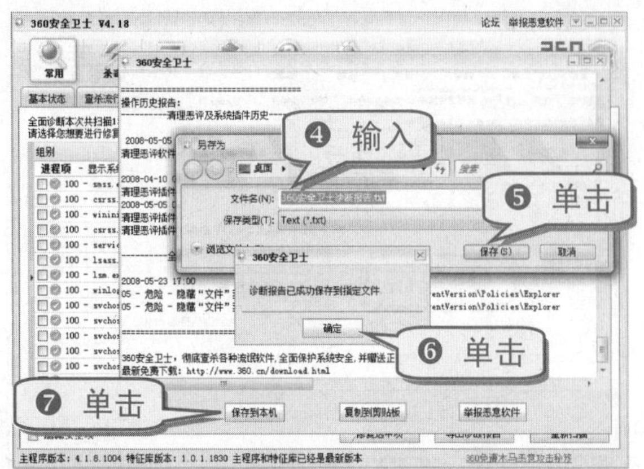

知识补充

当在列表中发现可疑的项目，可以选中该项的复选框，然后单击“修复选中项”按钮，即可修复该项至正常状态。

技巧473 清理使用过的痕迹

计算机经过一段时间的使用后，各种临时文件、历史记录和日志记录都会保存在系统中，经过清理，可以优化系统的性能。

❶ 双击桌面右下角任务栏中的图标，在弹出的“360安全卫士”主窗口中单击“常用”按钮。

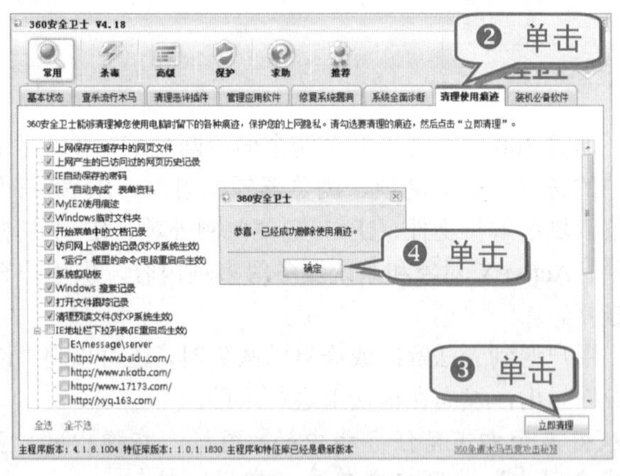

技巧474 科学管理应用软件

通过360安全卫士的管理应用软件功能，可以检测系统中的各项软件，同时还能显示软件的好评度。

❶ 双击桌面右下角任务栏中的图标，在弹出的“360安全卫士”主窗口中单击“常用”按钮。

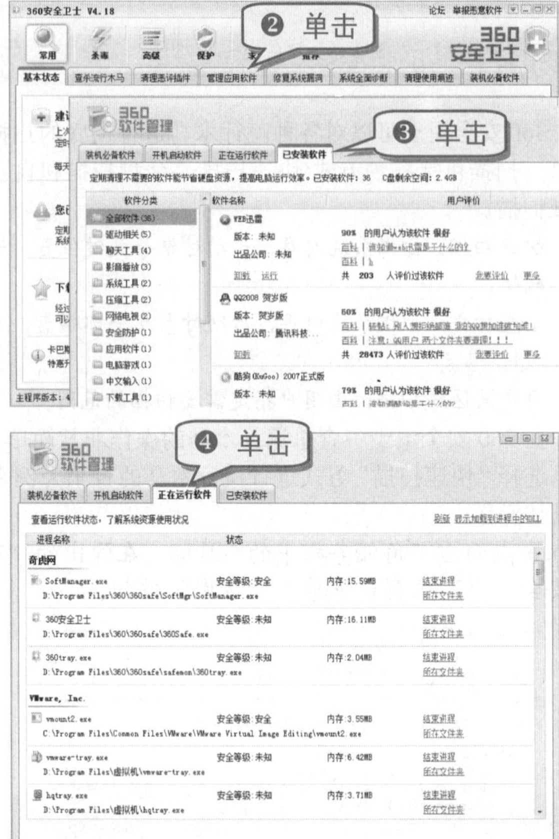

知识补充

在“正在运行软件”选项卡下的列表框中，单击相应的应用程序后面的“结束进程”超链接，可立即结束该进程。

技巧475 手动查杀隐藏的木马

用户使用木马查杀软件可以清除大多数木马程序，只有极少数木马需要通过手动进行查杀。

通过Windows Vista系统内置的系统配置实用程序，可以自定义配置系统的启动项目和系统服务，包括对“启动”、“服务”、“启用”以及“工具”四部分进行配置。对于已知的木马程序，用户可以通过该程序将其禁止启动，然后重新启动系统将木马程序手工删除。

❶ 选择“开始”→“运行”命令，在弹出的“运行”对话框中输入msconfig命令，弹出“系统配置”对话框。

知　识　补　充

对于可疑的启动项，取消选中该项的复选框，可禁止其随系统一起启动。

技巧476　检查操作系统中的可疑项

要手动查杀病毒或木马，必须知道系统是否已经中了病毒或木马，可通过检查病毒经常藏身的文件，或查看进程与端口来得知。

(1) 检查文件

在 win.ini 文件中，通常以“run=”和“load=”字段载入执行的应用程序。如果这两个字段下有可疑项，可将其删除。

在 system.ini 文件中，通常会以“shell=文件名”的方式加载应用程序。如果在文件中存在可疑的加载选项，可将其删除。

(2) 检查进程或端口

在“管理员：命令提示符”窗口中输入如下命令。

DOS 命令	作　用
tasklist /svc	显示当前运行的所有进程名及其相对应的服务，如果发现某个进程与可疑服务有关联，则很可能是木马程序
Netstat -an	显示所有主机与外界建立连接的端口和端口状态，如果发现其中某一端口与陌生的 IP 地址发生了联系，则系统很可能感染了木马病毒
ntsd -c q -p PID	其中 PID 选项为可疑进程的进程号，此命令可强制关闭指定的进程

技巧477　瑞星个人防火墙保护你的系统

瑞星个人防火墙下载版针对目前流行的黑客攻击、钓鱼网站、网络色情等做了优化，采用未知木马识别、家长保护、反网络钓鱼、多账号管理、上网保护、模块检查、可疑文件定位、网络可信区域设置以及 IP 攻击追踪等技术，帮助用户有效抵御黑客攻击、网络诈骗等安全风险。

(1) 主界面的功能菜单

双击桌面右下角任务栏中的“瑞星个人防火墙下载版”图标，弹出“瑞星个人防火墙下载版”主窗口。

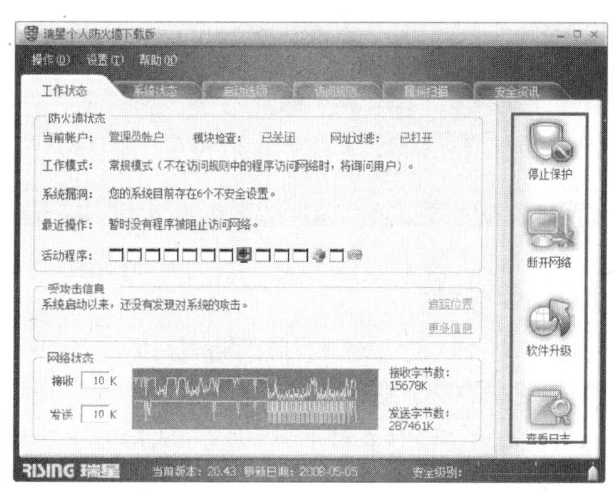

- “停止保护”：停止防火墙的保护功能。
- “断开网络”：将自己的计算机与网络完全断开，自己无法从当前计算机访问网络，他人也无法从网络访问当前计算机。
- “软件升级”：对防火墙进行升级更新。
- “查看日志”：查看防火墙的所有日志。

(2) 启动选项管理

通过瑞星个人防火墙下载版的启动选项功能，可以管理开机时的运行程序。

❶ 双击桌面右下角任务栏中的“瑞星个人防火墙下载版”图标，弹出“瑞星个人防火墙下载版”主窗口，切换到“启动选项”选项卡。

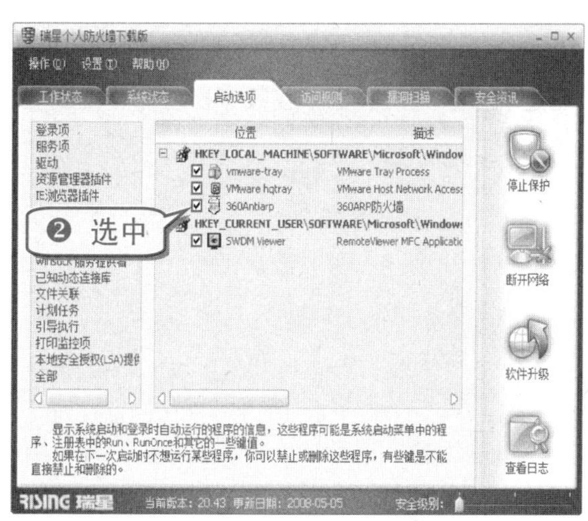

(3) 漏洞扫描

通过瑞星个人防火墙下载版的漏洞扫描功能，可以扫描系统中存在的安全隐患，并对其进行修复。

❶ 双击桌面右下角任务栏中的“瑞星个人防火墙下载版”图标，弹出“瑞星个人防火墙下载版”主窗口，选择“漏洞扫描”选项卡。

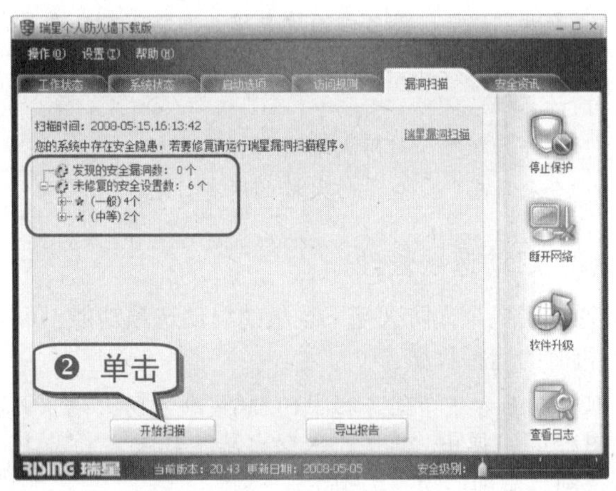

(4) 添加白名单

通过瑞星个人防火墙下载版可以将计算机加入到规则设置的白名单中，添加到白名单中的计算机对本机具有完全的访问权限。

❶ 双击桌面右下角任务栏中的“瑞星个人防火墙下载版”图标，弹出“瑞星个人防火墙下载版”主窗口，选择“设置”→“详细设置”命令，弹出“详细设置”对话框。

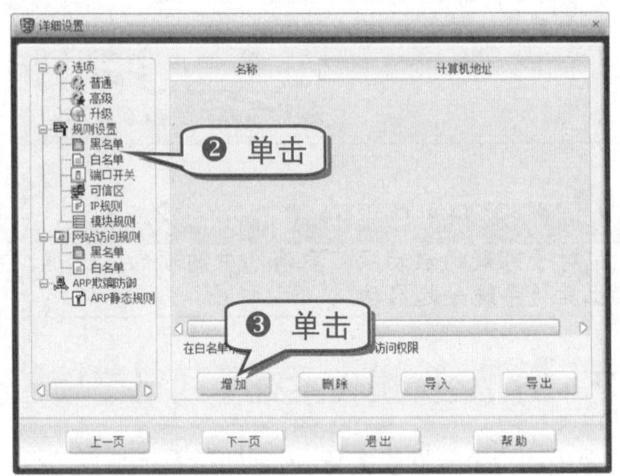

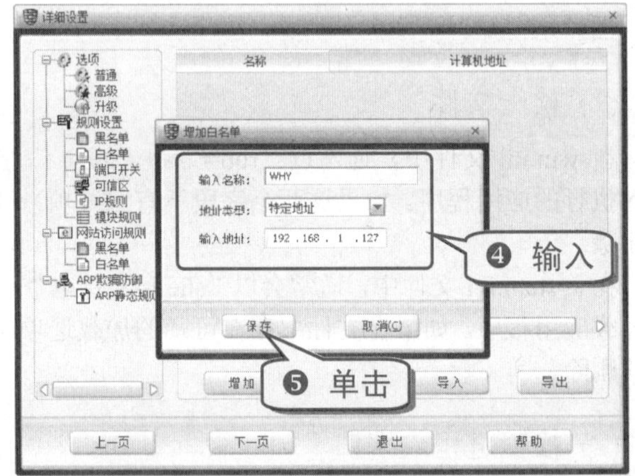

专 家 坐 堂

规则设置黑名单的方式与规则设置白名单的方式一样，只是效果相反。设置黑名单后，黑名单中的计算机则禁止访问当前主机。

专题十四　注册表应用技巧

注册表是 Windows 系统存储关于计算机配置信息的数据库，包括系统运行时需要调用的运行方式的设置，它是一个操作系统的灵魂和核心。

- 禁止即插即用服务
- "蓝屏"时自动重启
- 禁止光标闪动
- 巧妙破解屏保密码
- 限制访问系统日志
- 减少垃圾文件的产生

技巧478　巧用注册表恢复经典桌面

Windows XP 的经典桌面和简约的风格受到许多用户的喜爱，而用户对 Windows Vista 的桌面开始使用起来很不习惯。

通过修改注册表中的设置可恢复经典桌面。

❶ 选择"开始"→"运行"命令，在弹出的"运行"对话框中输入 Regedit 命令，单击"确定"按钮，打开"注册表编辑器"窗口。

❷ 在打开的"注册表编辑器"左窗格中展开 HKEY_CURRENT_USER\Software\Microsoft\Windows\CurrentVersion\Policies\Explorer 分支，然后在右窗格的空白区域右击。

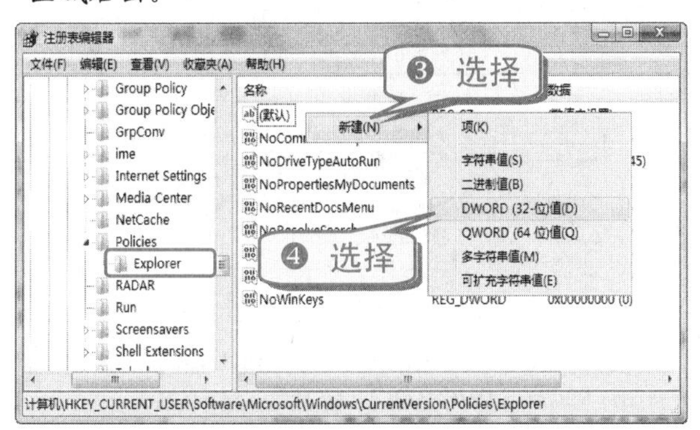

❺ 将新建的 DWORD 值命名为 ClassicShell，双击该子键，弹出"编辑 DWORD(32 位)值"对话框。

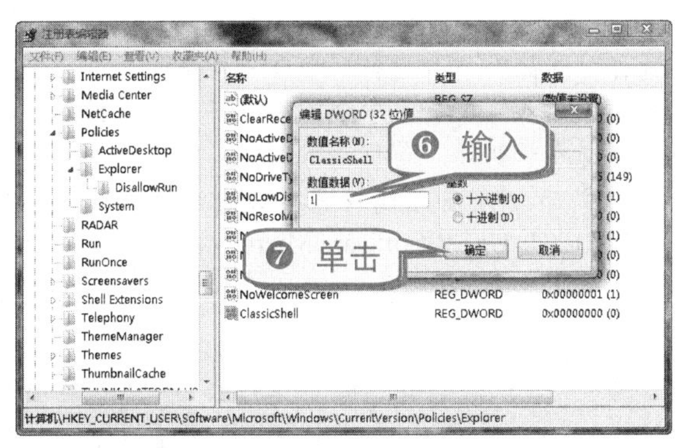

技巧479　隐藏图标中"快捷方式"字样

通过修改注册表中的设置，可以将图标名称中"快捷方式"四个字隐藏起来。

❶ 选择"开始"→"运行"命令，在弹出的"运行"对话框中输入 Regedit 命令，单击"确定"按钮，打开"注册表编辑器"窗口。

❷ 在打开的"注册表编辑器"左窗格中展开 HKEY_USERS\.Default\Software\Microsoft\Windows\CurrentVersion\Explorer 分支，然后在右窗格的空白区域右击。

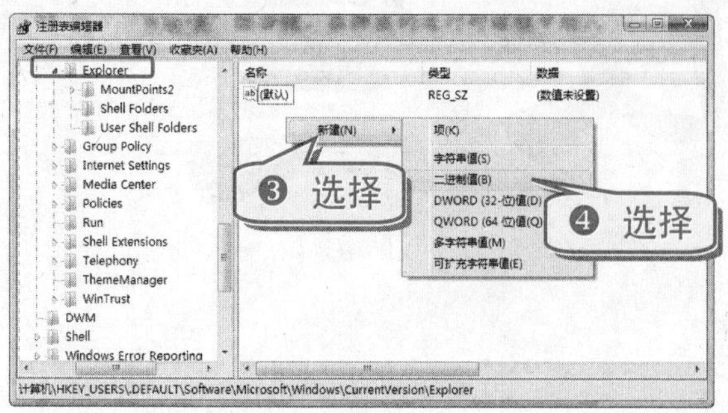

❺ 将新建的二进制值命名为 Link，双击该子键，弹出“编辑二进制数值”对话框。

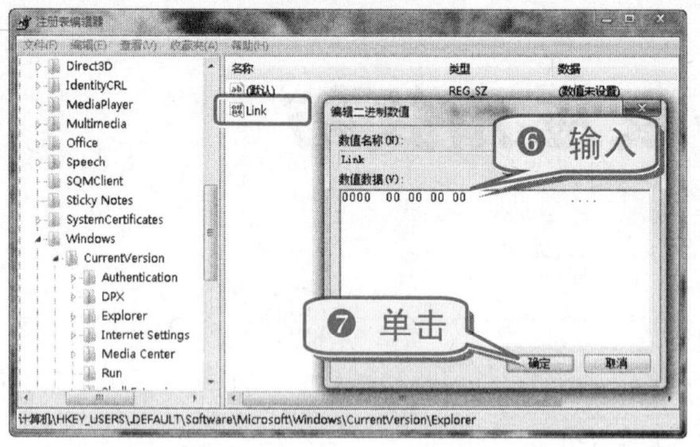

技巧480 隐藏不活动的图标

桌面右下角系统托盘中的图标并不都处在活动的状态，用户可以通过设置注册表自动隐藏不活动的图标，来加快操作速度。

❶ 选择“开始”→“运行”命令，在弹出的“运行”对话框中输入 Regedit 命令，单击“确定”按钮，打开“注册表编辑器”窗口。

❷ 在打开的“注册表编辑器”左窗格中展开 HKEY_CURRENT_USER\Software\Microsoft\Windows\CurrentVersion\Explorer 分支，然后在右窗格的空白区域右击。

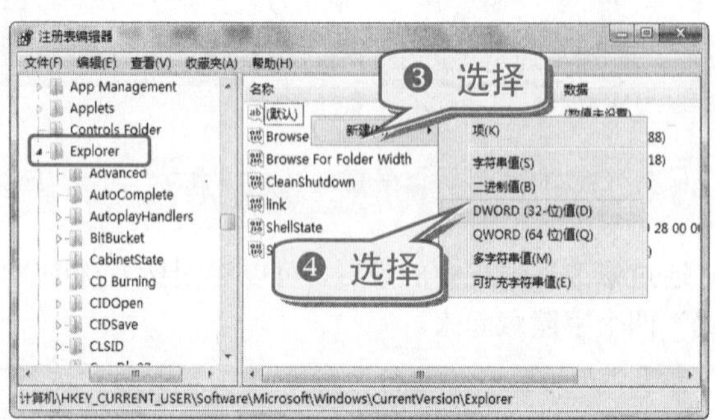

❺ 将新建的 DWORD 值命名为 EnableAutoTray，双击该子键，弹出“编辑 DWORD(32 位)值”对话框。

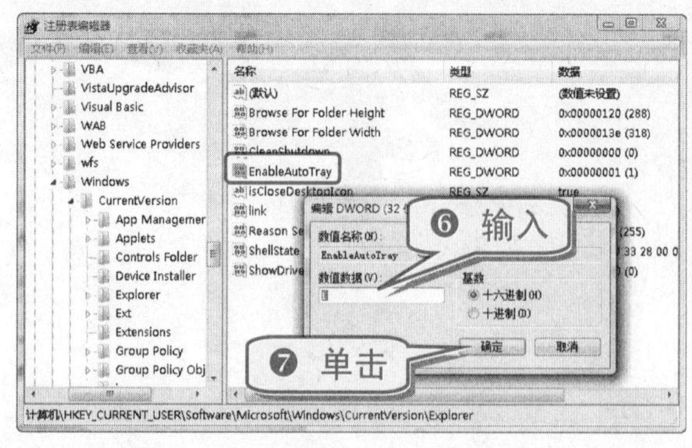

技巧481 删除通知区域不用的图标

有些程序安装完以后，会在桌面右下通知区域自动添加该程序的图标，既占空间又浪费资源，可以在注册表中将其删除。

❶ 选择“开始”→“运行”命令，在弹出的“运行”对话框中输入 Regedit 命令，单击“确定”按钮，打开“注册表编辑器”窗口。

❷ 在打开的“注册表编辑器”左窗格中展开 HKEY_CURRENT_USER\Software\Microsoft\Windows\CurrentVersion\Explorer\TrayNotify 分支。

❸ 选中 IconStreams 子键和 PastIconsStream 子键，按 Delete 键，在弹出的“确认项删除”对话框中单击“是”按钮即可。

技巧482 删除通知区域的时钟

通过修改注册表中的设置可以将系统“时钟”图标删除。

❶ 选择“开始”→“运行”命令，在弹出的“运行”对话框中输入 Regedit 命令，单击“确定”按钮，打开“注册表编辑器”窗口。

❷ 在打开的“注册表编辑器”左窗格中展开 HKEY_CURRENT_USER\Software\Microsoft\Windows\CurrentVersion\Policies\Explorer 分支，然后在右窗格的空白区域右击。

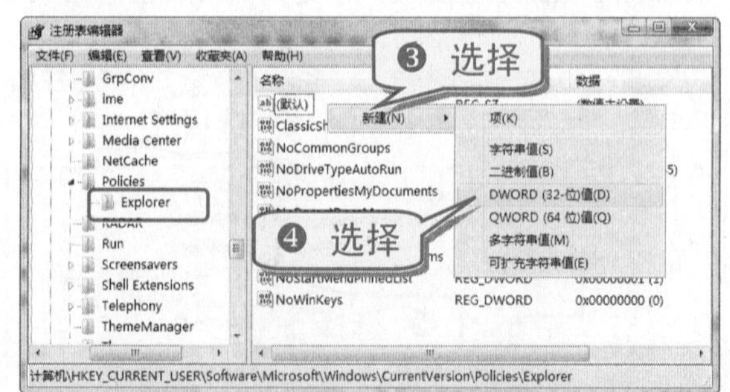

❺ 将新建的 DWORD 值命名为 HideClock，双击该子键，弹出“编辑 DWORD(32 位)值”对话框。

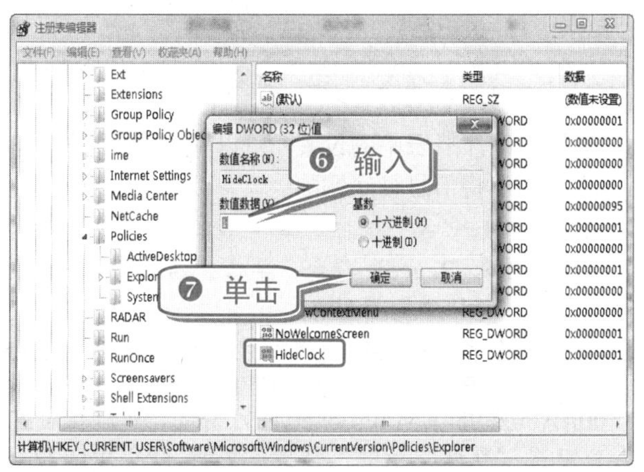

技巧483 重新排序输入法

通过输入法的属性菜单可以对输入法的排序进行设置，不过此操作方法使用起来非常不方便，而通过修改注册表中的设置可轻松实现。

❶ 选择“开始”→“运行”命令，在弹出的“运行”对话框中输入 Regedit 命令，单击“确定”按钮，打开“注册表编辑器”窗口。

❷ 在打开的“注册表编辑器”左窗格中展开 HKEY_CURRENT_USER\Keyboard Layout\Preload 分支。

❸ 在右窗格中选中各个子键，分别按照 1、2、3…的顺序将键值更改。

输入法	键 值
微软拼音输入法 1.5 版	E00E0804
智能 ABC 输入法版本 V4.0	E0040804
王码五笔型输入法 4.5 版	E0230804
全拼输入法版本 V4.0	E0010804
郑码输入法版本 V4.0	E0030804
英语(美国)	00000409

技巧484 禁止使用任务栏

通过任务栏可以进入任务管理器，也可以对“开始”菜单和任务的属性进行设置，而通过修改注册表中的设置则可以禁止使用任务栏。

❶ 选择“开始”→“运行”命令，在弹出的“运行”对话框中输入 Regedit 命令，单击“确定”按钮，打开“注册表编辑器”窗口。

❷ 在打开的“注册表编辑器”左窗格中展开 HKEY_LOCAL_MACHINE\Software\Microsoft\Windows\CurrentVersion\Polices\Explorer 分支，然后在右窗格的空白区域右击。

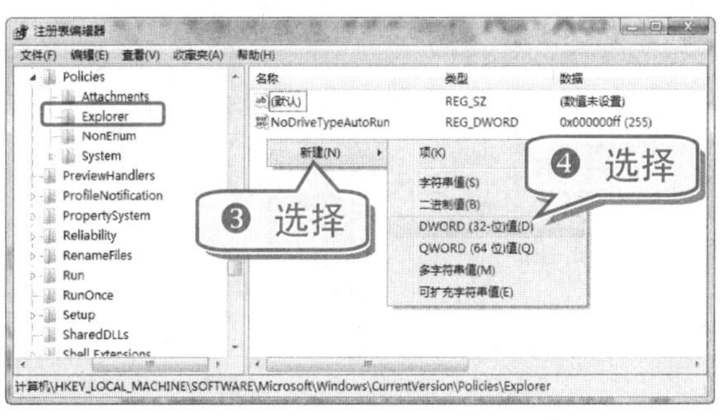

❺ 将新建的 DWORD 值命名为 NoSetTaskBar，双击该子键，弹出“编辑 DWORD(32 位)值”对话框。

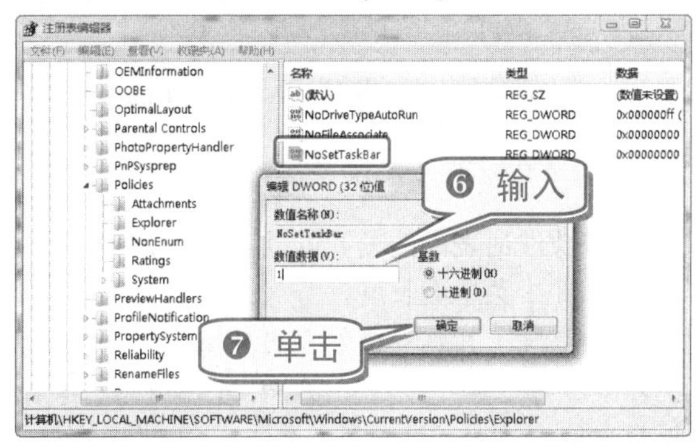

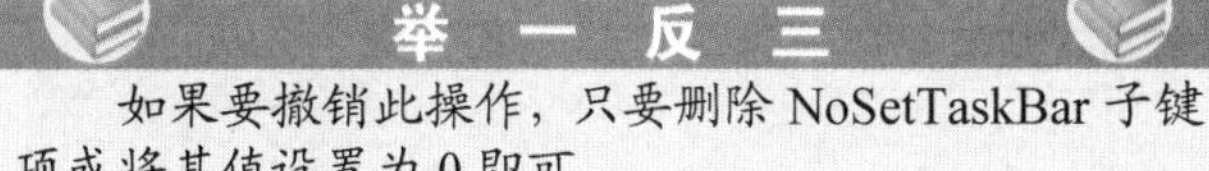

如果要撤销此操作，只要删除 NoSetTaskBar 子键项或将其值设置为 0 即可。

技巧485 更改加密文件的图标颜色

通过修改注册表中的设置，可以更改加密的文件/文件夹名称的字体颜色，这样方便用户识别加密文件和未加密文件。

❶ 选择“开始”→“运行”命令，在弹出的“运行”对话框中输入 Regedit 命令，单击“确定”按钮，打开“注册表编辑器”窗口。

❷ 在打开的“注册表编辑器”左窗格中展开 HKEY_CURRENT_USER\Software\Microsoft\Windows\CurrentVersion\Explorer 分支，然后在右窗格的空白区域右击。

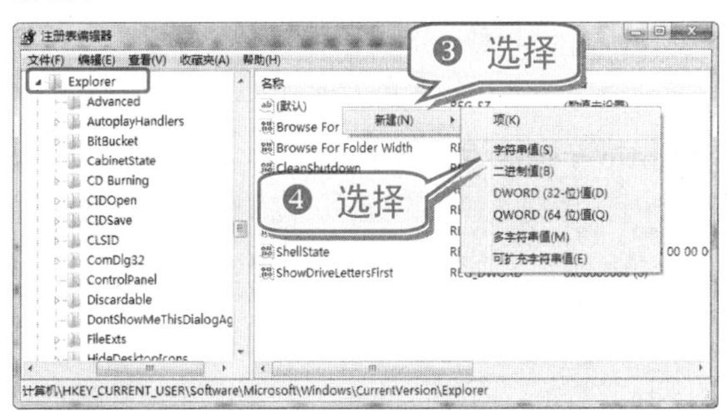

❺ 将新建的字符串命名为 AltEncryptionColor，双击该子键，弹出“编辑字符串”对话框。

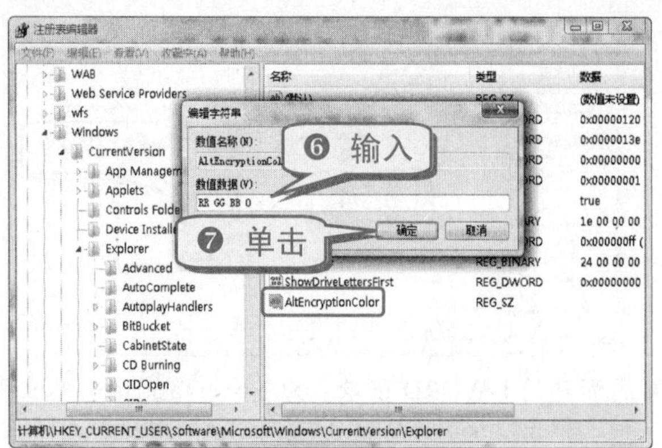

技巧486 删除“新建”菜单中的命令

通过修改注册表中的设置可以删除“新建”菜单中的多余命令，减少菜单的长度。

例如，删除“新建”菜单中的 WinZip File 命令。

❶ 选择“开始”→“运行”命令，在弹出的“运行”对话框中输入 Regedit 命令，单击“确定”按钮，打开“注册表编辑器”窗口。

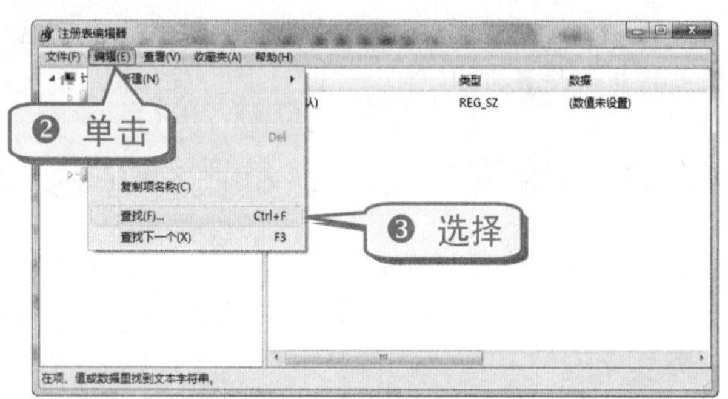

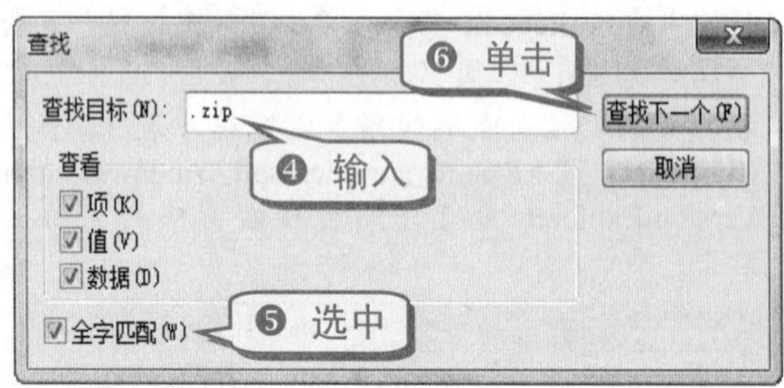

❼ 找到.zip 子键后右击该子键。

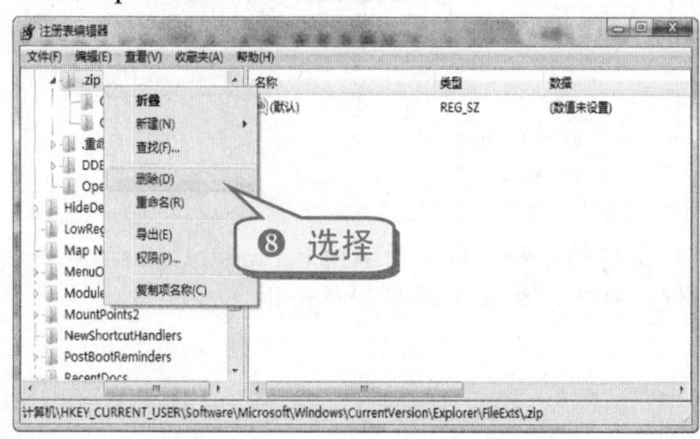

技巧487 快速锁定“回收站”

通过修改注册表中的设置，可以锁定“回收站”，防止非本机用户将信息彻底删除。

❶ 选择“开始”→“运行”命令，在弹出的“运行”对话框中输入 Regedit 命令，单击“确定”按钮，打开“注册表编辑器”窗口。

❷ 在打开的“注册表编辑器”左窗格中展开 HKEY_CLASSES_ROOT\CLSID\{645FF040-5081-101B-9F08-00AA002F954E}\InProcServer32 分支，然后在右窗格中双击“默认”子键，弹出“编辑 DWORD(32 位)值”对话框。

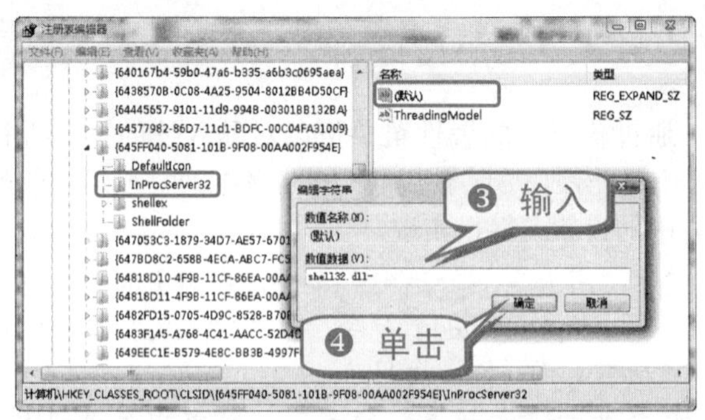

技巧488 设置鼠标滚轮一次滚动的行数

通过修改注册表中的设置，可以自定义鼠标滚轮一次滚动的行数，以减少在浏览页面时滚动的次数。

❶ 选择“开始”→“运行”命令，在弹出的“运行”对话框中输入 Regedit 命令，单击“确定”按钮，打开“注册表编辑器”窗口。

❷ 在打开的“注册表编辑器”左窗格中展开 HKEY_CURRENT_USER\Control Panel\Desktop 分支，然后在右窗格中找到 WheelScrollLine 子键。

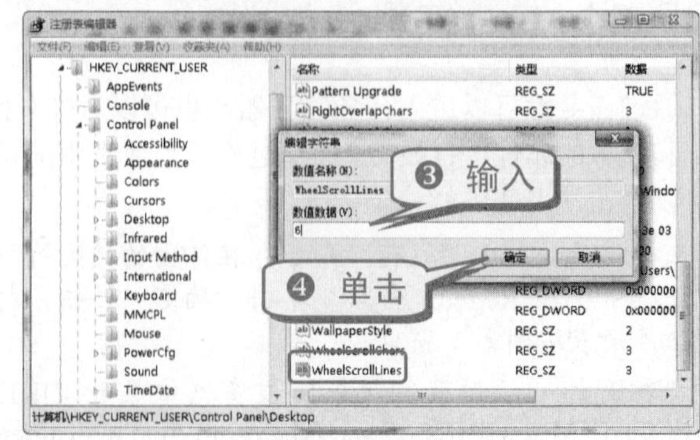

技巧489 如何禁止光标闪动

将光标定位到文本框中或者其他可以输入的位置，光标会

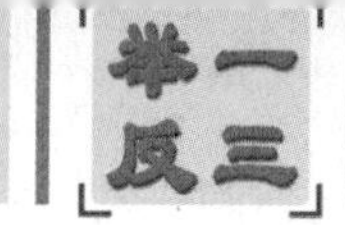

不停地闪动来提醒用户，通过修改注册表中的设置可以禁止光标闪动。

❶ 选择“开始”→“运行”命令，在弹出的“运行”对话框中输入 Regedit 命令，单击“确定”按钮，打开“注册表编辑器”窗口。

❷ 在打开的“注册表编辑器”左窗格中展开 HKEY_USERS\.DEFAULT\Control Panel\Desktop 分支，然后在右窗格的空白区域右击。

❺ 将新建的字符串命名为 CursorBlinkRate，双击该子键，弹出“编辑字符串”对话框。

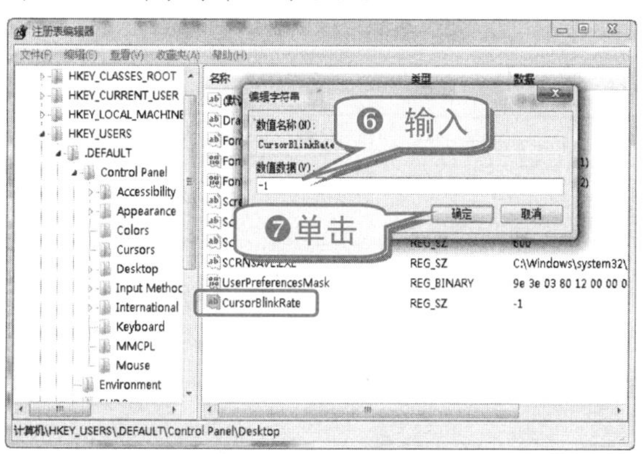

技巧490　修复 ADSL 代理上网功能

使用 ADSL 代理上网，有时却无法正常浏览某些网页或网站，此时可以通过修改注册表中的设置来解决此故障。

❶ 选择“开始”→“运行”命令，在弹出的“运行”对话框中输入 Regedit 命令，单击“确定”按钮，打开“注册表编辑器”窗口。

❷ 在打开的“注册表编辑器”左窗格中展开 HKEY_LOCAL_MACHINE\System\CurrentControlSet\Services\Tcpip\Parameters\Interfaces\<ID for Adapter 分支，然后在右窗格的空白区域右击。

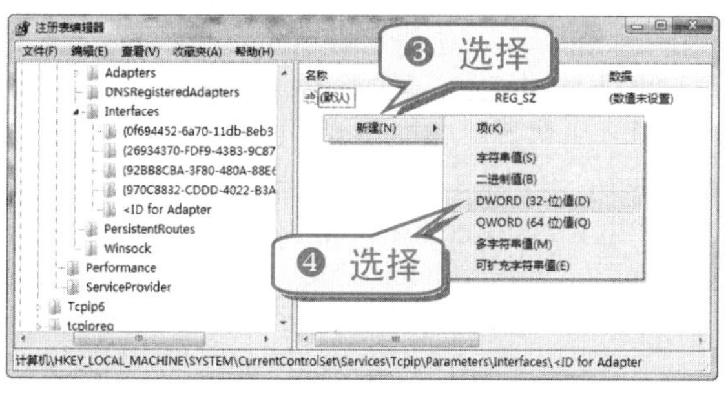

❺ 将新建的 DWORD 值命名为 MTU，双击该子键，弹出“编辑 DWORD(32 位)值”对话框。

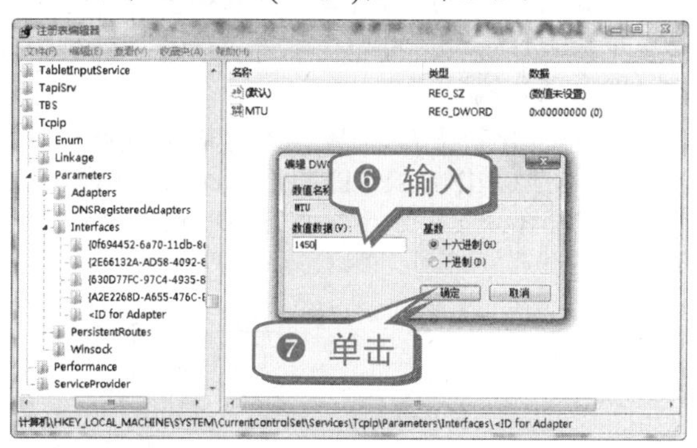

技巧491　防止登录远程服务器慢速链接超时

通过修改注册表中的设置，可以有效防止用户登录的服务器与配置文件的远程服务器之间的慢速链接超时。

❶ 选择“开始”→“运行”命令，在弹出的“运行”对话框中输入 Regedit 命令，单击“确定”按钮，打开“注册表编辑器”窗口。

❷ 在打开的“注册表编辑器”左窗格中展开 HKEY_LOCAL_MACHINE\Software\Microsoft\WindowNT\CurrentVersion\Winlogon 分支，然后在右窗格的空白区域右击。

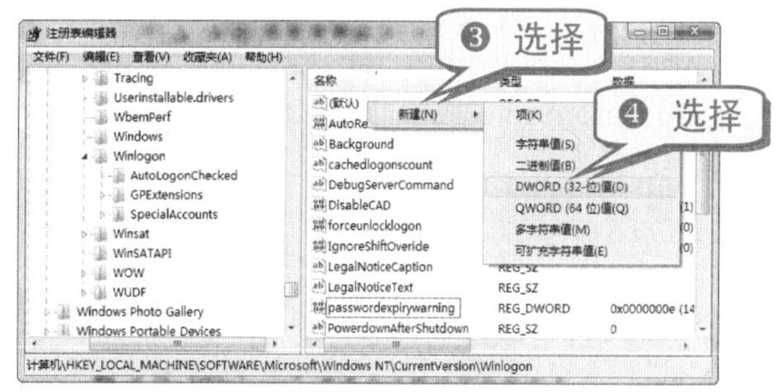

❺ 将新建的 DWORD 值命名为 SlowLinkTimeOut，双击该子键，弹出“编辑 DWORD(32 位)值”对话框。

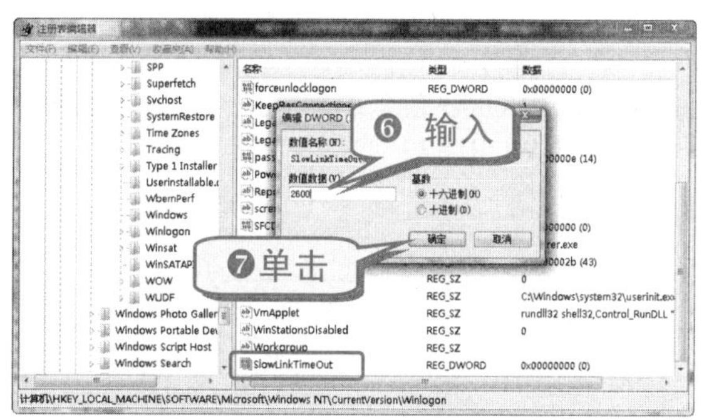

技巧492　禁止所有即插即用服务

通过修改注册表中的设置，可以禁止所有即插即用的服务，有效防止病毒和木马的入侵，提高系统的安全性。

❶ 选择“开始”→“运行”命令，在弹出的“运行”对话框中输入 Regedit 命令，单击“确定”按钮，打开“注册表编辑器”窗口。

❷ 在打开的“注册表编辑器”左窗格中展开 HKEY_LOCAL_MACHINE\SYSTEM\CurrentControlSet\Services\upnphost 分支，然后在右窗格中找到 Start 子键。

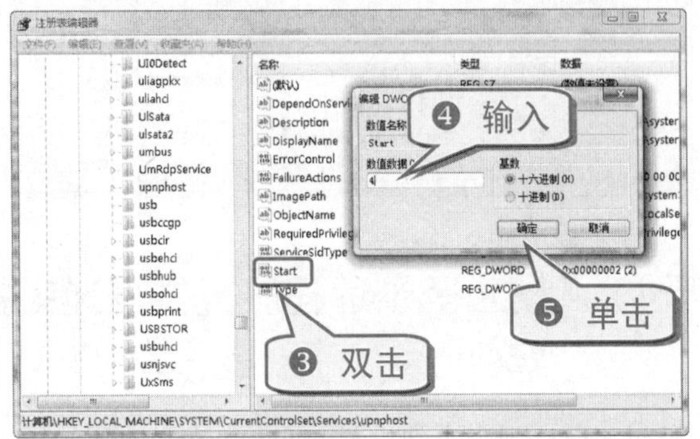

技巧493 设置 I/O 客户数上限

可以通过修改注册表中的设置，来控制服务器能接受的最大的 I/O 客户数量，避免网络阻塞。

❶ 选择“开始”→“运行”命令，在弹出的“运行”对话框中输入 Regedit 命令，单击“确定”按钮，打开“注册表编辑器”窗口。

❷ 在打开的“注册表编辑器”左窗格中展开 HKEY_LOCAL_MACHINE\SYSTEM\CurrentControlSet\Services\LanmanServer\Parameters 分支，然后在右窗格的空白区域右击。

❺ 将新建的 DWORD 值命名为 Users，双击该子键，弹出“编辑 DWORD(32 位)值”对话框。

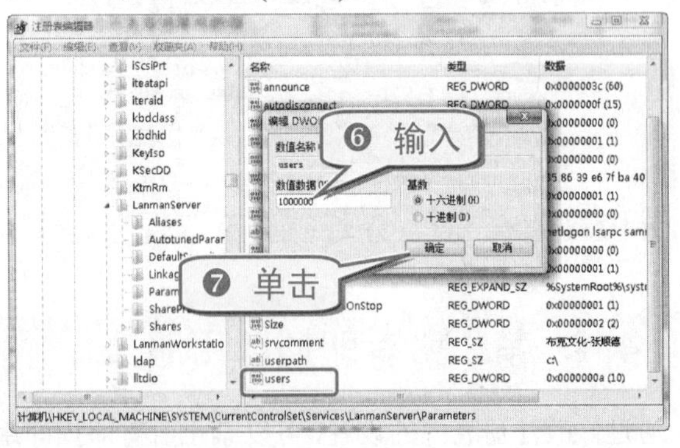

举一反三

将 Users 的键值设置为 FFFFFFFF，表示无限量的客户数量。

技巧494 设置文件系统的缓存时间

为了方便文件在下一次能够快速打开，系统会给已关闭的文件分配一定的高速缓存时间。但是高速缓存时间过长，会引起数据丢失。

❶ 选择“开始”→“运行”命令，在弹出的“运行”对话框中输入 Regedit 命令，单击“确定”按钮，打开“注册表编辑器”窗口。

❷ 在打开的“注册表编辑器”左窗格中展开 HKEY_LOCAL_MACHINE\SYSTEM\CurrentControlSet\Services\LanmanWorkstation\Parameters 分支，然后在右窗格的空白区域右击。

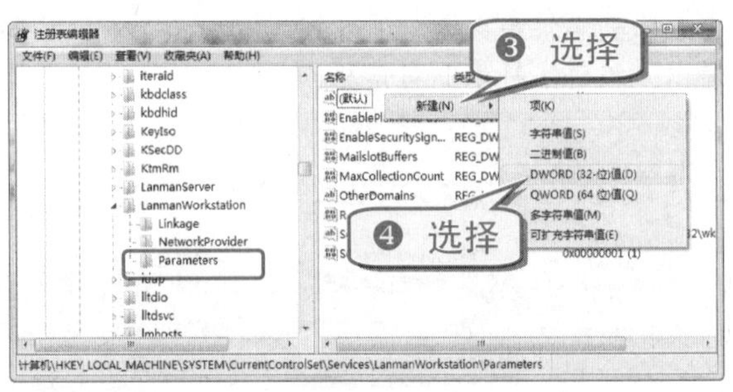

❺ 将新建的 DWORD 值命名为 CachFileTimeout，双击该子键，弹出“编辑 DWORD(32 位)值”对话框。

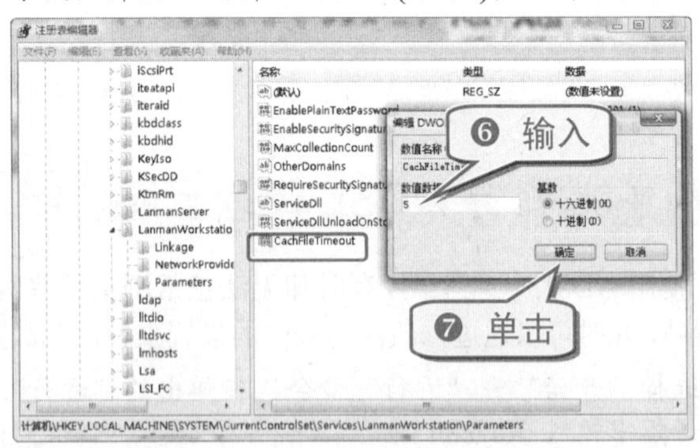

技巧495 为信任的程序开辟特别通道

通过修改注册表中的设置，可以给信任的程序开辟特别通道，这样可以有效防止带有病毒的程序运行。

❶ 选择“开始”→“运行”命令，在弹出的“运行”对话框中输入 Regedit 命令，单击“确定”按钮，打开“注册表编辑器”窗口。

❷ 在打开的“注册表编辑器”左窗格中展开 HKEY_CURRENT_USER\Software\Microsoft\Windows\CurrentVersion\Policies\Explorer 分支，然后在右窗格的空白区域右击。

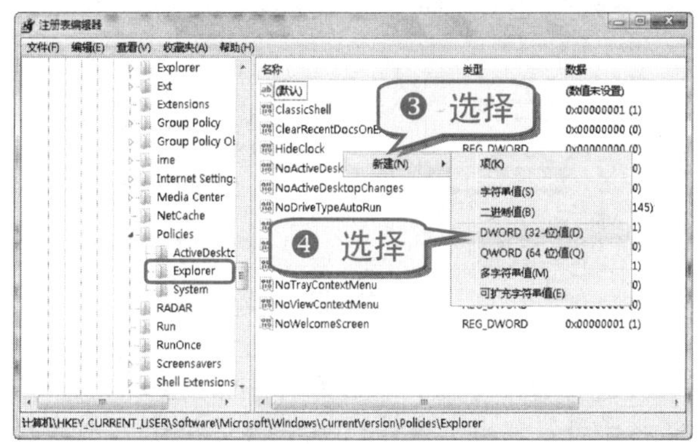

❺ 将新建的DWORD值命名为RestrictRun，双击该子键，弹出“编辑 DWORD(32 位)值”对话框。

❽ 在 Explorer 下创建一个 RestrictRun 项，在该项中分别创建名为“0”、“1”、“2”、“3”…的字符串值项，其值分别设置为允许运行的程序文件名。

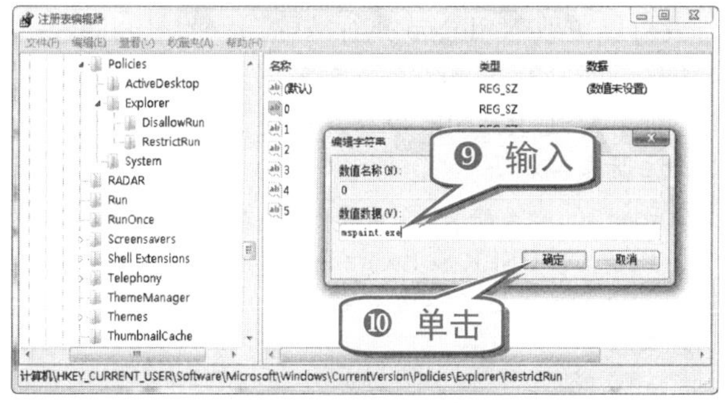

技巧496 蓝屏时自动启动

当系统出现故障导致蓝屏时，通常需要手动重启，而通过修改注册表中的设置可以使计算机在蓝屏时自动启动。

❶ 选择“开始”→“运行”命令，在弹出的“运行”对话框中输入 Regedit 命令，单击“确定”按钮，打开“注册表编辑器”窗口。

❷ 在打开的“注册表编辑器”左窗格中展开 HKEY_LOCAL_MACHINE\SYSTEM\CurrentControlSet\Control\CrashControl 分支，然后在右窗格中找到 AutoReboot 子键。

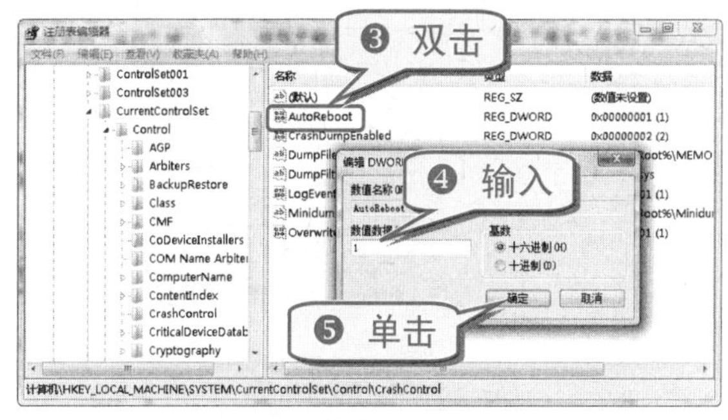

技巧497 巧妙破解屏幕保护密码

如果忘记了设置的屏幕保护密码，可以通过修改注册表中的设置来删除屏幕保护密码。

❶ 选择“开始”→“运行”命令，在弹出的“运行”对话框中输入 Regedit 命令，单击“确定”按钮，打开“注册表编辑器”窗口。

❷ 在打开的“注册表编辑器”左窗格中展开 HKEY_CURRENT_USER\Control Panel\Desktop 分支，然后在右窗格中找到 ScreenSave_Data 子键。

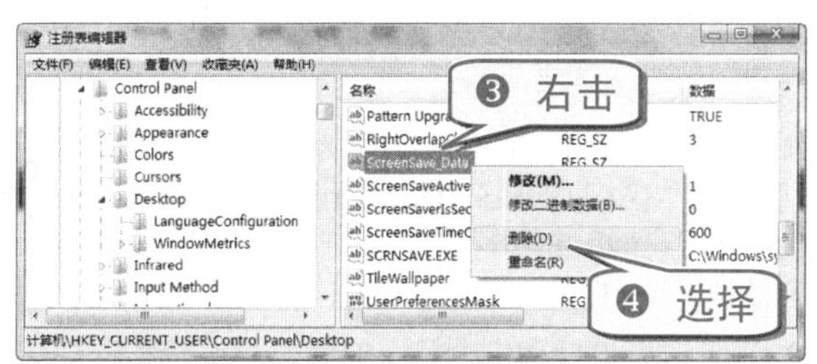

举 一 反 三

如果想为屏幕保护重新设置密码，可以进入显示的“属性”选项卡中重新为其设置密码。

技巧498 精确定义屏幕保护程序的延迟时间

如果希望计算机在启动后马上进入屏幕保护，则需要通过注册表来设置屏幕保护的延迟时间，通过控制面板是无法实现的。

❶ 选择“开始”→“运行”命令，在弹出的“运行”对话框中输入 Regedit 命令，单击“确定”按钮，打开“注册表编辑器”窗口。

❷ 在打开的“注册表编辑器”左窗格中展开 HKEY_CURRENT_USER\Control Panel\Desktop 分支，然后在右窗格中找到 ScreenSaveTimeOut 子键。

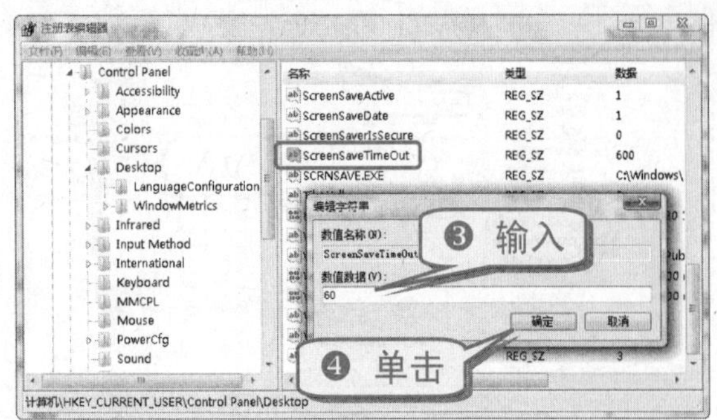

注 意 事 项

屏幕保护程序的延迟时间单位是秒，最小值是60秒。如果将数值改为1，那么每经过1秒钟，便会启动屏幕保护程序。

技巧499 审计备份和还原权限

对备份和还原权限的使用进行审计，可以很好地保护系统的安全。

❶ 选择"开始"→"运行"命令，在弹出的"运行"对话框中输入Regedit命令，单击"确定"按钮，打开"注册表编辑器"窗口。

❷ 在打开的"注册表编辑器"左窗格中展开HKEY_LOCAL_MACHINE\System\CurrentControlSet\Control\Lsa分支，然后在右窗格中找到FullPrivilege- Auditing子键。

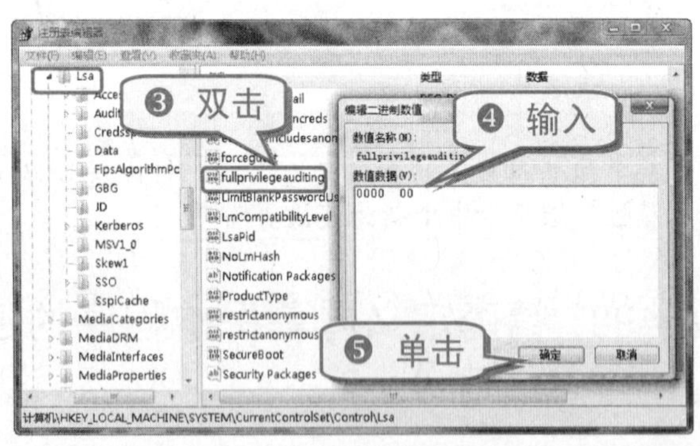

技巧500 禁止将已经登录到控制台会话的管理员注销

通过修改注册表中的设置，可以防止已经登录到控制台的管理员会话被注销，从而起到保护数据作用。

❶ 选择"开始"→"运行"命令，在弹出的"运行"对话框中输入Regedit命令，单击"确定"按钮，打开"注册表编辑器"窗口。

❷ 在打开的"注册表编辑器"左窗格中展开HKEY_LOCAL_MACHINE\SOFTWARE\Policies\Microsoft\Windows NT\Terminal Services分支，然后在右窗格的空白区域右击。

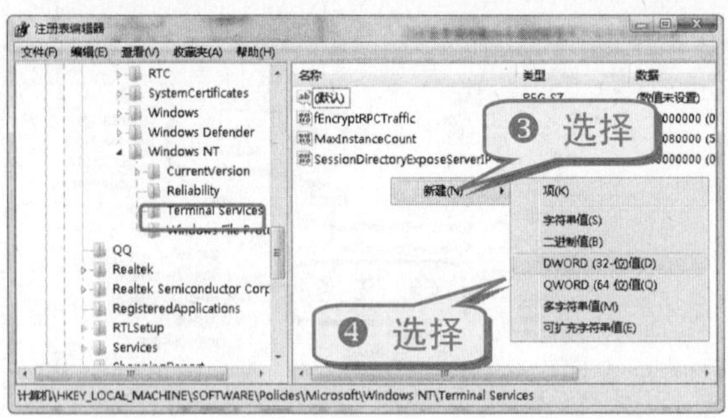

❺ 将新建的DWORD值命名为fDisableForcibleLogoff，双击该子键，弹出"编辑DWORD(32位)值"对话框。

技巧501 更改Netlogon自动清除的时间

Netlogon服务为域控制器注册所有的SRV资源记录，利用这些记录可以查询域活动目录相关的信息。通过修改注册表可以更改Netlogon执行清除操作的时间间隔。

❶ 选择"开始"→"运行"命令，在弹出的"运行"对话框中输入Regedit命令，单击"确定"按钮，打开"注册表编辑器"窗口。

❷ 在打开的"注册表编辑器"左窗格中展开HKEY_CURRENT_USER\Software\Policies\Microsoft\Netlogon\Parameters分支，然后在右窗格的空白区域右击。

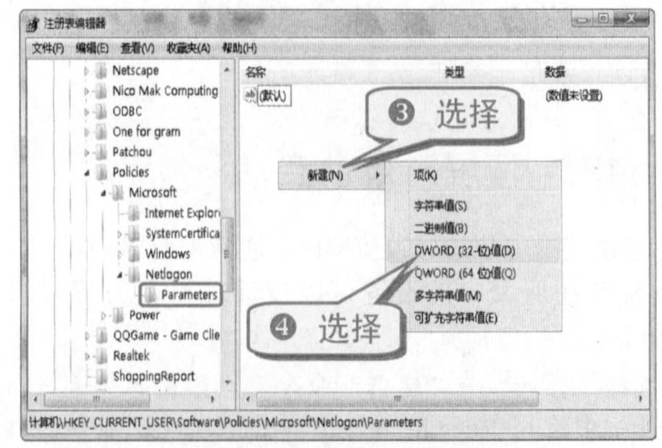

❺ 将新建的DWORD值命名为"ScavengeInterval"，双击该子键，弹出"编辑DWORD(32位)值"对话框。

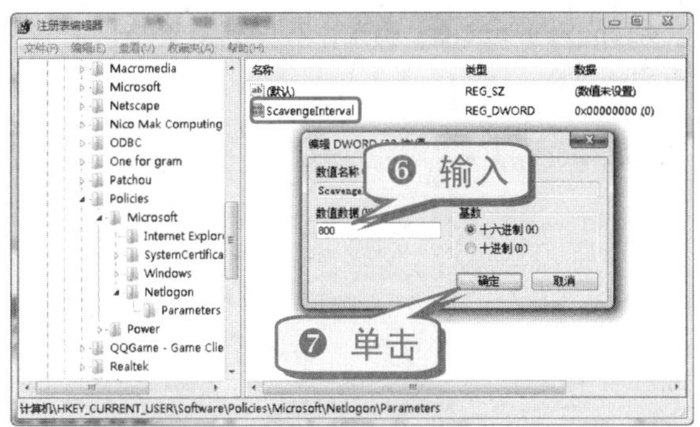

技巧502　禁止使用组策略功能

禁止使用域的组策略，可以提高系统的安全。

❶ 选择“开始”→“运行”命令，在弹出的“运行”对话框中输入 Regedit 命令，单击“确定”按钮，打开“注册表编辑器”窗口。

❷ 在打开的“注册表编辑器”左窗格中展开 HKEY_LOCAL_MACHINE\Software\Policies\Microsoft\Windows\System 分支，然后在右窗格的空白区域右击。

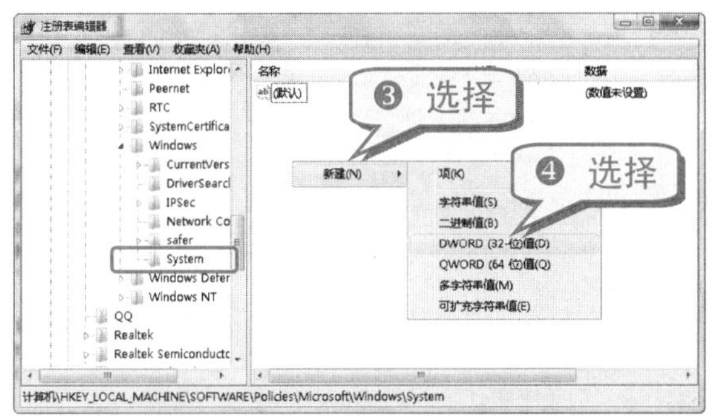

❺ 将新建的 DWORD 值命名为 DisableGPO，双击该子键，弹出“编辑 DWORD(32 位)值”对话框。

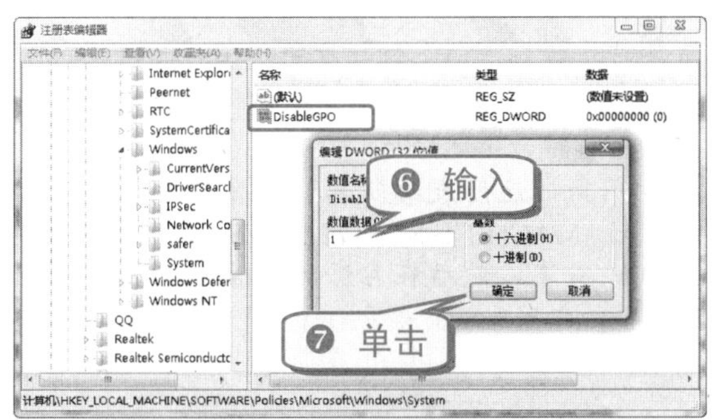

技巧503　快速设置组策略的刷新时间

设置组策略的刷新时间，能够保证重要的安全策略能够得到及时的更新和执行，提高系统的安全性。

❶ 选择“开始”→“运行”命令，在弹出的“运行”对话框中输入 Regedit 命令，单击“确定”按钮，打开“注册表编辑器”窗口。

❷ 在打开的“注册表编辑器”左窗格中展开 HKEY_LOCAL_MACHINE\Software\Policies\Microsoft\Windows\System 分支，然后在右窗格的空白区域右击。

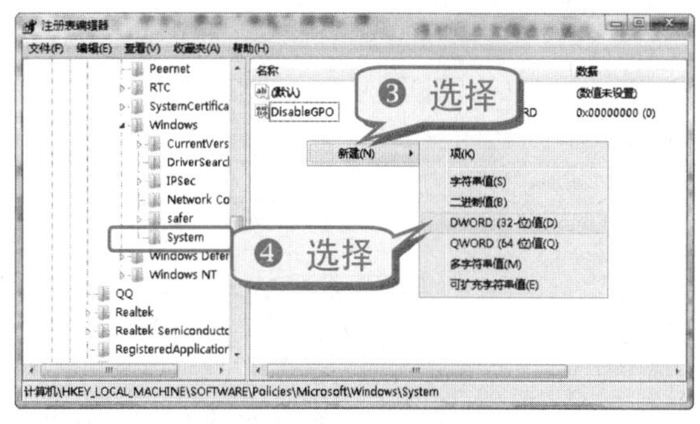

❺ 将新建的 DWORD 值命名为 GroupPolicyRefreshTime，双击该子键，弹出“编辑 DWORD(32 位)值”对话框。

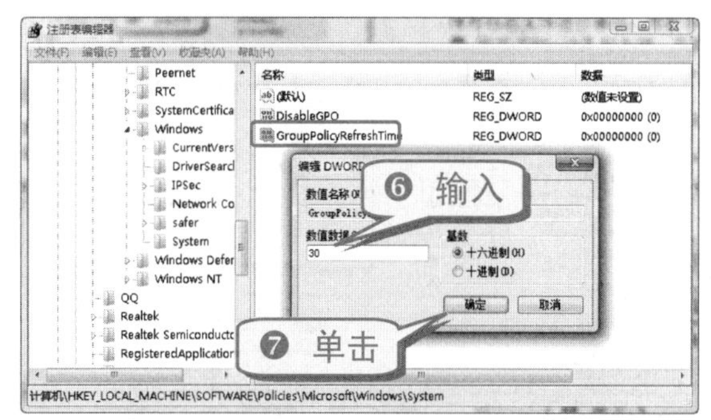

命　令	功　能
GroupPolicyRefreshTime	计算机的刷新间隔，有效范围：0～64800 分钟
GroupPolicyRefreshTimeOffset	计算机的偏移量间隔，有效范围：0～1440 分钟
GroupPolicyRefreshTimeDC	域控制器的刷新间隔，有效范围：0～64800 分钟
GroupPolicyRefreshTimeOffsetDC	域控制器的偏移量间隔，有效范围：0～1440 分钟
GroupPolicyRefreshTime	用户的刷新间隔，有效范围：0～64800 分钟
GroupPolicyRefreshTimeOffset	用户的偏移量间隔，有效范围：0～1440 分钟

技巧504　限制对系统日志访问

限制对系统日志文件的访问，可以避免误操作或者恶意软件对日志文件进行篡改，以维护系统的安全。

❶ 选择“开始”→“运行”命令，在弹出的“运行”对话框中输入 Regedit 命令，单击“确定”按钮，打开“注册表编辑器”窗口。

❷ 在打开的“注册表编辑器”左窗格中展开 HKEY_LOCAL_MACHINE\SYSTEM\CurrentControlSet\Services\EventLog 分支，选择 Application 子项，在右窗格中

找到 RestrictGuestAccess 子键，双击该子键，弹出"编辑 DWORD(32 位)值"对话框。

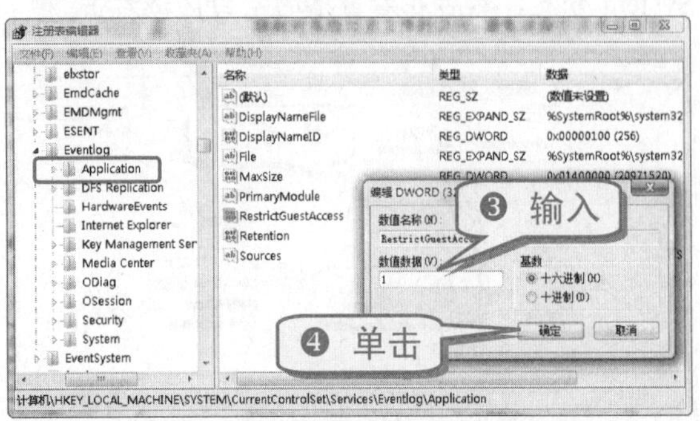

❺ 选择 Security 子项，在右窗格中找到 RestrictGuest-Access 子键，双击该子键，弹出"编辑 DWORD(32 位)值"对话框。

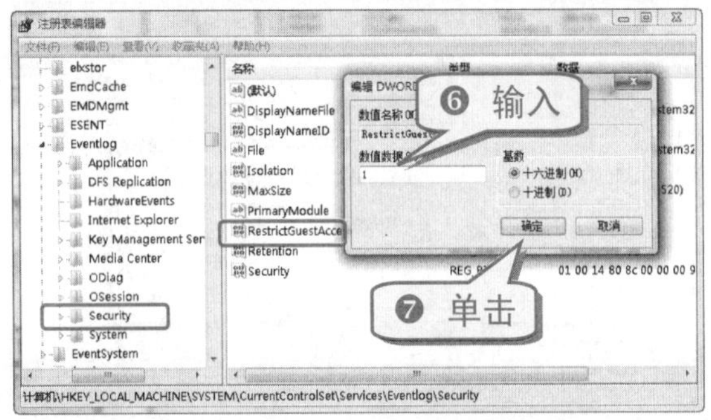

❽ 选择 System 子项，在右窗格中找到 RestrictGuest-Access 子键，双击该子键，弹出"编辑 DWORD(32 位)值"对话框。

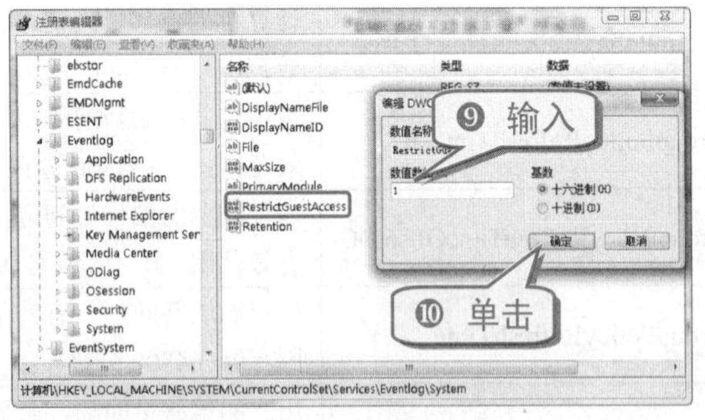

技巧505 禁止使用 IGMP 协议

IGMP(互联网组消息管理协议)是一种互联网协议，使得互联网上的主机向临近路由器报告其广播组成员。广播使得互联网上的一个主机可以向网上的其他计算机发送信息。

❶ 选择"开始"→"运行"命令，在弹出的"运行"对话框中输入 Regedit 命令，单击"确定"按钮，打开"注册表编辑器"窗口。

❷ 在打开的"注册表编辑器"左窗格中展开 HKEY_LOCAL_MACHINE\SYSTEM\CurrentControlSet\Services\Tcpip\Parameters 分支，然后在右窗格的空白区域右击。

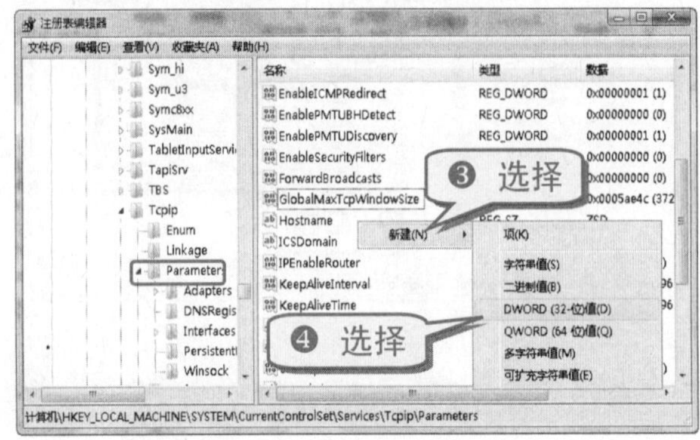

❺ 将新建的 DWORD 值命名为 IGMPLevel，双击该子键，弹出"编辑 DWORD(32 位)值"对话框。

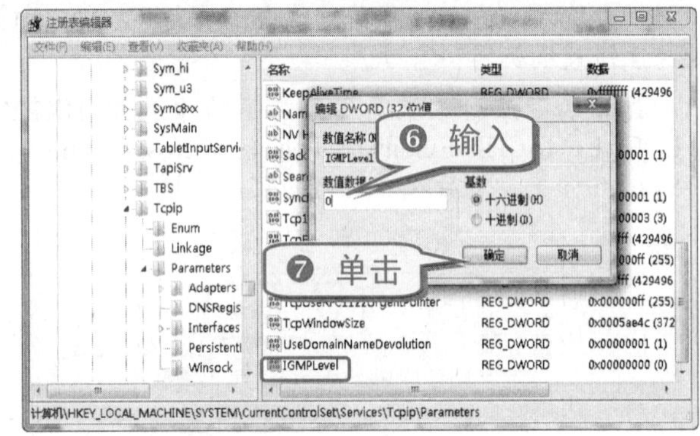

技巧506 允许 16 位程序使用独立的虚拟机

通过修改注册表中的设置，可以使 16 位程序使用独立的虚拟机。

❶ 选择"开始"→"运行"命令，在弹出的"运行"对话框中输入 Regedit 命令，单击"确定"按钮，打开"注册表编辑器"窗口。

❷ 在打开的"注册表编辑器"左窗格中展开 HKEY_LOCAL_MACHINE\SYSTEM\CurrentControlSet\Control\WOW 分支，然后在右窗格中找到 DefaultSeparate-VDM 子键。

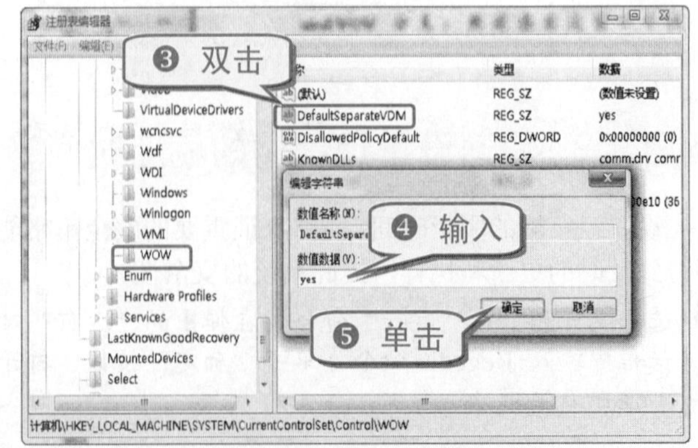

技巧507 还原系统默认语言

在系统中安装过非中文语言的游戏或软件以后，可能会出现中文字符丢失的现象，此时可以通过修改注册表中的设置轻松将此问题解决。

❶ 选择“开始”→“运行”命令，在弹出的“运行”对话框中输入 Regedit 命令，单击“确定”按钮，打开“注册表编辑器”窗口。

❷ 在打开的“注册表编辑器”左窗格中展开 HKEY_LOCAL_MACHINE\System\CurrentControlSet\control\Nls\Locale 分支，然后在右窗格中找到 Default 子键。

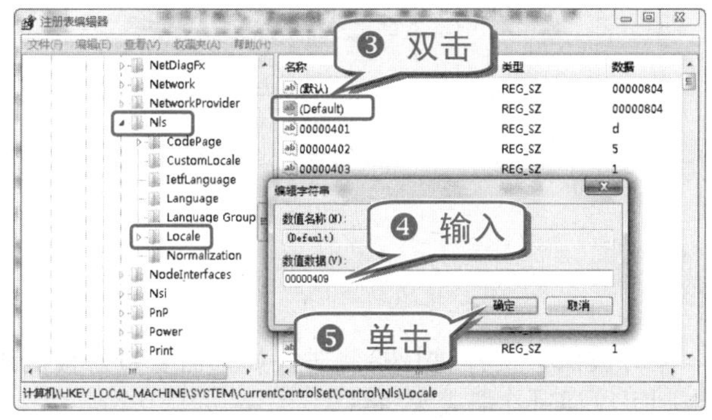

技巧508 设置系统临界线程的总数

通过修改注册表中的设置，可以给系统分配可用的临界线程总数。

❶ 选择“开始”→“运行”命令，在弹出的“运行”对话框中输入 Regedit 命令，单击“确定”按钮，打开“注册表编辑器”窗口。

❷ 在打开的“注册表编辑器”左窗格中展开 HKEY_LOCAL_MACHINE\System\CurrentControlSet\Services\LanmanWorkstation\Parameters 分支，然后在右窗格的空白区域右击。

❺ 将新建的 DWORD 值命名为 CriticalThreads，双击该子键，弹出“编辑 DWORD(32 位)值”对话框。

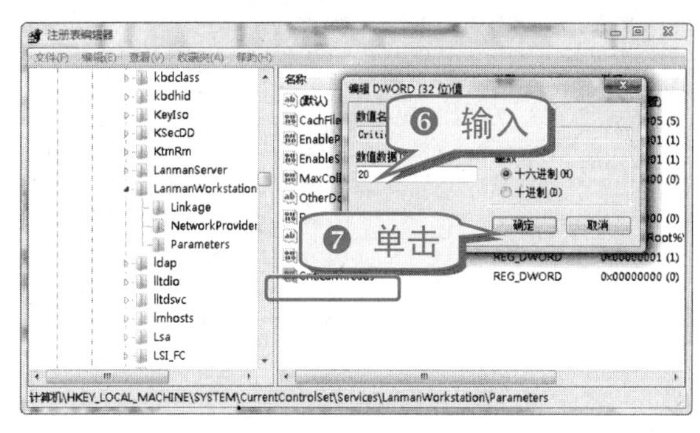

技巧509 让系统适应日文游戏

有些日文游戏并不能直接在系统中运行，而通过修改注册表中的设置，可让系统适应日文游戏。

❶ 选择“开始”→“运行”命令，在弹出的“运行”对话框中输入 Regedit 命令，单击“确定”按钮，打开“注册表编辑器”窗口。

❷ 在打开的“注册表编辑器”左窗格中展开 HKEY_LOCAL_MACHINE\System\CurrentControlSet\Control\Nls\Locale 分支，然后在右窗格中找到 Default 子键。

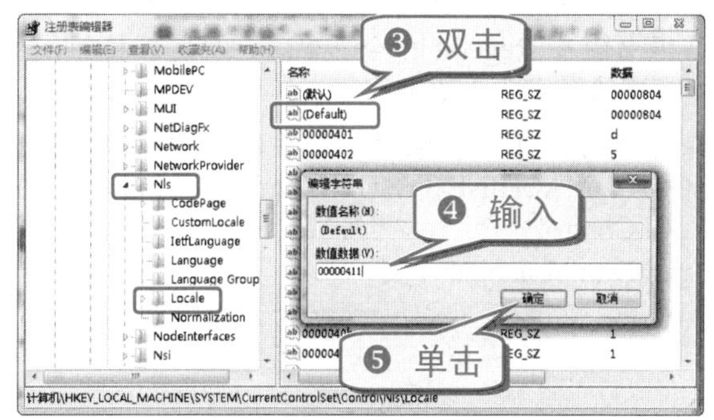

技巧510 减少系统垃圾文件的产生

当系统发生严重错误时会产生垃圾文件，合理控制这些垃圾文件的产生，可以节约磁盘的空间。

❶ 选择“开始”→“运行”命令，在弹出的“运行”对话框中输入 Regedit 命令，单击“确定”按钮，打开“注册表编辑器”窗口。

❷ 在打开的“注册表编辑器”左窗格中展开 HKEY_LOCAL_MACHINE\SYSTEM\CurrentControlSet\Control\CrashControl 分支，然后在右窗格中找到 Overwrite 子键。

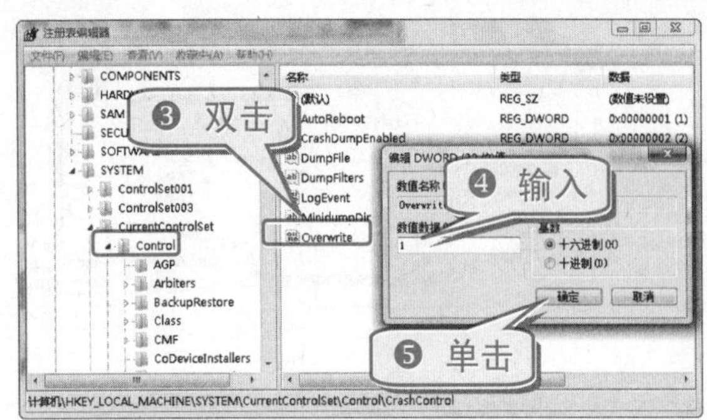

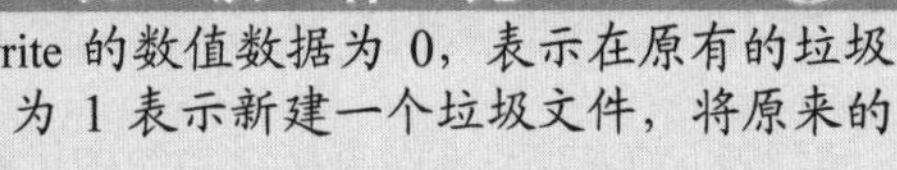

当 Overwrite 的数值数据为 0，表示在原有的垃圾文件后追加；为 1 表示新建一个垃圾文件，将原来的垃圾文件覆盖。

技巧511 设置系统故障时是否创建垃圾文件

通过修改注册表中的设置，可以决定系统在出故障时是否创建垃圾文件。

❶ 选择“开始”→“运行”命令，在弹出的“运行”对话框中输入 Regedit 命令，单击“确定”按钮，打开“注册表编辑器”窗口。

❷ 在打开的“注册表编辑器”左窗格中展开 HKEY_LOCAL_MACHINE\SYSTEM\CurrentControlSet\Control\CrashControl 分支，然后在右窗格中找到 CrashDumpEnabled 子键。

数 值	含 义
0	系统发生故障时不创建垃圾文件
1	将内存中的内容完整地保存到垃圾文件中
2	只将内存中最重要的内容保存到垃圾文件中
3	只将内存中 64KB 的内容保存到垃圾文件中

技巧512 为系统垃圾文件指定存放位置

通过修改注册表中的设置，可以给系统垃圾文件指定存放位置，能够帮助用户及时清理和删除这些垃圾文件。

❶ 选择“开始”→“运行”命令，在弹出的“运行”对话框中输入 Regedit 命令，单击“确定”按钮，打开“注册表编辑器”窗口。

❷ 在打开的“注册表编辑器”左窗格中展开 HKEY_LOCAL_MACHINE\SYSTEM\CurrentControlSet\Control\CrashControl 分支，然后在右窗格中找到 DumpFile 子键。

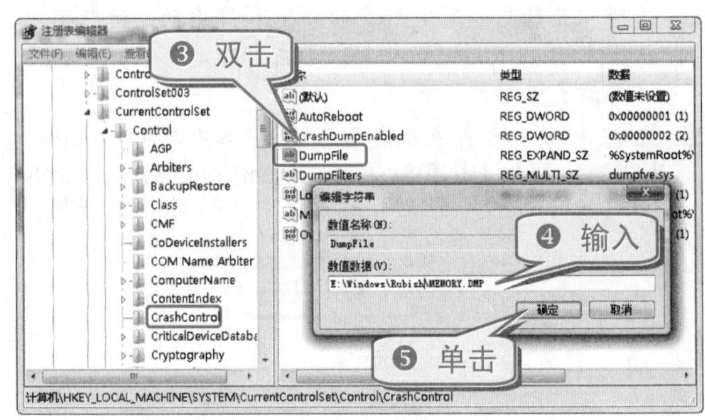

技巧513 显示保护文件检测进程表

在对被保护文件进行检测时，如果需要查看检测进程，则可以通过注册表来查看。

❶ 选择“开始”→“运行”命令，在弹出的“运行”对话框中输入 Regedit 命令，单击“确定”按钮，打开“注册表编辑器”窗口。

❷ 在打开的“注册表编辑器”左窗格中展开 HKEY_LOCAL_MACHINE\SOFTWARE\Microsoft\Windows NT\CurrentVersion\Winlogon 分支，然后在右窗格的空白区域右击。

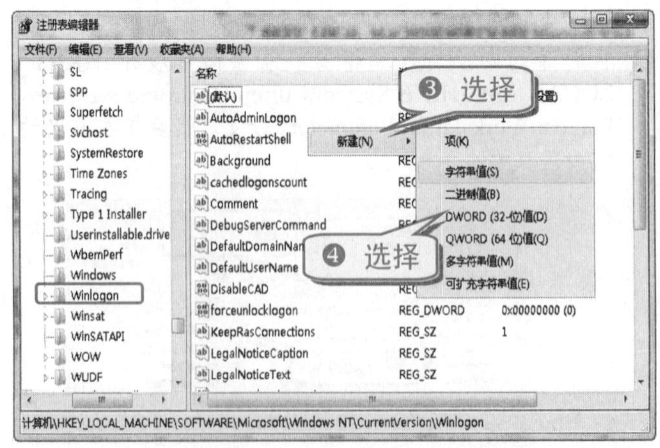

❺ 将新建的 DWORD 值命名为 CriticalThreads，双击该子键，弹出“编辑 DWORD(32 位)值”对话框。

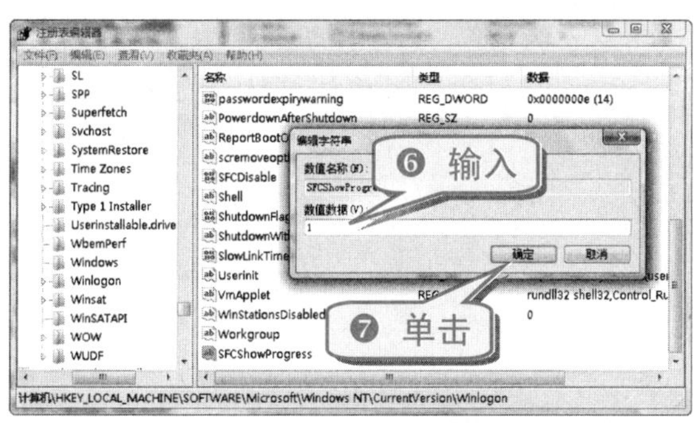

技巧514　禁止 Windows 发出错误警告声

系统发生错误时，通常会由系统发出自带的错误警告声，通过设置可以禁止系统发出错误警告声。

❶ 选择“开始”→“运行”命令，在弹出的“运行”对话框中输入 Regedit 命令，单击“确定”按钮，打开“注册表编辑器”窗口。

❷ 在打开的“注册表编辑器”左窗格中展开 HKEY_CURRENT_USER\Control Panel\Sound 分支，然后在右窗格中找到 Boop 子键。

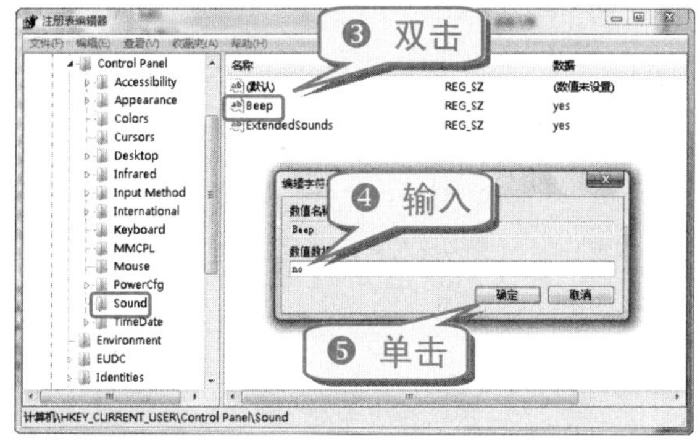

技巧515　关闭用户跟踪，提高安全性能

当用户在使用计算机时，系统会自动跟踪使用过的程序、路径和文档信息。通过修改注册表中的设置可以关闭此功能，从而有效地提高信息的安全性。

❶ 选择“开始”→“运行”命令，在弹出的“运行”对话框中输入 Regedit 命令，单击“确定”按钮，打开“注册表编辑器”窗口。

❷ 在打开的“注册表编辑器”左窗格中展开 HKEY_CURRENT_USER\Software\Microsoft\Windows\CurrentVersion\Policies\Explorer 分支，然后在右窗格的空白区域右击。

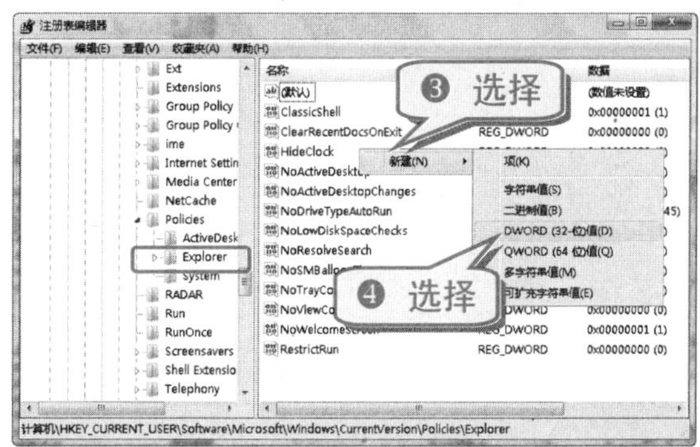

❺ 将新建的 DWORD 值命名为 NoInstrumentation，双击该子键，弹出“编辑 DWORD(32 位)值”对话框。

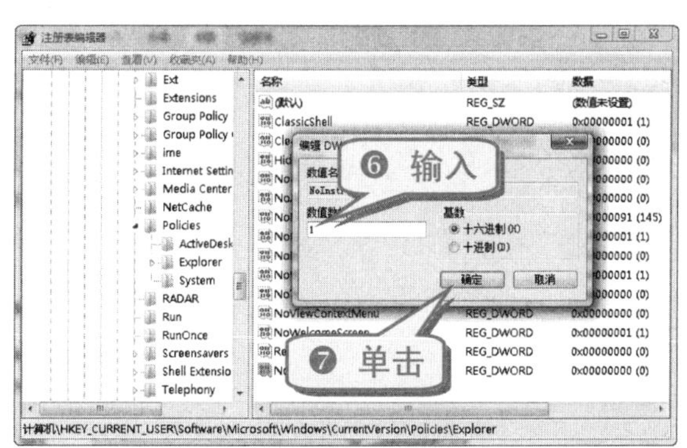

专题十五 系统故障排除技巧

在使用 Windows Vista 过程中，难免会因为各种各样的软硬件问题导致系统发生故障，因此了解一些故障方面的知识和诊断方法对排除故障很有帮助。

热点快报

- 硬件故障排除
- 软件故障排除
- 死机故障排除
- 系统故障排除
- 网络故障处理
- 压缩软件故障排除

技巧516 排除 CPU 常见的四大故障

CPU 本身的故障率在计算机所有的配件中是最低的，这与 CPU 作为高科技产品的地位以及有着极其严格的生产和检测程序是分不开的，所以因 CPU 本身的质量问题而导致计算机故障的情况确实不多见。但是倘若安装或使用不当，则可能带来很多意想不到的问题。

当 CPU 出现问题时，一般表现为无法开机，系统没有任何反应，即使按下电源开关，机箱喇叭也无任何鸣叫声，显示器无任何显示。如果出现上述情况，就应该怀疑这可能与 CPU 有关。

(1) 检查 CPU 是否被烧毁、压坏

打开机箱检查，取下风扇，拿出 CPU，然后检查 CPU 是否有被烧毁、压坏的痕迹。

现在用户普遍采用的是封装 CPU，其核心(AMD 的毒龙，雷鸟)十分脆弱，在安装风扇时稍不注意，便很容易被压坏。CPU 损坏还有一种现象就是针脚折断。现在的 CPU 普遍采用 Socket 架构，通过针脚直接插入主板上的 CPU 插槽，尽管它号称是“零插拔力”插槽，但如果插槽质量不好，CPU 插入时的阻力还是很大的。在拆卸或者安装 CPU 时应注意保持其平衡，尤其安装前要注意检查针脚是否有弯曲，不要用蛮力压或拔，否则就有可能折断 CPU 针脚。

(2) 检查风扇运行是否正常

CPU 能否正常运行和 CPU 的风扇有着很大的关系，风扇一旦出现故障，则很可能导致 CPU 因温度过高而被烧坏。因此对 CPU 风扇的保养显得很重要，例如，及时地给风扇上润滑油，这样可以避免风扇在运行过程中噪声过大，导致停止运行。

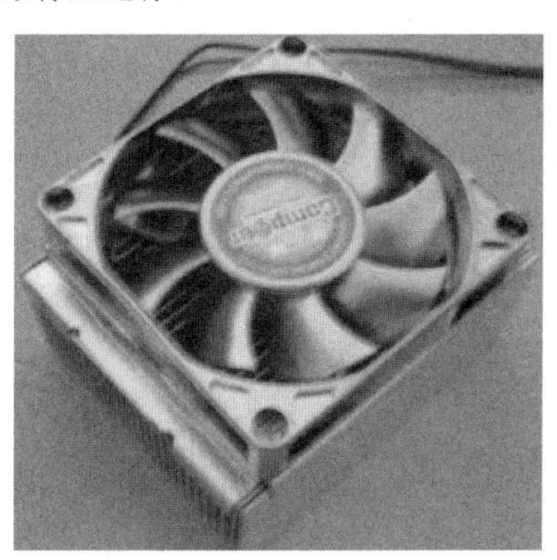

(3) 检查CPU安装是否正确

注意检查CPU是否插入到位，尤其是采用Slot1插槽的CPU(如PII及PIII)，安装时容易安装不到位。尽管现在的CPU都有定位措施，但还是需要检查CPU插座的固定杆是否已经固定到位。

(4) 跳线、电压设置是否正确

尤其是在采用硬跳线的老主板上，稍不注意就可能将CPU的有关参数设置错误。因此在安装CPU前，应仔细阅读主板说明书，认真检查主板跳线是否正常并与CPU匹配。

现在大多数主板都能自动识别CPU的类型，然后把CPU的外频、倍频和电压的设置项改为Auto跳线设置。

技巧517 排除CPU超频导致黑屏的故障

当对CPU进行超频使用时，开机后，显示器出现黑屏，复位无效。针对这种情况，可以采取以下措施。

❶ 检查显示器的电源是否接好，电源开关是否开启，显卡与显示器的数据线是否连接好。

❷ 关闭电源，打开机箱，检查显卡和内存条是否接好，或重新安装显卡和内存条，然后重新启动计算机。如果发现屏幕仍无显示，说明故障不在此。

❸ 计算机在运行时，用手触摸CPU发现非常烫，可找到CPU的外频与倍频跳线，逐步降频。

❹ 重新启动计算机，系统恢复正常，显示器也有了显示。

专 家 坐 堂

将CPU的外频与倍频调到合适的状态后，应检测一段时间看是否稳定。如果系统运行基本正常，仅是偶尔出点小毛病(如非法操作、程序要单击几次才打开)，此时如果不想降频，为了系统的稳定，可适当调高CPU的核心电压。

技巧518 排除CPU超频造成系统死机的故障

对CPU进行超频操作后，每次开机运行30分钟左右就会死机。而重新启动后依然如此，间隔一小时左右，才可以开机启动。这个问题很可能是由于CPU散热不良引起的。

❶ 打开机箱，然后启动计算机，观察CPU散热风扇是否转速过慢或者停转。

❷ 用手感觉短时间内散热片升温是否过快。

知 识 补 充

如果是前两种情况，建议更换一款新的CPU散热风扇；

如果是后一种情况，建议更换一款功率更大的散热风扇；

如果还不行，只好降低频率使用了。

技巧519 快速恢复CPU频率至默认状态

对CPU进行超频处理后，若开机自检时显示“DISK BOOT FAILURE，INSERT SYSTEM DISK AND PRESS ENTER”，然后就死机了，经检查硬盘没有问题，估计与超频有关。

❶ 在BIOS中设置启动顺序为IDEO/FLOOPY/CDROM，然后将BOOT OTHER DEVICE设置为Enabled。

❷ 重新启动计算机，看能否从硬盘启动。如果不能，那很可能是超频引起的。

❸ 按主板上的说明将100MHz的外频恢复至66MHz或者Default、Normal即可。

知 识 补 充

如果找不到主板的说明书，就直接查阅主板PCB上的印刷说明文字，主板厂商都会将超频跳线的使用方法印刷在主板上。

技巧520 快速给CPU降温

如果计算机的CPU温度偏高，即使没有达到报警的程度，但对系统和硬件本身总是有影响的。因此，适当地给CPU降温是很有必要的。

❶ 清除CPU散热风扇和散热片上的灰尘，过多的灰尘不但影响散热效果，还会导致风扇转速降低。

❷ 给风扇的轴承部分注入一些润滑油。

❸ 在CPU表面和散热片之间涂一些硅胶，提高热量传递的效率。

❹ 使用一些CPU降温软件，如WaterFall或SoftCooler等。此类软件能够在CPU空闲时自动发出休眠指令，让CPU暂时停止工作，以达到降温的目的。

技巧521 巧妙处理主板散热不良现象

当计算机开机运行一段时间后，常在出现登录画面后死机，尝试使用启动盘启动系统，故障依旧。

从故障现象来看，可能是该计算机某些硬件接触不良造成的，因为当计算机运行一段时间后，一些插卡松动可能导致问题的出现。

❶ 打开机箱，将某些插卡和插件重装一遍，重新启动计算机，故障仍未排除。分析原因可能是CPU超频或者内存不稳定。

❷ 检查主板上 CPU 的频率设定情况，发现 CPU 工作正常，但用手接触 CPU 感觉很烫，这可能是 CPU 超频造成的。

❸ 将 CPU 频率降回原频率，计算机运行恢复正常。

技巧522　分析 CMOS 设置为何失效

启动计算机时，在开机画面出现“CMOS checksum error-Defaults loaded”提示，屏幕下方显示按 F1 键继续，或按 Delete 键重新设置 CMOS。

如果按 F1 键，计算机开机后时间就会被调整为 1997 年 1 月 1 日 12：00。

根据屏幕的提示可以判断出 CMOS 设置有问题，因为当在开机 BIOS 进行自检时，如果发现设置值与实际的设置不符便会出现此提示。

进入 CMOS 设置，然后选择 Loaded Defaults 选项进行恢复。如果还是不能解决问题，可能是主板上的电池失效，更换新的电池重新尝试。

技巧523　排除计算机进入休眠状态后就死机的故障

计算机进入休眠状态后就死机。这种情况一般是出现在 BOIS 支持硬件电源管理功能的主板上，而且是既在 BIOS 中开启了硬件控制系统休眠功能，又在 Windows 中开启了软件控制系统休眠功能，从而造成电源管理冲突。

❶ 开机后按 Delete 键进入 CMOS 设置界面。

❷ 将主板 BIOS 里面的 POWER MANAGEMENT SETUP 参数项中的参数为 ON 的全部设置为 OFF。

❸ 保存退出，这样只要让 Windows 本身进行电源管理就可以了。

技巧524　解决复制大文件时重启的烦恼

当备份一些较大的文件时，计算机总是会自动重启，多次重启后甚至不能重新安装系统。两块硬盘分别连接到 IDE 0 和 IDE 1 接口，都设定为主盘。将硬盘拿到其他计算机上进行测试，有的可以，有的还是不可以。

这是由于 VIA 686B 南桥芯片的 PCI 传输延迟时间设置问题引起的，是 686B 芯片的固有问题。如果两个 IDE 接口的存储设备分别连接在 IDE 0 和 IDE 1 上，两者之间进行较大容量的数据传输时会出现数据丢失或系统重启的现象(一般文件容量超过 100MB 才会发生)。

❶ 升级主板 BIOS，再进入 BIOS 设置，将 PCI Latency Time 和 PCI Master READ Caching 设置为 Default，最后安装最新的 VIA Bus Master PCIIDE Driver 程序。

❷ 安装非官方开发的 PCI Latency Adjust 软件也能解决大部分此类问题。

❸ 将两块硬盘连接到同一个 IDE 接口，分别设定为主盘和从盘，这样可以解决复制大文件重启的问题。

技巧525　排除开机后屏幕无显示的故障

有时在开机后，显示器无显示。此类故障一般是因为内存条与主板内存插槽接触不良造成的。

❶ 打开机箱，取下内存条。

❷ 用橡皮擦来回擦拭内存条的金手指部位即可解决问题。

知　识　补　充

千万不能用酒精等液体对内存的金手指进行清洗。此外，内存损坏或主板内存槽有问题也会造成此类故障。由于内存条原因造成开机无显示故障，主机扬声器一般都会长时间蜂鸣(Award BIOS 的主板)。

技巧526　解决自动进入安全模式的烦恼

在开机时系统经常自动进入安全模式。此类故障一般是由于主板与内存条不兼容或内存条质量问题引起的，常出现于高频率的内存用于某些不支持此频率内存条的主板上。

尝试在 CMOS 设置中降低内存读取速度，如果不行，应更换新的内存条。

技巧527　解决计算机经常自动死机的烦恼

此类故障一般是由于采用了几种不同芯片的内存条，导致各内存条速度不同产生一个时间差，从而出现死机现象。

在 CMOS 设置中适当降低内存速度予以解决。如果不行，只有使用同型号内存。还有一种可能就是内存条与主板不兼容，此类现象一般很少见。另外，也有可能是由于内存条与主板接触不良而引起计算机经常性死机。

技巧528　巧妙解决内存不足现象

当打开一个应用软件、一个文件或文件夹时，总是出现“没有足够的可用内存来运行此程序，请退出部分程序”的提示，然后再试一次，单击“确定”按钮后又出现提示“内存不足，无法启动，请退出部分程序然后再试一次”的提示信息。

这是系统交换文件所在分区的自由空间不足所造成的。系统在运行过程中，如果出现物理内存不够，便会从硬盘中移出一部分自由空间作为虚拟内存。当用来转化虚拟内存的磁盘剩余空间不足，就会出现内存不足的提示。

❶ 右击桌面上的“计算机”图标，在弹出的快捷菜单中选择“属性”命令，打开“系统”窗口。

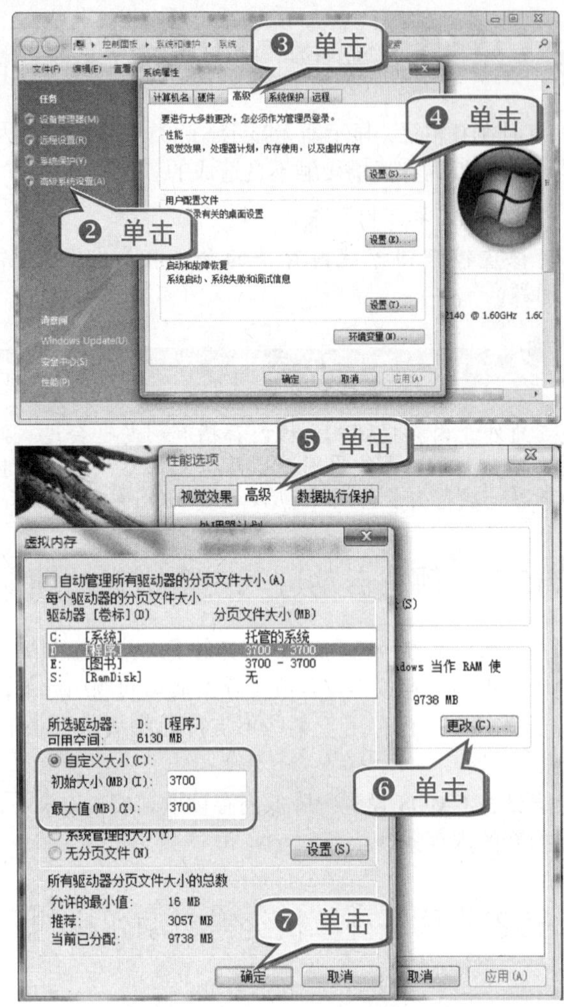

技巧529 快速找回丢失的显卡驱动程序

显卡驱动程序安装好后，运行一段时间，驱动程序自动丢失。

- 由于显卡质量不好或显卡与主板不兼容，引起显卡温度太高，导致系统运行不稳定或出现死机。此类故障只有更换显卡。
- 能够载入显卡驱动程序，但在显卡驱动程序载入后，进入操作系统时却出现死机。此类情况可以尝试更换其他型号的显卡，在载入显卡驱动程序后，插入旧的显卡。
- 如果还不能解决此类故障，则说明是注册表的原因，对注册表进行恢复或重新安装操作系统即可。

技巧530 快速更新显卡驱动程序

在 Windows Vista 系统中安装或更新设备驱动程序后，如果发现硬件设备不能正常工作，可以尝试还原驱动程序，从而使系统恢复稳定。

❶ 选择“开始”→“运行”命令，在弹出的“运行”对话框中输入 Devmgmt.msc 命令，单击“确定”按钮，打开“设备管理器”窗口。

❷ 双击需要恢复驱动程序的硬件设备，弹出“属性”对话框。

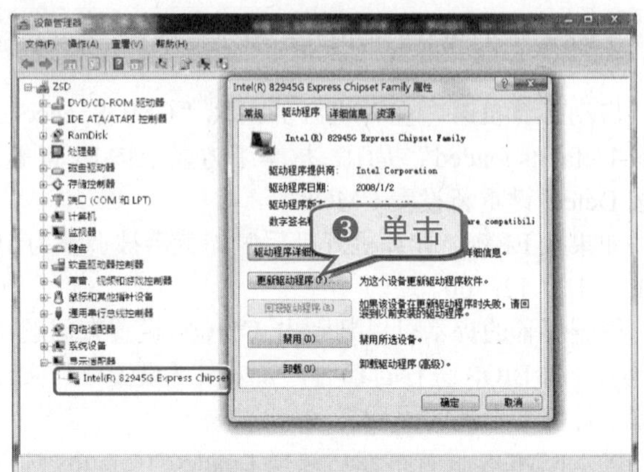

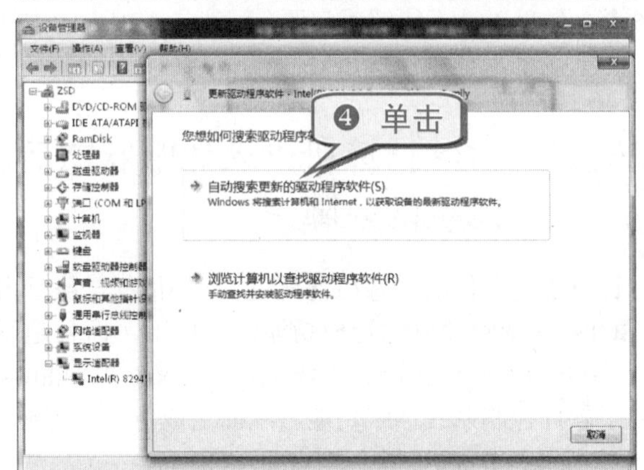

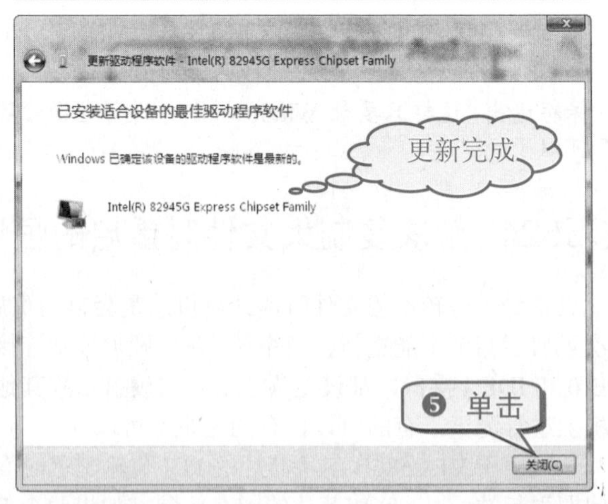

技巧531 解决计算机关机一段时间后不能正确识别显卡的烦恼

计算机配置为华硕 i810 主板、Rage128 显卡，关机很长一段时间后再开机，就不能正确识别显卡。但安装好显卡后反复启动却一切正常，直到关机一段时间后，又出现上述故障。

❶ 将该显卡插到其他计算机上进行测试，看是否需要预热。

❷ 如果没问题，更新显卡驱动程序或刷新显卡 BIOS 即可。

技巧532 排除网卡灯亮却不能上网的故障

如果一台计算机不能上网，但网络连接没有问题，网卡灯亮。并且网卡驱动正常，系统显示网卡运转正常，网卡与任何设备没有冲突。而且网络协议正确，能 Ping 通本机 IP 地址。

从描述的情况来分析，既然网卡和协议安装都没有什么问题，故障原因可能出在网线上。网卡灯亮并不能说明网络连接一定没有问题，100Base-TX 使用 1、2、3、6 四条线进行传输时，即使其中某条线断后网卡的灯也还会亮，但是网络却不能通。

❶ 使用网线测线仪检查出现故障的计算机的网线。

❷ 如果网线正常，尝试能否 Ping 通其他的计算机。

❸ 如果不能 Ping 通，先更换一下集线设备端口再次尝试。

❹ 如果仍然不通，则可能是网卡接口发生故障，建议更换一块网卡。

技巧533 排除连接到 Hub 后就死机的故障

计算机 A 安装有 Windows Vista 系统，使用 ADSL 上网，用户想让它与家里的另一台计算机 B 共享上网，于是使用集线器将两台计算机连接在一起。A 计算机能够正常上网，可是只要把 Hub 的电源接通，A 计算机就会立刻死机。如果先将 Hub 接通电源，然后再连接两台计算机，则分机正常，而主机却没进系统就死机了。

经过测试，硬件很正常，从描述的情况来分析，可以判断故障和集线器有关，由于将计算机 A 连接到集线器后，才会发生故障，建议的解决方法有以下几种。

- 更换计算机 A 所连接的集线器端口，尝试使用计算机 B 使用的网线和接口。
- 更换计算机 A 使用的网线或者更换所连接的集线器接口再试，以确定是网线故障还是集线器端口故障。
- 使用一条直通线直接连接计算机 A 和计算机 B，观察计算机是否正常，可否进行正常通信，以排除网卡故障。

技巧534 解决网页动画或图片无法浏览的烦恼

当重新安装系统后，浏览网页时，发现所有的 gif 动画图片成为静止图片了。造成这种情况的原因是重新安装系统后，IE 浏览器播放网页动画的设置默认是关闭的。

❶ 打开 IE 浏览器，选择"工具"→Internet 命令，弹出"Internet 选项"对话框。

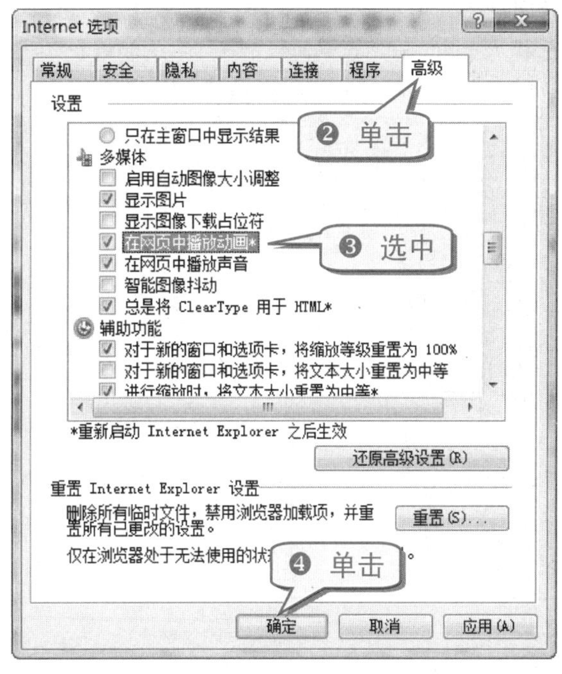

技巧535 解决开机时系统提示磁盘空间不足的烦恼

在 Windows Vista 系统中，如果系统磁盘的剩余空间低于一定数额，就会在系统托盘区弹出磁盘空间过低的提示。如果不想弹出提示信息，可以通过修改注册表中的设置来达到目的。

❶ 选择"开始"→"运行"命令，在弹出的"运行"对话框中输入 Regedit 命令，单击"确定"按钮，打开"注册表编辑器"窗口。

❷ 在打开的"注册表编辑器"左窗格中展开 HKEY_CURRENT_USER\Software\Microsoft\Windows\CurrentVersion\Policies\Explorer 分支，然后在右窗格中找到 NoLowDiskSpaceChecks 子键。

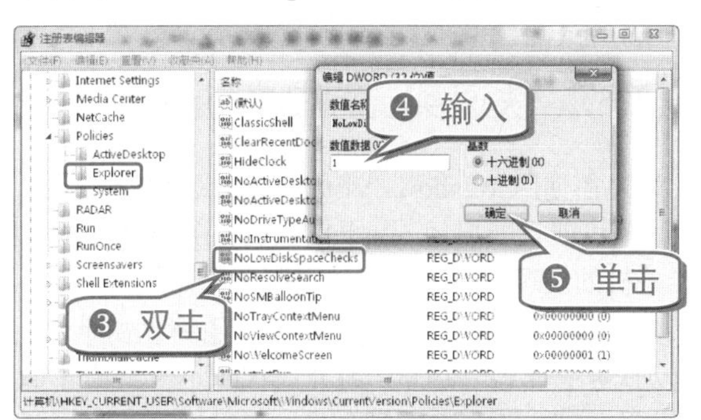

技巧536 解决一碰电源按钮就关机的烦恼

在安装系统时，不小心碰到计算机机箱上的电源按钮时系统就会自动关闭，这时可以屏蔽掉一按机箱上的按钮就关机的功能。

❶ 选择“开始”→“控制面板”→“系统和维护”→“电源选项”命令，弹出“电源选项”对话框。

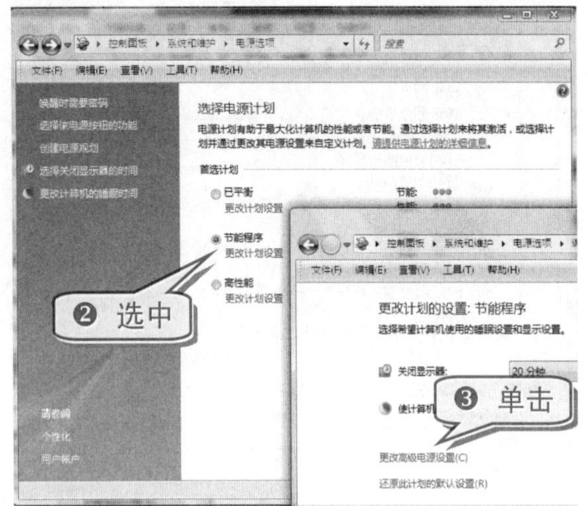

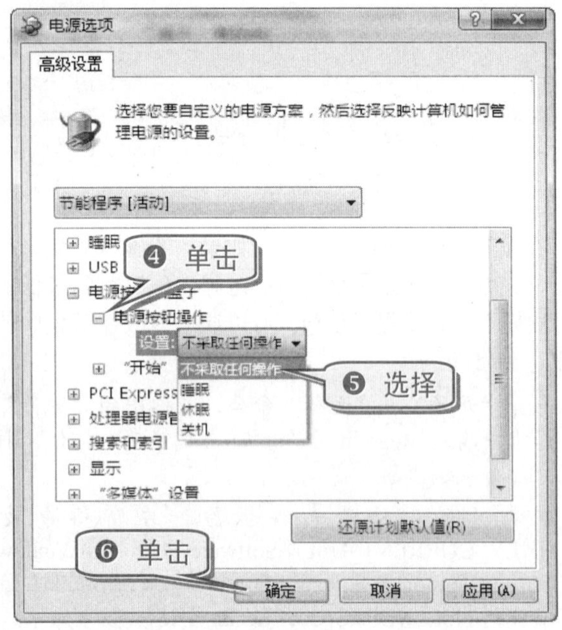

技巧537 快速实现强制关机

如果在使用 Windows Vista 系统的过程中，遇到无法注销、关机或重新启动，甚至按主机箱上的 Power 按钮也不能关机的情况时，可以尝试强制关闭系统的方法。

❶ 按 Ctrl+Delete+Alt 组合键，在弹出的界面中单击“启动任务管理器”按钮，打开“Windows 任务管理器”窗口。

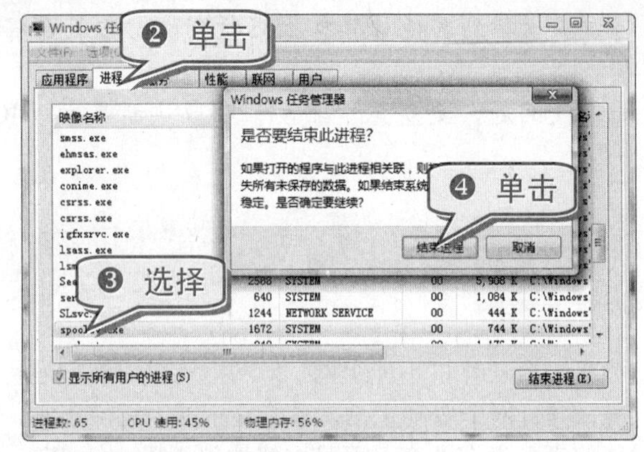

❺ 计算机将在一分钟后自动关机。

技巧538 巧妙处理磁盘碎片整理被中断的现象

在 Windows Vista 系统中进行磁盘碎片整理时，进行到一半或更少时就自动重新开始，并且一直重复着这项工作。这主要是以下原因造成的。

- 屏幕保护程序处于开启状态。

如果屏幕保护程序开启，右击桌面空白处，在弹出的快捷菜单中选择“个性化”命令，在弹出的“个性化设置”窗口中，单击“屏幕保护程序”超链接，然后将屏幕保护程序设置为“无”即可。如果系统中安装了其他外挂式屏幕保护程序，也应该将其关闭。

- 电源管理没有关闭。

如果电源管理没有关闭也会导致以上现象，在进行整理前应该将其关闭。在“电源选项”高级设置中，将“硬盘”、“睡眠”以及“显示”全部设置为“从不”即可。

- 关闭防火墙或者杀毒软件。

打开资源管理器，将不必要的运行程序关闭，因为正在运行的程序会对磁盘进行读写操作。

技巧539 解决 Windows 帮助无法显示的烦恼

Windows 帮助和支持功能不能使用，按 F1 键也无法打开，系统也不给出任何提示。这个问题可能是因为禁用了 Active Scripting 活动脚本造成的。

❶ 选择“开始”→“运行”命令，在弹出的“运行”对话框中输入 Regedit 命令，单击“确定”按钮，打开“注册表编辑器”窗口。

❷ 在打开的“注册表编辑器”左窗格中展开 HKEY_CURRENT_USER\Software\Microsoft\Windows\CurrentVersion\Internet Settings\Zones\0 分支，然后在右窗格中找到 1400 子键。

技巧540 解决设置用户密码时出现的出错提示

在 Windows Vista 操作系统中，当设置用户密码时弹出“为用户***设置密码时，出现密码不满足密码策略需要，检查最小密码长度、密码复杂性”的错误信息提示。

❶ 选择“开始”→“所有程序”→“管理工具”→“本地安全策略”命令，打开“本地安全策略”窗口。

❷ 在打开的“本地安全策略”左窗格中展开“帐户策略”→“密码策略”分支。

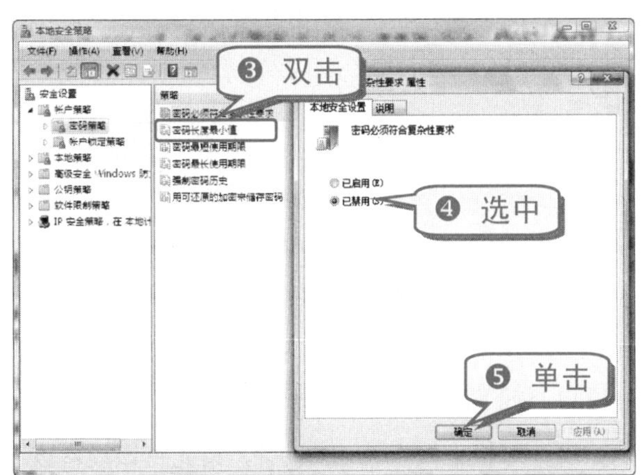

技巧541 巧妙解决 IE 中不能打开新窗口的问题

在使用 IE 浏览器的时候，出现“IE 浏览器不能打开新窗口”的提示。

具体表现为：单击网页中的超链接后没有任何反应，右击超链接选择“在新窗口中打开”命令也没有任何反应。

❶ 选择“开始”→“运行”命令，在弹出的“运行”对话框中输入 regsvr32 actxprxy.dll 命令，单击“确定”按钮，弹出 RegSvr32 提示框。

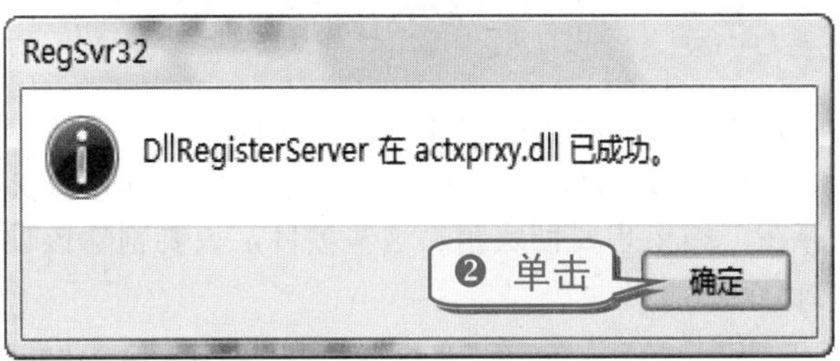

❸ 再次打开“运行”对话框，输入 regsvr32 shdoccvw.dll 命令，单击“确定”按钮，弹出一个相同的提示框。

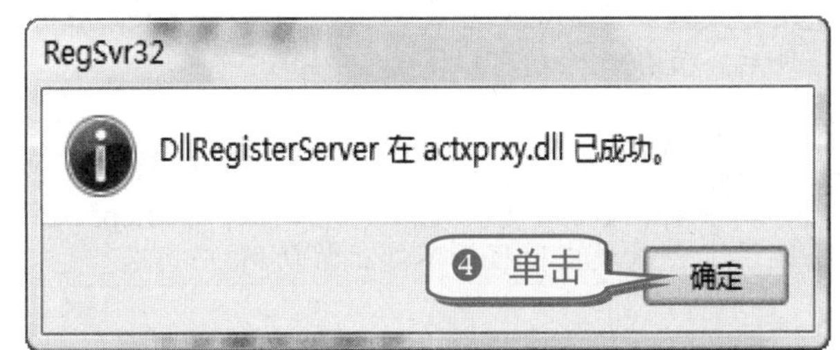

❺ 重新启动计算机即可正常使用 IE 浏览器。

技巧542 快速找回丢失的右键菜单

当使用系统优化工具对系统进行优化以后，会发现右击桌面没有任何反应，甚至连快捷菜单也消失了。由于系统优化工具所做的优化都是对系统中的注册表进行修改，每个优化选项都针对每个特定的注册表键值，因此，可以通过修改注册表中的设置找回丢失的右键快捷菜单。

❶ 选择“开始”→“运行”命令，在弹出的“运行”对话框中输入 Regedit 命令，单击“确定”按钮，打开“注册表编辑器”窗口。

❷ 在打开的“注册表编辑器”左窗格中展开 HKEY_CURRENT_USER\Software\Microsoft\Windows\CurrentVersion\Policies\Explorer 分支，然后在右窗格中找到 NoViewContextMenu 子键。

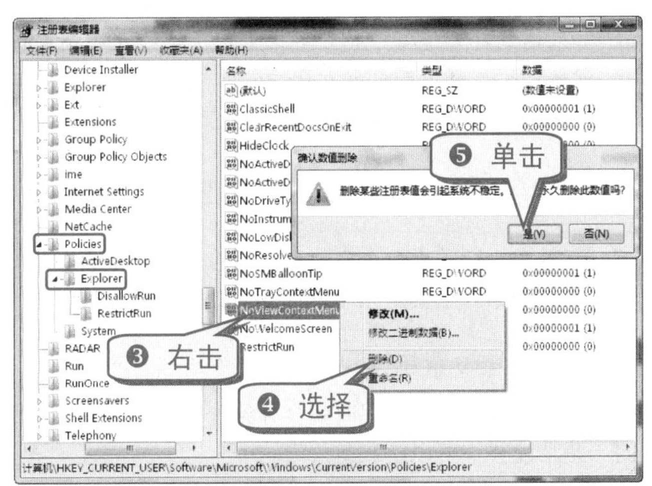

技巧543 彻底删除没用的项目

有些已经删除了的软件在控制面板里还会残留一些已经没有用的项目，这是因为在系统中还有该项的.cpl 文件存在。如果想要彻底删除这些项目，只要删除该项目的.cpl 文件即可。

❶ 单击“开始”菜单，在“开始搜索”搜索框中输入“*.cpl”命令。

❷ 这时可以查找出很多.cpl 文件，查看每一个文件，看是否是需要查询的程序文件。找到需要删除的程序文件后，直接删除就可以了。

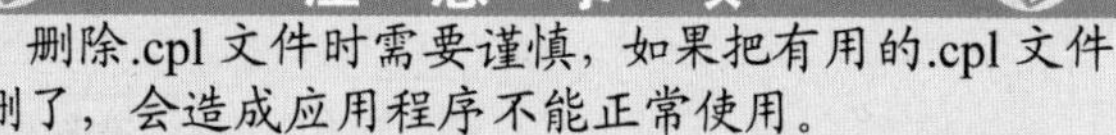

注 意 事 项

删除.cpl 文件时需要谨慎，如果把有用的.cpl 文件给删了，会造成应用程序不能正常使用。

技巧544 解决写入的数据经常丢失的烦恼

在计算机中将资料保存好后，下次开机时却找不到文件，打开文件的隐藏属性，还是不能找到文件。这可能是因为在上网的时候不注意受到了攻击，导致硬盘出现了逻辑错误或者出现坏磁道。

❶ 使用杀毒软件对磁盘进行全面扫描，一般的黑客软件都会被清除，系统即可恢复正常。

❷ 如果不是上述原因，可以用 SCANDISK 和 CHKDSK 命令检查是否存在硬盘逻辑错误，然后用 NORTON 磁盘医生检查修复，并按照提示修复即可。

❸ 如果在扫描硬盘时出现了大量的红色 B 符号，那么可以确定硬盘出现了坏磁道。一般可以用 NORTON 工具修复。建议使用硬盘厂商提供的 DM 磁盘工具，不建议用户使用低级格式化，因为它对硬盘的损害也不小。

❹ 如果遇到坏磁道集中而且实在无法修复的，可以重新分区，把有坏道的部分分在一个逻辑区，分好区以后删除这个逻辑区就可以正常使用了。

技巧545 解决关机总是变成重启的烦恼

有时在执行关机命令后计算机却总是自动重启，造成这个故障的原因主要是系统设置或 USB 设备的问题。

(1) 系统设置错误

当系统设置出现错误时就会导致计算机自动重启，关闭一些功能往往可以解决此故障。

❶ 右击桌面上的“计算机”图标，在弹出的快捷菜单中选择“属性”命令，打开“系统”窗口。

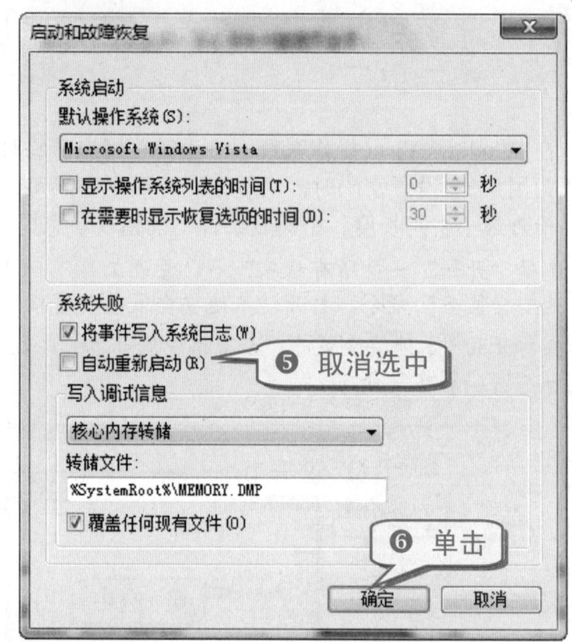

❼ 在返回的“系统属性”对话框中，单击“确定”按钮即可。

(2) USB 设备

如果计算机上接有 USB 设备，请先将该设备拔下，再作尝试。如果是 USB 设备造成的故障，最好是换掉该设备，或者是连接一个外置的 USB Hub，将 USB 设备接到 USB Hub 上，而不要直接连到主板的 USB 接口上。

技巧546 快速删除无法删除的文件

删除一个软件后，发现安装目录仍旧存在，而且里边还有几个文件。再次删除时，系统却提示文件正在使用而无法删除。

例如，删除 D 盘 abcd 目录下的所有文件或文件夹。

❶ 按 Ctrl+Alt+Del 组合键，在弹出的界面中单击“启动任务管理器”按钮，打开“Windows 任务管理器”窗口。

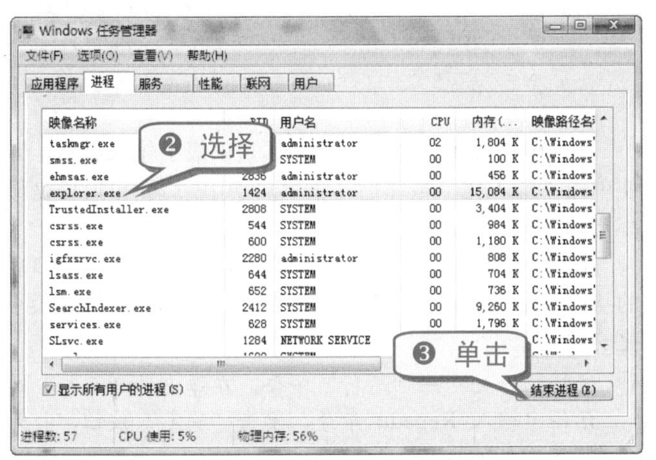

❹ 选择“开始”→“运行”命令，在弹出的“运行”对话框中输入cmd命令，单击“确定”按钮，打开“管理员：命令提示符”窗口。

❺ 在“管理员：命令提示符”窗口中输入del d:\abcd命令，按Enter键，然后按照提示输入y命令，按Enter键。

❻ 在“Windows任务管理器”中选择“文件”→“新建任务(运行...)”命令，弹出“创建新任务”对话框。

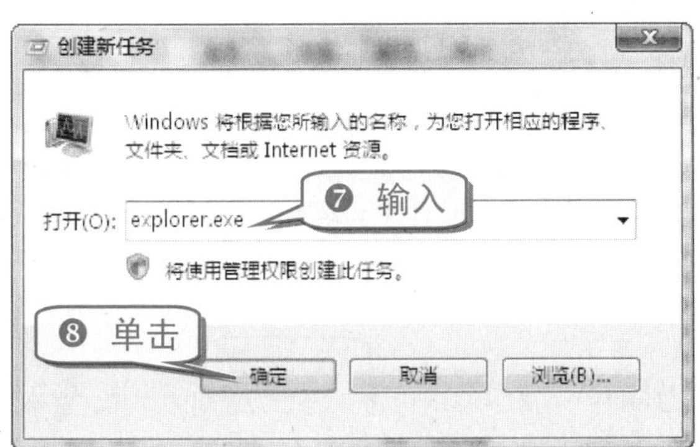

技巧547 巧妙处理截图时出现的花屏现象

很多时候用户会发现Windows Vista本身显示并没有问题，但无论是用Print Screen键，还是其他截图工具，所得的图中都会有一部分花屏，有时是一条，有时是一块。

这主要是由于Windows Vista自带的显卡驱动程序不完善所造成的，下载并安装最新版的显卡驱动程序即可。

技巧548 快速修复错乱的盘符

从Windows 95开始就有盘符错乱的问题，这在Windows Vista中同样存在。如果用户从光盘安装Windows Vista，那么系统就会将原有的分区默认为C区，然后再根据管理来排列其他分区。要解决Windows Vista的盘符错乱问题，需要先在磁盘管理中手动制定盘符，然后再重新安装一次系统。

❶ 选择“开始”→“所有程序”→“管理工具”→“计算机管理”→“磁盘管理”命令，调整错乱的盘符设置。

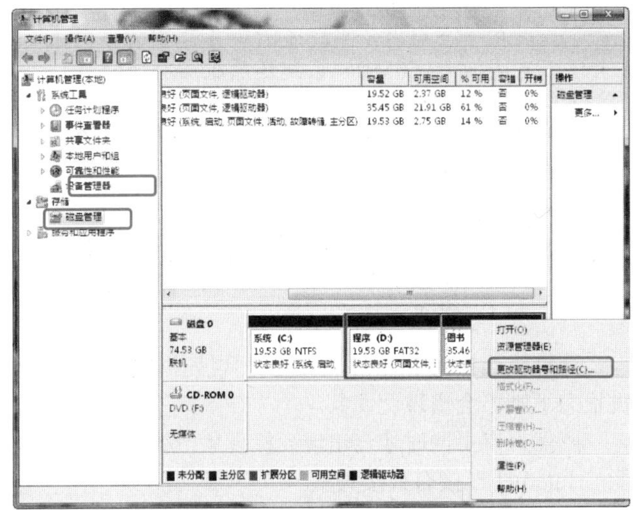

❷ 重新启动计算机，此时会收到很多出错提示，而且进不了桌面。

❸ 将Windows Vista安装光盘放入系统的光驱中。

❹ 选择“开始”→“附件”→“运行”命令，弹出“运行”对话框。

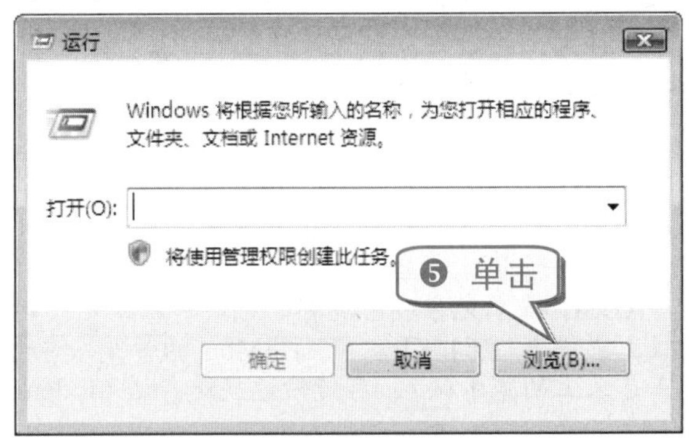

❻ 找到Windows Vista安装光盘下的Setup.exe，单击“确定”按钮，启动Windows Vista安装程序。

❼ 选择“全新安装”，Windows Vista 就不会乱改盘符。旧的操作系统会被安装程序自动备份到一个 Windows.old 目录里。

技巧549　排除系统还原服务不能运行的故障

如果在使用系统还原服务时接到错误报告，那么在此计算机上确认以下情况。

- 系统还原操作正在运行。
- 确认计划任务正在计算机上运行。
- 证实所有的驱动器都拥有系统还原服务所需的足够的剩余磁盘空间。
- 可以通过检查事件记录来调查与系统还原相关的错误，找到问题的所在。

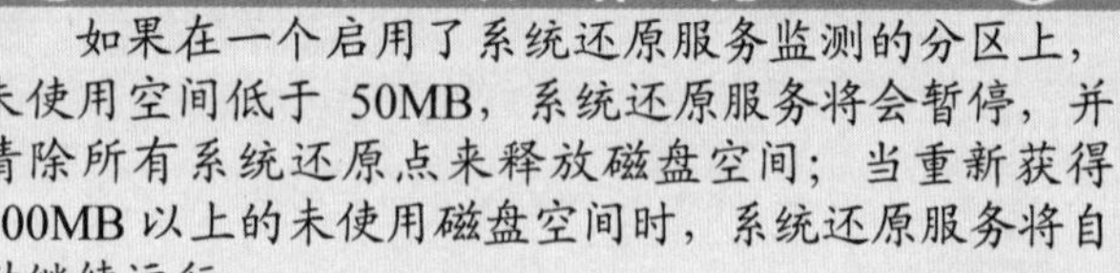

知　识　补　充

如果在一个启用了系统还原服务监测的分区上，未使用空间低于 50MB，系统还原服务将会暂停，并清除所有系统还原点来释放磁盘空间；当重新获得 200MB 以上的未使用磁盘空间时，系统还原服务将自动继续运行。

技巧550　处理连接到网络出现死机的现象

计算机连接到 Internet 后，就出现死机现象，而在脱机状态下则不会出现此现象。

既然只有上网时才会出现死机现象，分析故障原因可能与 Internet 连接有直接关系。

❶ 更新连接设备的驱动程序。

❷ 检查网卡与 ADSL Modem 网线的连接是否良好。

❸ 禁用原有网卡，安装另外一块网卡并连接至 ADSL Modem，测试 Internet 连接是否正常以及系统是否稳定。

❹ 用杀毒软件查杀病毒。

❺ 换一种操作系统。如果问题解决，就是系统、网卡或驱动程序的兼容性问题。

知　识　补　充

ADSL 的中文名称是“非对称数字用户环路”，是一种在普通电话线上进行宽带通信的技术。

ADSL 技术充分利用现有的铜线资源，在一对双绞线上提供上行 640Kb/s、下行 8Mb/s 的带宽，实现了真正意义上的宽带接入。其传输速度是普通 Modem 的 140 倍。

另外，它还可以同时进行数据和语音通信。

技巧551　解决 IE 窗口始终最小化的烦恼

在 IE 中，每次打开新窗口都是以最小化来显示，即便单击“最大化”按钮后，下次启动 IE 后新窗口仍是最小化的。

IE 具有自动记忆功能，它能保存上一次关闭窗口后的状态参数。可以通过如下设置来解决 IE 窗口始终最小化的烦恼。

❶ 选择“开始”→“运行”命令，在弹出的“运行”对话框中输入 Regedit 命令，单击“确定”按钮，打开“注册表编辑器”窗口。

❷ 在打开的“注册表编辑器”左窗格中展开 HKEY_CURRENT_USER\Software\Microsoft\InternetExplorer\Desktop\OldWorkAreas 分支，然后在右窗格中找到 Old Work Area Rects 子键。

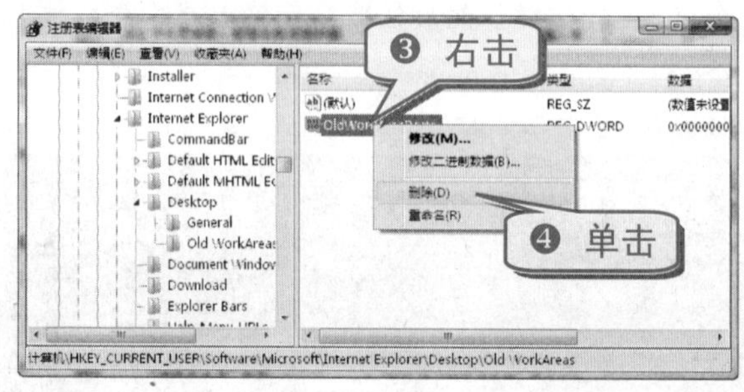

❺ 在打开的“注册表编辑器”左窗格中展开 HKEY_CURRENT_USER\Software\Microsoft\Internet Explorer\Main，然后在右窗格中找到 Window_Placement 值。

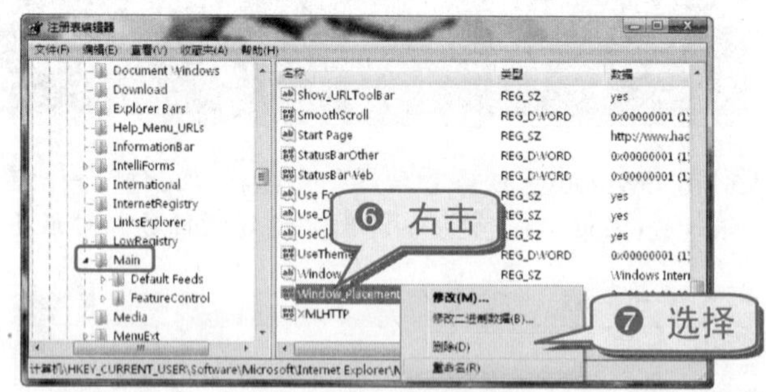

❽ 退出注册表编辑器，重新启动计算机，然后打开 IE，将其窗口最大化，并单击按钮将窗口还原，接着再次单击“最大化”按钮，最后关闭 IE 窗口。以后重新打开 IE 时，窗口就正常了。

技巧552　解决浏览时无法打开某些站点的烦恼

在上网浏览某些站点时，会遇到各种不同的连接错误。这种错误一般是由于网站发生故障或者没有浏览权限所引起的。

针对不同的连接错误，IE 会给出不同的错误信息提示，比较常见的有以下几个。

- 提示信息“404 NOT FOUND”

404 NOT FOUND 是最常见的 IE 错误信息。主要是因为 IE 不能找到所要求的网页文件，该文件可能根本不存在或者已经被转移到了其他地方。

- 提示信息“403 FORBIDDEN”

403 FORBIDDEN 错误常见于需要注册的网站。一般情况下，可以通过在网上即时注册来解决该问题，但有一些完全“封闭”的网站还是不能访问。

- 提示信息“500 SERVER ERROR”

500 SERVER ERROR 提示信息通常由于所访问的网页程序设计错误或者数据库错误而引起，只能等待对方网页纠正错误后再浏览。

技巧553　快速找回丢失的 IE 图片验证码

在使用 IE 浏览器时，有些用户发现访问某些需要填写验证码的地方，都无法显示验证码图片，而只显示为一个红色的小叉。

❶ 选择“开始”→“运行”命令，在弹出的“运行”对话框中输入 Regedit 命令，单击“确定”按钮，打开“注册表编辑器”窗口。

❷ 在打开的“注册表编辑器”左窗格中展开 HKEY_LOCAL_MACHINE\SOFTWARE\Microsoft\Internet Explorer\Security 分支，然后在右窗格的空白区域右击。

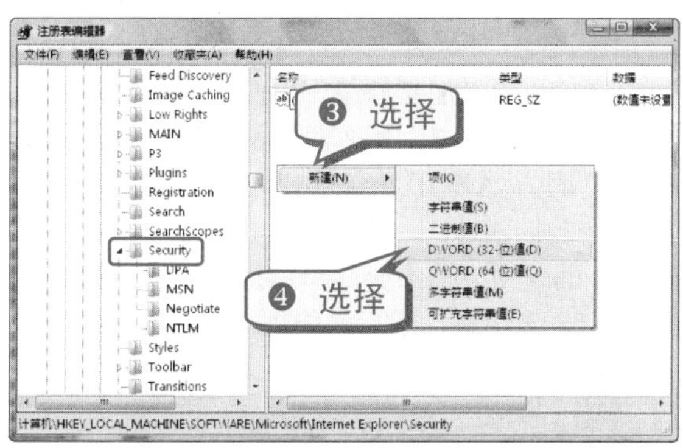

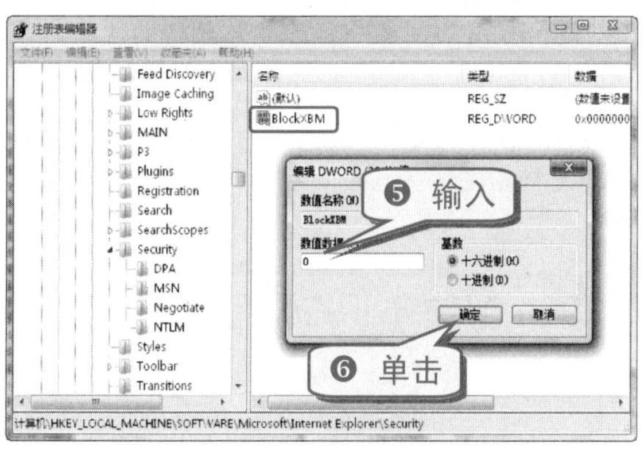

技巧554　巧妙实现不同 IP 段互访

如果计算机的 CPU 和内存够用，IE 运行一般不会很慢。不过如果在无意中更改了 IE 高级选项里的设置，IE 运行就会变慢。

❶ 打开 IE 浏览器，选择“工具”→“Internet 选项”命令，弹出“Internet 选项”对话框。

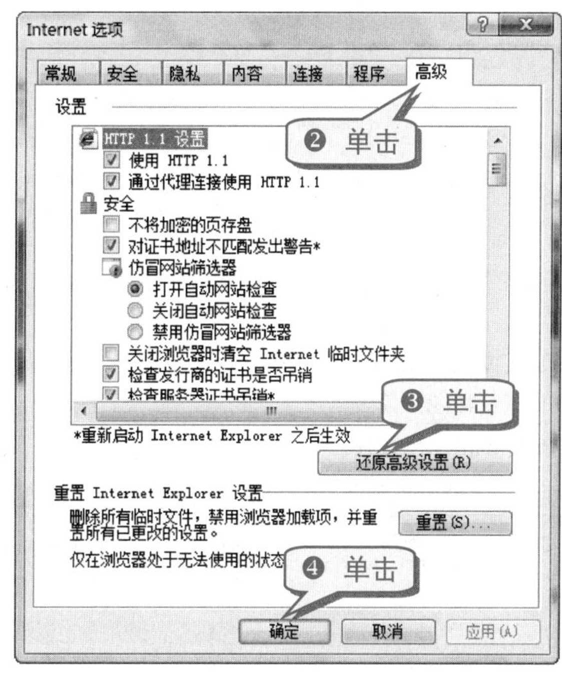

技巧555　快速找回丢失的输入法标志

由于误操作或者非正常关机，导致系统任务栏上的输入法标志消失。可以通过修改注册表中的设置将其找回。

❶ 选择“开始”→“运行”命令，在弹出的“运行”对话框中输入 Regedit 命令，单击“确定”按钮，打开“注册表编辑器”窗口。

❷ 在打开的“注册表编辑器”左窗格中展开 HKEY_CURRENT_USER\Keyboard Layout\Preload 分支，然后在右窗格的空白区域右击。

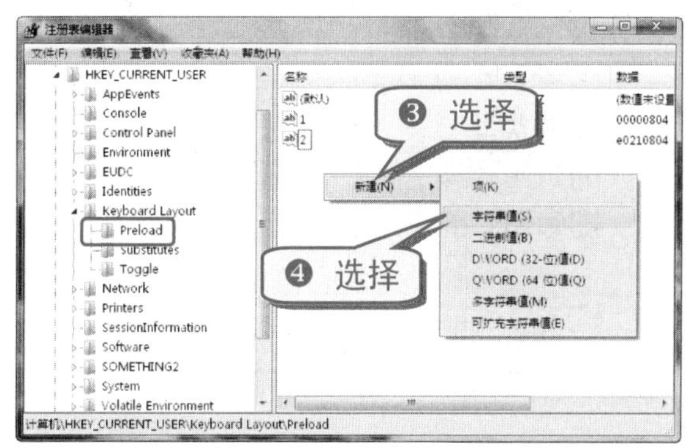

❺ 将新建的字符串命名为“1”，双击该子键，弹出“编辑字符串”对话框。

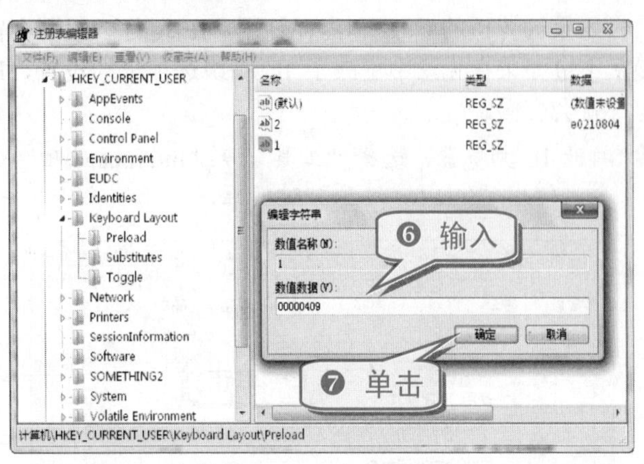

技巧556　巧妙修复损坏的WinRAR文件

如果 WinRAR 文件被损坏，可以使用 WinRAR 软件自身的修复功能来修复。

❶ 双击 WinRAR 文件。

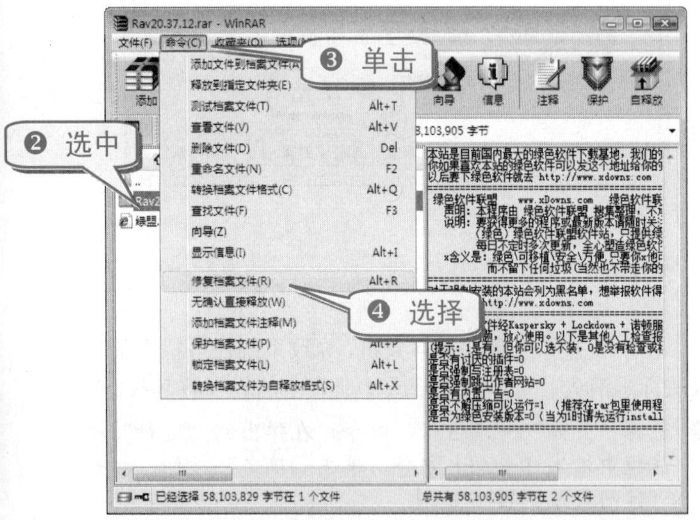

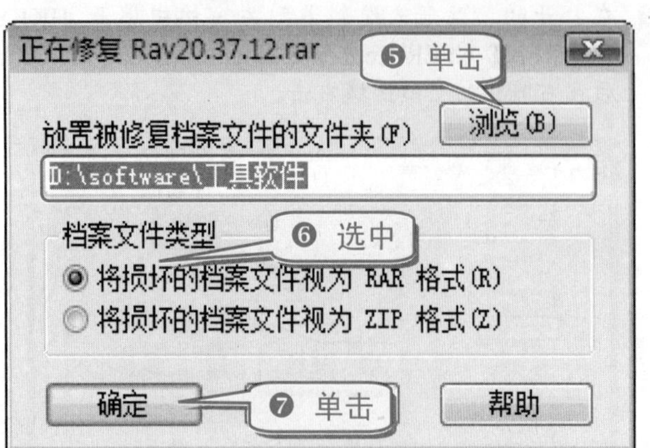

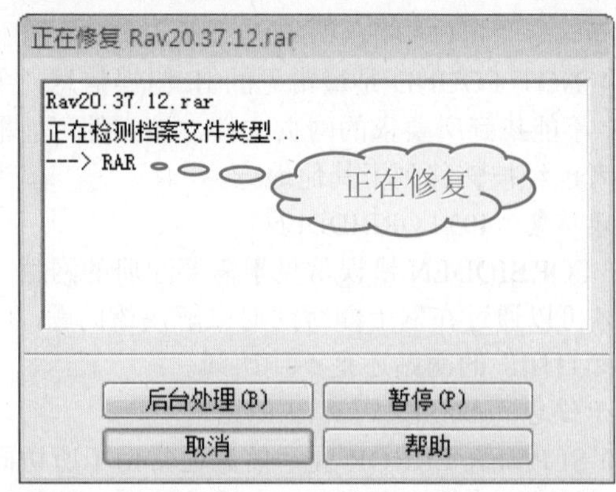

技巧557　解决WinRAR文件无法正常释放的问题

当释放 RAR 文件时，系统出现错误提示“Unknown-method，No files to extract”，或双击打开加密的 RAR 文件，系统报错“File header broken”。

出现此故障，很可能是因为使用旧版的 WinRAR 来释放新版的 WinRAR 制作的压缩包。

只需安装最新版的 WinRAR 软件即可正常释放 RAR 文件。

技巧558　巧妙破解 Zip 文件的密码

WinZip 在加密压缩时并没有像 BOIS 那样的所谓“通用密码”，如果要破解文件的密码，只能使用解密软件。

一般情况下，如果密码是普通的英文单词或者数字组合，可以轻松破解。但是如果密码是由字母、数字或者纯粹是各种生僻字符组成，那么即便是再强大的解密软件也无济于事。因为 AZPR 的破解原理是逐一尝试的暴力方法，有一定的局限性。

AZPR 的使用方法十分简单，打开欲解密的 Zip 文件之后，选定一本字典，然后就能进行解密。

目前 Advanced ZIP Password Recovery(简称 AZPR)是最常用而且被公认为效果最好的软件，该软件支持 WinZip 和 PKZIP 软件压缩成的压缩包。

由于 Zip 文件的加密算法比较复杂，所以恢复 Zip 文件的密码也是比较耗时的，不过可以充分利用模板、词典以及 Plaintext Attack 方式，逐一对 Zip 压缩包进行破解。

技巧559　解决 WinZip 解压时的 CRC 错误的问题

例如，用户从网上下载了一个 6MB 的游戏，使用 WinZip 软件解压到 98%时，程序提示某个文件 CRC 错误。

一般情况下，解压到95%时提示出错的压缩文件还有救，方法如下。

❶ 使用经典界面模式打开压缩文件，在按住Ctrl键的同时，单击没有出错的所有文件，并将这些文件解压到一个指定的目录中。

❷ 解压出错的文件，当进行到98%时错误信息再次出现，并询问是否要查看日志文件。

❸ 用Windows Vista的查找功能在临时文件夹中找到那个出错的文件，并将其复制到保存其他解压文件的文件夹中，然后退出WinZip应用程序即可。

技巧560　解决死机后重启QQ无法登录的问题

在使用QQ时，计算机突然死机，重新启动后系统提示需要修复QQ，但进行修复操作后还是无法登录QQ。

❶ 右击桌面上的"计算机"图标，在弹出的快捷菜单中选择"资源管理器"命令。

❷ 在"资源管理器"窗口中，找到QQ的安装目录，并在该目录下找到以自己的QQ号作为名字的文件夹，然后将该文件夹中的tempfiles.tmp文件删除。

❸ 重新运行QQ程序即可恢复正常。

技巧561　巧妙预防QQ炸弹的攻击

QQ炸弹是指在瞬间发送大量的垃圾信息，让QQ应接不暇，导致QQ不能正常使用。

预防QQ炸弹的方法很简单，只要不接受这些垃圾信息就可以了。

❶ 右击桌面右下角系统托盘处的QQ图标，在弹出的快捷菜单中选择"设置"→"系统设置"命令，弹出"系统设置"对话框。

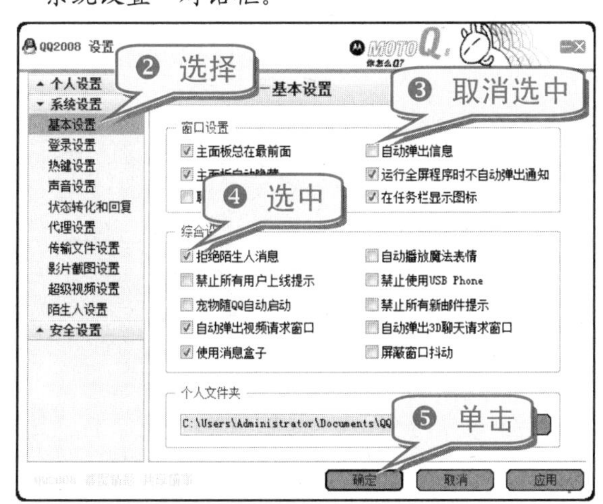

注　意　事　项

在更改系统设置前，必须先将发送QQ炸弹的人加入到黑名单组中。

通过代理服务器与网络相连，这样对方就探测不到真正的IP地址，可以很好地避免非法用户的攻击。

技巧562　修复Explorer进程无法自动加载的故障

在使用计算机的过程中，Explorer.exe进程可能会被系统故障、应用软件以及恶意程序等有意或无意地终止，桌面将出现空白，系统会自动重建该进程并恢复桌面。如果系统没有重建进程，那么用户需要手动加载该进程。

❶ 选择"开始"→"所有程序"→"附件"→"记事本"命令，新建一个记事本文档。

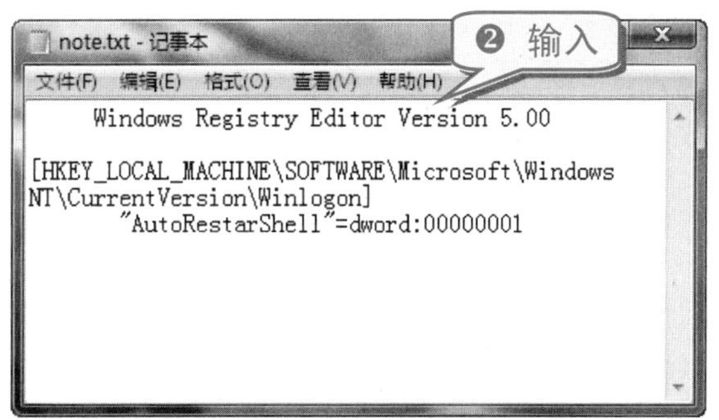

❸ 选择"文件"→"另存为"命令，将该文件保存为Explorer.reg，右击该文件。

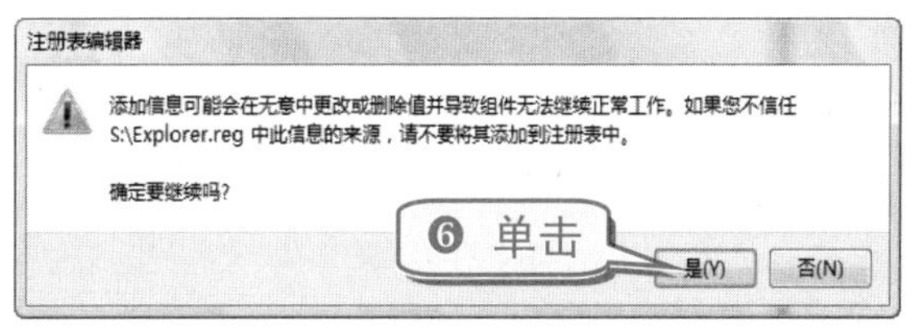

❽ 重新启动计算机即可。

技巧563 使用兼容模式运行应用程序

Windows Vista是最新的操作系统，有些应用程序由于不兼容，在运行时可能会出现错误的提示。即使不兼容Windows Vista的应用程序，在Windows Vista中通过兼容模式运行即可正常使用。

❶ 右击需要在兼容模式下运行的应用程序，选择“属性”命令，弹出“属性”对话框。

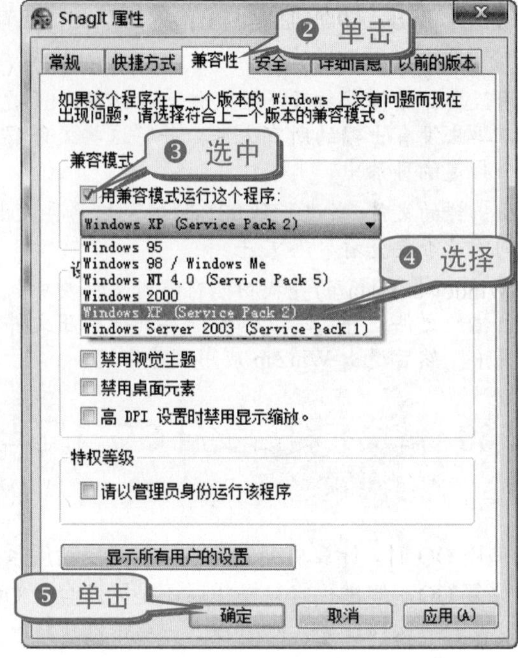

附录 Windows Vista 常用快捷键

键盘上的快捷键

分　类	快 捷 键	功　能
Ctrl 键	Ctrl+A	在文档或窗口中全选
	Ctrl+C	复制选中的项目
	Ctrl+V	粘贴选定的项目
	Ctrl+X	剪切选定的项目
	Ctrl+Y	还原一个操作
	Ctrl+Z	撤销一个操作
	Ctrl+F4	关闭活动文档(在程序中能够让用户同时打开多个文档)
	Ctrl+Esc	打开“开始”菜单
	Ctrl+Alt+Del	锁定该计算机、切换用户、注销和更改密码、启动任务管理器
	Ctrl+Alt+Tab	使用方向键在打开的项目间进行切换
	Ctrl+↑	将光标移到之前一段的开头
	Ctrl+↓	将光标移到下一段的段首
	Ctrl+←	将光标移到之前一个词的开头
	Ctrl+→	将光标移到下一个词的开头
	Ctrl+Shift+Esc	打开任务管理器
	Ctrl+Shift+一个方向键	选定一段文字
Alt 键	Alt+F4	关闭当前活动项目或退出活动程序
	Alt+Esc	当项目打开时按顺序切换
	Alt+Tab	在打开的项目中进行切换
	Alt+Enter	显示选中项目的属性
	Alt+Print Screen	将选中窗口的图像复制到剪贴板
	Alt+双击	显示选中项目的属性
	Alt+Space	打开活动窗口的快捷菜单
	Alt+带下划线字母	打开菜单命令或者是其他下划线的命令

续表

分　类	快 捷 键	功　能
Alt 键	Alt+↑	在 Windows Explorer 中查看当前文件夹的上一级目录
	左 Alt+左 Shift+Num Lock	打开或关闭鼠标、键盘
	左 Alt+左 Shift+Print Screen	打开或关闭高对比
Shift 键	Shift+F10	显示选中项目的快捷菜单
	Shift+Delete	无须移动到回收站直接删除选中项目
	Shift+右键单击	显示选中对象的替代命令
	Shift+任意方向键	在窗口或桌面上选中多个项目，或者在文档中选择文本
	连续 5 次按下 Shift 键	打开或关闭粘滞键
	插入 CD 时按下 Shift 键	阻止 CD 自动播放
	按下右边的 Shift 键 8 秒钟	打开或关闭筛选键
键		打开或关闭“开始”菜单
	+D	显示桌面
	+E	打开“计算机”窗口
	+F	搜索文件或文件夹
	+G	切换边栏小工具
	+L	锁定计算机或切换用户
	+M	最小化所有窗口
	+R	打开“运行”对话框
	+T	切换预览任务栏上的程序
	+U	打开“轻松访问中心”窗口
	+X	打开“Windows 移动中心”窗口
	+Tab	使用 Flip 3-D 切换任务栏上的程序
	+Ctrl+F	如果用户在网络中的话，它能够搜索计算机
	+Ctrl+Tab	使用 Windows Flip 3-D 切换任务栏上的活动窗口
	+Shift+M	将最小化窗口还原到桌面
	+Space	置所有小工具并选中 Windows 边栏
其他键	F1	显示帮助
	F2	重命名选定的项目
	F3	搜索文件或文件夹
	F4	在 Windows Explorer 中显示地址栏列表
	F5	刷新活动窗口
	F6	切换窗口或桌面屏幕中的元素
	F10	在活动的程序中激活菜单栏
	Esc	取消当前任务
	Delete	删除选定项目并移到回收站
	←	打开相邻左边的菜单，或者是关闭子菜单
	→	打开相邻右边的菜单，或者是打开子菜单

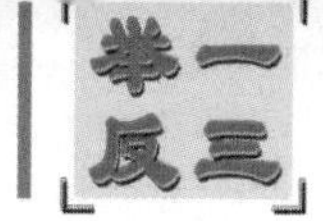

Windows Vista 媒体中心的快捷键

分 类	快 捷 键	功 能
键盘	⊞+Alt+Enter	打开 Windows 媒体中心或者是运行 Windows 媒体中心启动屏幕
	Alt+Enter	进入或退出窗口模式
	Alt+F4	关闭 Windows 媒体中心
	方向键	向左、右、上、下移动
	Space	返回上一级屏幕
	End	列表中最后一个项目
	Enter	接受选项
	Home	列表中第一个项目
	Page Down	来到下一页
	Page Up	返回上一页
图片	Ctrl+D	显示上下文菜单
	Ctrl+I	进入“图片”
	Ctrl+P	暂停幻灯片播放
	Enter	缩放图片到图片详情
	Ctrl+Shift+P	播放幻灯片
	Ctrl+Shift+S	停止幻灯片播放
	↓或→	向后跳进一张图片
	↑或←	向前跳进到之前的图片
音频	Ctrl+B	重新播放音频文件或歌曲
	Ctrl+D	显示上下文菜单
	Ctrl+F	跳到下一首歌曲
	Ctrl+M	选择“音乐”
	Ctrl+P	暂停或恢复播放音频文件或歌曲
	Ctrl+R	RIP(剥离)CD
	Ctrl+Shift+C	打开或关闭字幕
	Ctrl+Shift+F	快进歌曲
	Ctrl+Shift+P	播放音频文件或歌曲
	F8	静音
	F9	降低音量
	F10	提高音量
TV	Ctrl+B	向后跳进
	Ctrl+D	显示上下文菜单
	Ctrl+F	向前跳进
	Ctrl+G	进入“向导”
	Ctrl+O	进入“录制 TV”
	Ctrl+P	暂停或护肤播放实时 TV 或录像
	Ctrl+R	录制 TV 节目
	Ctrl+T	进入实时 TV
	Ctrl+Shift+B	倒带实时 TV 或录像

续表

分　类	快 捷 键	功　能
TV	Ctrl+Shift+F	快进实时 TV 或录像
	Ctrl+Shift+P	恢复播放 TV 节目
	Ctrl+Shift+S	停止录制或停止播放电视节目
	Page Down	进入之前的频道
	Page Up	进入下一个频道
录音机	Ctrl+A	进入“录音机”
	Ctrl+B	向后跳进
	Ctrl+D	显示上下文菜单
	Ctrl+F	向前跳进
	Ctrl+P	暂停或恢复播放实时录音机
	Ctrl+Shift+P	恢复播放正在播放的录音机
	Ctrl+Shift+S	停止实时录音机
视频	Ctrl+B	向前跳进
	Ctrl+E	进入“视频”
	Ctrl+F	向后跳进
	Ctrl+P	暂停
	Ctrl+Shift+B	倒带
	Ctrl+Shift+F	快进
	Ctrl+Shift+S	停止
DVD	方向键	更改 DVD 角度
	Ctrl+B	进入前一章
	Ctrl+F	进入后一章
	Ctrl+P	暂停
	Ctrl+Shift+A	更改 DVD 音频选择
	Ctrl+Shift+B	倒带
	Ctrl+Shift+F	快进
	Ctrl+Shift+M	进入 DVD 菜单
	Ctrl+Shift+P	播放
	Ctrl+Shift+S	停止
	Ctrl+U	更改 DVD 子标题选择

Windows Vista 对话框中的快捷键

快 捷 键	功　能
Alt+带下划线字母	执行字母所代表的命令或选中字母所代表的选项
方向键	如果活动选项是一组选项按钮，则选中一个按钮
Space	如果一个文件夹在“另存为”或“打开”对话框中，则打开上一级文件夹
Ctrl+Shift+Tab	向后切换选项卡
Ctrl+Tab	向前切换选项卡
F1	显示帮助

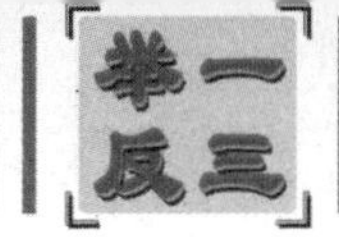

续表

快 捷 键	功 能
F4	在活动列表中显示项目
Shift+Tab	向后选择选项
Space	如果活动选项是复选框，则选中或取消复选框
Tab	向前选择选项
Windows	资源管理器快捷键
Alt+D	选中地址栏
Alt+←	查看之前的文件夹
Alt+→	查看下一个文件夹
End	显示活动窗口的底部
Home	显示活动窗口的顶部
←	如果当前选项展开时，将其折叠，或者是选中其父文件夹
Num Lock+小键盘上的星号(*)	显示所有选中文件夹下的子文件夹
Num Lock+小键盘上的减号(−)	折叠选中的文件夹
Num Lock+小键盘上的加号(+)	显示选中文件夹的内容
→	如果当前选项是折叠时，则展开显示，或者是选中第一个子文件夹

读者回执卡

欢迎您立即填妥回函

您好！感谢您购买本书，请您抽出宝贵的时间填写这份回执卡，并将此页剪下寄回我公司读者服务部。我们会在以后的工作中充分考虑您的意见和建议，并将您的信息加入公司的客户档案中，以便向您提供全程的一体化服务。您享有的权益：

★ 免费获得我公司的新书资料；
★ 寻求解答阅读中遇到的问题；
★ 免费参加我公司组织的技术交流会及讲座；
★ 可参加不定期的促销活动，免费获取赠品；

读者基本资料

姓　　名________ 性　　别 □男　□女 年　　龄________
电　　话________ 职　　业________ 文化程度________
E-mail________ 邮　　编________
通讯地址________

请在您认可处打✓（6至10题可多选）

1、您购买的图书名称是什么：________
2、您在何处购买的此书：________
3、您对电脑的掌握程度：□不懂　□基本掌握　□熟练应用　□精通某一领域
4、您学习此书的主要目的是：□工作需要　□个人爱好　□获得证书
5、您希望通过学习达到何种程度：□基本掌握　□熟练应用　□专业水平
6、您想学习的其他电脑知识有：□电脑入门　□操作系统　□办公软件　□多媒体设计　□编程知识　□图像设计　□网页设计　□互联网知识
7、影响您购买图书的因素：□书名　□作者　□出版机构　□印刷、装帧质量　□内容简介　□网络宣传　□图书定价　□书店宣传　□封面，插图及版式　□知名作家（学者）的推荐或书评　□其他
8、您比较喜欢哪些形式的学习方式：□看图书　□上网学习　□用教学光盘　□参加培训班
9、您可以接受的图书的价格是：□ 20元以内　□ 30元以内　□ 50元以内　□ 100元以内
10、您从何处获知本公司产品信息：□报纸、杂志　□广播、电视　□同事或朋友推荐　□网站
11、您对本书的满意度：□很满意　□较满意　□一般　□不满意
12、您对我们的建议：________

请剪下本页填写清楚，放入信封寄回，谢谢！

1 0 0 0 8 4

贴邮票处

北京100084—157信箱

读者服务部　　　收

邮政编码：□□□□□□

技术支持与课件下载：http://www.tup.com.cn　http://www.wenyuan.com.cn

读 者 服 务 邮 箱：service@wenyuan.com.cn

邮　购　电　话：62791864　62791865　62792097-220

组　稿　编　辑：邹　杰

投　稿　电　话：13683680010

投　稿　邮　箱：zoujie2008@gmail.com